服务器
配置与管理
项目化教程

主　编　李万华　刘洪宾

副主编　何　东　杨贵强　王左特

复旦大学出版社

内容提要

本书以“项目导向，任务驱动”的教学模式，以主流的服务器操作系统Windows Sever 2008 R2为平台，全面介绍了Windows网络服务器部署、配置和管理。全书共由4篇14个项目组成，全面系统地介绍了Windows Server 2008 R2网络操作系统的安装、网络配置与系统管理工具、本地用户和组的管理、磁盘的配置和管理、NTFS文件系统的管理、活动目录与域的部署和管理、DNS服务器的配置与管理、DHCP服务器的部署与管理、文件与打印服务器的部署与管理、Web服务器的配置与管理、FTP服务器的配置与管理、远程桌面服务器的部署与管理、远程访问服务器的配置与管理、虚拟专用网（VPN）的配置与管理。每个项目以“项目导入+项目分析+预备知识+项目实施+知识拓展+项目小结+实践训练+课后习题"为主要形式组织内容。

本书可作为高等职业院校计算机应用技术专业、计算机网络技术专业、网络系统管理专业及其他计算机类专业的理论实践一体化教材，也可以作为相关培训机构的教材和网络技术爱好者的参考用书。

前 言

随着计算机网络技术的日益普及，越来越多的企业都需要组建自己的服务器来运行各种网络应用业务，这就要求学生在掌握服务器配置与管理知识和基本技能的同时，能根据企业的实际需求解决各种网络应用的问题。为了使学生能熟练掌握 Windows 网络服务器的搭建，能承担中小型企事业的服务器管理工作任务，我们深入调研网络管理岗位的工作要求，以“项目导向，任务驱动”的教学模式，组织长期在高职院校从事网络专业教学的教师精心编写了这本书。

本书以网络管理岗位需求为主线，以培养学生的 Windows 服务器的搭建、配置和管理能力为目标，以强化理论学习与实际应用相结合为宗旨，系统地介绍了 Windows 网络服务器安装、系统管理与配置、网络服务器搭建的相关知识，内容详实、图文并茂，具有鲜明的高等职业教学特色。本书在编写过程中有如下特点。

1. 项目导向，任务驱动

本书以 Windows 服务器的安装、系统的管理与配置、网络服务的搭建设计三大教学情境，并将这三大教学情境进一步细化为 4 篇 14 个具体的项目：Windows Server 2008 R2 网络操作系统的安装、网络配置与系统管理工具、本地用户和组的管理、磁盘的配置和管理、NTFS 文件系统的管理、活动目录与域的部署和管理、DNS 服务器的配置与管理、DHCP 服务器的部署和管理、文件与打印服务器的部署和管理、Web 服务器的配置与管理、FTP 服务器的配置与管理、远程桌面服务器的部署和管理、远程访问服务器的配置和管理、虚拟专用网(VPN)的配置和管理。每个项目分解成多个任务，通过对任务的实现，让学生在完成具体项目的过程中学会完成相应的工作任务，从而形成配置与管理主流服务器的核心能力。

2. 教学内容针对性强

本书以企业实际需求，基于网络管理员岗位的真实工作任务，以实际的企业应用为场景，工作内容贴近工作实际，所学即是工作内容。

本书由重庆城市职业学院李万华和刘洪宾主编，何东、杨贵强、王左特为副主编。其中项目 1～项目 4、项目 13～项目 14 由李万华编写，项目 5～项目 8 由刘洪宾编写，项目 9～项目 10 由何东编写，项目 11～项目 12 由杨贵强编写，李万华负责全书的统稿和校稿工作。本书在编写过程中得到了学校领导和教研室同事的大力帮助与支持，在此表示衷心的感谢。

由于作者水平有限，书中难免存在疏漏和不足之处，殷切希望广大读者批评指正。

目 录

绪　论

本章主要对全书的总体背景进行介绍，并对项目的需求和规划内容进行进一步的细化，最后对项目的实施步骤拟定了相应的计划。

0.1 项目背景

随着当今信息化的高速发展，每一个企业或团体的发展和运行都离不开网络，或是办公需求，或是数据传送，或是资源共享…网络在人类社会中的重要性越来越突出。

0.1.1 公司简介

重庆正泰网络科技有限公司(www. zenti. cc)是一家新兴的网络科技型企业，主要从事网络软件的开发与销售业务。随着互联网的快速发展，公司业务得到了较快地发展，公司总部设在重庆，下设行政部、财务部等 5 个部门，有员工 90 人。近年为了开拓北京和上海的市场，特在两地设立了分部，各有工作人员 10 人左右。

0.1.2 组织架构

公司的组织架构主要有总部 5 个部门，2 个分部，详细如图 0－1 所示：

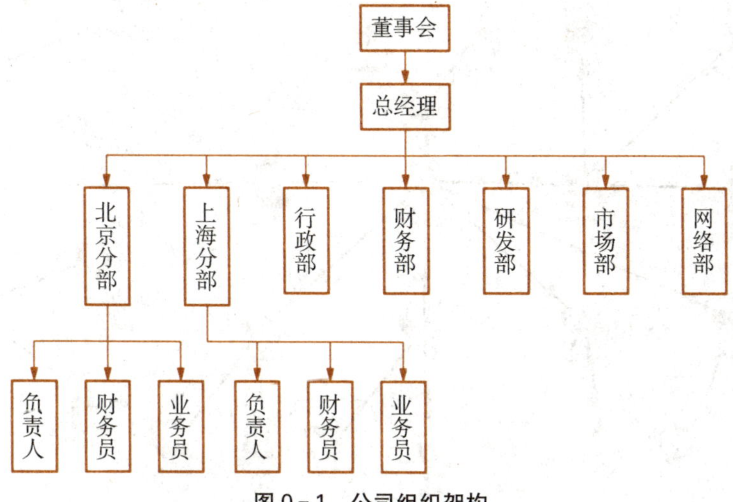

图 0－1　公司组织架构

0.1.3 网络建设需求

随着信息化发展速度的加快，公司对外的交流与沟通也越来越频繁。为了提高工作效率，降低工作成本，公司高层会议决定，拟对目前的办公环境进行网络化改造，以实现资源的快速交流与共享；会议同时对公司网络的建设提出了如下要求：

（1）公司网络需要具有身份验证功能，每个人登录网络时都需要验证才能进入；公司网络中的资源和用户需要集中管理。

（2）所有员工资源集中在服务器上保存和管理，每个员工只能访问自己创建和被授权的文件，且每个员工的存储空间需要受限制。

（3）磁盘空间能实现动态管理，可以自由地实现空间的扩展或缩小，同时要保证磁盘中数据的可靠性和容错能力。

（4）在服务器上建立管理模板，对不同的用户或计算机在应用模板后获得相应的访问权限。

（5）减少网络内部的配置工作，能自动分配 IP 地址信息；公司内部员工可以通过域名访问内部的服务器。

（6）公司网络具有网站发布的能力。发布的网站要保证内外网皆可访问，同时能向在外的员工提供文件上传和下载功能。

（7）公司网络要具有资源共享功能，轻松实现文件和打印机共享。

0.2 项目规划

本次网络建设的职责主要由网络部的人员承担，主管张凌召集部门人员开会对公司提出的建设需求进行了梳理。

0.2.1 网络拓扑规划

根据公司的实际情况，对网络架构进行设计，拓扑图如图 0－2 所示：

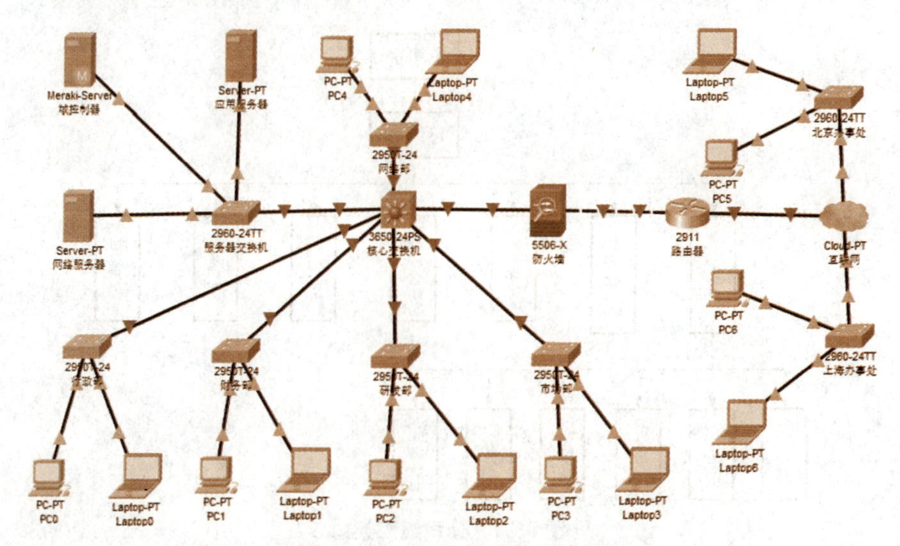

图 0－2　公司网络架构拓扑图

0.2.2 公司网络 IP 规划

目前公司规模不大，可选用 1 个 C 类私网 IP 地址段。本项目选择 192.168.0.0/24，192.168.0.1～192.168.0.20 为服务器群预留的固定 IP，192.168.0.21～192.168.0.150 为总部各部门的动态 IP，其中 192.168.0.88 为总经理使用的保留地址，如表 0－1 所示。

表 0－1 公司网络 IP 规划

序号	部门	设备	IP 地址	用途
1		域控制器	192.168.0.11	Win2k8DC
2		DNS 服务器	192.168.0.11	Win2k8DC
3		DHCP 服务器	192.168.0.12	W2k8DHCP
4		WWW 服务器	192.168.0.13,18,19	W2k8WEB
5		FTP 服务器	192.168.0.14	W2k8FTP
6		NAT 服务器	192.168.0.15	Win2k804
7		VPN 服务器	192.168.0.16	Win2k805
8		文件和打印服务器	192.168.0.17	W2k8Share
9		远程桌面服务器	192.168.0.20	W2k8Remote
10	行政部	办公设备	动态分配	
11	财务部	办公设备	动态分配	
12	研发部	办公设备	动态分配	
13	市场部	办公设备	动态分配	
14	网络部	办公设备	动态分配	
15	分部		192.168.0.151～200	VPN
16		移动设备	192.168.0.201～250	临时移动办公

0.2.3 磁盘管理规划

由于公司要求整个公司的资源都要集中管理，所以对磁盘的要求至少有 2 个：容量和稳定性。本案例考虑到项目的实际情况，准备在服务器上添加 4 个硬盘并以动态磁盘方式管理，以保证有足够的容量和根据需要调整分区大小；创建 RAID5，提高磁盘数据的容错能力，保证数据的安全性。

0.2.4 域控制器与域用户规划

域控制器与公司域名(zenti.cc)相整合，在保证技术先进性的同时，还要考虑与原有网络和系统的兼容性。

网络设备、域用户及相关资源分部门管理，按部门创建组织单元，做到集中管理的同时保持必要的分类区别。用户的配置需要注意在工作环境、用户界面和工作权限等方面体现业务性质的功能需求。

根据公司实际情况，拟按部门设置组，详细如表 0－2 所示：

表 0－2 按照部门设置组

组名	描述	所属组	成员
AdminDept	行政部组	Users	行政部员工
Finance	财务部组	Users	财务部员工
Develop	研发部组	Users	研发部员工
Market	市场部组	Users	市场部员工
Network	网络部组	Users	网络部员工
B-Section	北京分部组	Users	北京分部员工
S-Section	上海分部组	Users	上海分部员工
Directors	主管组	Users，Domain Users	各部门及分部主管

配置的用户信息如表 0－3 所示（除了系统内置账号外，考虑到操作演示的典型性，每个部门仅列举 1 名主管和普通员工账号）：

表 0－3 用户信息表

用户名	姓名	所属组	说明
manager	罗明云	Users	总经理
weixin	魏新	Users，AdminDept，directors	行政部主管
maoli	毛离	Users，AdminDept	行政部职员
Xiebijun	谢碧君	Users，Finance，directors	财务部主管
Wuyongqiang	吴永强	Users，Finance	财务部职员
wangxiao	王茂	Users，develop，directors	研发部主管
liudong	刘东	Users，develop	研发部职员
Yechen	叶辰	Users，Market，directors	市场部职员
zhangmei	张梅	Users，Market	市场部主管
zhangxiaojun	张小军	Users， Network， Administrators， Remote Desktop Users，directors	网络部主管
liuhai	刘海	Users，Network，Backup Operators，Remote Desktop Users	网络部职员

续 表

用户名	姓名	所属组	说明
lidaiquan	李代权	Users,Network,Backup Operators	网络部职员
Lengxiao	冷啸	Users,B_Section,directors	北京分部主管
hongling	洪凌	Users,B_Section	北京分部职员
xiaobuji	肖不计	Users,S_Section,directors	上海分部主管
herang	何让	Users,S_Section	上海分部职员

0.2.5 网络资源管理与规划

资源共享中,对文件的共享访问需要分部门,有公共共享内容,也有个性共享内容;在局域网中访问时,不同的用户对共享文件有不同的访问权限。

为了节约办公成本,开启共享打印机功能,配置并发布打印服务器。原则上 1 个部门共享 1 台打印机。

0.2.6 磁盘空间限制与权限规划

对每个用户的宿主目录,设置相应的权限,保证存储安全;每个用户使用磁盘空间的数量要有严格限制,避免浪费磁盘空间。

0.2.7 网络基础服务规划

本项目准备开启常用的基础网络服务,如 DNS 和 DHCP。由于 DNS 服务与域控制器关系较为紧密,将该服务安装在域控制器上,将相应的服务器域名作好解析记录,如 www.zenti.cc、ftp.zenti.cc 等;根据前面 IP 地址规划方案,配置 DHCP 服务器。

0.2.8 网络应用服务规划

根据发布网页需求等功能,要求内网和外网都可以访问网站,其中内网使用私网地址访问,外网使用公网地址访问。根据工作需要,拟配置以下几个服务:IIS(Internet Information Server)(含 Web 和 FTP)服务、网络地址转换 NAT 服务、开启 VPN 等功能。

0.3 项目实施计划

企业网络搭建是一个系统功能,将根据工作的轻重缓急制订工作计划,按步骤实施。全书也根据这个实施的步骤同步开展教学工作。

0.3.1 系统安装和环境配置

工作步骤和顺序如下:

(1) 安装 Windows Server 2008 R2。
(2) 修改与配置计算机名。
(3) 设置自动更新。
(4) 设置个性化桌面。
(5) 设置网络连接。

0.3.2 系统配置与管理计划

该步骤主要的工作有以下几点:
(1) 本地用户和组的管理。
(2) 磁盘的配置与管理。
(3) 文件(夹)权限的设置。
(4) 磁盘配额的管理。

0.3.3 服务器配置管理计划

服务器配置主要针对基本的服务进行设置:
(1) DNS 服务器的配置与管理。
(2) DHCP 服务器的配置与管理。
(3) WWW 服务器的配置与管理。
(4) FTP 服务器的配置与管理。
(5) NAT 的配置与管理。
(6) VPN 的配置与管理。

第一篇

WINDOWS SERVER 2008 R2 安装与基本设置

WINDOWS SERVER 2008 R2 网络操作系统的安装

1.1 项目导入

重庆正泰网络科技有限公司为了开展网络化办公，向公司网络部提出了建设需求。根据公司的机构设置和业务性质，网络部主管张小军召集部门员工对建设需求进行了详细分析，并对项目的实施作了总体规划。

1.2 项目分析

在建设需求中提到的身份验证、资源管理和网络服务器方面的功能，对操作系统而言，需要具备较强的网络管理和资源分发等功能，目前能实现该目的的系统主要有 Windows Server 系列和 Linux 系列的网络操作系统。考虑到系统的易操作性、稳定性，结合公司的要求并不是很高等因素，项目组决定选择 Windows Server 2008 R2 来实现该项目。

本项目第一步需要搭建 Windows Server 的平台，主要完成以下几个任务：

(1) 安装 Windows Server 2008 R2 企业版。

(2) 系统初始化配置。

(3) 硬件设备安装与配置。

(4) 设置环境变量。

(5) 设置虚拟内存。

(6) 设置故障恢复。

1.3 预备知识

1.3.1 网络服务器与网络服务

服务器(Server)是指在网络环境中为用户计算机提供各种服务的计算机，采用部件冗余技术、RAID 技术、内存纠错技术和管理软件，承担网络中数据的存储、转发和发布等关键任务，是网络应用的基础和核心。使用服务器所提供服务的用户计算机就是客户机(Client)，如图 1-1 所示。

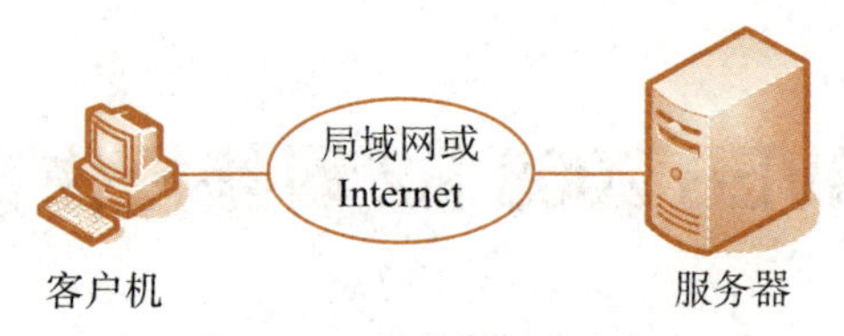

图 1-1 服务器与客户机

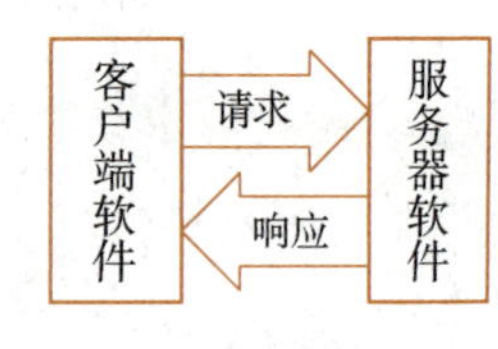

图 1-2 服务器软件与客户端软件

网络服务主要有 2 种模式:客户/服务器与浏览器/服务器,是指在网络上运行的、应用户请求向其提供各种信息和数据的计算机业务,主要是由服务器软件实现。客户端软件与服务器软件的关系如图 1-2 所示。常见的网络服务类型有文件服务、目录服务、域名服务、Web 服务、FTP 服务、邮件服务、终端服务、流媒体服务、代理服务等。

1.3.2 服务器操作系统和服务器软件

服务器操作系统又称网络操作系统(NOS),是在服务器上运行的系统软件。它是网络的灵魂,除了具有一般操作系统的功能外,还能够提供高效、可靠的网络通信能力和多种网络服务,如 DNS 服务、Web 服务、FTP 服务、电子邮件服务、文件服务、数据库服务、应用服务、目录服务、证书服务、索引服务、新闻服务、通信服务、打印服务、传真服务、流媒体服务、终端服务、代理服务等。

目前主流的服务器操作系统有以下 3 种类型:

(1) Windows。目前较流行的是 Windows Server 2008 和 Windows Server 2003,最新产品为 Windows Server 2019。此类操作系统的突出优点是便于部署、管理和使用,国内中小企业的服务器多数使用 Windows 操作系统。

(2) UNIX。UNIX 的版本很多,大多要与硬件相配套,代表产品有 HP-UX、IBM AIX 等。自 2000 年惠普公司推出 SuperDome 高端服务器以来,HP-UX 日益强调可靠性、安全性、负载管理和分区功能。从 HP-UX 11iv2 开始,安全特性得到很大的扩充。目前最新的 HP-UX 版本是 HP-UX 11iv3,其发行方式按照适用特定用户应用场景提供 4 种不同的打包操作环境,大大简化了操作系统软件的配置。

(3) Linux。Linux 凭借其开放性和高性价比等特点,近年来获得了很大发展,在全球各地的服务器市场份额不断增加。知名的 Linux 版本有 Red Hat、CentOS、Debian、Ubuntu 等。

1.3.3 Windows Server 2008 系列

1. Windows Server 2008

Windows Server 2008 继承于 Windows Server 2003,并对基本操作系统做了重大改进,对 Windows Server 产品系列核心代码进行彻底更新。作为网络服务器操作系统,Windows Server 2008 主要的新特性列举如下:

(1) Server Core(服务器核心)。

(2) 服务器虚拟化(Hyper-V)。

(3) SMB2 共享协议。

(4) IIS 7 服务器。

(5) Windows PowerShell。

(6) 集中应用访问。

(7) 安全性改进。

2. Windows Server 2008 R2

Windows Server 2008 R2 重要的新特性列举如下:

(1) Hyper-V 2.0 加入动态迁移功能,使得虚拟化的功能与可用性更加完备。

(2) Active Directory 强化管理接口与部署弹性,包括 Active Directory 管理中心、离线加入网域、Active Directory 资源回收筒。

(3) Windows PowerShell 版本升级为 2.0,提高了服务器管理操作效率。

(4) 远程桌面服务(Remote Desktop Services)增加新的 Remote Desktop Connection Broker(RDCB),提升桌面与应用程序虚拟化功能。

(5) DirectAcess 提供更方便、更安全的远程联机通道。

(6) BranchCache 加快分公司之间档案存取的新做法。

(7) 基于 URL 的 QoS(服务质量)让企业进一步管控网页访问带宽。

(8) BitLocker to Go 支持可移除式储存装置加密。

(9) AppLocker 使个人端的应用程序管控程度更高。

Windows Server 2008 R2 包括以下 7 个版本:

(1) Windows Server 2008 R2 Foundation,适合小型企业使用,是最经济的入门版本。

(2) Windows Server 2008 R2 Standard(标准版),面向中小型企业及部门级应用,具备关键性服务器所拥有的功能,内置网站与虚拟化技术。

(3) Windows Server 2008 R2 Enterprise(企业版),适合中型与大型组织的关键业务,此版本提供更高的扩展性与可用性,并且增加适用于企业的技术。

(4) Windows Server 2008 R2 Datacenter(数据中心版),适合对伸缩性和可用性要求极高的企业,支持更大的内存与更好的处理器。

(5) Windows Web Server 2008 R2,主要是用来架设网站服务器,适合快速开发、部署 Web 服务与应用程序的用户。

(6) Windows HPC Server 2008 (R2),高性能计算(HPC)的下一版本,为高效率的高性能计算环境提供了企业级的工具。

(7) Windows Server 2008 R2 for Itanium-Based Systems,针对 Intel Itanium 处理器所设计的操作系统,用于支持网站与应用程序服务器的搭建。

1.3.4 组建测试网络

1. 组建实际测试网络

本书实际运行的网络环境涉及 3 台计算机:

(1) 用作域控制器的服务器:运行 Windows Server 2008 R2,名称为 Win2k8DC,IP 地

址为 192.168.0.11,域的名称为 zenti.cc。

(2) 用于安装各种网络服务的服务器:运行 Windows Server 2008 R2,名称为 Win2k801,IP 地址为 192.168.0.12,用于测试路由器时需要增加 1 个 Internet 连接(可以加 1 个网卡模拟公网连接)。

(3) 用作客户端的计算机:运行 Windows 7,名称为 WIN702。

2. 组建虚拟测试网络

虚拟机是通过软件模拟的具有完整硬件系统功能,在一个完全隔离环境中运行的完整计算机系统。

通过虚拟机软件,可以在 1 台物理计算机上模拟出 1 台或多台虚拟计算机,这些虚拟机就像真正的计算机那样工作,可以安装操作系统、应用程序及访问网络资源等。

目前最流行的虚拟机软件是 VMware。VMware 是一款经典的虚拟机软件,可以运行在 Windows 或 Linux 平台上,支持的操作系统达数十种,无论是功能还是应用都非常优秀。学习者可通过该软件组建 1 个测试网络,网络配置参考实际测试网络。

1.3.5 Windows Server 2008 R2 的安装准备

1. 安装之前的准备工作

(1) 备份数据,包括配置信息、用户信息和相关数据。

(2) 切断 UPS 设备的连接。

(3) 如果使用的大容量存储设备由厂商提供了驱动程序,请准备好相应的驱动程序。

(4) 准备好磁盘并确定文件系统(Windows Server 2008 R2 只能安装在 NTFS 分区内)。

(5) 运行 Windows 内存诊断工具以测试服务器内存是否正常。可以在 Windows Server 2008 R2 安装过程中进行。

2. Windows Server 2008 R2 的安装模式

Windows Server 2008 R2 提供 2 种安装模式:

(1) 完全安装模式:安装完成后的系统内置图形用户界面,可以充当各种服务器的角色。通常采用这种安装模式。

(2) Server Core 安装模式:安装完成后的系统仅提供最小化的环境,没有图形用户界面,只能通过命令行或 Windows PowerShell 管理系统,可以降低维护与管理需求,同时提高安全性。它仅支持部分服务器角色。

3. Windows Server 2008 R2 的安装方式

(1) 全新安装:一般通过 Windows Server 2008 R2 DVD 光盘启动计算机并运行其中的安装程序。

(2) 升级安装:将原有的 Windows 操作系统(64 位的 Windows Server 2003 或 Windows Server 2008)升级到 Windows Server 2008 R2。用户必须先启动原有的 Windows 系统,然后运行 Windows Server 2008 R2 的安装程序。

1.3.6 Windows Server 2008 R2 服务器管理器

1. 服务器角色、角色服务与功能

Windows Server 2008 R2 的网络服务和系统服务使用角色、角色服务与功能等概念。

1）角色

服务器角色（Role）是软件程序的集合，描述的是服务器的主要功能，相当于服务器的一个门类。管理员可以将整个服务器设置为 1 个角色，也可以在 1 台计算机上运行多个服务器角色。

一般来说，角色具有下列共同特征：

(1) 角色描述计算机的主要功能、用途或使用方法。特定计算机可以专用于执行企业中常用的单个角色，也可以执行多个角色。

(2) 角色允许整个组织中的用户访问由其他计算机管理的资源，如网站、打印机或存储在不同计算机上的文件。

(3) 角色通常包括自己的数据库，可以用于对用户或计算机的请求进行排队，或记录与角色相关的网络用户和计算机的信息。例如，Active Directory 域服务包括 1 个用于存储网络中所有计算机的名称和层次结构关系的数据库。

(4) 正确安装并配置角色之后，可将角色设置为自动工作，以允许安装该角色的计算机使用有限的用户干预执行预定的任务。

2）角色服务

角色服务（Role Service）是提供角色功能的软件程序，相当于服务器组件。每个服务器角色可以包含 1 个或多个角色服务。

安装角色时，可以选择角色为企业中的其他用户和计算机提供角色服务。可以将角色视作对密切相关的互补角色服务的分组，在大多数情况下，安装角色意味着安装该角色的 1 个或多个角色服务。

3）功能

功能（Feature）并非描述服务器的主要功能，而是描述服务器的辅助或支持性功能（或特性）。功能是一些软件程序，相当于系统组件，这些程序虽然不直接构成角色，但可以支持或增强 1 个或多个角色的功能，或增强整个服务器的功能，而不管安装了哪些角色。

4）角色、角色服务与功能之间的依存关系

安装角色并准备部署服务器时，服务器管理器提示安装该角色所需的任何其他角色、角色服务或功能。

2. 服务器管理器介绍

服务器管理器是扩展的 Microsoft 管理控制台（MMC），取代了 Windows Server 2003 版本的“配置您的服务器向导”和“管理您的服务器”工具以及“添加或删除 Windows 组件”工具，这有助于简化服务器管理、提高服务器管理效率。服务器管理器提供单一源，用于管理服务器的标志及系统信息，显示服务器状态，通过服务器角色配置来识别问题，以及管理服务器上已安装的所有角色。

1）服务器管理器的功能

服务器管理器作为一个集中式的管理控制台，用于查看和管理影响服务器工作效率的大部分信息和工具。管理员使用该工具可以完成以下众多配置管理任务，使服务器管理更为高效。

(1) 查看和更改服务器上已安装的服务器角色及功能。

(2) 在本地服务器或其他服务器上执行与服务器运行生命周期相关联的管理任务，如启动或停止服务，以及管理本地用户账户。

(3) 执行与运行本地服务器或其他服务器上已安装角色的运行生命周期相关联的管理任务，包括扫描某些角色，确定它们是否符合最佳做法。

(4) 确定服务器状态，识别关键事件，分析并解决配置问题和故障。

(5) 通过安装角色、角色服务和功能的软件程序包，可以为部署服务器作准备。

2) 服务器管理器的界面

服务器管理器作为 Windows Server 2008 R2 的一部分自动安装。默认情况下，如果以管理员身份登录服务器，当“初始配置任务”窗口关闭时将自动打开服务器管理器。从管理工具菜单中选择“服务器管理器”命令也可打开服务器管理器，还可以通过在 Windows PowerShell 或命令行中执行 servermanager 命令打开服务器管理器。

服务器管理器的界面如图 1 - 3 所示，其层级菜单包含了可扩展的节点，打开节点可进行具体角色的管理。

服务器管理器把多种管理界面与工具都集成到 1 个控制台上，因此管理员在执行一般的管理任务时，就不需要在多个界面、工具和对话框之间进行切换。

服务器管理控制台的主窗口包含以下 4 个可展开/折叠的部分：

(1) 服务器摘要：包含计算机信息与安全信息 2 部分。

(2) 角色摘要：提供 1 个显示已安装角色的列表，允许管理员添加或删除角色。

(3) 功能摘要：提供 1 个显示已安装功能的列表，允许管理员进行功能的添加或删除。

(4) 资源与支持：显示服务器参与反馈计划的程度。

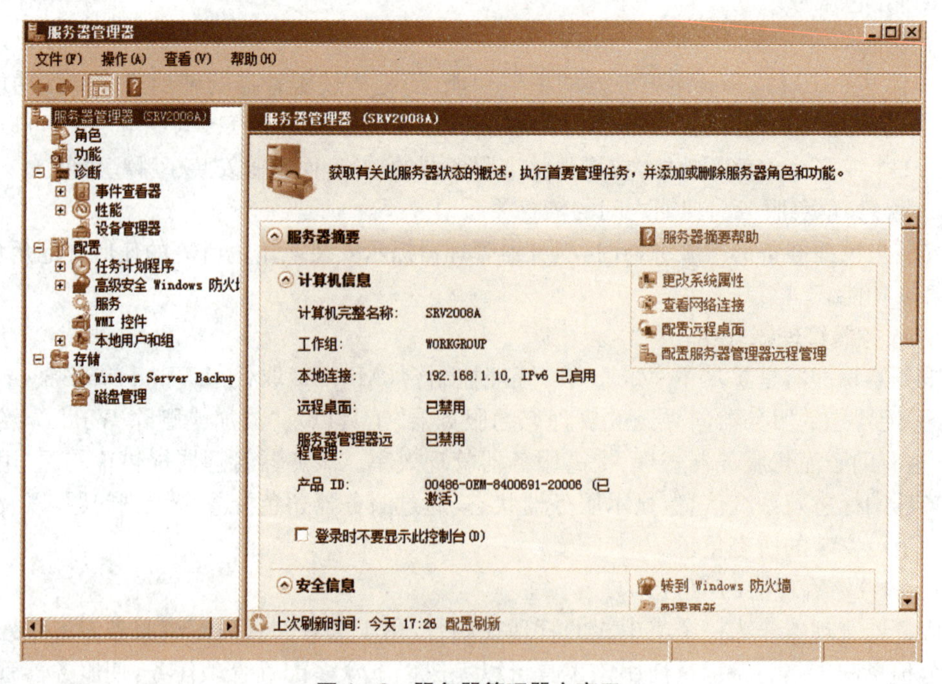

图 1 - 3　服务器管理器主窗口

3) 服务器管理器的工具

全套的服务器管理器包含以下工具：

(1) “初始配置任务”窗口，在操作系统安装完成之后会立即打开。

(2) 在服务器上安装或删除角色、角色服务和功能的向导。

(3) 最佳做法分析器。

(4) 服务器管理器的 Windows PowerShell cmdlet。

(5) 服务器管理器命令行。

1.4 项目实施

下面以全新安装为例示范从光盘安装 Windows Server 2008 R2 企业版的过程。如果采用虚拟机软件，步骤基本相同。

1.4.1 任务 1 Windows Server 2008 R2 的安装步骤

步骤 1：将计算机设置为从光盘启动，将 Windows Server 2008 R2 安装光盘插入光驱，重新启动。

步骤 2：当出现选择语言和其他选项的界面时，选择要安装的语言、时间和货币格式、键盘和输入方式，这里保持默认值，如图 1-4 所示。

图 1-4 选择安装语言选项

步骤 3：单击“下一步”按钮，弹出如图 1-5 所示界面，单击“现在安装”按钮出现选择要安装版本的界面，如图 1-6 所示，本例选择“Windows Server 2008 R2 Enterprise(完全安装)”。

步骤 4：单击“下一步”出现“请阅读许可条款”界面，勾选“我接受许可条款”选项。

步骤 5：单击“下一步”按钮，出现选择安装类型界面，点选“自定义(高级)(C)”按钮，如

图 1-5　现在安装

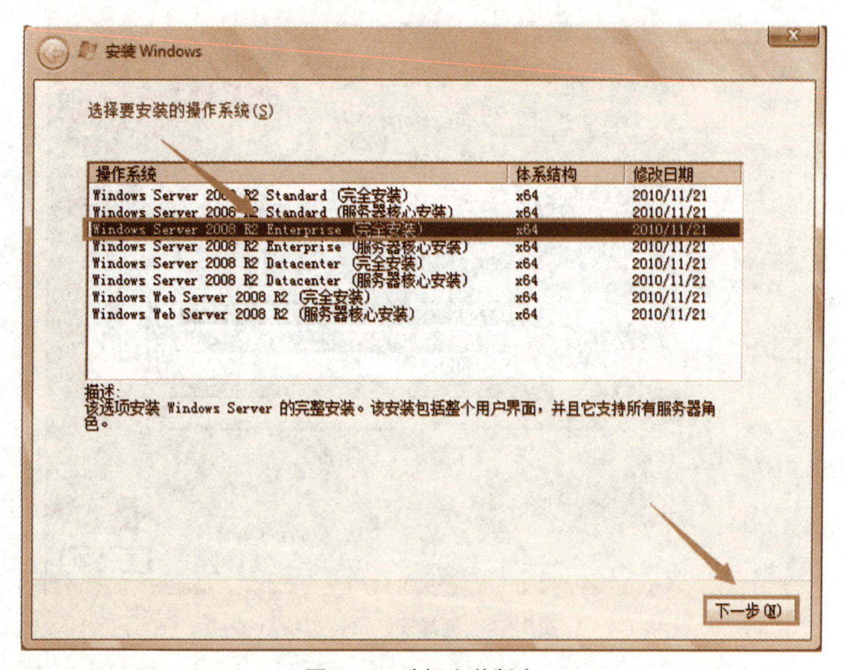

图 1-6　选择安装版本

图 1-7 所示，选择完全安装。

步骤 6：在出现的如图 1-8 所示对话框中，单击“驱动器选项(高级)”，创建新分区并格式化，然后选择要安装系统的磁盘分区，如图 1-9 所示。

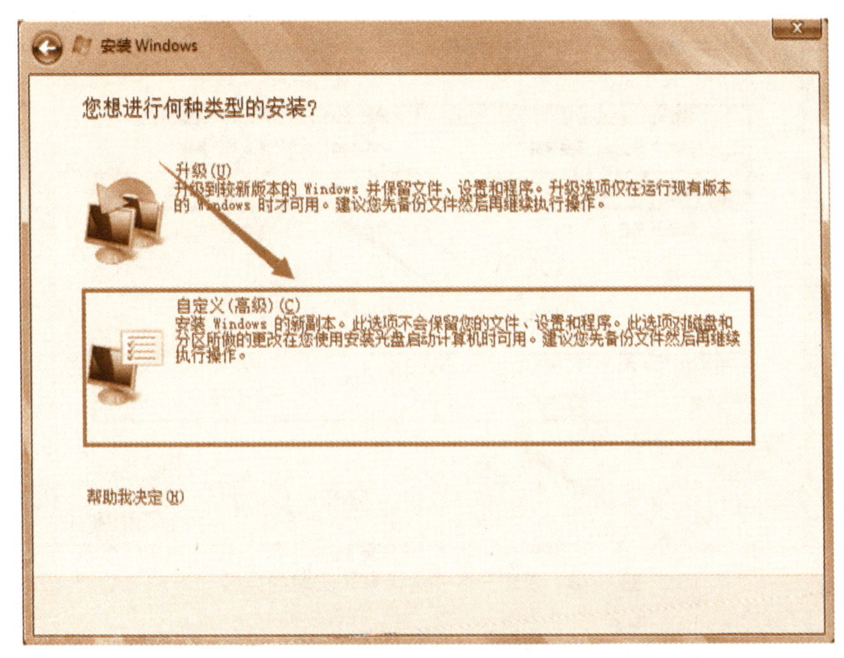

图 1－7　选择安装版本

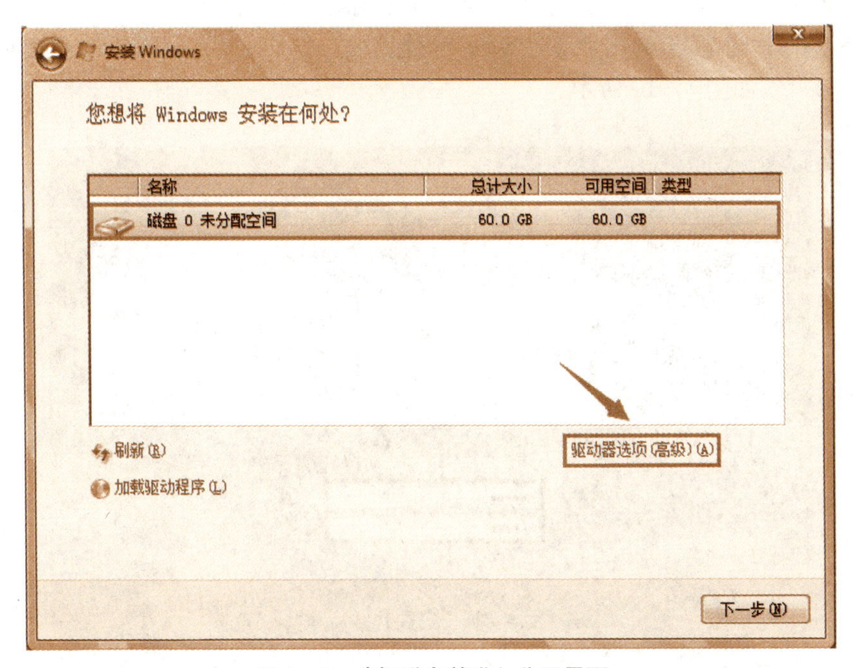

图 1－8　选择磁盘并进入分区界面

图 1-9 创建分区并选择系统安装的分区

步骤 7:单击“下一步”按钮,正式开始安装 Windows Server 2008 R2。

步骤 8:安装过程中需要多次启动计算机,直至出现“安装程序正在为首次使用计算机做准备”的提示界面,接着出现“用户首次登录之前必须更改密码”的界面。

步骤 9:单击“确定”按钮出现登录界面,创建密码,然后单击右向箭头图标登录,此处注意密码的复杂性,如图 1-10 所示。

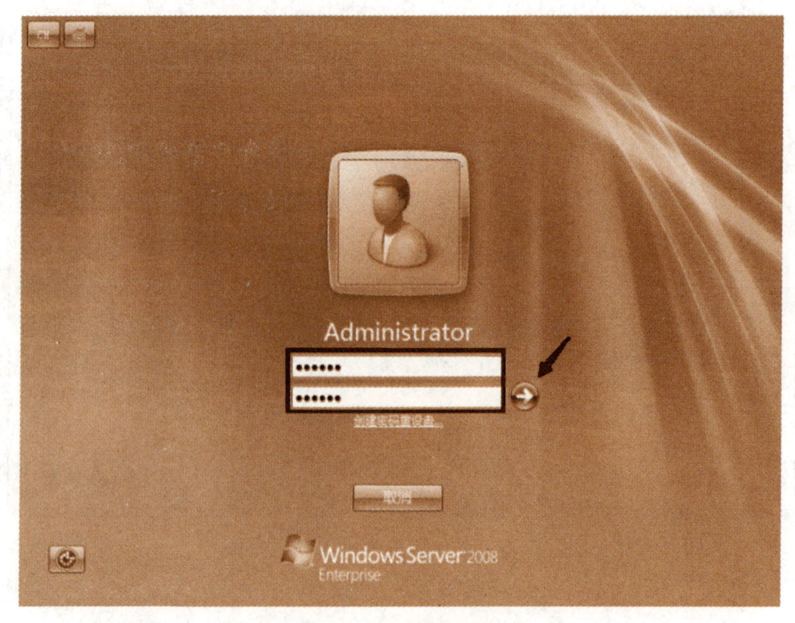

图 1-10 修改密码

步骤 10：登录成功后会先出现如图 1－11 所示的“初始配置任务”窗口，接着还会出现服务器管理器窗口（后面将详细介绍），这 2 个窗口可以暂时关闭，或者不予理会。

（注：Windows Server 2008 R2 的关机和重新启动会提供关闭事件跟踪程序进行安全性保护，如图 1－12 所示。）

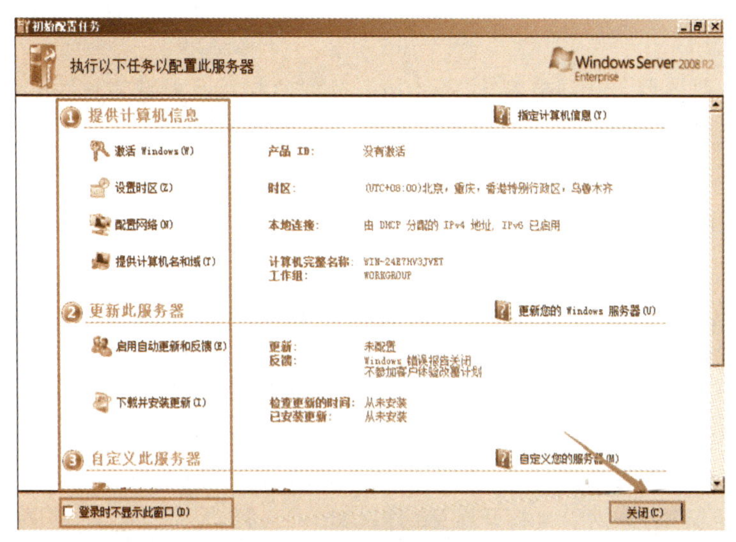

图 1－11 初始配置任务

图 1－12 关闭事件跟踪程序

1.4.2 任务 2 Windows Server 2008 R2 基本环境配置

1. “初始配置任务”窗口

打开“初始配置任务”窗口的方法：

方法一：默认情况下，当以 Administrators 组的成员账户登录计算机时，将自动打开“初始配置任务”窗口。

方法二：依次单击“开始”→“运行”，在打开的对话框中输入“oobe”后回车。如图 1－11 所示，该窗口可以用来执行 3 项基本配置任务。

(1) 提供计算机信息。针对网络上的其他计算资源来标识该计算机，从而保护该计算机。

(2) 更新此服务器。让服务器从 Microsoft 网站直接接收关键的软件更新和增强功能。

(3) 自定义此服务器。通过添加服务器角色和功能来自定义该计算机，启动远程桌面以及配置防火墙。

（注：“初始配置任务”窗口在每次登录时都会打开，如果不希望再次打开，则需勾选“登录时不显示此窗口”复选框。）

2. Windows 激活

Windows Server 2008 R2 安装完成后，必须在 30 天内激活以验证是否正版，否则过期时，虽然系统仍然可以正常运行，但是将出现黑屏。Windows Update 只会安装重要更新，系统还会持续提醒必须激活系统，直到激活为止。激活的操作步骤如下：

步骤 1：在“初始配置任务”窗口中“提供计算机信息”区域，显示此 Windows 副本的激活状态，单击“激活 Windows”链接打开激活窗口，如图 1－13 所示。

步骤 2：在文本框中输入产品密钥，根据提示操作即可。如果提供了正确的 Windows 产品密钥并且激活了操作系统，则显示“已激活”以及 Windows 产品 ID。

（注：也可以从“开始”菜单中选择“计算机”，右键单击选择“属性”命令，或者从控制面板中选择“系统和安全系统”→“系统”，打开相应的对话框，立即激活 Windows。）

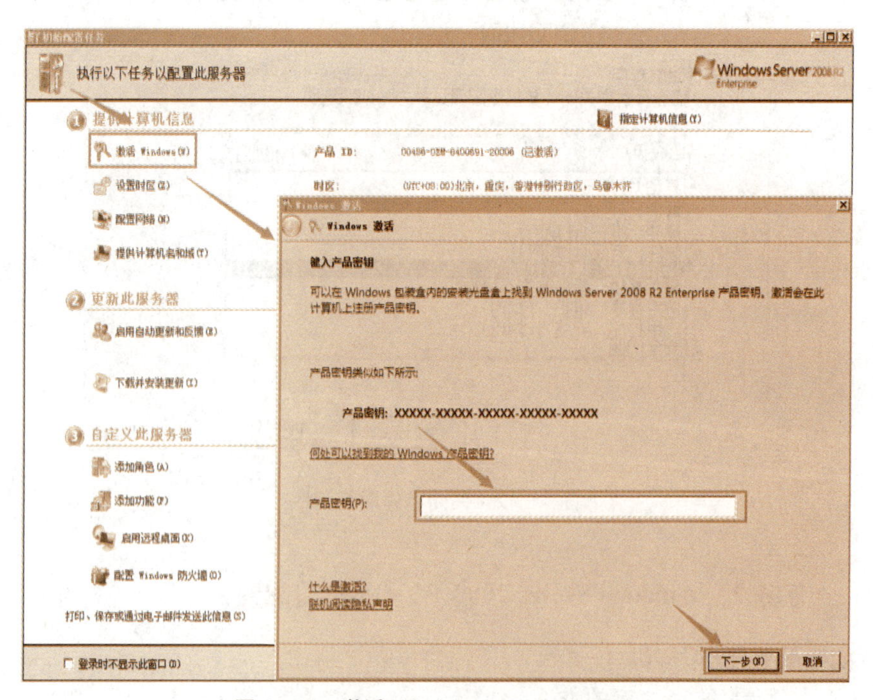

图 1－13 激活 Windows server 2008 R2

3. 基本网络设置检查

Windows Server 2008 R2 作为网络操作系统，需要在网络环境中运行。安装完成之后需要检查网络设置，以便能与网络中的其他计算机正常通信。

1) 检查 TCP/IP 安装与设置

IP 地址的获取方式有以下 2 种：

(1) 自动获取 IP 地址。该计算机会自动向网络中的 DHCP 服务器租用 IP 地址，这也是 Windows Server 2008 R2 的默认方式。

(2) 手动配置 IP 地址。由管理员手动配置 IP 地址，比较适合企业服务器使用。

本书示例中服务器需要采用手动配置方式，步骤如下：

步骤 1：在图 1-11 窗口中，单击“提供计算机信息”区域的“配置网络”打开“网络连接”窗口。

步骤 2：右键单击“本地连接”，打开本地连接属性对话框。选择“Internet 协议版本 4 (TCP/IPv4)”，单击“属性”按钮，打开如图 1-14 所示对话框。

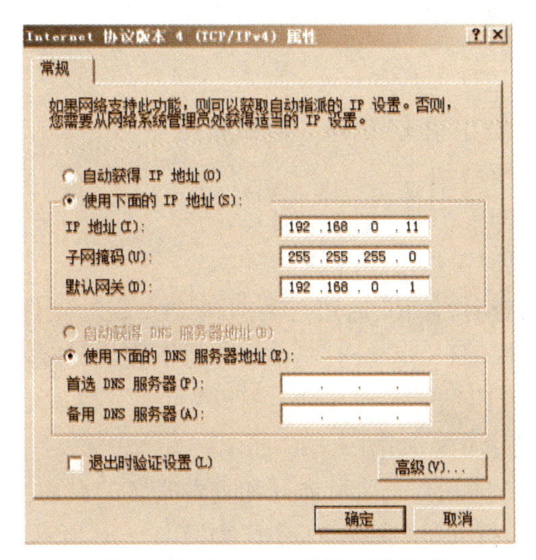

图 1-14　Internet 协议属性设置

步骤 3：根据“任务分析”中需要的内容，设置 IP 地址为 192.168.0.11、子网掩码为 255.255.255.0、默认网关为 192.168.0.1。

2) 检查计算机名称与工作组名称

同一网络上每台计算机的名称必须是唯一的。虽然安装系统时会自动设置计算机名，但是服务器一般将计算机改为更有意义的名称。实际部署中，一般将同一部门或工作性质相似的计算机划分为同一个工作组，便于它们之间通过网络进行通信。计算机默认所属的工作组名为 WORKGROUP。操作步骤如下：

步骤 1：在“初始配置任务”窗口中单击“提供计算机信息”区域的“提供计算机名和域”链接打开相应的“系统属性”对话框，如图 1-15 所示。

步骤 2：单击“更改”按钮，弹出如图 1-16 所示对话框，在“计算机名”框中输入“Win2k8DC”，其他位置保持默认值，单击“确定”。

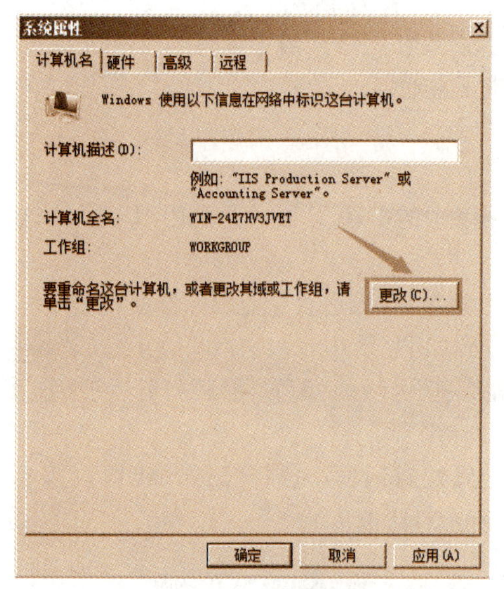

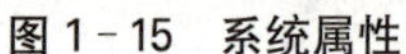
图1-15 系统属性

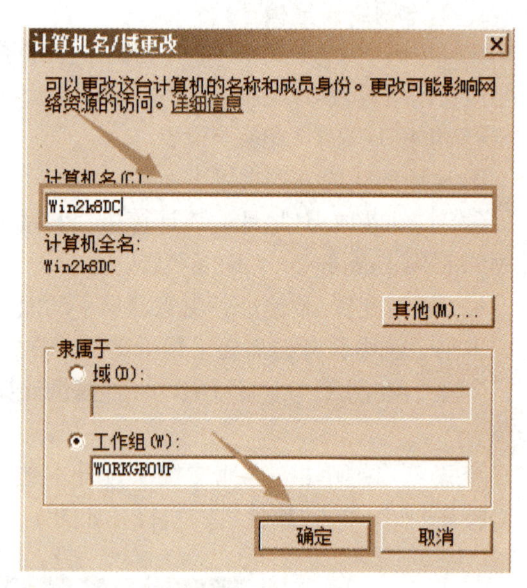

图1-16 修改计算机名

步骤3:在弹出的对话框中单击“确认”,返回如图1-15所示界面,单击“应用”,然后根据系统提示,单击“立即重新启动”。

4. 硬件设备安装与设置

1）通过设备管理器配置管理硬件设备

可以利用设备管理器查看、停用、启用计算机内已安装的硬件设备,也可以用它来针对硬件设备执行调试、更新、回滚(Rollback)驱动程序等工作,操作步骤如下:

步骤1:右键单击“计算机”图标→“属性”,打开“系统”窗口,单击该窗口左侧的“设备管理器”,打开“设备管理器”对话框,如图1-17所示。

步骤2:单击硬件设备左侧的“+”,可展开和查看安装的设备。右键单击该设备,在弹出的快捷菜单中选择“属性”,打开设备属性对话框,如图1-18所示。

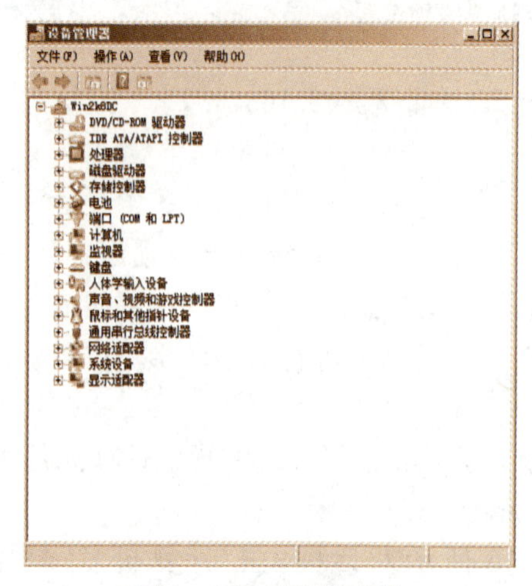

图1-17 设备管理器

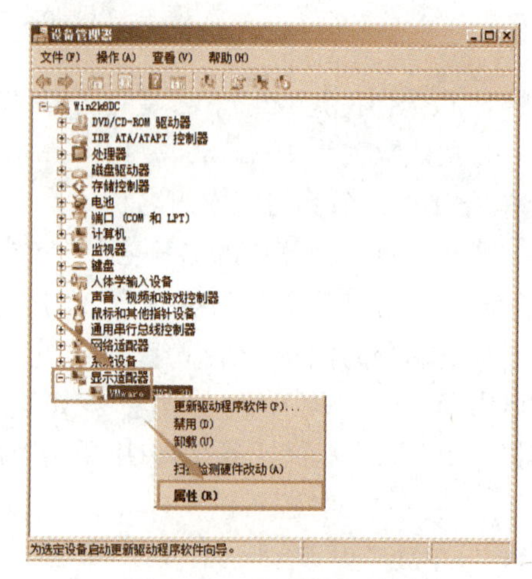

图1-18 查看设备情况

更新某个设备的驱动程序之后，如果发现新驱动程序无法正常运行时，可以将之前正常的驱动程序再安装回来，这个功能称为回滚驱动程序。

步骤 3：在设备属性对话框中，单击“驱动程序”选项卡，可在此查看、更新、回滚、禁用和卸载驱动程序，如图 1－19 所示。

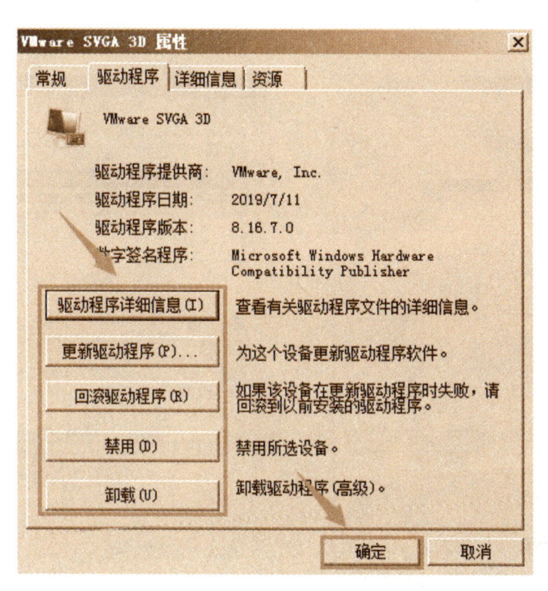

图 1－19 “驱动程序”对话框

2）驱动程序签名

如果驱动程序通过 Microsoft 测试，就可以在 Windows Server 2008 R2 内正常运行，这个程序也会获得 Microsoft 的数字签名(Digital Signature)。经过签名后，该驱动程序内就会包含 1 个数字签名，系统通过此数字签名得知该驱动程序的发行公司名称与该驱动程序的原始内容是否被篡改，以确保所安装的驱动程序是安全的。

安装驱动程序时，如果该驱动程序未经过数字签名、数字签名无法被验证是否有效，或者驱动程序内容被篡改过，系统就会显示警告信息。

5. 环境变量设置

在 Windows Server 2008 R2 计算机中，环境变量会影响计算机如何运行程序、如何搜索文件、如何分配内存空间等。管理员可修改环境变量来订制运行环境。

1）环境变量的类型

Windows Server 2008 R2 的环境变量分为以下 2 种：

(1) 系统环境变量，适用于在计算机上登录的所有用户。只有具备管理员权限的用户才可以添加或修改系统环境变量。但是建议最好不要随便修改此处的变量，以免影响系统的正常运行。

(2) 用户环境变量，适用于在计算机上登录的特定用户。这个变量只适用于该用户，不会影响其他用户。

2）更改环境变量

步骤 1：右键单击“计算机”图标→“属性”，打开“系统”窗口，单击该窗口左侧的“高级系统设置”，打开“系统属性”对话框，如图 1 - 20 所示。

步骤 2：单击“高级”选项卡，然后再单击“环境变量”按钮，打开环境变量对话框，如图 1 - 21 所示。

其中上半部为用户环境变量区，下半部为系统环境变量区。管理员可根据需要添加、修改、删除用户和系统的环境变量。

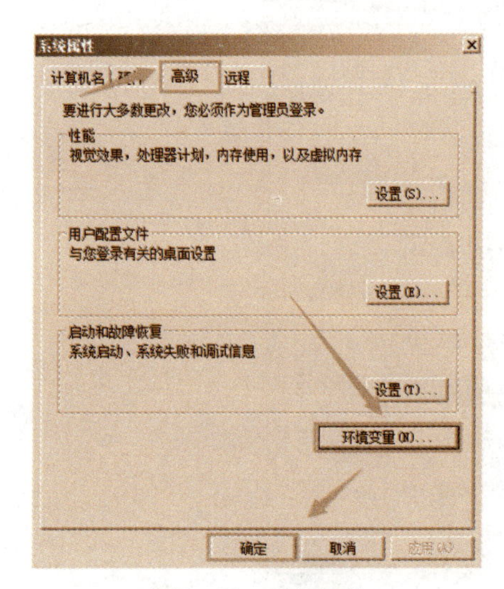

图 1 - 20　系统属性

图 1 - 21　设置环境变量

3）AUTOEXEC. BAT 文件中的环境变量

除了系统环境变量和用户环境变量之外，系统根文件夹的 AUTOEXEC. BAT 文件中的环境变量设置也会影响计算机的环境变量。如果这 3 处环境变量设置有冲突，处理的原则如下：

（1）对于环境变量 PATH，系统设置的顺序是：系统环境变量设置→用户环境变量设置→AUTOEXEC. BAT 设置。

（2）对于其他环境变量，系统设置的顺序是：AUTOEXEC. BAT 设置→系统环境变量设置→用户环境变量设置。

4）显示当前环境变量

在环境变量设置对话框中可以查看环境变量，但最好在命令行中运行 set 命令来查看计算机内现有的环境变量，操作步骤如下：

步骤 1：单击“开始”→“运行”，在弹出的对话框中输入“cmd”后回车，出现命令提示符窗口。

步骤 2：在命令提示符“C:\Users\Administrator>”后输入“set”后回车，结果如图 1 - 22 所示，其中每一行均有 1 个环境变量设置，等号的左边为名称，右边为值。

5）环境变量的使用

环境变量可以直接引用。当使用环境变量时，须在其前后加上%，例如：

（1）%USERNAME%表示需要读取的用户账户名称。

（2）%SystemRoot%表示系统根文件夹（即存储系统文件的文件夹）。

```
管理员: 命令提示符
Microsoft Windows [版本 6.1.7601]
版权所有 (c) 2009 Microsoft Corporation。保留所有权利。

C:\Users\Administrator>set
ALLUSERSPROFILE=C:\ProgramData
APPDATA=C:\Users\Administrator\AppData\Roaming
CommonProgramFiles=C:\Program Files\Common Files
CommonProgramFiles(x86)=C:\Program Files (x86)\Common Fi
CommonProgramW6432=C:\Program Files\Common Files
COMPUTERNAME=WIN2K8DC
ComSpec=C:\Windows\system32\cmd.exe
FP_NO_HOST_CHECK=NO
HOMEDRIVE=C:
HOMEPATH=\Users\Administrator
LOCALAPPDATA=C:\Users\Administrator\AppData\Local
LOGONSERVER=\\WIN2K8DC
NUMBER_OF_PROCESSORS=1
OS=Windows_NT
Path=C:\Windows\system32;C:\Windows;C:\Windows\System32\
\WindowsPowerShell\v1.0\
PATHEXT=.COM;.EXE;.BAT;.CMD;.VBS;.VBE;.JS;.JSE;.WSF;.WSH
PROCESSOR_ARCHITECTURE=AMD64
PROCESSOR_IDENTIFIER=Intel64 Family 6 Model 44 Stepping
PROCESSOR_LEVEL=6
PROCESSOR_REVISION=2c02
ProgramData=C:\ProgramData
ProgramFiles=C:\Program Files
ProgramFiles(x86)=C:\Program Files (x86)
ProgramW6432=C:\Program Files
PROMPT=$P$G
PSModulePath=C:\Windows\system32\WindowsPowerShell\v1.0\
PUBLIC=C:\Users\Public
SESSIONNAME=Console
SystemDrive=C:
SystemRoot=C:\Windows
TEMP=C:\Users\ADMINI~1\AppData\Local\Temp
TMP=C:\Users\ADMINI~1\AppData\Local\Temp
```

图 1-22　运行 set 命令显示当前环境变量

6. 虚拟内存设置

Windows Server 2008 R2 通过虚拟内存管理器来管理系统内存，虚拟内存由物理内存和硬盘空间组成。

如果操作系统和应用程序需要的内存数量超过了物理内存，操作系统就会暂时将不需要访问的数据通过分页操作写入硬盘上的分页文件（又称虚拟内存文件或交换文件），从而给需要立刻使用内存的程序和数据释放内存。分页文件名为 pagefile. sys，默认情况下位于操作系统所在分区的根目录下。

启动时创建分页文件，将其大小设置为最小值，此后系统不断根据需要增加，直至达到可设置的最大值。

更改虚拟内存文件的存储位置或大小可以提高系统性能。默认情况下系统会自动管理所有磁盘的分页文件，管理员也可以自行设置分页文件的大小，操作步骤如下：

步骤 1：右键单击“计算机”图标→“属性”，打开“系统”窗口，单击该窗口左侧的“高级系统设置”，打开“系统属性”对话框，如图 1-20 所示。

步骤 2：切换到“高级”选项卡，单击“性能”区域的“设置”按钮，再切换到“高级”选项卡，打开处理器和虚拟内存设置界面，如图 1-23 所示。

步骤 3：单击“虚拟内存”区域的“更改”按钮，打开如图 1-24 所示界面，即可调整虚拟内存，可设置的类型有“自定义大小”“系统管理的大小”“无分页文件”等。

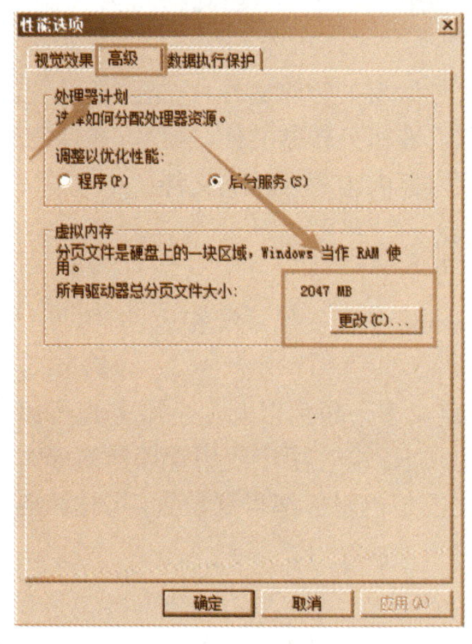

图 1-23　性能选项

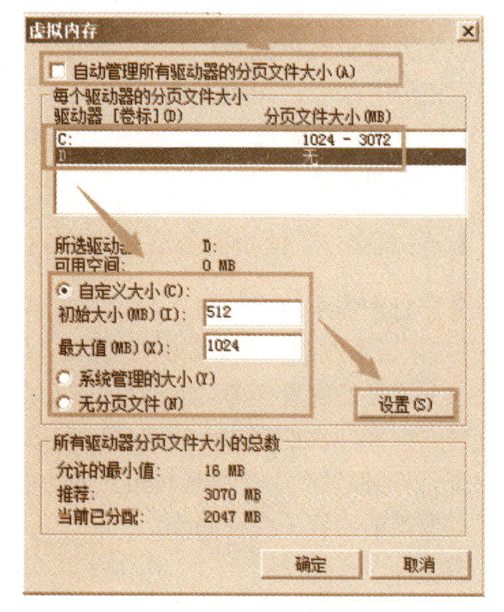

图 1-24　虚拟内存设置

步骤 4：取消勾选“自动管理所有驱动器的分页文件大小”，在驱动器区域选择要设置的盘符，然后在可用空间区点选“自定义大小”，输入初始大小和最大值后单击“设置”。

步骤 5：单击“确定”后返回如图 1-23 所示界面，再次单击“确定”后完成设置。根据提示重新启动计算机后改动生效。

（注：为获得最佳性能，不要将初始大小设成低于“所有驱动器分页文件大小的总数”区域中的推荐值。推荐值等于系统物理内存大小的 1.5 倍。尽管在使用需要大量内存的程序时，可能会增加分页文件的大小，但还是应该将分页文件保留为推荐值。）

7. 故障恢复设置

通过相应的故障恢复设置，当 Windows Server 2008 R2 系统发生严重的错误以致意外终止时，可以利用这些信息来协助用户查找问题，操作步骤如下：

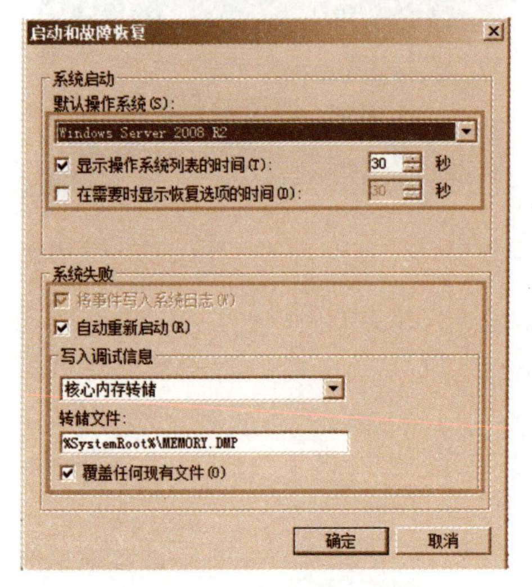

图 1-25 故障恢复设置

步骤 1：右键单击“计算机”图标→“属性”，打开“系统”窗口，单击该窗口左侧的“高级系统设置”，打开“系统属性”对话框，如图 1-20 所示。

步骤 2：切换到“高级”选项卡，单击“启动和故障恢复”区域的“设置”按钮，打开相应的对话框，如图 1-25 所示，在“系统失败”区域设置相应的选项。

步骤 3：“将事件写入系统日志”选项表示可利用事件查看器查看系统日志内容，查找系统失败的原因。

“自动重新启动”选项表示系统失败时，自动关闭计算机并重新启动。

“写入调试信息”区域用来设置当发生意外终止时，系统如何将内存中的数据写入转储文件内，这里有以下几种方式供选择：

（1）完全内存转储：将该计算机内所有内存的数据写入转储文件，这是默认设置。

（2）核心内存转储：仅将系统核心所占的内存内容写入转储文件，这种方式速度较快。

（3）小内存转储：仅将有助于查找问题的少量内存内容写入转储文件。

1.4.3 任务 3 使用服务器管理器向导管理角色和功能

服务器管理器中的向导与以前版本的 Windows 服务器操作系统相比，缩短了配置的时间，从而简化了企业配置服务器的任务。

大部分常见的配置任务，如配置或删除角色、定义多个角色以及角色服务都可以通过服务器管理器向导一次性完成。Windows Server 2008 R2 会在用户使用管理器向导时执行依赖性检查，以确保针对 1 个所选择角色的所有必要的角色服务都得到设置，同时其他角色或角色服务所需的内容不会被删除。

1. 添加服务器角色

在 Windows Server 2008 R2 中，可以使用添加角色向导向服务器中添加角色。添加角色向导可简化在服务器上安装角色的过程，并允许 1 次安装多个角色。

添加角色向导对于所选的任何角色将验证，是否已将该角色所需的所有软件组件一起安装。如有必要，该向导将提示管理员批准安装所选角色所需的其他角色、角色服务或软件组件。

步骤 1：依次单击“开始”→“管理工具”→“服务器管理器”（或单击任务栏左下角的“服务器管理器”），启动服务器管理器。

步骤 2：在服务器管理器中单击“角色”，在右侧空格中，单击“添加角色”按钮（也可在“初始配置任务”窗口操作），启动添加角色向导，如图 1-26 所示。

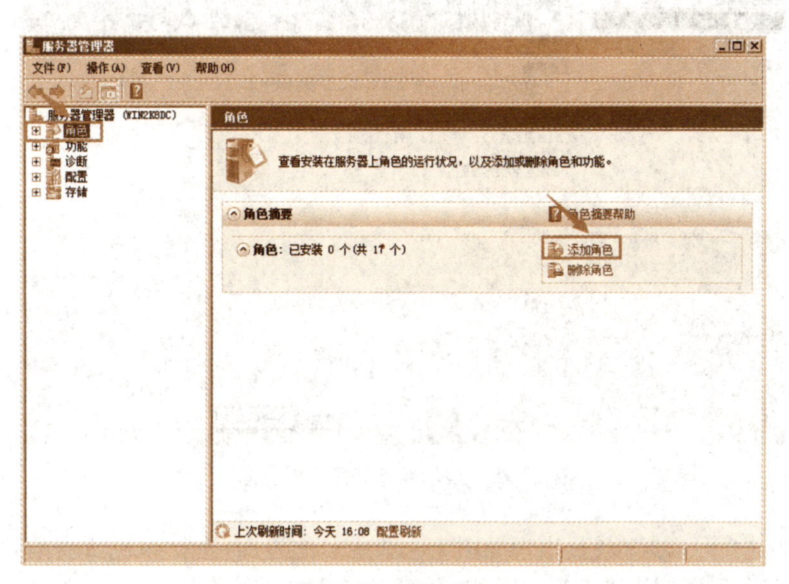

图 1-26 添加角色

步骤 3：单击“下一步”按钮，出现如图 1-27 所示的界面，选择要安装的角色。这里以安装“文件服务”为例。可同时选择多个角色，有些角色还需要相应的功能支持。

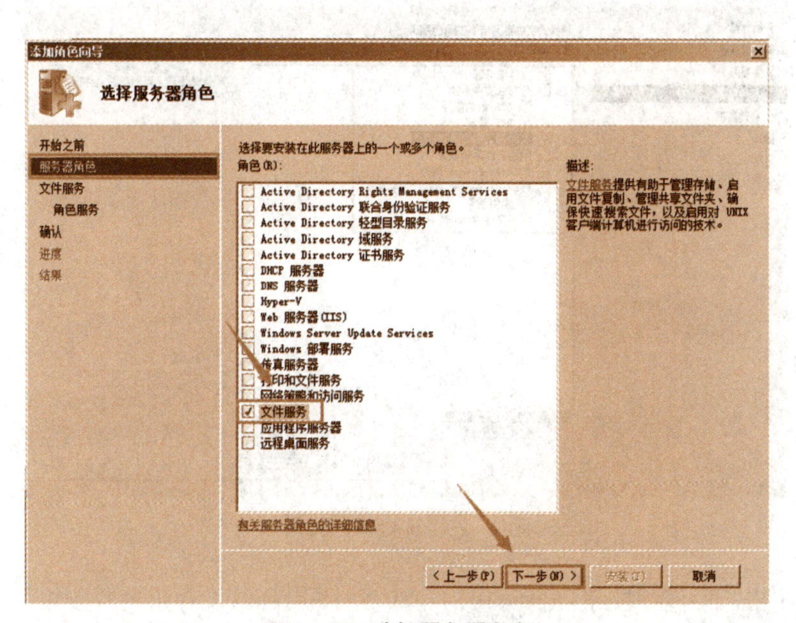

图 1-27 选择服务器角色

步骤 4:单击“下一步”按钮,出现如图 1－28 所示的界面,显示已选择安装的角色的基本信息。

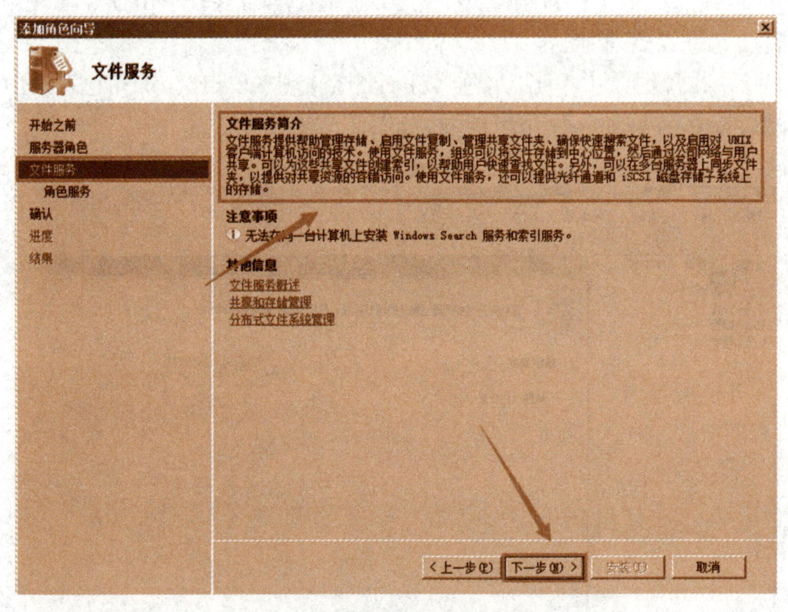

图 1－28　显示要安装角色的信息

步骤 5:单击“下一步”按钮,出现如图 1－29 所示的界面,选择角色所需的角色服务,这里勾选“文件服务器资源管理器”。有的角色可以包括多个角色服务。

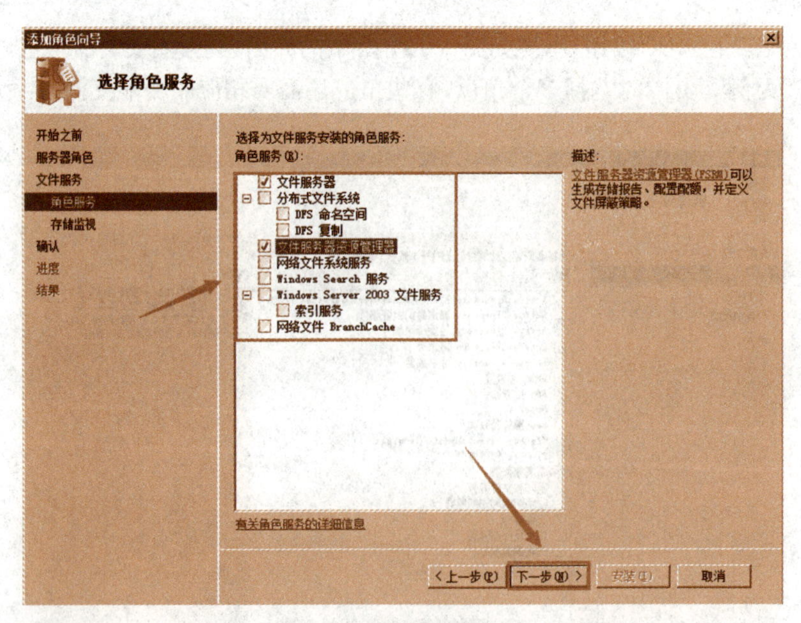

图 1－29　选择角色服务

步骤 6:单击“下一步”按钮,出现如图 1－30 所示的界面,设置角色服务相关的选项。本例为勾选卷区域的“本地磁盘(C:)”。

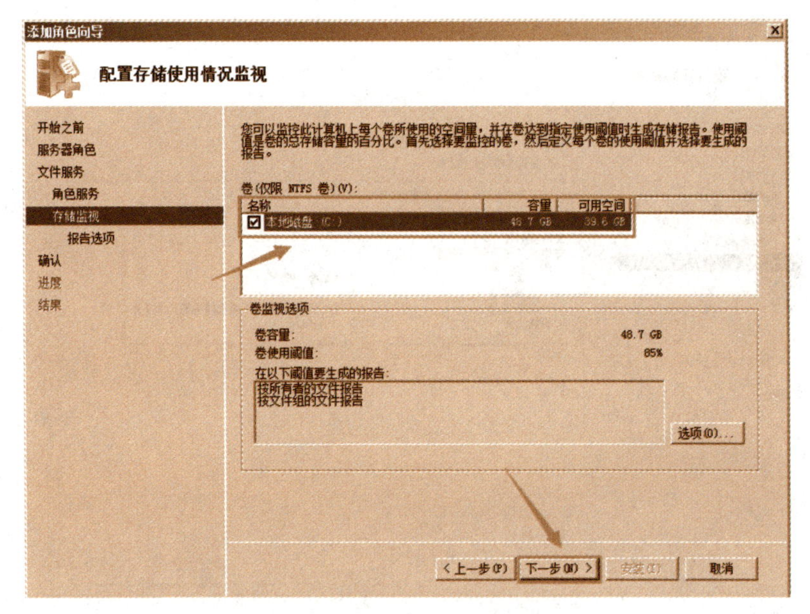

图 1-30 配置存储使用情况监视

步骤 7:根据需要完成不同的选项设置。单击“下一步”,出现“报告选项”,如图 1-31 所示,设置报告保存的位置和接收方式,本例中保持默认。

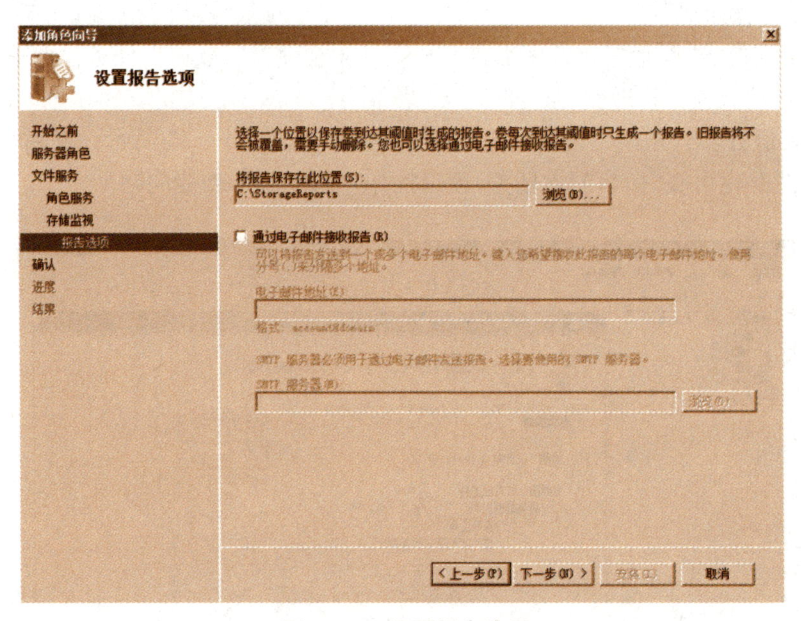

图 1-31 设置报告选项

步骤 8:单击“下一步”按钮,进入安装确认界面,如图 1-32 所示,如有问题可返回修改,如安装内容确认无误,单击“安装”,直至安装完成。

步骤 9:安装完成之后出现“安装结果”界面,单击“关闭”按钮。

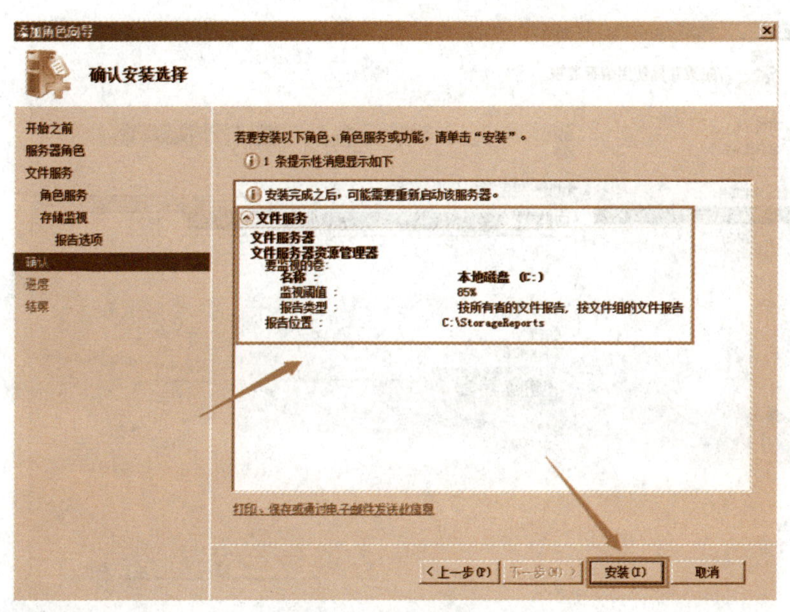

图 1-32　安装确认

2. 将功能添加到服务器

添加功能向导允许一次性向计算机添加 1 个或多个功能。功能与设置的角色无关。添加功能的操作步骤如下：

步骤 1：依次单击“开始”→“管理工具”→“服务器管理器”（或单击任务栏左下角的“服务器管理器”），启动服务器管理器。

步骤 2：在服务器管理器主窗口的左侧单击“功能”，如图 1-33 所示。然后单击右侧的“添加功能”按钮（也可在“初始配置任务”窗口操作），启动添加功能向导。

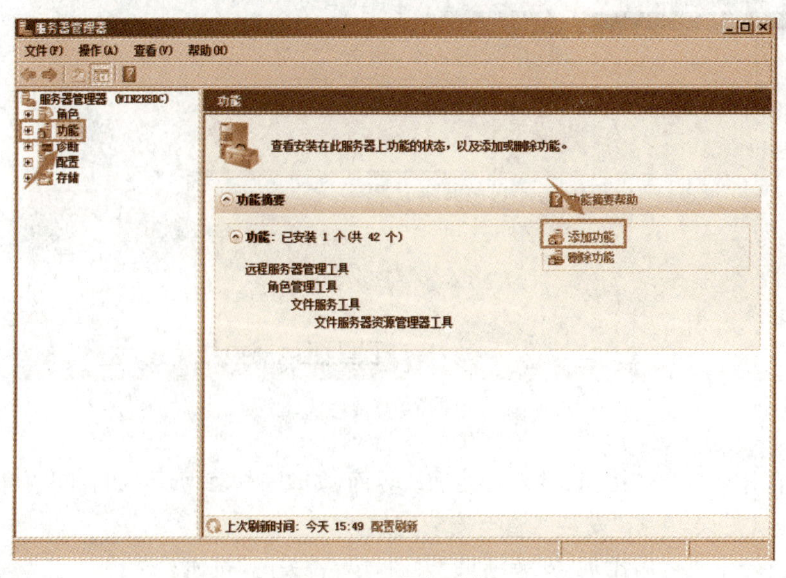

图 1-33　添加功能

步骤 3:如图 1－34 所示,选择要将添加的功能,单击“下一步”按钮,根据提示完成功能的添加。例子中使用添加功能向导来安装“Windows Server Backup 功能”。

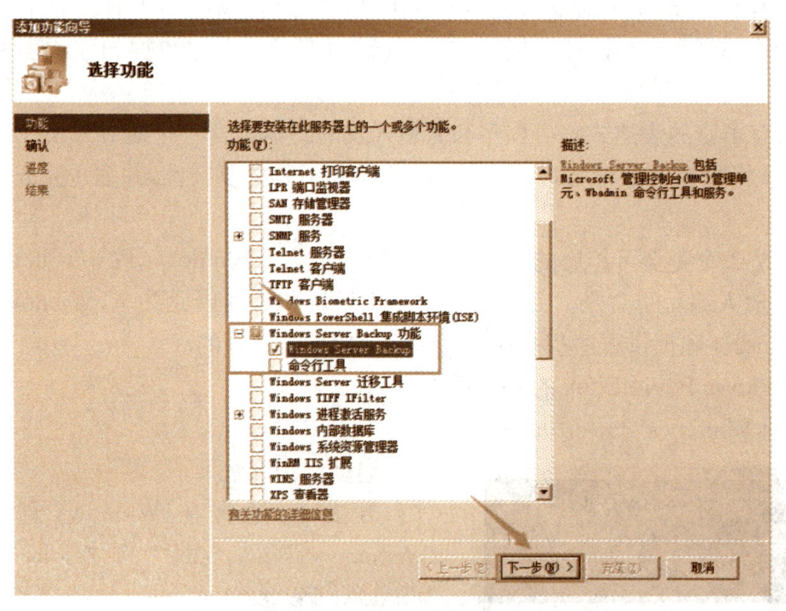

图 1－34　选择要安装的功能

步骤 4:单击“下一步”,进入确认安装界面,参照前面“添加角色”任务完成余下的步骤,完成功能的添加。

3. 角色和功能的管理

可以单击“服务器管理器”的“角色”和“功能”对应的右侧空格分别查看当前已安装的角色和功能的摘要信息,或者删除指定的角色或功能,如图 1－26 和图 1－33 所示。也可以在服务器管理器主窗口相应区域执行这些操作。

1.5 知识拓展

1.5.1 Windows PowerShell 概述

1. Windows PowerShell 基本特性

Windows PowerShell 是一种专门为系统管理设计的、基于任务的命令行 Shell 和脚本语言。命令行窗口和脚本环境既可以独立使用,也可以组合使用。与图形用户界面管理工具不同的是,管理员可以在 1 个 Windows PowerShell 会话中合并多个模块和管理单元,以简化多个角色和功能的管理。作为专业的 Windows 网络管理员或系统管理员,应当熟悉和掌握这种专业工具。Windows PowerShell 具有以下特性:

(1) 引入 cmdlet 的概念,这是内置到 Shell 中的 1 个简单的单一功能的命令行工具。可独立使用每个 cmdlet,但是组合使用 cmdlet 执行复杂任务时更能发挥其作用。Windows PowerShell 内置的 cmdlet 用于执行常见的系统管理任务。管理员还可以自行编写命令行

cmdlet。

(2) 支持现有的脚本(如 vbs、. bat、. perl),无须迁移脚本。

(3) 现有的 Windows 命令行工具可以在 Windows PowerShell 命令行中运行。

(4) 让管理员有权访问计算机的文件系统,以及其他存储数据如注册表和数字签名证书等。

(5) 具有丰富的表达式解析程序和完整开发的脚本语言。它通过采用一致的句法与命名规范,以及将脚本语言与互动 Shell 集成,能降低流程的复杂性,并缩短完成系统管理任务所需时间。

(6) 它是 1 个完全可扩展的环境。任何人都可以为 Windows PowerShell 编写命令,也可以使用其他人编写的命令。命令是通过使用模块和管理单元共享,Windows PowerShell 中的所有 cmdlet 和提供程序都是在管理单元或模块中分发的。

2. Windows PowerShell 的基本用法

1) 启动 Windows PowerShell

图 1-35 Windows PowerShell 命令行窗口

启动操作方法如下:

方法一:通常在 Windows 任务栏中单击"Windows PowerShell"图标,即可快速启动 Windows PowerShell。

方法二:依次单击"开始"→"所有程序"→"附件"→"Windows PowerShell"→"Windows PowerShell",启动 Windows PowerShell。

Windows PowerShell 命令行窗口如图 1-35 所示,与 DOS 命令行类似,也有提示符,不过最前面标有"PS"(PowerShell 的简称)。

2) 使用 cmdlet

cmdlet 的命名方式是"动词-名词",如 Get-Help、Get-Command,可以像使用传统的命令和实用工具那样使用 cmdlet。在 Windows PowerShell 命令提示符下输入 cmdlet 的名称。

Windows PowerShell 命令不区分大小写。例如,执行 Get-Date 获取当前日期时间的 cmdlet 如下:

```
PS C:\Users\Administrator>Get-Date
2014 年 2 月 17 日   21:17:35
```

执行 Get-Command 获取会话中的 cmdlet 列表,以及其他命令和命令元素,包括 Windows PowerShell 中可用的别名(Alias,命令昵称)、函数(Function)和可执行文件。默认的 Get-Command 显示 3 列:CommandType(命令类型)、Name(名称)和 Definition(定义)。列出 cmdlet 时,Definition 列显示 cmdlet 的语法,其中的省略号"…"表示信息被截断。

```
PS C:\Users\Administrator>Get-Command
CommandType     Name          Definition
-----------     ----          ----------
Alias            %            ForEach-Object
Alias           ?             Where-Object
Function        A:            Set-Location A:
Alias           ac            Add-Content
Cmdlet   Add-Computer   Add-Computer [-DomainName]<String>[-Credential...
Cmdlet    Add-Content    Add-Content [-Path]<String[]>[-Value]<Object[...
...(此处略)
```

3）使用函数

函数是 Windows PowerShell 中的一类命令。像运行 cmdlet 一样，输入函数名称即可运行函数。

函数可以具有参数。Windows PowerShell 附带一些内置函数，例如，mkdir 函数用于创建目录（文件夹），还可以添加从其他用户那里获得的函数以及编写自己的函数。

4）使用别名

因为输入 cmdlet 名称可能比较麻烦，所以 Windows PowerShell 支持别名（替代名称）。可以为 cmdlet 名称、函数名称或可执行文件的名称创建别名，然后在任何命令中输入别名而不是实际名称。

5）使用对象管道

可以像 DOS 命令一样使用管道，即将一个命令的输出作为输入传递给另一个命令。

Windows PowerShell 提供了一个基于对象而不是基于文本的新体系结构。接收对象的 cmdlet 可以直接作用于其属性和方法，而无须进行转换或操作，可以通过名称引用对象的属性和方法。

6）使用驱动器与提供程序

可以在 Windows PowerShell 提供的任何数据存储中创建 Windows PowerShell 驱动器。驱动器可以具有任何有效的名称，后跟冒号，如 D:或 My Drive:。可以使用文件系统驱动器中所用的相同方法在这些驱动器中导航。

Windows PowerShell 提供程序是基于.NET Framework 的程序，它们使存于专用数据存储中的数据在 Windows PowerShell 中可用，便于查看和管理。提供程序公开的数据存储在驱动器中，可以像在硬盘驱动器上一样通过路径访问这些数据。可以使用提供程序支持的任何内置 cmdlet 管理提供程序驱动器中的数据。此外，可以使用专门针对这些数据设计的自定义 cmdlet。

Windows PowerShell 包括一组内置提供程序（表 1-1），可用于访问不同类型的数据存储。

3. 编写和运行 Windows PowerShell 脚本

Windows PowerShell 除了提供交互式界面外，还完全支持脚本。脚本相当于 DOS 批处理文件。

表 1-1 Windows PowerShell 内置提供程序

提供程序	驱动器	数据存储
Alias	Alias:	Windows PowerShell 的别名
用于数字签名的证书	Cert:	x509 证书
EnvironmentWindows	Env:	环境变量
FileSystem	因实际系统而异	文件系统驱动器、目录和文件
Function	Function:	Windows PowerShell 函数
Registry	HKLM:,HKCU	Windows 注册表
Variable	Variable:	Windows PowerShell 变量
WS-Management	WSMan	WS-Management 配置信息

编写脚本可以保存命令以备将来使用,还能分享给其他用户。如果重复运行特定的命令或命令序列,或者需要开发一系列命令执行复杂任务,就需要使用脚本保存命令,然后直接运行。

Windows PowerShell 脚本文件的文件扩展名为 .ps1。脚本具有其他一些功能,如 #Requires 特殊注释、参数使用、支持 Data 节点以及确保安全的数字签名。还可以为脚本及其中的任何函数编写帮助主题。

1) 编写脚本

脚本可以包含任何有效的 Windows PowerShell 命令,既可以包括单个命令,又可以包括使用管道、函数和控制结构(如 If 语句和 For 循环)的复杂命令。编写脚本可以使用记事本等文本编辑器,如果脚本较复杂,最好使用专用的脚本编辑器 Windows PowerShell 集成脚本环境(Integrated Script Environment, ISE)。

2) 修改执行策略

脚本是一种功能非常强大的工具,为防止滥用影响安全,Windows PowerShell 通过执行策略(Execution Policies)决定是否允许脚本运行。执行策略还用于确定是否允许加载配置文件。

Windows PowerShell 执行策略保存在 Windows 注册表中。默认的执行策略“Restricted”是最安全的执行策略,不允许任何脚本运行,而且不允许加载任何配置文件。

3) 运行脚本

要运行脚本,在命令提示符下输入该脚本的名称,其中文件扩展名是可选的,但是必须指定脚本文件的完整路径。

4) 使用集成的脚本环境

Windows PowerShell 2.0 捆绑了 1 个集成脚本环境,便于编写、运行和测试脚本。集成脚本环境是服务器安装中的 1 个可选组件,默认没有安装。

步骤 1:通过服务器管理器的添加功能向导安装“Windows PowerShell 集成脚本环境(ISE)”功能,具体方法参见前面“添加功能”相关操作步骤。

步骤 2：安装成功之后，依次单击“开始”→“所有程序”→“附件”→ Windows PowerShell，将出现 Windows PowerShell ISE 项，如图 1－36 所示。单击该项启动 Windows PowerShell ISE，Windows PowerShell ISE 主界面如图 1－37 所示。

图 1－36　Windows PowerShell ISE 菜单

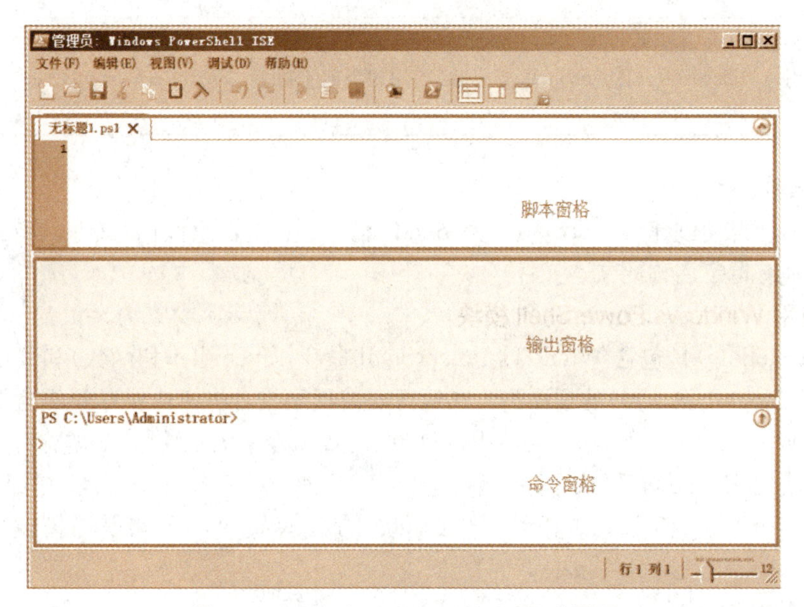

图 1－37　Windows PowerShell ISE 主界面

Windows PowerShell ISE 主界面包括若干个 PowerShell 选项卡，每个选项卡包括以下 3 个窗格：

(1) 脚本窗格：用于创建、编辑、调试和运行函数、脚本与模块。

(2) 输出窗格：用于捕获命令的输出。

(3) 命令窗格：像 Windows PowerShell 命令行一样运行交互式命令。命令的执行结果会显示在输出窗格中，可以清楚地跟踪之前所有命令执行的结果。

1.5.2 使用 Windows PowerShell

1. 创建和使用 Windows PowerShell 配置文件

Windows PowerShell 配置文件是在 Windows PowerShell 启动时运行的脚本，可以将它用作登录脚本自定义环境。

设计良好的配置文件有助于使用 Windows PowerShell 管理系统。

1）配置文件简介

在 Windows PowerShell 中可以有 4 个不同的配置文件，表 1-2 按加载顺序列出。优先级顺序正好相反，后加载的优先于先加载的，特殊的配置文件优先于一般的配置文件。

表 1-2 Windows PowerShell 配置文件

配置文件路径和文件名	作用范围	$PROFILE 变量
$PsHome\profile.ps1	所有用户所有主机	$Profile.AllUsersAllHosts
$PsHome\Microsoft.PowerShell_profile.ps1	所有用户当前主机	$Profile.AllUsersCurrentHost
$Home\My Documents\Windows PowerShell\profile.ps1	当前用户所有主机	$Profile.CurrentUserAllHosts
$Home\My Documents\Windows PowerShell\Microsoft.PowerShell_profile.ps1	当前用户当前主机	$Profile.CurrentUserCurrentHost

2）创建配置文件

系统不会自动创建 Windows PowerShell 配置文件。要创建配置文件，首先要在指定位置中创建具有指定名称的文本文件。

2. 使用 Windows PowerShell 模块

模块(Module)是包含 Windows PowerShell 命令(如 cmdlet 和函数)和其他项(如提供程序、变量、别名和驱动器)的程序包。在运行安装程序或者将模块保存到磁盘上后，可以将模块导入 Windows PowerShell 会话中，可以像内置命令一样使用其中的命令或项。还可以使用模块组织 cmdlet，提供程序、函数、别名以及创建的其他命令，并将它们与其他人共享。使用某个模块，涉及安装模块、导入模块、查找模块中命令和使用模块中的命令等操作。

1）安装模块

安装模块文件夹的步骤如下：

步骤 1：为当前用户创建 Modules 目录(如果没有该目录)。

步骤 2：将整个模块文件夹复制到 Modules 目录中。可以使用任意方法复制文件夹。

2）导入模块

要使用模块中的命令，就要将已经安装的该模块导入 Windows PowerShell 会话中。在导入模块之前，可以使用 Get-Module — ListAvailable cmdlet 列出可以导入 Windows PowerShell 会话的所有已安装模块，即查找安装到默认模块位置的模块；使用 Get-Module

列出已导入 Windows PowerShell 会话的所有模块。

3）使用模块中的命令

将模块导入 Windows PowerShell 会话之后，即可使用模块中的命令。

4）删除模块

删除模块时将从会话中删除模块添加的命令。

3. 使用 Windows PowerShell 管理单元

Windows PowerShell 管理单元是 .NET Framework 程序集，其中包含 Windows PowerShell 提供程序和 cmdlet。

Windows PowerShell 内置一组基本管理单元，可以通过添加包含自己创建的或从他人获得的提供程序和 cmdlet 的管理单元，可以扩展 Windows PowerShell 的功能。添加管理单元之后，它所包含的提供程序和 cmdlet 即可在 Windows PowerShell 中使用。

1）内置管理单元

内置 Windows PowerShell 管理单元包含内置的 cmdlet 和提供程序，列举如下：

(1) Microsoft. PowerShell. Core

(2) Microsoft. PowerShell. Host

(3) Microsoft. PowerShell. Security

(4) Microsoft. PowerShell. Utility

2）查找管理单元

执行命令 Get-PSSnapin 列出已添加到 Windows PowerShell 会话中的所有管理单元。

3）注册管理单元

启动 Windows PowerShell 时，内置管理单元将在系统中注册，并添加到默认会话中。但是，用户创建的或从他人处获得的管理单元，必须注册后将其添加到会话中。注册管理单元就是将其添加到 Windows 注册表。大多数管理单元都包含注册. dll 文件的安装程序(. exe 或. msi 文件)。

4）添加管理单元

使用 Add-PsSnapin 命令将已注册的管理单元添加到当前会话。

5）保存管理单元

在以后的 Windows PowerShell 会话中使用某个管理单元有 2 种解决方案：将 Add-PsSnapin 命令添加到 Windows PowerShell 配置文件，以后所有 Windows PowerShell 会话中均可用；将管理单元名称导出到控制台文件，可以在需要这些管理单元时才使用导出文件。

用户还可以保存多个控制台文件，每个文件都包含不同的管理单元组。使用 Export-Console 命令将会话中的管理单元保存在控制台文件(. psc1)中。

6）删除管理单元

要从当前会话中删除 Windows PowerShell 管理单元，使用 Remove-PsSnapin 命令。该命令从会话中移除管理单元，该管理单元仍为已加载状态，只是它所支持的提供程序和 cmdlet 不再可用。

4. 使用 Windows PowerShell 管理服务器的角色和功能

服务器管理器的 Windows PowerShell cmdlet 可以用来查看、安装或删除角色、角色服务和功能。以管理员特权启动 Windows PowerShell 之后执行 Import-module ServerManager 加载服务器管理器模块,这样就可以使用相关 cmdlet 管理角色、角色服务或功能,主要命令列举如下:

(1) Get-WindowsFeature:查看角色、角色服务和功能。

(2) Add-WindowsFeature:添加角色、角色服务和功能。

(3) Remove-WindowsFeature:删除角色、角色服务和功能。

表 1-3 列出了具体角色和功能的模块和管理单元,以及用于查找特定模块或管理单元中所有 cmdlet 的帮助的建议语法,供以后配置管理各类服务器时参考。

表 1-3 包含 Windows PowerShell cmdlet 的 Windows Server 2008 R2 角色和功能

名称	角色或功能	导入模块或添加管理单元	获取相应的帮助信息
Active Directory 模块	Active Directory 域服务角色	Import-Module ActiveDirectory	Get-Help * AD *
Active Directory 权限管理服务模块	无须角色或功能	Import-Module ADRMS	Get-Help * ADRMS
Active Directory Rights Management Services 管理模块	AD RMS 角色	Import-Module ADRMSAdmin	Get-Help * -rms *
应用程序 ID 策略管理模块	无须角色或功能	Import-Module AppLocker	Get-Help * AppLocker *
最佳实践分析程序模块	无须角色或功能	Import-Module BestPractices	Get-Help * BPA *
后台智能传送服务(BITS)模块	无须角色或功能	Import-Module BITSTransfer	Get-Help * BITS *
故障转移群集模块	故障转移群集功能	Import-Module FailoverClusters	Get-Help * Cluster *
组策略模块	组策略管理功能	Import-Module GroupPolicy	Get-Help * GP *
网络加载平衡群集模块	网络负载平衡功能	Import-Module NetworkLoad BalancingClusters	Get-Help * NLB *
远程桌面服务模块	远程桌面服务角色	Import-Module RemoteDesktop Services	Get-Help * Desktop *
服务器管理器模块	无须角色或功能	Import-module ServerManager	Get-Help * Feature *
服务器迁移模块	Windows Server 迁移工具功能	Add-PSSnapin Microsoft. Windows. ServerManager. Migration	Get-Help * Smig *
程序包支持疑难解答	无须角色或功能	Import-Module Troubleshooting Pack	Get-Help * Troubleshoot *
Windows 备份管理单元	Windows Server Backup 功能	Add-PSSnapin Windows. Server Backup	Get-Help * -WB *

续　表

名称	角色或功能	导入模块或添加管理单元	获取相应的帮助信息
Internet 信息服务(IIS)模块	Web 服务器(IIS)角色	Import-Module Web Administration	Get-Help * Web *
Web Services for Management	Web Services for Management (WS-Management)角色	Add-PSSnapin Microsoft. WSMan. Management	Get-Help * WSMan *

项 目 小 结

本项目主要讲述了 Windows Server 2008 R2 的相关知识,掌握该系统安装前的准备工作、安装的具体方法和步骤;安装后的基本环境设置。同时,本项目还对 Windows Server 2008 R2 的服务器管理器和 PowerShell 等用法作了介绍,学习后我们要能熟练掌握这些工具的使用方法和操作步骤。

实践训练(工作任务单)

1.7.1　实训目标

(1) 会使用 VMware Workstation 创建虚拟机。
(2) 会安装 Windows Server 2008 R2 网络操作系统。
(3) 会配置 Windows Server 2008 R2 的工作环境。

1.7.2　实训场景

Sunny 公司购置了 1 台新服务器,系统工程师比较了各种网络操作系统的优缺点,结合公司的实际需求,决定为该服务器安装 Windows Server 2008 R2 企业版的操作系统,以实现公司内部资料共享、IP 地址自动分配、文件的上传下载等服务。网络实训环境如图 1 - 38 所示。

角色：Client
主机名：clt1
IP地址：192.168.1.2
子网掩码：255.255.255.0
网关：192.168.1.1
DNS ：192.168.1.200

角色：AD+DNS
主机名：su-dc1
IP地址：192.168.1.200
子网掩码：255.255.255.0
网关：192.168.1.1
DNS：192.168.1.200

图 1 - 38　安装 Windows Server 2008 R2 实训环境

1.7.3 实训任务

任务1:使用 VMware Workstation 创建 Windows Server 2008 R2 虚拟机

(1) 下载并安装 VMware Workstation 软件。

(2) 创建 Windows Server 2008 R2 虚拟机。

① 虚拟机名称:Windows Server 2008 R2。

② 最大磁盘大小:100GB。

③ 内存:2048MB。

④ 网络适配器:仅主机模式(H):与主机共享专用网络。

任务2:在虚拟中安装 Windows Server 2008 R2 操作系统

要求如下:

(1) 系统版本:Windows Server 2008 R2 企业版。

(2) 系统分区大小:60GB,文件存储分区大小:40GB。

(3) 文件系统格式:NTFS。

(4) 管理员密码:P@ssw0rd。

任务3:配置 Windows Server 2008 R2 工作环境

(1) 配置桌面环境。

① 在桌面添加"计算机""回收站""用户的文件""网络""控制面板"图标。

② 为系统设置适合的显示分辨率。

(2) 配置计算机名称和所属工作组。

计算机名称:su-dc1,工作组:MSHOME。

(3) 配置 TCP/IP。

IP 地址:192.168.1.200,子网掩码:255.255.255.0,网关:192.168.1.1,首选 DNS 服务器 IP 地址:192.168.1.200。

(4) 关闭 Windows Server 2008 R2 防火墙,放行 ping 命令。

(5) 配置虚拟内存大小为实际内存的 2 倍。

(6) 测试客户机与虚拟机之间的通信。

1.8 课后习题

1.8.1 填空题

1. Windows Server 2008 R2 提供 2 种安装模式,即________模式和________模式。

2. Windows Server 2008 R2 默认安装的磁盘分区是________分区。

3. Windows Server 2008 R2 的管理员密码必须符合以下条件:①至少 6 个字符;②不包含用户账户名称超过 2 个以上连续字符;③包含大写字母、________、________、特殊字符 4 组字符中的 3 组。

4. Windows Server 2008 R2 网络的管理方式有:工作组和________2 种模式。

1.8.2 单项选择题

1. 以下选项中，不属于网络操作系统的是(　　)。

A. DOS　　B. Linux

C. Unix　　D. Windows Server 2008 R2

2. 你要为 1 个大型的企事业部署 1 个关键应用，此时你应该选择哪个版本？(　　)。

A. Windows Server 2008 R2 Foundation

B. Windows Server 2008 R2 Standard

C. Windows Server 2008 R2 Enterprise

D. Windows Web Server 2008 R2

3. 安装 Windows Server 2008 R2 的过程中，Windows 为系统文件自动创建的额外分区名称是(　　)。

A. C　　B. D　　C. 系统分区　　D. 系统保留

4. 对硬盘分区并完成格式化后，就可以开始安装软件了，正确的顺序是(　　)。

A. 先安装操作系统，再安装应用软件，最后安装驱动程序

B. 先安装操作系统，再安装驱动程序，最后安装应用软件

C. 先安装驱动程序，再安装操作系统，最后安装应用软件

D. 只需要安装操作系统，不需要安装驱动程序

5. 当为某个硬件安装或升级了驱动程序以后重启计算机时出现蓝屏。这时可以在启动时选择(　　)，使系统恢复到安装驱动程序前的状态。

A. 目录服务还原模式　　B. 启用低分辨率视频

C. 最近一次正确配置　　D. 正常启动 Windows

6. 在 Windows Server 2008 R2 操作系统里，最能满足密码安全策略要求的是(　　)。

A. 1234567　　B. abc123456　　C. A123456　　D. a123&456

7. 下列关于 Windows Server 2008 R2 叙述中不正确的是(　　)。

A. Windows Server 2008 R2 操作系统中，虚拟内存的大小一般设为实际内存的 1.5 倍

B. Windows Server 2008 R2 主要有 2 种安装方式：全新安装和升级安装，任何版本的操作系统都可以升级至 Windows Server 2008 R2

C. Windows Server 2008 R2 安装完成后，第 1 次登录时使用的账户是 Administrator

D. 采用服务器核心(Server Core)安装 Windows Server 2008 R2，系统安装完成后没有图形用户界面

1.8.3 简答题

1. 简述 Windows Server 2008 R2 的版本。
2. 简述 Windows Server 2008 R2 的安装模式及特点。
3. 安装 Windows Server 2008 R2 前应该注意哪些事项？

网络配置与系统管理工具

项目导入

作为 Linux 系统的网络管理员，学习 Linux 服务器的网络配置是至关重要的，同时管理远程主机也是必须熟练掌握的。本项目讲解如何使用 nmtui 命令配置网络参数，以及通过 nmcli 命令查看网络信息并管理网络会话服务，从而能够在不同工作场景中快速地切换网络运行参数的方法；还讲解了如何手工绑定 mode6 模式双网卡，实现网络的负载均衡的方法。本项目还深入介绍了 SSH 协议与 sshd 服务程序的理论知识、Linux 系统的远程管理方法以及在系统中配置服务程序的方法。

项目分析

服务器操作系统安装完成后，只是走出了万里长征的第 1 步，要让这个服务器发挥作用，还需要对这个系统进行初步的配置，使之具备一个网络服务工作平台的基本功能。要实现这个目标，首先要熟悉常见的网络操作系统的管理工具和基本的网络配置。

(1) 熟悉 MMC 的使用与配置方法。

(2) 配置服务器的 IP 地址。服务器 IP 地址信息如下：

IP 地址 1:192.168.0.11

子网掩码:255.255.255.0

默认网关:192.168.0.1

首选 DNS:192.168.0.11(若是本机操作，也可设置为 127.0.0.1)

备选 DNS:8.8.8.8(选填)

(3) 开启服务器的防火墙。

预备知识

2.3.1 MMC 和 MSDOS

Windows Server 2008 R2 优化了界面和管理结构，多数管理功能已经移植到 Microsoft

管理控制台(Microsoft Management Console, MMC)。MMC 只是一个框架,是一种集成管理工具的管理界面,用来创建、保存并打开管理工具,本身并不执行管理功能。为了保持系统的兼容性,Windows Server 2008 R2 仍然支持命令提示符模式。

1. MMC 管理控制台的特点

MMC 具有统一的管理界面,如图 2-1 所示。MMC 由菜单栏、工具栏、控制台树窗格、详细信息窗格和操作窗格等部分组成。

(1) 控制台树通常显示所管理对象的树状层次结构,列出可以使用的管理工具(管理单元)及其下级项目。

(2) 详细窗格给出所选项目的信息和有关功能,内容随着控制台树中项目的选择而改变。

(3) 操作窗格列出所选项目提供的管理功能。

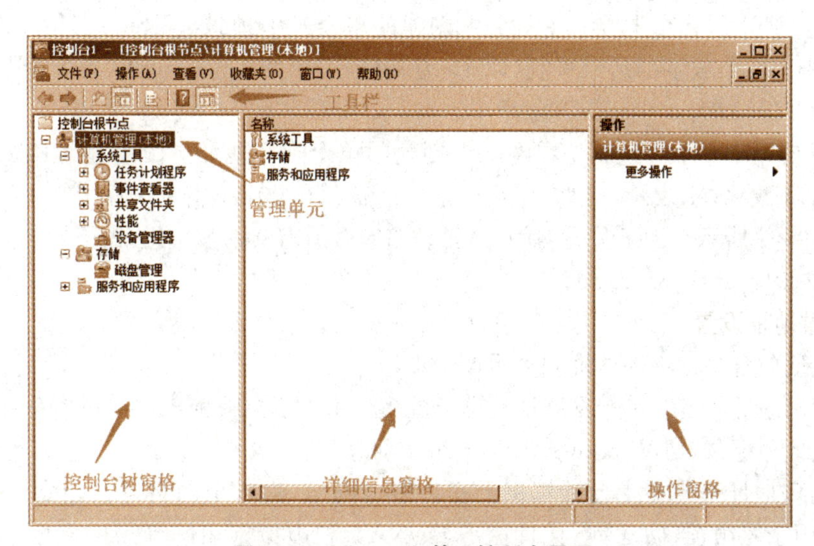

图 2-1　Microsoft 管理控制台界面

MMC 构成了集成管理工具的框架,这些管理工具本身被称为管理单元。在 MMC 中,每一个单独的管理工具算作一个"管理单元",每一个管理单元完成某一特定的管理功能或一组管理功能。在一个 MMC 中,可以同时添加多个"管理单元"。

管理员通过 MMC 使用管理工具来管理硬件、软件和 Windows 系统的网络组件。

使用 MMC 有 2 种方法:直接使用已有的 MMC 控制台;创建新的控制台或修改已有的控制台。

2. 命令提示符窗口

专业管理员往往选择用命令行工具来管理系统和网络,这样不仅能够提升工作效率,还可以完成许多在图形界面下无法完成的任务。

命令行程序通常具有占用资源少、运行速度快、可通过脚本进行批量处理等优点。当出现故障或是被病毒、木马破坏,系统无法引导时,可以通过 DOS 操作系统引导进入命令行,然后进行数据备份、系统修复等工作。

命令行程序分为内部命令和外部命令。内部命令是随 command. com 装入内存的,系统运行时，这些内部命令都驻留在内存中。外部命令都是以一个个独立的文件存在磁盘里的可执行文件，它们并不常驻内存，只有在需要时，才会被调入内存执行。

2.3.2 IP 地址概述

1. IP 地址

网络上的每台计算机都有唯一的标识符。计算机使用唯一标识符将数据发送到网络上的特定计算机，这与在电子邮件系统中发送信件的邮件地址相同。现在的网络包括 Internet 上的所有计算机，都使用 TCP/IP 协议作为网络通信的标准。在 TCP/IP 协议中，计算机的唯一标识符称为 IP 地址。

IP 地址有 2 个标准：IP 版本 4(IPv4)和 IP 版本 6(IPv6)。所有有 IP 地址的计算机都有 IPv4 地址，许多计算机也开始使用新的 IPv6 地址系统。以下是这 2 种地址类型的含义：

IPv4 是使用 32 个二进制位在网络上创建的单个唯一地址。IPv4 地址由 4 个数字表示，用点分隔。每个数字都是十进制(以 10 为基底)表示的 8 位二进制(以 2 为基底)数字，例如：216.27.61.137。

IPv6 是使用 128 个二进制位在网络上创建的单个唯一地址。IPv6 地址由 8 组十六进制(以 16 为基数)数字表示，这些数字由冒号分隔，如 2001:cdba:0000:0000:0000:0000:0000:3257:9652 所示。为了节省空间，通常省略包含所有 0 的数字组，留下冒号分隔符来标记空白(如 2001:cdba::3257:9652)。

2. 多重地址设置

多重地址包含多重物理地址和多重逻辑地址。

多重逻辑地址就是对单个网络适配器分配多个 IP 地址，目前大多数的操作系统都支持多重逻辑地址分配，包括 Windows Server 2008 R2。

多重物理地址是指在 1 台计算机上安装多个网卡，为每个网络连接指定 1 个主要 IP 地址，主要用于路由器、防火墙、代理服务器、NAT 和虚拟专用网等需要多个网络接口的场合。

2.4 项目实施

2.4.1 任务 1 系统配置工具

2.4.1.1 子任务 1 Microsoft 管理控制台

1. 自定义 MMC 控制台

Windows Server 2008 R2 对最常用的管理工具提供预配置 MMC 控制台，至于其他管理工具，则可以自定义 MMC 调用。还可以创建自定义控制台组合多种管理单元。这里讲解添加管理单元以定制 MMC 控制台的过程。

步骤 1：依次单击“开始”→“运行”命令，输入“MMC”，单击“确定”按钮，打开 MMC 界面，选择“文件”→“添加/删除管理单元”命令，弹出相应的对话框，如图 2-2 所示。

步骤 2：左侧“可用的管理单元”列表显示可加载的管理单元，从中选择要添加到 MMC

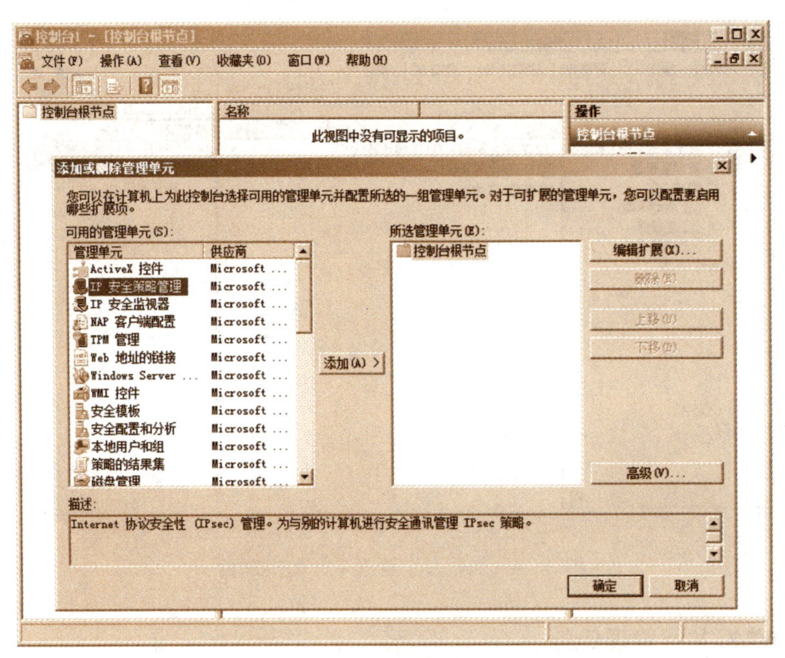

图 2-2　添加或删除管理单元

界面的管理单元，单击“添加”按钮，根据提示操作即可。

管理单元可分为独立和扩展 2 种形式。通常将独立管理单元称为简单管理单元，而将扩展管理单元简称为扩展。管理单元可独立工作，也可添加到控制台中。扩展与 1 个管理单元相关，可添加到控制台树中的独立管理单元或者其他扩展之中。扩展在独立管理单元的框架范围内有效，可对管理单元目标对象进行操作。

在默认情况下，当添加 1 个独立管理单元时，与管理单元相关的扩展也同时加入，当然也可以选择不加入相关的扩展。

步骤 3：从“所选管理单元”列表选中某个管理单元，单击“编辑扩展”按钮，将列出当前选中管理单元的扩展，并且允许用户添加所有的扩展，或者有选择性地启用或禁用特定的扩展。例如，“服务”管理单元相关的扩展如图 2-3 所示。

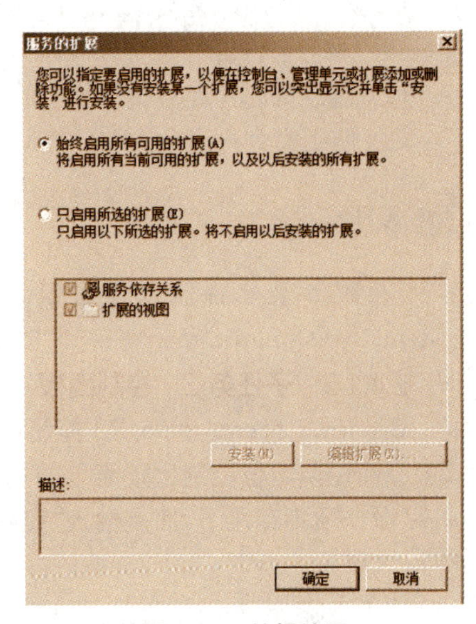

图 2-3　编辑扩展

步骤 4：可根据需要添加其他管理单元。单击“确定”按钮，完成管理单元的添加。图 2-4 显示的就是有多个管理单元的控制台，这样通过 1 个控制台就可执行多种管理任务。

步骤 5：为便于今后使用，选择“文件”→“保存”命令，将该控制台设置保存到文件（命名为“控制台示例. msc”），一般保存在“管理工具”文件夹中。

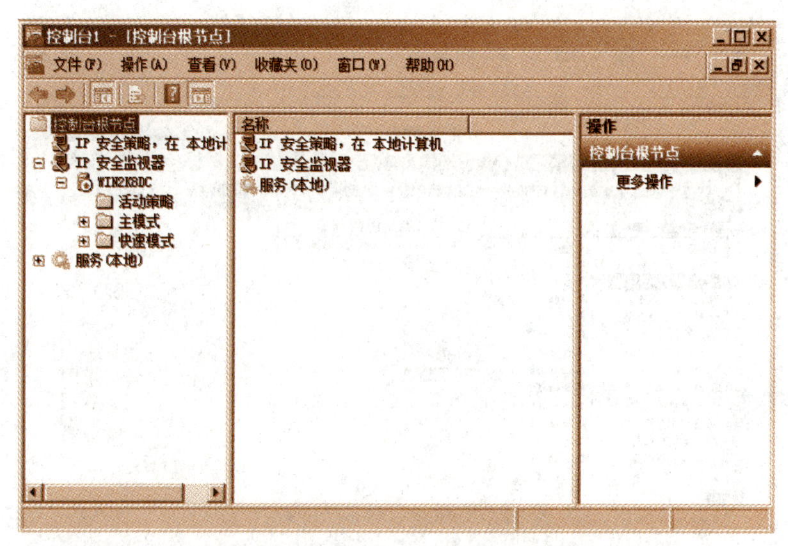

图 2-4 加载多个管理单元的控制台

2. 使用 MMC 执行管理任务

使用 MMC 控制台管理本地计算机时，需要具备执行相应管理任务的权限。使用 MMC 远程管理网络上的其他计算机，需要满足 2 个前提条件：

(1) 拥有被管理计算机的相应权限。

(2) 在本地计算机上提供相应的 MMC 控制台。

打开 MMC 控制台文件启动相应管理工具执行管理任务。打开 MMC 文件有以下方法：

(1) 对于常用的管理工具，可以直接从“管理工具”菜单中打开，如“计算机管理”“事件查看器”“服务”“性能”“证书颁发机构”等。

(2) 通过资源管理器找到相应的. msc 文件，双击运行即可。

(3) 使用命令行启动 MMC 控制台，基本语法格式为：

```
mmc 文件路径\.msc 文件/a
```

其中，参数/a 表示强制以作者模式打开控制台。例如，执行命令 mmc c:\windows\system32\diskmgmt. msc 将打开“磁盘管理”工具。

2.4.1.2 子任务 2 控制面板

Windows Server 2008 R2 控制面板项以选项集合的形式列出，不再是单一的命令项。其中一些控制面板控制比较简单的选项集，还有一些选项则比较复杂。例如，“添加或删除程序”命令项不存在了，而是融入“程序”控制面板中的“程序和功能”下面的“卸载程序”，如图 2-5 所示。

操作步骤：要使用控制面板中的配置管理工具，从“开始”菜单中选择“控制面板”打开相应的对话框，如图 2-6 所示，从中选择相应的项目即可。

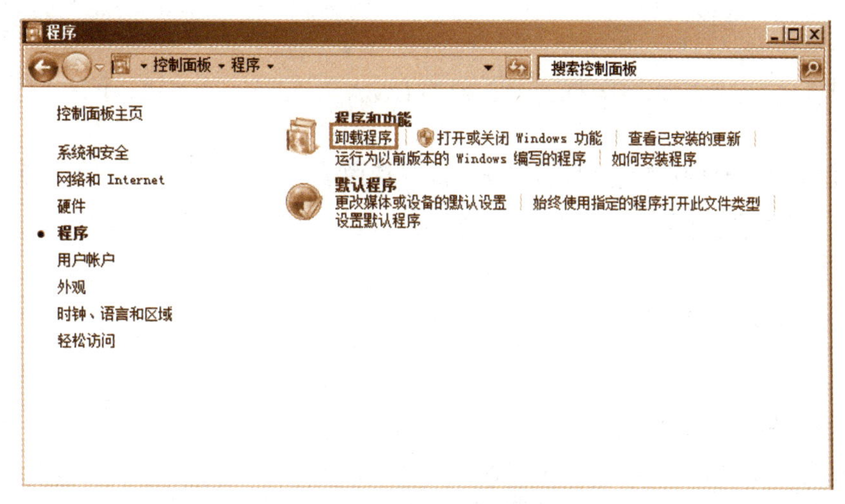

图 2-5　“程序”控制面板项

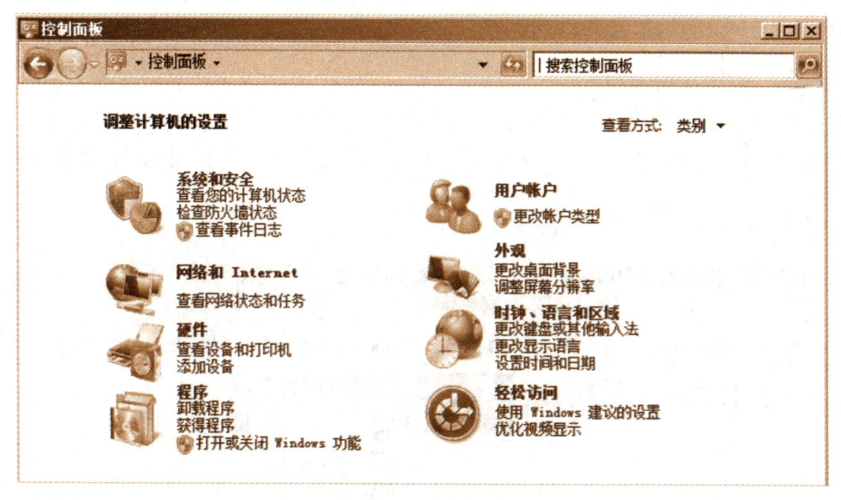

图 2-6　控制面板

2.4.1.3　子任务 3　cmd 命令行

1. 启动命令提示符

需要在使用命令提示符窗口中输入可执行命令进行交互操作。Windows Server 2008 R2 提供了以下 2 种方法打开“命令提示符”窗口。具体操作如下：

(1) 依次单击“开始”→“所有程序”→“附件”→“命令提示符”命令，打开命令提示符窗口，则该窗口标题栏写着“命令提示符”。命令的提示符是 C:\Users\〈UserName〉〉。该窗口正运行 cmd. exe。

(2) 依次单击“开始”→“运行”命令，在弹出的对话框中输入 cmd(或者 cmd. exe)命令，则命令行提示符窗口标题栏显示 c:\windows\system32\cmd. exe。

2. 命令行语法

输入命令必须遵循一定的语法规则，命令行中输入的第 1 项必须是 1 个命令的名称，从第 2 项开始是命令的选项或参数，各项之间必须由空格或〈TAB〉隔开，格式如下：

```
提示符> 命令 选项 参数
```

选项是包括1个或多个字母的代码，前面有1个“/”符号，主要用于改变命令执行动作的类型。

参数通常是命令的操作对象，多数命令都可使用参数。有的命令不带任何选项和参数。Windows命令并不区分大小写。可以附带选项“/?”获取相关命令的帮助信息，系统会反馈该命令允许使用的选项、参数列表以及相关用法。

2.4.2 任务2 网络配置与管理

2.4.2.1 子任务1 网络连接配置

Windows Server 2008 R2支持多种网络接口设备类型，包括以太网连接、令牌环连接、无线局域网连接、ADSL连接、ISDN连接、Modem连接等。

一般情况下，安装程序均能自动检测和识别网络接口设备。安装Windows Server 2008 R2之后可以直接通过“初始配置任务”窗口进行系统的网络连接配置，也可以在以后通过“网络和共享中心”工具进行配置。用于局域网连接的网络适配器默认显示的网络连接名称为“本地连接”。操作步骤如下：

步骤1：在“初始配置任务”窗口中单击“提供计算机信息”区域的“配置网络”，打开如图2-7所示的“网络连接”窗口，选中“本地连接”，可通过工具栏或快捷菜单查看状态或设置属性。

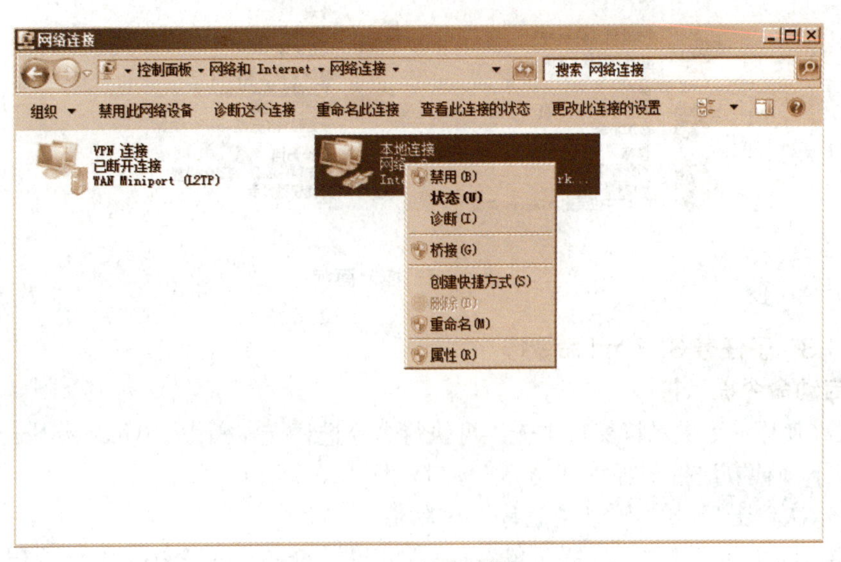

图2-7 “网络连接”窗口

也可以从控制面板中选择“网络连接”→“网络和Internet”→“网络和共享中心”，打开如图2-8所示的“网络和共享中心”窗口，查看当前的网络连接状态和任务。

步骤2：双击相应的网络连接项就可以查看网络连接状态，如图2-9所示。单击“禁用”按钮，将停用该网络连接。

网络被停用后，可按步骤1方法进入如图2-7所示界面，单击“启用”打开网络连接。

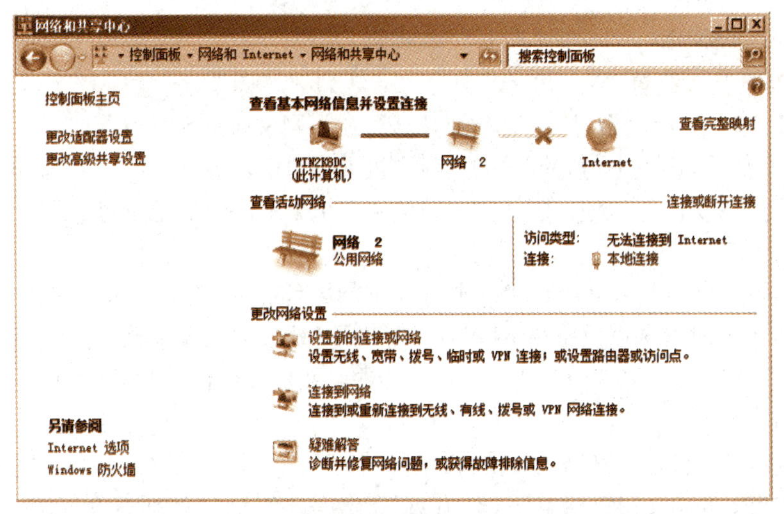

图 2 - 8　“网络和共享中心”窗口

步骤 3:要进一步配置网络连接,单击“属性”按钮打开如图 2 - 10 所示的网络连接属性设置对话框,列出该网络连接所使用的网络协议及其他网络组件,可以根据需要安装或卸载网络协议或组件。

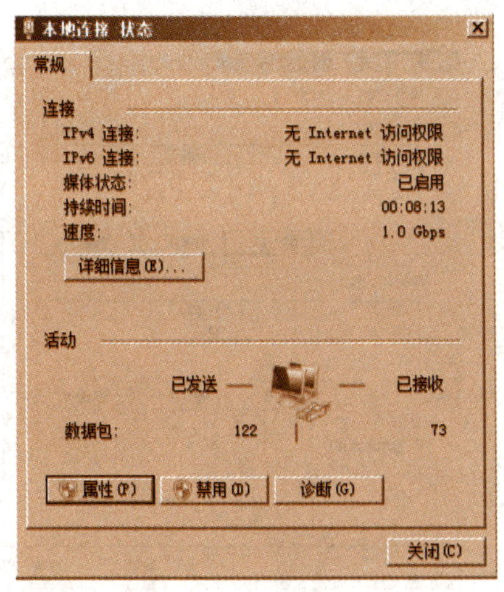

图 2 - 9　网络连接状态

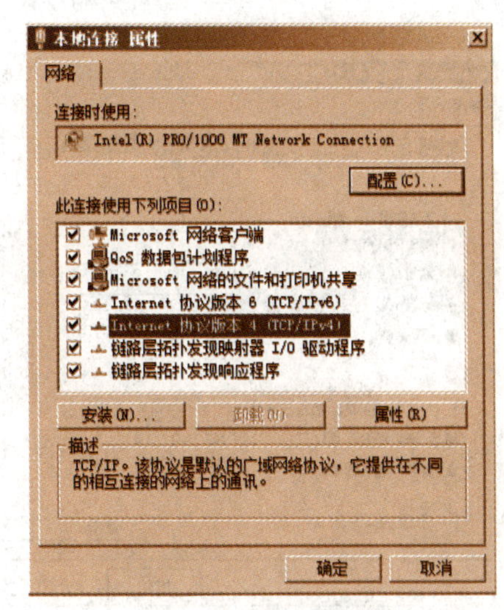

图 2 - 10　网络连接属性

2.4.2.2　子任务 2　TCP/IP 配置

TCP/IP 配置是网络连接配置中最主要的部分。对于 Windows Server 2008 R2 来说,TCP/IP 协议就是首选的网络协议,也是登录系统使用 Active Directory、域名系统(DNS)以及其他应用的先决条件。其 TCP/IP 协议栈包括大量的服务和工具,便于管理员应用、管理和调试 TCP/IP 协议。

Windows Server 2008 R2 装载了许多基于 TCP/IP 的服务,并对 TCP/IP 提供了强有力的支持,其安装和配置管理都是基于图形化窗口的,即使是初学者按照提示也能够很容易地进行基本的安装配置。一些熟练用户更喜欢使用像 Netsh 这样的命令行实用工具或 Windows PowerShell。

1. TCP/IP 基本配置

TCP/IP 基本配置包括 IP 地址、子网掩码、默认网关、DNS 服务器配置等。设置 IP 地址和子网掩码后，主机就可与同网段的其他主机进行通信，但是要与不同网段的主机进行通信，还必须设置默认网关地址。默认网关地址是 1 个本地路由器地址，用于与不在同一网段的主机进行通信。

主机作为 DNS 客户端，访问 DNS 服务器进行域名解析，使用目标主机的域名与目标主机进行通信，可同时首选以及备用 DNS 服务器的 IP 地址。具体步骤示范如下：

步骤 1：从控制面板中选择“网络连接”→“网络和 Internet”→“网络和共享中心”命令打开相应的窗口。

步骤 2：单击要设置的网络连接项，再单击“属性”按钮打开网络连接属性设置窗口，从组件列表中选择“Internet 协议版本（TCP/IPv4）”项，单击“属性”按钮打开如图 2－11 所示的对话框。

步骤 3：选择 IP 地址分配方式，这里有 2 种情况。

如果需要为 1 个连接设置多个 IP 地址或多个网关，或进行 DNS、WINS 设置，就要进行高级配置，单击“高级”按钮，进入如图 2－12 所示的对话框进行设置。

步骤 4：选择 DNS 服务器地址分配方式。

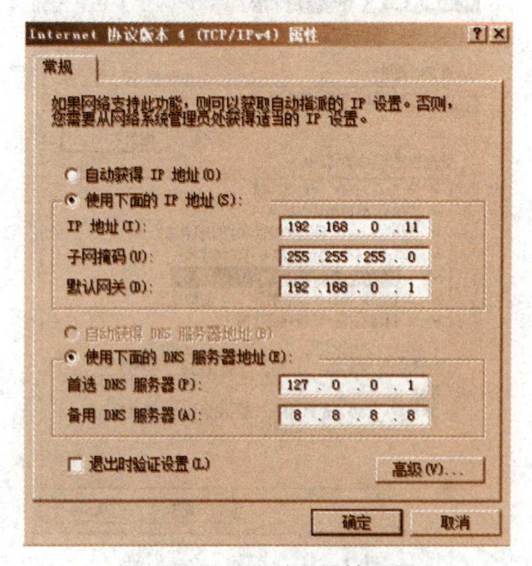

图 2－11 TCP/IP 属性设置

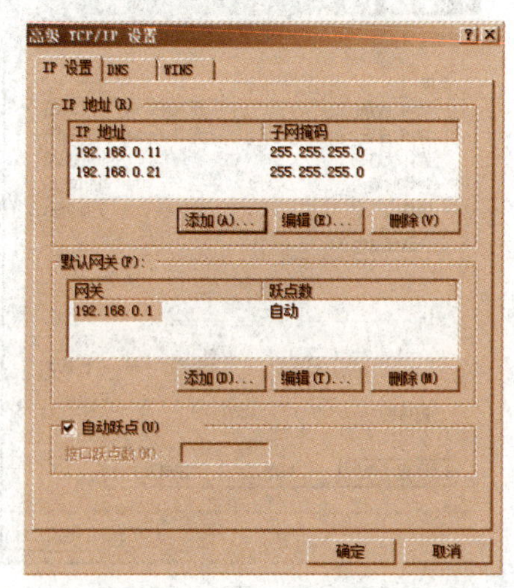

图 2－12 TCP/IP 高级属性设置

2. 为网络连接分配多个 IP 地址

多重逻辑地址最常见的应用就是机器在 Internet 上用作服务器，让每个 Web 站点都有自己的 IP 地址，这是一种典型的虚拟主机解决方案。

另外，还可以在同一物理网段上建立多个逻辑 IP 网络，此时配置多个 IP 地址的计算机相当于逻辑子网之间的路由器，如图 2－13 所示。参见图 2－12，在 TCP/IP 高级属性设置对话框的“IP 设置”选项卡中配置多个 IP 地址。

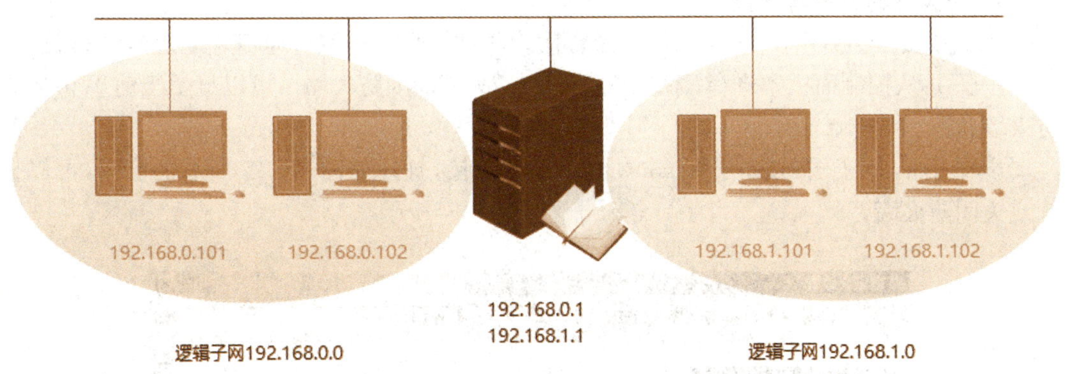

图 2-13 在同一物理网段建立多个逻辑子网

3. 为多个网络连接配置 IP 地址

尽管可以为 1 个网卡配置多个 IP 地址，但是这样对性能没有任何好处，应尽可能地将不重要的 IP 地址从现有的服务器 TCP/IP 配置中删除。Windows Server 2008 R2 支持多个网络适配器，通过 NDIS 使网络协议同时在多个网络适配器上通信。

具体方法是多重物理地址，即分别安装每个网卡的驱动程序，然后分别设置每个网络连接的属性。实施步骤如下：

步骤 1：在 Windows Server 2008 R2 计算机上设置多个网卡的界面，如图 2-14 所示。

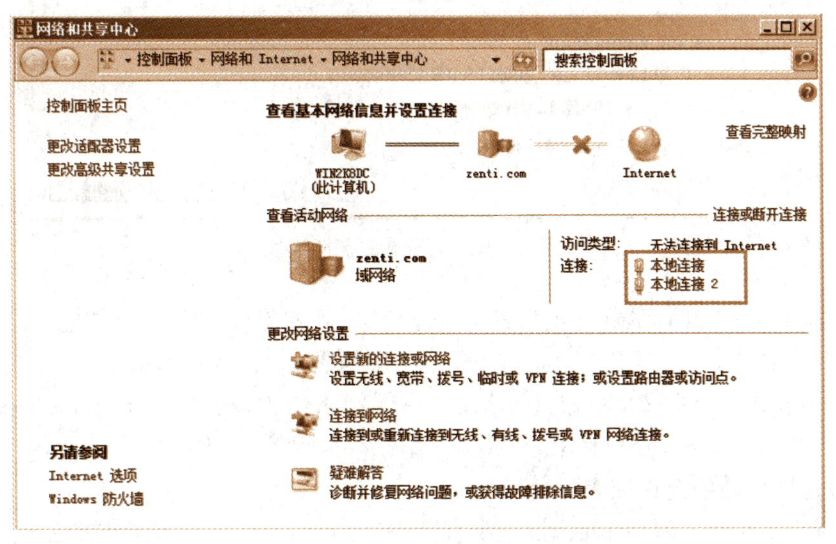

图 2-14 设置多个网络连接

步骤 2：也可以对每一个网卡指定额外的默认网关。与多个 IP 地址同时保留激活状态不同，额外的网关只在主要的默认网关不可到达时，才能够使用(按列出的顺序尝试)。

参见图 2-12，在“默认网关”区域设置其对应的网关。

2.4.2.3 子任务 3 Windows 防火墙配置

Windows Server 2008 R2 内置 Windows 防火墙，以保护服务器本身免受外部攻击。

1. 防火墙的开启与关闭

系统默认已经启用 Windows 防火墙以阻止其他计算机与本机通信。配置方法如下：

步骤 1:从控制面板中选择“系统和安全”→“Windows 防火墙”,可以显示当前 Windows 防火墙状态。

步骤 2:单击“打开或关闭 Windows 防火墙”链接,打开如图 2-15 所示的窗口,可以打开或关闭防火墙。

图 2-15 打开或关闭防火墙

步骤 3:如果启用防火墙,还可以进一步设置选项,如果选中第 1 个复选框,将完全阻止其他计算机的访问;选中第 2 个复选框,遇到被阻止的通信时将给出提示。

在 Windows Server 2008 R2 中,可以为不同网络位置设置不同的 Windows 防火墙配置。网络位置共有 3 种,分别是家庭网络、工作(专用)网络、公用网络或域网络。

2. 设置防火墙的允许列表

启用 Windows 防火墙的默认设置没有选中“阻止所有传入连接,包括位于允许程序列表中的程序”复选框,允许选择部分程序与其他计算机通信。

步骤 1:从控制面板中选择“系统和安全”→“Windows 防火墙”,单击“允许程序或功能通过 Windows 防火墙”链接,打开如图 2-16 所示的窗口。

步骤 2:在“允许的程序或功能”列表中基于网络位置设置允许通过 Windows 防火墙的程序或功能。

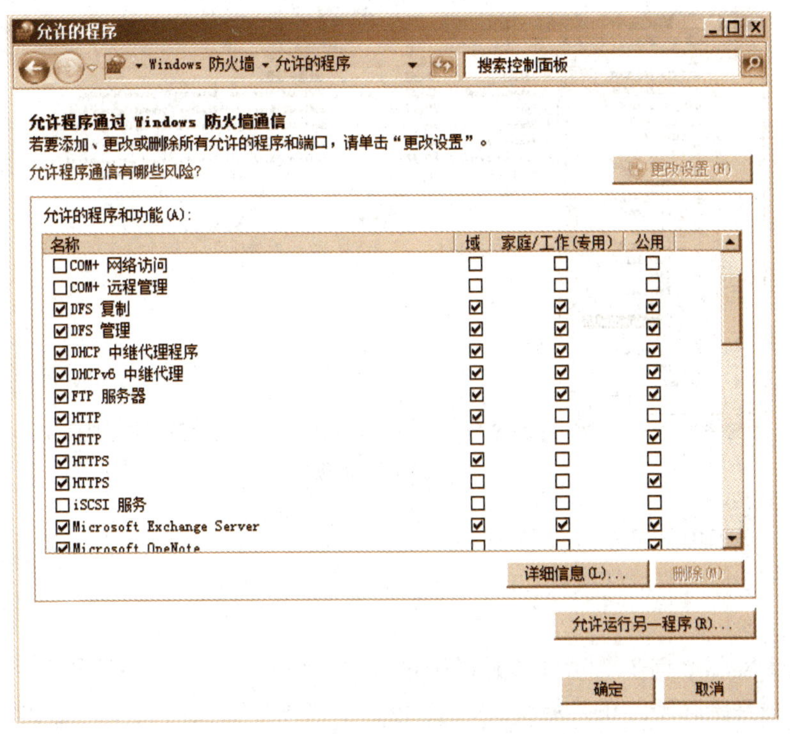

图 2－16　允许程序通过防火墙通信

2.5 知识拓展

2.5.1　注册表编辑器

注册表是 Windows Server 2008 R2 存放配置信息的核心文件，用于存放有关操作系统、应用程序和用户环境的信息，必要时可以直接编辑和修改注册表来实现系统配置。

在 Windows Server 2008 R2 中，注册表存储了有关系统硬件和软件的配置信息，这些信息与操作系统和应用程序都有关。注册表还保存了有关用户的信息，包括安全信息、权限设置以及工作环境等。

1. 注册表的结构

注册表的内容取决于安装在每台计算机上的设备、服务和程序。一台计算机上的注册表内容可能与另一台有很大的不同，但是基本结构是相同的。

注册表的内部组织结构是 1 个树状分层的结构，如图 2－17 所示，具体说明如下：

(1) 整个结构分为 5 个主要分支称为子树(subtree)，又称文件夹。

(2) 每一个子树下包含若干项，又称键(key)。

(3) 每一个项下包含若干子项，又称子键(subkey)，子项是项中的一个子分支。

(4) 每一个子项下可能包含若干下级子项。

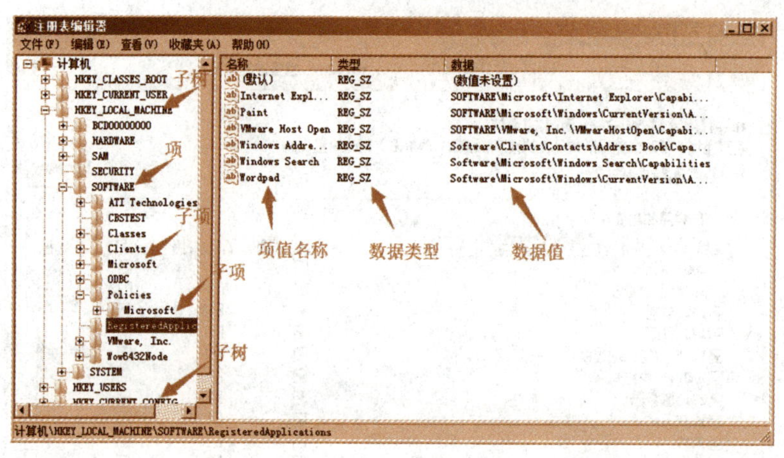

图 2-17　注册表的结构

(5) 每一个子项下可能包含若干项值(value),又称键值。

(6) 每一个项值对应某项具体设置。

1) 子树

注册表中实际上有 2 个“物理”子树 HKEY_LOCAL_MACHINE 和 HKEY_USERS,前者包含了与系统和硬件相关的设置,后者包含了与用户有关的设置。这 2 个子树被分成以下 5 个“逻辑”子树,便于查找信息和理解注册表的逻辑结构。

(1) HKEY_LOCAL_MACHINE,简称 HKLM,存储本地计算机系统的设置,即与登录用户无关的硬件和操作系统的设置,如设备驱动程序、内存、已装硬件和启动属性。

(2) HKEY_CLASSES_ROOT,简称 HKCR,包含与文件关联的数据,如文件类型与其应用程序建立关联。

(3) HKEY_CURRENT_USER,简称 HKCU,存储当前登录到本地系统的用户的特征数据,包括桌面配置和文件夹、网络和打印机连接、环境变量、“开始”菜单和应用程序,以及用户操作环境和用户界面的其他设置。

(4) HKEY_USERS,简称 HKU,存储登录到本地计算机的用户的特征数据,以及本地计算机用户的默认特征数据。

(5) HKEY_CURREN_CONFIG,简称 HKCC,存储启动时所标识的本地计算机的硬件配置数据,并包括与设备配置、设备驱动程序等有关的设置。该子树实际上是 HKEY_LOCAL_MACHINE\System\CurrentControlSet\Hardware Profiles\Current 项的别名。

2) 项值

项是注册表中的容器,可包含其他子项,也可包含具体的项值条目。项值位于注册表层次结构的最底端,它由名称、数据类型和数据值 3 部分组成。名称标识了设置项目,数据类型描述了该项的数据格式,而数据值则是设置值。Windows 注册表所支持的数据类型如表 2-1 所示。

表 2-1 Windows 注册表项值数据类型

数据类型	说　明
REG_BINARY	二进制数据。主要用于硬件组件信息,在注册表编辑器中这种数据可以以二进制或十六进制格式来显示或编辑
REG_DWORD	占用 4 个字节的长度。许多设备驱动程序和服务的参数是这种类型,并在注册表编辑器中以二进制、十六进制或十进制的格式显示
REG_SZ	单一字符串
REG_MULTI_SZ	多字符串。这种类型由包含多个文本字符串的数据项值使用,多值用空格、逗号或其他标记分开
REG_EXPAND_SZ	可扩充字符串,内含变量(例如%systemroot%)
REG_FULL_RESOURCE_DESCRIPTOR	用来存储硬件或驱动程序所占用的资源清单。用户无法修改此处的数据

3) Hive(蜂巢)与注册表文件

Windows 将注册表数据存储到一系列注册表文件中,每一个注册表文件内所包含的项、子项、项值的集合称为 Hive(通常译为"蜂巢"),因而注册表文件又称为蜂巢文件。

HKEY_LOCAL_MACHINE 子树下的 SAM、SECURITY、SOFTWARE、SYSTEM 都是蜂巢,因为其中的项、子项、项值分别存储到不同的注册表文件内。这些注册表文件保存在%systemroot%\system32\Config 文件夹中(%systemroot%是指存储 Windows 系统文件的文件夹),文件名分别是 Sam 与 Sam.log、Security 与 Security.log、Software 与 Software.log、System 与 System.log。

2. 编辑注册表

Windows 提供注册表编辑器 Regedit.exe 用于查看和修改注册表。在操作注册表之前要记住 2 点:备份注册表和小心修改注册表。错误的修改可能导致系统不能启动。

执行 regedit 命令即可启动 Regedit 编辑器。如图 2-17 所示,整个编辑器分为 2 个窗格,左窗格显示树状结构,右窗格显示树状结构中当前被选中对象的具体内容,展开树状结构并选中所要查看的对象,即可查看特定的键或设置,根据需要还可以进行修改。

3. 使用 Windows PowerShell 管理注册表

除了注册表编辑器外,还可以使用 Windows PowerShell 来管理注册表。它提供了 2 个关于注册表的驱动器:HKCU 和 HKLM,分别表示子树 HKEY_CURRENT_USER 和 HKEY_LOCAL_MACHINE。其他 3 个子树可以先转到注册表的根部。

4. 使用注册文件

在处理注册表数据之前,往往要备份正在处理的子项,以便发生意外时恢复原来的数据。为此在注册表编辑器中选择计划要处理的子项,然后选择"文件"→"导出"命令,将这些子项导出到外部文件。

导出文件的默认文件类型是注册文件,它的扩展名是.reg。注册文件包含所选择的项和子项的所有数据。要将注册文件的数据恢复到注册表,可以导入命令,也可直接双击该文件将其导入。

除了备份和恢复注册表数据外，. reg 文件还可直接用于管理系统上的注册表。

按照格式编写 . reg 文件，将其内容导入到注册表，即可用来控制用户、设置软件、设置计算机或者存储注册表的任何其他数据。这特别适合将所需注册表的改变发布到多台计算机的情形。

2.5.2 IPv6 配置

IPv6 和 IPv4 之间最显著的区别是 IP 地址的长度从 32 位增加到 128 位，近乎无限的 IP 地址空间是部署 IPv6 网络最大的优势。与 IPv4 相比，IPv6 取消了广播地址类型，而以更丰富的多播地址代替，同时增加了任播地址类型。Windows Server 2008 R2 支持基于 IPv6 的互联网络。

1. IPv6 地址的表示方法

IPv6 地址文本表示有以下 3 种方法。URL 中使用 IPv6 地址要用符号“[”和“]”进行封闭。

(1) 优先选用格式 x:x:x:x:x:x:x:x。

(2) 双冒号缩写格式。

(3) IPv4 兼容地址格式 x:x:x:x:x:x:d.d.d.d。

2. IPv6 地址的前缀(子网前缀)

IPv6 中不使用子网掩码，而使用前缀长度来表示网络地址空间。IPv6 前缀又称子网前缀，是地址的一部分，指出有固定值的地址位，或者属于网络标识符的地址位。

IPv6 前缀与 IPv4 的 CIDR(无类域间路由)表示法的表达方式一样，采用“IPv6 地址/前缀长度”的格式，前缀长度是 1 个十进制值，指定该地址中最左边的用于组成前缀的位数。

IPv6 前缀所表示的地址数量为 2 的(128 - 前缀长度)次方。

3. IPv6 地址类型标志(格式前缀)

IPv6 地址类型由地址的高阶位标志，主要地址类型标志(又称格式前缀)如表 2 - 2 所示。

表 2 - 2 IPv6 地址类型标志

地址类型	二进制前缀	IPv6 符号表示法
未指定	00…0(128 位)	::/128
环回	00…1(128 位)	::1/128
多播	11111111	FF00::/8
链路本地单播	1111111010	FE80::/10
全球单播	其他的任何一种	

4. IPv6 单播地址

每个接口上至少要有 1 个链路本地单播地址，类似 IPv4 的 CIDR 地址。在 IPv6 中的单播地址类型有全球单播、站点本地单播(已过时)和链路本地单播。任何 IPv6 单播地址都需要 1 个接口标识符。

1 个 IPv6 单播地址也可看成由子网前缀和接口标识符(接口 ID)2 部分组成，如图 2－18 所示。

图 2－18 IPv6 单播地址结构

子网前缀用来标识网络部分，接口标识符则用来标识该网络上节点的接口。子网前缀由 IANA、ISP 和各组织分配。

对于不同类型的单播地址，前缀部分还可进一步划分，分别标识不同的网络部分。

IPv6 为每一个接口指定 1 个全球唯一的 64 位接口标识符。对于以太网来说，IPv6 接口标识符直接基于网卡的 48 位 MAC 地址得到。

(1) 链路本地 IPv6 单播地址。链路本地地址用于单一链路，类似于 IPv4 私有地址，格式如图 2－19 所示。链路本地地址被设计用于在单一链路上寻址，在诸如自动地址配置、邻居发现，或者在链路上没有路由器时使用。

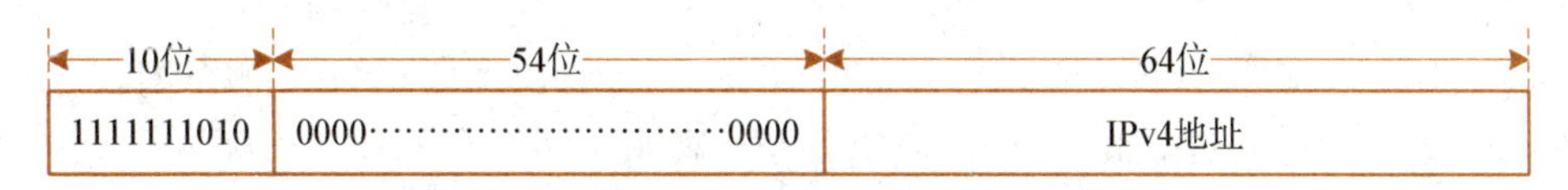

图 2－19 链路本地 IPv6 单播地址格式

(2) IPv6 全球单播地址。IPv6 全球单播地址一般格式如图 2－20 所示。全球路由前缀是 1 个典型等级结构值，该值分配给站点(一群子网或链路)，子网 ID 是该站点内链路的标识符。

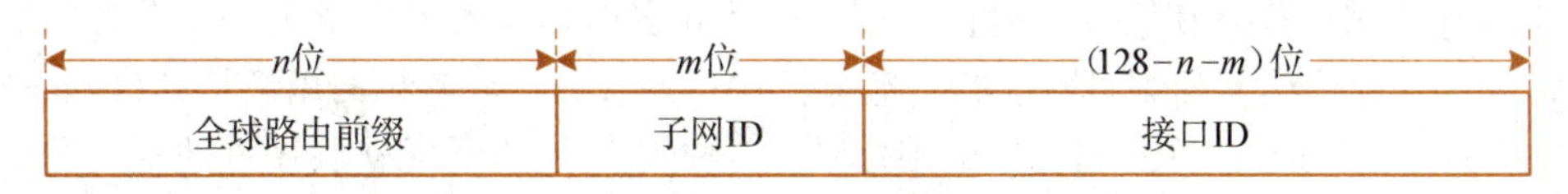

图 2－20 全球单播地址格式

(3) 嵌入 IPv4 地址的 IPv6 地址。已经定义了 2 类携带 IPv4 地址的 IPv6 地址，它们均在地址的低阶 32 位中携带 IPv4 地址。IPv4 映射的 IPv6 地址，格式如图 2－21 所示，高阶 80 位为全 0，中间 16 位为全 1，最后 32 位为 IPv4 地址。在支持双栈的 IPv6 节点上，IPv6 应用发送的目的地址为这种地址的数据包时，实际上发出的数据包为 IPv4 数据包(目的地址是“IPv4 映射的 IPv6 地址”中的 IPv4 地址)。

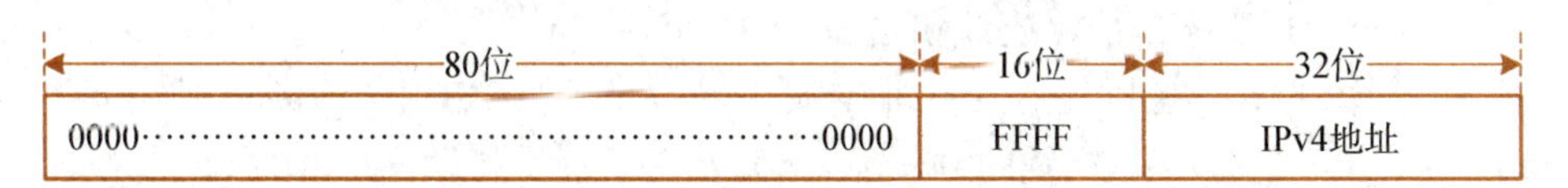

图 2－21 IPv4 映射的 IPv6 地址格式

5. 特殊的 IPv6 地址

与 IPv4 类似，IPv6 也有 2 个比较特殊的 IPv6 地址。

(1) 未指定的 IPv6 地址。

(2) IPv6 环回地址。

6. IPv4 到 IPv6 的过渡

在 IPv6 成为主流协议之前，IPv4 与 IPv6 共存的过渡阶段将会是很长一段时间，为此必须提供 IPv4 到 IPv6 的平滑过渡技术，解决 IPv4 和 IPv6 的互通问题。

目前解决过渡问题的技术方案主要有 3 种：双协议栈、隧道技术和协议转换技术。双协议栈是指节点上同时运行 IPv4 和 IPv6 两套协议栈。IPv6 穿越 IPv4 隧道技术提供了 1 种使用现存 IPv4 路由基础设施携带 IPv6 流量的方法，常用的自动隧道技术有 6to4 隧道和 ISATAP 隧道。

7. IPv6 的配置

Windows Server 2008 R2 预安装 IPv6 协议，并为每个网络接口自动配置 1 个唯一的链路本地地址，其前缀是 FE80::/64，接口标识符 64 位，派生自网络接口的 48 位 MAC 地址。

Windows Server 2008 R2 会自发建立 1 条 IPV6 的隧道，通常用 ipconfig/all 会看到很多条隧道，如 ISATAP 之类的。这是因为 Windows 在 IPv6 迁移过程中使用了 1 种或多种 IPv6 过渡技术。

与 IPv4 一样，IPv6 协议配置内容包括 IPv6 地址、默认路由器和 DNS 服务器。

在 Windows Server 2008 R2 中可使用命令行脚本实用工具 Netsh 来配置 IPv6。用于接口 IPv6 的 Netsh 命令可用于查询和配置 IPv6 接口、地址、缓存以及路由。

2.5.3 网络诊断测试工具

在网络故障排查过程中，各类测试诊断工具是必不可少的。Windows Server 2008 R2 内置的网络测试工具使用起来非常方便，提供了许多开关选项。

(1) arp。用于查看和修改本地计算机上的 arp 表项。该表项用于缓存最近将 IP 地址转换成 MAC(媒体访问控制)地址的 IP 地址/MAC 地址对。最常见的用途是查找同一网段的某主机的 MAC 地址，并给出相应的 IP 地址。可使用 arp 命令来查找硬件地址问题。

(2) ipconfig。主要用来显示当前的 TCP/IP 配置，也用于手动释放和更新 DHCP 服务器指派的 TCP/IP 配置，这一功能对于运行 DHCP 服务的网络特别有用。

(3) ping。用于测试 IP 网络的联通性，包括网络连接状况和信息包发送接收状况。

(4) tracert。是路由跟踪实用程序，用于确定 IP 数据包访问目的主机所采取的路径。

(5) pathping。用于跟踪数据包到达目标所采取的路由，并显示路径中每个路由器的数据包损失信息，也可以用于解决服务质量(QoS)连通性的问题。它将 ping 和 tracert 命令的功能和这 2 个工具所不提供的其他信息结合起来。

(6) netstat。用于显示协议统计和当前 TCP/IP 网络连接。

除了上述命令行工具外，还有一些非常实用的命令工具，如用于诊断 NetBIOS 名称问题的 nbtstat、用于诊断 DNS 问题的 nslookup，以及用于查看和设置路由的 route 等。

2.6 项目小结

本项目主要是为实施 Windows 服务器配置与管理需要用到的知识技能而做的准备工作，包含了系统管理工具 MMC、控制面板、cmd 等各种管理场景，关于 IP 地址、防火墙等的配置与使用以及注册表和 IPv6 等知识。

2.7 实践训练(工作任务单)

2.7.1 实训目标

(1) 会对操作系统进行基本配置。
(2) 会配置 TCP/IP 协议。

2.7.2 实训场景

在 Windows Server 2008 操作系统安装完成后，小李随即着手对服务器进行初步的配置，根据公司网络环境规划和个人操作习惯，需要先对刚安装的服务器进行网络环境配置，主要完成以下工作：

(1) 熟悉系统配置管理的工具。
(2) 配置网络参数：IP 地址：192. 168. 1. 11，子网掩码：255. 255. 255. 0，默认网关：192. 168. 1. 1，首选 DNS 服务器地址：8. 8. 8. 8。
(3) 设置防火墙允许列表：允许外面通过 80 端口访问本服务器。

2.7.3 实训任务

任务 1：熟悉系统配置工具
(1) 打开 MMC 控制台，并在其中添加“计算机管理”管理单元。
(2) 打开控制面板，进入“程序”，任意添加 1 个 Windows 程序，然后删除。
任务 2：配置网络环境
(1) 按实训场景中给出的参数设置 TCP/IP 协议。
(2) 开启防火墙，在里面设置允许外网访问本地服务器的 80 端口。

2.8 课后习题

2.8.1 填空题

1. 在 Windows Server 2008 R2 系统中________管理控制台提供了一个统一的管理界

面，让系统工作更加容易。

2. ________命令可以用于当前 TCP/IP 的网络连接数。

3. 在 Windows Server 2008 R2 系统中，如果要输入 DOC 命令，可以在“运行”对话框中输入________命令。

2.8.2 单项选择题

1. 在 1 台安装了 Windows Server 2008 R2 操作系统的计算机上，如果要查看计算机网卡的配置参数，下列命令正确的是(　　)。

A. ping　　B. nslookup

C. tracert　　D. ipconfig/all

2. 假设有 1 台 Windows Server 2008 R2 的服务器，网络管理员已配置了静态 IP 地址为 10.11.3.2，如果要测试服务器与客户机之间的连通性，下列命令正确的是(　　)。

A. ping 10.11.3.2　　B. cmd 10.11.3.2

C. netuse 10.11.3.2　　D. ipconfig/all 10.11.3.2

3. 使用(　　)命令可以打开 Windows Server 2008 R2 的控制面板。

A. control　　B. cmd

C. mstsc　　D. services.msc

4. 在 TCP/IP 协议中，不一定要设置的是(　　)。

A. IP 地址　　B. 子网掩码

C. 默认网关　　D. 备用 DNS 服务器地址

2.8.3 简答题

1. 简述自定义 MMC 管理控制台的步骤。

2. 简述注册表的结构。

第二篇

网络操作系统管理与配置

本地用户和组的管理

3.1 项目导入

每个用户要使用计算机前都必须先登录该计算机，而登录时必须输入有效的用户账户与密码。如果我们能够合理使用组管理用户权限，就能够减轻许多网络管理的负担。

Windows 系统登录是基于用户管理的模式。用户登录 Windows 系统，必须要拥有该系统的用户账号，通过用户名+密码的方式登录后即可进入系统，访问和使用系统资源。相对于网络用户来说，登录本地系统的用户叫作本地用户。

3.2 项目分析

根据重庆正泰网络科技有限公司的要求，要让各部门员工能够使用计算机，就必须要为每台计算机创建本地用户，让其可以使用系统资源。由用户管理规划来看，可以根据表 1-1 中的信息创建用户。为便于理解，本项目以如下信息为基础介绍本地用户和组的操作：

用户名：manager，usertest

密码：（自定）

组名：xzb，grouptest

本项目要操作的任务主要有以下几个：

① 创建用户

② 创建组

③ 管理用户

④ 管理组

3.3 预备知识

每个用户必须要有 1 个账户，通过该账户登录计算机访问其资源。用户账户用于用户的身份验证，授权用户对资源访问，审核网络用户操作。在 Windows 网络中，按照作用范围，用户账户分为本地用户账户与域用户账户。

3.3.1 本地用户账户

本地用户账户只属于某台计算机，存放在该计算机本地安全数据库中，为该计算机提供多用户访问的能力，但是只能访问该计算机内的资源，不能访问网络中的资源。不同的计算机有不同的本地用户账户。

使用本地用户账户，可以直接在该计算机上登录，也可从其他计算机上远程登录到该计算机，由该计算机在本地安全数据库中检查该账户的名称和密码。

1. 内置用户账户

安装 Windows Server 2008 R2 时由系统自动创建的账户称为内置账户，主要有以下 3 个账户：

系统管理员(Administrator)账户

来宾(Guest)账户

HelpAssistant 账户

2. 用户密码

一般情况下，1 个用户账户要成功登录系统，需要 1 个与之匹配的密码。虽然 Windows 可以设置为允许空密码，但从安全角度考虑，这是不被推荐的。设置密码要注意以下几点：

(1) 英文字母大小写是不同的，例如 abc12# 与 ABC12# 是不同密码。还有如果密码为空白，则系统默认此用户账户只能够本地登录，无法采用网络登录(无法从其他计算机使用此账户连接)。

(2) 系统默认的用户密码至少 7 个字符，并且不可包含用户账户名称中超过 2 个以上的连续字符，还有至少要包含 A～Z、a～z、0～9、非字母数字符号(例如!、S、#、%)等 4 组字符中的 3 组，例如 12abAB3 是有效的密码，而 123456 是无效的密码。

3.3.2 本地组账户

用户组是一类特殊账户，就是指具有相同或者相似特性的用户集合，比如可以将 1 个部门的用户组建为 1 个用户组。管理员向一组用户而不是每一个用户分配权限来简化用户管理工作。

用户可以是 1 个或多个用户组的成员。如果 1 个用户属于某个组，该用户就具有在本地计算机上执行各种任务的权利和能力。用户组也可分为本地用户组和域用户组。

1. 内置组账户

Windows Server 2008 R2 自动创建内置组，下面列出几个主要的内置组账户：

(1) 管理员组(Administrators)：其成员具有对服务器的完全控制权限，可以根据需要向用户指派用户权利和访问控制权限。管理员账户是其默认成员。

(2) 备份操作员组(Backup Operators)：其成员可备份和还原服务器上的文件。

(3) 超级用户组(Power Users)：其成员可以创建用户账户，修改并删除所创建的账户。

(4) 网络配置用户组(Network Configuration Users)：其成员可以执行常规的网络配置功能。

(5) 性能监视用户组(Performance Monitor Users)：其成员可以监视本地计算机的

性能。

(6) 用户组(Users):其成员可以执行大部分普通任务,可以创建本地组,但是只能修改自己创建的本地组。

(7) 远程桌面用户组(Remote Desktop Users):其成员可以远程登录服务器,允许通过终端服务器登录。

2. 特殊组账户

除了前面所介绍的内置组之外,Windows Server 2008 R2 还提供一些特殊组,管理员无法更改这些组的成员。下面列出几个比较常见的特殊组:

(1) Everyone,任一用户都属于该组。如果 Guest 账户被启用,则在委派权限给 Everyone 时需要小心,因为如果在计算机内没有账户的用户通过网络登录计算机时,会被自动允许使用 Guest 账户连接。因为 Guest 账户也是 Everyone 组成员,所以 Guest 账户具有 Everyone 所拥有的权限。

(2) Authenticated Users,任何使用有效用户账户登录此计算机的用户都属于此组。

(3) Interactive,任何在本地交互登录(按 Ctrl+Alt+Del 组合键)的用户都属于此组。

(4) Network,任何通过网络登录此计算机的用户都属于此组。

(5) Anonymous Logon,任何未使用有效的一般用户账户登录的用户都属于此组。不过该组默认并不属于 Everyone 组。

3.4 项目实施

用户和组是 Windows 系统用于账户管理和身份验证的基本手段。用户可以通过其账号登录系统后,获得计算机资源的相应访问权限。本项目主要是关于用户和组的创建和管理操作。

3.4.1 任务 1　创建本地用户

用户账户主要包括用户名、密码、所属组等信息。操作步骤如下:

步骤 1:依次单击“开始”→“管理工具”→“计算机管理”,打开计算机管理控制台。

步骤 2:在左侧控制台树中依次展开“系统工具”→“本地用户和组”→“用户”节点,如图 3-1 所示。

前 2 步也可通过在“服务器管理器”窗口中展开“配置”→“本地用户和组”来完成。

步骤 3:右键单击空白区域或“用户”节点,从快捷菜单中选择“新用户”命令打开新建用户对话框,如图 3-2 所示。

步骤 4:按照本项目任务规划,输入用户名 manager 和密码(注意长度和复杂度要求),用户设置有 4 个选项,可根据实际情况勾选。

(1) 用户下次登录时须更改密码,此选项默认选中。选中后用户每次登录都需修改密码。

(2) 用户不能更改密码。勾选此项用户无权修改密码。

(3) 密码永不过期。密码可一直使用,除非用户主动修改。

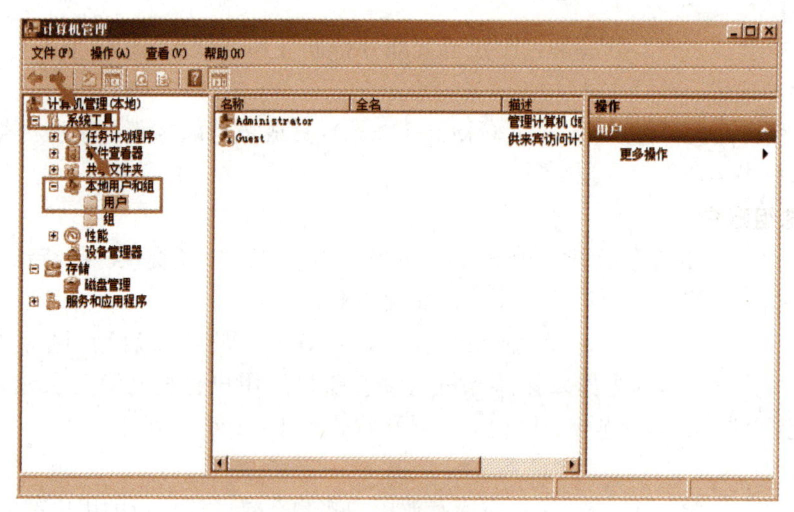

图 3-1 计算机管理

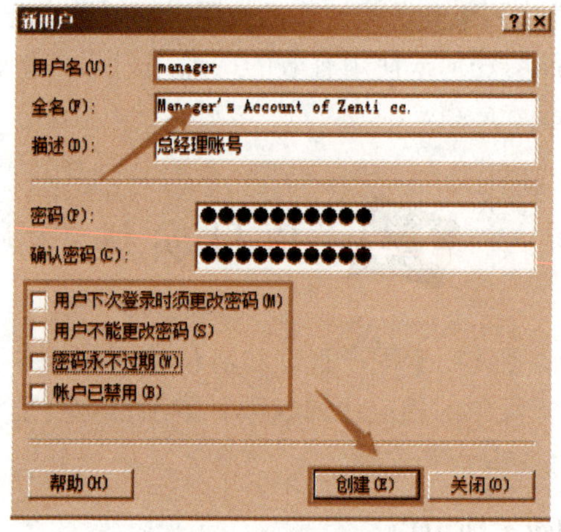

图 3-2 新建用户

(4) 账户已禁用。选中该项,即使用户创建,但暂不能登录系统。

步骤 5:单击"创建"按钮,计算机管理控制台右侧详细窗格用户列表中将增加新建的用户,表明本地用户创建成功。若要继续创建,可重复步骤 3~步骤 5。

3.4.2 任务 2 创建组

除了内置组之外,管理员可以根据实际需要来创建自己的用户组,如将 1 个部门的用户全部放置到 1 个用户组中,然后针对这个用户组进行权限设置。新建组的步骤如下:

步骤 1:在"计算机管理"控制台中,依次展开"系统工具"→"本地用户和组"→"组"节点。

步骤 2:右键单击空白区域或"组"节点,从快捷菜单选择"新建组"命令,打开新建组对话框。

步骤 3:根据项目任务规划,按提示输入用户组名称 xzb 和说明文字即可,单击"创建"按钮,完成用户组的创建,如图 3-3 所示。

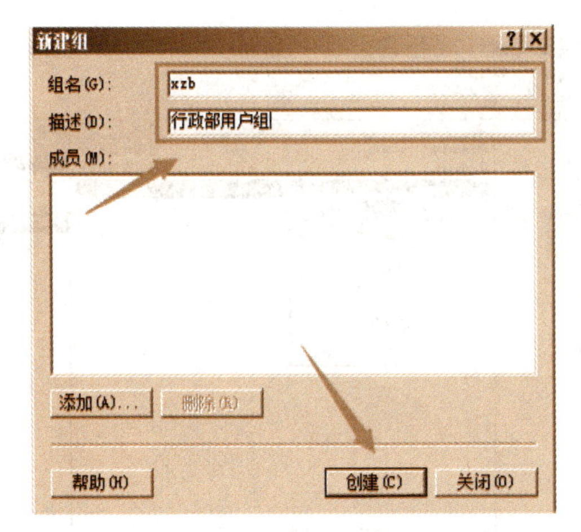

图 3-3 新建用户组

步骤 4:如果要在创建组的同时加入用户,可在如图 3-3 界面中,点击“添加”按钮,出现如图 3-4 所示对话框。

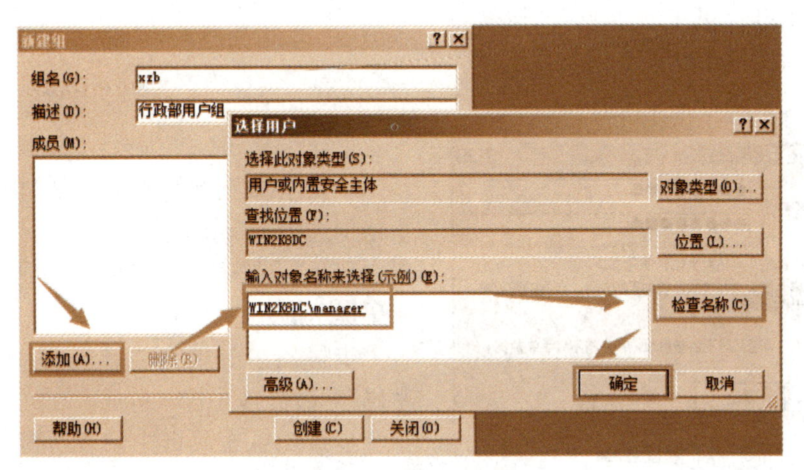

图 3-4 添加组成员

步骤 5:在“输入对象名称来选择”框输入“manager”,单击“检查名称”,确保输入正确,然后单击“确定”,返回如图 3-3 所示界面。也可以通过单击“高级”来查找用户。

用同样的方法创建用户 usertest。

3.4.3 任务 3 管理用户和组

单个的用户管理比较繁杂,在用户和组的管理上,通常将功能(用途)相同或相似的用户归到一个组管理。

1. 管理用户

对于已创建的用户账户,往往还需要进一步配置和管理,这需要使用计算机管理控制台,从用户列表中选择需要管理的用户进行设置,如图 3-5 所示。

① 重设密码。

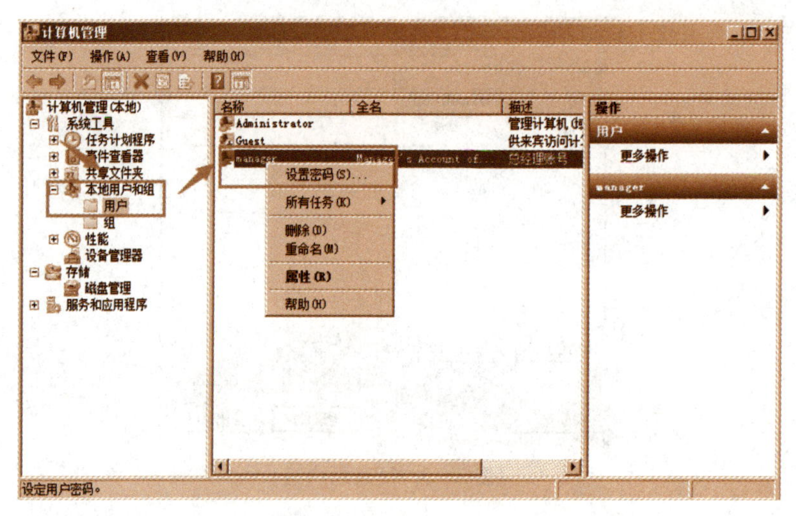

图 3-5 选择“设置密码”

② 重命名账户。

③ 禁用、启用账户。

④ 删除用户账户。

1）重设密码

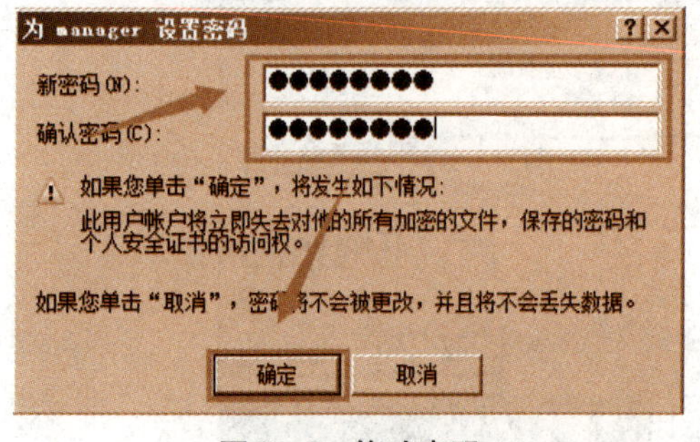

图 3-6 修改密码

以操作 manager 为例，步骤如下：

步骤 1：按上述步骤展开至“用户”，在右侧窗格中选中 manager 后右击，在弹出的快捷菜单中选择“设置密码”，如图 3-5 所示，弹出重设密码提示框。

步骤 2：单击“继续”，出现“为 manager 设置密码”对话框，如图 3-6 所示。

步骤 3：在密码框中输入新密码（“新密码”和“确认密码”），单击“确定”。

2）重命名账户

以操作 manager 为例，步骤如下：

步骤：在如图 3-5 所示界面中，选择“重命名”，出现如图 3-7 所示界面，直接输入新用户名后确认即可。

3）删除用户账户

以操作用户 usertest 为例，步骤如下：

步骤：在如图 3-5 所示界面中，选择“删除”后，在弹出对话框中单击“确定”。

4）用户账户属性

以操作 manager 为例，步骤如下：

步骤 1：在如图 3-5 所示界面中，选择“属性”（或直接双击 manager），出现“manager 属性”对话框，如图 3-8 所示。

步骤 2：在本对话框中，可以设置 manager 用户的各种属性。

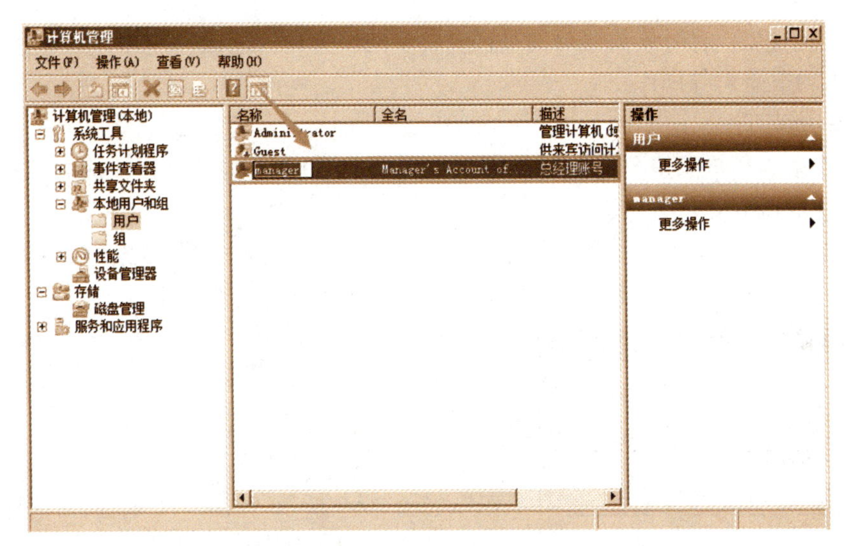

图3-7　重命名账户

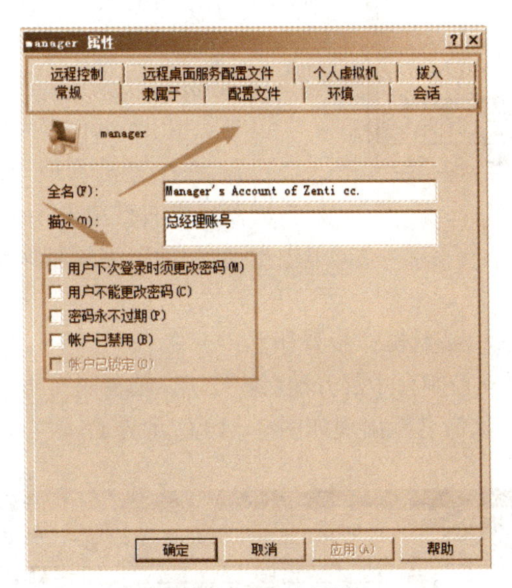

图3-8　用户属性

(1)“常规”选项卡，设置密码相关参数和账户的启用/停用。

(2)“隶属于”选项卡，设置用户所属组。

(3)“配置文件”选项卡，设置用户配置文件路径、登录脚本、宿主目录等。

(4)“环境”选项卡，设置登录时启动的程序和连接的设备。

(5)“会话”选项卡，设置本用户连接服务器的时间限制。

(6)“远程控制”选项卡，设置是否启用“远程连接”。

(7)“远程桌面服务配置文件”选项卡，设置远程桌面连接的配置文件和宿主目录。

(8)“个人虚拟机”选项卡，设置个人虚拟机相关选项。

(9)“拨入”选项卡，设置网络访问的权限等信息。

2. 管理组

用户组创建后，有时候需要对其进行进一步的设置和管理，组管理的内容主要有添加到组、删除组和重命名等操作。

1）添加到组

通过组来为用户账户分配权限，对用户进行分组管理，前提是让用户成为组的成员。为用户组添加成员有2种方式：

（1）为用户选择所属组，将现有用户账户添加到1个或多个组，如图3-9所示。

（2）向组中添加用户，将1个或多个用户添加到现有的组中，如图3-10所示。

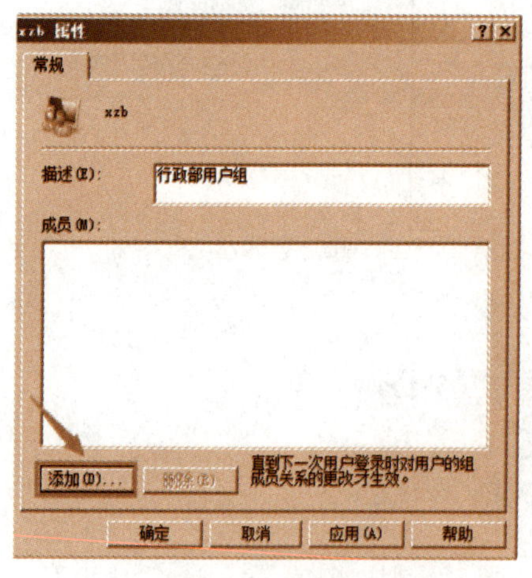

图3-9 组属性

以将用户 manager 添加到 xzb 为例，操作步骤如下：

步骤1：按上述步骤展开至“组”，在右侧窗格中选中 xzb 后右击，在弹出的快捷菜单中选择“添加到组”，如图3-9所示，弹出“xzb 属性”对话框。

步骤2：单击“添加”按钮，打开如图3-4所示界面，参照创建组的操作步骤4～步骤5，完成添加用户 manager 到组 xzb 的操作。

2）删除组

以删除组 grouptest 为例，操作步骤如下：

步骤：在计算机管理控制台中展开至“组”节点，在右侧窗格中右键单击“grouptest”，在弹出的快捷菜单中点选“删除”，完成删除组操作。

3）重命名组

以重命名组 manager 为例，操作步骤如下：

步骤1：在计算机管理控制台中展开至“组”节点，在右侧窗格中右键单击“manager”，在弹出的快捷菜单中点选“重命名”，出现如图3-10所示界面。

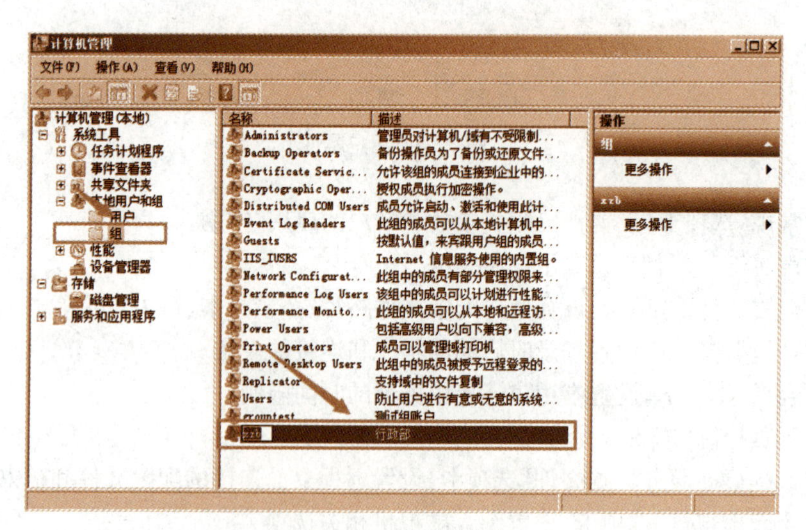

图3-10 修改组名称

步骤 2：直接输入新的组名后确认。

3.5 知识拓展

3.5.1　配置用户工作环境

用户配置文件是定义用户工作环境的一组设置。用户登录到计算机时，Windows Server 2008 R2 使用用户配置文件构建用户的工作环境。典型的用户配置文件定义桌面配置、菜单内容、控制面板设置、网络打印机连接等。用户可通过用户配置文件来维护自己的桌面环境，以便让自己在每次登录时，都有统一的工作环境与界面。另外，登录脚本与主文件设置也用来订制用户工作环境。

1. 用户配置文件的类型

Windows Server 2008 R2 支持的用户配置文件主要有以下 3 种类型：

(1) 本地用户配置文件。

(2) 漫游用户配置文件。

(3) 强制用户配置文件。

2. 本地用户配置文件设置

本地用户配置文件并不是单纯的 1 个文件，它是 1 个文件夹，位于系统分区中的“用户”文件夹之下，包含开始菜单、桌面图标、收藏夹等信息，如图 3－11 所示，其中：

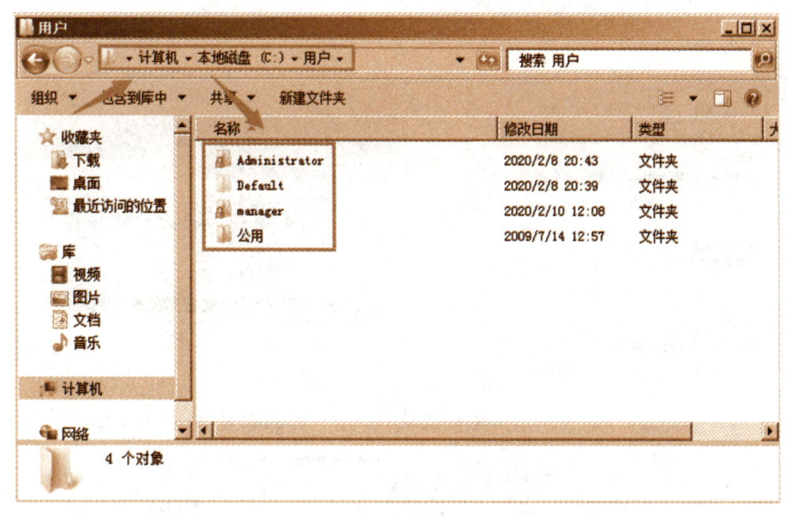

图 3－11　用户配置文件文件夹

(1) 以用户的登录名命名的文件夹就是该用户专用的本地用户配置文件夹。

(2) 系统会在用户首次登录时为其创建专用的用户配置文件夹(如 C:\用户\manager)。

(3) 默认内容来源于默认配置文件，即系统分区的“用户\Default”文件夹。

(4) 即使用户以后更改账户名，该文件夹也不会更名。

该文件夹下的目录结构和快捷方式决定了用户的桌面和应用程序环境，如图 3－12 所示。

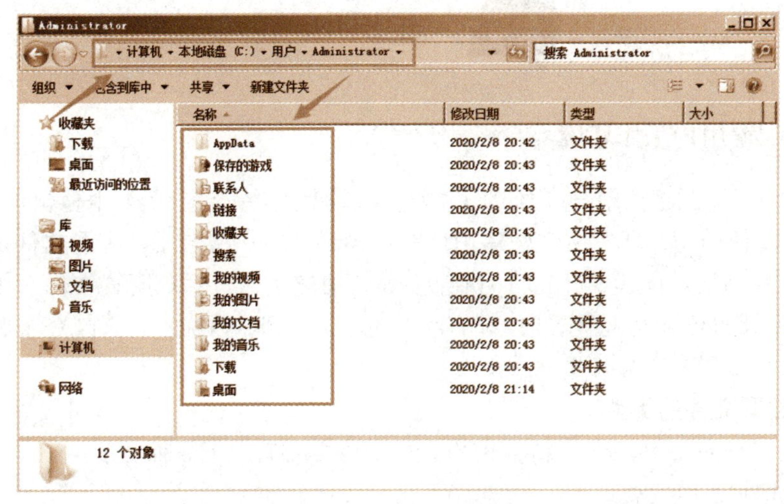

图 3－12 用户配置文件夹的内容

查看用户配置文件的操作步骤：

步骤 1：右键单击“计算机”图标→“属性”，打开“系统”窗口，单击该窗口左侧的“高级系统设置”，打开“系统属性”对话框，如图 3－13 左图所示。

步骤 2：切换到“高级”选项卡，单击“用户配置文件”区域的“设置”按钮，打开图 3－13 右图所示的对话框，查看当前用户配置文件。

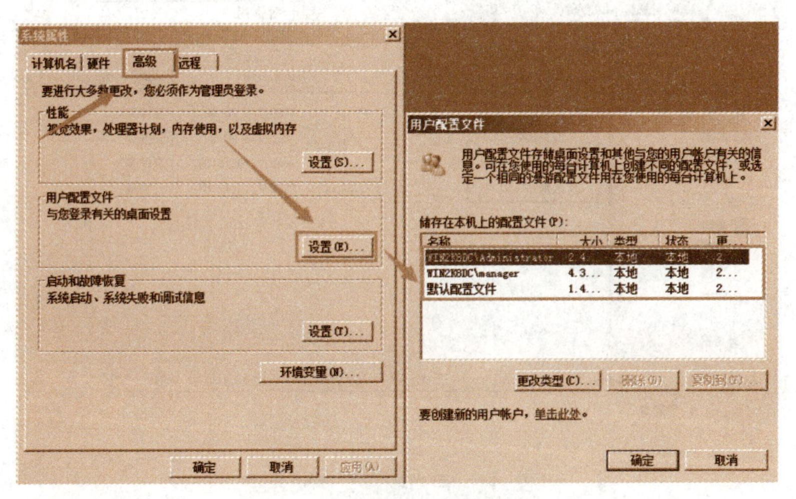

图 3－13 查看用户配置文件

3. 登录脚本设置

登录脚本是用于配置用户工作环境的、可选的程序（批处理文件、命令文件或 VBS 脚本）。该脚本在登录时会自动运行。以 manager 用户为例，启用该功能的操作步骤如下：

步骤 1：在计算机管理控制台中，定位到用户节点，在右侧窗格中右键单击 manager 用户，单击“属性”，打开属性设置对话框。

步骤 2：切换到“配置文件”选项卡，指定登录脚本文件的路径，如图 3－14 所示，或者对登录脚本应用组策略。完成后，以后该用户登录时，就会从负责审核用户登录身份的域控制器或本地计算机读取上述的登录脚本，并执行。

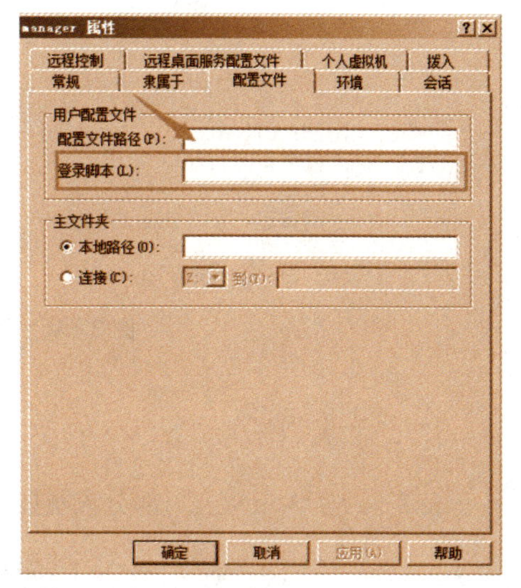

图 3－14　设置用户属性

4. 主文件夹设置

登录到 Windows Server 2008 R2 的所有用户都有 1 个“文档”文件夹(以前 Windows 版本称为“我的文档”)，当用户在本地工作时，通常就是其主文件夹。可以在“配置文件”选项卡中指定另外一个位置作为主文件夹，让用户存储私人信息。只有该用户与 Administrator 账户才有权访问该文件夹。主文件夹不包含在用户配置文件内。

主文件夹既可以设置在用户自己的计算机内，也可以设置到网络上某台计算机的共享文件夹内。域用户与本地用户都可以指定主文件夹。这里以本地用户为例。操作步骤如下：

步骤：在图 3－14 所示的用户属性对话框中，在“本地路径”文本框中将其主文件夹设置到本地计算机的磁盘上，它必须是一般的本地路径，如 C:\Home\%username%。

(注：不要将本地用户的主文件夹设置到网络某服务器上的共享文件夹。)

3.6 项目小结

本项目主要对用户和组的创建和管理做了详细介绍，对各种创建和配置的方法做了演示，在学习本项目后我们应能掌握必要的操作技能。

3.7 实践训练(工作任务单)

3.7.1　实训目标

(1) 会创建本地用户和组。

(2) 会管理本地用户和组。

3.7.2　实训场景

小李已经成功地为服务器安装了 Windows Server 2008 R2 企业版的操作系统，并配置了系统的基本工作环境。为了使公司的人员能够安全地使用网络资源，他需要根据公司员工的信息在服务器里创建用户账户组。网络实训环境如图 3－15 所示。

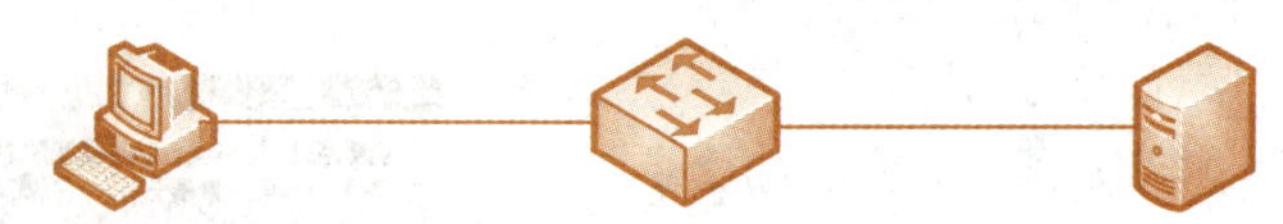

图 3-15 管理本地用户和组实训环境

3.7.3 实训任务

表 3-1 为 Sunny 公司部分人员的用户信息。

表 3-1 Sunny 公司部分人员用户信息表

用户名	密码	姓名	所属组	说明
manager	PassWord	李海	Users,wangluo,cwb,wys	总经理
liuqiang	PassWord	刘强	users,wangluo,	网络管理员
maxiao	PassWord	马小	users,wangluo	网络管理员
lidong	PassWord	李东	User,cwb	财务部职员
chengbi	PassWord	陈彬	User,cwb	财务部职员
zhanglin	PassWord	张林	User,wys	文印室职员
liubin	PassWord	刘兵	User,wys	文印室职员

请根据表 3-1 所示的内容在服务器上完成以下工作任务：

任务 1:创建本地用户账户

(1) 在 su-dc1 上创建所有用户账户。

(2) 密码选项:选择“密码永不过期”复选框。

任务 2:管理本地用户组

(1) 在 su-dc1 上创建 3 个本地用户组,分别为 wangluo(网络管理工作组)、cwb(财务部工作组)和 wys(文印室工作组)。

(2) 将用户账户加入相应的组中。

(3) 将用户马小加入相应的组中,使他可以备份和还原服务器上的文件。

(4) 在 su-dc1 上启用远程桌面,并允许用户刘强可以通过远程桌面来登录服务器,在客户机 clt1 上以账户刘强(liuqiang)的身份使用远程桌面连接到 su-dc1。

3.8 课后习题

3.8.1 填空题

1. Windows Server 2008 R2 针对工作组模式和域模式，提供了 3 种不同类型的账户，分别为________、________、________。

2. Windows Server 2008 R2 安装完成后，默认创建的 2 个内置账户是________、________。

3. 在 Windows Server 2008 R2 中，默认建立的用户账户中，默认被禁用的是________账户。

4. 根据 Windows Server 2008 R2 服务器的工作模式，用组可以分为________和________。

3.8.2 单项选择题

1. 关于用户账户的叙述，下列哪个正确？(　　)。

A. 计算机里所有的账户均可删除，管理员 Administrator 也不例外

B. 删除账户后，再建 1 个同名的账户，该账户仍具有原账户的权限

C. 如果忘记了 Administrator 的密码，可以用其他普通账户登录后修改 Administrator 的密码

D. 如果某用户忘记密码，管理员 Administrator 可以将其密码进行重置

2. 在下列用户账户中，符合 Windows Server 2008 R2 账户的命名规则的是(　　)。

A. zhang\san　　B. zhang? san　　C. zhang@san　　D. zhang#san

3. 在 Windows Server 2008 R2 的 DOC 命令行下，创建 1 个用户名为 admin，密码为 admin_123 的用户，下列命令正确的是(　　)。

A. net use admin admin_123/add　　B. net user admin admin_123/add

C. net user admin_123 admin/add　　D. net localgroup admin admin_123/add

4. 网络管理员小李正在为域中的新用户创建用户账户，为了避免他知道该账号的密码所带来的麻烦，小李在创建新用户时应该选择(　　)选项。

A. 用户不能更改密码　　B. 用户下次登录时须更改密码

C. 密码永不过期　　D. 账户已停用

5. Windows 2008 计算机的管理员有禁用账户的权限。当 1 个用户有一段时间不用账户(可能是休假等原因)，管理员可以禁用该账户。下列关于禁用账户叙述正确的是(　　)。

A. Administrator 账户不可以被禁用

B. 禁用的账户过一段时间会自动启用

C. Administrator 账户可以禁用自己，所以在禁用自己之前应该先创建至少 1 个管理员组的账户

D. 普通用户不可以禁止其他用户，但可以禁用自己的账户

6. 关于组的叙述中，下列哪个正确？(　　)。

A. 组中的所有成员一定具有相同的网络访问权限

B. 组只是为了简化系统管理员的管理，与访问权限没有任何关系

C. 创建组后才可以创建该组中的用户

D. 组账号的权限自动应用于组内的每个用户账号

7. 在 Windows Server 2008 R2 中，1 个用户账户可以加入(　　)个组。

A. 1　　B. 2　　C. 3　　D. 多

8. 如果我们在 Windows Server 2008 R2 的本地工作模式下，创建 1 个新用户，该新用户账户默认隶属于以下哪个组?(　　)。

A. Users　　B. Administrators　　C. Power Users　　D. Guests

9. 在 Windows Server 2008 R2 的 DOC 命令行下，将用户名为 admin，加入组 Administrators 中，下列命令正确的是(　　)。

A. net use admin administrators/add

B. net user admin administrators/add

C. net user administrators admin/add

D. net localgroup admin administrators/add

10. 在 1 台安装了 Windows Server 2008 R2 操作系统的计算机上，如果想让用户具有创建共享文件夹的权限，可以把该用户加入(　　)组。

A. Administrators　　B. Power Users

C. Backup Operators　　D. Print Operators

11. 网络管理员小李希望工作组中的用户可以自己配置本地的 IP 地址，但是又不想让他们拥有其他额外管理权限，那么小李应该将其加入(　　)组。

A. Administrators　　B. Network configuration operators

C. Backup Operators　　D. Users

12. 下列(　　)组中的账户可以对计算机中的资源进行备份操作。

A. Administrators　　B. Network configuration operators

C. Backup Operators　　D. Users

13. 在 Windows Server 2008 中，默认情况下(　　)组用户拥有访问和完全控制终端服务器的权限。

A. System　　B. Everyone　　C. Network　　D. Guests

14. 用户 zhangsan 可以远程登录 Windows Server 2008 R2，则管理员可以将该用户加入(　　)组中。

A. Users　　B. Remote Desktop Users

C. Backup Operators　　D. Guests

3.8.3 简答题

1. 简述工作组和域的区别。

2. 简述账户的命名规则及账户的密码规则。

磁盘的配置和管理

磁盘用来存储需要永久保存的数据，目前常见的磁盘包括硬盘、软盘、光盘、闪存(Flash Memory，如 U 盘、CF 存储卡、SD 存储卡)等。这里的磁盘主要指硬盘。注意 Windows Server 2008 R2 并不限于磁盘存储，还包括范围更广的数据存储功能，如移动存储、远程存储。

4.1 项目导入

根据重庆正泰网络科技有限公司管理层提出的要求，所有资源都要集中管理并提供网络访问功能；同时磁盘资源要便于管理，各类资源分门别类存储，还要在空间、权限和数据的安全性等方面都要符合公司网络建设的总体规划。该任务在网络部经过讨论后，交给刘海来实施。

4.2 项目分析

磁盘管理分为基本磁盘和动态磁盘。一般情况下，较大的磁盘管理一般采用动态磁盘管理的方式。根据本项目的要求：资源集中管理，说明需要较大的磁盘空间且不能有浪费，这个就要求空间支持动态调整；另一方面，集中的资源管理通常会遇到磁盘损坏导致数据丢失的情况，这就从安全性角度提出了要求。刘海在充分调研后制订以下实施计划：

(1) 采用动态磁盘分区。

(2) 基本磁盘管理。

(3) 动态磁盘管理。

本项目计划在服务器中安装 4 块磁盘，包含安装系统的磁盘 0，每个磁盘的大小为 160GB，具体要完成的是为磁盘初始化操作、创建基本卷和动态卷等磁盘卷，详细如下表 4-1 所示。

表 4-1 磁盘划分计划表

序号	卷类型	卷标	容量	驱动器号或路径	位于磁盘
1	基本卷	软件盘	50GB	D	磁盘 1
2	逻辑卷	公共盘	15GB、5GB	E、F	磁盘 1
3	主分区	测试盘	20GB	以 D 盘为例	磁盘 1(先扩展卷再压缩)
4	简单卷	行政部	20GB	G	磁盘 2
5	跨区卷	市场部	30GB	H	磁盘 2、3
6	带区卷	网络部	30GB	I	磁盘 1、2、3
7	镜像卷	财务部	15GB	J	磁盘 2、3
8	RAID-5 卷	研发部	10GB	K	磁盘 1、2、3

预备知识

4.3.1 磁盘管理基础

磁盘在系统中使用都必须先进行分区，然后建立文件系统，才可以存储数据。

1. 磁盘分区与卷

分区有助于更有效地使用磁盘空间。如图 4-1 所示，每个分区(Partition)在逻辑上都可以视为 1 个磁盘。分区表用来存储这些磁盘分区的相关数据，如每个磁盘分区的起始地址、结束地址，是否为活动磁盘分区等。

当 1 个磁盘分区被格式化之后，就称为卷(Volume)。在 Windows 操作系统中，每个卷都有所谓的盘符(一般用字母表示，由 C 开始，按顺序编号)，又称驱动器号。

卷的序列号由系统自动产生，不能由手动修改。卷还有卷标(Label)，由系统默认生成，也可以自定义。

2. 分区形式:MBR 与 GPT

磁盘中的分区表用来存储这些磁盘分区的相关数据。目前主要采用 2 种分区形式：

(1) 主引导记录(MBR)形式:这是传统的解决方案，将分区表存储在 MBR 内。

(2) GUID 分区表(GPT)形式:这是一种新分区形式。

这 2 种分区形式与分区相关的配置管理操作基本相同，区别在于将使用 MBR 分区形式的磁盘标记为 MBR 磁盘，而将使用 GPT 分区形式的磁盘标记为 GPT 磁盘。

1) MBR

现在计算机架构采用主板 BIOS 加磁盘 MBR 分区的组合模式。操作系统通过 BIOS 与硬件进行通信，BIOS 使用 MBR 来识别所配置的磁盘。MBR 包含 1 个分区表，该表显示分区在磁盘中的位置。

MBR 分区的容量限制是 2 TB，最多可支持 4 个磁盘分区，可通过扩展分区来支持更多的逻辑分区。MBR磁盘分区如图4-2所示，包括以下3种类型：

(1) 主要分区(主分区)。

(2) 扩展分区。

(3) 逻辑分区。

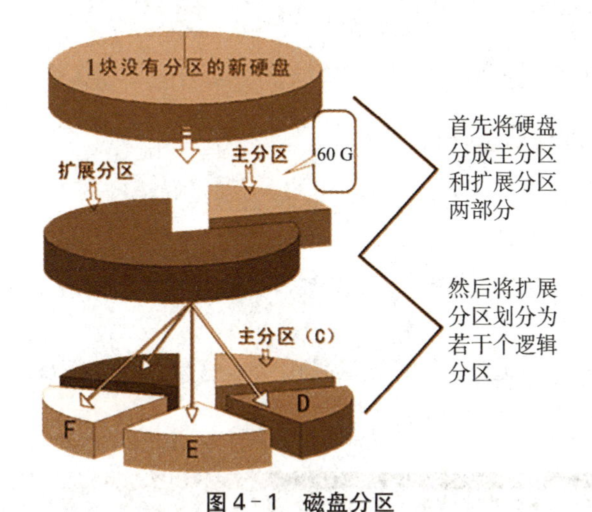

图4-1　磁盘分区

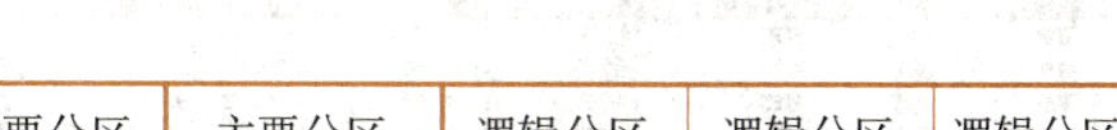

图4-2　MBR磁盘分区

2) GPT

随着主板集成技术的发展，磁盘容量突破2 TB，出现主板EFI(可扩展固件接口)加磁盘GPT分区的组合模式。

EFI只是1个接口，位于操作系统与平台固件之间。GPT支持唯一的磁盘和分区ID(GUID)，分区容量限制为18 EB，最多支持128个分区。

GPT磁盘上至关重要的平台操作数据位于分区中，而不是像MBR磁盘那样位于未分区或隐藏的扇区中。

Windows Server 2008的所有版本都能使用GPT分区磁盘进行数据操作，但只有基于EFI主板的系统支持从GPT启动。

3. 文件系统

文件系统是操作系统用于明确磁盘或分区上的文件的方法和数据结构，即在磁盘上组织文件的方法。1个磁盘分区在作为文件系统使用前需要初始化，并将记录的数据结构写到磁盘上，这个过程称为建立文件系统或者格式化。

不同的操作系统使用的文件系统格式不同，如Windows文件系统格式主要有3种：FAT16、FAT32(FAT32x)和NTFS，Linux文件系统格式主要有Ext2、Ext3等。

实际工作中可能涉及FAT或FAT32格式到NTFS格式的转换，有以下2种转换方法：

(1) 通过格式化操作转换。

(2) 使用内置的命令行工具 Convert 转换。

通过格式化方法操作会破坏磁盘中的数据，所有采用该种方法转换时，需要对有用数据做好备份；采用命令转换的方法可保留磁盘数据，在命令提示符下输入，语法如下：

```
Convert  盘符  /fs:ntfs  [参数]
```

盘符为待转换的磁盘符号，参数为可选，详细方法可查询相关文档。

4.3.2 基本磁盘与动态磁盘

Windows 系统的磁盘可分为基本磁盘和动态磁盘 2 种类型。

1. 基本磁盘

基本磁盘是传统的磁盘系统，是可以被 Windows 操作系统早期版本所使用的磁盘类型。

Windows Server 2008 R2 安装时默认采用基本磁盘。基本磁盘的磁盘分区可分为主要分区和扩展分区 2 类，如图 4-3 所示。

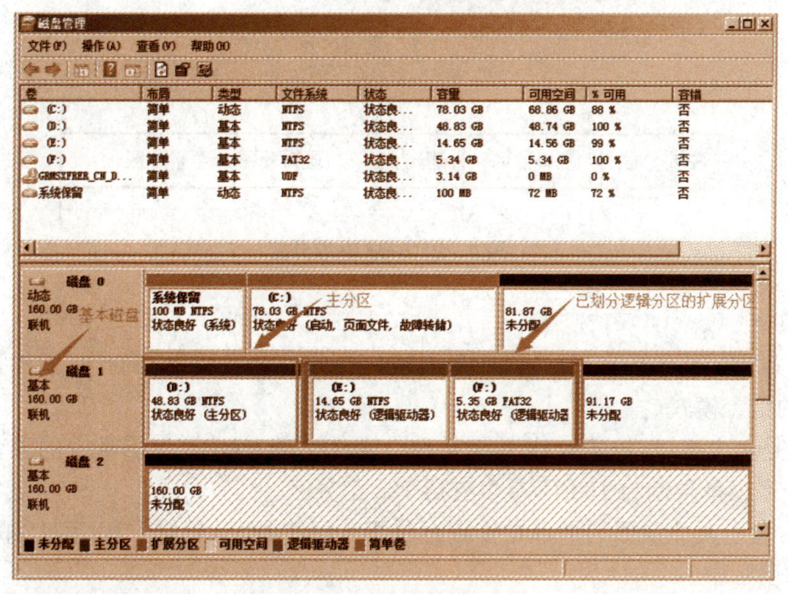

图 4-3 基本磁盘及分区

2. 动态磁盘

动态磁盘是相对基本磁盘而言的，并可由基本磁盘通过转换得到。为与基本磁盘有所区分，在动态磁盘上使用“卷”(Volume)来取代“磁盘分区”这个术语。卷代表动态磁盘上的 1 块存储空间，可以看成 1 个逻辑盘，可以是 1 个物理硬盘的逻辑盘，也可以是多个硬盘或多个硬盘的部分空间组成的磁盘阵列，但它的使用方式与基本磁盘的主要磁盘分区相似，都可分配驱动器号，经格式化后存储数据。

动态磁盘及卷如图 4-4 所示。动态磁盘具有以下特点：

(1) 卷数目不受限制。动态磁盘不使用分区表，可容纳若干卷，而且能提高容错能力。

(2) 可动态调整卷。在动态磁盘上建立、调整、删除卷，无须重启系统即可生效。

(3) 动态磁盘不能被其他操作系统(如 Windows 2000 以下版本、Linux 等)访问。

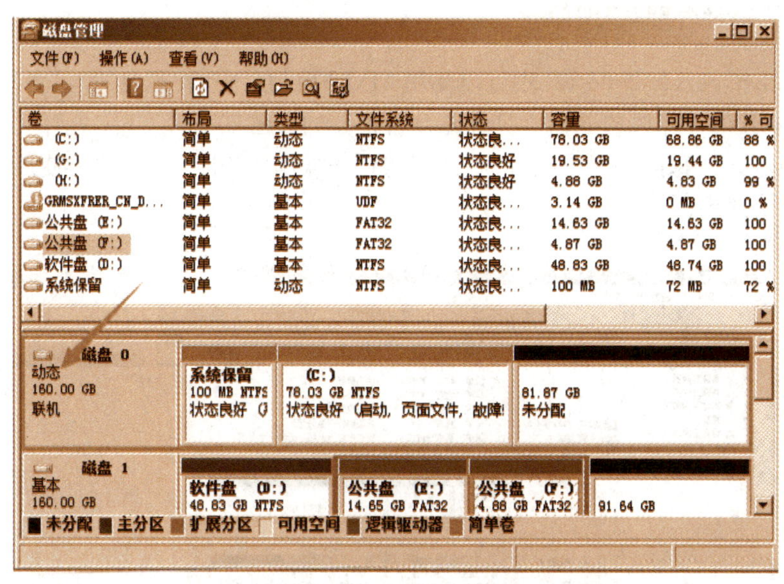

图 4-4　动态磁盘及卷

对于 Windows Server 2008 R2 来说，卷分 2 种，基本磁盘上的基本卷和动态磁盘上的动态卷。操作系统必须安装在基本卷上，之后基本卷可随基本磁盘转换而变成动态卷。

3. 动态卷及其类型

Windows Sever 2008 R2 支持 5 种动态卷，具体说明如表 4-2 所示。

表 4-2　动态卷的类型

卷类型	说　明	对应 RAID 技术
简单卷	单个物理磁盘上的卷，可以由磁盘上的单个区域或同一磁盘上连接在一起的多个区域组成，可以在同一磁盘内扩展简单卷	无
跨区卷	将简单卷扩展到其他物理磁盘，这样由多个物理磁盘的空间组成的卷就称为跨区卷，适用于有多个硬盘，需要动态扩大存储容量的场合	非标准的 JBOD (简单磁盘捆绑)
带区卷	以带区形式在 2 个或多个物理磁盘上存储数据的卷	RAID 0
镜像卷	在 2 个物理磁盘上复制数据的容错卷	RAID 1
RAID-5 卷	具有数据和奇偶校验的容错卷，分布于 3 个或更多的物理磁盘	RAID 5

通过磁盘阵列技术将一系列磁盘组合起来，改善性能，提高可用性，从而比单个磁盘驱动器具有更快的速度、更好的稳定性和更大的存储能力。

磁盘阵列技术是一种工业标准，根据不同的技术实现模式分为多个级别(Level)。目前工业界公认的标准分别为 RAID 0～RAID 5，还有一些在此基础上的组合级别(阵列跨越)，其中应用最多的是 RAID 0、RAID 1、RAID 5、RAID 10 和 RAID 50。Windows Server 2008 R2

的动态卷可以实现基于软件的磁盘阵列，简单卷和跨区卷不支持磁盘阵列，其他 3 种卷都对应同一种标准的磁盘阵列。

4.3.3 “磁盘管理”管理单元

在 Windows Server 2008 R2 中可以使用 MMC 控制台中的“磁盘管理”管理单元来管理本地或网络中其他计算机的磁盘。打开磁盘管理器的方法如下：

方法一：打开计算机管理控制台，展开“存储”→“磁盘管理”节点，即可使用该管理单元，界面如图 4-5 所示。

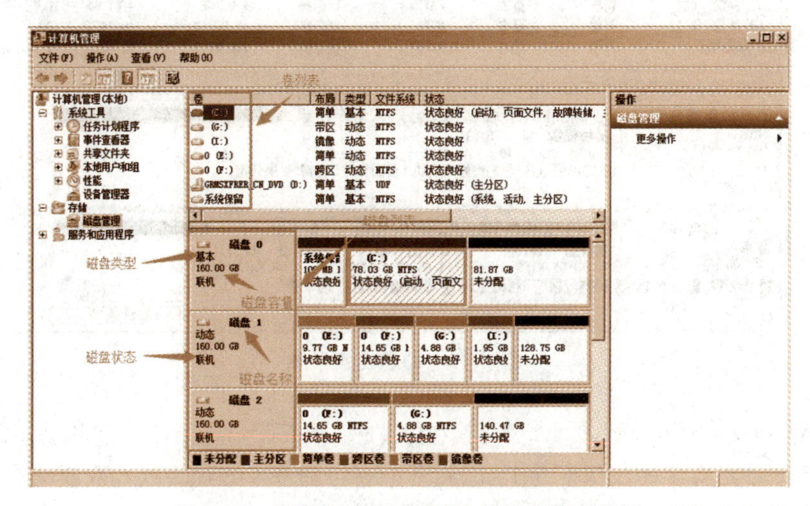

图 4-5　内嵌“计算机管理”中的磁盘管理单元

方法二：依次单击“开始”→执行 diskmgmt.msc 命令来直接启动“磁盘管理”管理单元，界面如图 4-6 所示。

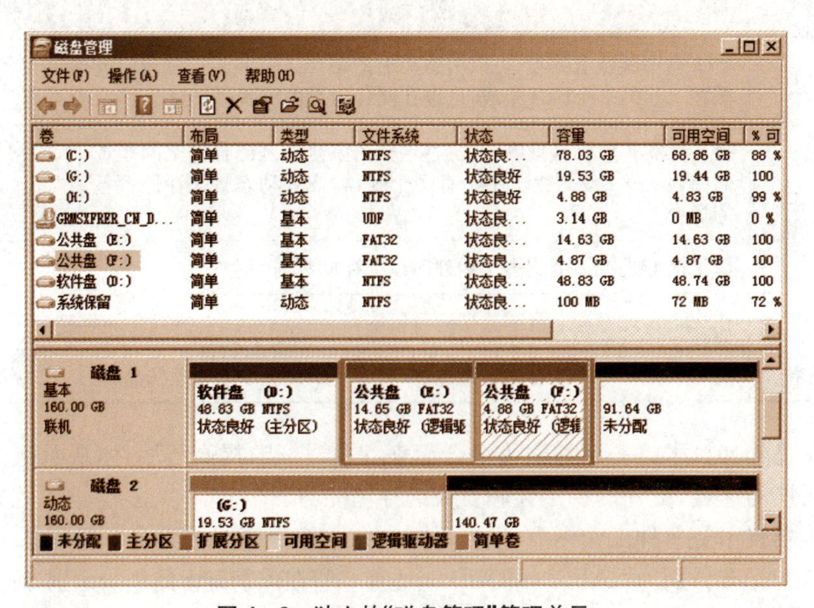

图 4-6　独立的“磁盘管理”管理单元

2 种方法所使用的实际上是同一工具。在不需重启系统或中断用户的情况下，可执行多数与磁盘相关的任务，大多数配置更改立即生效。

如图 4-5 所示，“磁盘管理”界面中通过磁盘列表能够查看当前计算机所有磁盘的详细信息，包括磁盘类型、磁盘容量、磁盘的未分配空间、磁盘状态、磁盘设备类型和分区形式等。

通过卷列表可以查看计算机所有卷的详细信息，有卷布局、类型、文件系统、卷状态、容量、空闲空间、空闲空间所占的百分比、当前卷是否支持容错和用于容错的开销等。

磁盘状态可标识当前磁盘的可用状态，除“联机”以外，还有“音频 CD”“外部”“正在初始化”“丢失”“无媒体”“没有初始化”“联机(错误)”“脱机”和“不可读”等多种状态。

卷状态用于标识磁盘上卷的当前状态，有些卷还有子状态，在卷状态后面的括号里标注。例如，当卷状态为“良好”时，可以有“启动”“系统”等子状态。除“良好”状态以外，还有“失败”“失败的重复”“格式化”“正在重新生成”“重新同步”“数据未完成”“未知”等多种状态。

4.4 项目实施

4.4.1 任务1 基本磁盘管理

在基本磁盘用于存储任何文件之前，必须将其划分成分区(卷)。为实现兼容性，Windows Server 2008 R2 仍然支持基本磁盘，并将那些在早期版本中已分区或未分区的磁盘初始化为基本磁盘。

基本磁盘内的每个主分区或逻辑分区又被称为“基本卷”。基本卷是可以被独立格式化的磁盘区域。当使用基本磁盘时，只能创建基本卷。

1. 初始化磁盘

所有磁盘一开始都是带数据结构的基本磁盘。操作系统根据数据结构识别该磁盘。具体的数据结构取决于该磁盘分区形式是 MRB 还是 GPT。数据结构还存储了 1 个磁盘签名，它唯一地标识这个磁盘。这个签名通过被称为“初始化”的过程写入该磁盘，初始化通常发生在将磁盘添加到系统的时候。

在 Windows Server 2008 R2 计算机中添加新磁盘时，必须先初始化磁盘。安装新磁盘(通过虚拟机操作时应将磁盘状态改为“联机”)后，系统会自动检测到新的磁盘，并且自动更新磁盘系统的状态，将其作为基本磁盘。磁盘初始化操作步骤如下：

步骤 1：打开“磁盘管理”管理单元时，自动打开如图 4-7 所示的对话框，在选择磁盘区域勾选要初始化的磁盘，并在下方磁盘分区形式处选择 MBR 或 GPT，本例选择“MBR”，单击“确定”按钮，完成初始化磁盘。

步骤 2：如果单击“取消”按钮，磁盘状态就会显示为“没有初始化”。可根据需要在以后执行磁盘初始化操作，方法是选中该磁盘，选择相应的“初始化磁盘”命令。

初始化后的磁盘类型为“基本”。

2. 磁盘分区管理

对 MBR 磁盘来说，1 个基本磁盘内最多可以有 4 个主分区，而对 GTP 磁盘来说，1 个基

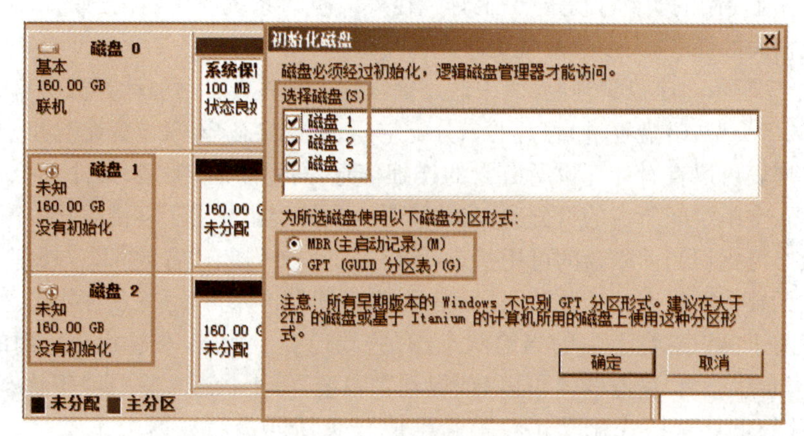

图 4-7 初始化磁盘

本磁盘内最多可有128个主分区。

1) 创建主分区

步骤1:主分区的创建通过新建简单卷完成。打开“磁盘管理”管理单元→右键单击磁盘1的未分配空间→选择“新建简单卷”命令,进入“新建简单卷向导”。

步骤2:单击“下一步”按钮,当出现如图4-8所示的界面时,指定简单卷的大小(分区大小),本例中输入50000。

步骤3:单击“下一步”按钮,进入“分配驱动器号和路径”界面,如图4-9所示,选择为该卷分配驱动器号、装入空白文件夹中或暂不分配驱动器号,本例选择分配驱动器号D。

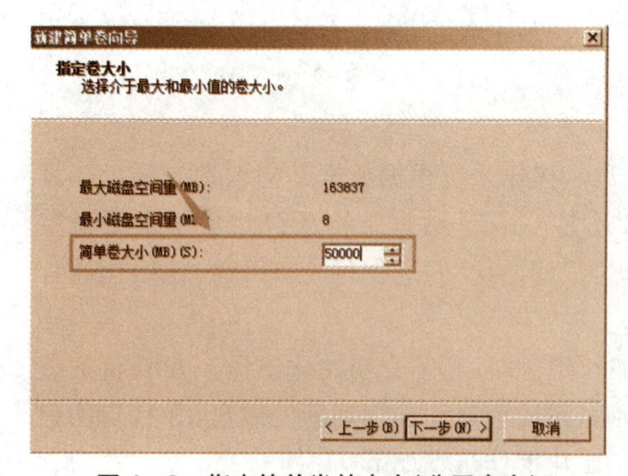

图 4-8 指定简单卷的大小(分区大小)

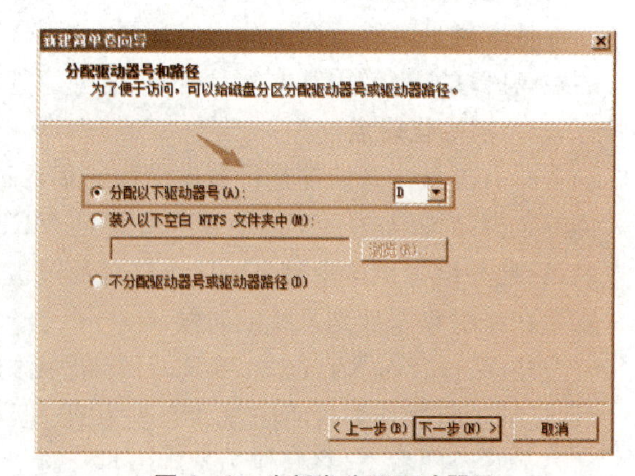

图 4-9 为新卷分配驱动器号

步骤4:单击“下一步”按钮,进入格式化分区界面,如图4-10所示,选择格式化的文件系统、卷标等信息,本例中文件系统选“NTFS”,卷标为“软件盘”,勾选“快速格式化”。

步骤5:单击“下一步”按钮,进入完成新建简单卷界面,单击“完成”结束操作。

2) 创建扩展分区

可以在基本磁盘中尚未使用的空间内创建扩展分区,但是在1个基本磁盘内只可以创建1个扩展分区。

不过 Windows Server 2008 R2 的“磁盘管理”管理单元不再提供创建扩展分区功能,可

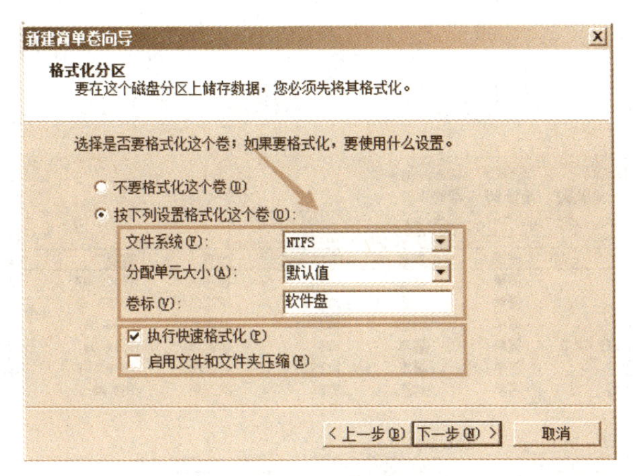

图 4-10　格式化分区

以改用命令行工具 diskpart 来实现，具体步骤如下：

步骤 1：依次单击“开始”→“运行”，在文本框中输入“cmd”，打开命令提示符窗口。

步骤 2：执行 diskpart 命令进入交互界面。

步骤 3：选择要操作的磁盘，这里执行 select disk 2 命令选择磁盘 2。可进一步执行 list partition 命令查看该磁盘的分区列表。

步骤 4：执行 create partion extended 命令就未分配磁盘空间创建扩展分区。如果要指定扩展分区大小，可使用参数 size 指定，单位为 MB，如 size=10 000 表示大约 10 GB。

步骤 5：输入 exit 退出 diskpart 交互界面，如图 4-11 所示。

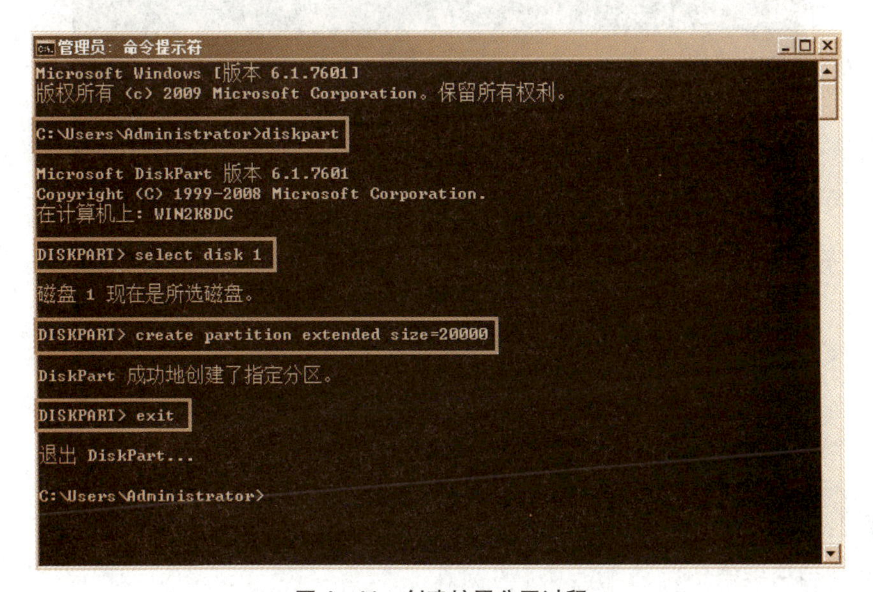

图 4-11　创建扩展分区过程

步骤 6：创建好扩展分区后，在“磁盘管理”管理单元中扩展分区以绿色显示，如图 4-12 所示。可在此基础上进一步创建逻辑分区。

3）创建逻辑分区

步骤1:创建逻辑分区的方法,可在如图4-12的界面中,右击绿色区域,参考基本卷的操作步骤完成。也可按如图4-13所示命令步骤来创建并格式化。

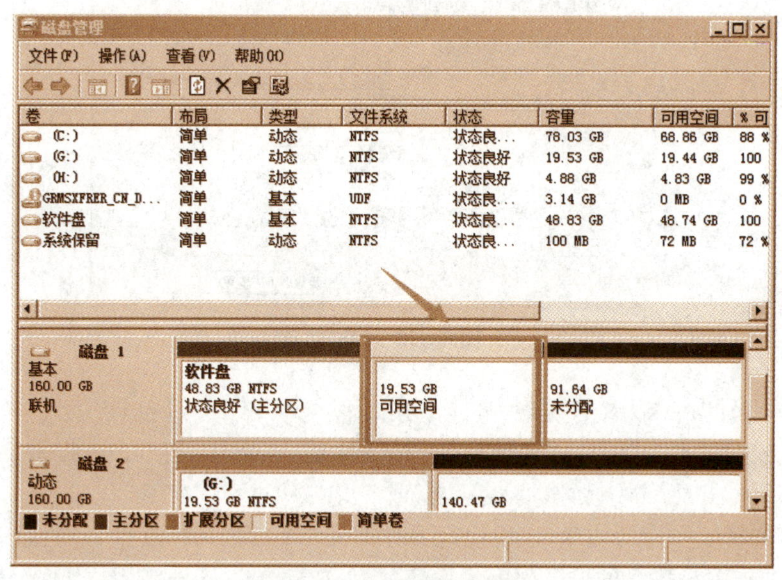

图4-12 创建好的扩展分区

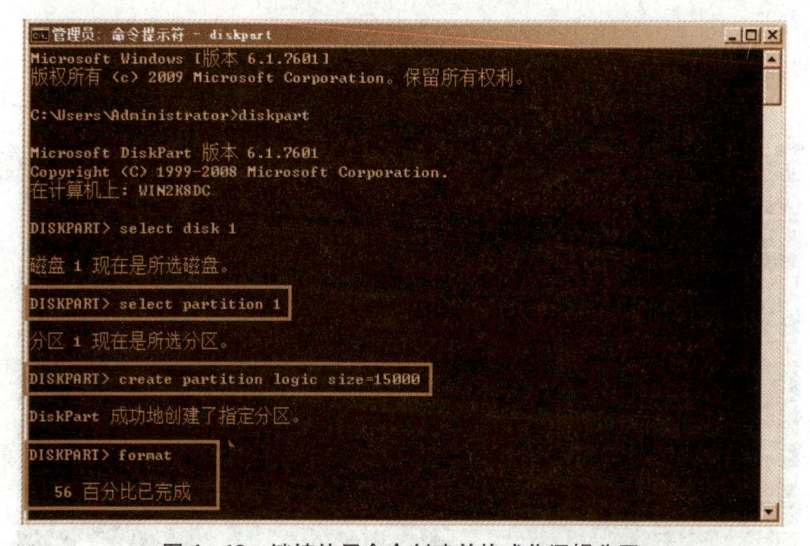

图4-13 继续使用命令创建并格式化逻辑分区

步骤2:创建好的分区如图4-6所示。

3. 扩展与压缩基本卷

基本卷在创建后,可以根据实际需要,对卷的空间进行扩展或压缩。

1）扩展卷

扩展卷是指把基本卷的容量扩大,即将未分配的空间合并到基本卷内,方法如下:

步骤1:在“磁盘管理”管理单元中,右键单击要扩展的基本卷,本例中为“D”,如图4-14

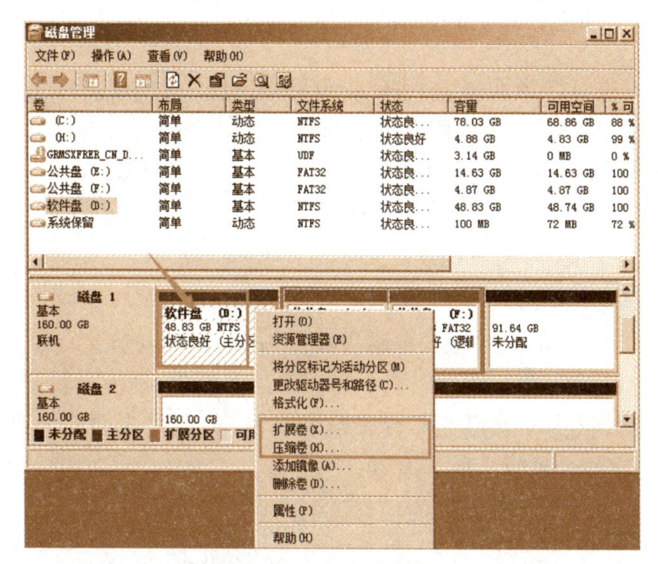

图 4-14　右击基本卷 D

所示。在快捷菜单中选择“扩展卷”，进入扩展卷向导。

步骤 2：单击“下一步”按钮，进入选择磁盘对话框，在此选择含有未分配空间的磁盘，并在“选择空间量”处输入需要扩展的磁盘空间。本例中输入 25 000，如图 4-15 所示。

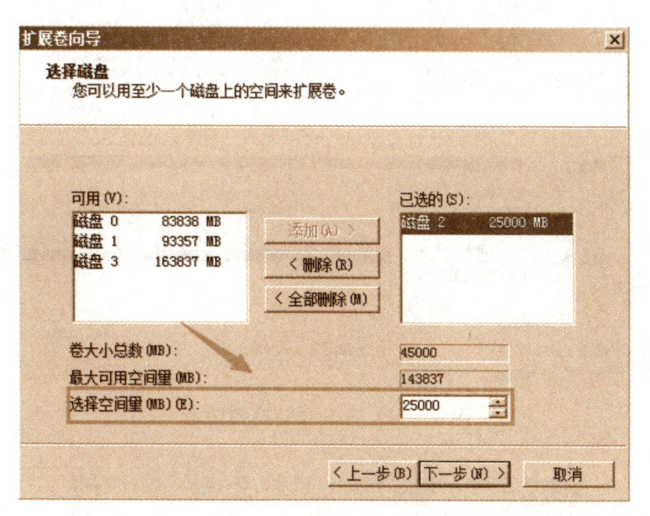

图 4-15　输入要扩展的磁盘空间

步骤 3：单击“下一步”按钮，进入向导完成界面，单击“完成”按钮。

（注：只有未格式化的或已格式化为 NTFS 的基本卷才可以被扩展，系统卷与启动卷无法扩展，新增加的空间必须是紧跟着该基本卷之后的未分配空间。）

2）压缩卷

压缩卷是指缩减卷空间，缩小原分区，从卷中未使用的剩余空间中划出一部分作为未分区空间。操作方法与扩展卷相似，只是要选择“压缩卷”命令，本例中缩减 25GB。

4.4.2 任务2 动态磁盘管理

动态磁盘由基本磁盘转换而来，相应的磁盘管理主要是动态卷的管理。

Windows Server 2008 R2 服务器支持动态磁盘，可提供更多的卷、更大的存储能力。无论动态磁盘使用的是 MBR 分区还是 GPT 分区，都可以创建最多 2 000 个动态卷，但一般创建的动态卷少于 32 个。

1. 创建动态磁盘

要使用动态卷，必须首先建立动态磁盘。在默认情况下，Windows Server 2008 R2 将所有硬盘都视为基本磁盘，这就需要将基本磁盘转换为动态磁盘，不过需要注意以下 2 点：

(1) 将基本磁盘转换为动态磁盘以整个物理磁盘为单位，不能只转换其中 1 个分区。

(2) 将基本磁盘转换为动态磁盘不会影响原有数据，但是不能轻易地将动态磁盘再转回基本磁盘，除非删除整个磁盘上的所有卷。

基本磁盘可以按照以下步骤转换为动态磁盘：

步骤 1：打开“磁盘管理”管理单元，右键单击要转换的磁盘，弹出快捷菜单，如图 4-16 所示。选择“转换为动态磁盘”命令，打开如图 4-17 所示的对话框。

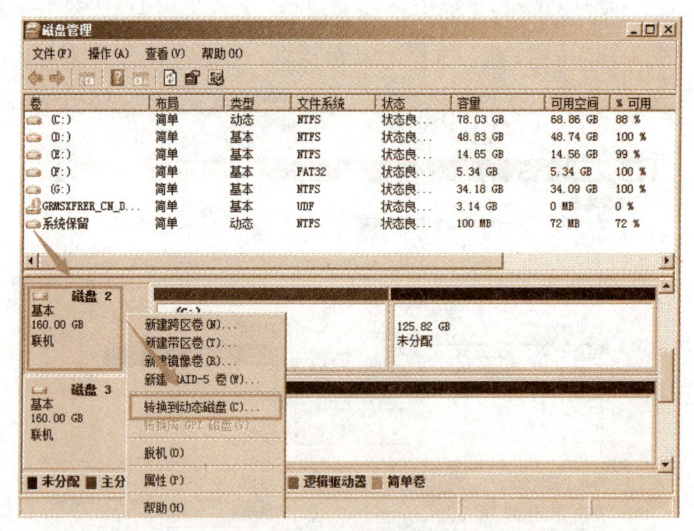

图 4-16 右击要转换的磁盘

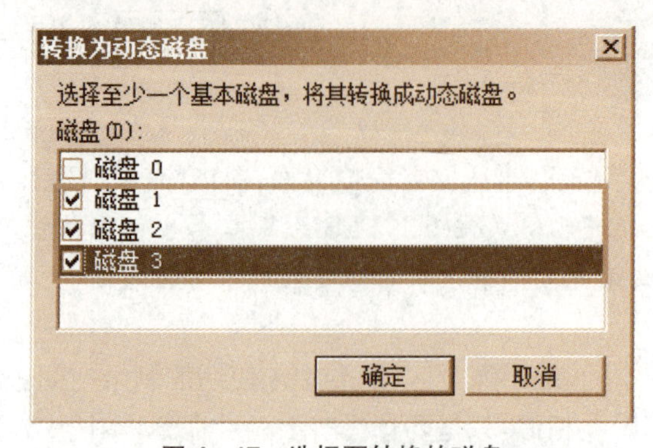

图 4-17 选择要转换的磁盘

步骤 2：从列表中选择要转换的基本磁盘，这里选中“磁盘 1”“磁盘 2”和“磁盘 3”，单击“确定”按钮。

步骤 3：出现对话框列出要转换的物理磁盘的内容，单击“详细信息”按钮可查看某磁盘的具体卷信息，如图 4-18 所示。

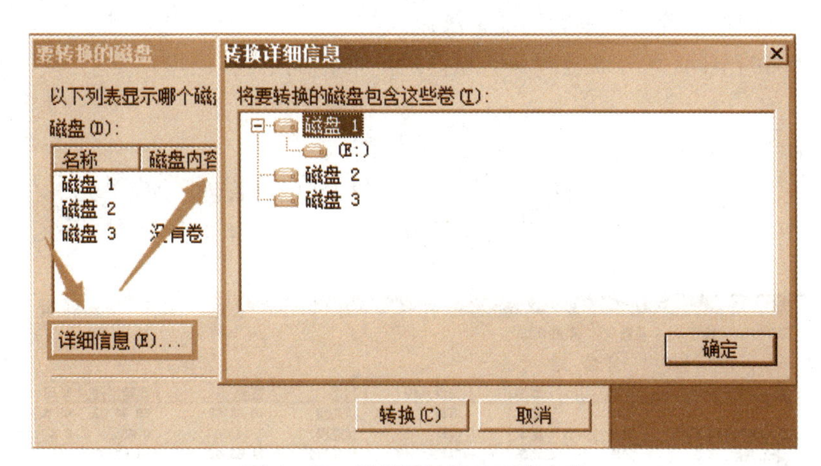

图 4-18　列出要转换的磁盘内容

步骤 4：单击“转换”按钮，弹出警告对话框，提示“如果将这些磁盘转换成动态磁盘，您将无法从这些磁盘上的任何卷启动其他已安装的操作系统”，单击“是”按钮开始转换。

转换完毕，该磁盘上的状态标识由“基本”变为“动态”；如果原基本磁盘包含分区或逻辑驱动器，都将变为简单卷，如图 4-19 所示。

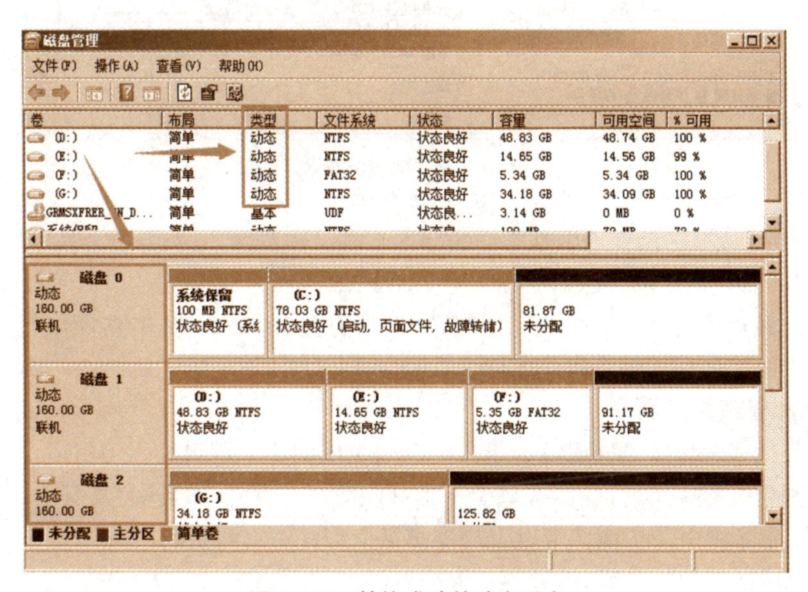

图 4-19　转换成功的动态磁盘

2. 创建和管理简单卷

简单卷是动态磁盘中的基本单位，它的地位与基本磁盘中的主磁盘分区相当。可以从 1

个动态磁盘内选择未分配空间来创建简单卷，并且在必要的时候可以将此简单卷扩大。

可以将未分配空间合并到简单卷中，也就是扩展简单卷的空间，以便扩大其容量。扩展简单卷必须注意以下问题：

(1) 只有未格式化或 NTFS 格式的简单卷才可以被扩展。

(2) 安装有操作系统的简单卷不能扩展。

(3) 新增加的空间，既可以是同一个磁盘内的未分配空间，也可以是另外一个磁盘内的未分配空间。

创建简单卷的步骤如下：

步骤 1：主分区的创建通过新建简单卷完成。打开“磁盘管理”管理单元→右键单击动态磁盘 2 上的未分配空间→选择“新建简单卷”，进入新建简单卷向导，如图 4-20 所示。

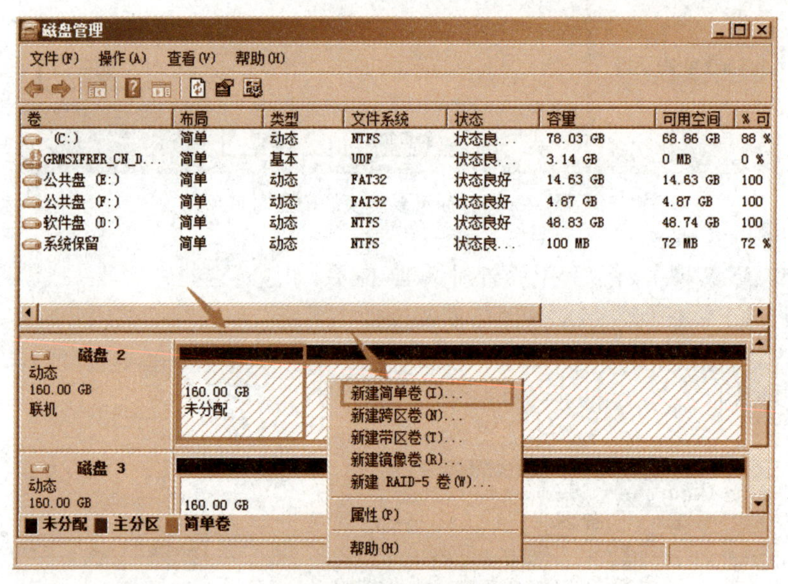

图 4-20 新建简单卷

步骤 2：参照基本磁盘管理中基本卷的分区步骤 2～步骤 5，本例中输入空间为 20 000，并输入磁盘卷标为“行政部”，磁盘驱动器号为 G，如图 4-21 所示。

简单卷的磁盘容量也可以扩展和压缩，详细的方法和步骤与基本卷操作相同。具体步骤参见基本卷的扩展和压缩的操作步骤。

3. 创建和管理跨区卷

跨区卷是指多个位于不同磁盘的未分配空间组成的 1 个逻辑卷。可将多个磁盘内的多个未分配空间合并成 1 个跨区卷，并赋予 1 个共同的驱动器号。跨区卷具有以下特性：

(1) 跨区卷必须由 2 个或 2 个以上物理磁盘上的存储空间组成。

(2) 组成跨区卷的每个成员，其容量大小可以不相同。

(3) 组成跨区卷的成员中，不可以包含系统卷与活动卷。

(4) 将数据存储到跨区卷时，是先存储到其成员中的第 1 个磁盘内，待其空间用尽时，才会将数据存储到第 2 个磁盘，依此类推，所以它不具备提高磁盘访问效率的功能。

(5) 跨区卷被视为一个整体，无法独立使用其中任何一个成员，除非将整个跨区卷

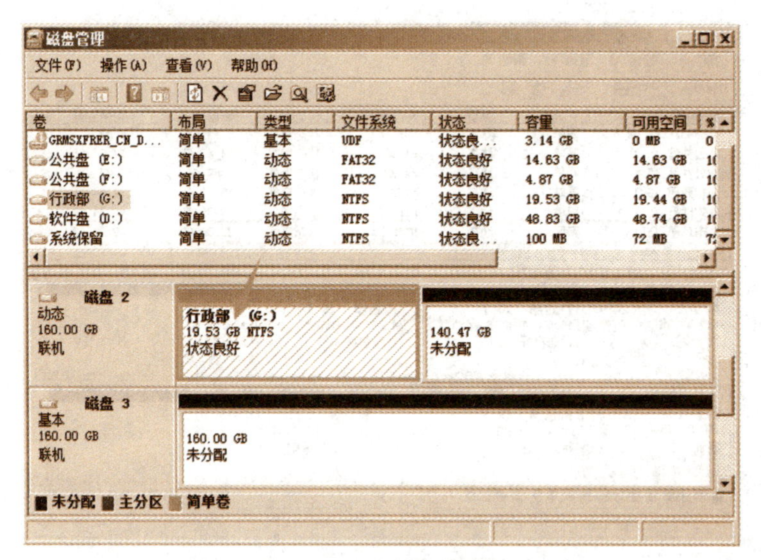

图 4－21　建好的简单卷

删除。

创建跨区卷的操作步骤如下：

步骤 1：打开“磁盘管理”管理单元，右键单击要组成跨区卷的任一未分配空间，选择“新建跨区卷”命令启动相应的向导。

步骤 2：单击“下一步”按钮，进入“选择磁盘”对话框，根据提示执行卷成员（组成跨区卷的磁盘及其空间）指定大小，如图 4－22 所示。

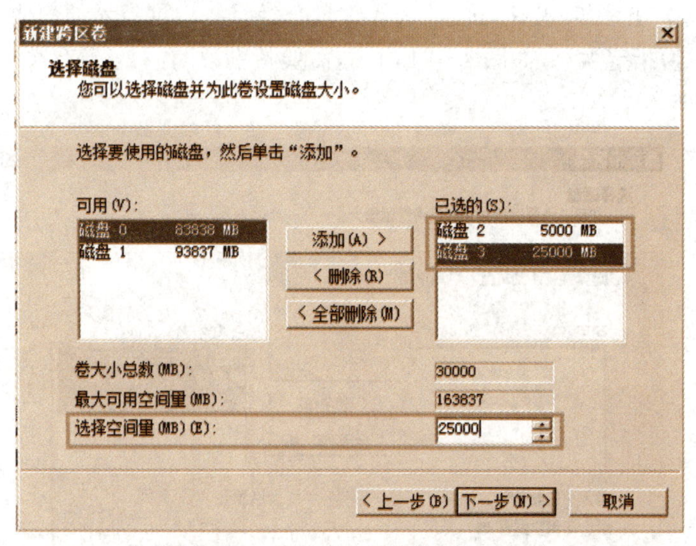

图 4－22　选择磁盘并指定卷大小

步骤 3：单击“下一步”按钮，进入如图 4－9 所示窗口，参照前面步骤完成操作。

操作成功的跨区卷如图 4－23 所示，示例中跨区卷分布在 2 个磁盘内，总空间 30 GB，使用同一驱动器号。

磁盘管理

文件(F) 操作(A) 查看(V) 帮助(H)

卷	布局	类型	文件系统	状态	容量	可用空间	%
GRMSXFRER_CN_D...	简单	基本	UDF	状态良...	3.14 GB	0 MB	0
公共盘 (E:)	简单	动态	FAT32	状态良好	14.63 GB	14.63 GB	1(
公共盘 (F:)	简单	动态	FAT32	状态良好	4.87 GB	4.87 GB	1(
行政部 (G:)	简单	动态	NTFS	状态良好	19.53 GB	19.44 GB	1(
软件盘 (D:)	简单	动态	NTFS	状态良好	48.83 GB	48.74 GB	1(
市场部 (H:)	跨区	动态	NTFS	状态良好	29.30 GB	29.21 GB	1(

磁盘 2 动态 160.00 GB 联机 | 行政部 (G:) 19.53 GB NTFS 状态良好 | 市场部 (H:) 4.88 GB NTFS 状态良好 | 135.58 GB 未分配

磁盘 3 动态 160.00 GB 联机 | 市场部 (H:) 24.41 GB NTFS 状态良好 | 135.58 GB 未分配

未分配 主分区 简单卷 跨区卷

图 4-23 跨区卷示例

4. 创建和管理带区卷(RAID 0 阵列)

在 Windows Server 2008 R2 上创建带区卷，就是建立 1 个高性能的软件 RAID 0 阵列。带区卷使用 RAID 0 技术，单纯就效率而言，它是工作效率最高的动态卷类型。

创建带区卷至少需要 2 个磁盘有未分配空间，操作步骤如下：

步骤 1：打开“磁盘管理”管理单元，右键单击磁盘 3 中未分配空间，选择“新建带区卷”命令启动相应的向导。

步骤 2：单击“下一步”按钮，进入“选择磁盘”对话框，根据提示执行卷成员(组成跨区卷的磁盘及其容量)指定大小，如图 4-24 所示，需要特别说明的是，带区卷的每个磁盘容量须设置成相同大小。

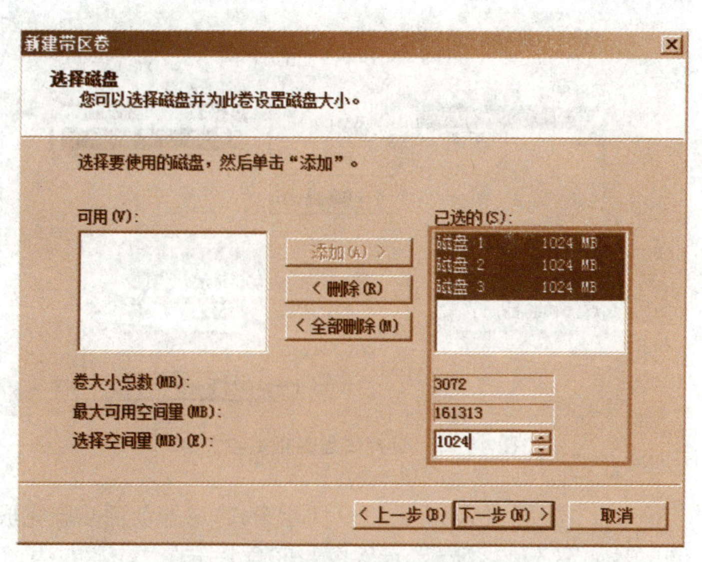

图 4-24 设置带区卷的磁盘和容量

步骤 3：参照前面案例完成后面的步骤，本例中设置成 10G，如图 4－25 所示。

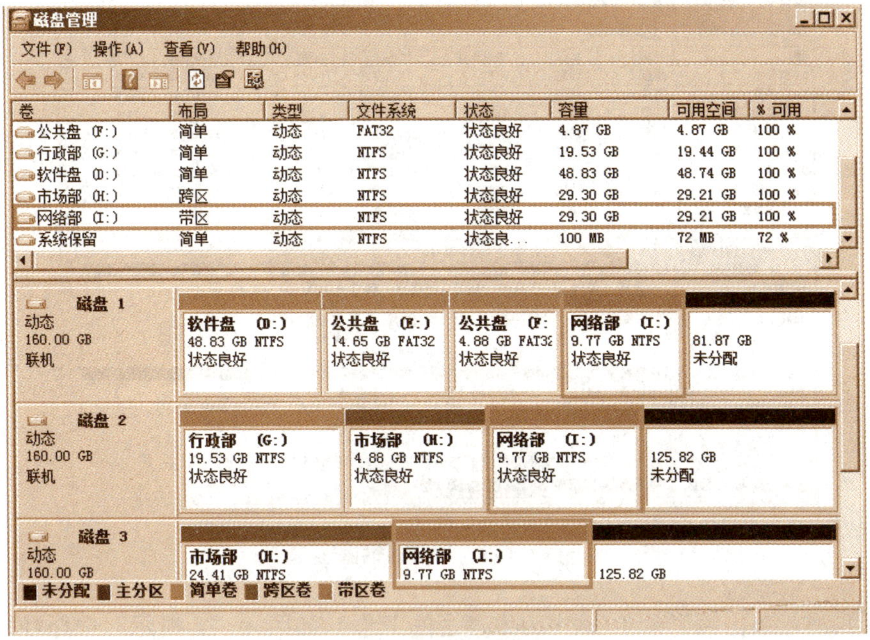

图 4－25　完成后的带区卷示例

示例中带区卷分布在 3 个磁盘内，每个磁盘划分的空间是 10GB，总空间 30 GB，正好是卷成员空间的 3 倍，使用同一驱动器号。

5. 创建和管理镜像卷(RAID 1 阵列)

创建镜像卷，实际上就是建立 1 个支持数据冗余的 RAID 1 阵列。

每个镜像卷需要 2 个动态磁盘，既可将 2 个动态磁盘上的未分配空间组成 1 个镜像卷，又可将 1 个动态磁盘上的简单卷与 1 个动态磁盘上的未分配空间组成 1 个镜像卷，然后分配 1 个逻辑驱动器号。

1）创建全新镜像卷

步骤 1：打开“磁盘管理”管理单元，右键单击磁盘 3 中未分配空间，选择“新建镜像卷”命令启动相应的向导。

步骤 2：单击“下一步”按钮，进入“选择磁盘”对话框，根据提示执行卷成员指定大小(组成跨区卷的磁盘及其容量，本例中使用磁盘 2 和 3，容量为 15GB)，需要特别说明的是，镜像卷的每个磁盘容量需设置成相同大小，如图 4－26、图 4－27 所示。

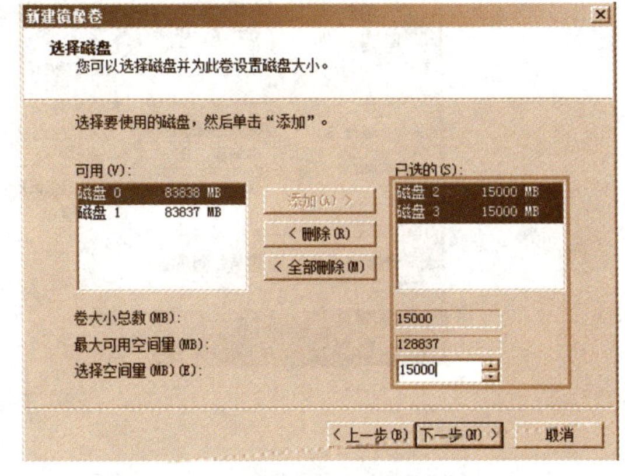

图 4－26　选择镜像卷的磁盘和容量

2）为现有卷添加镜像卷

将 1 个磁盘上的简单卷与 1 个磁盘的未分配空间组合成 1 个镜像卷，操作步骤如下：

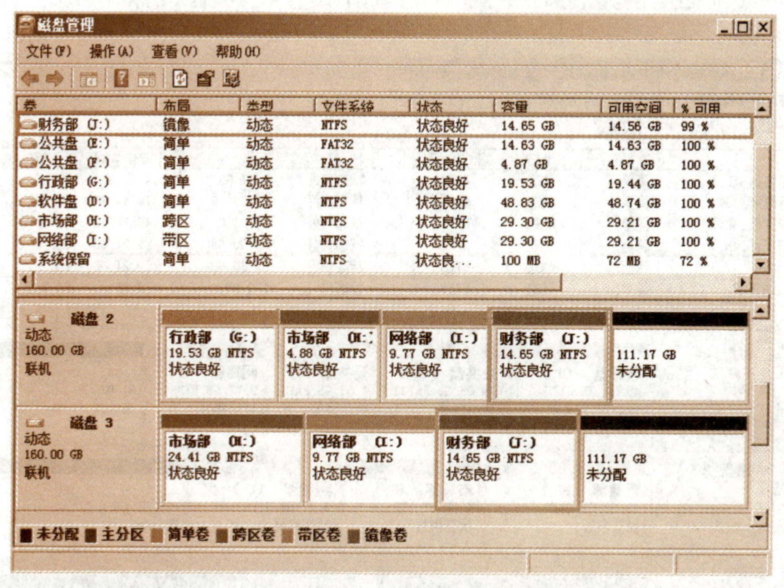

图 4-27 建好的镜像卷

步骤 1:右键单击该简单卷(例中为磁盘 2 的 F 卷),如图 4-28 所示。选择“添加镜像”命令,出现如图 4-29 所示的对话框。

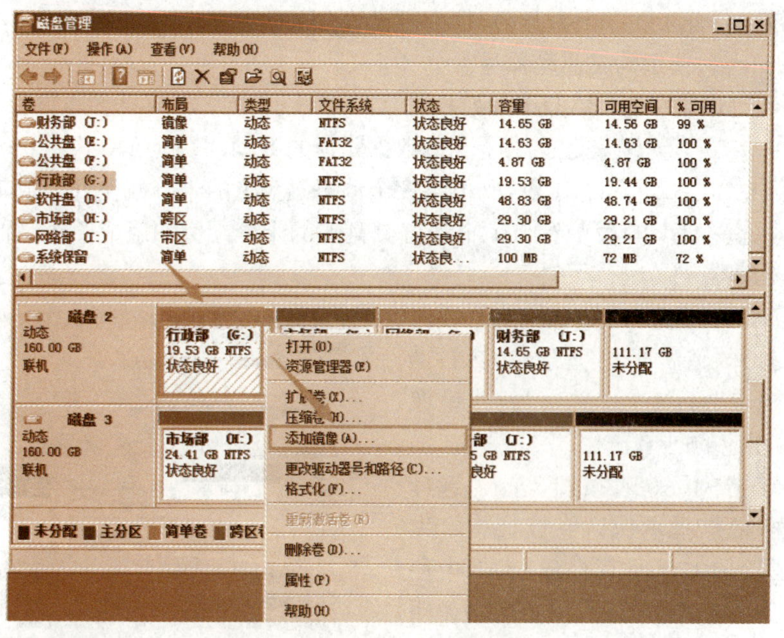

图 4-28 开始创建镜像卷

步骤 2:选择另一个成员磁盘(本例中为磁盘 3),单击“添加镜像”按钮,系统将在磁盘 3 中的未分配空间内创建 1 个与磁盘 2 的 F 卷相同的卷,并且开始将磁盘 2 的 F 卷内的数据复制到磁盘 3 的 F 卷,即进行重新同步,这需要一些时间。

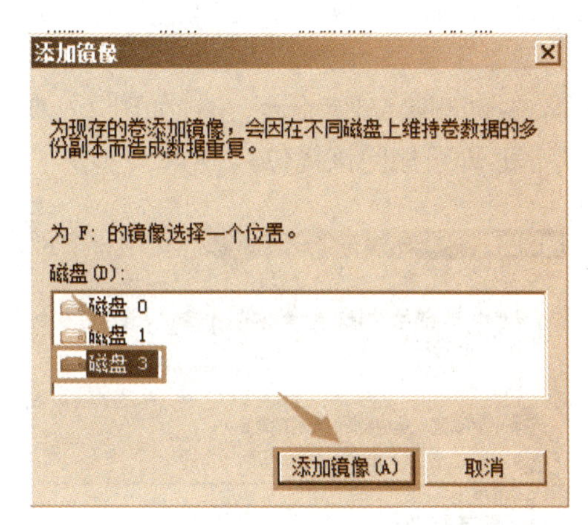

图 4 - 29　添加镜像

同步操作结束后，其状态将由“重新同步”转变为“状态良好”。完成后的镜像卷如图 4 - 30 所示，它分布在 2 个磁盘上，且每个磁盘内的数据是相同的。

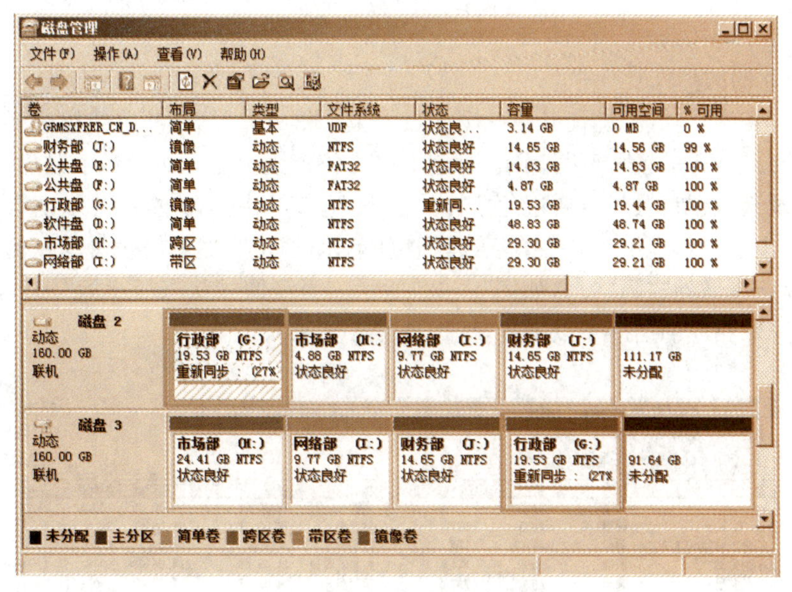

图 4 - 30　新创建的镜像卷

3）中断镜像卷

要解除 2 个磁盘的镜像关系，执行中断镜像操作，将镜像卷分成 2 个卷。操作步骤如下：

步骤 1：右键单击镜像卷，选择“中断镜像卷”命令，弹出对话框提示“如果中断镜像卷，数据将不再有容错性。要继续吗？”。

步骤 2：单击“是”按钮，则组成镜像的 2 个成员自动改为简单卷（不再具备容错能力），其中的数据也被分别保留，磁盘驱动器号也会自动更改，列在前面的卷的驱动器号维持原镜像卷的代号，列在后面的卷的驱动器号自动取下一个可用的驱动器号。

4）删除镜像与删除镜像卷

也可通过删除镜像来解除 2 个磁盘的镜像关系。

步骤：右键单击镜像卷，选择“删除镜像”命令，出现如图 4－31 所示的对话框，从中选择 1 个磁盘，单击“删除镜像”按钮，即可删除该镜像。

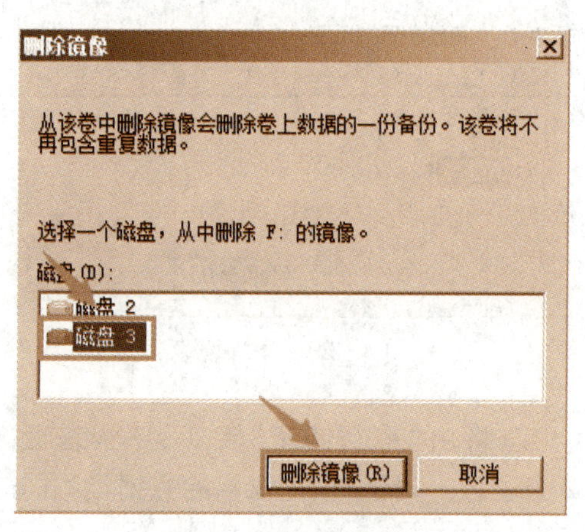

图 4－31 删除镜像

5）镜像卷的故障恢复

镜像卷具备容错功能，即使其中一个成员发生严重故障（例如断电或整个磁盘故障），另一个完好的磁盘会自动接替读写操作，只是不再具备容错功能。如果 2 个磁盘都出现故障，整个镜像卷及其数据将丢失。要避免这样的损失，应该尽快排查故障，修复镜像卷。

例如：在虚拟机环境中打开“磁盘管理”管理单元，通过右键单击磁盘 3 左侧后，单击“脱机”命令来模拟镜像卷故障状态，如图 4－32 所示。当镜像卷状态显示为“失败的重复”时，应根据情况采取相应的措施予以恢复，详细步骤参见 4.5.2 节。

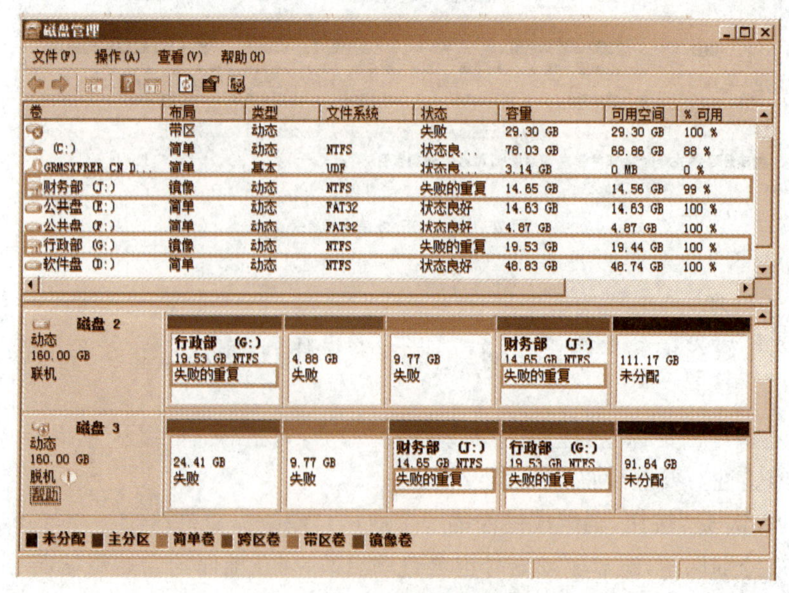

图 4－32 镜像卷故障状态

6. 创建和管理 RIAD－5 卷(RAID 5 阵列)

用 Windows Server 2008 R2 实现 RAID－5 卷(相当于 RAID 5 阵列),至少需要 3 个磁盘,最多可支持 32 个磁盘。必须用多个动态磁盘上的未分配空间来组成 1 个 RAID－5 卷。

系统默认以未分配空间最小的容量为单位,然后从所选的动态磁盘中分别取用该容量的未分配空间,来组成 1 个完整的 RIAD－5 卷。当然也可自定义最小单位。

步骤:RAID－5 卷的操作步骤与带区卷创建方法相同,可参照创建带区卷的方法操作。创建后如图 4－33 所示。

(1) 创建 RAID－5 卷至少需要 3 个磁盘。

(2) RAID－5 卷的成员磁盘空间必须一致。

(3) RAID－5 卷容量利用率为$(n-1)/n$。

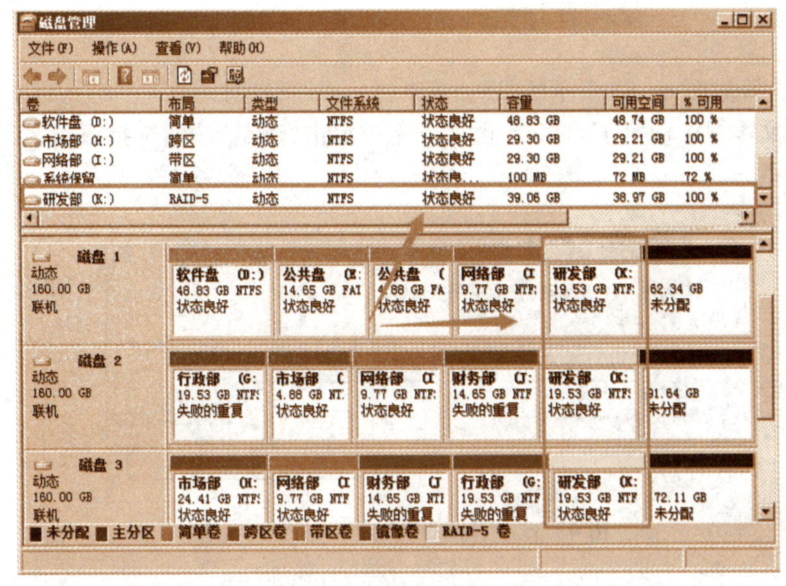

图 4－33　RAID－5 卷

知识拓展

4.5.1　使用挂载卷

当某个卷的空间不足且难以扩展空间容量时,可以通过挂载 1 个新的卷到该卷的某个文件夹中,以达到扩容量的目的。需要注意的是,在挂载卷时,应该在目标卷内先创建 1 个空白文件夹,且该文件夹所在分区的文件格式必须为 NFTS。

如:将“磁盘 1”的卷 F 挂载到 C:\file 目录中,其操作步骤如下:

步骤 1:在 C 盘根目录下创建文件夹,并命名为“file”。

步骤 2:在“计算机管理”窗口中,用鼠标右键单击磁盘 1“(F:)”区域,在弹出的快捷菜单中选择“更改 F:()的驱动器号和路径”命令。

步骤3:在"更改F:()的驱动器号和路径"对话框中,单击"添加"按钮,如图4-34所示。

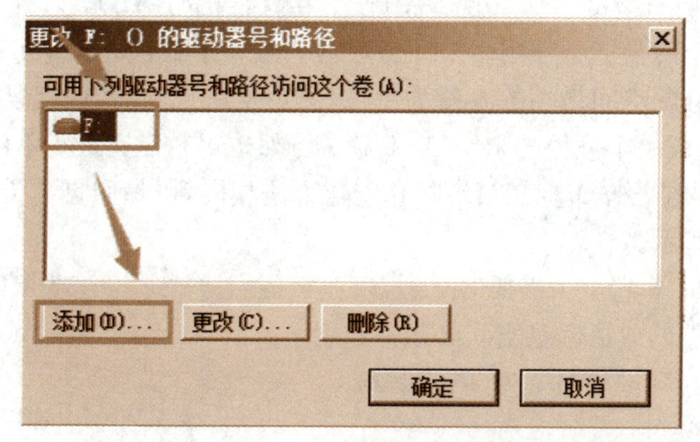

图4-34 "更改F:()的驱动器号和路径"对话框

步骤4:打开如图4-35所示的"添加驱动器号或路径"对话框,在"装入以下空白NTFS文件夹中"的文本框中输入"C:\file",也可以通过单击"浏览"按钮选择该目录,单击"确定"按钮,完成挂载。

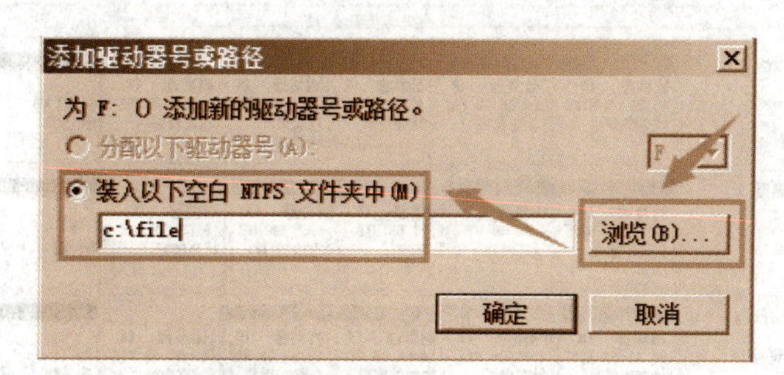

图4-35 "添加驱动器号或路径"对话框

4.5.2 镜像卷和RAID-5卷的修复

重庆正泰网络科技有限公司为了避免服务器因磁盘的损坏而丢失重要的数据,采用RAID-1或RAID-5动态磁盘技术对磁盘进行有效管理。现有1块磁盘发生了故障,网络管理员刘海申购了1块同型号、容量大小相同的磁盘,替换原来出现故障的磁盘,并进行修复。

现在虚拟机中模拟以上场景。

1. 修复镜像卷

步骤1:关闭服务器Win2k8DC,在虚拟机中将磁盘2移除,重新添加1块容量大小相同的磁盘。

步骤2:开启服务器Win2k8DC,以管理员的身份登录服务器,单击"开始"按钮,选择"管理工具"→"计算机管理"命令,打开"计算机管理"窗口。

步骤3:在左侧的窗格中选择"存储"→"磁盘管理"选项,在中间窗格中可以看到有1块新增的磁盘1,新加卷G、J和K的状态为"失败的重复",如图4-36所示。

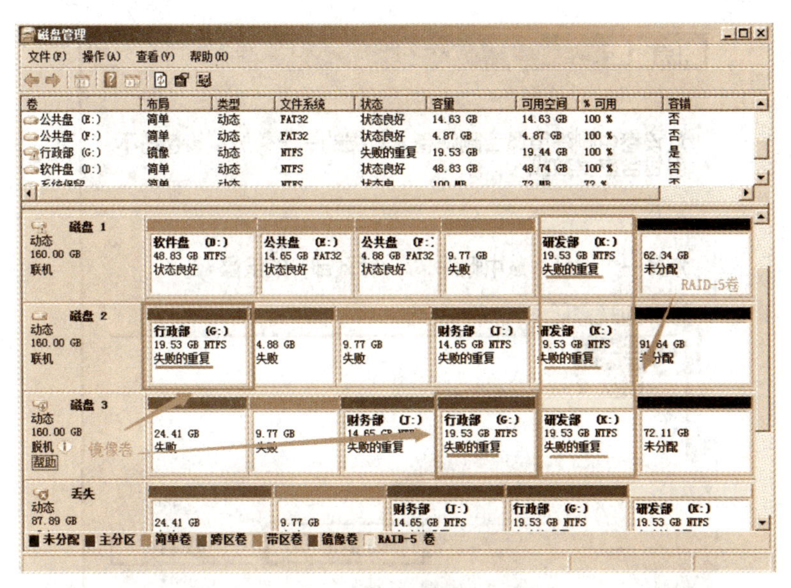

图 4－36　“计算机管理”窗口

步骤 4:参照前面步骤,将“磁盘 1”初始化为 MBR 磁盘,并转换为动态磁盘。

步骤 5:右键单击“丢失”磁盘的“H”的区域,在弹出的快捷菜单中选择“删除镜像”命令,如图 4－37 所示。

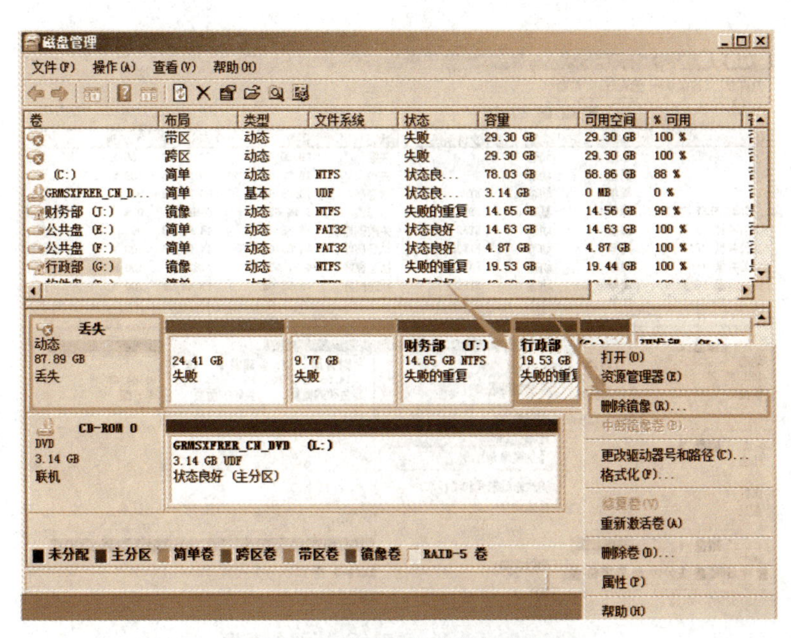

图 4－37　删除丢失磁盘中的镜像

步骤 6:在“删除镜像”对话框中,在“磁盘”列表中,选择“丢失”,单击“删除镜像”按钮,如图 4－38 所示。

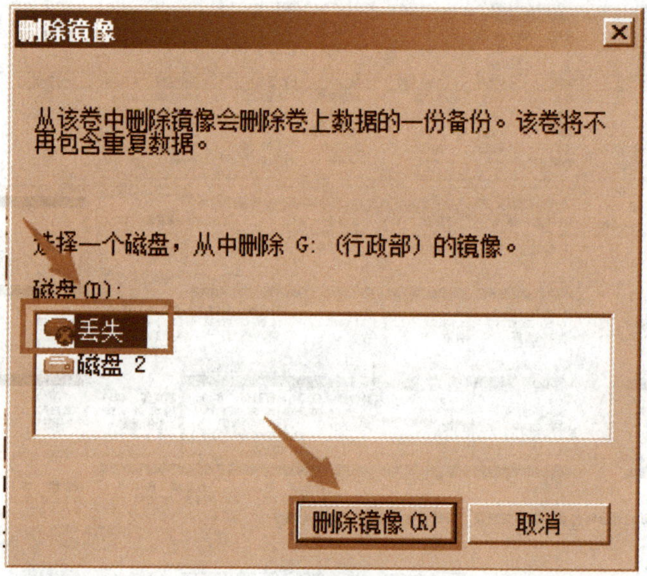

图 4-38 “删除镜像”对话框

步骤 7:在“磁盘管理”对话框中,单击“是”按钮。

步骤 8:在磁盘 2 中,右键单击“行政部(G:)”,在弹出的快捷菜单中选择“添加镜像”命令,出现如图 4-39 所示对话框。

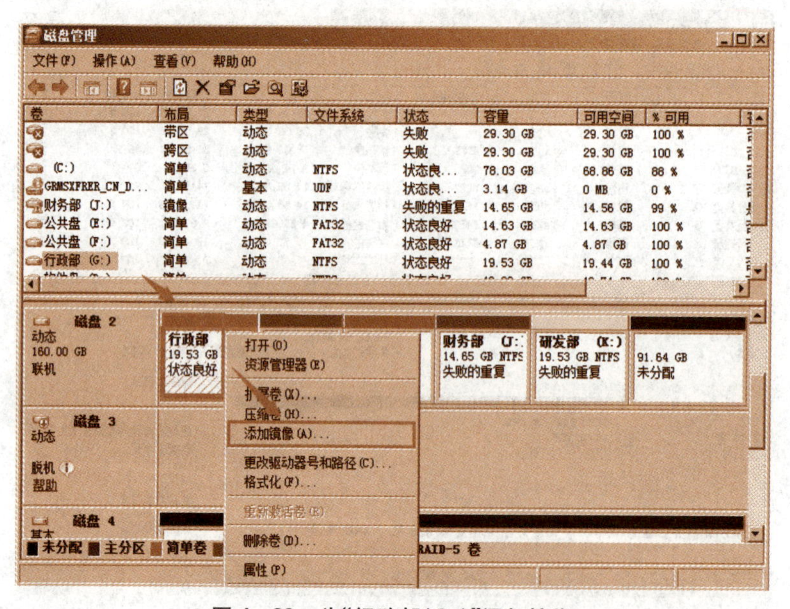

图 4-39 为“行政部(G:)”添加镜像

步骤 9:在“添加镜像”对话框中,选择“磁盘 4”,单击“添加镜像”按钮,完成镜像卷的修复,结果如图 4-40、图 4-41 所示。用同样的步骤修复镜像卷(J:)。

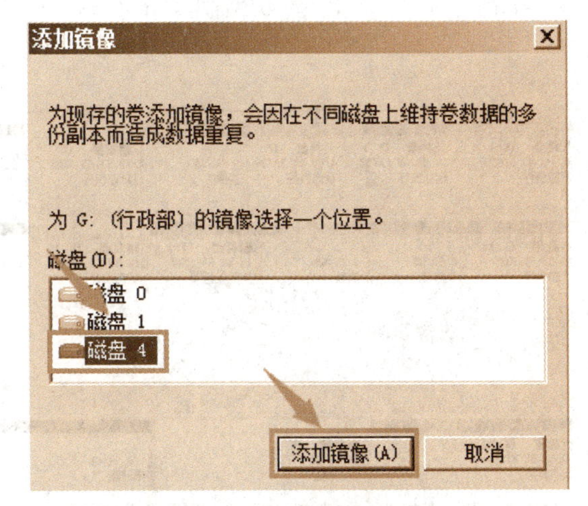

图4-40　添加镜像到磁盘4上

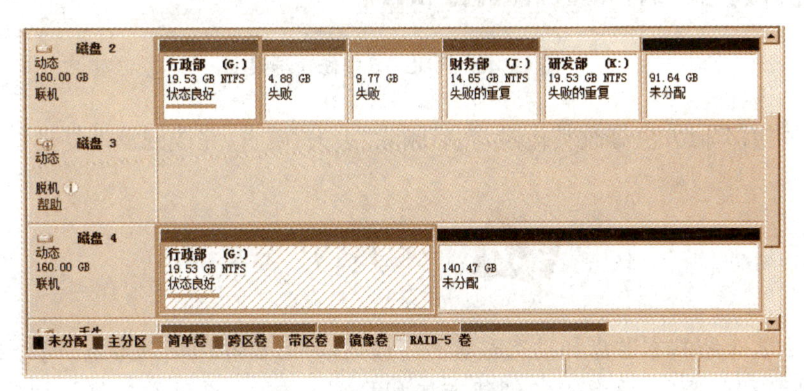

图4-41　镜像卷修复结果

2. 修复RAID-5卷

步骤1：在“计算机管理”窗口中，右键单击“研发部(K:)”，在弹出的快捷菜单中选择“修复卷”命令，如图4-42所示，弹出“修复RAID-5卷”对话框。

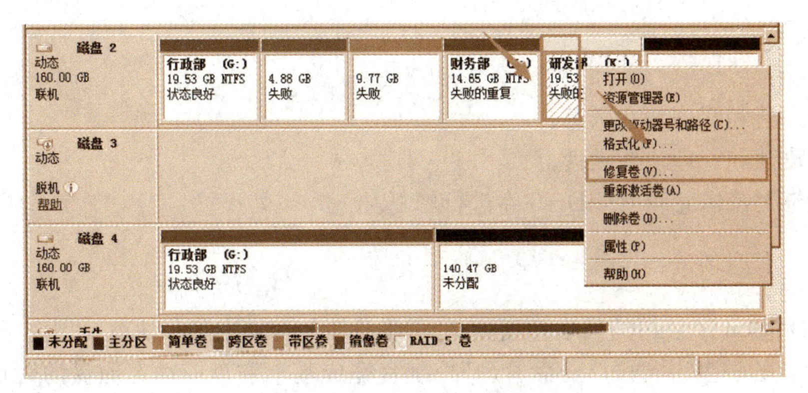

图4-42　“计算机管理”窗口

步骤 2：选择“磁盘 4”，单击“确定”按钮，等数据同步完成后，完成 RAID－5 卷的修复，结果如图 4－43 所示。

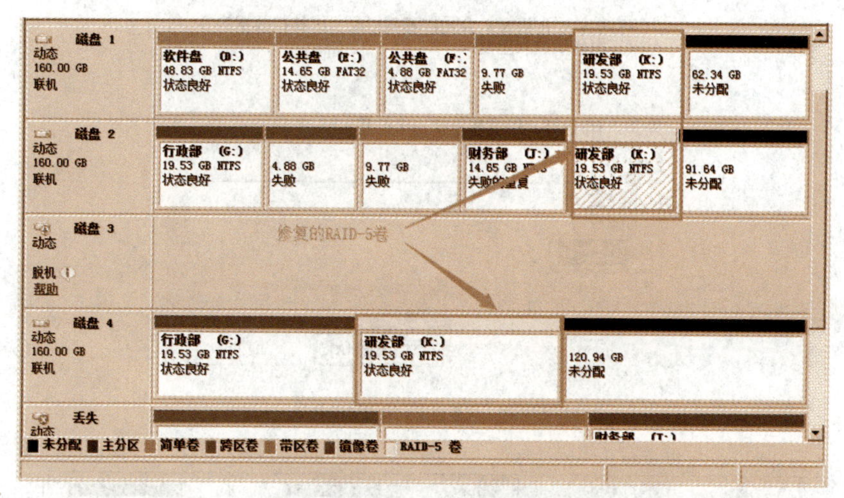

图 4－43 RAID－5 卷修复结果

步骤 3：采用类似方法修改其他卷，然后删除“丢失”磁盘，完成磁盘恢复操作。

4.6 项目小结

本项目主要介绍基本磁盘和动态磁盘的管理，各种磁盘卷包括基本卷、简单卷、带区卷、跨区卷、镜像卷和 RAID－5 卷等的创建方法和管理方法，如磁盘卷的删除和故障恢复等。学习后我们要掌握各种创建方法和管理方法。

4.7 实践训练（工作任务单）

4.7.1 实训目标

（1）会创建和管理基本磁盘。

（2）会创建和管理动态磁盘。

（3）能够对镜像卷和 RAID－5 卷进行修复。

4.7.2 实训场景

如果你是 Sunny 公司的网络管理员，公司服务器的存储空间很快就要用完了，你需要为服务器添加新的磁盘，并通过“磁盘管理”控制台完成基本磁盘或动态磁盘的管理任务。网络实训环境如图 4－44 所示。

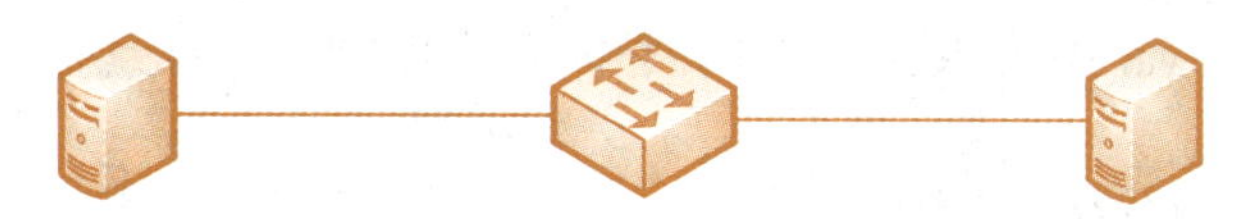

角色：AD+DNS
主机名：su-dc1
IP地址：192.168.1.200
子网掩码：255.255.255.0
网关：192.168.1.1
DNS：192.168.1.200

角色：成员服务器
主机名：su-dc2
IP地址：192.168.1.201
子网掩码：255.255.255.0
网关：192.168.1.1
DNS：192.168.1.200

图4-44　配置和管理磁盘实训环境

4.7.3　实训任务

任务1：基本磁盘管理

(1) 在su-dc1中增加1块60GB的虚拟磁盘。

(2) 将磁盘1设置为联机状态，并初始化为MBR磁盘。

(3) 在磁盘1上创建1个主分区，容量为30GB。

(4) 对主分区进行扩容，扩展的容量大小为10GB，并将此分区设置为活动分区。

(5) 利用diskpart命令，在磁盘1上创建1个容量为10GB扩展分区，在扩展分区内创建1个容量为10GB的逻辑驱动器。

(6) 创建1个容量为10GB的主分区，并将此分区挂载到D:\Program Files目录下。

任务2：动态磁盘管理

(1) 在su-dc2中新增3块40GB的虚拟磁盘，并转换为动态磁盘。

(2) 创建1个由磁盘2、磁盘3和磁盘4上的未分配空间所组成的跨区卷，其中磁盘2和磁盘3的空间容量设置为10GB，磁盘4的空间容量设置为5GB。

(3) 创建1个由磁盘2、磁盘3和磁盘4上的未分配空间所组成的带区卷，每个磁盘的空间容量设置为5GB。

(4) 创建1个由磁盘2和磁盘3上的未分配空间所组成的镜像卷，每个磁盘的空间容量设置为5GB。

(5) 创建1个由磁盘2、磁盘3和磁盘4上的未分配空间所组成的RAID-5卷，每个磁盘的空间容量设置为5GB。

(6) 分别在跨区卷、带区卷、镜像卷和RAID-5卷创建1个文本文件，并命名为"test.txt"，关闭服务器，将磁盘3删除，再重新增加1块磁盘，其容量大小为40GB。

(7) 启动服务器，打开跨区卷、带区卷、镜像卷和RAID-5卷并查看哪些卷的文件test.txt存在，并说明理由。

(8) 修复镜像卷和RAID-5卷。

4.8 课后习题

4.8.1　填空题

1. Windows Server 2008 R2系统的磁盘可分为________和________2种类型。

2. Windows Server 2008 R2 的磁盘有 2 种分区形式:________和________。

3. 1 个基本磁盘最多可分为________个主分区,或________个主分区和 1 个扩展分区。

4. 动态卷的类型包括________、________、________、________、________。

5. 镜像卷的磁盘利用空间为________,RAID-5 卷的磁盘利用空间为________。

4.8.2 单项选择题

1. 以下动态卷中,读写效率最高的是(　　)。

A. 简单卷　　B. 带区卷　　C. 镜像卷　　D. RAID-5 卷

2. 网络管理员小李将在磁盘 1 上创建 1 个 10GB 的扩展分区,下列所示的命令中正确的是(　　)。

A. create partition primary size=10240

B. create partition primary=10240000

C. create partition extended size=10240

D. create partition extended size=10240000

3. 网络管理员小李将磁盘 1 和磁盘 2 上的未分配空间创建为镜像卷,在“选择磁盘”对话框中,他将每个磁盘的空间容量设置为 20 480 MB,则该卷实际的容量大小为(　　)。

A. 20GB　　B. 25GB　　C. 30GB　　D. 40GB

4. 在 Windows Server 2008 R2 的动态磁盘中,具有容错力的是(　　)。

A. 简单卷　　B. 跨区卷　　C. 带区卷　　D. 镜像卷

5. 在 Windows Server 2008 R2 系统中,以下(　　)是镜像卷的特点。

A. 磁盘空间利用率为 100%

B. 具有容错功能

C. 至少需要 3 块磁盘

D. 镜像卷所在的磁盘提供的空间不必相同

6. 在 Windows Server 2008 R2 支持的动态卷中,可以实现磁盘故障恢复的是(　　)。

A. 简单卷和镜像卷　　B. 跨区卷和带区卷

C. 带区卷和 RAID-5 卷　　D. 镜像卷和 RAID-5 卷

7. 网络管理员小李将 3 块容量为 500GB 磁盘创建为 RAID-5 卷,则该卷的最大容量为(　　)。

A. 500GB　　B. 750GB　　C. 1 000GB　　D. 1 500GB

8. 某公司新购买了 1 台服务器准备作为公司的文件服务器,管理员正在对该服务器的磁盘进行规划,如果用户希望读写速度最快,他应将磁盘规划为(　　)。

A. 简单卷　　B. 跨区卷　　C. 带区卷　　D. 镜像卷

9. ABC 公司新买了 1 台计算机作为文件服务器,该计算机上有 5 块磁盘。公司希望存放在该文件服务器上的文件尽可能安全,并且当服务器的上某块磁盘出现故障时,服务器的操作系统也能正常启动,为了满足以上要求,磁盘管理方案为(　　)。

A. 用 2 块磁盘建立镜像卷,用于存放操作系统数据,另外 3 块磁盘建立带区卷,用于存放用户数据

B. 将 5 块磁盘建立 2 个 RAID-5 卷,分别存放操作系统数据和用户数据

C. 将 4 块磁盘,每 2 块建立镜像卷,用于存放用户数据,另外 1 块磁盘创建简单卷,用于存放操作系统数据

D. 将 2 块磁盘建立镜像卷,用于存放操作系统数据,另外 3 块磁盘建立 RAID-5 卷,用于存放用户数据

4.8.3 简答题

1. 简述 MBR 磁盘与 GPT 磁盘的特点。
2. 简述动态磁盘的优点。
3. 在 Windows Server 2008 R2 系统中包括哪几种动态卷,它们各有什么特性?

NTFS 文件系统的管理

5.1 项目导入

Windows Server 系统的网络管理员需要学习 NTFS 文件系统和磁盘管理。尤其对于初学者来说，文件的权限与属性是学习 NTFS 文件系统和磁盘管理的一个重要的关卡，如果没有这部分的知识储备，那么当你遇到“拒绝访问”的错误提示时将会一筹莫展。

5.2 项目分析

根据公司的总体要求，文件访问应该有严格的限制，需要保证文件的安全性。在保障文件被授权对象访问的同时，不允许未经授权的访问。所以，服务器上的资源访问权限设置要制订严密的规划，本项目考虑到实际情况和权限设置的基本需求，计划如表 5-1 所示：

表 5-1 NTFS 文件系统项目设计

序号	文件或文件夹	所有者	权限设计	磁盘配额
1	E:\Home\%UserName%	%UserName% Administrator	%UserName%修改； Administator 完全控制； Administrators 修改	主管 500M 职员 200M
2	G:\Public	行政部领导 Administrator	部门领导完全控制； Administrator 完全控制； 部门成员修改； 其他人员读取	
3	H:\Market	市场部领导 Administrator		
4	I:\Network	网络部领导 Administrator		
5	K:\Develop	研发部领导 Administrator		
6	J:\Finance	财务部领导 Administrator	部门领导完全控制； 部门成员修改； 公司领导读取	

由于各种权限设置方式大同小异，本项目以G:\Public文件夹权限设备为例演示操作。所涉及的代表行政部的用户为：ADstaff；组为：ADmanager。要进行的操作任务为：

(1) 添加并设置用户权限。

(2) 编辑用户权限。

(3) 删除用户权限项。

(4) 更改文件(夹)所有权。

(5) 磁盘配额。

预备知识

5.3.1 文件和文件夹权限

权限是指对某个对象(如文件、文件夹、打印机等)的访问限制，例如是否能读取、写入或删除某个文件夹等。在NTFS卷中，管理员可通过设置文件与文件夹权限为用户或组指定访问级别。

FAT文件系统无法设置这种权限，因此又将这种权限称为NTFS权限或安全权限。

NTFS权限是一组标准权限，控制用户或组对资源的访问，为资源提供安全性。具体实现方法是允许管理员和用户控制哪些用户可以访问单独文件或文件夹，指定用户能够得到的访问种类。

不论文件或文件夹在计算机上或网络上是否为交互访问，NTFS的安全性都是有效的。Windows Server 2008 R2提供了以下2类NTFS权限。

(1) NTFS文件权限，用于控制对NTFS卷上单独文件的访问。

(2) NTFS文件夹权限，用于控制对NTFS卷上单独文件夹的访问。

1. 文件和文件夹的基本权限

文件和文件夹的基本权限有6种，具体说明如表5-2所示。基本权限实际上都是一些具体权限(特殊权限)的组合，特殊权限包括“遍历文件夹/运行文件”“列出文件夹/读取数据”等14种。

表5-2 文件与文件夹的基本权限

权限	文件	文件夹
读取	读取文件内的数据、查看文件的属性、查看文件的所有者、查看文件等	查看文件夹内的文件名称与子文件夹名称、查看文件夹的属性、查看文件夹的所有者、查看文件夹
写入	更改或覆盖文件的内容、改变文件的属性、查看文件的所有者、查看文件等	在文件夹内添加文件与文件夹、改变文件夹的属性、查看文件夹的所有者、查看文件夹

续 表

权限	文 件	文 件 夹
列出文件夹目录		该权限除了拥有"读取"的所有权限之外，它还具有"遍历子文件夹"的权限，也就是具备进入子文件夹的功能
读取和运行	除了拥有"读取"的所有权限外，还具有运行应用程序的权限	拥有与"列出文件夹目录"几乎完全相同的权限，只有在权限的继承方面有所不同："列出文件夹目录"的权限仅由文件夹继承，而"读取和运行"是由文件夹与文件同时继承
修改	除了拥有"读取""写入"与"读取和运行"的所有权限外，还可以删除文件	除了拥有前面的所有权限外，还可以删除子文件夹
完全控制	拥有所有 NTFS 文件的权限，也就是除了拥有前述的所有权限之外，它还拥有"更改权限"与"取得所有权"的权限	拥有所有 NTFS 文件夹的权限，也就是除了拥有前述的所有权限之外，它还拥有"更改权限"与"取得所有权"的权限

2. 有效权限

如果用户属于某个组，将具有该组的全部权限。

权限具有累加性和继承性，子文件夹与文件可继承来自父文件夹的权限。当用户设置文件夹的权限后，在该文件夹下添加的子文件夹与文件默认会自动继承该文件夹的权限。用户可以设置让子文件夹或文件不继承父文件夹的权限，这样该子文件夹或文件的权限将改为用户直接设置的权限。

"拒绝"权限会覆盖所有其他的权限。虽然用户对某个资源的有效权限是其所有权限来源的总和，但是只要其中有 1 个权限被设为拒绝访问，则用户将无法访问该资源。

文件权限会覆盖文件夹的权限。如果针对某个文件夹设置了 NTFS 权限，同时也对该文件夹内的文件设置了 NTFS 权限，则文件的权限设置优先。

将文件或文件夹复制到其他文件夹中，被复制的文件或文件夹会继承目的文件夹的权限。

将文件或文件夹移动到同一磁盘的文件夹中，被移动的文件或文件夹会保留原来的权限，但移动到另一磁盘，则被移动的文件或文件夹继承目的文件夹的权限。

5.3.2 文件系统加密

Windows Server 2008 R2 利用"加密文件系统（Encrypting File System，EFS）"提供文件加密的功能，以增强文件系统的安全性。经过加密后，只有将其加密的用户或者经过授权的用户能够读取文件或文件夹。

用户一旦启用加密，EFS 自动为该用户产生一对密钥（公钥和私钥）。当用户读取自己加密的文件时，首先以用户的私钥对加密过的文件进行解密，然后使用公钥对文件进行解密。其他用户因为私钥不同就无法读取加密文件。

加密是 NTFS 文件系统的 1 个特性，需注意以下事项：

(1) 只有 NTFS 卷内的文件、文件夹才可以被加密。

(2) 不能对整个卷进行加密。

(3) NTFS 文件压缩与加密无法并存。

(4) 当用户将 1 个未加密的文件移动或复制到加密文件夹时，该文件会自动加密。然而将 1 个加密的文件移动或复制到非加密文件夹时，该文件仍然会保持其加密的状态。

(5) 利用 EFS 加密的文件，只有存储在硬盘内才会被加密，通过网络发送时是不加密的。

5.3.3 磁盘配额的特性

磁盘配额的主要作用是限制用户在卷(分区)上的存储空间，防止用户占用额外的服务器磁盘空间，既可减少磁盘空间浪费，又可避免不安全因素，有助于管理共享服务器磁盘的用户。磁盘配额的特性如下：

(1) 只有 NTFS 卷才支持磁盘配额。

(2) 磁盘配额只应用于卷，且不受卷的文件夹结构及物理磁盘上的布局影响。

(3) 磁盘配额监视用户的卷的使用情况，依据文件所有者来计算其使用空间，并且不受卷中用户文件的文件夹位置的限制。

(4) 磁盘配额有 2 个控制点：警告等级和配额限制。

5.4 项目实施

5.4.1 任务 1 文件和文件夹权限设置

在 NTFS 卷中系统会自动设置其默认权限值，其中有一部分权限会被其下的文件夹、子文件夹或文件继承。用户可以更改这些默认值。

文件和文件夹权限设置以文件或文件夹为设置对象，也就是先选定文件或文件夹，再设置哪些账户对它有什么权限，不能直接设置用户或组能够访问哪些对象。最好是将权限分配给组以简化管理。

1. 添加文件和文件夹权限方法

只有 Administrators 组成员、文件或文件夹的所有者、具备完全控制权限的用户，才有权指派这个文件或文件夹的 NTFS 权限。下面以文件夹为例讲解访问权限的设置步骤。

步骤 1：打开“计算机”或 Windows 资源管理器，定位到要设置权限的 Public 文件夹，右键单击，选择“属性”命令打开相应的对话框，切换到“安全”选项卡，如图 5-1 所示。

步骤 2：在“组或用户名”区域列出已经分配文件夹权限的用户或组账户，下面的区域显示所选用户或组的具体权限项目，可见 Administrators 组具备最高级权限“完全控制”。

步骤 3：单击“编辑”按钮打开如图 5-2 所示的对话框，可对访问权限进行编辑设置。

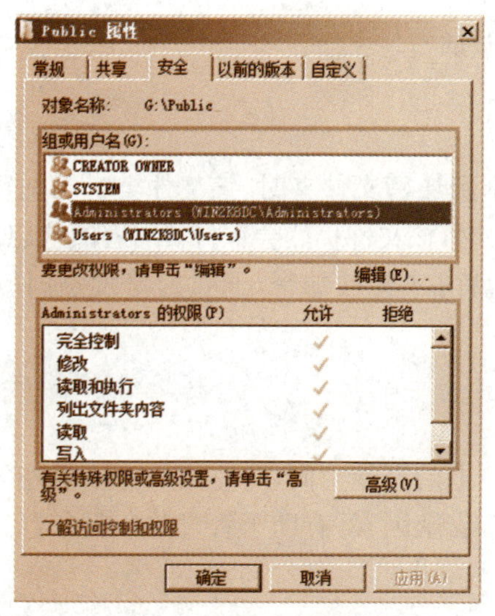

图 5-1 “安全”选项卡

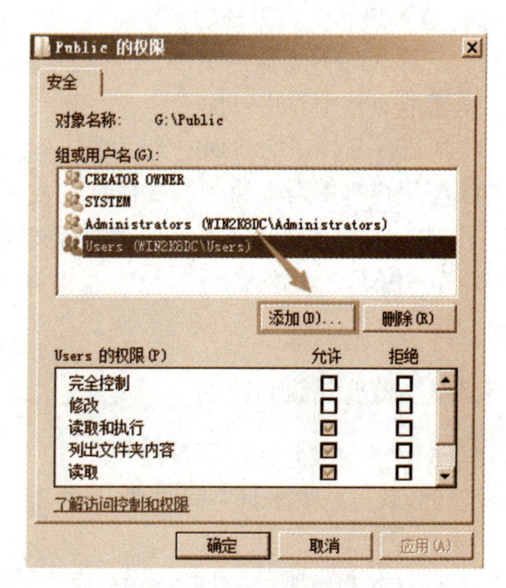

图 5-2 编辑用户权限

步骤 4:单击“添加”,弹出如图 5-3 所示对话框,在“输入对象名称来选择”下方文本框中,输入行政部组“AdminDept”后,单击“检查名称”,确认输入无误,单击“确定”。也可以在该界面中单击“高级”,在弹出的如图 5-4 所示对话框中单击“立即查找”,在下方列出的用户和组中选择要设置的用户“weixin”后,单击“确定”后返回图 5-2 的界面。

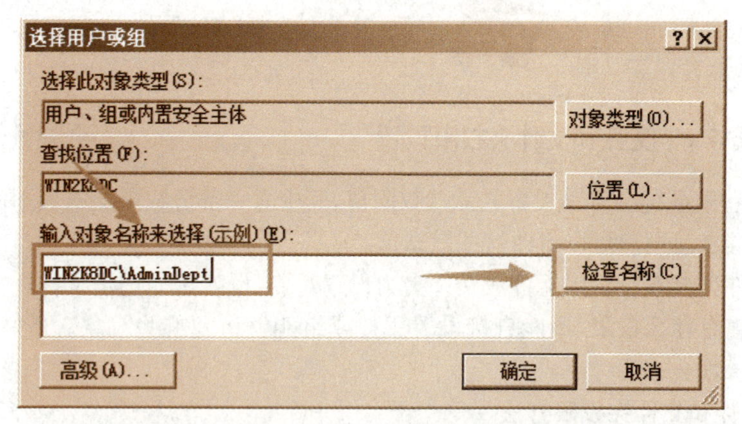

图 5-3 添加用户组——行政部组 AdminDept

2. 编辑用户或组的权限

新添加的用户或组的默认权限并不一定符合权限要求,需进一步对权限进行编辑。

步骤 1:在如图 5-2 所示的对话框中,可对访问权限进行编辑设置。在“组和用户名”区域选择 Administrators,在下方权限框中勾选“完全控制”允许权限;选择“weixin”,勾选“修改”允许权限;选择“AdminDept”,勾选“读取和执行”允许权限。

步骤 2:单击“确定”按钮,完成权限编辑。

如果权限项目复选框为灰色,表明是从父文件夹继承的权限,不能够直接去除。不过,可以更改从父文件夹所继承的权限,如添加权限,或者通过选中“拒绝”复选框删除权限。

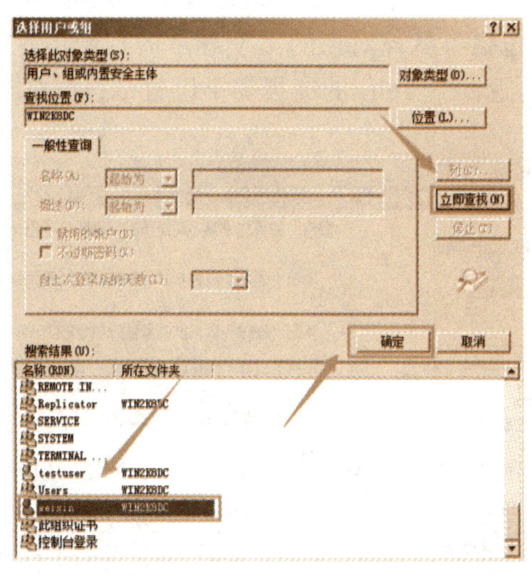

图 5-4　添加用户——行政部经理 weixin

3. 删除用户权限项目

在本项目中，文件夹 Public 只限于公司指定人员访问，所有用户组“Users”应该不被允许访问，需要删除。操作步骤如下：

步骤 1：在如图 5-2 所示对话框中，选择“组和用户名”区域的“Users”，单击“删除”按钮，弹出“Windows 安全”提示框，该权限项是继承权限，若要删除需阻止权限继承。

步骤 2：单击“确定”按钮，返回到如图 5-1 所示对话框中，单击“高级”按钮，弹出“Public 的高级安全设置”，如图 5-5 所示。

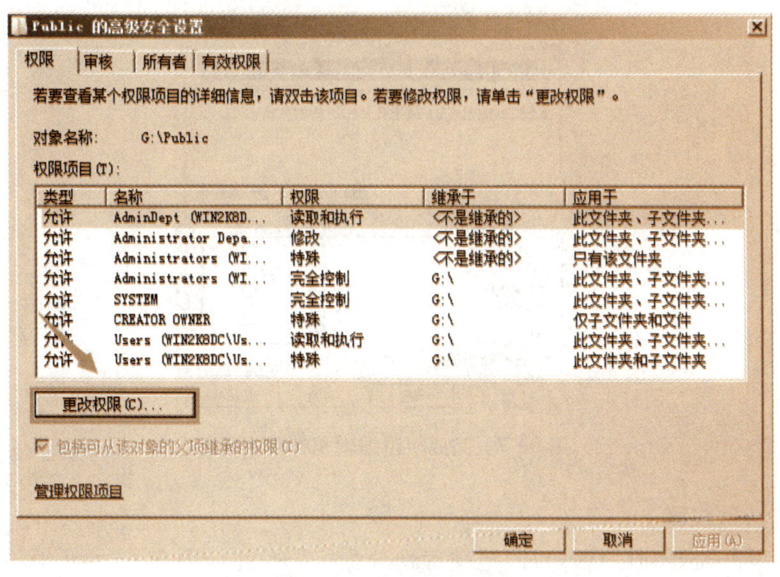

图 5-5　高级安全设置

步骤 3：单击“更改权限”按钮，弹出如图 5-6 所示对话框，其中第 1 个复选框表示要继承父项的权限设置，第 2 个复选框表示将文件夹内子对象的权限以该文件夹的权限替代。取消勾选第 1 个复选框“包括可从该对象的父项继承的权限”，在弹出的“Windows 安全”对话框中，单击“删除”按钮，返回“Public 的高级安全设置”对话框。

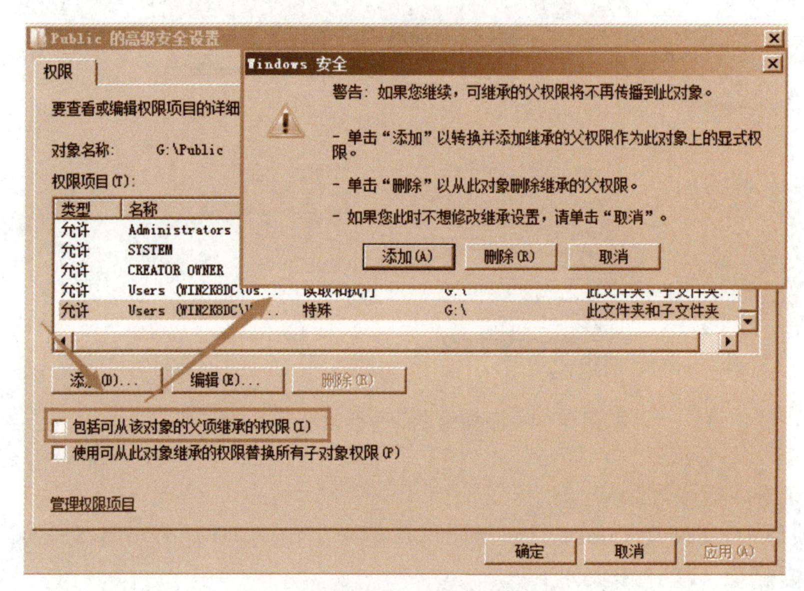

图 5-6 删除从父项继承的权限

步骤 4：依次单击“确定”逐级返回如图 5-7 所示界面，完成用户组 Users 删除。

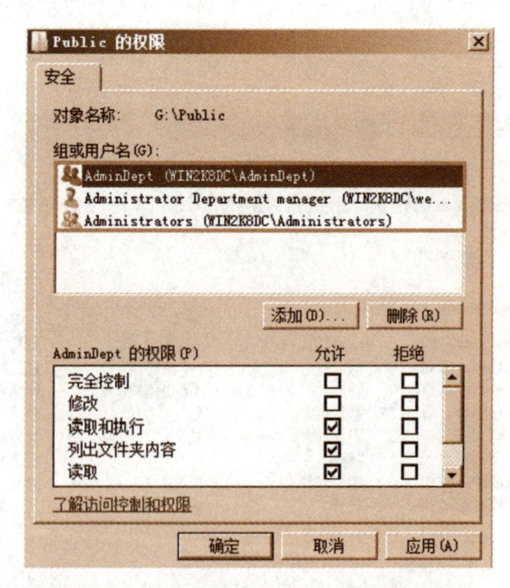

图 5-7 完成权限编辑和权限项删除

4. 设置特殊权限

步骤 1：根据需要利用特殊权限更精确地分配权限。在如图 5-6 所示对话框中的“权限项目”列表中选择 1 个要修改的项目，单击“编辑”按钮弹出如图 5-8 所示的对话框，可以更精确地设置用户的权限。

该对话框中，“应用于”下拉列表用于指定权限被应用到哪里，如应用到文件夹、子文件

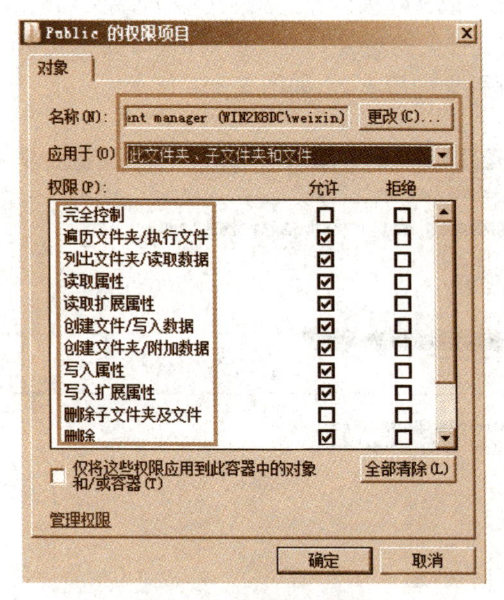

图 5-8　特殊权限设置

夹或文件等。

步骤 2:回到如图 5-5 所示对话框中,切换到"有效权限"选项卡,单击"选择"按钮,弹出如图 5-3 所示对话框,输入或选择用户或组可查看其有效权限,如图 5-9 所示。

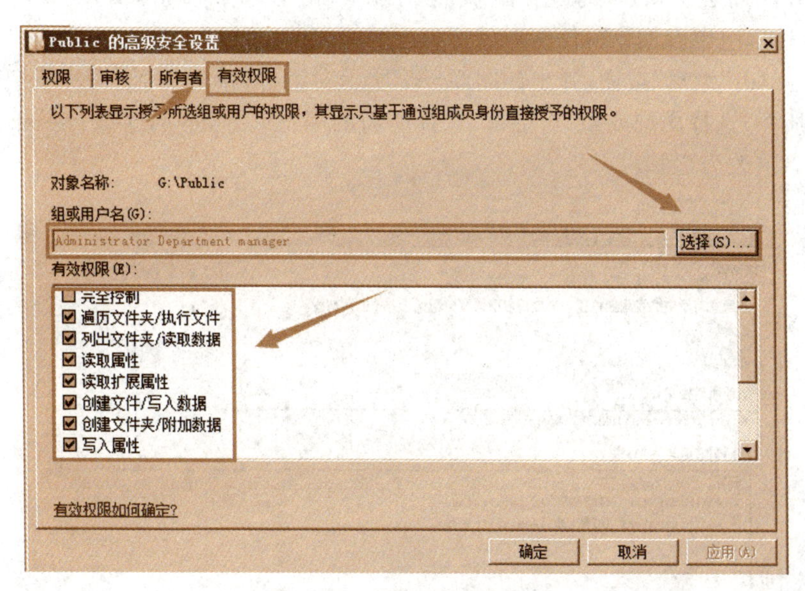

图 5-9　查看用户有效权限

5.4.2　任务 2　设置文件与文件夹的所有权

所有权是一种特殊的权限。NTFS 卷内每个文件与文件夹都有其所有者,所有者对该对象拥有所有权,有所有权便可设置对象的访问权限。

默认情况下，创建文件或文件夹的用户就是该文件或文件夹的所有者。

步骤1：打开文件或文件夹的高级安全设置对话框，如图5-5所示，切换到“所有者”选项卡，可查看该文件或文件夹的所有者，如图5-10所示。

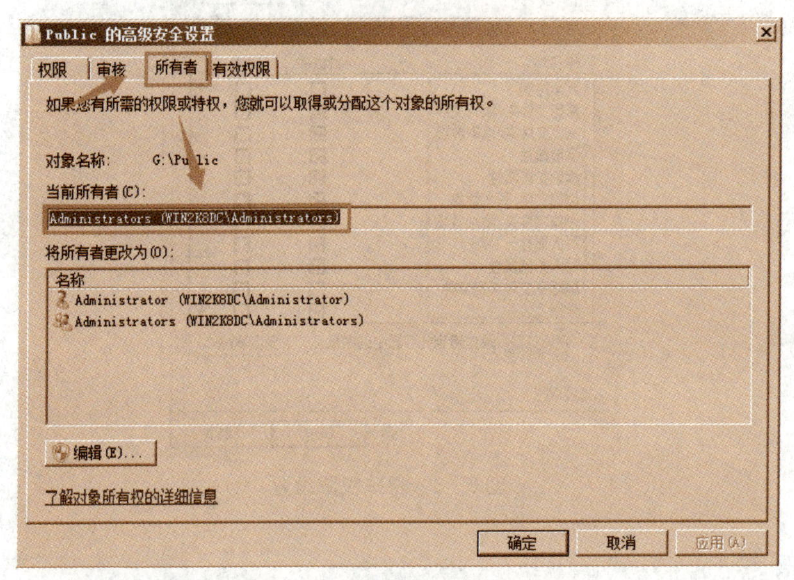

图5-10 查看用户的有效权限

除了用户新创建的对象之外，其他对象的拥有者都是Administrators组，而且Administrators组也内置取得任何对象所有权的能力。

步骤2：单击“编辑”按钮，弹出如图5-11所示对话框，单击“其他用户或组”按钮，弹出如图5-4所示“选择用户或组”对话框，选择所需的用户或组，本例选择“weixin”，将其添加到“将所有者更改为”列表。

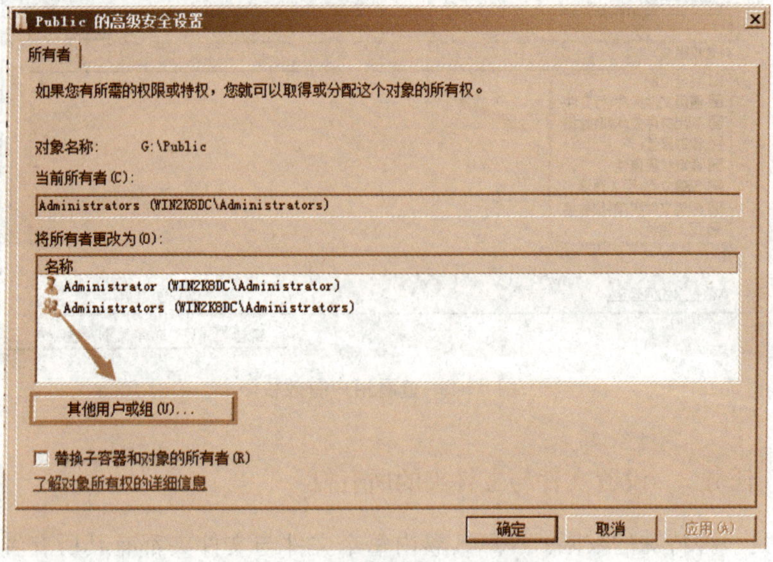

图5-11 选择其他人为所有者

步骤3:在列表中选择用户“weixin”,单击“确定”按钮,弹出“Windows安全”警告框,单击“确定”,即可使其取得所有权,如图5-12所示。

步骤4:依次单击“确定”按钮,完成所有者设置。

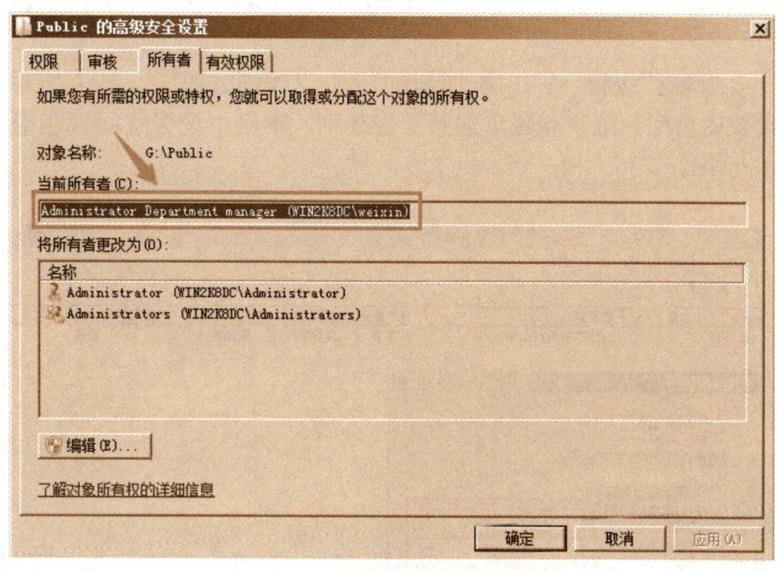

图5-12 设置好的所有者

5.4.3 任务3 设置与使用磁盘配额

磁盘配额的设置有2种类型:针对所有用户的通用设置(默认的配额限制)和针对个别用户的单独设置。单独设置优先于通用设置。

Administrators组成员可启用NTFS卷上的配额,为所有用户设置磁盘配额。设置和使用磁盘配额非常简单,本例以E盘为例,操作步骤如下:

步骤1:打开“计算机”或Windows资源管理器,右键单击要启用磁盘配额的NTFS卷,选择“属性”命令,打开属性对话框,切换到“配额”选项卡,如图5-13所示,进行各项设置。

步骤2:选中“启用配额管理”复选框,启用配额功能。

步骤3:选中“将磁盘空间限制为”单选按钮,在右侧2个文本框中分别设置默认的配额限制和警告等级的磁盘占用空间。

步骤4:选中最下面的2个复选框,设置当用户使用空间超过配额限制或警告等级时,系统将记录事件,便于管理员查看和监控。

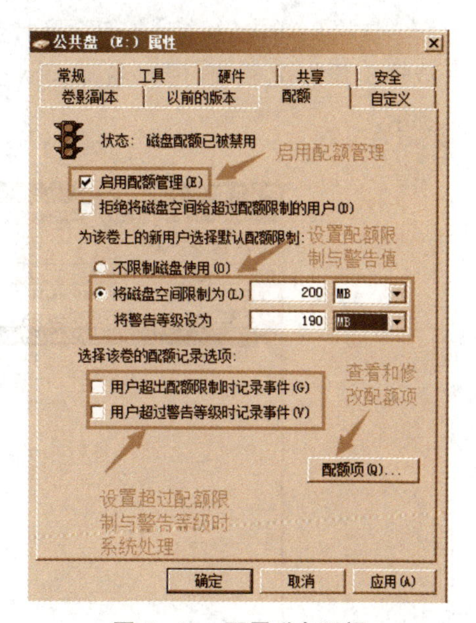

图5-13 配置磁盘配额

步骤5:至此磁盘配额仍处于被禁用状态,单击“确定”或“应用”按钮,将弹出相应的提示对话框,单击“确定”按钮启用磁盘配额系统,状态将显示为“磁盘配额系统正在使用中”。

步骤 6:单击“配额项”按钮打开相应的对话框。

步骤 7:从菜单中选择“配额”→“新建配额项”命令,弹出如图 5-3 所示“选择用户”对话框,在此输入 1 个或多个用户账户名称,也可通过查找来选取用户。本例中输入 weixin 后,单击“确定”。

步骤 8:单击“确定”按钮,弹出“添加新配额项”对话框,如图 5-14 所示,为选定用户 weixin 单独设置磁盘配额限制和磁盘配额警告级别。本例中设置空间限制等级为 500MB,警告等级为 450MB。

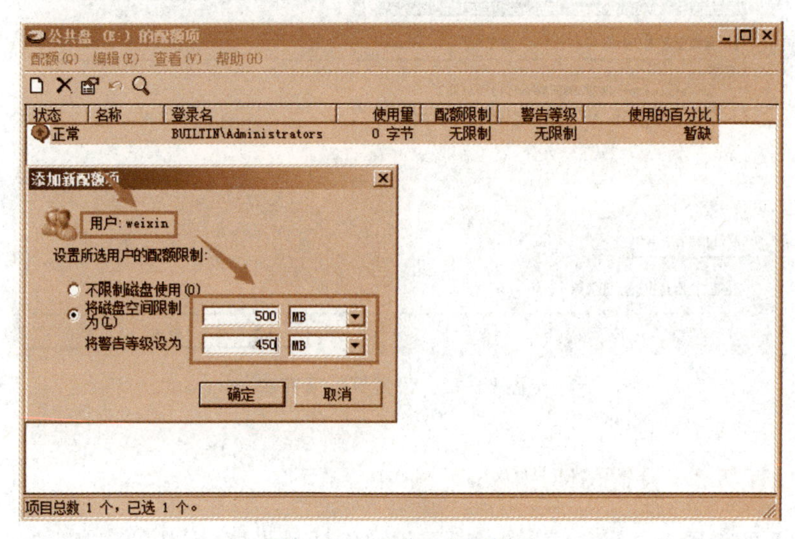

图 5-14 设置磁盘配额项

步骤 9:单击“确定”按钮回到配额项管理界面,新建的配额项生效。重复步骤 7~步骤 8,添加配额项:用户名 maoli,空间限制为 200MB,警告等级为 180MB,如图 5-15 所示。

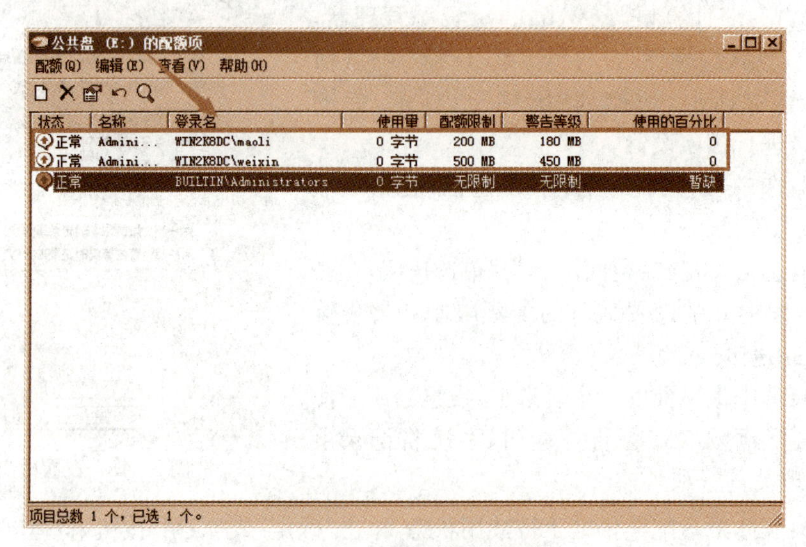

图 5-15 设置好的磁盘配额

5.5 知识拓展

5.5.1 启用NTFS压缩

将文件压缩后可以减少磁盘空间的占用。既可以压缩整个NTFS卷，也可以配置NTFS卷中所要压缩的某个文件和文件夹。注意，簇尺寸大于4KB的卷不支持压缩。

1. 启用NTFS压缩

可以在格式化某个卷时启用压缩，在格式化向导选择"启用文件和文件夹压缩"选项即可。默认情况下，一旦启用卷压缩，其中的文件和文件夹都会被压缩。

也可以在任何时候为整个卷、某个文件或某个文件夹启用压缩。操作步骤如下：

步骤1：打开该卷的属性对话框，在"常规"选项卡中选中"压缩此驱动器以节约磁盘空间"复选框，如图5-16所示。

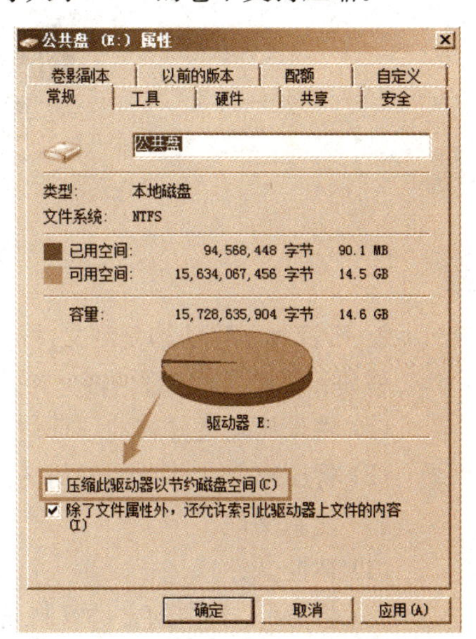

图5-16 启用或禁用卷压缩

步骤2：Windows Server 2008 R2会询问是只压缩根文件夹，还是同时压缩所有的子文件夹和文件。

步骤3：至于某个文件或文件夹的压缩，打开相应的属性设置对话框，单击"高级"按钮，选中"压缩内容以便节省磁盘空间"复选框，如图5-17所示。

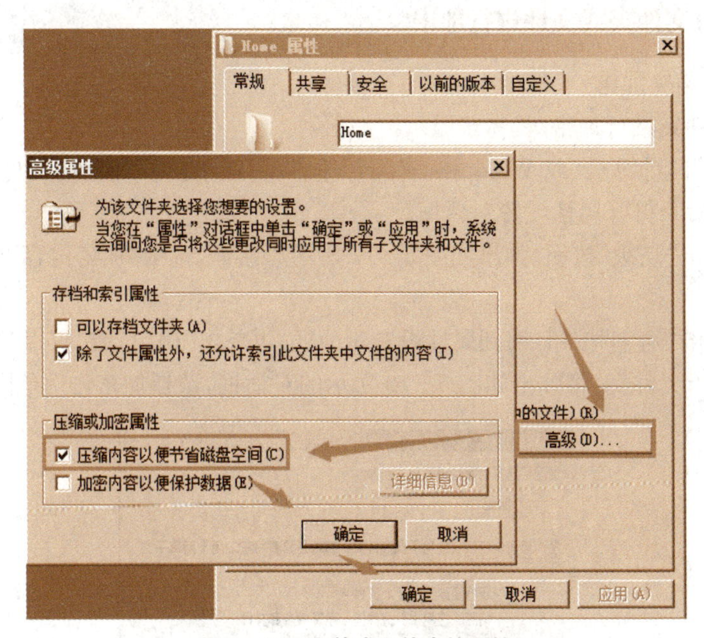

图5-17 文件或文件夹的压缩

（注：可以在命令行中用 Compact 命令压缩或解压缩某个文件夹或文件。可用不带命令行参数的该命令查看某个文件夹或文件的压缩属性。）

步骤 4：单击“确定”返回属性对话框，再单击“确定”或“应用”按钮。如果该文件夹下面还有子文件夹，将弹出如图 5－18 所示的对话框，选择压缩作用范围。

步骤 5：单击“确定”按钮，系统开始压缩处理。

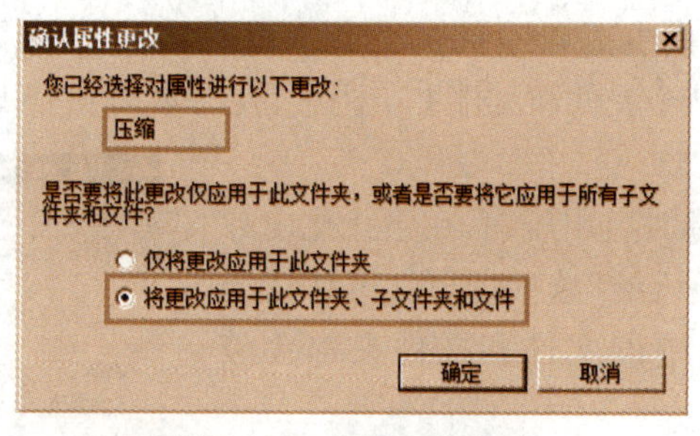

图 5－18　设置压缩范围

2. 压缩对于移动和复制文件的影响

移动和复制文件会影响它们的压缩属性，这主要体现在以下几个方面：

(1) 将未压缩文件移动到任何文件夹中。

(2) 将压缩文件移动到任何文件夹。

(3) 复制文件。

(4) 替换文件。

(5) 将 FAT 卷中的文件复制或移动到 NTFS 卷中。

(6) 将 NTFS 卷中的文件复制或移动到 FAT 卷中。

5.5.2　对文件夹或文件进行加密

1. 设置文件夹加密

通常对文件夹进行加密，具体步骤示范如下：

步骤 1：打开“计算机”或 Windows 资源管理器，右键单击要加密的文件夹，从快捷菜单中选择“属性”命令打开属性设置对话框。

步骤 2：单击“高级”按钮，弹出如图 5－17 所示对话框，选中“加密内容以便保护数据”复选框。

步骤 3：单击“确定”按钮，回到属性设置对话框，再单击“确定”或“应用”按钮。如果该文件夹下面还有子文件夹，将弹出如图 5－19 所示的对话框，选择加密作用范围。

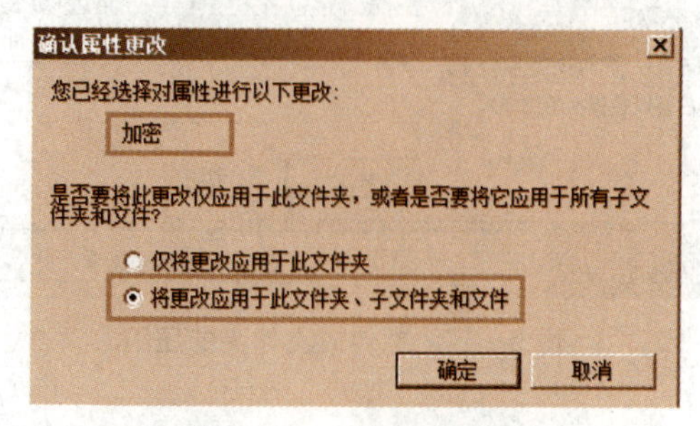

图 5－19　设置加密范围

步骤 4：单击“确定”按钮，系统开始加密处理。

用户也可以对非加密文件夹内的文件进行加密。要对个别文件进行加密时，步骤与文件夹类似，可以选择仅针对该文件加密，或者对文件及其父文件夹都加密。

2. 授权其他用户访问加密文件

在对文件夹中的文件加密后，只有用户可以访问该文件，或者可以通过授权让其他的用户访问该文件。具体方法是：

步骤 1：右键单击已经加密的文件，本例中为 E:\Home\AdminDept\weixin\加密测试.txt，打开属性设置对话框。

步骤 2：单击“高级”按钮，弹出“高级属性”对话框，如图 5-20 所示。

步骤 3：单击“详细信息”按钮，出现“用户访问”对话框，如图 5-21 所示。

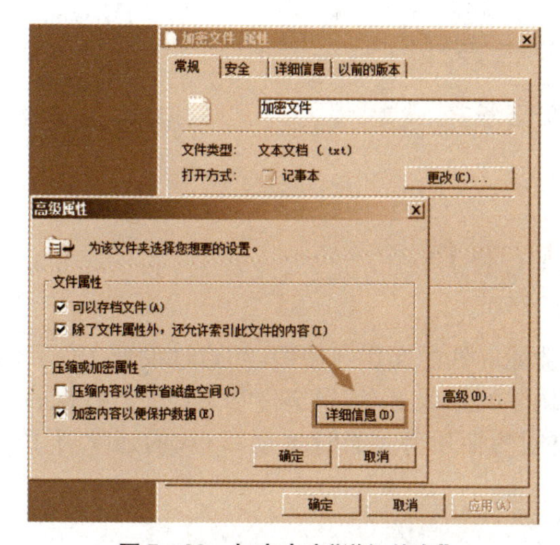

图 5-20 加密内容“详细信息”

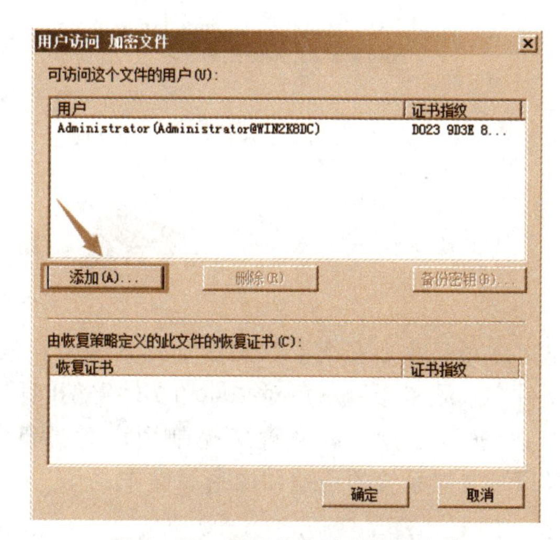

图 5-21 授权他人访问加密文件

步骤 4：单击“添加”按钮，选择要授权的用户，单击“确定”按钮，以后新添加的用户也可以访问这个加密的文件。

5.5.3 备份 EFS 证书

EFS 证书丢失或损毁将导致加密文件无法读取，因此强烈建议使用证书控制台来备份 EFS 证书。具体方法是：

步骤 1：依次单击“开始”→“运行”，在命令框中输入并执行 certmgr.msc，打开“证书”管理单元，如图 5-22 所示，

步骤 2：展开“个人”→“证书”节点，在右侧窗格中，找到预期目的为“加密文件系统”的证书。

步骤 3：右键单击它，选择“所有任务”→“导出”命令，打开证书导出向导，根据提示将证书导出至 1 个文件，注意应将私钥随证书一起导出。

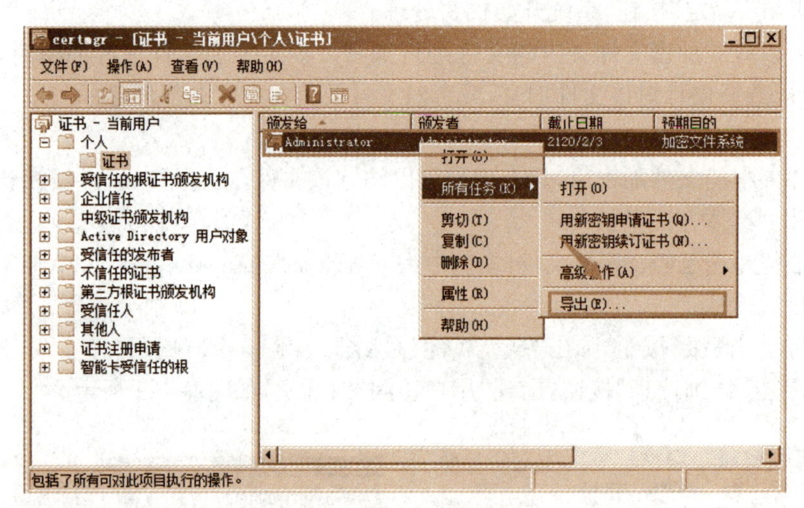

图 5 - 22 备份 EFS 证书

5.6 项目小结

本项目主要介绍了 NTFS 文件系统中新的功能属性的操作与使用，如通过设置文件和文件夹权限来限制用户对文件和文件夹访问权限的方法；设置/编辑文件和文件夹所有权的方法；通过磁盘配额设置来控制用户对磁盘空间的使用等。通过本项目，我们还学习了 NTFS 文件系统的压缩和加密等操作。

5.7 实践训练(工作任务单)

5.7.1 实训目标

(1) 具备文件(夹)NTFS 权限配置的能力。
(2) 会进行磁盘配额设置。

5.7.2 实训场景

如果你是 Sunny 公司的网络管理员，需要在 su-files 上创建 1 个 notice 文件夹，以存放公司的通知与公告。除此之外，还需要为每个员工创建 1 个文件夹，供企业员工存放个人的工作文档。为了加强数据的安全，需要对文件夹的访问权限进行设定，同时为了避免企业员工滥用磁盘，需要对用户的存储空间进行限制，当用户的存储量达到某一数值时进行警告或禁止用户写入数据。网络实训环境如图 5 - 23 所示。

5.7.3 实训任务

任务 1：创建用户和组，将用户加入组中

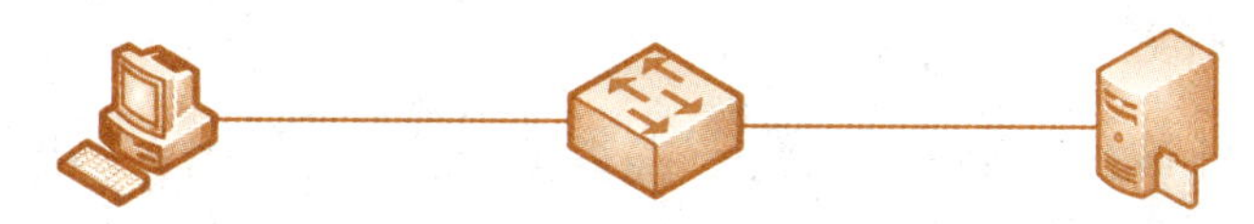

角色：Client
主机名：clt1
IP地址：192.168.1.2
子网掩码：255.255.255.0
网关：192.168.1.1
DNS：192.168.1.200

角色：文件服务器
主机名：su-files
IP地址：192.168.1.213
子网掩码：255.255.255.0
网关：192.168.1.1
DNS：192.168.1.200

图 5－23　设置和管理 NTFS 文件系统实训环境

用户账户信息详见表 3－1。

任务 2：配置文件夹的 NTFS 权限

(1) 在 su-files 的 D 盘根目录上创建 1 个一级目录并命名为：share，在 share 目录中创建 2 个二级目录并命名为“work”和“notice”，并在“work”中以用户账户命名建立 7 个三级目录。

(2) 取消所有文件夹 NTFS 文件权限的继承，所有权限由管理员来设置。

(3) 为每个用户的文件夹设置权限，允许管理员拥有完全控制权限，用户对自己的文件夹拥有修改权限，但刘强对自己的文件夹拥有完全控制权限。

(4) 为 notice 文件夹设置权限，允许公司所有人员访问，文印室职员刘兵也可以修改相关文件。

(5) 注销 Administrator，以用户刘强身份登录服务器，修改自己文件夹的权限，允许用户马小对该文件夹具有只读的权限。

(6) 注销用户刘强，以用户马小的身份登录服务器，测试自己的文件夹和刘强文件夹的权限。

任务 3：磁盘配额管理

(1) 以管理员的身份登录服务器，设置 D 盘的磁盘配额，每个用户对磁盘空间的使用限额为 500MB，警告等级为 450MB。

(2) 为总经理李海设置单独的配额项，限额为 1GB，警告等级为 900MB。

5.8 课后习题

5.8.1　填空题

1. 在 NTFS 分区中，文件夹的基本权限有________、________、________、________、________、________。

2. 在 NTFS 分区，所有的文件或文件夹权限都有相应的________和________ 2 种选择。

3. 如要利用本地安全、文件压缩、文件加密等特性，则要选择________文件系统。

5.8.2 单项选择题

1. FAT32 文件系统最大可以支持多少 GB 磁盘分区？（　　）。

A. 2 GB　　B. 16 GB　　C. 128 GB　　D. 2 TB

2. 在 NTFS 文件系统中，可以支持的最大分区容量为（　　）。

A. 2 GB　　B. 16 GB　　C. 128 GB　　D. 2 TB

3. 某开发部根据开发项目的不同，划分了 4 个项目小组。每个小组的员工能修改自己设计的文档，可查看小组内其他员工设计的文档，而对其他小组内的开发文件无法访问。为了项目管理的需要，网络管理员小李将项目经理同时加入了 4 个小组的组账户中，此时项目经理对所有文档具有（　　）。

A. 读取权限　　B. 写入权限

C. 修改权限　　D. 完全控制权限

4. 用户小李同时属于组 A 和组 B，组 A 对文件夹 1 具有读取与写入权限，组 B 对文件夹 1 具有拒绝写入权限，则小李的最终权限为（　　）。

A. 读取权限　　B. 写入权限

C. 读取与写入权限　　D. 修改权限

5. 在下列（　　）情况下，文件或文件夹的 NTFS 权限会保留下来。

A. 移动或复制到 FAT 分区　　B. 移动到同分区的不同目录中

C. 复制到同分区的不同目录中　　D. 移动到不同分区的目录中

6. 如果你是 1 台 Windows Server 2008 R2 计算机的系统管理员，在 1 个 NTFS 分区上为一个文件夹设置了 NTFS 权限。当你把这个文件夹复制到本分区的另一个文件夹下，该文件夹的 NTFS 权限是（　　）。

A. 原有 NTFS 权限和目标文件的 NTFS 权限的集合

B. 没有 NTFS 权限设置，需要管理员重新分配

C. 保留原有 NTFS 权限

D. 继承目标文件夹的 NTFS 权限

7. 计算机上有 2 个 NTFS 分区：C 和 D。在 C 分区上有 1 个文件夹：Folder1，里面有 1 个文件：myfile. bmp。为了节约磁盘空间，对该文件和文件夹都进行了压缩。在 D 分区上有 1 个文件夹：Folder2，没有进行压缩。现在将文件：myfile. bmp 移动到 Folder2 中，则该文件的压缩状态为（　　）。

A. 不压缩　　B. 压缩　　C. 不确定　　D. 以上都不对

8. 在 Windows Server 2008 R2 的 NTFS 分区内，user1 加密了自己的 1 个文本文件 file. txt，他没有给 user2 授权访问该文件，下列叙述正确的是（　　）。

A. User1 需要解密文件 file. txt 才能读取

B. user2 如果对文件 file. txt 具有 NTFS 完全控制权限，就可以读取该文件

C. 如果 user1 将文件 file. txt 拷贝到 FAT32 分区上，加密特性不会丢失

D. 对文件加密后可以防止非授权用户访问，所以 user2 不能读取该文件

9. 在 Windows Server 2008 R2 的 NTFS 分区内，user1 加密了自己的 1 个文本文件 file. txt。由于 user1 忘记了自己的密码，此时管理员为 user1 重设了密码。user1 用新密码

登录服务器，下列叙述正确的是(　　)。

A. user1 可以打开加密文件 file. txt，因为 EFS 加密系统对用户是透明的

B. user1 可以打开加密文件 file. txt，虽然管理员为用户重设了密码，但是该文件是由 user1 进行加密的

C. user1 不可以打开加密文件 file. txt，重设密码会导致该用户已加密的文件信息丢失

D. 以上说法都不正确

10. (　　)可以限制用户在磁盘分区上使用的存储空间。

A. 磁盘配额　　B. 磁盘阵列　　C. 磁盘冗余　　D. 卷影副本

11. 要启用磁盘配额管理，Windows Server 2008 R2 分区或卷必须使用(　　)文件系统。

A. FAT16　　B. FAT32　　C. EXT2　　D. NTFS

12. 某公司销售部有2个组，1个组是面对企业，1个组是面对个人。网络管理员小李为了方便管理，在文件服务器上建立了2个组，1个组名为 enterprisesgroup，该组对公司所有的销售文件有读写的 NTFS 权限；1个组名为 persongroup，该组对公司所有的销售文件有完全控制的 NTFS 权限。销售部经理同属于2个组，那么他对公司销售文件的访问权限为(　　)。

A. 读取权限　　B. 修改权限

C. 写入权限　　D. 完全控制权限

13. 如果你是 ABC 公司的网络管理员。网络中有1台系统为 Windows Server 2008 R2 的文件服务器，该服务器的 D 分区磁盘空间大小为 30 GB，文件系统为 NTFS 格式，上面存储 200 个用户的数据。每个用户1个文件夹，分别以用户的名字命名。网络中有1个 work 组，该组有10个用户，均为公司的研发人员。这些研发人员使用1个数据捕获程序，该程序可能上传大于 100MB 的文件。现在你对文件服务器进行设置，使普通的用户最多只能在自己的文件夹中存储 75MB 的数据，而 work 组中用户的存储不受限制。你应该采取下面(　　)措施。

① 为 work 组账户创建磁盘配额，选择“不限制磁盘使用”选项。

② 在 D 分区上启动磁盘配额功能，选中“拒绝将磁盘空间给超过配合限制的用户”复选框，并将缺省磁盘配合限制设置为 75MB。

③ 在 D 分区上启动磁盘配额功能，选中“拒绝将磁盘空间给超过配额限制的用户”复选框，同时选中“不限制磁盘使用”复选框。

④ 分别为 work 组的10个用户创建磁盘配额项，选择“不限制磁盘使用”选项。

A. ①②　　B. ①③　　C. ②③　　D. ②④

5.8.3 简答题

1. 简述 NTFS 文件系统的优越性。
2. 简述文件及文件夹的6种基本权限。
3. 简述 NTFS 权限的应用规则。
4. 简述加密文件的特性。

第三篇

服务器基础网络配置

活动目录与域的部署和管理

6.1 项目导入

随着网络规模的扩大,网上办公等网络应用越来越频繁,网络中的资源和用户管理也更加受到公司领导层的重视。在日常的网络使用中,也遇到不少的问题,如资源访问时网络速度慢,非授权用户访问,网络资源分散不易管理、不好查找等,这影响了办公人员对网络的顺利使用。

6.2 项目分析

传统的网络管理是一种分散式的管理,对于资源和用户管理没有统一的手段和策略,会造成管理和使用上的混乱。根据公司的统一要求,网络部决定采用"域"模式网络管理,统一规划网络资源的管理访问,详细规划如下:

(1) 域控制器信息。

域名:zenti. cc　域控制器:win2k8dc　域控制器 IP:192. 168. 0. 11

(2) 客户机信息(部分,测试用)。

公司总部:计算机名:ClientA　IP 地址:192. 168. 0. 20

北京分部:计算机名:ClientB　IP 地址:192. 168. 0. 200

(3) 域用户和组信息。

参见绪论相应内容。

(4) 组织单位信息。

公司总部、北京分部、上海分部。

6.3 预备知识

6.3.1 目录服务基础

1. 什么是目录服务

目录服务是一种基于客户/服务器模型的信息查询服务。目录可以看成是 1 个具有特殊用途的数据库，用户或应用程序连接到该数据库后，便可轻松地查询、读取、添加、删除和修改其中的信息，而且目录信息可自动分布到网络中其他目录服务器。

与关系型数据库相比，目录数据库特点如下：

(1) 数据读取和查询效率非常高，比关系型数据库快1个数量级。

(2) 数据写入效率较低，适用于数据不需要经常改动，但需要频繁读出的情况。

(3) 以树状的层次结构来描述数据信息。

(4) 能够维持目录对象名称的唯一性。

2. 目录服务的应用

目录服务是扩展计算机系统中最重要的组件之一，适合基于目录和层次结构的信息管理，尤其是基础性、关键性信息管理。通讯录、客户信息、组织结构信息、计算机网络资源、数字证书和公共密钥等，都适合使用目录数据库管理。目录服务主要用于以下领域：

(1) 计算机网络管理。

(2) 信息安全管理。

(3) 公共查询。

(4) 组织机构(图6-1)和企业的资源管理，如机构信息、人事信息、产品信息和账户信息。

(5) 作为应用程序的支撑系统，启用目录的应用程序依靠成熟的目录服务来执行身份验证、授权、命名和定位，以及网络资源的支配和管理等功能。

(6) 扩充电子邮件系统。

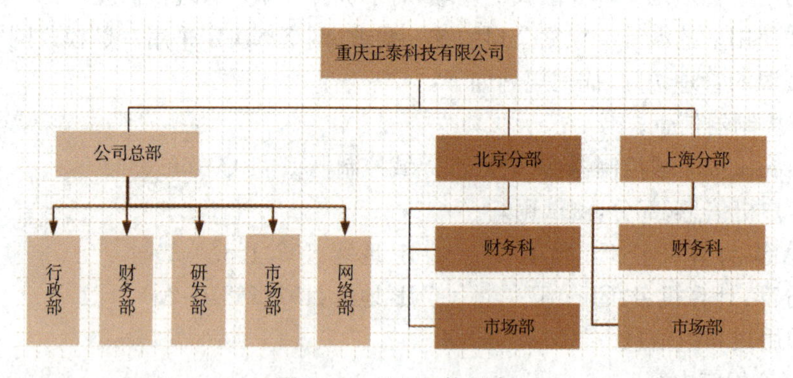

图6-1 组织机构层次

3. LDAP对象类和模式

像普通的数据库一样，存储数据需要定义表的结构和各个字段。对于目录数据来说，也需要制定目录的对象类型。LDAP存储各种类型的数据对象，这些对象可以用属性表示。

LDAP目录通过对象类(objectClasses)的概念来定义运行哪一类的对象使用什么属性。模式(Schema)是按照相似性进行分组的对象类集合。

6.3.2 Active Directory基础

Active Directory是一种用于组织、管理和定位网络资源的增强性目录服务，它建立在域的基础上，由域控制器对网络中的资源实行集中管理和控制。对于 Windows 网络来说，规模越大，需要管理的资源越多，建立 Active Directory 域就越有必要。

1. Active Directory 的功能

Active Directory 存储了网络对象相关的大量信息，网络用户和应用程序可根据不同的授权使用在 Active Directory 中发布的关于用户、计算机、文件和打印机等的信息。

它具有下列功能：

(1) 数据存储，也称为目录，它存储着与 Active Directory 对象有关的信息。

(2) 包含目录中每个对象信息的全局编录，允许用户和管理员查找目录信息。

(3) 查询和索引机制的建立，可以使网络用户或应用程序发布并查找这些对象及其属性。

(4) 通过网络分发目录数据的复制服务。

(5) 与网络安全登录过程的安全子系统的集成，以及对目录数据查询和数据修改的访问控制。

(6) 提供安全策略的存储和应用范围，支持组策略实现网络用户和计算机的集中配置和管理。

2. Active Directory 对象

与其他目录服务器一样，Active Directory 以对象为基本单位，采用层次结构组织管理对象。这些对象包括网络中的各项资源，如用户、计算机、打印机、应用程序等。Active Directory 对象可分为 2 种类型：容器对象，可包含下层对象；非容器对象，不包含下层对象。

1) Active Directory 对象的特性

每个对象具有全域唯一标识符(GUID)，该标识符永远不会改变。无论对象的名称或属性如何更改，应用程序都可通过 GUID 找到对象。每个对象有 1 份访问控制列表(ACL)，记载安全性主体(如用户、组、计算机)对该对象的读取、写入、审核等访问权限。

对象具有多种名称格式供用户或应用程序以不同方式访问，具体名称类型如表 6-1 所示。Active Directory 根据对象创建或修改时提供的信息，为每个对象创建 RDN 和规范名称。

表 6-1 Active Directory 对象名称的类型

对象名称	说　明	示　例
SID(安全标识符)	标识用户、组和计算机账户的唯一号码	S—1292428093-725345543
LDAP RDN	LDAP 相对识别名称。RDN 必须唯一，不能在组织单位中重名	cn=zhong
LDAP DN	LDAP 唯一识别名称。DN 是全局唯一的，反映对象在 Active Directory 层次中的位置	cn=zhong, ou=sales, dc=abc, dc=com
AD 规范名称	AD 管理工具使用的名称	abc. com/sales/zhong
UPN	用户主体名称，即 Windows 域登录名称	zhong@abc. com

2）Active Directory 对象的主要类别

（1）用户(User)，作为安全主体被授予安全权限，可登录到域中。

（2）计算机(Computer)，表示网络中的计算机实体，加入域的 Windows 系统计算机都可创建相应的计算机账户。

（3）联系人(Contact)，一种个人信息记录。联系人没有任何安全权限，不能登录网络，主要用于通过电子邮件联系的外部用户。

（4）组(Group)，某些用户、联系人、计算机的分组，用于简化大量对象的管理。

（5）组织单位(Organization Unit)，将域进行细分的 Active Directory 容器。

（6）打印机(Printer)，在 Active Directory 中发布的打印机。

（7）共享文件夹(Shared Folder)，在 Active Directory 中发布的共享文件夹。

（8）InterOrgPersion，标准的用户对象类，可以作为安全主体。

3. Active Directory 架构

Active Directory 中的每个对象都是在架构中定义的类的实例。Active Directory 架构包含目录中所有对象的定义。架构的英文名称为 Schema，也可译为模式，实际上就是对象类。在 LDAP 目录服务中，Schema 一般以文本方式存储，在 Active Directory 中将其作为一种特殊的对象。

架构对象由对象类和属性组成，是用来定义对象的对象。

4. Active Directory 的结构

Active Directory 是一个典型的树状结构，按自上而下的顺序，依次为林→树→域→组织单元。Active Directory 以域为基础，具有伸缩性以满足任何网络的需要，包含 1 个或多个域，每个域具有 1 个或多个域控制器。多个域可合并为域树，多个域树可合并为林。

详细介绍请参见本项目 6.5.3 节。

5. 域功能级别与林功能级别

Active Directory 域服务将域和林分为不同的功能级别，对应不同的特色与功能限制。

Windows Server 2008 R2 有以下 4 个域功能级别，分别用于支持不同的域控制器：

（1）Windows 2000 本机模式。支持 Windows 2000 Server 到 Windows Server 2008 R2 域控制器。

（2）Windows Server 2003。支持 Windows Server 2003 到 Windows Server 2008 R2 域控制器。

（3）Windows Server 2008。支持 Windows Server 2008 和 Windows Server 2008 R2 域控制器。

（4）Windows Server 2008 R2。仅支持 Windows Server 2008 R2 域控制器。

可根据需要提升域功能级别以限制所支持的域控制器。一旦域功能级别提升之后，就不能再将运行旧版操作系统的域控制器引入该域中，而且也不能改回原来的域功能级别。

域功能级别设置仅影响该域，而林功能级别设置会影响该林内所有域。林功能级别有与域功能级别类似的 4 个级别，管理员同样可以提升林功能级别。

6. Active Directory 与 DNS 集成

Active Directory 与 DNS 集成并共享相同的名称空间结构，两者集成体现在以下 3 个方面：

(1) Active Directory 和 DNS 有相同的层次结构。

(2) DNS 区域可存储在 Active Directory 中。

(3) Active Directory 将 DNS 作为定位服务使用。

(4) 为了定位域控制器，Active Directory 客户端需查询 DNS。Active Directory 需要 DNS 才能工作。如图 6-2 所示，DNS 将 Active Directory 域、站点和服务名称解析成 IP 地址。

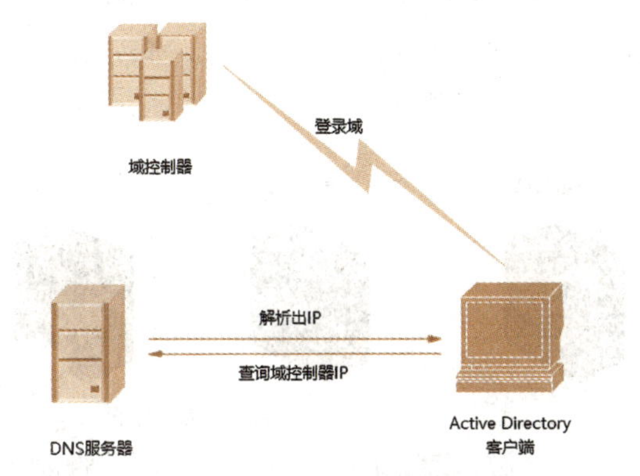

图 6-2 Active Directory 将 DNS 作为定位服务使用

6.3.3 Windows 域网络

规划 Windows 网络结构时，有工作组(Workgroup)和域(Domain)2 种选择，前者适合小型网络；后者拥有比较优越的管理能力，更适合大中型网络。

1. 工作组——对等式网络

工作组是一种对等式网络，联网的计算机资源共享，每台计算机地位平等，只能管理本机资源。如图 6-3 所示，无论是服务器还是工作站，都拥有本机的本地安全账户数据库，称为安全账户管理器(Security Accounts Manager, SAM)数据库。

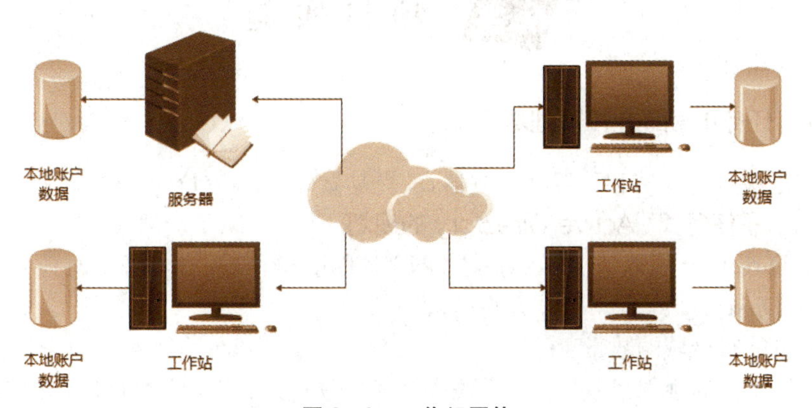

图 6-3 工作组网络

采用工作组结构，计算机各自为政，网络管理不方便，突出的问题有以下 2 点：

(1) 账户管理烦琐。

(2) 系统设置不便。

2. 域——集中管理式网络

域由一群通过网络连接在一起的计算机组成,它们将计算机内的资源共享给网络上的其他用户访问。与工作组不同的是,域是一种集中管理式网络,域内所有的计算机共享 1 个集中式的目录数据库,它包含整个域内的用户账户与安全数据。在域结构的 Windows 网络中,这个目录数据库存储在域控制器中。

域控制器主管整个域的账户与安全管理,所有加入域的计算机,不必个别建立本地账户数据,都以域控制器的账户和安全性设置为准,如图 6-4 所示。用户以域账户登录后,即可根据授权使用域中相应的服务和资源。

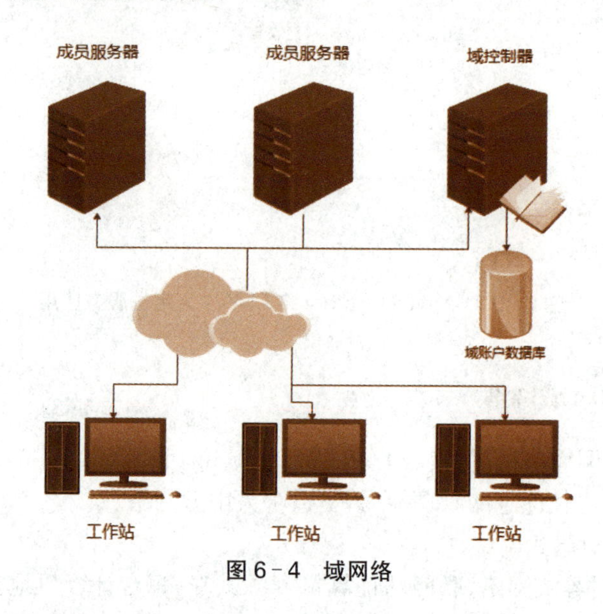

图 6-4 域网络

6.4 项目实施

6.4.1 任务 1 部署和管理域

建立域的关键是安装和配置域控制器,前提是做好 Active Directory 规划。

6.4.1.1 子任务 1 Active Directory 的规划

Active Directory 规划的内容主要是 DNS 名称空间和域结构,必要时还要规划组织单位或 Active Directory 站点。基本原则是:

(1) 尽可能减少域的数量。

(2) 组织单位的规划很重要。在域内划分组织单位可依据多种标准,如按对象(用户、计算机、组、打印机等)划分,按业务部门(如市场部、生产部、销售部)划分,按地理位置划分等。可在组织单位中根据新的标准再划分组织单位,形成组织单位的层次结构。

(3) 林是驻留在该林内的所有对象的安全和管理边界,Active Directory 中必须有 1 个林。

(4) 选择 DNS 名称用于 Active Directory 域时通常使用现有域名，以企业保留在 Internet 上使用的已注册 DNS 域名后缀开始，并将该名称和企业中使用的地理名称或部门名称结合起来，组成 Active Directory 域的全名。

(5) 内部名称空间与外部名称空间尽可能保持一致。

(6) 多数情况下只需 1 个 Active Directory 站点，如 1 个包含单个子网的局域网，或者以高速主干线连接的多个子网。

6.4.1.2 子任务 2 域控制器的安装

域控制器是整个域的核心，Windows Server 2008 R2 提供 Active Directory 域服务安装向导来安装和配置域控制器。

默认情况下，Active Directory 安装向导从已配置的 DNS 服务器列表中定位新域的权威 DNS 服务器，如果找到可接受动态更新的 DNS 服务器，则在重新启动域控制器时，所有域控制器的相应记录都自动在 DNS 服务器上注册；如果没有找到可接受动态更新的 DNS 服务器，安装向导将 DNS 服务组件安装在域控制器上，并根据 Active Directory 域名自动配置 1 个区域。

下面将以单域结构为例示范安装域中第 1 台域控制器并同时安装 DNS。考虑到后续的配置实验，建议准备 2 台 Windows Server 2008 R2 服务器，其中 1 台作为域控制器。

步骤 1：打开服务器管理器，在主窗口“角色摘要”区域(或者在“角色”窗格)中单击“添加角色”按钮，启动添加角色向导，如图 6-5 所示。

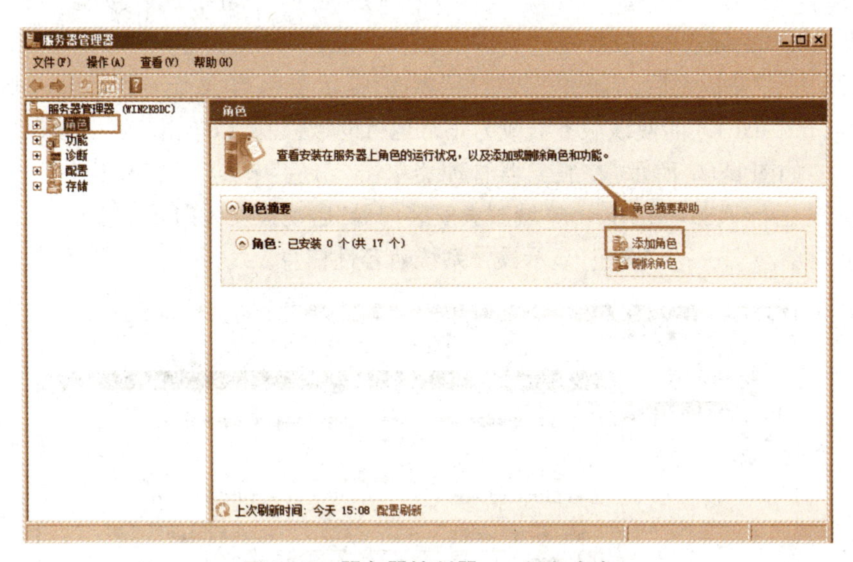

图 6-5 服务器控制器——添加角色

也可以直接执行 dcpromo 命令来启动 Active Directory 安装向导，转到步骤 8。

步骤 2：单击“下一步”按钮，出现如图 6-6 所示的界面，勾选角色“Active Directory 域服务”，出现“是否添加 Active Directory 域服务所需功能”对话框，单击“添加必要的功能”按钮返回主界面。

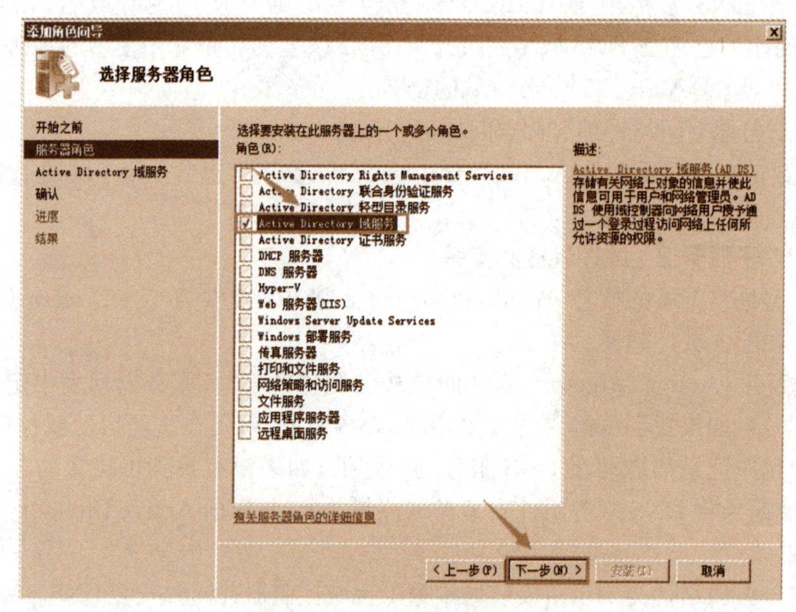

图6-6 选择服务器角色

步骤3:单击“下一步”按钮,显示该角色的基本信息。

步骤4:单击“下一步”按钮,出现“确认安装选择”界面,单击“安装”按钮,开始安装,直到安装完成,单击“关闭”。

步骤5:安装完成之后,出现“安装结果”界面,提示要启动 Active Directory 域服务安装向导(dcpromo.exe)才能使该服务器成为正常运行的域控制器,单击“关闭”按钮。

步骤6:如图6-7所示,在服务器管理器单击“角色”节点下的“Active Directory 域服务”,再单击“运行 Active Directory 域服务安装向导”启动该安装向导。

步骤7:单击“下一步”按钮,显示操作系统兼容性信息。

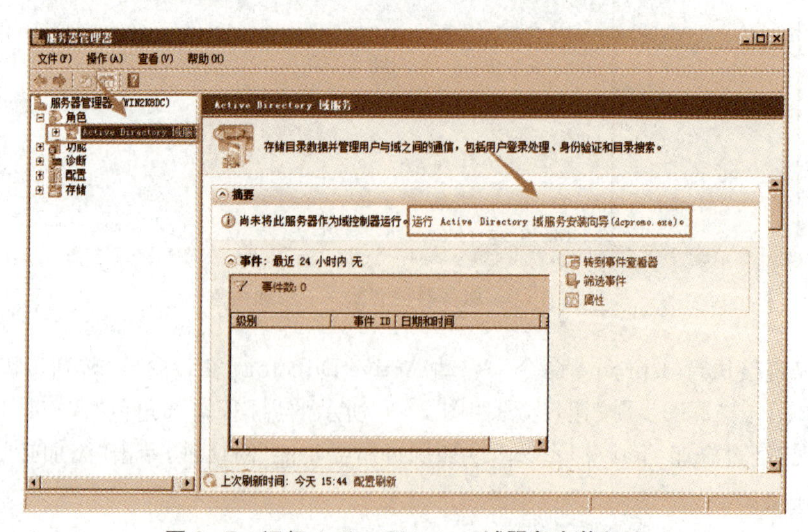

图6-7 运行 Active Directory 域服务安装向导

步骤 8：单击“下一步”按钮，出现如图 6－8 所示的对话框，选择为现有林或新林创建域控制器。这里选中“在新林中新建域”单选按钮以建立 1 个新的域，此服务器也将成为新域的域控制器。

步骤 9：单击“下一步”按钮，出现如图 6－9 所示的对话框，指定新域的 DNS 名称，一般应为公用的 DNS 域名，也可是内部网使用的专用域名，本例中为内部域名 zenti.cc（仅用于示范）。

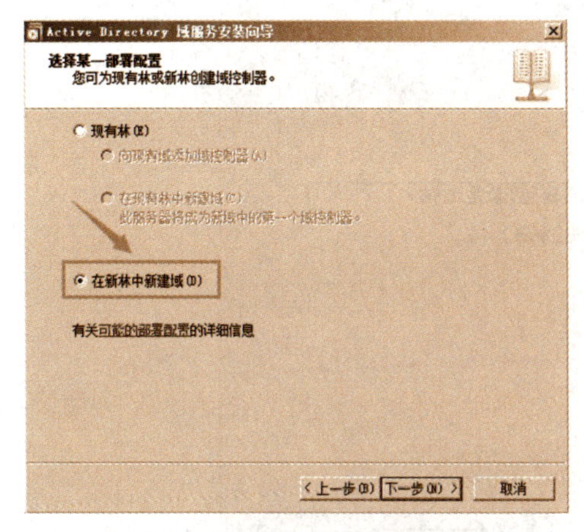

图 6－8 选择创建域控制器类型

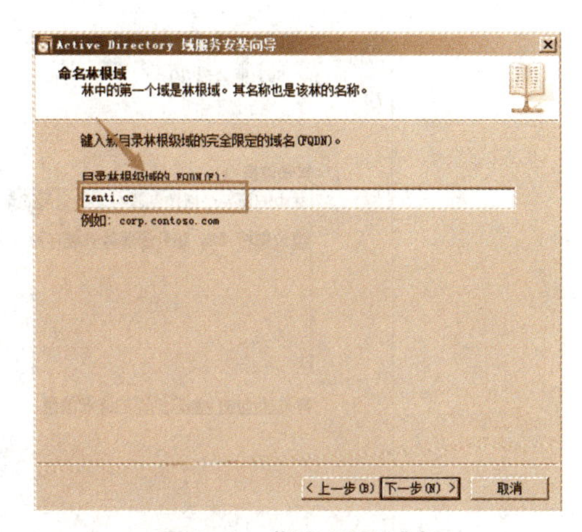

图 6－9 指定 DNS 域名

步骤 10：单击“下一步”按钮，系统验证 NetBIOS 名称。除 DNS 域名外，系统还会创建新域的 NetBIOS 名称，目的是兼容早期版本 Windows 系统。默认采用 DNS 域名最左侧的名称，安装程序将验证 DNS 域名与 NetBIOS 名称是否已被使用。

步骤 11：出现如图 6－10 所示的对话框，选择林功能级别。

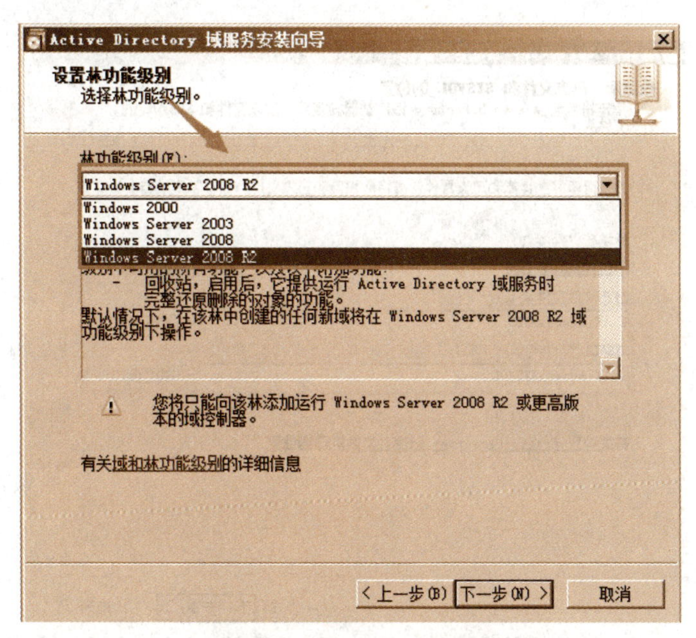

图 6－10 选择林功能级别

步骤12:单击“下一步”按钮,出现如图6-11所示的对话框,为域控制器选择其他选项。这里选中“DNS服务器”,表示在域控制器上同时建立DNS服务器。由于是第1台域控制器,必须担任“全局编录”服务器角色,而且不能作为只读域控制器。

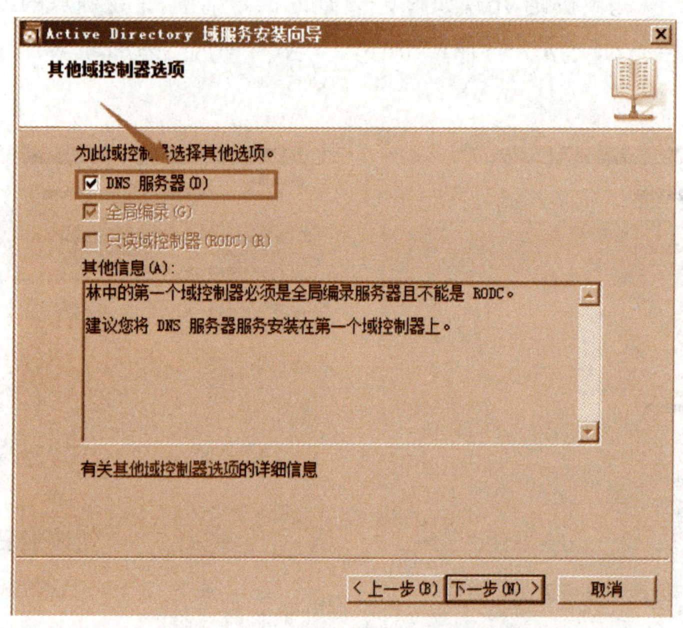

图6-11 为域控制器选择其他选项

步骤13:单击“下一步”按钮,出现“数据库、日志文件和SYSVOL的位置”对话框,指定数据库、日志文件和SYSVOL(存储域共享文件)的文件夹位置,如图6-12所示,本例中保留默认值即可。

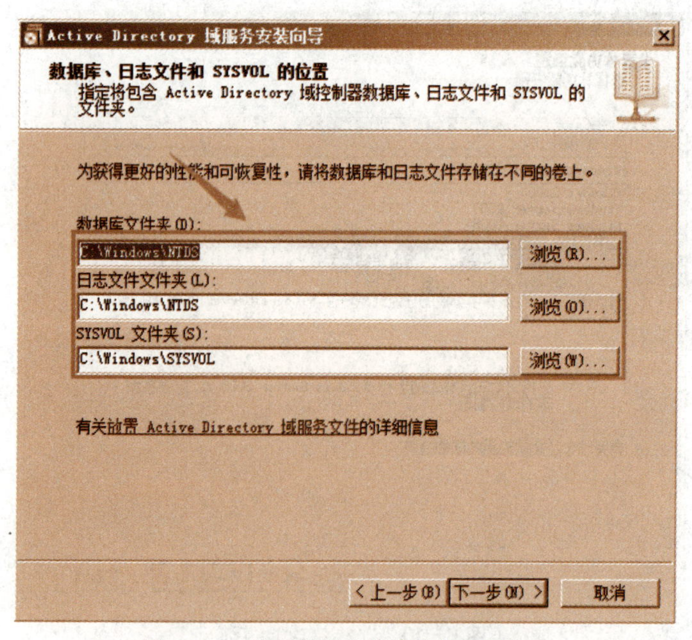

图6-12 设置数据库等文件的保存位置

步骤 14：单击"下一步"按钮，出现"目录服务还原模式的 Administrator 密码"对话框，可设置用于还原 Active Directory 数据的管理员密码，如图 6-13 所示。

图 6-13　设置目录服务还原模式密码

步骤 15：单击"下一步"按钮，出现摘要界面，供管理员确认安装域控制器的各种选项。如要更改，可单击"上一步"按钮，否则单击"下一步"按钮予以确认。

步骤 16：单击"下一步"按钮，向导开始配置 Active Directory 域服务，一般要等待一段时间。

步骤 17：完成安装向导后弹出相应的提示对话框，再单击"完成"按钮弹出相应的对话框，提示重新启动才能使 Active Directory 向导所做的更改生效。

步骤 18：重启服务器，并登录。

6.4.1.3　子任务 3　Active Directory 管理工具

在 Windows Server 2008 R2 域控制器上可直接使用以下内置 Active Directory 管理工具。

（1）Active Directory 管理中心，如图 6-14 所示。

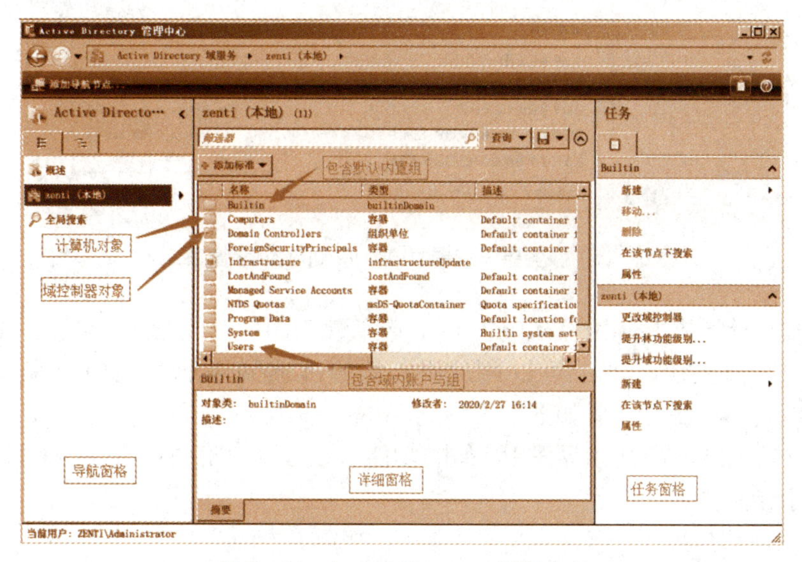

图 6-14　Active Directory 管理中心

(2) Active Directory 用户和计算机，如图 6-15 所示。

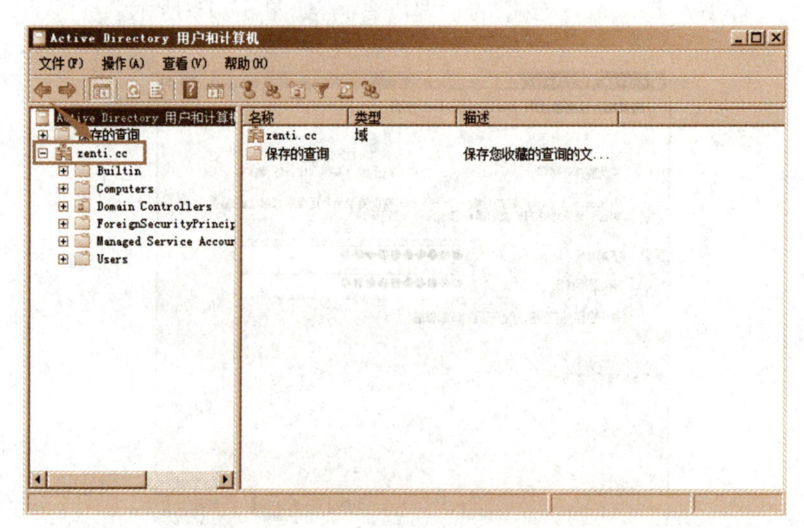

图 6-15 Active Directory 用户和计算机

(3) Active Directory 域和信任。

(4) Active Directory 站点和服务。

后 3 种工具继承自 Windows 服务器以前版本。可从管理工具菜单中选择这些工具，或者在服务器管理中打开上述工具，如图 6-16 所示。

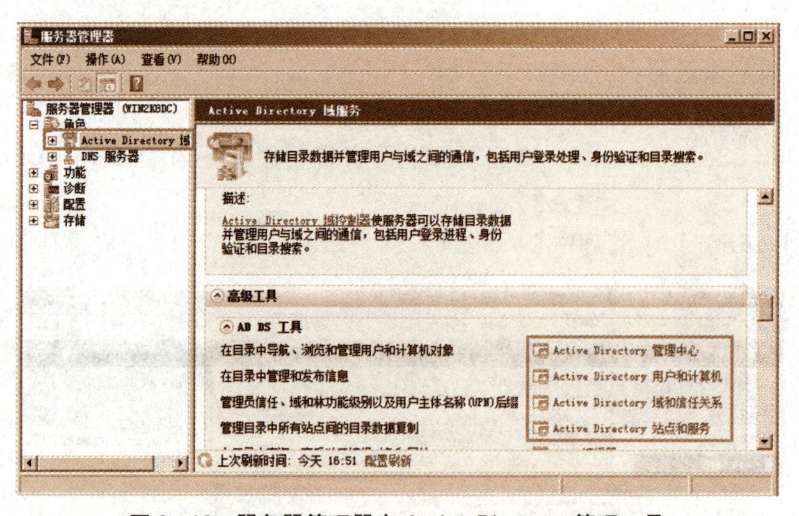

图 6-16 服务器管理器中 Active Directory 管理工具

要在域成员计算机上使用 Active Directory 管理工具，必须先进行安装。在 Windows Server 2008 R2 成员服务器上可以通过服务器管理器的添加功能向导来安装 Active Directory 管理工具。操作步骤如下：

步骤 1：在如图 6-16 所示界面中，单击“功能”，在右侧窗格中单击“添加功能”，出现如图 6-17 所示界面。

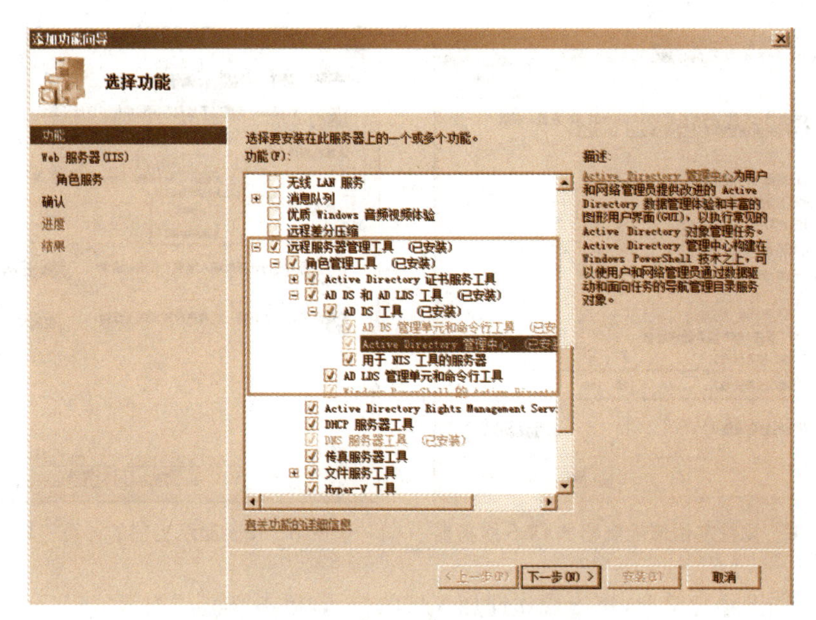

图 6-17　安装 Active Directory 管理工具

步骤 2:依次展开“远程服务器管理工具”→“角色管理工具”→“AD DS 和 AD LDS 工具”→“AD DS 工具”,选中“AD DS 管理单元和命令行工具”和“Active Directory 管理中心”,单击“下一步”按钮,根据向导提示操作即可。

6.4.1.4　子任务 4　域成员计算机的配置与管理

Windows 系统计算机可作为域成员加入 Active Directory 域,接受域控制器集中管理,有 2 种情况:将独立服务器加入域和将工作站添加到域。

加入域的计算机可统称为域成员计算机。在安装 Windows 操作系统时可以选择加入域中,或保留在工作组中,以后再添加到 Active Directory 域中。

1. 将计算机添加到域

步骤 1:以本机系统管理员身份登录,确认能够联通域控制器计算机(可使用 ping 命令测试)。

步骤 2:在 TCP/IP 属性设置中将 DNS 服务器设置为能够解析域控制器域名的 DNS 服务器 IP 地址,如图 6-18 所示。在单域网络中,DNS 服务器通常就是域控制器本身。

步骤 3:右键单击“开始”菜单中的“计算机”项,选择“属性”命令打开“系统”控制面板,单击“计算机名称、域与工作组设置”区域的“更改设置”按钮弹出“系统属性”对话框。

步骤 4:如图 6-19 所示,“计算机名”选项卡中显示当前的计算机名称设置,单击“更改”按钮。

步骤 5:打开如图 6-20 所示的对话框,在“隶属于”区域选中“域”单选按钮,在下面的文本框中输入要加入域的域名,本例中输入“zenti. cc”,单击“确定”按钮。

步骤 6:出现相应的对话框,根据提示输入具有将计算机加入域权限的域用户账户的名称(如域管理员 Administrator)和密码,单击“确定”按钮。

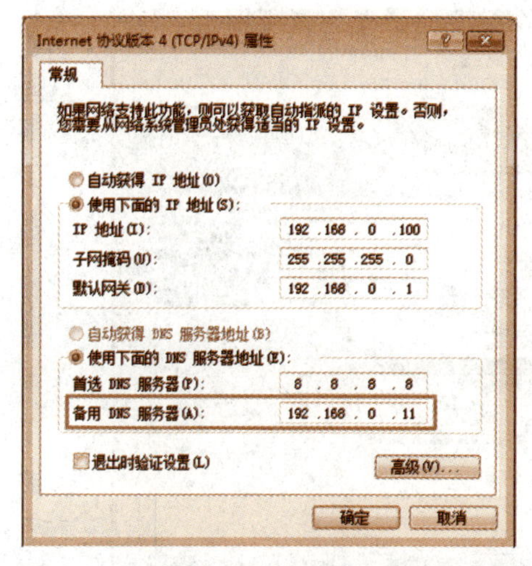

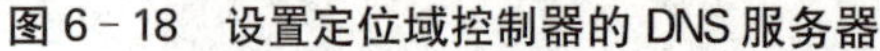
图 6 - 18 设置定位域控制器的 DNS 服务器

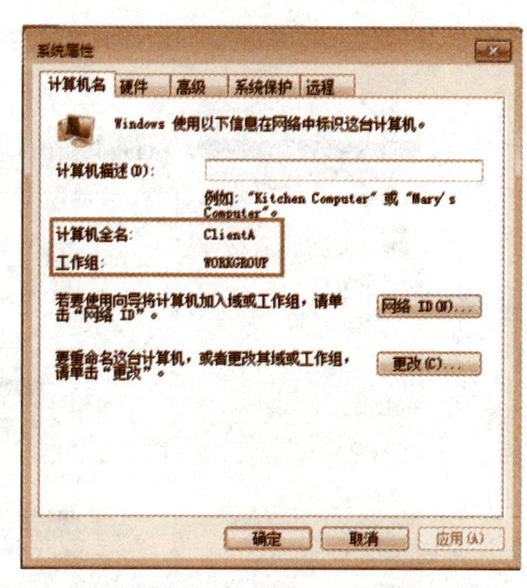

图 6 - 19 显示当前的计算机名称

步骤 7:如无异常情况,将出现欢迎加入域的提示,单击“确定”按钮。

步骤 8:出现必须重新启动计算机才能应用这些更改的提示,单击“确定”按钮。

步骤 9:回到“系统属性”对话框,如图 6 - 21 所示,可发现 DNS 域名后缀已加入完整的计算机名称,单击“关闭”按钮。

步骤 10:弹出提示对话框,重新启动计算机,使上述更改生效。

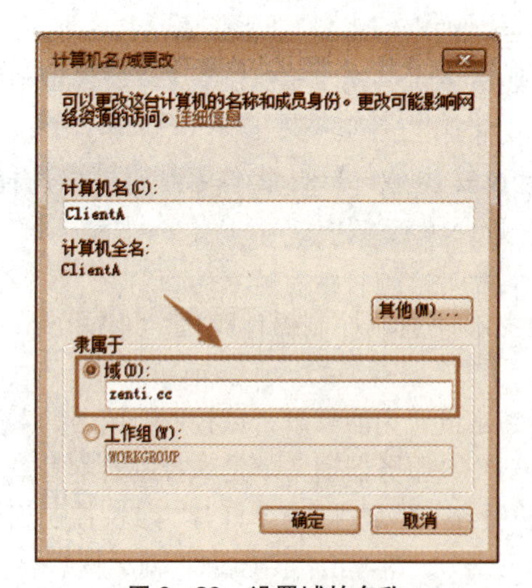

图 6 - 20 设置域的名称

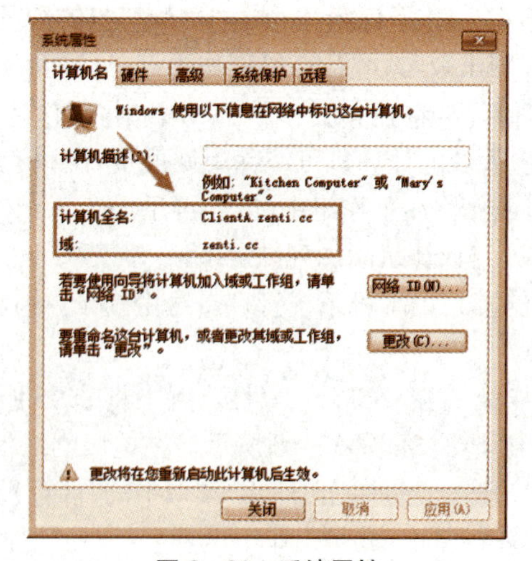

图 6 - 21 系统属性

2. 域成员计算机登录到域

可以在域成员计算机上通过本地用户或域账户进行登录。

步骤 1:启动域成员计算机(服务器或工作站),按 Ctrl+Alt+Delete 组合键出现登录界面。如图 6 - 22 所示,默认出现的是本地用户登录(格式为“主机名\账户”)。

此时系统利用本地安全账户数据库检查账户与密码,如果成功登录,只能访问本地计算机的资源,无法访问域内其他计算机的资源。要访问域内资源,必须以域用户账户身份登录到域。

步骤 2:单击“切换用户”按钮,再单击“其他用户”按钮,然后输入域用户账户及其密码。域用户账户有以下 2 种表示方式:

图 6-22　本地用户账户登录

(1) SAM 账户名——域名\用户名。此处域名既可以是域的 DNS 域名(相当于 Active Directory 规范名称),又可以是域的 NetBIOS 名称(相当于 SAM 账户,主要是兼容 Windows 2000 以前版本),相应的域用户账户例如 zenti. cc\Administrator、ZENTI\Administrator,如图 6-23 所示。

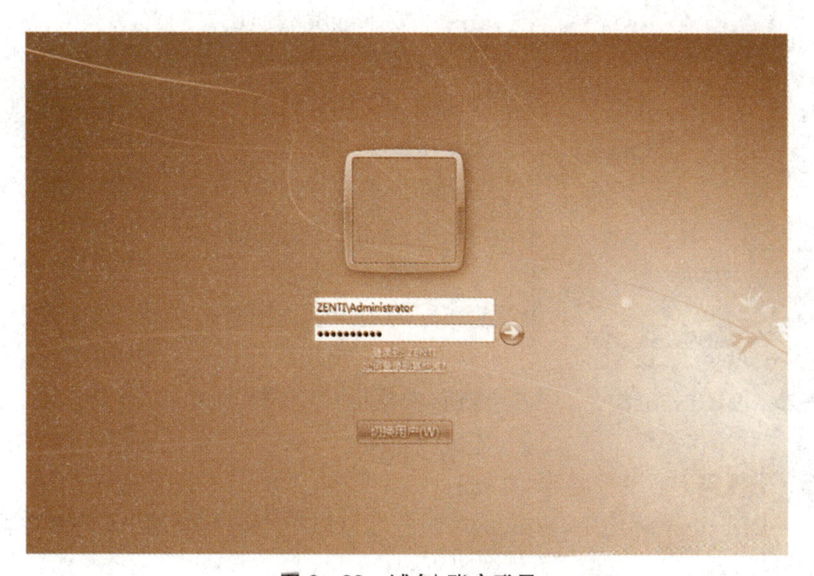

图 6-23　域名\账户登录

(2) UPN 用户名——用户名@域名。域用户账户具有 1 个称为 UPN(用户主体名称,类似于电子邮箱)的名称。UPN 包括 1 个用户登录名称和该用户所属域的 DNS 名称,如

Administration@zenti. cc，如图 6 - 24 所示。

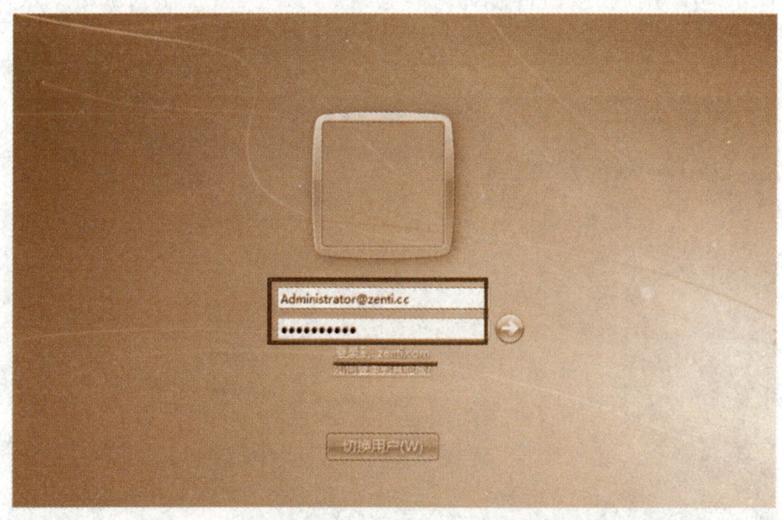

图 6 - 24 UPN 账户登录

3. 让域成员计算机退出域

如果要退出 Active Directory 域，只需要将域成员计算机重新加入工作组即可。这里以 Windows 7 域成员计算机为例进行示范。

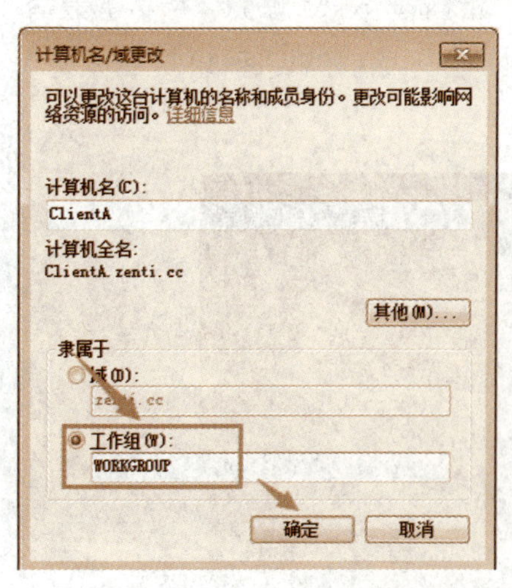

图 6 - 25 设置工作组名

步骤 1：在域成员计算机上以域管理员身份(Enterprise Admins 或 Domain Admins 组成员)登录到域，或者以本地系统管理员身份登录到本机。退出域并不要求能够联通域控制器。

步骤 2：参考加入域的操作步骤打开“系统属性”对话框，在“计算机名”选项卡中单击“更改”按钮。

步骤 3：如图 6 - 25 所示，在“隶属于”区域选中“工作组”单选按钮，在下面文本框中输入要加入的工作组名，单击“确定”按钮。

步骤 4：根据提示输入具有将计算机从域中删除的权限的用户名称和密码，单击“确定”按钮。

步骤 5：出现欢迎加入工作组的提示，单击“确定”按钮，根据提示完成其他步骤，重新启动计算机，使上述更改生效。

6.4.1.5 子任务 5 域控制器的管理

在 Active Directory 环境中，Windows 服务器可以充当域控制器、成员服务器和独立服务器 3 种角色。

成员服务器是域中非域控制器的服务器，不处理域账户登录过程，不参与 Active Directory 复制，不存储域安全策略信息。与其他域成员一样，它服从站点、域或组织单位定义的组策略，同时也包含本地安全账户数据库。独立服务器是非域成员的服务器，如果

Windows 服务器作为工作组成员安装，则该服务器是独立的服务器。独立服务器可与网络上的其他计算机共享资源，但是不能分享 Active Directory 所提供的好处。

独立服务器或成员服务器可升级为域控制器，也可将域控制器降级为成员服务器。将独立服务器加入域，使其变为成员服务器。成员服务器从域中退出，又可变回独立服务器。这种角色转换关系如图 6-26 所示。

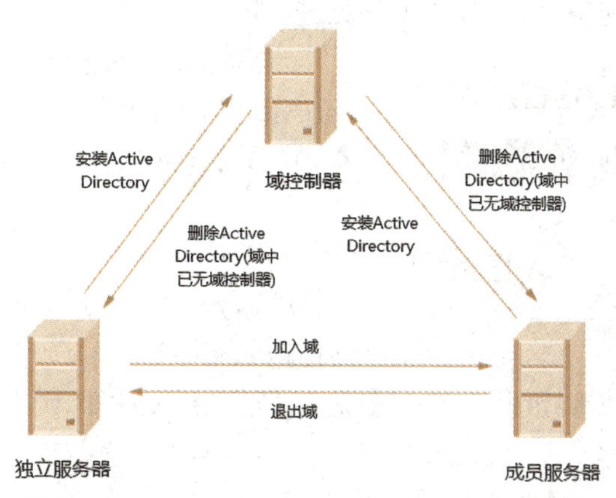

图 6-26 Active Directory 域中服务器角色转换

以域系统管理员身份登录到域控制器，可根据需要对域控制器进一步配置和管理。

1. 提升域和林功能级别

可根据需要提升域功能级别以限制所支持的域控制器。一旦提升域功能级别之后，就不能再将运行旧版操作系统的域控制器引入该域中。例如，如果将域功能级别提升至 Windows Server 2008 R2，就不能再将运行 Windows Server 2008 的域控制器添加到该域中。

步骤 1：依次单击“开始”→“管理工具”→“Active Directory 管理工具”，打开 Active Directory 管理工具，如图 6-27 所示，选中要管理的林或域，本例中为“zenti(本地)”，在“任务”窗格中执行“提升域功能级别”命令即可。

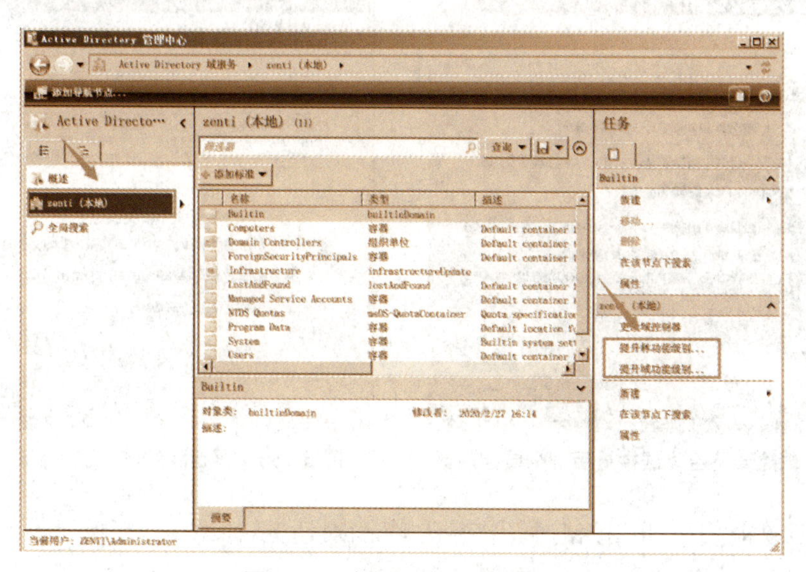

图 6-27 提升域和林功能级别

步骤2:按向导完成域功能级别的提升。

(注:本例中因在安装域控制器时域和林功能级别均设置为 Windows Server 2008 R2,目前不能提升。)

2. 删除(降级)域控制器

在域中有时会因管理需要对域控制器进行角色调整,这就需要对域控制器进行删除或降级,而针对域中的不同情况,要按实际情况进行操作。

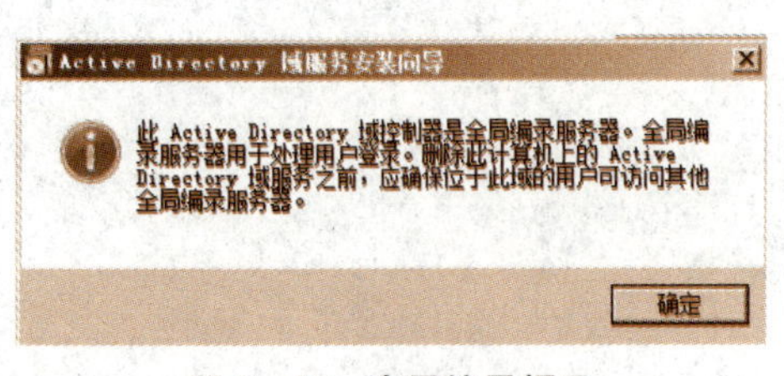

图6-28 全局编录提示

当域内还存在其他的域控制器时,执行本操作后,当前域控制器会被降级为该域的成员服务器,但仍然在该域内。删除域控制器的操作步骤如下:

步骤1:依次单击"开始"→"运行",在弹出的对话框中输入"dcpromo",单击"确定"按钮,打开"欢迎使用 Active Directory 域服务安装向导"对话框。

步骤2:单击"下一步",如果该服务器是"全局编录"服务器,则会出现如图6-28所示的提示,表示这台域控制器是全局编录,降级后它将不再扮演全局编录的角色,因此请确认站点内还有其他全局编录,单击"确定"。

步骤3:打开如图6-29所示对话框,根据下面的说明选择后,单击"下一步"。如果此服务器是域内的最后一个域控制器:请勾选"删除该域,因为此服务器是该域中的最后一个域控制器"(本例中勾选该项),降级后这台服务器将变成独立服务器。如果此服务器不是域内的最后一个域控制器:请不要选择此选项,降级后这台服务器将变成这个域的成员服务器。

步骤4:如果没有出现如图6-30所示的对话框,请直接跳到步骤7。图6-30表示这台域控制器内含 Active Directory 联合的 DNS 区域,安装向导会将此域的应用程序目录分区删除。如果此对话框中出现其他应用程序所创建的应用程序目录分区,则尽量先使用该应用程序所提供的工具程序(如果有的话)来删除此应用程序目录分区。

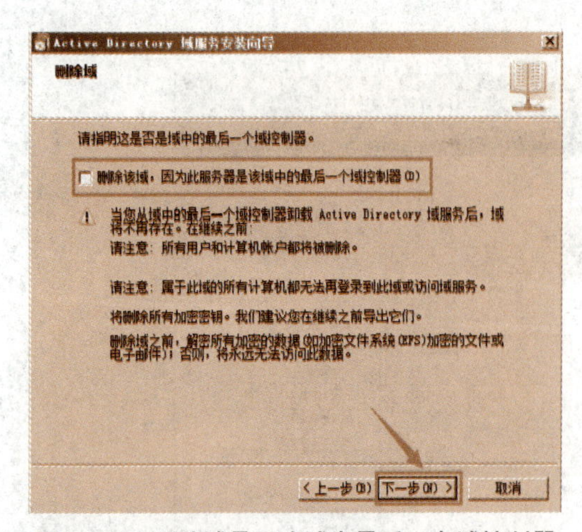

图6-29 删除域是否为域中最后一个域控制器

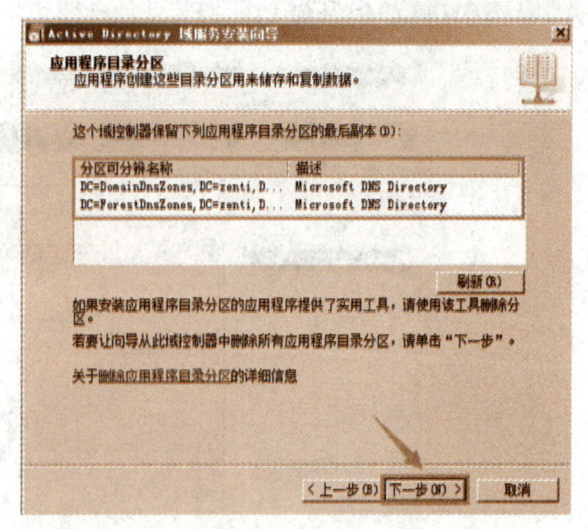

图6-30 要删除的应用程序目录分区列表

步骤5:单击"下一步"按钮,弹出"确认删除"对话框,如图6-31所示。勾选"删除该

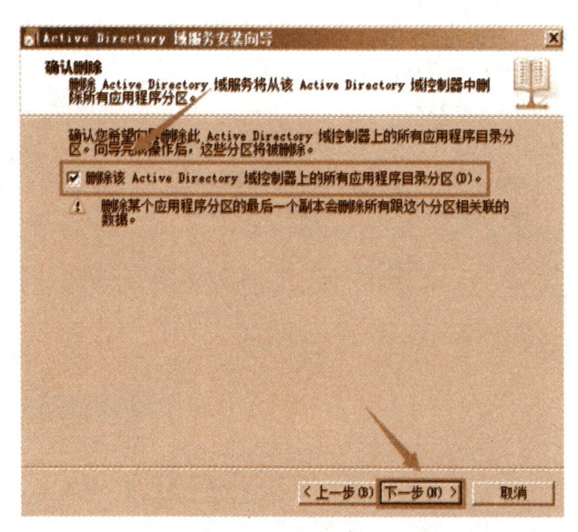

图 6-31 确认删除应用程序目录分区

Active Directory 域控制器上的所有应用程序目录分区”，单击“下一步”按钮。

步骤 6：由于 Active Directory 联合 DNS 区域即将被删除，因此若有其他父域将此域的查询工作委派给这台域控制器，请选择如图 6-32 所示的选项，以便删除父域的委派设置(DNS 日志)。单击“下一步”按钮，输入有权限删除父域日志的账号与密码，如图 6-33 所示。

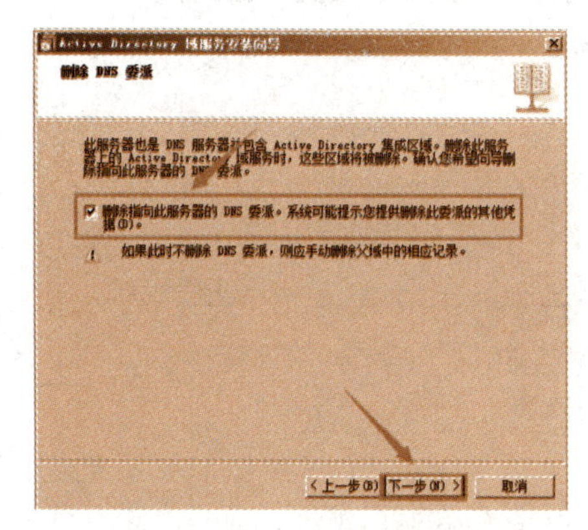

图 6-32 删除 DNS 委派

图 6-33 输入 DNS 区域服务器的管理凭据

步骤 7：在如图 6-34 中，为被降级为独立服务器或成员服务器的计算机，设置其本地 Administrator 的新密码，单击“下一步”按钮。

步骤 8：出现“摘要”对话框直接单击“下一步”按钮，开始删除(或降级)域控制器。

步骤 9：完成后，重新启动。

(注：虽然这台服务器已经不再是域控制器了，不过其 Active Directory 域服务组件仍然存在，并没有被删除。因此以后如果要再升级为域控制器，只需要运行 dcpromo.exe 即可，不需要再通过添加角色的方式来安装 Active Directory 域服务。此外，虽然 DNS Active Directory 联合区域的应用程序目录分区已删除，但是 DNS 服务器组件仍然存在。若想要删

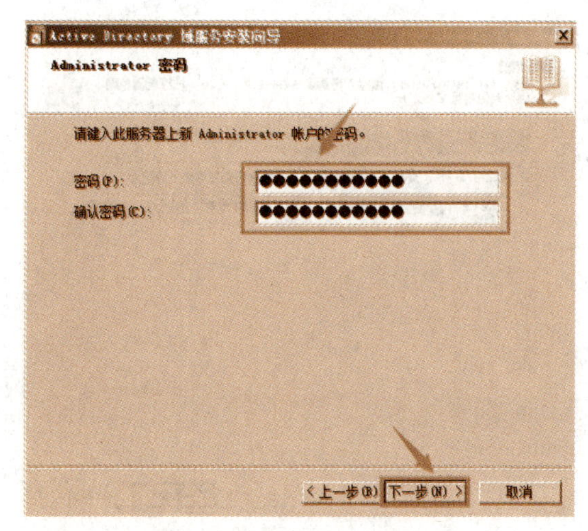

图 6-34 输入管理员密码

除 Active Directory 域服务或 DNS 服务器的话，可选择："开始"—"服务器管理器"—"角色"—"Active Directory 域服务"或"DNS 服务器"—"删除角色"，如图 6-35 所示。)

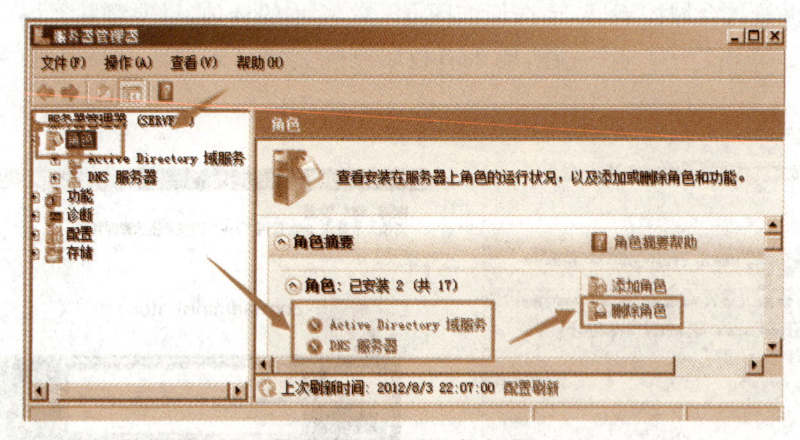

图 6-35 删除角色方法

6.4.2 任务 2 管理与使用 Active Directory 对象和资源

域管理的一项重要任务是对各类 Active Directory 对象进行合理的组织和管理，这些对象包括网络中的各项资源，其中最重要的是用户、组和计算机。以前版本中这些对象主要是通过"Active Directory 用户和计算机"控制台来管理的，在 Windows Server 2008 R2 中则通常使用 Active Directory 管理工具。

6.4.2.1 子任务 1 管理组织单位

组织单位相当于域的子域，可以像域一样包含用户、组、计算机、打印机、共享文件夹以及其他组织单位等各种对象。组织单位和组的内涵不相同，具体如下：

(1) 组织单位是可指派组策略设置或委派管理权限的最小作用域或单位。

(2) 组与组织单位不能混淆。1 个用户可隶属于多个组，但只能隶属于 1 个组织单位。

（3）组织单位可包含组，但是组不能将组织单位作为成员。

（4）组可作为安全主体，被授予权限，而组织单位不行。

使用组织单位可将网络所需的域的数量降到最低程度，创建组织单位应该考虑能反映企业的职能或业务结构。

创建新的组织单位：

步骤 1：打开 Active Directory 管理中心，右键单击要添加组织单位的域（或组织单位）。

步骤 2：选择“新建”→“组织单位”命令，弹出如图 6－36 所示的对话框，为其命名，本例中输入“Beijing”。当然还可根据需要添加地址、管理者等信息。

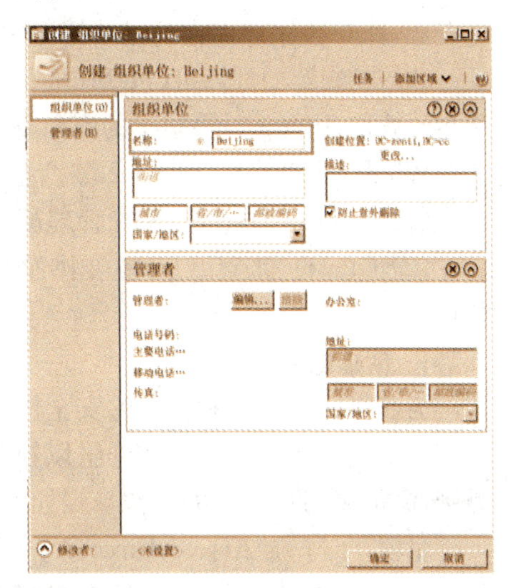

图 6－36　设置组织单位

组织单位可以像域一样管理用户、计算机等对象，如图 6－37 所示。可以将其看成一种特殊目录容器对象，在 Active Directory 管理工具中以一种文件夹的形式出现。可以在组织单位新建 Active Directory 对象，也可以在组织单位与其他容器（域、组织单位）之间移动 Active Directory 对象。

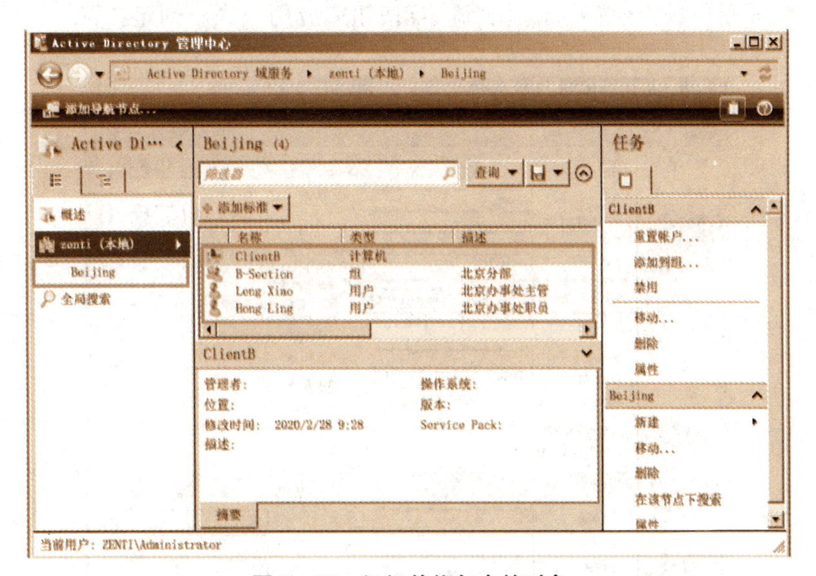

图 6－37　组织单位包含的对象

6.4.2.2　子任务 2　管理计算机账户

在域环境中，每个运行 Windows 操作系统的计算机都有 1 个计算机账户。与用户账户类似，计算机账户提供了一种验证和审核计算机访问网络以及域资源的方法。连接到网络上的每台计算机都应有唯一的计算机账户。

当将计算机加入域时，该计算机相应的计算机账户自动添加到域的“Computers”容器中。对于计算机账户可执行禁用、重置、删除等管理操作。

6.4.2.3 子任务3 管理域用户账户

域用户账户在域控制器上建立，又称 Active Directory 用户账户，用来登录域、访问域内的资源，账户数据存储在目录数据库中，可实现用户统一的安全认证。

非域控制器的计算机(包括域成员计算机)上还有本地账户。本地账户只能用来登录账户所在计算机，访问该计算机上的资源，数据存储在本机中，不会发布到 Active Directory 中。

Windows Server 2008 R2 域控制器提供了以下 2 个内置域用户账户：

(1) Administrator。系统管理员账户，对域拥有最高权限，为安全起见，可将其重命名。

(2) Guest。来宾账户，主要供没有账户的用户使用，访问一些公开资源。默认禁用此账户。

1. 创建域用户账户

为获得用户验证和授权的安全性，应为加入网络的每个用户创建单独的域用户账户。

每个用户账户又可添加到组以控制指派给账户的权限。根据项目规划，以网络部账户为例，添加域用户账户的操作步骤如下：

步骤 1：打开 Active Directory 管理中心，右键单击要添加用户的容器(本例中是“Users”)，从快捷菜单中选择“新建”→“用户”命令。

步骤 2：弹出如图 6-38 所示的对话框，在“账户”区域设置用户账户的基本信息。

步骤 3：根据需要进入其他区域设置其他选项。

步骤 4：完成用户账户设置后，单击“确定”按钮完成用户账户创建。

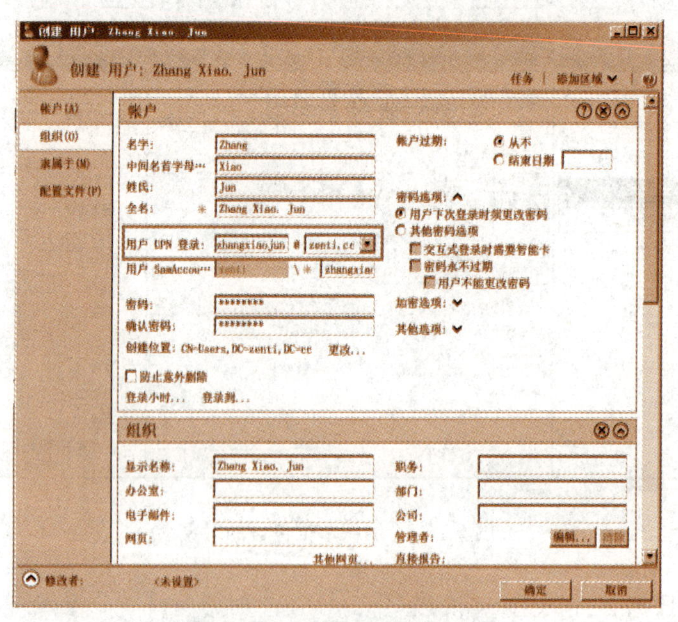

图 6-38 设置新建用户对象

2. 管理域用户账户

新创建的用户如图 6-39 所示，可以根据需要进行管理操作，如删除、禁用、复制、重命名、重设密码、移动账户等。

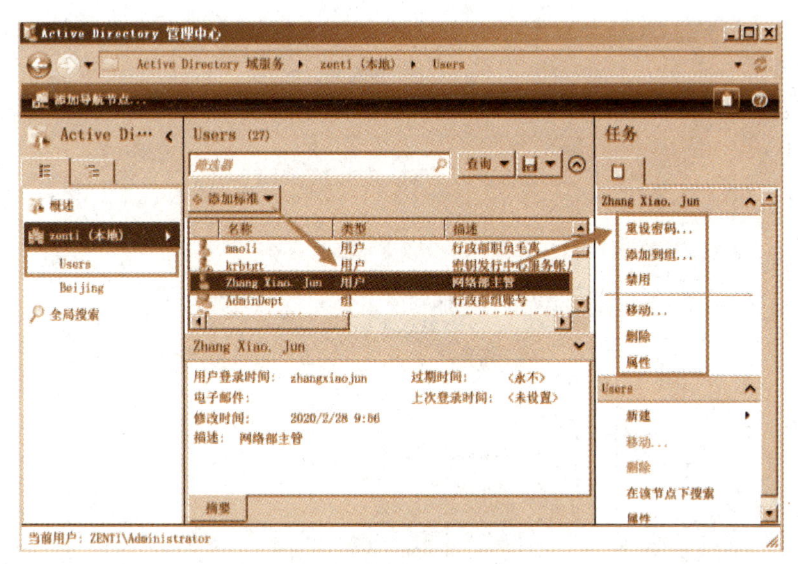

图 6 - 39　管理新建的用户对象

3. 配置域用户账户

如果要进一步设置用户账户，操作步骤如下：

步骤：双击相应的用户账户或者右键单击账户选择“属性”命令，弹出如图 6 - 40 所示的对话框，根据需要配置。

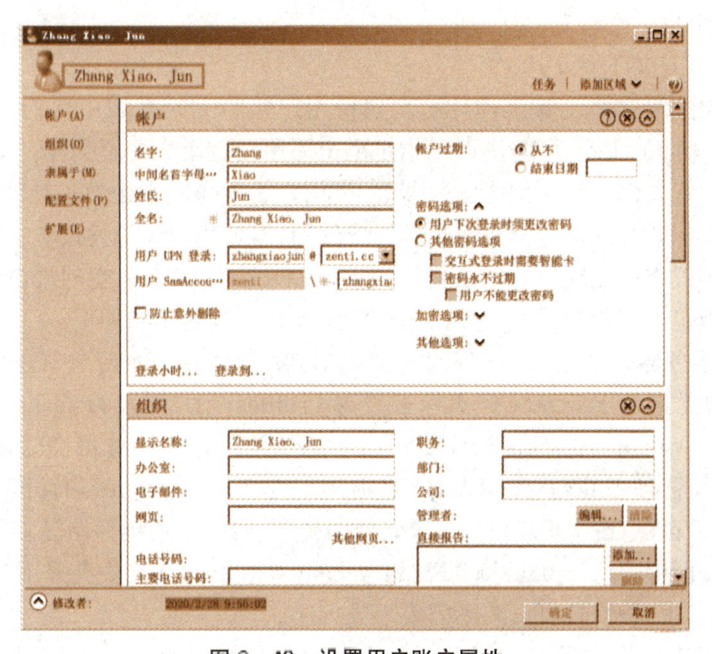

图 6 - 40　设置用户账户属性

用户属性设置对话框比新建用户对话框多提供了 1 个“扩展”区域用于设置扩展选项，如图 6 - 41 所示。

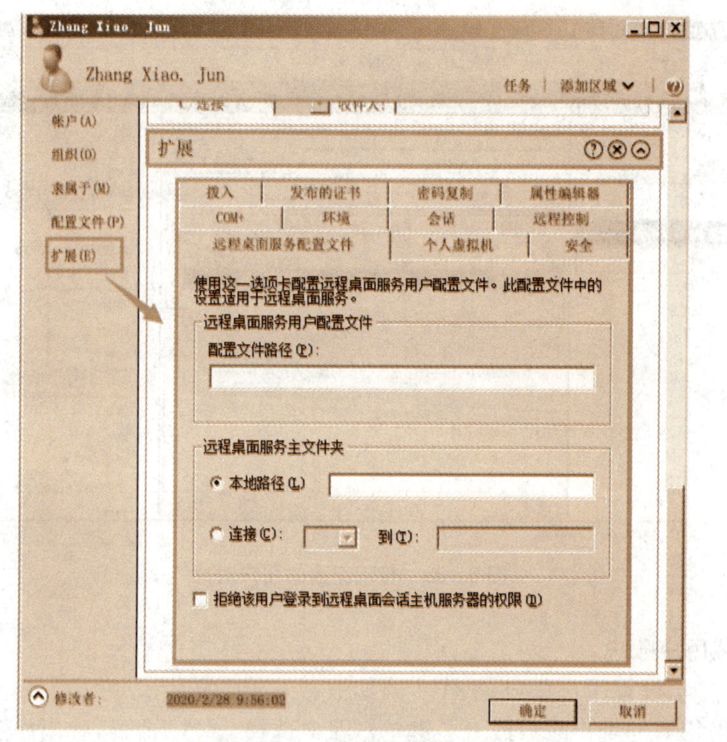

图 6-41 设置扩展选项

4. 设置域用户工作环境

1) 漫游用户工作环境设置

可通过用户配置文件设置工作环境。如果用户希望无论在域中任何 1 台计算机登录时,都能够使用相同的工作环境,则可以指定用户采用漫游用户配置文件。

漫游用户配置文件存储在网络服务器上,当用户无论在域中任何 1 台计算机登录时,都可以读取到这个配置文件。它只适合于域用户使用,本地用户无法使用。

漫游用户配置文件比较适合个人使用。可以给用户指定 1 个空的漫游用户配置文件,也可以给用户指定 1 个预先设好的漫游用户配置文件。具体步骤如下:

步骤 1:在服务器上创建 1 个共享文件夹,确定用户对该文件夹至少有"更改"的 NTFS 权限。例如服务器名为 Win2k8DC,共享名设为 Profiles,用户账户为 zhangxiaojun。

步骤 2:以 Domain Admins 或 Enterprise Admins 组成员身份登录域控制器,打开 Active Directory 管理中心,找到用户账户(本例中为 zhangxiaojun),打开其属性设置对话框,在"配置文件"区域(图 6-42)的"配置文件路径"文本框中指定存储漫游用户配置文件的 UNC 网络路径,例中为\\Win2k8DC\Profile\zhangxiaojun。该文件夹采用与用户账户名称相同的文件夹名,由系统自动创建,不需要事先创建。

步骤 3:完成上述设置后,当用户 zhangxiaojun 登录域中任何 1 台计算机时,系统就会自动在上述 UNC 网络路径中创建 1 个漫游用户配置文件的文件夹,此时该文件夹中尚未包含任何数据。

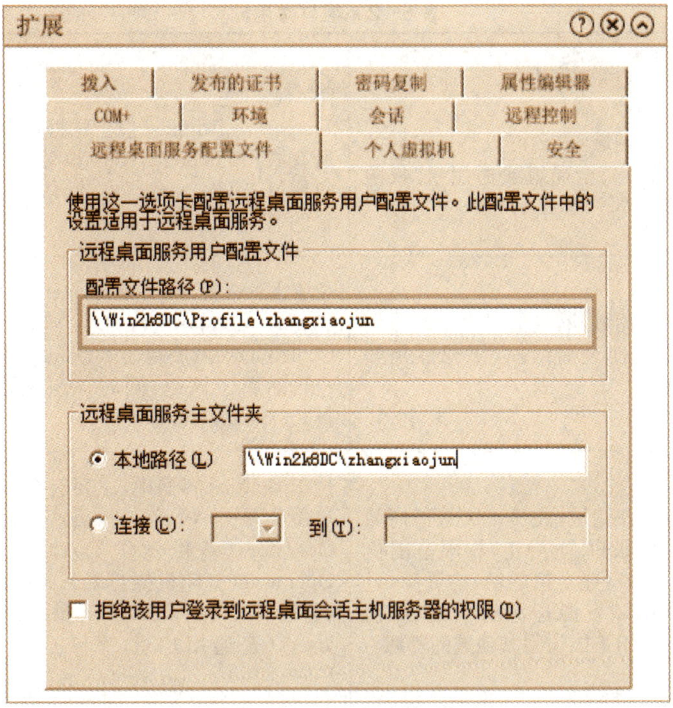

图 6 - 42　设置漫游配置文件

2）强制用户配置文件设置

强制用户配置文件也是一种漫游用户配置文件，只是用户无法更改该配置文件的内容。使用强制用户配置文件的用户，在登录后可以修改其当前的桌面设置，注销时这些修改并不会被保存到服务器上的强制用户配置文件内。

操作步骤：创建强制用户配置文件的方法与漫游用户配置文件一样。在完成后，系统管理员必须将该漫游用户配置文件的文件夹内的 ntuser. dat（注意不是 ntuser. dat. log）文件更名为 ntuser. man。

默认情况下，只有 System 账户对该文件具有更改权限，Administration 账户并不具备更改权限，但可以更改权限设置，以便修改该文件名。

6.4.2.4　子任务 4　管理组

在域中，组可包含用户、联系人、计算机和其他组的 Active Directory 对象或本机对象。组作为一种特殊的对象，使用组可以简化对 Active Directory 对象的管理。

1. 组的特性

（1）组可跨越组织单位或域，将不同域、不同组织单位的对象归到 1 个组。

（2）组可作为安全主体，与用户、计算机一样被授予访问权限。

（3）组为非容器对象，组成员与组之间没有从属关系，而且 1 个对象可属于多个不同的组。

2. 组的作用域

每个组均具有作用域，作用域确定组在域树或林中所应用的范围。根据不同的作用域，可以将组分为以下 3 种类型，如表 6 - 2 所示。

表 6-2 组与作用域

组类型	作用范围	内置成员
通用组	通用作用域，成员可以是任何域的用户账户、全局组或通用组，权限范围是整个林	Enterprise Admins(位于林根域，成员有权管理林内所有域)和 Schema Admin(管理架构权限)，这 2 个组均位于 Users 容器中，默认的组成员为林根域内置的通用组 Administrator
全局组	全局作用域，其成员可以是同域用户或其他全局组，权限范围是整个林	位于 Users 容器中，如 Domain Admins(域管理员)、Domain Computers(加入域的计算机)、Domain Controllers(域控制器)、Domain Users(添加的域用户自动属于该组，同时该组又是本地组 Users 成员)、Domain Guests
本地域组	本地域作用域，成员可以是任何域的用户账户、全局组，权限范围仅限于同域(建立组的域)的资源，只能将同域资源指派给本地域组。本地域组不能访问其他域的资源	位于 Builtins 容器中，主要有 Account Operators(账户操作员)、Administrators(系统管理员)、Backup Operators(备份操作员)、Guests(来宾)、Printer Operators(打印机操作员)、Remotes Desktop Users(远程桌面用户)、Server Operators(服务器操作员)、Users(普通用户组，默认成员为全局组 Domain Users)

3. 安全组和通信组

组还可分为安全组(Security)和通信组(Distribute)2 种类型。

(1) 安全组用于将用户、计算机和其他组收集到可管理的单位中，为资源(文件共享、打印机等)指派权限时，管理员将权限指派给安全组而不是个别用户。

(2) 通信组只能用作电子邮件的通信组，不能用于筛选组策略设置，不具备安全功能。

4. 默认组

创建域时自动创建的安全组称为默认组。许多默认组被自动指派 1 组用户权利，授权组中的成员执行域中的特定操作。默认组位于“Builtin”容器和“Users”容器中。“Builtin”容器包含用本地域作用域定义的组。“Users”容器包含通过全局作用域定义的组和通过本地域作用域定义的组。可将这些容器中的组移动到域中的其他组或组织单位，但不能将它们移动到其他域。

安装 Windows Server 2008 R2 独立服务器或成员服务器时自动创建默认本地组。

本地组不同于本地域组，必须在本机上独立管理。在域成员计算机上可向本地组添加本地用户、域用户、计算机以及组账户，如图 6-43 所示，但不能向本地域组账户添加本地用户和本地组账户。

5. 创建组

要创建新的组，以创建市场部为例，操作步骤如下：

步骤 1：打开 Active Directory 管理中心，右键单击要添加组的容器(域或组织单位)，选择“新建”→“组”命令，弹出如图 6-44 所示的对话框，设置组的名称 Market，选择组作用域和组类型，本例中组类型选“安全”，组范围选“全局”。

步骤 2：根据需要进入其他区域设置其他选项。如“管理者”区域设置该组的单位信息；

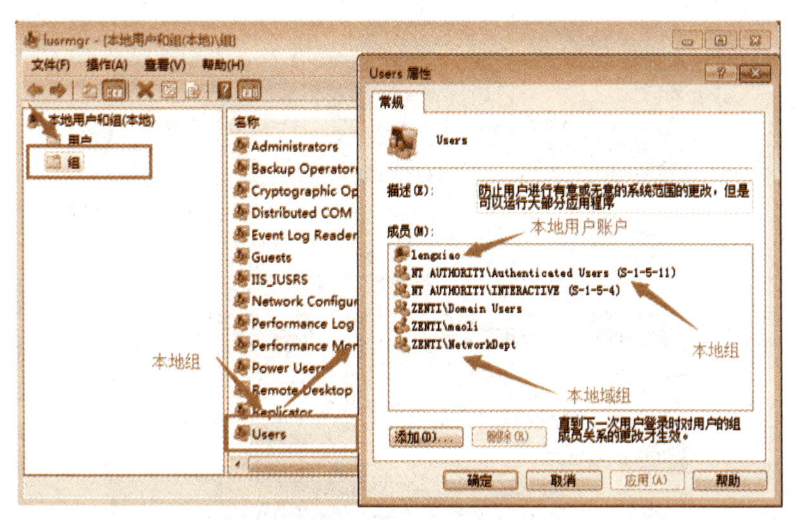

图6-43　本地组

“隶属于”区域设置所属组；“成员”区域添加组成员，本例暂不设置所属组和组成员。单击“确定”按钮完成组账户的创建。

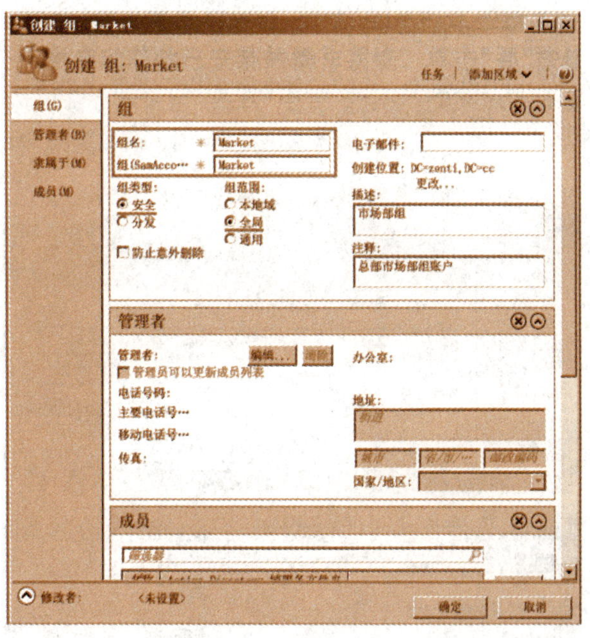

图6-44　创建组

6. 添加组成员

要将成员添加到组中，有2种方法：

方法1：打开组的属性设置对话框，在“成员”区域单击“添加”按钮弹出相应的对话框，单击“位置”按钮指定对象所属的域，在“输入对象名称来选择”列表中指定要添加的成员对象(如用户账户、联系人、其他组)，单击“确定”按钮即可，如图6-45所示。

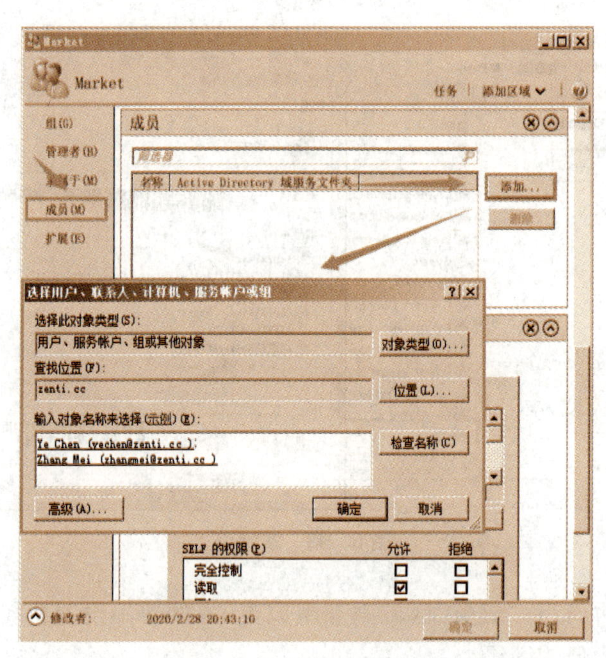

图 6－45　往组中添加成员

方法 2:另一种方法是打开 Active Directory 对象(如用户账户、计算机、组)的属性对话框,本例选择“zhangmei”,在“隶属于”区域单击“添加”按钮弹出相应的对话框,选择所属的组对象“directors”,如图 6－46 所示。

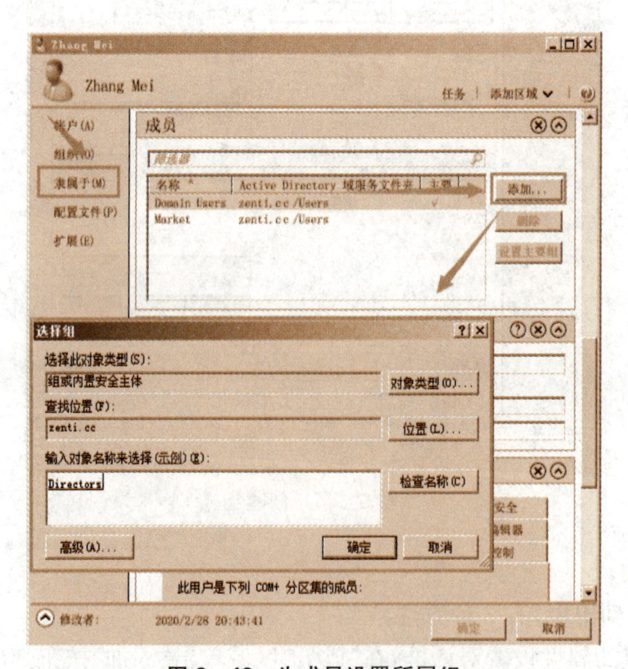

图 6－46　为成员设置所属组

6.4.2.5　子任务5　选择用户、计算机或组对象

用户、计算机、组作为安全主体，在实际应用(如用户管理、用户权限设置等)中经常需要查找和指定这些对象。

Windows系统提供了用户选择向导，便于管理员快速查找和选择用户、计算机、组等对象。例如，要添加组成员，方法如下：

步骤1：在组属性设置对话框中的“成员”区域单击“添加”按钮，将弹出如图6-47所示的对话框，如果知道对象的名称，在“输入对象名称”框中直接输入即可。

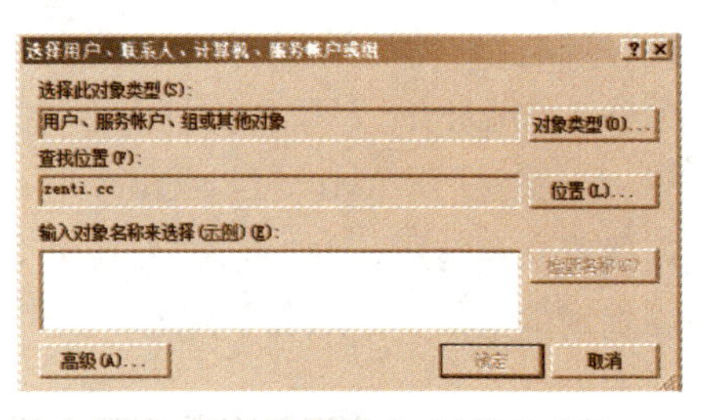

图6-47　选择用户、计算机或组

步骤2：如果需要从域中查找，可单击“高级”按钮打开如图6-48所示的对话框，单击“立即查找”按钮来快速搜索该域中的账户。

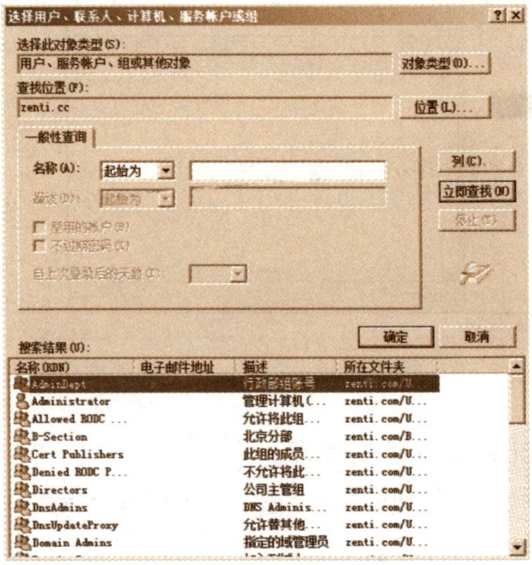

图6-48　选择用户、计算机或组(高级)

步骤3：可根据需要进一步限定查找范围，单击“对象类型”按钮，弹出如图6-49所示的对话框，选择要查找的对象类型；单击“位置”按钮，弹出如图6-50所示的对话框，选择要查找的范围，可以是整个目录、某个域、某个组、某个组织单位，还可以是本地计算机。还可以在“一般性查询”区域指定具体的查询条件。

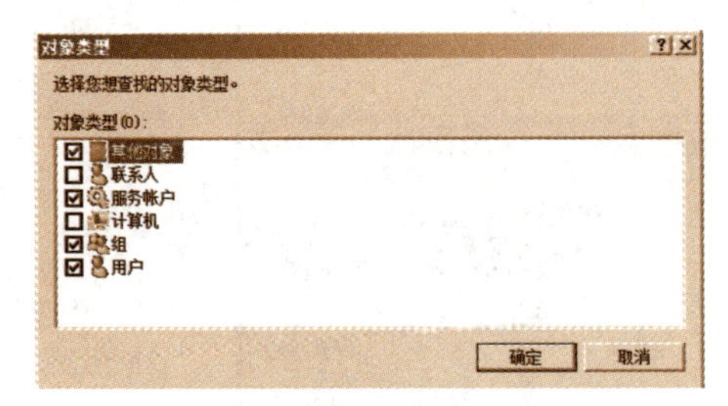

图6-49　选择要查找的对象类型

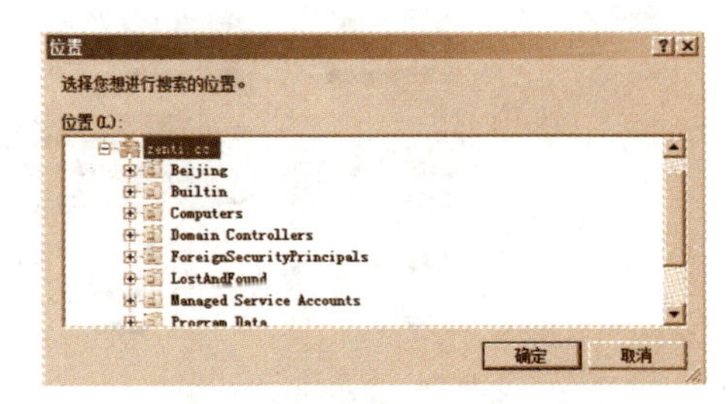

图6-50　选择要查找的位置范围

6.4.2.6 子任务 6 查询 Active Directory 对象

1. 使用 Active Directory 管理工具查询

在域控制器上可直接使用 Active Directory 管理中心或“Active Directory 用户和计算机”控制台查找几乎所有的 Active Directory 对象，通常以普通域用户身份登录到域执行 Active Directory 对象查询任务。在域成员计算机上需要安装 Active Directory 管理工具。

步骤：打开 Active Directory 管理中心执行全局搜索，如图 6 - 51 所示。可进一步限制查找对象和范围。从“查找”下拉列表中选择要查询的对象类型，从“范围”下拉列表中选择要查询的范围(整个目录、某域)。

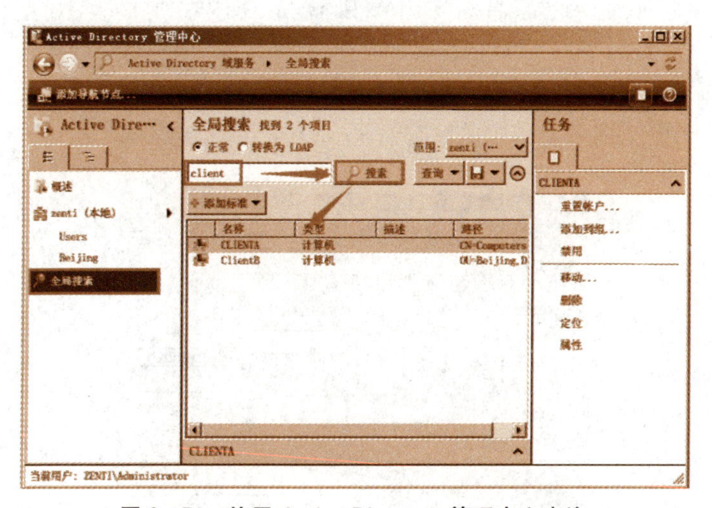

图 6 - 51 使用 Active Directory 管理中心查询

2. 使用内置 Active Directory 搜索工具

在域成员计算机上，可通过 Windows 资源管理器上的“网络”节点来搜索 Active Directory 中的用户、联系人、组、计算机、共享文件夹、打印机、组织单位等对象。步骤如下：

步骤：在 Windows 7 域成员计算机上单击“网络”节点，单击“搜索 Active Directory”链接打开相应的对话框。如图 6 - 52 所示，可直接搜索用户、联系人和组。还可进一步限制查找对象和范围，或者切换到“高级”选项卡设置更为复杂的搜索条件。

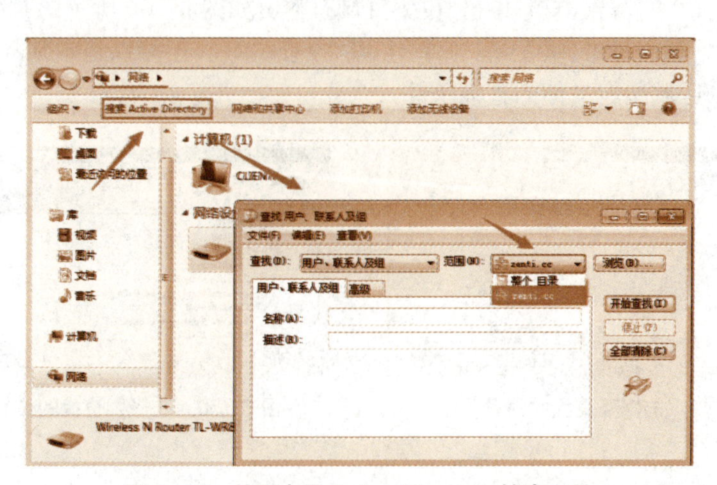

图 6 - 52 使用内置 Active Directory 搜索工具

6.4.2.7　子任务 7　设置 Active Directory 对象访问控制权限

使用访问控制权限，可控制用户和组能够访问 Active Directory 对象以及访问权限。每个 Active Directory 对象都有 1 个访问控制列表(ACL)，记录安全主体(用户、组、计算机)对对象的读取、写入、审核等访问权限。不同的对象类型提供的访问权限项目也不一样。

在域中，访问控制是通过为对象设置不同的访问级别或权限(如“完全访问”、“写入”、“读取”或“拒绝访问”)来实现的。访问控制定义了不同的用户使用 Active Directory 对象的权限。

默认情况下，Active Directory 中对象的权限被设置为最安全的设置。管理员可根据需要为 Active Directory 对象设置访问权限，操作步骤如下：

步骤 1：打开 Active Directory 管理中心，右键单击要设置权限的对象，本任务以用户“zhangxiaojun”为例，选择“属性”命令打开相应的对话框。

步骤 2：在“扩展”区域切换到“安全”选项卡，列出当前的权限设置，如图 6－53 所示。

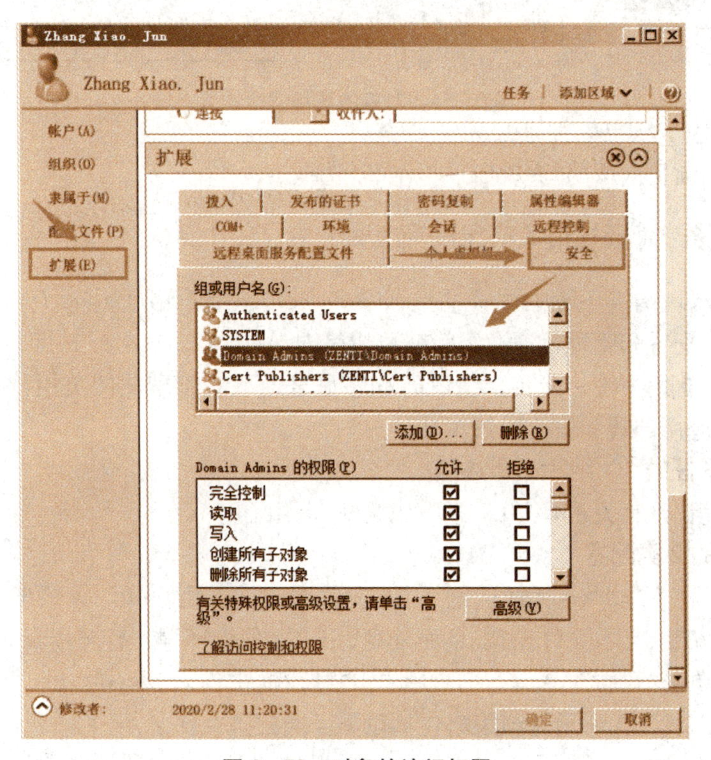

图 6－53　对象的访问权限

步骤 3：要为新的组和用户指定访问该对象的权限，单击“添加”按钮，根据提示添加新的组或用户账户，并设置相应权限即可。要进一步设置该对象的详细访问权限，进行下面的操作。

步骤 4：单击“高级”按钮查看可用于该对象的所有权限项目，如图 6－54 所示。

步骤 5：要给对象添加新的权限，单击“添加”按钮打开相应的对话框，指定要添加的组、计算机或用户的名称。

步骤 6：要修改对象的现有权限，可单击某个权限项目，单击“编辑”按钮，根据需要选中

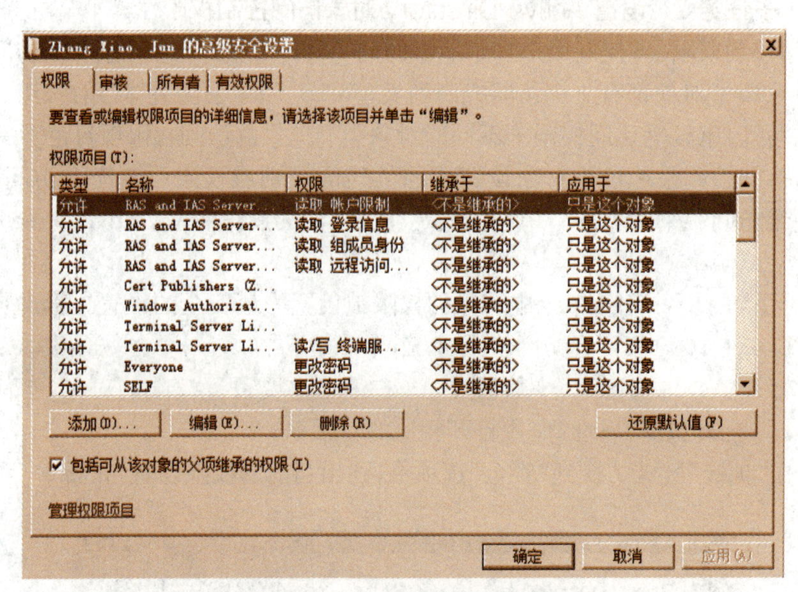

图 6-54 对象的高级安全设置

或清除相应权限项目前面的“允许”或“拒绝”复选框。

6.4.3 任务 3 通过组策略配置管理网络用户和计算机

在 Windows 域网络环境中可通过 Active Directory 组策略(Group Policy)来实现用户和计算机的集中配置和管理。通过组策略可以针对 Active Directory 站点、域或组织单位的所有计算机和所有用户统一配置。组策略能够显著地减轻管理员的负担，便于实施企业的网络配置管理、应用部署和安全设置策略。

6.4.3.1 子任务 1 组策略概述

组策略与“组”没有关系，可以将它看成是一套(组)策略。

1. 组策略的 2 类配置

组策略是一种 Windows 系统管理工具，主要用于订制用户和计算机的工作环境，包括安全选项、软件安装、脚本文件设置、桌面外观、用户文件管理等。打开步骤如下：

步骤：依次单击“开始”→“运行”，在弹出的对话框中输入“gpedit. msc”，打开本地组策略编辑窗口，如图 6-55 所示。组策略包括以下 2 类配置：

(1) 计算机配置，包含所有与计算机有关的策略设置，应用到特定的计算机，不同的用户在这些计算机上都受该配置的控制。

(2) 用户配置，包含所有与用户有关的策略设置，应用到特定的用户，只有这些用户登录后才受该配置的控制。

2. 本地组策略与 Active Directory 组策略

本地组策略设置存储在各个计算机上，只能作用于该计算机。每台运行 Windows 2000 及更高版本的计算机都有 1 个本地组策略对象。另外，本地安全策略相当于本地组策略的 1 个子集，仅仅能够管理本机上的安全设置。

Active Directory 组策略存储在域控制器中，只能在 Active Directory 环境下使用，可作用于 Active Directory 站点、域或组织单位中的所有用户和计算机，但不能应用到组。

Active Directory 组策略又称域组策略，用来定义自动应用到网络中特定用户和计算机的默认设置。

3. 组策略对象

组策略设置存储在组策略对象(GPO)中，即组策略是由具体的组策略对象实现的。无论是计算机配置，还是用户配置，组策略对象都包括以下 3 个方面的配置内容：

(1) 软件设置，管理软件的安装、发布、更新、修复和卸载等。

(2) Windows 设置，设置脚本文件、账户策略、用户权限、用户配置文件等。

(3) 管理模板，基于注册表管理用户和计算机的环境。

可以以站点、域或组织单位(OU)为作用范围来定义不同层次的组策略对象。一旦定义了组策略对象，则该对象包含的规则将应用到相应作用范围的用户和计算机的设置。

组策略对象的作用范围是由组策略对象链接(GPO Link)来设置的。任何组策略对象要生效，必须链接到某个 Active Directory 对象(站点、域或组织单位)。组策略对象与链接对象的关系如图 6-55 所示。一个未链接的组策略对象不能作用于任何 Active Directory 站点、域或组织单位。

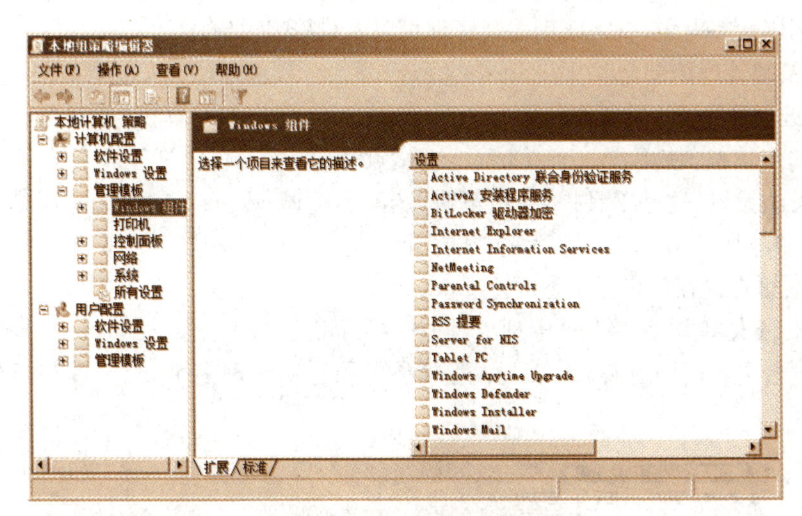

图 6-55　组策略对象配置类型

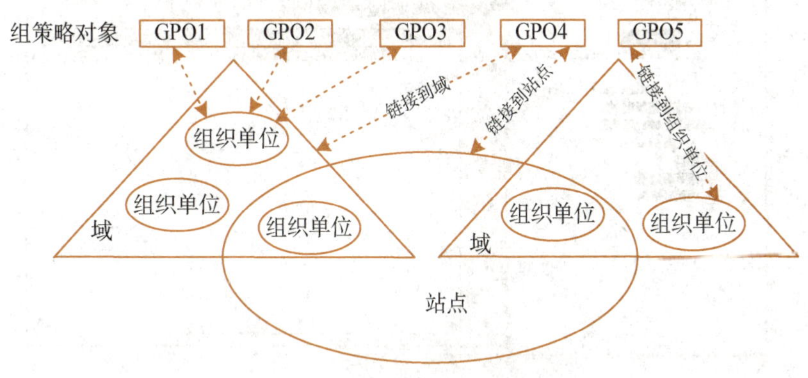

图 6-56　组策略对象链接

4. 组策略应用对象

组策略既可以应用于用户，也可以应用于计算机。用户和计算机是接收策略的唯一 Active Directory 对象类型。

组策略可提供针对用户和计算机的配置，相应地称为用户策略和计算机策略。对于用户配置来说，无论用户登录哪台计算机，组策略中的用户配置设置都将应用于相应的用户。

用户在登录计算机时获得用户策略。对于计算机配置来说，无论哪个用户登录计算机，组策略中的计算机配置设置都将应用于相应的计算机。计算机启动时即获得计算机策略。

5. 组策略应用顺序

在域成员计算机中，组策略的应用顺序为本地组策略对象→Active Directory 站点→Active Directory 域→Active Directory 组织单位。

首先处理本地组策略对象，然后是 Active Directory 组策略对象。对于 Active Directory 组策略对象，首先处理链接到 Active Directory 层次结构中最高层对象的组策略对象，然后是链接到其下层对象的组策略对象，依次类推。当策略不一致时，默认情况下后应用的策略将覆盖之前应用的策略。

6.4.3.2 子任务 2 配置管理 Active Directory 组策略对象

要使用组策略对象，就需要创建和管理相应的组策略对象。

1. 组策略管理控制台

Windows 服务器以前版本使用“Active Directory 用户和计算机”控制台管理适合域或组织单位的组策略，使用“Active Directory 站点和服务”控制台管理适合 Active Directory 站点的组策略设置，这些工具提供“组策略”选项卡。Windows Server 2008 R2 使用专门的组策略管理控制台(GPMC)，有 2 种方法打开：

方法 1：可直接在命令行状态运行 gpmc. msc。

方法 2：依次单击“开始”→“管理工具”→“组策略管理”命令。

该控制台主界面如图 6－57 所示，管理员可用它来管理多个站点、域和组织单位的组策略。

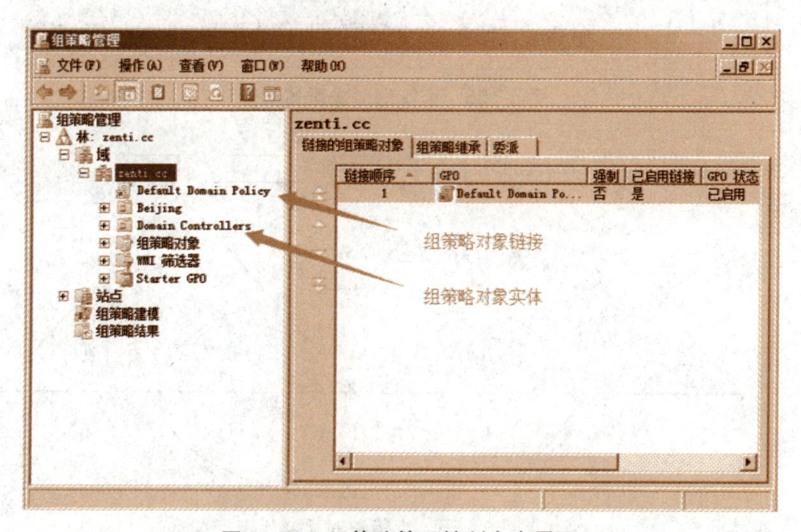

图 6－57 组策略管理控制台主界面

2. 新建组策略对象

可为 Active Directory 站点、域或组织单位创建多个组策略对象。具体步骤如下。

步骤 1：以系统管理员身份登录域控制器，打开并展开组策略管理控制台，导航到要配置的域节点（本例中为 zenti. cc），可以发现已经有 1 个名为“Default Domain Policy”的默认组策略对象链接到该域。右键单击该域节点，选择“新建”→“在这个域中创建 GPO 并在此处链接”命令，如图 6－58 所示。

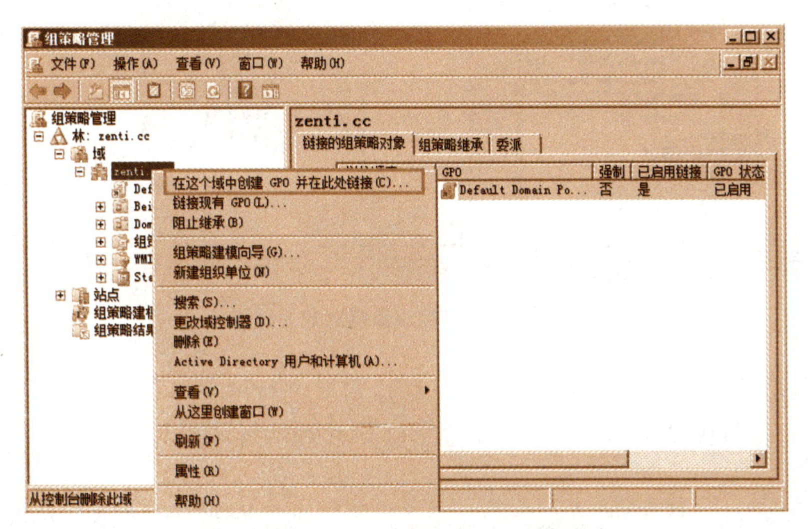

图 6－58　执行组策略对象链接创建命令

步骤 2：弹出“新建 GPO”对话框，为新建的组策略对象命名（本例中为“Section Beijing Group Policy”），单击“确定”按钮。

步骤 3：新建的组策略对象将出现在组策略对象列表中如图 6－59 所示，同时出现在该域链接的组策略对象列表中如图 6－60 所示，两处都可查看该对象的状态，右键单击该对象，从快捷菜单中选择相应的命令对其执行各种操作。

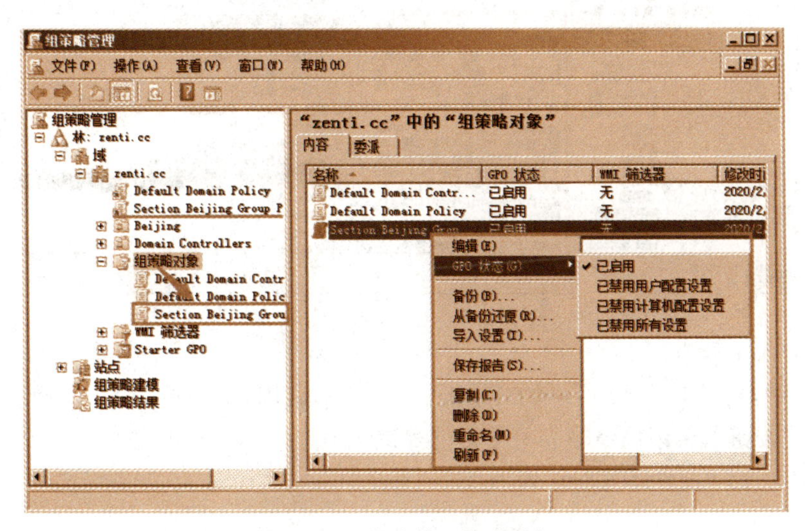

图 6－59　新建的组策略对象

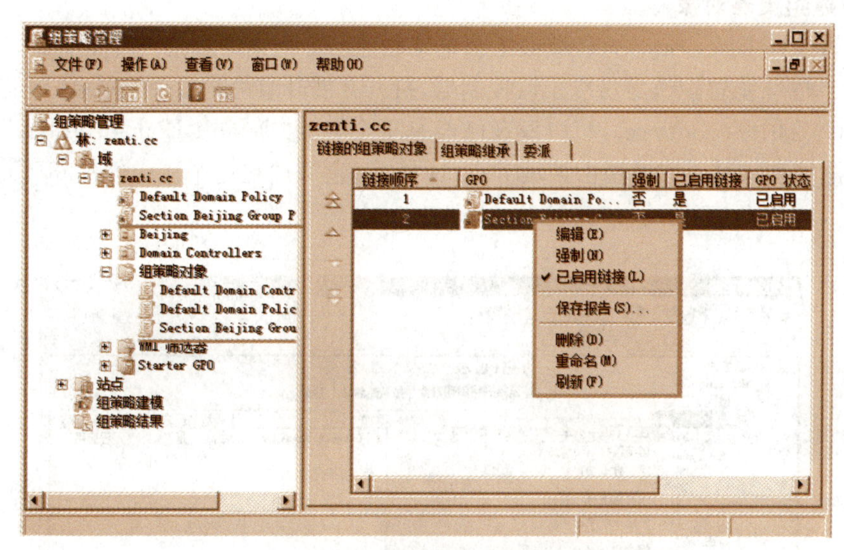

图 6-60 新建组策略对象的链接

步骤 4:新建的组策略对象没有任何设置,需要进行编辑。右键单击 Section Beijing Group Policy 组策略对象,选择“编辑”命令打开组策略管理编辑器,对组策略对象进行编辑。

步骤 5:如图 6-61 所示,在组策略管理编辑器中依次展开“用户配置”→“策略”→“管理模板”→“Windows 组件”→“Internet Explorer”节点,双击“禁用更改主页设置”项。

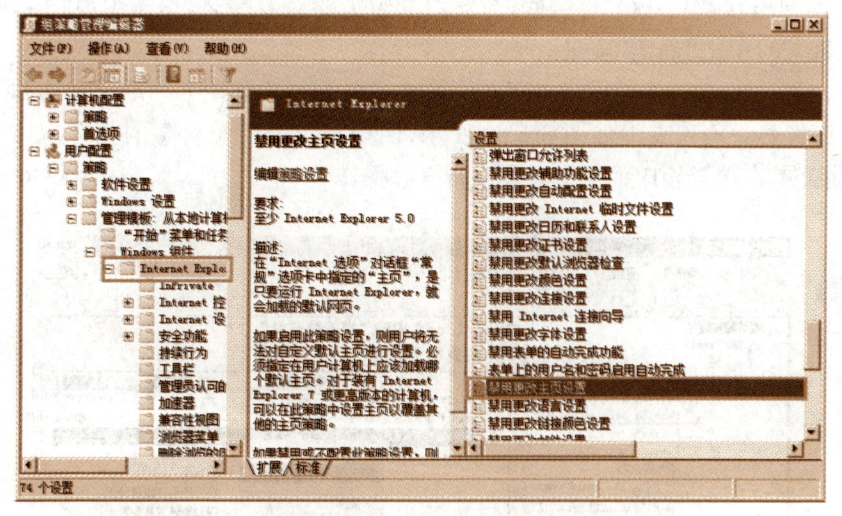

图 6-61 定位要设置的选项

步骤 6:弹出如图 6-62 所示的对话框。选中“已启用”单选按钮,并设置主页,单击“确定”或“应用”按钮以启用该策略。每个选项都提供了详细的说明信息。

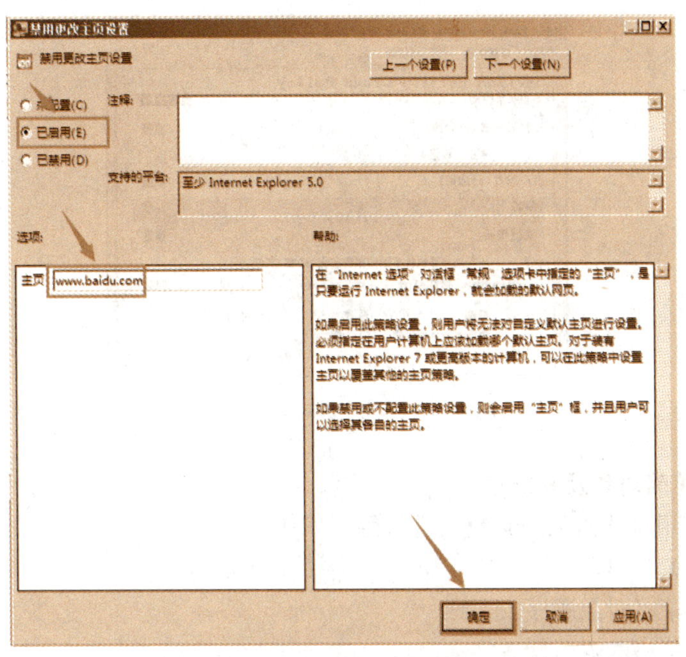

图 6－62　查看和设置选项

步骤 7：根据需要设置其他选项，然后关闭组策略管理编辑器，完成组策略对象的编辑。

3. 查看和编辑组策略对象

步骤 1：在组策略管理控制台中单击“组策略对象”节点下的组策略对象，或者单击 Active Directory 容器（站点、域或组织单位）的组策略对象链接，都可以在右侧窗格查看该对象的详细情况。

步骤 2：切换到“作用域”选项卡查看当前对象作用域（例如查看该组策略对象链接到哪些站点、域或组织单位），如图 6－63 所示；切换到“设置”选项卡查看具体策略选项设置，如图 6－64 所示。

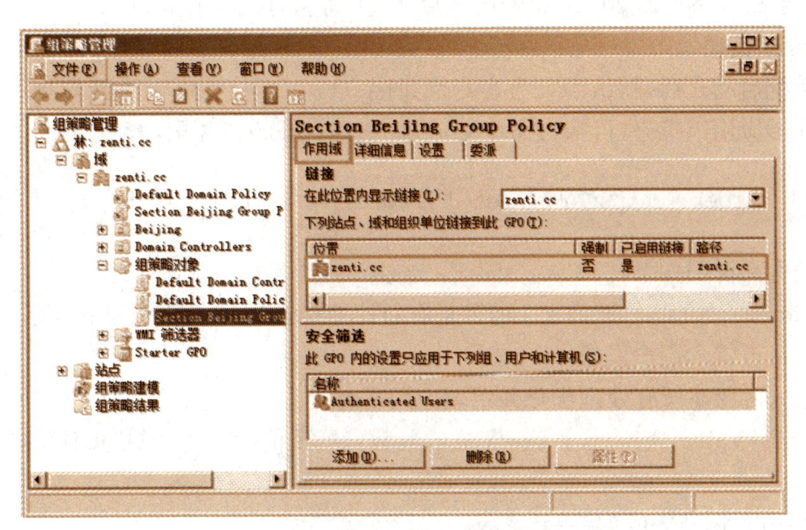

图 6－63　组策略对象作用域

图 6-64　组策略对象选项设置

4. 管理组策略对象及其链接

可以对现有组策略对象及其链接进行管理操作。

(1) 链接组策略对象。

(2) 调整组策略对象顺序。

(3) 修改组策略的继承设置。

(4) 删除组策略对象。

6.4.3.3　子任务 3　组策略的应用过程

组策略并不是由域控制器直接强加的,而是由客户端主动请求的。

1. 何时应用组策略

当发生下列任一事件时,客户端从域控制器请求策略。

(1) 计算机启动。

(2) 用户登录(按 Ctrl+Alt+Del 组合键登录)。

(3) 应用程序通过 API 接口 RefreshPolicy()请求刷新。

(4) 用户请求立即刷新。

(5) 如果组策略的刷新间隔策略已经启用,按间隔周期请求策略。

2. 刷新组策略

操作系统启动之后,默认设置为客户端每隔 90～120 分钟便会重新应用组策略。如果需要强制立即应用组策略,可执行命令 gpupdate。gpupdate 的语法格式如下:

```
gpupdate [/target:{computer | user}] [/force] [/wait:Value] [/logoff] [/boot]
```

各参数含义说明如下:

(1) /target:{computer|user}:选择是刷新计算机设置还是用户设置,默认情况下将同时处理计算机设置和用户设置。

(2) /force:忽略所有处理优化并重新应用所有设置。

(3) /wait:Value:策略处理等待完成的秒数。默认值 600 秒,0 表示不等待,而−1 表示无限期。

(4) /logoff:刷新完成后注销。

（5）/boot：刷新完成后重新启动计算机。

可以通过组策略本身的配置来设置如何刷新某 Active Directory 站点、域或组织单位的用户和计算机组策略。

最省事的方式是直接编辑 Default Domain Policy 的默认组策略对象，操作步骤如下：

步骤1：如图6－65所示，依次展开“计算机配置”→“策略”→“管理模板”→“系统”→“组策略”节点，主要有接下来的2种设置。

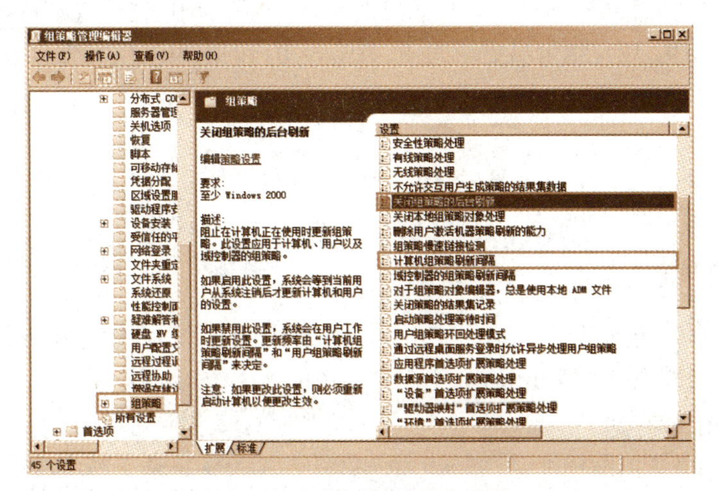

图6－65　“组策略”对象设置

步骤2：禁用组策略的后台刷新。双击“关闭组策略的后台刷新”项，如图6－66所示，选中“已启用”单选按钮以启用该策略，单击“确定”按钮，将防止组策略在计算机使用时被更新。系统会等到当前用户从系统注销后才会更新计算机和用户策略。

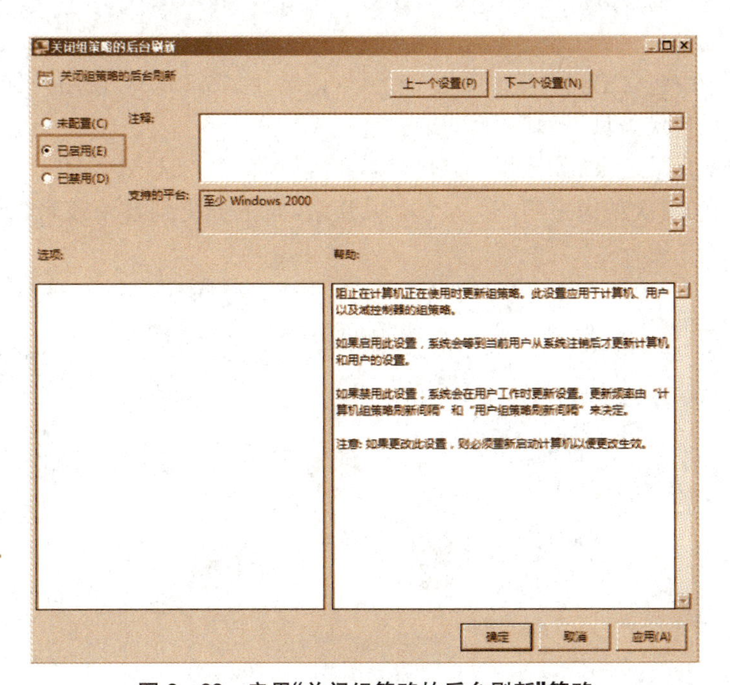

图6－66　启用“关闭组策略的后台刷新”策略

步骤 3:设置组策略刷新间隔。如果禁用"关闭组策略的后台刷新"策略,用户在工作时组策略仍然能够刷新,更新频率由"计算机组策略刷新间隔"和"用户组策略更新间隔"这 2 个策略来决定。默认情况下,组策略将每 90 分钟更新 1 次,并有 0～30 分钟的随机偏移量。可以指定 0～64800 分钟(45 天)的更新频率。

步骤 4:双击"计算机组策略刷新间隔"项,切换到"设置"选项卡,选中"已启用"单选按钮,使用下拉列表选择刷新时间间隔及随机的偏移量,然后单击"确定"按钮。

步骤 5:双击"关闭组策略的后台刷新"图标,选中"已禁用"选项以禁用该策略,单击"确定"按钮。也可使用"用户组策略更新间隔"策略为用户的组策略设置更新频率。

6.5 知识拓展

6.5.1 目录服务标准——LDAP

LDAP(Lightweight Directory Access Protocol,轻量级目录访问协议)是基于协议 TCP/IP 的目录访问协议,是 Internet 上目录服务的通用访问协议。

1. LDAP 的由来

目录服务的 2 个国际标准是 X. 500 和 LDAP。X. 500 包括了从 X. 501 到 X. 509 等一系列目录数据服务,用于提供全球范围的目录服务。DAP(Directory Access Protocol)是用于 X. 500 客户端与服务器通信的协议,被公认为是实现目录服务的最好途径,但是在实际应用中存在不少障碍,也不适应 TCP/IP 协议体系,因此出现了 DAP 的简化版 LDAP。LDAP 的目的就是要简化 X. 500 目录的复杂度以降低开发成本,同时适应 Internet 的需要。LDAP 已经成为目录服务的工业标准,目前有 2 个版本——LDAP v2 和 LDAP v3。

2. LDAP 目录树结构

LDAP 目录由包含描述性信息的各个条目(记录)组成,LDAP 使用一种简单的、基于字符串的方法表示目录条目。

LDAP 使用目录记录的识别名称(DN)读取某个条目。LDAP 定位于提供全球目录服务,数据按树状的层次结构来组织,从 1 个根开始,向下分支到各个条目,其层次结构如图 6-67 所示。

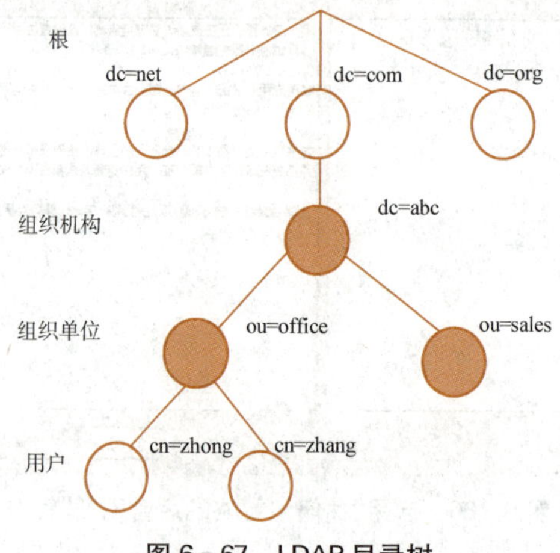

图 6-67 LDAP 目录树

要实现 LDAP，预先规划一个可扩展且有效的结构很重要。首先要建立根，根是目录树的最顶层，其他对象都基于根。因此将根称为基本 DN（也译为基准 DN）。它可使用以下 3 种格式来表示。

（1）X. 500 标准格式，如 o=abc，c=CN。其中 o=abc 表示组织名，c=CN 表示组织所在国别。

（2）直接使用公司的 DNS 域名，如 o=abc. com。这是目前最常用的格式。

（3）使用 DNS 域名的不同部分，如 dc=abc，dc=com。这种格式将域名分成 2 部分，更灵活、便于扩展。

目录往下被进一步细分成组织单位（或称组织单元，OU）。组织单位属于目录树的分支节点，也可继续划分更低一级的组织单位。组织单位作为“容器”，包含其他分支节点或叶节点。

最后在组织单位中包含实际的记录项，也称条目（Entry），即目录树中的叶子节点，相当于数据库表中的记录。所有记录项都有 1 个唯一的识别名称。

每一个记录项的识别名称由 2 部分组成：RDN（相对识别名称）和记录在 LDAP 目录中的位置。

6.5.2 目录服务软件

微软公司从 Windows 2000 Server 开始进一步强化网络资源的集中管理和配置，推出了 Active Directory，旨在集中部署和管理整个网络资源，能够减轻网络管理负担，提高管理效率，特别适合规模较大的企业网络。Active Directory 支持 LDAP v2 和 LDAP v3，能够与其他供应商的目录服务进行互操作。本节主要以 Windows Server 2008 R2 为例讲解 Active Directory。

OpenLDAP 是一款开放源代码的优秀 LDAP 服务器软件，在 UNIX 和 Linux 平台上都受到欢迎。OpenLDAP 最新版本支持 LDAP v3，不但功能强大而且安全可靠。作为一款稳定的、商业级的、功能全面的 LDAP 软件，目前许多 ISP 或邮件系统都使用它。

6.5.3 Active Directory 的结构

Active Directory 以域为基础，具有伸缩性以满足任何网络的需要，包含 1 个或多个域，每个域具有 1 个或多个域控制器。多个域可合并为域树，多个域树可合并为林。

Active Directory 是典型的树状结构，自上而下依次为林→树→域→组织单位。在实际应用中，通常按自下而上的方法设计 Active Directory 结构。

1. 域

域是 Active Directory 的基本单位和核心单元，是 Active Directory 的分区单位，Active Directory 中至少有 1 个域。

域包括以下 3 种类型的计算机：

（1）域控制器：它是整个域的核心，存储 Active Directory 数据库，承担主要的管理任务，负责处理用户和计算机的登录。

（2）成员服务器：域中非域控制器的 Windows 服务器，不存储 Active Directory 信息，不处理账户登录过程。

（3）工作站：加入域的 Windows 系统计算机，可以访问域中的资源。

成员服务器和工作站可统称为域成员计算机。域就是一组服务器和工作站的集合，如图 6-68 所示。它们共享同一个 Active Directory 数据库。Windows Server 2008 R2 采用 DNS 命名方式为域命名。

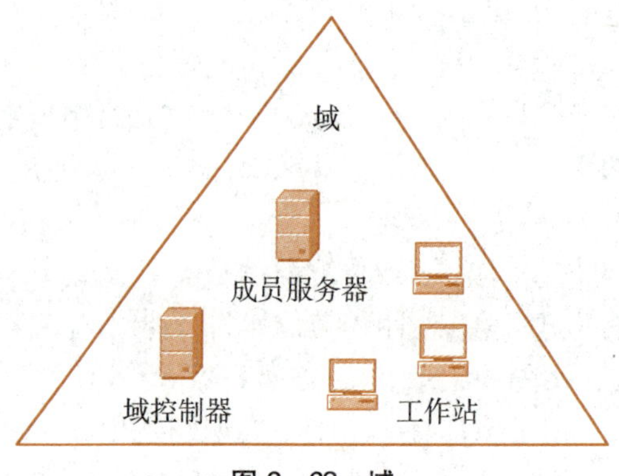

图 6-68 域

2. 组织单位

为便于管理，往往将域再进一步划分成多个组织单位。组织单位是可以将用户、组、计算机和其他组织单位放入其中的 Active Directory 容器。

组织单位相当于域的子域，可以像域一样包含各种对象。组织单位本身也具有层次结构，如图 6-69 所示。可在组织单位中包含其他的组织单位，将网络所需的域的数量降到最低程度。

每个域的组织单位层次都是独立的，组织单位不能包括来自其他域的对象。在域中创建组织单位应该考虑能反映组织单位的职能或商务结构。

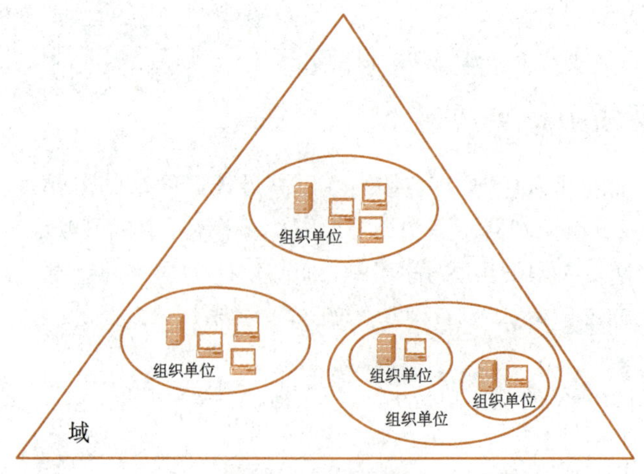

图 6-69 组织单位

3. 域树

可将多个域组合成为 1 个域树。域树中的第 1 个域称作根域，同一域树中的其他域为子域。子域上层的域称为子域的父域，如图 6-70 所示，root. com 为 child. root. com 的父域，也是该域树的根域。

域树中的域虽有层次关系，但仅限于命名方式，父域对子域不具有管辖权限。域树中各域都是独立的管理个体，父域和子域的管理员是平等的。

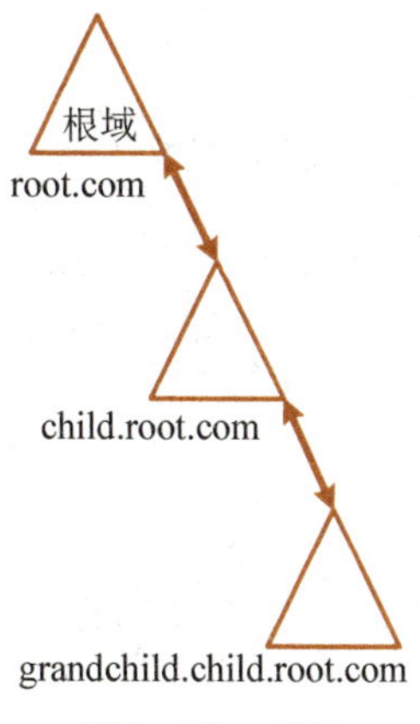

图6-70 域树

4. 林

林是1个或多个域树通过信任关系形成的集合。林中的域树不形成邻接的名称空间，各自使用不同的DNS名称，如图6-71所示。

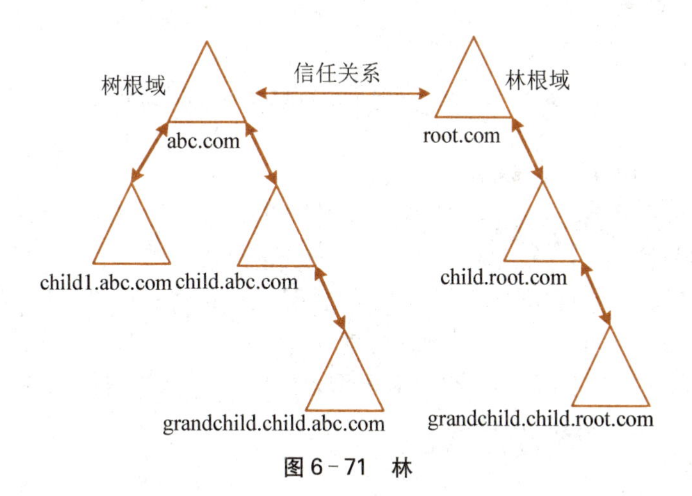

图6-71 林

林的根域是林中创建的第1个域，所有域树的根域与林的根域建立可传递的信任关系。

5. 域信任关系

域信任关系是建立在2个域之间的关系，它使域中的账户由另一个域中的域控制器验证。如图6-72所示，所有域信任关系都只能有2个域：信任域和受信任域。信任方向可以是单向的，也可以是双向的；信任关系可传递，也可以不传递。

在Active Directory中创建域时，相邻域(父域和子域)之间自动创建信任关系。在林中，在林根域和从属于此林根域的任何树根域或子域之间自动创建信任关系。因为这些信任关系是可传递的，所以可以在林中的任何域之间进行用户和计算机的身份验证。

除默认的信任关系外，还可手动建立其他信任关系，如林信任(林之间的信任)、外部信任(域与林外的域之间的信任)等信任关系。

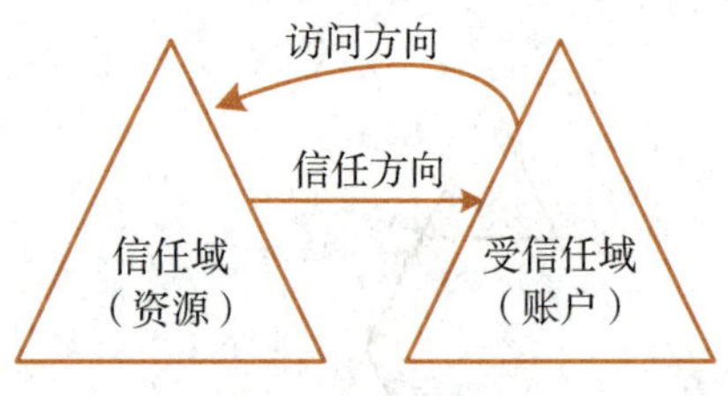

图 6-72 域信任关系

6. Active Directory 站点

Active Directory 站点可看成 1 个或多个 IP 子网中的一组计算机定义。站点与域不同,站点反映网络物理结构,而域通常反映整个组织的逻辑结构。逻辑结构和物理结构相互独立,可能相互交叉。Active Directory 允许单个站点中有多个域,单个域中有多个站点,如图 6-73 所示。

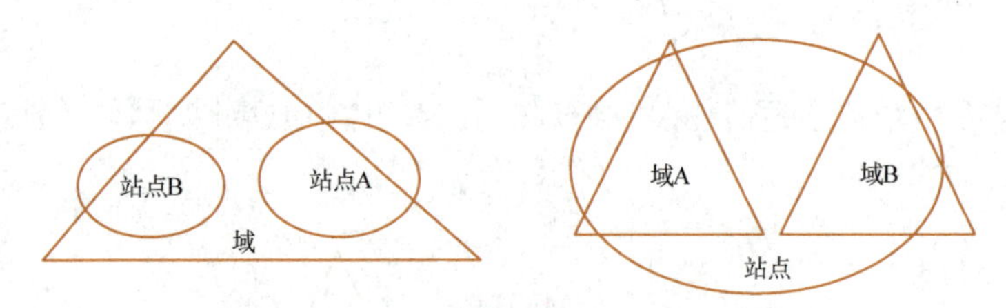

图 6-73 Active Directory 站点与域的关系

7. Active Directory 目录复制

由于域中可以有多台域控制器,要保持每台域控制器具有相同的 Active Directory 数据库,必须采用复制机制。

目录复制提供了信息可用性、容错、负载平衡和性能优势。通过复制,Active Directory 目录服务在多个域控制器上保留目录数据的副本,从而确保所有用户目录的可用性和性能。

Active Directory 使用一种多主机复制模型,允许在任何域控制器上更改目录。Active Directory 依靠站点来保持复制的效率。

8. 全局编录

全局编录(Global Catalog, GC)是林中 Active Directory 对象的 1 个目录数据库,存储林中主持域的目录中所有对象的完全副本,以及林中所有其他域中所有对象的部分副本。这部分副本中包含用户在查询操作中最常使用的对象,可以在不影响网络的情况下在林中所有域控制器上进行高效查询。

全局编录主要用于查找对象、提供 UPN(用户主体名称)验证、在多域环境中提供通用组的成员身份信息等。

默认情况下,林中第 1 个域的第 1 个域控制器将自动创建全局编录,可以向其他域控制器添加全局编录功能,或者将全局编录的默认位置更改到另一个域控制器上。还可以让 1 个远程站点的域控制器持有 1 个备份,使域控制器不必跨越广域网连接进行身份验证或解析全局对象。

6.6 项目小结

本项目主要介绍了 Windows 网络的 1 个重要的组织方式——域。域的核心就是域控制器,本项目对域控制器的安装、配置方法,域中资源和对象的管理方法,还有域管理的 1 个重要工具——组策略的管理和使用方法进行了介绍。通过本项目的学习,我们可以完成域和域控制器的安装和日常维护工作。

6.7 实践训练(工作任务单)

6.7.1 实训目标

(1) 会安装域控制器。
(2) 会创建组织单位并委派管理权限。
(3) 会管理域用户。
(4) 会将客户机加入域中。
(5) 会安装额外域控制器和子域控制器。

6.7.2 实训场景

如果你是 Sunny 公司的网络管理员,需要对原有的工作组模式的网络进行升级,部署域模式的网络架构。按公司系统工程师的规划,需要将现有的服务器升级为域控制器,同时为了提高域控制器的可靠性,将再增加 2 台域控制器,其中额外域控制器和子域控制器各 1 台。网络实训环境如图 6-74 所示。

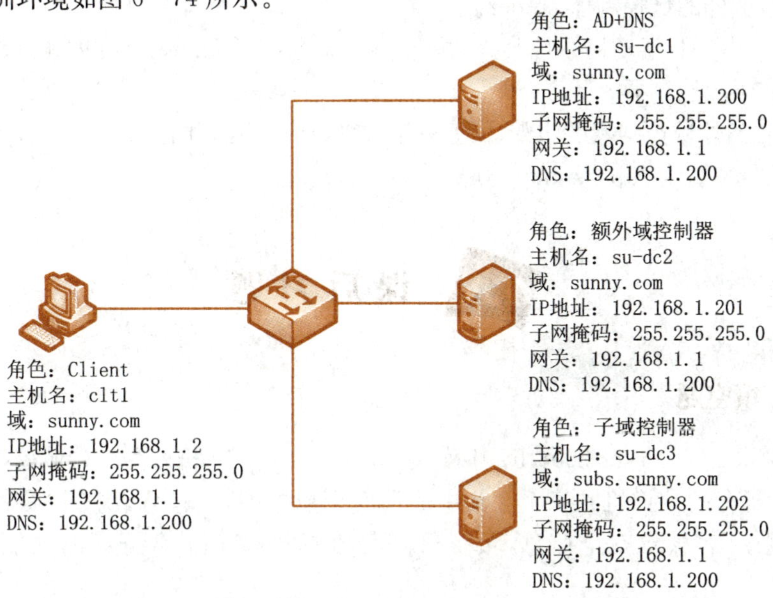

图 6-74 部署和管理活动目录与域实训环境

6.7.3 实训任务

任务 1:安装活动目录域服务

(1) 在 su-dc1 上安装活动目录域服务,域名为 sunny. com,并且 DNS 服务器与活动目录集成。

(2) 检查活动目录域服务是否安装成功。

任务 2:创建组织单位并委派管理权限

(1) 在 su-dc1 上创建 wangluo、cwb、wys 3 个组织单位。

(2) 将用户和用户组加入相应的组织单位中。

(3) 指派刘强为 wangluo 组织单位的管理者,拥有“创建、删除和管理用户账户”的权限。

任务 3:管理域用户

配置用户账户,包括登录时间、登录工作站、账户选项和账户过期。

任务 4:将客户机添加到域中

(1) 加域前的准备工作。检查域 sunny. com 是否工作正常,客户机的 DNS 服务器 IP 地址是否指向 su-dc1,并检查客户机与 su-dc1 的联通性。

(2) 将客户机加入域 sunny. com 中。

(3) 以用户刘强来测试是否能正常地登录域 sunny. com 中,再次修改登录时间登录工作站后是否能正常登录,为什么?

任务 5:安装额外的域控制器及子域控制器

(1) 做好安装前的准备工作。

① 检查 su-dc1 计算机是否正常工作,DNS 服务器是否正常工作。

② 检查 su-dc2 的 IP 地址,尤其是 DNS 服务器 IP 地址是否指向 sub - dc1。

③ 确保 su-dc2 与 su-dc1 保持联通。

(2) 安装额外的域控制器 su-dc2。

在 su-dc2 中安装活动目录域服务,并将 su-dc2 提升为 sunny. com 的额外域控制器。

(3) 安装子域控制器

按照安装额外域控制器的步骤,做好安装前的准备工作,并将 su-dc3 提升为 sunny. com 的子域控制器,域名为 subs. sunny. com。

6.8 课后习题

6.8.1 填空题

1. 在 Windows Server 2008 R2 中安装________后,计算机成为 1 台域控制器。

2. 域内所有的计算机共享 1 个集中式的安全数据库,它包含着整个域中所有的资源信息、用户账户信息与安全信息,负责管理与维护这个安全数据库的功能组件被称为________。

3. Active Directory 以________为最基本单位，采用层次结构来组织管理网络中的对象。

4. Windows Server 2008 R2 服务器在域环境中可能的 2 种角色是________、________。

6.8.2 单项选择题

1. 安装 Windows Server 2008 R2 系统为域控制器时，以下(　　)条件不是必需的。

A. 安装者必须具有本地管理员的权限

B. 本地磁盘至少有 1 个分区是 NTFS 文件系统

C. 操作系统必须是 Windows Server 2008 企业版

D. 有相应的 DNS 服务器

2. 某人想将 1 台工作组中的 Windows Server 2008 R2 服务器升级为域控制器，可以使用下列方法(　　)。

① 使用 Windows 组件向导，将服务器升级为域控制器。

② 使用设备管理器，将服务器升级为域控制器。

③ 在服务器管理中界面中，通过添加“Active Directory 域服务”角色，将服务器升级为域控制器。

④ 使用命令 dcpromo 或 dcpromo. exe，将服务器升级为域控制器。

A. ①③　　B. ①④　　C. ②④　　D. ③④

3. 在 Windows Server 2008 R2 中，下面有关域和站点的描述，正确的是(　　)。

A. 域是物理上的

B. 站点是逻辑上的

C. 站点和域之间是一一对应关系，即 1 个站点对应 1 个域

D. 1 个站点中可以包含多个域，1 个域中可以包含多个站点

4. 在安装 Active Directory 时，会自动在 DNS 服务器中添加(　　)。

A. 主机记录　　B. 邮件交换记录　　C. 别名记录　　D. Netbios 记录

5. 在域树中，父域和子域之间自动被双向的、可传递的(　　)联系在一起，使得 2 个域中的用户账户均具有访问对方域中资源的能力。

A. 信任关系　　B. 共享关系　　C. 父子关系　　D. 管理关系

6. 在域树中，子域和父域的信任关系是(　　)。

A. 单向不可传递　　B. 双向不可传递　　C. 双向可传递　　D. 单向可传递

7. 某 Windows Server 2008 域树中共有 3 个域，分别是 benet. com. cn、bj. benet. com. cn、和 sh. benet. com. cn，该域树的根域是(　　)。

A. benet. com　　B. benet. com. cn

C. bj. benent. com. cn　　D. sh. benet. com. cn

8. 公司处在单域的环境中，如果你是域的管理员，公司有 2 个部门：销售部和市场部，每个部门在活动目录中有 1 个相应的 OU(组织单位)，分别是 SALES 和 MARKET。有 1 个用户 TOM 要从市场部调到销售部工作。TOM 的账户原来存放在组织单位 MARKET 里，你想将 TOM 的账户存放到组织单位 SALES 里，应该通过(　　)来实现此功能。

A. 在组织单位 MARKET 里将 TOM 的账户删除，然后在组织单位 SALES 里新建
B. 直接将 TOM 的账户拖到组织单位 SALES 里
C. 将 TOM 使用的计算机重新加入域
D. 复制 TOM 的账户到组织单位里，然后将 MARKET 里 TOM 的账户删除

9. 假设 BENET 域信任 ACCP 域，则以下可以实现的是(　　)。
A. BENET 域的用户可以在 ACCP 域中计算机登录
B. ACCP 域的用户可以在 BENET 域中计算机登录
C. BENET 域的管理员可以管理 ACCP 域
D. ACCP 域的管理员可以管理 BENET 域

6.8.3 简答题

1. 什么是活动目录、域、域树、林?
2. 简述活动目录和工作组的区别。
3. 简述什么是信任关系。

DNS 服务器的配置与管理

7.1 项目导入

重庆正泰网络科技有限公司在公司创建了域模式的网络管理方案之后，下一步工作计划是架设公司内部的应用服务器，并在合适的时间对外发布。同时，为了使公司里的计算机简单快捷地访问本地网络及 Internet 上的资源，需要架设 DNS 服务器，提供域名转换成 IP 地址的功能。

7.2 项目分析

根据公司的总体规划和部署，为了便于记忆，要将企业内部的应用服务器通过域名的方式访问，但目前公司的域名并未正式申请，只能通过自行架设 DNS 服务器加以解决。

根据规划要求，结合实际需要，经过网络部梳理后，需要作域名解析的项目主要有以下几个方面：

(1) DNS 服务器地址：192.168.0.11。

(2) 需要解析的内部服务器清单(表 7-1)。

表 7-1　内部服务器清单

序号	域名	资源记录类型	IP 地址	备注
1	dns.zenti.cc	NS	192.168.0.11	
2	mail.zenti.cc	MX	192.168.0.17	
3	www.zenti.cc	A	192.168.0.13	
4	ftp.zenti.cc	A	192.168.0.14	
5	web.zenti.cc	CNAME	www.zenti.cc	

7.3 预备知识

用数字表示的IP地址难以记住而且不够形象、直观，于是就产生了域名方案，即为联网计算机赋予有意义的名称。

Windows网络主要有2类计算机名称解析方案：主机名解析，可用的机制是HOSTS文件和域名服务；NetBIOS名称解析，可用的机制是网络广播、WINS以及LMHOSTS文件。不管采用哪种机制，目的都是要将计算机名称和IP地址统一起来。

7.3.1 HOSTS文件

现在的域名系统是由HOSTS文件发展而来。早期的TCP/IP网络用1个名为hosts的文本文件对网内的所有主机提供名称解析。该文件是1个纯文本文件，又称主机表，可用文本编辑器处理，以静态映射的方式提供IP地址与主机名的对照表，例如：

127.0.0.1　　　localhost

192.168.1.11　　Win2k8DC　　dns.zenti.cc

主机名可以是完整的域名，也可以是短格式的主机名，还可以包括若干别名，使用起来非常灵活。不过，每台主机都需要配置相应的HOSTS文件(位于Windows系统计算机的\%systemroot%\system32\drivers\etc文件夹)并及时更新，管理起来很不方便。这种方案目前仍在使用，适用于规模较小的TCP/IP网络，或者一些网络测试的场合。

7.3.2 DNS域名解析

随着网络规模的扩大，HOSTS文件无法满足主机名解析的需要，于是产生了一种基于分布式数据库的域名系统(Domain Name System，DNS)，用于域名与IP地址之间的相互转换。

DNS域名解析可靠性高，即使单个节点出了故障，也不会妨碍整个系统的正常运行。

1. DNS结构与域名空间

如图7-1所示，DNS结构如同一棵倒过来的树，层次结构非常清楚。根域位于最顶部，紧接在根域的下面是几个顶级域，每个顶级域又进一步划分为不同的二级域，二级域下面再划分子域，子域下面可以有主机，也可以再分子域，直到最后是主机。

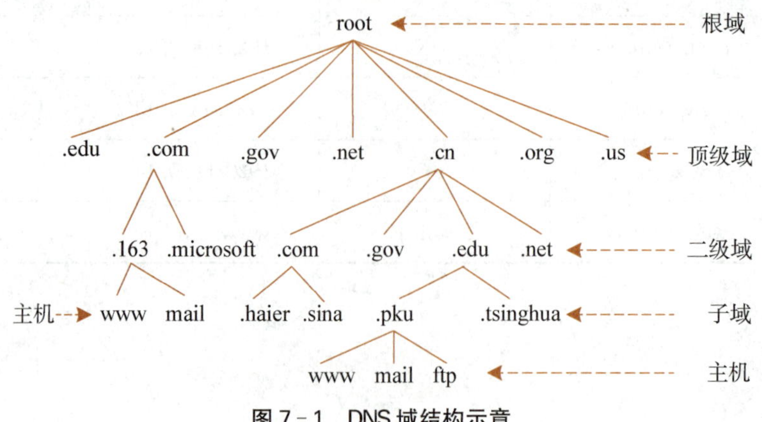

图7-1　DNS域结构示意

这个树状结构称为域名空间。DNS树中每个节点代表1个域，通过这些节点对整个域名空间进行划分，形成1个层次结构，最大深度不得超过127层。

域名空间的每个域的名字通过域名表示。与文件系统的结构类似，每个域都可以用相对或绝对的名称来标识。相对于父域（上一级域）来表示1个域，可以用相对域名；绝对域名指完整的域名，称为FQDN（可译为“全称域名”或“完全规范域名”），采用从节点到DNS树根的完整标识方式，并将每个节点用符号“.”分隔。如果需要在整个Internet范围内识别特定的主机，必须用FQDN，例如google.com。

FQDN有严格的命名限制，长度不能超过256字节，只允许使用字符a～z，0～9，A～Z和减号“－”。点号“.”只允许在域名标识符之间或者FQDN的结尾使用。域名不区分大小。

Internet上的每个网络都必须向国际互联网络信息中心（InterNIC）注册自己的域名，这个域名对应于自己的网络，是网络域名。拥有注册域名后，即可在网络内为特定主机或主机的特定应用程序或服务自行指定主机名和别名，如www、ftp。在内网环境，可以不必申请域名，按自己的需要建立自己的域名体系。

2. DNS的组成

DNS采用客户/服务器机制，实现域名与IP地址转换。DNS包含以下4个组成部分：

(1) 名称空间，指定用于组织名称的域的层次结构。

(2) 资源记录，将域名映射到特定类型的资源信息，注册或解析名称时使用。

(3) DNS服务器，存储资源记录并提供名称查询服务的程序。

(4) DNS客户端，也称解析程序，用来查询服务器获取名称解析信息。

3. 区域及其授权管辖

域是名称空间的1个分支，除了最末端的主机节点之外，DNS树中的每个节点都是1个域，包括子域（Subdomain）。域的空间庞大，需要划分区域进行管理，以减轻网络管理负担。

区域（Zone）通常表示管理界限的划分，是DNS名称空间的连续部分，它开始于1个顶级域，直到1个子域或是其他域的开始。区域管辖特定的域名空间，它也是DNS树状结构上的1个节点，包含该节点下的所有域名，但不包含由其他区域管辖的域名。

这里举例说明区域与域之间的关系。如图7-2所示，zenti.cc是1个域，用户可以将它划分为2个区域分别管辖：zenti.cc和sales.zenti.cc。区域zenti.cc管辖zenti.cc域的子域

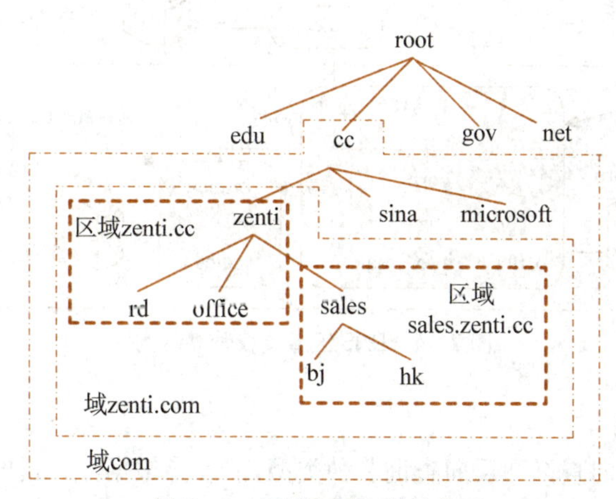

图7-2 区域与域之间的关系

rd. zenti. cc 和 office. zenti. cc，而 zenti. cc 域的子域 sales. zenti. cc 及其下级子域则由区域 sales. zenti. cc 单独管辖。1 个区域可以管辖多个域(子域)，1 个域也可以分成多个部分由多个区域管辖，这取决于用户如何组织名称空间。

1 台 DNS 服务器可以管理 1 个或多个区域，使用区域文件(或数据库)来存储域名解析数据。在 DNS 服务器中必须先建立区域，然后再根据需要在区域中建立子域，最后在子域中建立资源记录。由区域、子域和资源记录组成的域名体系如图 7－3 所示。

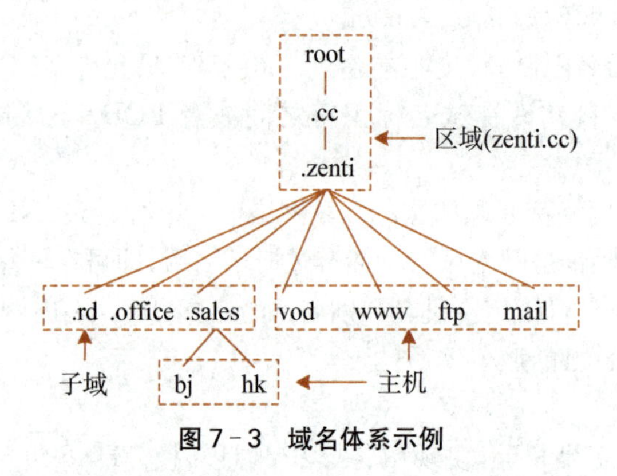

图 7－3 域名体系示例

区域是授权管辖的，在授权服务器上定义，负责管理 1 个区域的 DNS 服务器就是该区域的授权服务器(又称权威服务器)。

如图 7－4 所示，本例中企业 zenti 有 2 个分支机构 corp 和 branch，它们又各有下属部门。zenti 作为 1 个区域管辖，分支机构 branch 单独作为 1 个区域管辖。1 台 DNS 服务器可以是多个区域的授权服务器。

整个 Internet 的 DNS 系统是按照域名层次组织的，每台 DNS 服务器只对域名体系中的一部分进行管辖。不同的 DNS 服务器有不同的管辖范围。根 DNS 服务器通常用来管辖顶级域(如. com)，当本地 DNS 服务器不能解析时，它便以 DNS 客户端身份向某一根 DNS 服务器查询。根 DNS 服务器并不直接解析顶级域所属的所有域名，但是它一定能够联系到所有二级域名的 DNS 服务器。

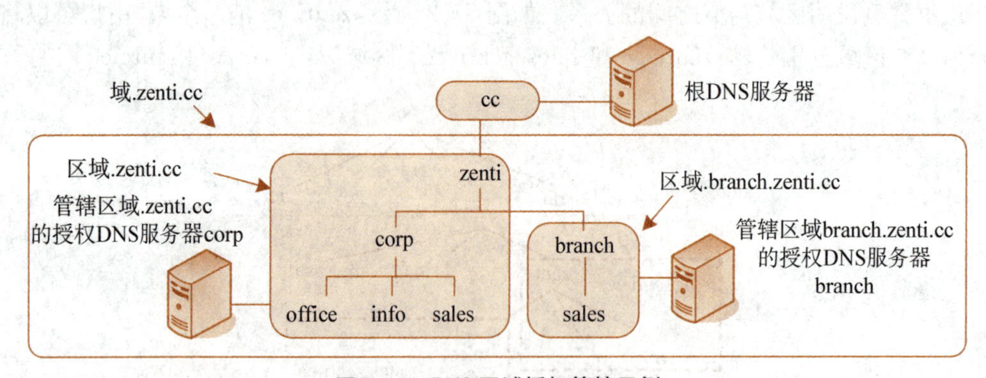

图 7－4 DNS 区域授权管辖示例

4. DNS 查询结果

DNS 解析分为正向查询和反向查询 2 种类型，前者指根据计算机的 DNS 域名解析出相应的 IP 地址，后者指根据计算机的 IP 地址解析其 DNS 名称。

DNS 查询结果可分为以下几种类型：

(1) 权威性应答：返回至客户端的肯定应答，是从直接授权机构的服务器获取的。

(2) 肯定应答：返回与查询的 DNS 域名和查询消息中指定的记录类型相符的资源记录。

(3) 参考性应答：包括查询中名称或类型未指定的其他资源记录，若不支持递归过程，则这类应答返回至客户端。

(4) 否定应答：表明在 DNS 名称空间中没有查询的名称，或者查询的名称存在，但该名称不存在指定类型的记录。

对于权威性应答、肯定或否定应答，域名解析程序都会将其缓存。

5. 域名解析过程

DNS 域名解析过程如图 7－5 所示，具体步骤说明如下：

(1) 使用客户端本地 DNS 解析程序缓存进行解析，如果解析成功，返回相应的 IP 地址，查询完成。否则继续尝试下面的解析。

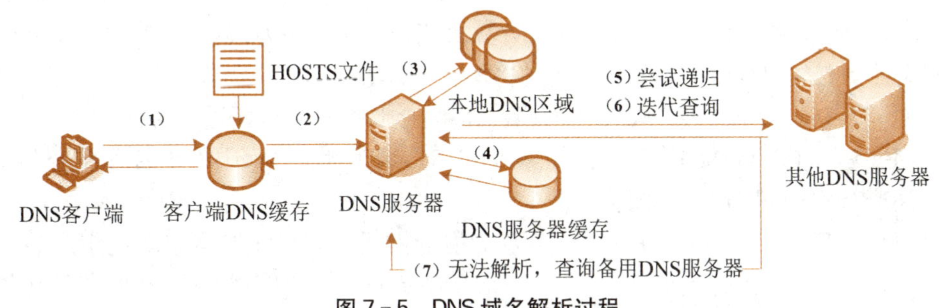

图 7－5　DNS 域名解析过程

本地解析程序的域名信息缓存有以下 2 个来源：

① 如果本地配置有 HOST 文件，则来自该文件的任何主机名称到地址的映射，在 DNS 客户服务启动时将其映射记录预先加载到缓存中。HOST 文件比 DNS 先响应。

② 从以前 DNS 查询应答的响应中获取的资源记录，将被添加至缓存并保留一段时间。

(2) 客户端将名称查询提交给所设定的首选(主)DNS 服务器。

(3) DNS 服务器接到查询请求，搜索本地 DNS 区域数据文件(存储域名解析数据)，如果查到匹配信息，则做出权威性应答，返回相应的 IP 地址，查询完成。否则继续解析过程。

(4) 如果本地区域数据库中没有，就查询 DNS 服务器本地缓存，如果查询到匹配信息，则做出肯定应答，返回相应的 IP 地址，查询完成。否则继续下面的解析过程。

(5) 使用递归查询来完全解析名称，这需要其他 DNS 服务器的支持。递归查询要求 DNS 服务器在任何情况下都要返回所请求的资源记录信息。

(6) 如果不能使用递归查询(例如 DNS 服务器禁用递归查询)，则使用迭代查询。

(7) 如果还不能解析该名称，则客户端按照所配置的 DNS 服务器列表，依次查询其中所列的备用 DNS 服务器。

7.3.3 NetBIOS 名称解析

NetBIOS 是 Windows 传统的名称解析方案，主要目的是向下兼容低版本 Windows 系统。

启用 NetBIOS 时，每台计算机都由操作系统分配 1 个 NetBIOS 名称。NetBIOS 早就该被 DNS 域名取代，但是因为还有一些 Windows 服务仍然在使用它，所以它仍然是 Windows 网络的一个组成部分。

1. NetBIOS 名称

Windows 的网络组件使用 NetBIOS 名称作为计算机名称，它由 1 个 15 字节的名字和 1 个字节的服务标识符组成。

NetBIOS 名称分为 2 种：唯一(Unique)名称和组(Group)名称，当 NetBIOS 进程与特定计算机上的特定进程通信时使用前者，与多台计算机上的多个进程通信时使用后者。

2. NetBIOS 的节点类型

Windows 系统计算机可以通过多种方式在网络上将 NetBIOS 名称注册并解析到 IP 地址。

系统通过节点类型(Node Type)指定计算机应该使用哪些方式，以及按照什么顺序使用这些方式。节点类型有以下 4 种：

(1) B 节点(B-node)：客户端使用网络广播来注册和解析 NetBIOS 名称。

(2) P 节点(P-node)：客户端定向单播(点对点)通信到 NetBIOS 名称服务器(简称 NBNS)注册和解析 NetBIOS 名称。

(3) M 节点(M-node)：B 节点和 P 节点的混合方式。名称注册客户端使用广播。名称解析客户端先使用广播(相当于 B 节点)，不成功则定向单播通信到 NBNS(相当于 P 节点)。

(4) H 节点(H-node)：P 节点和 B 节点的混合方式。名称注册和解析客户端都先定向单播通信到 NBNS(相当于 P 节点)；如果不可用，再使用广播方式(相当于 B 节点)继续。

3. NetBIOS 名称注册

运行低版本 Windows 系统的计算机无论何时登录网络，都要求注册(登记)自己的 NetBIOS 名称，以确保没有其他系统正在使用相同名称和 IP 地址。计算机移动到其他子网上，并且用手工方式改变其 IP 地址，则注册过程能够确保其他系统和 WINS 服务器都知道这个变化。

计算机使用的名称注册方法依赖于其节点类型。B 节点和 M 节点使用广播来注册 NetBIOS 名称，而 H 节点和 P 节点直接向 WINS 服务器发送单播消息。

4. NetBIOS 名称解析

系统解析 1 个 NetBIOS 名称时，总是首先查询 NetBIOS 名称高速缓存。如果在高速缓存中找不到这个名称，就会根据系统节点类型决定后续的解析方式。非 WINS 客户端 NetBIOS 名称解析顺序：名称高速缓存→广播→LMHOSTS 文件。

WINS 客户端可使用所有可用的 NetBIOS 名称解析方式，具体顺序：名称高速缓存→WINS 服务器→广播→LMHOSTS 文件。每一步如果解析不成功将转向下一步，否则结束名称解析。

(1) NetBIOS 名称缓存。在每个网络会话过程中，系统在内存高速缓存中存储所有成功解析的 NetBIOS 名称，便于重新使用，这是效率最高的解析方式。NetBIOS 名称缓存是所有类型节点首先访问的资源。

(2) 广播解析。将名称解析请求广播到本地子网上的所有系统，每个接收到该消息的系统必须检查要请求其 IP 地址的 NetBIOS 名称。广播方式是系统内置的，不需配置，能保证同一网段中计算机名称唯一性。但是只局限于同一网段，无法跨路由器查询不同网段的计算机。

(3) LMHOST 文件解析。LMHOSTS 文件提供静态的 NETBIOS 名称与 IP 地址对照表，一般作为 WINS 和广播的替补方式。这种方式的查询速度相对较慢，但可以跨网段解析名称。对于非 WINS 客户端来说，这是对其他网段上的计算机唯一可用的 NetBIOS 名称解析方式。

(4) WINS 解析。WINS 是 Microsoft 推荐的 NetBIOS 名称解析方案。不同于广播方式，WINS 只使用单播传输，大大减少了 NetBIOS 名称解析产生的流量，而且不用考虑网段之间的边界。

5. 禁用 NetBIOS 名称解析

支持 NetBIOS 的唯一目的是兼容历史遗留的系统和应用程序。要在 Windows 网络环境里使用纯粹的 TCP/IP 实现方案，就应当放弃 NetBIOS 名称解析，完全使用 DNS 系统。

停用 NetBIOS 需要首先升级所有低版本 Windows 操作系统，同时检查是否运行有依靠 NetBIOS 的应用程序。然后在所有 Windows 系统上禁用 NetBIOS，在网络连接的高级 TCP/IP 协议设置对话框中的“WINS”选项卡上选中“禁用 TCP/IP 上的 NetBIOS”选项。

7.4 项目实施

一般网络操作系统都内置 DNS 服务器软件，Windows Server 2008 R2 的 DNS 服务器是1个标准的 DNS 服务器，符合 DNS RFC 规范，可与其他 DNS 服务器实现系统之间的互操作，而且具备很多增强特性。

这里以该平台的 DNS 服务器为例讲解 DNS 服务器的配置与应用。除 DNS 标准命名协定外，该 DNS 服务器的域名还支持使用扩展 ASCII 和下划线字符，不过这种支持增强字符只能用于运行 Windows 的网络。

7.4.1 任务1 DNS 规划

部署 DNS 服务器之前首先要进行规划，主要包括域名空间规划和 DNS 服务器规划 2 个方面。

1. 域名空间规划

域名空间规划主要是 DNS 命名，选择或注册1个可用于维护 Intranet 或者 Internet 上的唯一父 DNS 域名，通常是二级域名，如 microsoft.com，然后根据用户组织机构设置和网络服务建立分层的域名体系。

根据域名使用的网络环境，域名规划有以下3种情形：

仅在内网上使用内部 DNS 名称空间。可以按自己的需要设置域名体系，设计内部专用的

DNS名称空间，形成1个自身包含DNS域树的结构和层次。1个简单例子如图7-6所示。

仅在Internet(公网)上使用外部DNS名称空间。Internet上的每个网络都必须有自己的域名，用户必须注册自己的二级域名或三级域名。拥有注册域名(属于自己的网络域名)后，即可在网络内为特定主机或主机的特定网络服务，自行指定主机名或别名，如info、www。

在与Internet相连的内网中引用外部DNS名称空间。这种情形涉及对Internet上DNS服务器的引用或转发，通常采用与外部域名空间兼容的内部域名空间方案，将用户的内部DNS名称空间规划为外部DNS名称空间的子域，如图7-7所示。例中Internet名称空间是zenti.cc，内部名称空间是corp.zenti.cc。还有一种方案是内部域名空间和外部域名空间各成体系，内部DNS名称空间使用自己的体系，外部DNS名称空间要使用注册的Internet域名。

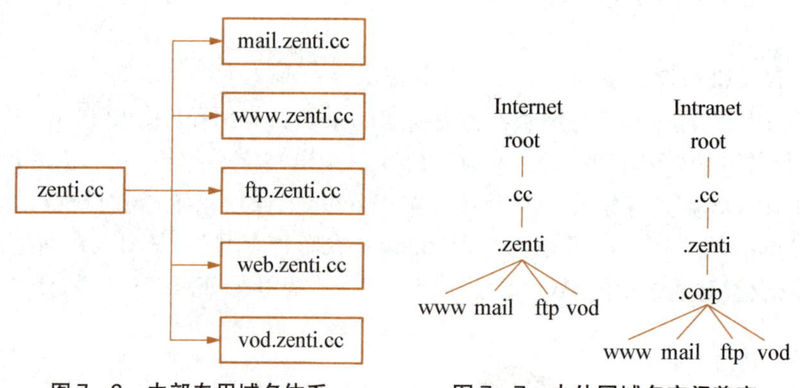

图7-6 内部专用域名体系

图7-7 内外网域名空间兼容

2. DNS服务器规划

DNS服务器规划决定网络中需要的DNS服务器的数量及其角色。DNS服务器角色是指首选服务器(或主服务器)还是备份(或辅助)服务器。

对于接入Internet的内网，通常有2种方案：方案一，是在内外网分别部署DNS服务器，如图7-8所示，在内网部署内部DNS服务器，主持内部DNS名称空间，负责内部域名

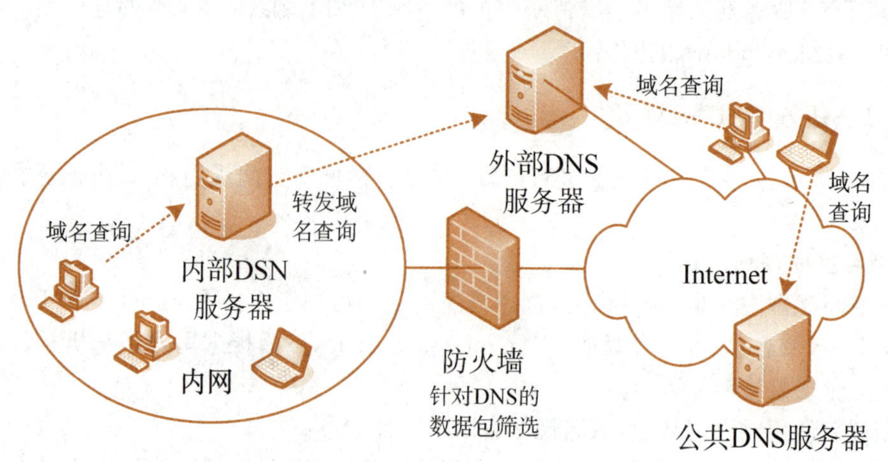

图7-8 内外网分别部署DNS服务器

解析;在防火墙前面的公网上部署外部DNS服务器(多数直接使用公共的DNS服务器),负责Internet名称解析。通常在内部DNS服务器上设置DNS向外转发功能,便于内网主机查询Internet名称。方案二,是在内网部署可对外服务的DNS服务器,通过设置防火墙的端口映射功能,将内部DNS服务器对Internet开放,让外部主机使用内部DNS服务器也可进行名称解析,如图7-9所示。

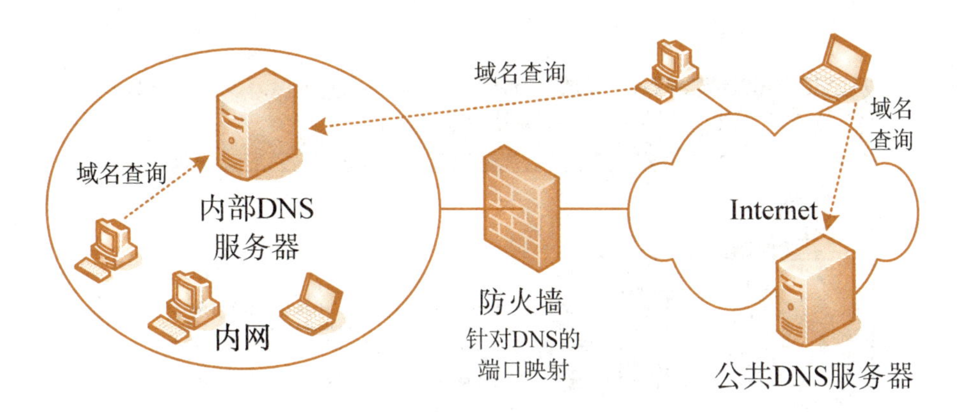

图7-9 内网部署对外服务的DNS服务器

3. DNS规划与Active Directory

DNS服务器已集成到Active Directory的设计和实施中。一方面,部署Active Directory需要以DNS为基础,定位Windows Server 2008 R2域控制器需要DNS服务器;另一方面,Windows Server 2008 R2 DNS服务器可使用Active Directory存储和复制区域。安装Active Directory时,在域控制器上运行的DNS服务器使用Active Directory数据库的目录集成区域存储区。

7.4.2 任务2 DNS服务器的安装

在Windows Server 2008 R2上安装DNS服务器非常简单,但是要注意该服务器本身的IP地址应是固定的,不是动态分配的。

1. 安装DNS服务器

在安装Active Directory域控制器时,可以选择同时安装DNS服务器,请参见上一项目有关介绍。

如果单独安装DNS服务器,则要在服务器管理器中运行添加角色向导,出现"选择服务器角色"对话框时,选中"DNS服务器",根据提示完成即可。安装完毕即可运行DNS服务器,不必重新启动系统。

2. DNS控制台

管理员通过DNS控制台对DNS服务器进行配置和管理。操作方法如下:

方法1:从"管理工具"菜单选择"DNS"命令可打开DNS控制台。

方法2:在服务器管理器中展开"角色"→"DNS服务器"→"DNS"节点,选择服务器节点并进一步展开,在类似DNS控制台的界面中执行配置管理任务。

DNS服务器是以区域而不是以域为单位来管理域名服务的。DNS数据库的主要内容是区域文件。1个域可以分成多个区域,每个区域可以包含子域,子域可以有自己的子域或主机。

DNS控制台主界面如图7-10所示,DNS是典型的树状层次结构。在DNS控制台可以管理多个DNS服务器,1个DNS服务器可以管理多个区域,每个区域可再管理域(子域),域(子域)再管理主机,基本上就是“服务器→区域→域→子域→主机(资源记录)”的层次结构。

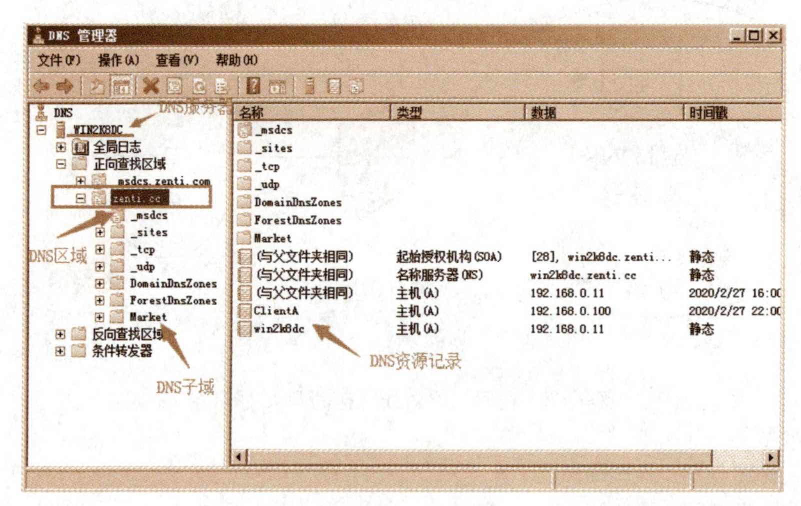

图7-10 DNS控制台

7.4.3 任务3 DNS服务器级配置与管理

在DNS服务器级主要执行服务器级管理任务和设置DNS服务器属性。

1. DNS服务器级管理

如图7-11所示,在DNS控制台中右键单击要配置的DNS服务器,从快捷菜单中选择相应的命令,可对DNS服务器进行管理,如停止服务、清除缓存等。

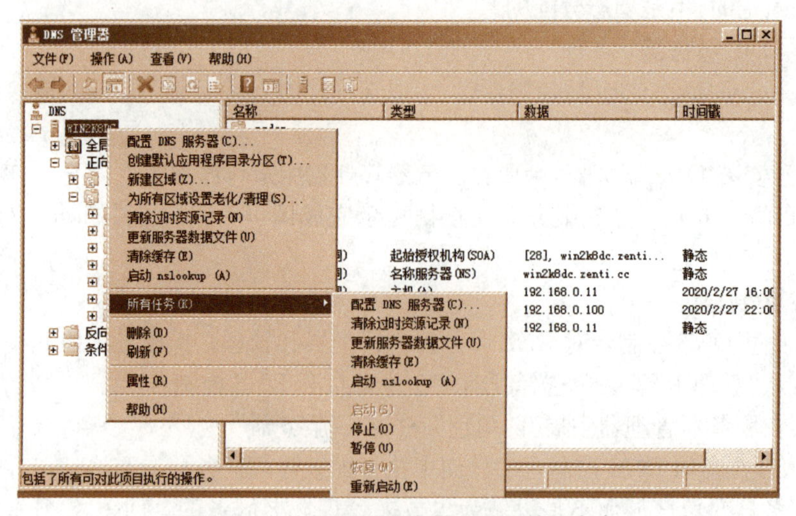

图7-11 执行DNS服务器级配置管理命令

2. 设置 DNS 服务器属性

步骤：在 DNS 控制台中右键单击要配置的 DNS 服务器，从快捷菜单中选择“属性”命令打开如图 7－12 所示的属性对话框，可通过设置各种属性来配置 DNS 服务器。

默认在“接口”选项卡设置 DNS 服务监听接口。属性设置的内容比较多，这里重点介绍一下转发器和根提示文件。

图 7－12　设置 DNS 服务器属性

3. 设置 DNS 转发器

当本地 DNS 服务器解决不了查询时，可将 DNS 客户端发送的域名解析请求转发到外部 DNS 服务器。

此时本地 DNS 服务器可称为转发服务器，而上游 DNS 服务器称为转发器。如图 7－13 所示，转发过程涉及 1 个 DNS 服务器与其他 DNS 服务器直接通信的问题。配置使用转发器的 DNS 服务器，实质上也是作为其转发器的 DNS 客户端。一般在位于 Intranet 与 Internet 之间的网关、路由器或防火墙中使用 DNS 转发器。

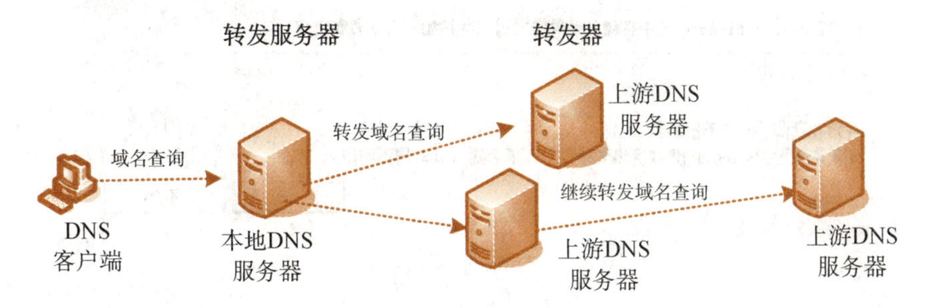

图 7－13　DNS 转发器示意

步骤：按前面步骤打开 DNS 服务器属性对话框，如图 7－14 所示，切换到“转发器”选项卡，默认没有设置任何转发器，单击“编辑”按钮弹出相应的对话框，可根据需要设置多个转发器的 IP 地址。

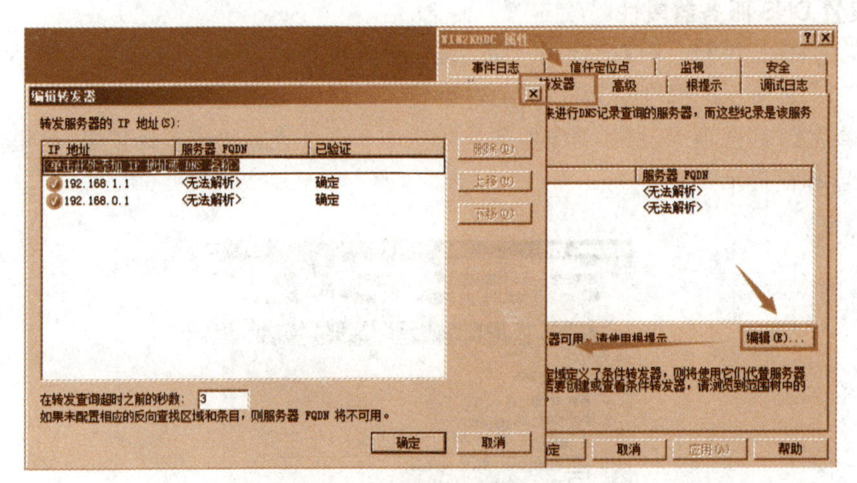

图 7-14　添加 DNS 转发器

Windows Server 2008 R2 支持条件转发，可为不同的域指定不同的转发器，方法是：

步骤 1：在 DNS 控制台中展开 DNS 服务器节点，右键单击“条件转发器”节点，选择“新建条件转发器”命令弹出如图 7-15 所示的对话框。

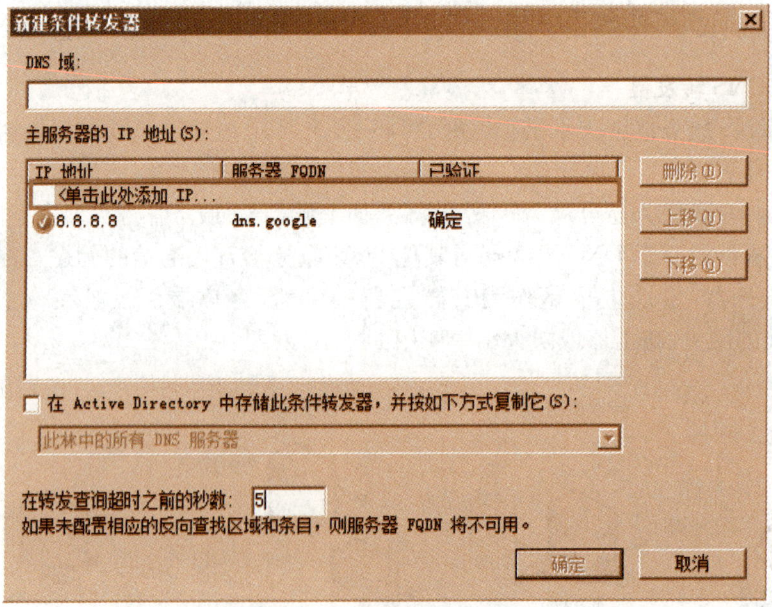

图 7-15　新建条件转发器

步骤 2：在“DNS 域”文本框中设置要进行转发的域名，在“主服务器的 IP 地址”区域单击“〈单击此处添加 IP 地址或 DNS 名称〉”，添加用于转发相应域名请求的转发器的 IP 地址(可添加多个)。另外根据需要可以在“条件转发器”节点下面添加多个转发器。

4. 更新根提示文件

根提示文件用于在网络中搜寻其他 DNS 服务器。使用 DNS 控制台首次添加和连接 Windows Server 2008 R2 DNS 服务器时，根提示文件 Cache.dns 会自动生成，此文件通常包含 Internet 根服务器的名称服务器(NS)和主机(A)资源记录。

对于 Internet 上的 DNS 服务器,应当注意更新,通过使用匿名 FTP 连接到站点 ftp://rs. internic. net/domain/named. root 即可获取其副本。如果在企业内网使用 DNS 服务,如独立的 Intranet,可以用指向内部根 DNS 服务器的类似记录编辑或替换此文件。打开 DNS 服务器属性对话框,切换到“根提示”选项卡,在列表框中进行编辑和修改。

7.4.4 任务4 DNS区域配置与管理

安装 DNS 服务器之后,首要的任务就是建立域的树状结构,以提供域名解析服务。区域实际上是1个数据库,用来链接 DNS 名称和相关数据,如 IP 地址和主机,在 Internet 中一般用二级域名来命名,如 microsoft. com。

域名体系的建立涉及区域、域和资源记录,通常是首先建立区域,然后在区域中建立 DNS 域,如有必要,在域中还可再建立子域,最后在域或子域中建立资源记录。

1. 区域类型

按照解析方向,DNS 区域分为以下2种类型:

(1) 正向查找区域,即名称到 IP 地址的数据库,用于提供将名称转换为 IP 地址服务。

(2) 反向查找区域,即 IP 地址到名称的数据库,用于提供将 IP 地址转换为名称的服务。反向解析是 DNS 标准实现的可选部分,因而建立反向查找区域并不是必需的。

按照区域记录的来源,DNS 区域又可分为以下类型:

(1) 主要区域:安装在主 DNS 服务器上,提供可写的区域数据库。最少有2个记录,1个起始授权机构(SOA)记录和1个名称服务器(NS)记录。

(2) 辅助区域:来源于主要区域,是只读的主要区域副本,部署在辅助 DNS 服务器上。

(3) 存根区域(stub zone):来源于主要区域,但仅包含 SOA、NS 与 A 等部分记录,目的是据此查找授权服务器。

2. 建立 DNS 区域

安装 Active Directory 时,如果选择在域控制器上安装 DNS 服务器,将基于给定的 DNS 全名自动建立1个 DNS 正向区域。

本例中已经创建1个名为 zenti. cc 的区域。这里举例通过新建区域向导创建正向区域的步骤。

步骤1:打开 DNS 控制台,展开要配置的 DNS 服务器节点。

步骤2:右键单击“正向搜索区域”节点,选择“新建区域”命令,启动新建区域向导。

步骤3:单击“下一步”按钮,出现如图7-16所示的对话框,选择区域类型。有3种区域类型,这里选中“主要区域”单选按钮。只有该 DNS 服务器充当域控制器时,“在 Active Directory 中存储区域”复选框才可选用。

步骤4:单击“下一步”按钮,出现如图7-17所示的对话框,选择区域数据复制范围。这里保留默认设置。

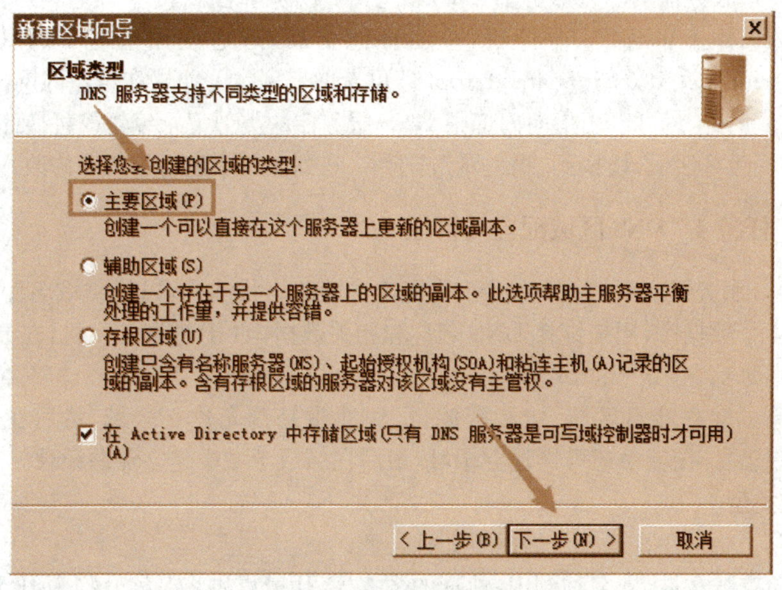

图 7-16 选择区域类型

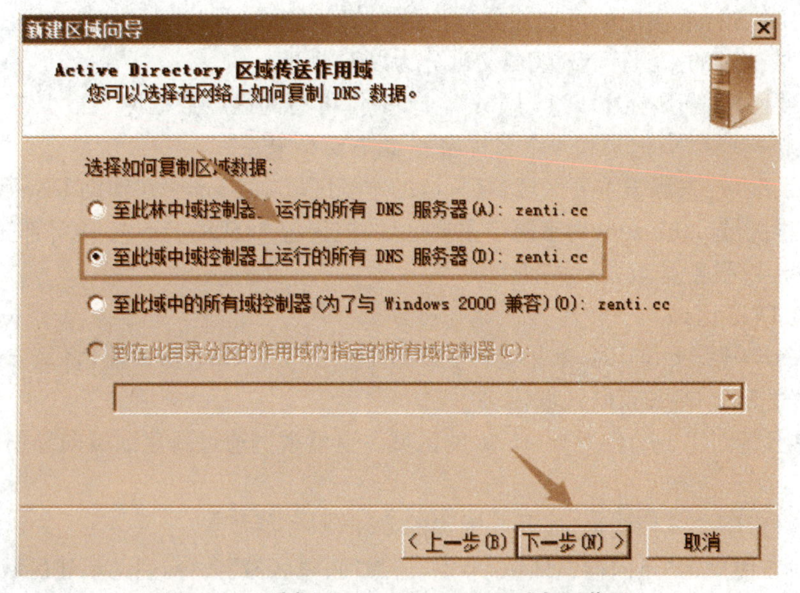

图 7-17 选择 Active Directory 区域复制范围

步骤 5:单击“下一步”按钮,出现如图 7-18 所示的对话框,在“区域名称”文本框中输入区域名称,由于“zenti. cc”在安装时已自动生成,本演示步骤以“zenti. net”替代。

步骤 6:单击“下一步”按钮,出现如图 7-19 所示的对话框,设置动态更新选项,这里选择默认的“只允许安全的动态更新”单选按钮。

步骤 7:单击“下一步”按钮,显示新建区域的基本信息,单击“完成”按钮完成区域的创建。

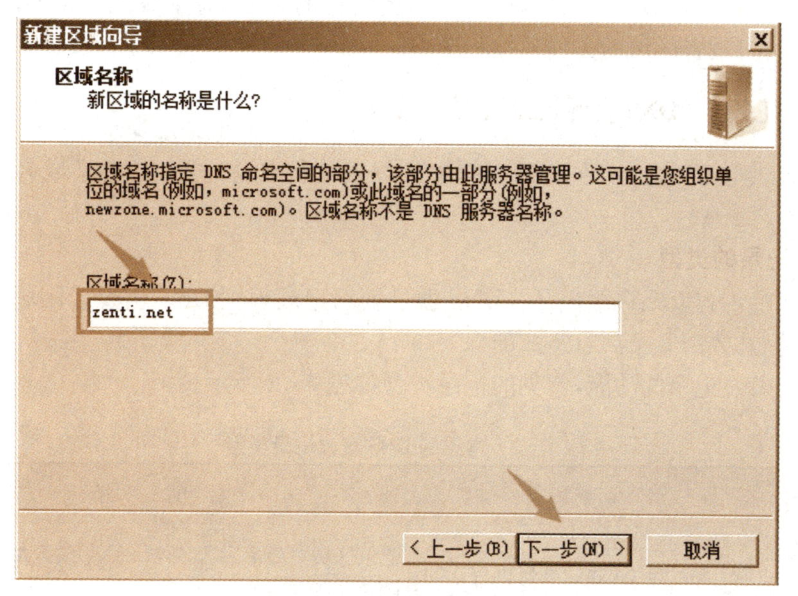

图 7-18　设置区域名称

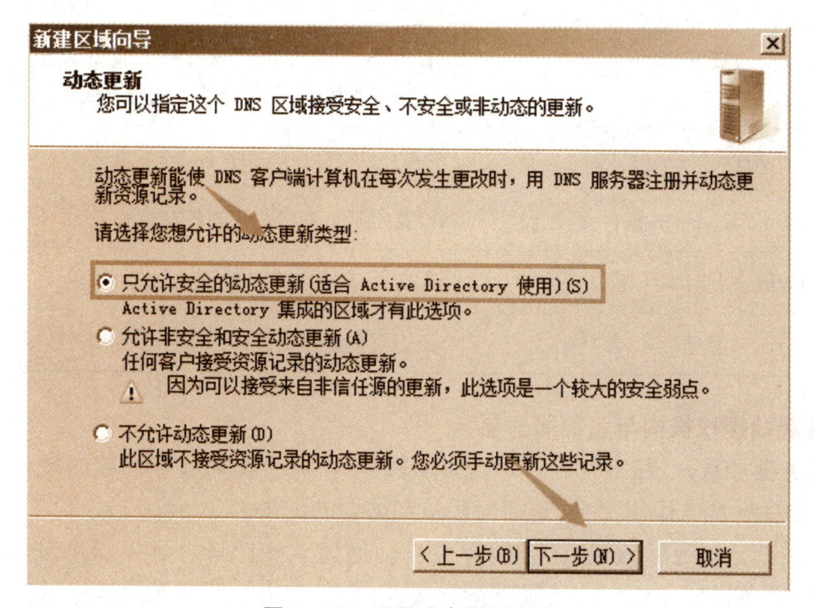

图 7-19　设置动态更新选项

3. 建立域(子域)

根据需要在区域中再建立不同层次的域或子域。在 DNS 控制台中，步骤如下：

步骤：右键单击要创建子域的区域(本例中为“zenti. cc”)，选择“新建域”命令，打开“新建 DNS 域”对话框，在文本框中输入域名。这里的域名是相对域名，如 beijing，建立了 1 个绝对域名为 beijing. zenti. cc 的域。

4. 区域的配置管理

建立区域后还有管理和配置的问题，操作步骤如下：

步骤：展开DNS控制台目录树，右键单击要配置的区域，选择“属性”命令，打开区域属性设置对话框，可设置区域的各种属性和选项。

7.4.5 任务5 DNS资源记录配置与管理

资源记录供DNS客户端在名称空间中注册或解析名称时使用，它是域名解析的具体条目。

1. 资源记录的类型

区域记录的内容就是资源记录。DNS通过资源记录识别DNS信息。区域信息的记录是由名称、类型和数据3个项目组成的。

类型决定着该记录的功能，常见的记录类型如表7-2所示。

表7-2 常见的DNS资源记录类型

类型	名　称	说　明
SOA	Start of Authority(起始授权机构)	记录区域主要名称服务器(保存该区域数据正本的DNS服务器)
NS	Name Server(名称服务器)	记录管辖区域的名称服务器(包括主要名称服务器和辅助名称服务器)
A	Address(主机)	定义主机名到IP地址的映射
CNAME	Canonical Name(别名)	为主机名定义别名
MX	Mail Exchanger(邮件交换器)	指定某个主机负责邮件交换
PTR	Pointer(指针)	定义反向的IP地址到主机名的映射
SRV	Service(服务)	记录提供特殊服务的服务器的相关数据

2. 设置起始授权机构与名称服务器

DNS服务器加载区域时，使用SOA和NS 2种资源记录来确定区域的授权属性，它们在区域配置中具有特殊作用，它们是任何区域都需要的记录。

步骤1：在默认情况下，新建区域向导会自动创建这些记录。可以双击区域中的SOA或NS资源记录条目打开相应的区域设置对话框，或者直接打开区域属性设置对话框，来设置这2条重要记录。

步骤2：在“起始授权机构”选项卡中设置SOA，如图7-20所示。该资源记录在任何标准区域中都是第1条记录，用来设置该DNS服务是当前区域的主服务器(保存该区域数据正本的DNS服务器)以及其他属性。

步骤3：在“名称服务器”选项卡中编辑NS列表，如图7-21所示。NS是该区域的授权服务器，负责维护和管理所管辖区域中的数据，它被其他DNS服务器或客户端当作权威的来源。可设置多条NS记录。

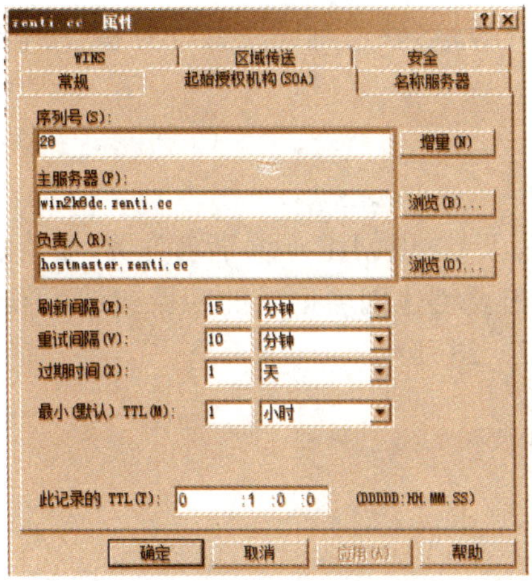

图 7－20　设置 SOA

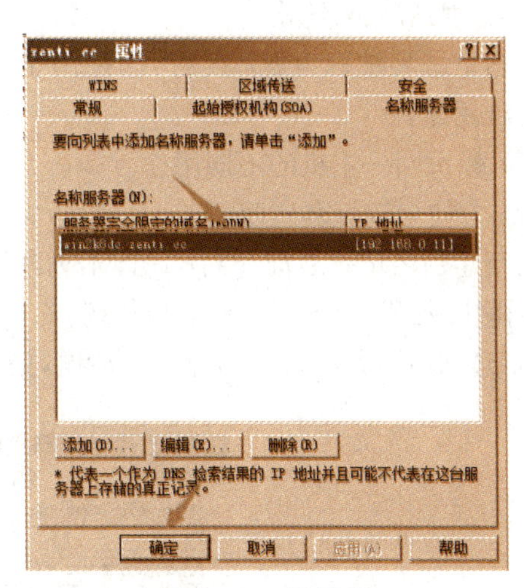

图 7－21　设置 NS

3. 建立主机记录

在多数情况下，DNS 客户端要查询的是主机信息。可以为文件服务器、邮件服务器和 Web 服务器等建立主机记录。用户可在区域、域或子域中建立主机记录，常见的各种网络服务如 www、ftp 等，都可用主机名来指示。这里以建立 www. zenti. cc 主机记录为例示范具体操作步骤。

步骤 1：在 DNS 控制台展开目录树，右键单击要在其中创建主机记录的区域或域（子域）节点，例中为 zenti. cc 区域，选择“新建主机”命令，打开如图 7－22 所示的对话框。

步骤 2：在“名称”文本框中输入主机名称，本例中为“www”，这里应输入相对名称。

步骤 3：在“IP 地址”框中输入与主机对应的 IP 地址。

步骤 4：如果 IP 地址与 DNS 服务器位于同一子网内，而且建立了反向查找区域，则可选择“创建相关的指针（PTR）记录”复选框，反向查找区域中将自动添加 1 个对应的记录。

步骤 5：单击“添加主机”按钮，完成该主机记录的创建。

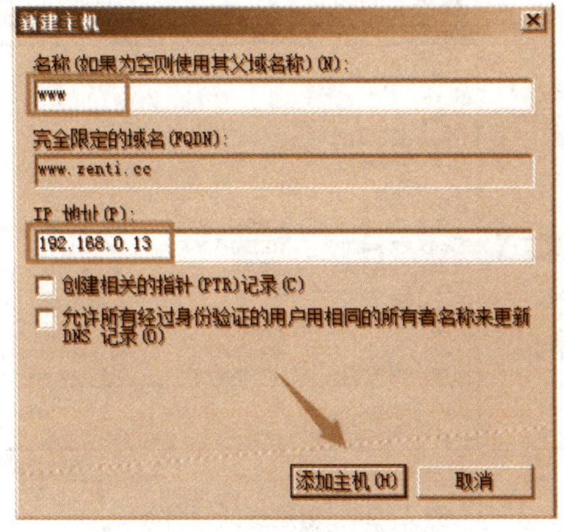

图 7－22　添加主机记录

4. 建立别名记录

别名记录又被称为规范名称，往往用于将多个域名映射到同一台计算机。别名记录有以下 2 种用途：

(1) 标识同一主机的不同用途。

(2) 方便更改域名所映射的 IP 地址。

在新建别名记录之前，要有 1 个对应的主机记录。以创建 web 别名为例，步骤如下：

步骤 1：展开 DNS 控制台的目录树，右键单击要创建别名记录的区域或域(子域)节点，选择“新建别名”命令，打开相应的对话框，如图 7 - 23 所示。

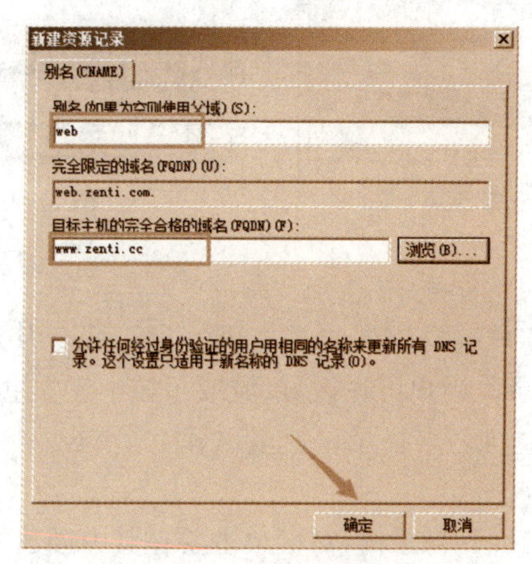

图 7 - 23　添加别名记录

步骤 2：在“别名”中输入“web”，在“目标主机的完全合格的域名”文本框中输入(或单击“浏览”选择)“www. zenti. cc”，单击“确定”按钮完成别名记录的创建。

步骤 3：创建好别名的记录如图 7 - 24 所示。

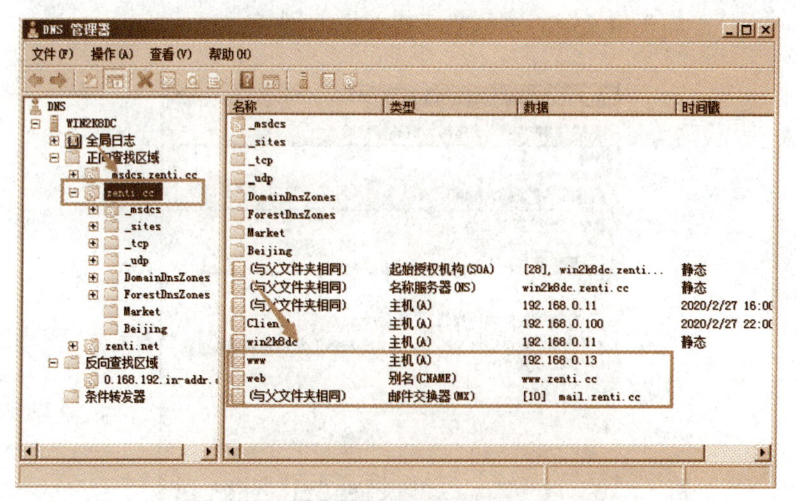

图 7 - 24　创建好的别名界面

5. 建立邮件交换器记录

邮件交换器(MX)资源记录指向 1 个邮件服务器，为电子邮件服务专用，用于电子邮件系统发送邮件时根据收信人的邮箱地址后缀(域名)来定位邮件服务器。

例如，某用户要发 1 封信给 user@domain. com 时，该用户的邮件系统(SMTP 服务器)通过 DNS 服务器查找 domain. com 域名的邮件交换器记录。如果邮件交换器记录存在，则将邮件发送到邮件交换器记录所指定的邮件服务器上。如果 1 个邮件域名有多个邮件交换器记录，则按照从最低值(最高优先级)到最高值(最低优先级)的优先级顺序尝试与相应的邮件服务器联系。

邮件交换器记录的工作机制如图 7－25 所示。对于 Internet 上的邮件系统而言，必须拥有邮件交换器记录。企业内部邮件服务器涉及外发和外来邮件时，也需要邮件交换器记录。

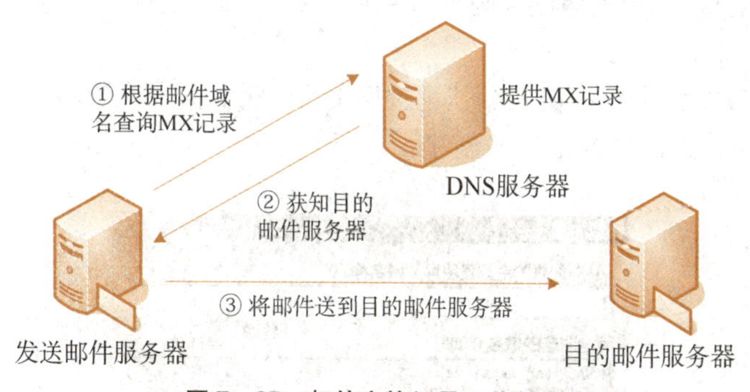

图 7－25　邮件交换记录工作机制

在建立邮件交换器记录之前，需要为邮件服务器创建相应的主机记录，步骤如下：

步骤 1：展开 DNS 控制台的目录树，右键单击要创建邮件交换器记录的区域或域(子域)节点，选择"新建邮件交换器"命令，打开相应的对话框，如图 7－26 所示。

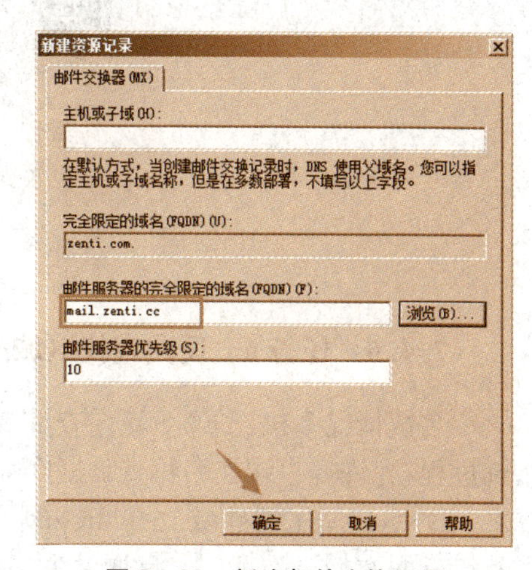

图 7－26　新建邮件交换记录

步骤 2：在"主机或子域"文本框中输入此邮件交换器记录负责的域名，这里的名称是相对于父域的名称，本例中为空，表示父域为此邮件交换器所负责的域名；在"邮件服务器的完全限定的域名"文本框中输入负责处理上述域邮件的邮件服务器的全称域名，本例中为"mail. zenti. cc"；在"邮件服务器优先级"文本框中设置优先级 10，该值越小优先级越高。

步骤 3：单击"确定"按钮向该区域添加新的邮件交换器记录。

6. 创建其他资源记录

至于其他类型的资源记录，用户可参照上述步骤添加，详细为：

步骤：右键单击要添加记录的区域或域(子域)，选择"其他新记录"命令，打开如图 7－27 所示对话框，从中选择要建立的资源记录类型，单击"创建记录"按钮，根据提示操作即可。

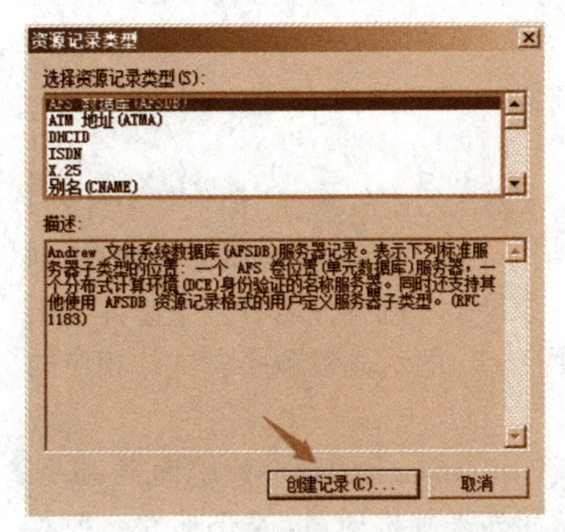

图 7-27　新建其他资源记录

7. 创建泛域名记录

泛域名解析是一种特殊的域名解析服务，将某DNS域中所有未明确列出的主机记录都指向1个默认的IP地址，泛域名用通配符“*”来表示。例如，设置泛域名*.zenti.cc指向某IP地址，则域名zenti.cc之下所有未明确定义DNS记录的任何子域名、任何主机，如sales.zenti.cc、dev.zenti.cc均可解析到该IP地址。

Windows Server 2008 R2的DNS服务器允许直接使用“*”作为主机名称，步骤为：

步骤1：展开DNS控制台的目录树，右键单击要创建泛域名的区域或域(子域)节点(例中为sales.zenti.cc)，选择“新建主机”命令，打开相应的对话框，如图7-28所示。

步骤2：在“名称”文本框中输入“*”，在“IP地址”框中输入该泛域名对应的IP地址，单击“添加主机”按钮完成泛域名记录的创建。

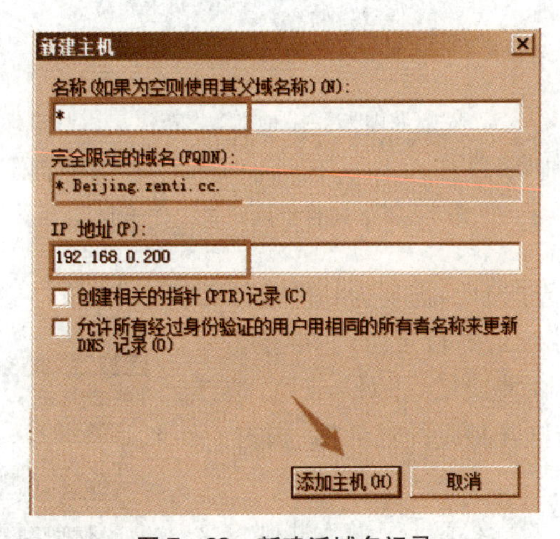

图 7-28　新建泛域名记录

7.4.6　任务6　反向查找区域配置与管理

多数情况下执行DNS正向查询，将IP地址作为应答的资源记录。DNS也提供反向查询过程，允许客户端在名称查询期间根据已知的IP地址查找计算机名。

DNS定义了特殊域in-addr.arpa，并将其保留在DNS名称空间中以提供可靠的方式来执行反向查询。为了创建反向名称空间，in-addr.arpa域中的子域是通过IP地址带句点的十进制编号的相反顺序形式的。

1. 建立反向查找区域

建立反向查找区域的步骤与建立正向查找区域一样，只是设置界面有所不同，具体步骤为：

步骤1：参照新建正向区域步骤，使用新建区域向导创建反向查找区域，当出现选择是为

IPv4 还是 IPv6 创建反向查找区域的界面时，这里选择 IPv4。

步骤 2：根据向导，当出现如图 7-29 所示的界面时，设置反向查找区域的网络 ID“192.168.0”。

步骤 3：当出现设置区域名称时，保持默认值，单击“下一步”，直到完成。

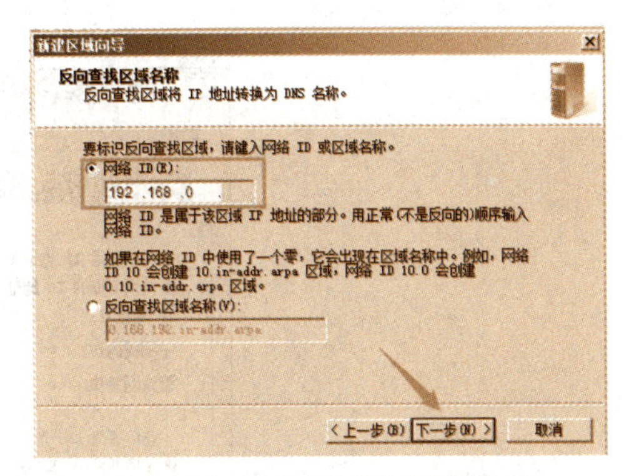

图 7-29　设置反向区域的网络 ID

2. 创建指针资源记录

在 DNS 中建立的 in-addr. arpa 域树要求定义其他资源记录类型，例如指针资源记录。

这种资源记录用于在反向查找区域中创建映射，该反向查找区域一般对应于其正向查找区域中主机的 DNS 计算机名的主机记录。除了在正向查找区域中新建主机记录时添加指针记录外，还可直接向反向查找区域中添加指针记录、别名记录以及其他记录，步骤为：

步骤：右键单击刚创建的反向查找区域，在弹出的菜单中选择“新建指针”，弹出如图 7-30 所示对话框。反向查找区域及其记录如图 7-31 所示。

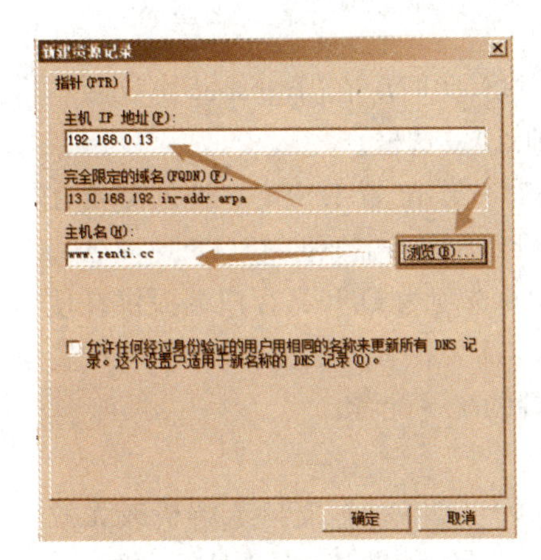

图 7-30　新建指针资源记录

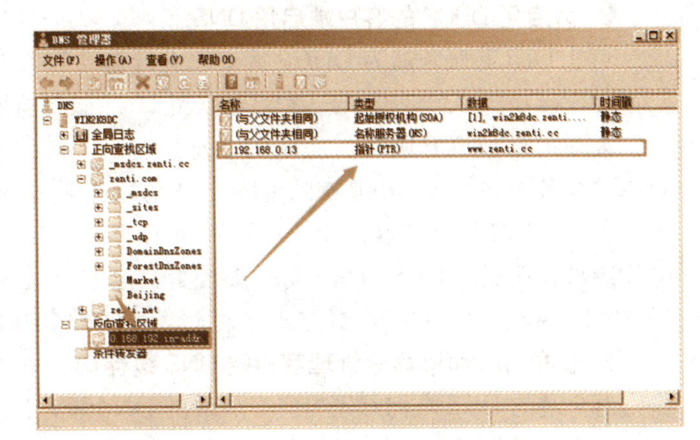

图 7-31　反向查找区域及其记录

7.4.7　任务 7　DNS 客户端配置与管理

网络中的计算机如果需要使用 DNS 服务器的域名解析服务，则必须进行设置，使其成为 DNS 客户端。操作系统都内置 DNS 客户端，配置管理方便。

1. 为配置静态 IP 地址的客户端配置 DNS

最简单的客户端设置就是直接设置 DNS 服务器地址。以 Windows 为例，步骤如下：

步骤 1：打开网络连接属性对话框，从组件列表中选择“Internet 协议版本(TCP/IPv4)”项，单击“属性”按钮打开相应的对话框。

步骤 2：在“首选 DNS 服务器”或“备用 DNS 服务器”位置输入刚搭建好的 DNS 服务器 IP 地址，如图 7-32 所示。

在大多数情况下，客户端使用列在首位的首选 DNS 服务器。当首选服务器不能用时，

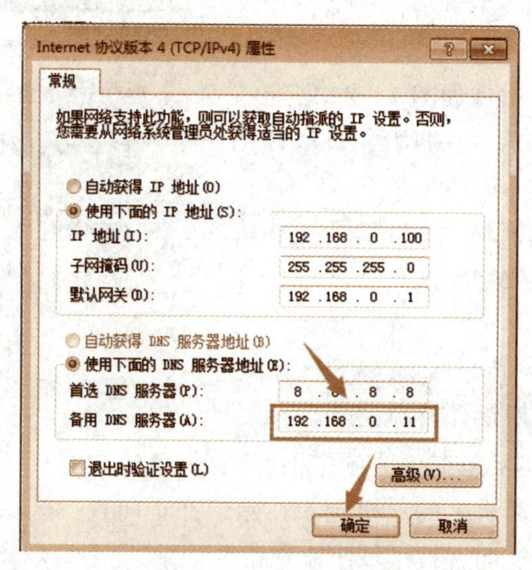

图 7-32 设置 DNS 服务器地址

再尝试使用备用的 DNS 服务器。

2. 为启用 DHCP 的客户端启用 DNS

可让 DHCP 服务器为 DHCP 客户端进行自动配置 DNS，此时应在“Internet 协议版本(TCP/IPv4)属性”对话框中选中“自动获得 DNS 服务器地址”复选框。

要使用由 DHCP 服务器提供的动态配置 IP 地址为客户端配置 DNS，一般只需要在 DHCP 服务器端设置 2 个基本的 DHCP 作用域选项：006(DNS 服务器)和 015(DNS 域名)。006 选项定义供 DHCP 客户端使用的 DNS 服务器列表，015 选项为 DHCP 客户端提供在搜索中附加和使用的 DNS 后缀。如果要配置其他 DNS 后缀，需要在客户端为 DNS 手动配置 TCP/IP 协议。这种自动配置方式能大大简化 DNS 客户端的统一配置。

3. 使用 ipconfig 命令管理客户端 DNS 缓存

客户端的 DNS 查询首先响应客户端的 DNS 缓存。由于 DNS 缓存支持未解析或无效 DNS 名称的负缓存，再次查询可能会引起查询性能方面的问题，因此遇到 DNS 问题时，可清除缓存。对于缓存的操作如下：

(1) 使用命令 ipconfig/displaydns 可显示和查看客户端解析程序缓存。

(2) 使用命令 ipconfig/flushdns 可刷新和重置客户端解析程序缓存。

7.4.8 任务 8 DNS 动态注册和更新

以前的 DNS 被设计为区域数据库，只能静态改变，添加、删除或修改资源记录仅能通过手工方式完成。而 DNS 动态更新允许 DNS 客户端在域名或 IP 地址发生更改的任何时候，使用 DNS 服务器动态地注册和更新其资源记录，从而减少了手动管理工作。这对于频繁移动或改变位置并使用 DHCP 获得 IP 地址的客户端特别有用。

1. 理解 DNS 动态更新

DNS 动态更新允许 DNS 客户端变动时自动更新 DNS 服务器上的主机资源记录。

默认情况下，Windows 客户端动态地更新 DNS 服务器中的主机资源记录。

一旦部署 DNS 动态更新，遇到以下任何一种情形，都可导致 DNS 动态更新。

(1) 在 TCP/IP 配置中为任何一个已安装好的网络连接添加、删除或修改 IP 地址。

(2) 通过 DHCP 更改或续订 IP 地址租约，如启动计算机或执行 ipconfig/renew 命令。

(3) 执行 ipconfig/registerdns 命令，手动执行 DNS 中客户端名称注册的刷新。

(4) 启动计算机。

(5) 将成员服务器升级为域控制器。

DNS 动态更新有 2 种实现方案：直接在 DNS 客户端和服务器之间实现 DNS 动态更新；通过 DHCP 服务器来代理 DHCP 客户端向支持动态更新的 DNS 服务器进行 DNS 记录更新。

2. 在 DNS 服务器端启用动态更新

为确保 DNS 动态更新的安全，应当使用 Active Directory 集成区域。这里以 Active Directory 环境为例，确认 DNS 区域已经启动动态更新(区域属性设置对话框“常规”选项卡)。

3. 在 DNS 客户端设置计算机名称和主 DNS 后缀

默认情况下所有计算机都在其全称域名的基础上注册 DNS 记录，而全称域名是基于计算机名的主 DNS 后缀，在将计算机加入域的过程中将自动设定主 DNS 后缀。当然前提是将客户端的 DNS 服务器设置为域控制器，操作步骤如下：

步骤 1：以 Windows 7 客户端为例，打开“系统属性”对话框，切换到“计算机名”选项卡，单击“更改”按钮，打开如图 7－33 所示对话框。

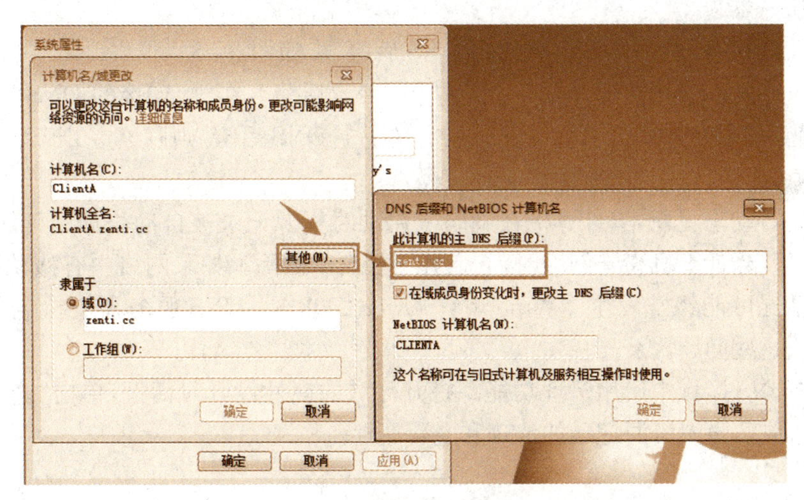

图 7－33 设置计算机名称和主 DNS 后缀

步骤 2：单击“其他”按钮，弹出“DNS 后缀和 NetBIOS 计算机名”对话框。

步骤 3：根据实际情况设置相应的 DNS 后缀。

在将计算机加入域时，只需保持默认设置，加入域后会自动添加 DNS 后缀，并自动注册到域控制器上的 DNS 区域中。注册的域名第 1 个点之前的部分是计算机名，第 1 个点之后的名称即为主 DNS 后缀。可以尝试变更 IP 地址，然后在 DOS 命令行中执行 ipconfig/registerdns 命令，稍后在 DNS 控制台上查看自动更新的域名，自动注册的域名记录类型将成为主机记录，如图 7－34 所示。

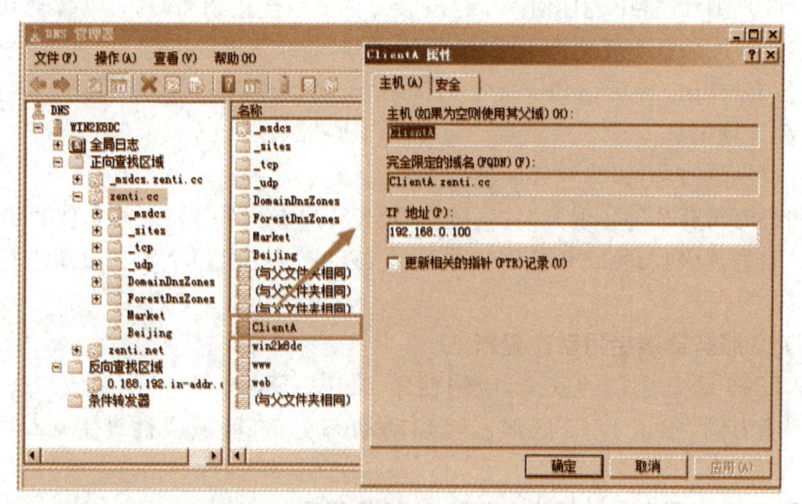

图 7－34 自动注册或自动更新的域名

4. 在 DNS 客户端设置 DNS 动态注册选项

要确保 DNS 动态注册成功，还要正确设置 DNS 注册选项，步骤如下：

步骤：打开网络连接的"高级 TCP/IP 设置"对话框，切换到"DNS"选项卡，确认已经选中"在 DNS 中注册此连接的地址"复选框（默认选中），自动将该计算机的名称和 IP 地址注册到 DNS 服务器。

另外，此处也可设置 DNS 注册的主 DNS 后缀，步骤如下：

步骤：选中"在 DNS 注册中使用此连接的 DNS 后缀"，在"此连接的 DNS 后缀"文本框中指定后缀。如果在计算机名称设置时也定义了主 DNS 后缀，则以该主 DNS 后缀为准。

5. 资源记录的老化和清理

通过 DNS 动态更新，当计算机在网络上启动时资源记录被自动添加到区域中。但是，在某些情况下，当计算机离开网络时，它们并不会自动删除。如果网络中有移动式用户和计算机，则该情况可能经常发生。Windows Server 2008 R2 DNS 服务器支持老化和清理功能，可以解决这些问题。

可以在 DNS 区域中启用清理功能。打开区域的属性设置对话框，单击"老化"按钮，打开相应的对话框，设置资源记录的清理和老化属性。

7.5 知识拓展

7.5.1 WINS 名称解析

对于 NetBIOS 名称解析，广播方式只能解析本网段的 NetBIOS 名称，LMHOST 可跨网段解析 NetBIOS 名称，但需要建立静态的 NetBIOS 名称和 IP 地址对照表。WINS 服务则可以克服这 2 种方式的不足，并且部署简单、方便。WINS 运行机制如图 7－35 所示。

WINS 将 IP 地址动态地映射到 NetBIOS 名称，保持 NetBIOS 名称和 IP 地址映射的数据库。WINS 客户端用它来注册自己的 NetBIOS 名称，查询运行在其他 WINS 客户端名称的 IP 地址。

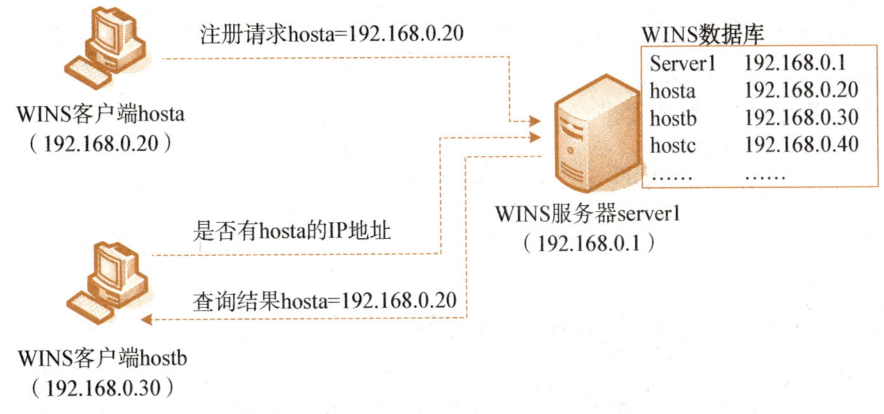

图 7-35　WINS 运行机制

1. WINS 组件

(1) WINS 服务器：受理来自 WINS 客户端的名称注册请求，注册其名称和 IP 地址，响应客户提交的 NetBIOS 名称查询。

(2) WINS 客户端：查询 WINS 服务器以根据需要解析远程 NetBIOS 名称。

(3) WINS 代理：为其他不能直接使用 WINS 的计算机代理 WINS 服务的一种 WINS 客户端。WINS 代理仅对于只包括 NetBIOS 广播(或 B 节点)客户端的网络有用，大多数网络部署的都是启用 WINS 的客户端，不需要 WINS 代理。

(4) WINS 数据库：存储和复制 NetBIOS 名称到 IP 地址的映射记录。

2. WINS 系统工作原理

NetBIOS 名称存储在 WINS 服务器上的数据库中，WINS 服务器基于该数据库响应相应项的名称与 IP 地址解析请求。

为使名称解析生效，客户端必须可以动态添加、删除或更新 WINS 中的名称。WINS 系统包括以下几个工作环节：

(1) 注册名称：所有的名称都通过 WINS 服务器注册。

(2) 更新名称：WINS 客户端需要通过 WINS 服务器定期更新其 NetBIOS 名称注册。

(3) 释放名称：当 WINS 客户端完成使用特定的名称并正常关机时，会释放其注册名称。

(4) 解析名称：为网络中所有 NetBIOS 客户端解析 NetBIOS 名称查询。

3. WINS 名称解析过程

一旦使用 net use 命令或基于 NetBIOS 的应用程序进行名称查询时，WINS 客户端依次执行以下步骤来解析名称(如果查到，结束当前步骤，否则继续下一步骤)：

(1) 确定名称是否多于 15 个字符或者是否包含小数点“.”，如果是，则直接向 DNS 查询名称。

(2) 检查本地 NetBIOS 名称缓存，如果匹配，返回相应的 IP 地址。

(3) 将 NetBIOS 查询转发到指定的主 WINS 服务器中。如果主 WINS 服务器应答查询失败(因为该主 WINS 服务器不可用或因为它没有名称项),则将按照列出和配置的顺序尝试与其他已配置的 WINS 服务器联系。

(4) 将 NetBIOS 查询广播到本地子网。

(5) 如果客户端启用 LMHOSTS 查询,则继续检查匹配的 LMHOSTS 文件。

(6) 尝试查询 Hosts 文件。

(7) 尝试联系 DNS 服务器进行查询。

7.5.2 WINS 配置和管理

WINS 提供了将 NetBIOS 名称解析为 IP 地址的能力,这和 DNS 提供的主机名到 IP 地址的解析相同。

Windows Server 2008 R2 包括 WINS 服务器组件,并且还将 DNS 和 WINS 集成到一起提供额外的能力。

WINS 不是最佳的解决方法,但对于 NetBIOS 名称的解析颇具优势。在建立 WINS 服务之前,进行相关的规划很有必要。

7.5.2.1 WINS 网络规划

部署 WINS 系统应遵循以下原则:

对于仅有 1 个网段的独立局域网,没有必要部署 WINS 服务。

不需要在每一个网段中都部署 WINS 服务器,只需在关键位置安装 WINS 服务器并通过广域网连接进行路由注册和查询。

合理计划需要使用的 WINS 服务器数量。1 台 WINS 服务器可为多达 10 000 个客户端提供 NetBIOS 名称解析服务。

在为大型路由网络规划 WINS 通信时考虑网络拓扑结构因素,如名称查询、注册和子网之间路由的通信响应的影响。

7.5.2.2 WINS 服务器的安装

与 DNS 相似,安装 WINS 服务器非常简单,只是要注意该服务器本身的 IP 地址应是固定的,不能是动态分配的。

另外要注意,WINS 服务需要 NetBT(NetBIOS)协议,对于运行 WINS 服务的 Windows Server 2008 R2 服务器,必须在至少 1 个专用网络连接上启用 NetBIOS 名称解析。在网络连接的高级 TCP/IP 协议设置对话框中的“WINS”选项卡上选中“禁用 TCP/IP 上的 NetBIOS”复选框,操作步骤如下:

步骤:在服务器管理器中运行添加功能向导,当出现如图 7 - 36 所示的界面时,选中“WINS 服务器”,根据提示完成即可。安装完毕即可运行 WINS 服务器,不需要重新启动系统。

管理员通过 WINS 控制台对 WINS 服务器进行配置和管理。

步骤:从“管理工具”菜单选择“WINS”命令可打开 WINS 控制台,其界面如图 7 - 37 所示。也可以在服务器管理器中展开“功能”→“WINS”节点,在类似 WINS 控制台的界面中执行配置管理任务。

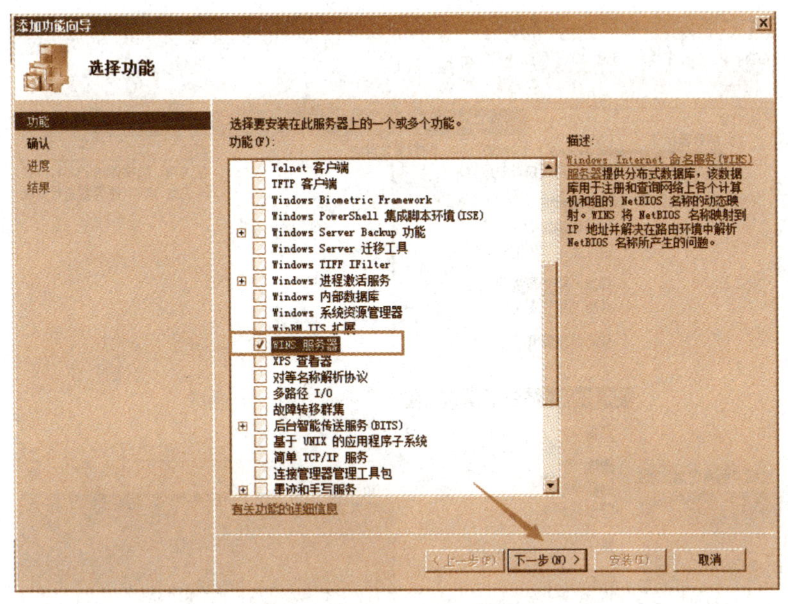

图 7－36　安装 WINS 服务器

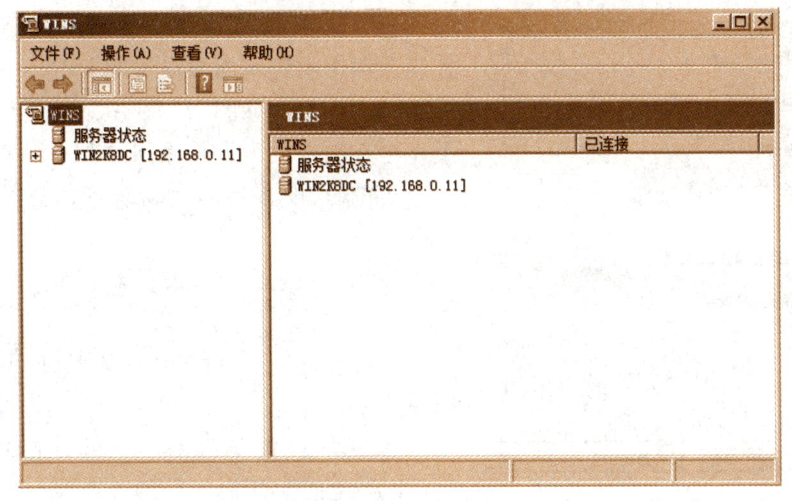

图 7－37　WINS 控制台

7.5.2.3　WINS 服务器级配置与管理

WINS 服务器级的配置管理比较简单，如图 7－38 所示，在 WINS 控制台中右键单击要配置的 WINS 服务器，从快捷菜单中选择相应的命令，可对其进行管理，如 WINS 数据库的备份与还原、WINS 服务的启动与停止等。还可将网上的其他 WINS 服务器添加到控制台中进行管理，具体方法是：右键单击“WINS”节点，选择“添加服务器”命令，从弹出的对话框中选择要加入的 WINS 服务器即可。

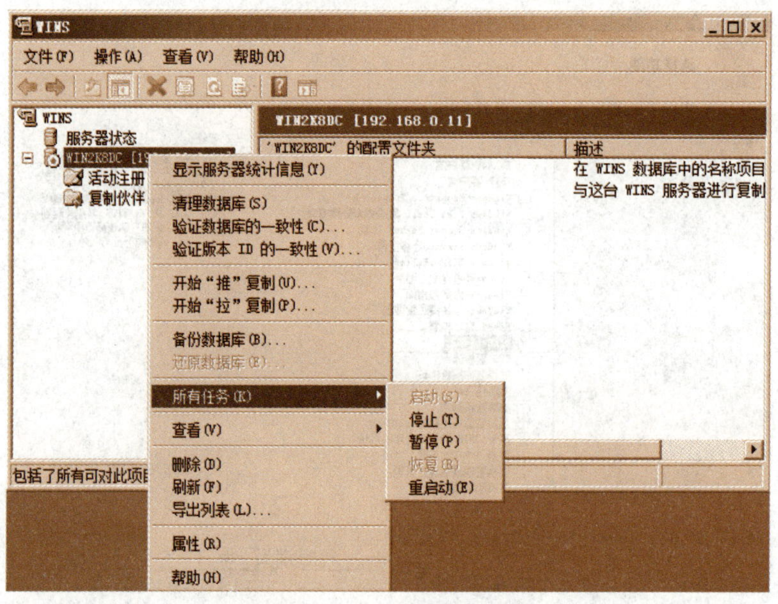

图 7-38 管理 WINS 服务器

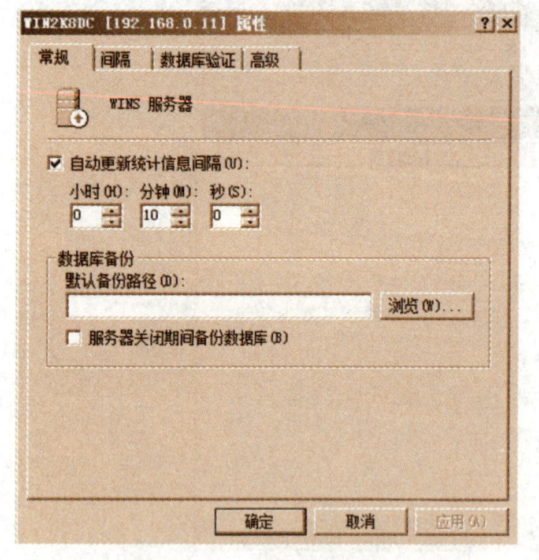

图 7-39 WINS 服务器属性设置

WINS 服务器属性设置比较重要。在 WINS 控制台树中右键单击要设置的 WINS 服务器,选择"属性"命令打开如图 7-39 所示的对话框,共有以下 4 个选项卡用来设置不同的选项。

"常规":设置自动更新统计信息间隔、数据库备份选项。

"间隔":设置记录被更新或删除以及验证的频率。

"数据库验证":设置数据库验证间隔和验证根据等选项。

"高级":设置 Windows 事件日志、数据库文件路径以及是否启用爆发处理等选项。

7.5.2.4 WINS 客户端配置

大多数 WINS 客户端通常有多个 NetBIOS 名称,这些 NetBIOS 名称必须注册才能在网络上使用。这些名称用来发布各种网络服务,如"信使"或"工作站"服务,每台计算机都能以各种方式通过这些服务与网络上其他的计算机进行通信。

可以将任何 Windows 系统计算机配置为使用 WINS 服务器的 WINS 客户端。对于启用 DHCP 的客户端,不必在客户端配置,而应配置 DHCP 服务器以指派与 WINS 相关的选项。对于静态分配 IP 地址的客户端,则需手动配置。

1. 在 DHCP 服务器上配置 WINS 选项

这里的示例是服务器选项。如图 7-40 所示,044 选项定义供 DHCP 客户端使用的主要和辅助 WINS 服务器的 IP 地址。如图 7-41 所示,046 选项用于定义供 DHCP 客户端使用的首选 NetBIOS 名称解析方法，由节点类型决定：值 0x1 表示 B 节点、0x2 表示 P 节点、0x4 表示 M 节点、0x8 表示 H 节点。一般选择用于点对点和广播混合模式的 H 节点。

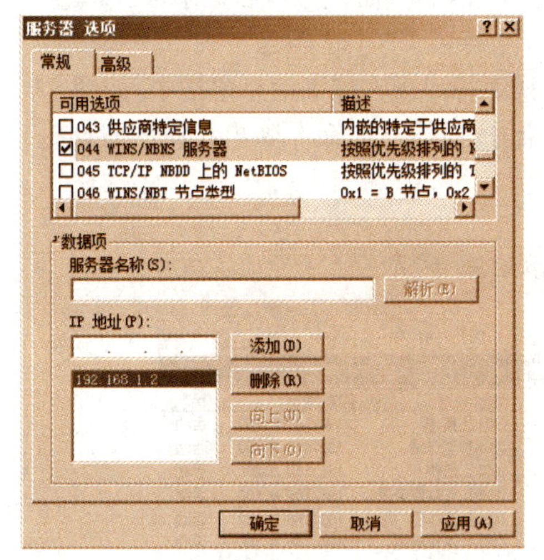

图 7-40 为 DHCP 客户端配置 WINS 服务器

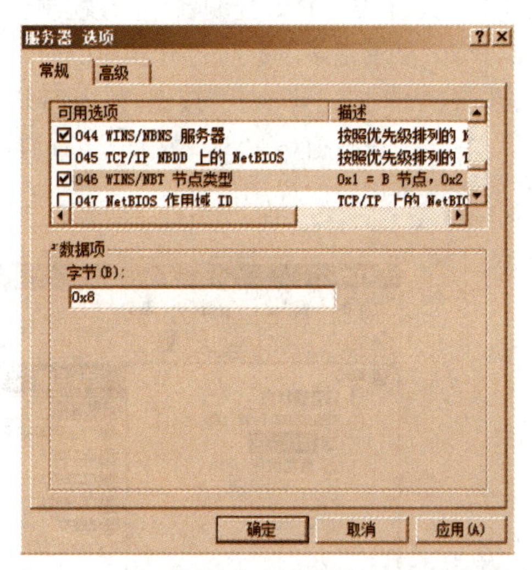

图 7-41 为 DHCP 客户端配置 WINS 节点类型

2. 手动配置 WINS 客户端

对于没有启用 DHCP 的网络客户，必须在网络连接的 TCP/IP 设置中手动添加 WINS 服务器。打开高级 TCP/IP 设置对话框，切换到 WINS 选项卡，如图 7-42 所示，根据需要添加 WINS 服务器的 IP 地址。

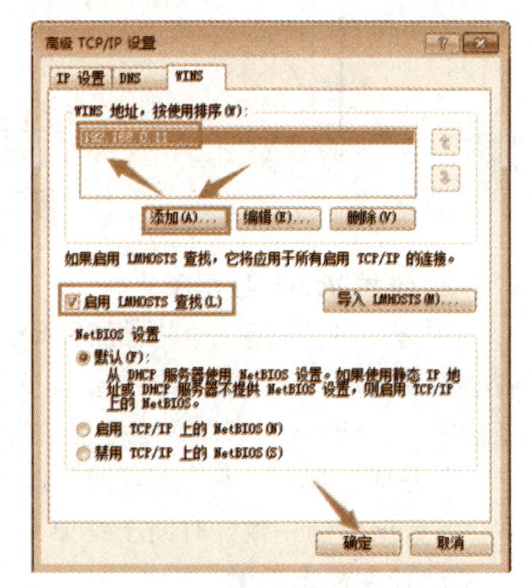

图 7-42 手动配置 WINS 客户

3. 验证客户端 NetBIOS 名称的 WINS 注册

WINS 客户端在启动或加入网络时，将尝试使用 WINS 服务器注册其名称。此后，客户端将查询 WINS 服务器根据需要解析远程名称。在 WINS 客户端计算机上执行命令 nbtstat-n，系统将列出 WINS 客户端的本地 NetBIOS 名称列表，检验每个在“Status”列标记为“Registered”的名称。对于“Status”列标记为“Registered”或“Registering”的名称，可执行命令 nbtstat-RR 释放并刷新本地 NetBIOS 名称的注册信息。

7.5.2.5 WINS 记录管理

每个 NetBIOS 名称在数据库中都有一项记录。该项记录属于它用来注册的 WINS 服务器所有，并且是所有其他 WINS 服务器上的副本。

每项记录都有一个与之相关的状态，可以是活动、释放或消失（也称为逻辑删除）的状态。

WINS 还允许静态名称注册，管理员可以为那些运行无法进行动态名称注册的操作系统的服务器注册名称。

1. 查找和查看 WINS 记录

WINS 控制台提供了许多用于筛选和显示 WINS 数据库记录的方法，步骤如下：

步骤 1：打开 WINS 控制台，展开控制台树，单击“活动注册”节点，右键单击“活动注册”节点，选择“显示记录”命令，打开相应的对话框。

步骤 2：单击“立即查找”按钮，整个 WINS 数据库将出现在详细信息窗格中，如图 7－43 所示。在详细信息窗格中，右键单击要查看的记录，选择“属性”命令弹出相应的对话框，从中可查看该条记录的详细信息。

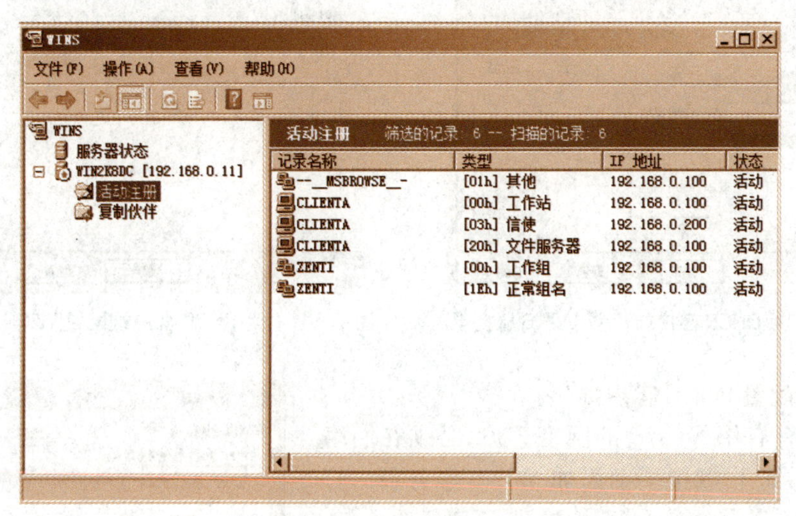

图 7－43 查看 WINS 记录

2. 维护 WINS 数据库

在 WINS 控制台中可执行 WINS 服务器数据库的维护工作。例如，可使用 WINS 控制台备份和还原 WINS 服务器数据库文件。像其他计划的用于保存服务器计算机上的文件的备份操作方式一样，WINS 服务器数据库备份也应定期执行。

与任何数据库一样，映射地址的 WINS 服务器数据库也需要定期清理和备份。检查 WINS 数据库的一致性有助于维护大型网络中的 WINS 服务器间数据库的完整性。

3. 使用静态映射

WINS 的客户端直接联系 WINS 服务器以注册、释放或更新服务器数据库中的 NetBIOS 名称，这是一个动态的过程，相应的记录项也是动态的。

管理员可根据需要使用 WINS 控制台或命令行工具来添加或删除 WINS 服务器数据库中的静态映射项。与动态映射会老化并可自动从 WINS 删除不同，静态映射能在 WINS 无限期保存，除非采取管理措施。

项目小结

本项目主要介绍了 DNS 服务器的各种配置与管理操作，包括 DNS 服务器的基本概念、作用，DNS 区域的创建与管理，资源记录的配置与管理，以及 DNS 客户端的配置方法等。

通过本项目的学习,我们能够搭建局域网内部的DNS域名解析服务器。

7.7 实践训练(工作任务单)

7.7.1 实训目标

(1) 会安装DNS服务。
(2) 会创建DNS正向查找区域、反向查找区域。
(3) 会添加DNS资源记录。
(4) 会配置辅助DNS服务器。
(5) 会使用nslookup、ping等命令来测试DNS服务器。

7.7.2 实训场景

如果你是Sunny公司的网络管理员,需要部署域名系统,以实现公司域名到IP地址的相互映射。公司申请的域名为sunny. com,公司的系统工程师已规划出新增的服务器IP地址和相应的域名:

(1) Web服务器:IP地址为192. 168. 1. 212,域名为www. sunny. com,别名为web. sunny. com。
(2) 文件服务器:IP地址为192. 168. 1. 213,域名为files. sunny. com。
(3) FTP服务器:IP地址为192. 168. 1. 214,域名为ftp. sunny. com。
(4) 邮件服务器:IP地址为192. 168. 1. 215,域名为mail. sunny. com。

同时为了提高域名系统的可靠性和冗余性,将再配置1台辅助DNS服务器。网络实训环境如图7-44所示。

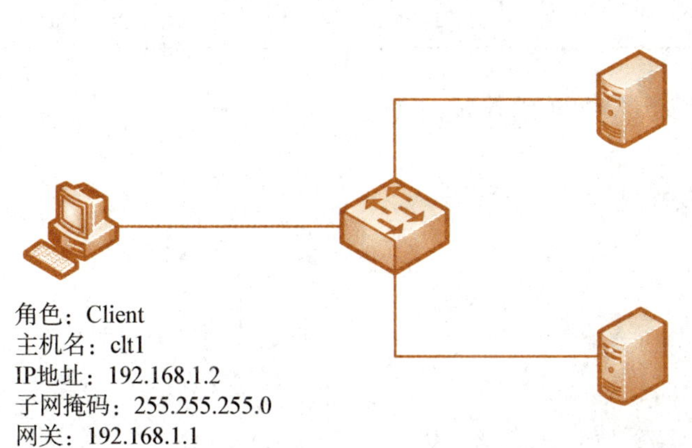

图7-44 配置与管理DNS服务器实训环境

7.7.3 实训任务

任务 1:在 su-dc1 上安装 DNS 服务器角色

任务 2:配置 DNS 服务器

(1) 在 su-dc1 创建正向查找区域。

(2) 在 su-dc1 创建反向查找区域。

(3) 添加资源记录。

在区域 sunny. com 中添加如下资源记录。

资源记录类型	资源记录名称	数　　据
主机记录(A)	www. sunny. com	192. 168. 1. 212
主机记录(A)	files. sunny. com	192. 168. 1. 213
主机记录(A)	ftp. sunny. com	192. 168. 1. 214
主机记录(A)	oa. sunny. com	192. 168. 1. 212
主机记录(A)	gongzi. sunny. com	192. 168. 1. 212
别名记录(CNAME)	web. sunny. com	www. sunny. com
邮件交换记录(MX)	与父文件夹相同	Mail. sunny. com
反向指针记录(FTR)	192. 168. 1. 212	www. sunny. com
反向指针记录(FTR)	192. 168. 1. 212	oa. sunny. com
反向指针记录(FTR)	192. 168. 1. 212	gongzi. sunny. com
反向指针记录(FTR)	192. 168. 1. 213	files. sunny. com
反向指针记录(FTR)	192. 168. 1. 214	ftp. sunny. com

任务 3:配置 DNS 客户机并测试 DNS 服务器

(1) 配置 DNS 客户机。

(2) 使用 NSlookup 命令测试 DNS 服务器。

① 测试默认服务器。

② 测试正向查找区域。

③ 测试反向查找区域。

④ 测试邮件交换器。

⑤ 测试别名。

任务 4:配置辅助 DNS 服务器

(1) 在 su-dns2 上安装 DNS 服务器角色。

(2) 在 su-dns2 上创建正向辅助区域。

(3) 在 su-dns2 上创建反向辅助区域。

(4) 将 su-dc1 上的资源记录传送至辅助 DNS 服务器。

7.8 课后习题

7.8.1 填空题

1. DNS服务器的查询方式有：________、________。
2. DNS名称解析的查询模式主要有递归查询和________2种。
3. ________表示邮件交换的资源记录。
4. ________记录用来指定主机名或域名对应的IP地址记录。
5. ________记录用来指定IP地址到主机名或域名映射。

7.8.2 单项选择题

1. DNS顶级域名中表示教育机构的是(　　)。
A. edu　　B. gov　　C. com　　D. org
2. 如果为了使用主机头名架设Web网站，必须在DNS中先建立(　　)记录。
A. 域名　　B. 主机　　C. 别名　　D. 邮件交换器
3. HOSTS文件实现的功能是(　　)。
A. 提供IP地址与域名映射关系对应表　　B. 自动分配客户机的IP地址
C. 将域名转换成IP地址　　D. 将IP地址转换成域名
4. 实现DNS客户端利用IP地址来查询其主机名的功能是(　　)。
A. 正向查询　　B. 反向查询　　C. 反向区域　　D. 辅助区域
5. 以下哪条命令可以清除客户端DNS查询缓存？(　　)。
A. ipconfig　　B. ipconfig/all
C. ipconfig/displaydns　　D. ipconfig/flushdns
6. 下列选项中，哪个不是DNS的资源记录类型？(　　)。
A. A记录　　B. PTR记录
C. CNAME记录　　D. NetBIOS记录
7. 在DNS的交互模式中，测试DNS服务器的别名资源记录，应DNS的查找类型设置为(　　)。
A. MX　　B. A　　C. CNAME　　D. PRT
8. 企业的某台主机DNS名称为ftp. zenti. cc. cn，其主机名为(　　)。
A. ftp　　B. zenti. cc
C. zenti. cn　　D. zenti. cc. cn
9. 下列哪个资源记录用于指定区域中名称服务器？(　　)。
A. A记录　　B. NS记录
C. MX记录　　D. CNAME记录
10. 下列哪个资源记录标识了以某个DNS服务器为权威的域？(　　)。
A. SRV记录　　B. SOA记录

C. MX 记录　　D. CNAME 记录

11. 如果用户计算机在查询本地解析程序缓存没有解析成功时希望由服务器为其进行完全合格域名的解析，那么需要把这些用户的计算机配置为(　　)客户机。

A. WINS　　B. DHCP　　C. 远程访问　　D. DNS

12. 某企业的网络工程师安装了 1 台基本的 DNS 服务器，用来提供域名解析，网络中的其他计算机都作为这台 DNS 服务器的客户机。他在服务器创建了 1 个标准主要区域，在 1 台客户机上使用 nslookup 工具查询 1 个主机名称，DNS 服务器能够正确地将其 IP 地址解析出来。可是当使用 nslookup 工具查询该 IP 地址时，DNS 服务器却无法将其主机名称解析出来。请问应如何解决这个问题？(　　)

A. 在 DNS 服务器反向解析区域中为这条主机记录创建相应的 PTR 指针记录

B. 在 DNS 服务器区域属性上设置允许动态更新

C. 在要查询的这台客户机上运行命令 ipconfig/registerdns

D. 重新启动 DNS 服务器

13. 当 DNS 服务器收到 DNS 客户机查询 IP 地址的请求后，如果自己无法解析，那么会把这个请求送给(　　)，继续进行查询。

A. Internet 上的根 DNS 服务器　　B. DHCP 服务器

C. 邮件服务器　　D. 打印服务器

7.8.3 简答题

1. 当用户访问 Internet 资源时，为什么需要名称解析？

2. 简述 DNS 服务器主要资源记录及作用。

3. 简述 DNS 递归查询的过程。

DHCP 服务器的部署和管理

8.1 项目导入

随着公司规模的扩大，公司网络规模也扩大了，信息化办公的要求也越来越高。近期网络部陆续收到各部门的同事反映无法登录公司服务器、上不了网等情况，经排查，多数原因都是 IP 地址原因引起，或是 IP 地址未设置，或是 IP 地址冲突。为了避免同类故障，主管张小军召集部门员工开会讨论解决方案，并决定由刘海负责解决。

8.2 项目分析

在计算机比较多的网络中，如果要为整个公司的上百台计算机逐一进行 IP 地址的配置绝不是一件轻松的工作。为了更方便、简捷地完成这些工作，大多时候会采用动态主机配置协议(Dynamic Host Configuration Protocol，DHCP)自动为客户端配置 IP 地址、默认网关等信息，如表 8－1 所示。

表 8－1　DHCP 配置地址信息

DHCP 范围	公司总部	分部(北京/上海)	移动办公
地址范围	192.168.0.21～ 192.168.0.150	192.168.0.151～ 192.168.0.200	192.168.0.201～ 192.168.0.250
子网掩码	255.255.255.0	255.255.255.0	255.255.255.0
排除地址	192.168.0.51～ 192.168.0.60	192.168.0.181～ 192.168.0.185	无
保留地址	192.168.0.88 192.168.0.100	无	无
地址租约	14 天	1 天	3 小时

在该项目开始之前，首先应当对整个网络进行规划，确定网段的划分以及每个网段可能的主机数量等信息。经过充分调研，结合公司实际情况，刘海制订了实施计划：

(1) DHCP 服务器信息。

主机名：W2k8DHCP. zenti. cc　　IP 地址：192.168.0.12/24

(2) DHCP 配置地址信息。

公司总部的保留地址留给总经理室 2 台电脑使用，MAC 地址分别为：1F5C86E3FC00 和 1F5C86A236B。

8.3 预备知识

DHCP 是一种简化主机 IP 配置管理的 TCP/IP 标准。除了自动分配 IP 地址之外，DHCP 还可以用来简化客户端 TCP/IP 设置工作，减轻网络管理负担。

8.3.1 DHCP 的作用

在 TCP/IP 网络中每台计算机都必须拥有唯一的 IP 地址。设置 IP 地址可以采用 2 种方式：

1. 手工设置

手工设置即分配静态的 IP 地址。这种方式容易出错，容易造成地址冲突，适用于规模较小的网络。

2. 由 DHCP 服务器自动分配 IP 地址

适用于规模较大的网络，或者是经常变动的网络，这种方式需要用到 DHCP 服务。

使用 DHCP 具有以下好处：

(1) 实现安全、可靠的 IP 地址分配，避免因手工分配引起配置错误，还能防止 IP 地址冲突。

(2) 减轻配置管理负担，使用 DHCP 选项在指派地址租约时提供其他 TCP/IP 配置(包括 IP 地址、默认网关、DNS 服务器地址等)，大大降低配置和重新配置计算机的时间。

(3) 便于对经常变动的网络计算机进行 TCP/IP 配置，如移动设备、便携式计算机。

(4) 有助于解决 IP 地址不够用的问题。

8.3.2 DHCP 的 IP 地址分配方式

DHCP 分配 IP 地址有以下 3 种方式：

(1) 自动分配

(2) 动态分配

(3) 手动分配

8.3.3 DHCP 的系统组成

DHCP 的系统组成如图 8-1 所示。DHCP 服务器可以是安装 DHCP 服务器软件的计算机，也可以是内置 DHCP 服务器软件的网络设备，为 DHCP 客户端提供自动分配 IP 地址的服务。DHCP 客户端就是启用 DHCP 功能的计算机，启动时自动与 DHCP 服务器通信，并从服务器获得自己的 IP 地址。

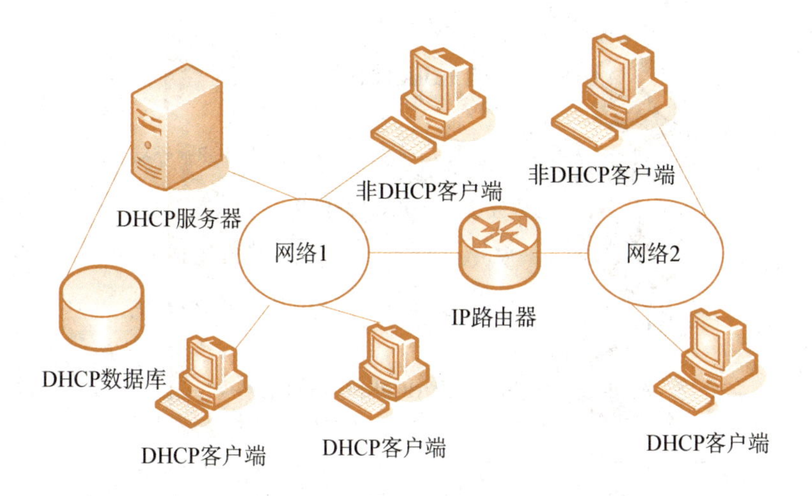

图8-1 DHCP的系统组成

通过在网络上安装和配置DHCP服务器，DHCP客户端可在每次启动并加入网络时，动态地获得其IP地址和相关配置参数。DHCP可为同一网段的客户端分配地址，也可为其他网段的客户端分配地址(应使用DHCP中继代理服务)。只有启用DHCP功能的客户端才能获得DHCP服务。

DHCP服务器需要用到DHCP数据库，该数据库主要包含以下DHCP配置信息：

(1) 网络上所有客户端的有效配置参数。

(2) 被客户端定义的地址池中维护的有效IP地址，以及用于手动分配的保留地址。

(3) 服务器提供的租约持续时间。

8.3.4 DHCP的工作原理

DHCP基于客户/服务器模式，服务器端使用UDP 67端口，客户端使用UDP 68端口。

DHCP客户端每次启动时，都要与DHCP服务器通信，以获取IP地址及有关的TCP/IP配置信息，有2种情况：DHCP客户端向DHCP服务器申请新的IP地址；已经获得IP地址的DHCP客户端要求更新租约，继续租用该地址。

1. 申请租用IP地址

只要符合下列情形之一，DHCP客户端就要向DHCP服务器申请新的IP地址。

(1) 首次以DHCP客户端身份启动。从静态IP地址配置转向使用DHCP也属于这种情形。

(2) DHCP客户端租用的IP地址已被DHCP服务器收回，并提供给其他客户端使用。

(3) DHCP客户端自行释放已租用的IP地址，要求使用1个新地址。

DHCP客户端从开始申请到最终获取IP地址的过程如图8-2所示，下面具体讲解。

(1) DHCP客户端以广播方式发出DHCPDISCOVER(探测)信息，查找网络中的DHCP服务器。

(2) 网络中的DHCP服务器收到来自客户端的DHCPDISCOVER信息之后，从IP地址池中选取1个未租出的IP地址作为DHCPOFFER(提供)信息，以广播方式发送给网络中的客户端。

图 8-2 DHCP 分配 IP 地址的过程

(3) DHCP 客户端收到 DHCPOFFER 信息之后，再以广播方式向网络中的 DHCP 服务器发送 DHCPREQUEST(请求)信息，申请分配 IP 地址。

(4) DHCP 服务器收到 DHCP 客户端的 DHCPREQUEST 信息之后，以广播方式向客户端发送 DHCPACK(确认)信息。除 IP 地址外，DHCPACK 信息还包括 TCP/IP 配置数据，如默认网关、DNS 服务器等。

(5) DHCP 客户端收到 DHCPACK 信息之后，随即获得了所需的 IP 地址及相关的配置信息。

2. 续租 IP 地址

如果 DHCP 客户端要延长现有 IP 地址的使用期限，则必须更新租约。当遇到以下 2 种情况时，需要续租 IP 地址：

(1) 不管租约是否到期，已经获取 IP 地址的 DHCP 客户端每次启动时都将以广播方式向 DHCP 服务器发送 DHCPREQUEST 信息，请求继续租用原来的 IP 地址。即使 DHCP 服务器没有发送确认信息，只要租期未满，DHCP 客户端仍然能使用原来的 IP 地址。

(2) 租约期限超过一半时，DHCP 客户端自动以非广播方式向 DHCP 服务器发出续租 IP 地址的请求。

8.4 项目实施

8.4.1 任务 1 DHCP 服务器配置与管理

8.4.1.1 子任务 1 DHCP 服务器部署

在安装 DHCP 服务器之前，首先要进行规划，主要是确定 DHCP 服务器的数目和部署的位置。

1. DHCP 规划

可根据网络的规模，在网络中安装 1 台或多台 DHCP 服务器。具体要根据网络拓扑结构和服务器硬件等因素综合考虑，主要有以下几种情况：

（1）在单一的子网环境中仅需 1 台 DHCP 服务器。

（2）非常重要的网络在部署主要 DHCP 服务器的基础上，再部署 1 台或多台辅助（或备份）DHCP 服务器，如图 8－3 所示。

（3）在路由网络中部署 DHCP 服务器，如图 8－4 所示。

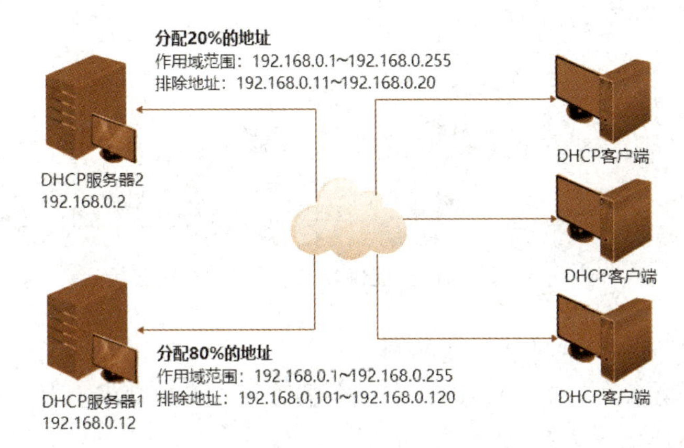

图 8－3　配置 2 台 DHCP 服务器

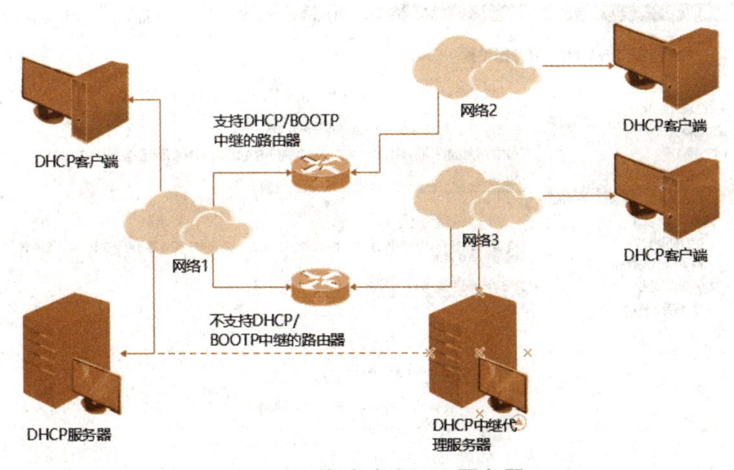

图 8－4　多宿主 DHCP 服务器

2. DHCP 服务器的安装

在 Windows Server 2008 R2 上安装 DHCP 服务器并不复杂，只是要注意 DHCP 服务器本身的 IP 地址应是固定的，不能是动态分配的，具体步骤如下：

步骤 1：在服务器管理器中运行添加角色向导，根据提示进行操作，当出现“选择服务器角色”对话框时，选中“DHCP 服务器”。

步骤 2：单击“下一步”按钮，安装程序自动检测并显示服务器上具有静态 IP 地址的网络连接，如图 8－5 所示，选择要提供 DHCP 服务的网络连接，本例中只有 1 个。

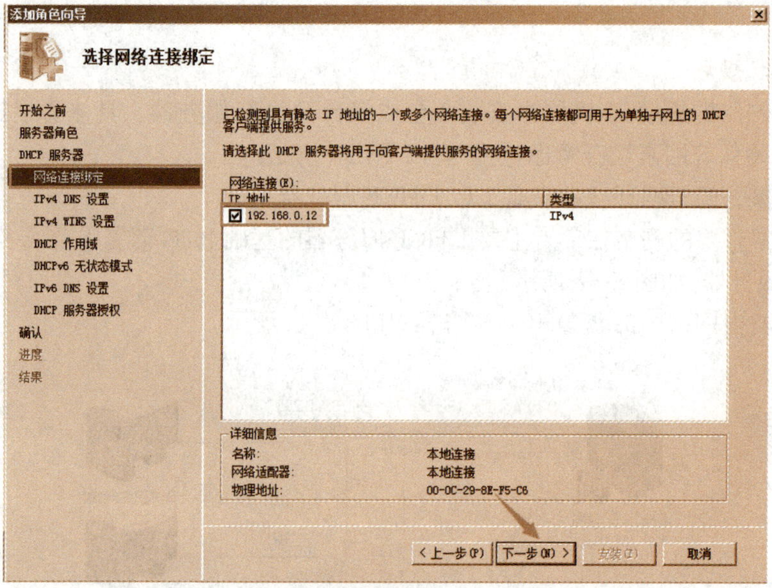

图 8-5 选择要提供 DHCP 服务的网络连接

步骤 3:单击“下一步”按钮,出现如图 8-6 所示的界面,设置关于 DNS 的服务器选项(DHCP 选项参见第 8.4.1.3 节)。DHCP 服务器除了向客户端租出 IP 地址外,还为客户端指派 DNS 等其他选项。

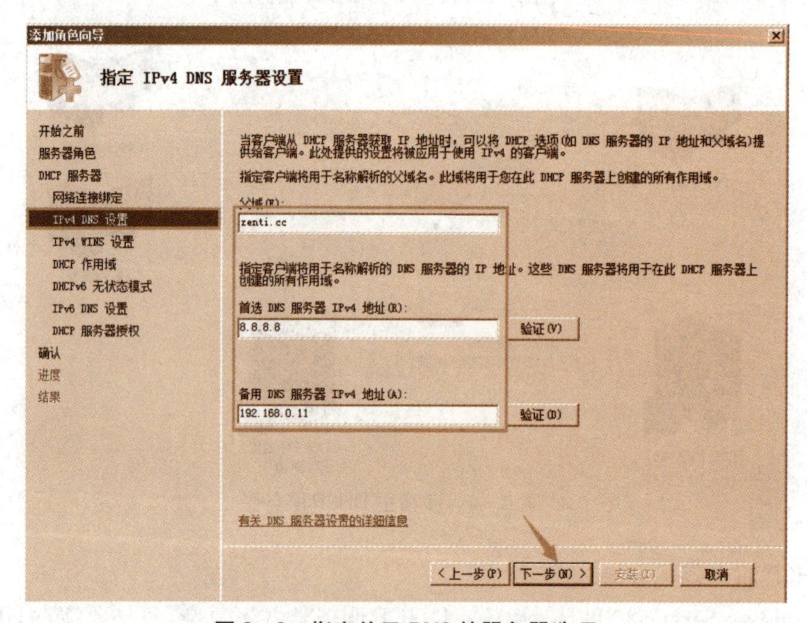

图 8-6 指定关于 DNS 的服务器选项

步骤 4:单击“下一步”按钮,出现“指定 IPv4 WINS 服务器设置”界面,与“步骤 3”类似,设置关于 WINS 的服务器选项。本例保持默认设置,未设置 WINS 服务器。

步骤 5:单击“下一步”按钮,出现“添加或编辑 DHCP 作用域”界面,添加 DHCP 作用域。后面将专门介绍 DHCP 作用域的管理,这里暂不添加作用域。

步骤 6:单击“下一步”按钮,出现如图 8-7 所示的界面,配置 DHCPv6 无状态模式。由于本项目不涉及 DHCPv6,这里保持默认设置。

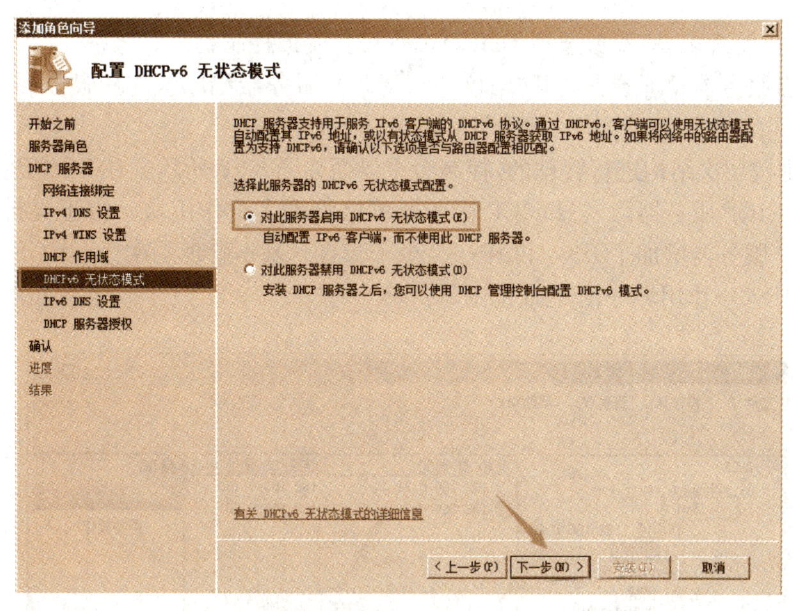

图 8-7　配置 DHCPv6 无状态模式

步骤 7:单击“下一步”按钮,出现“指定 IPv6 DNS 服务器设置”界面,为 DHCPv6 客户端设置 DNS 的服务器选项。本例保持默认设置。

步骤 8:单击“下一步”按钮,出现如图 8-8 所示的界面,配置授权 DHCP 服务器的凭据。这里选择使用当前凭据,只有 Enterprise Admins 组的成员才有权执行授权任务。

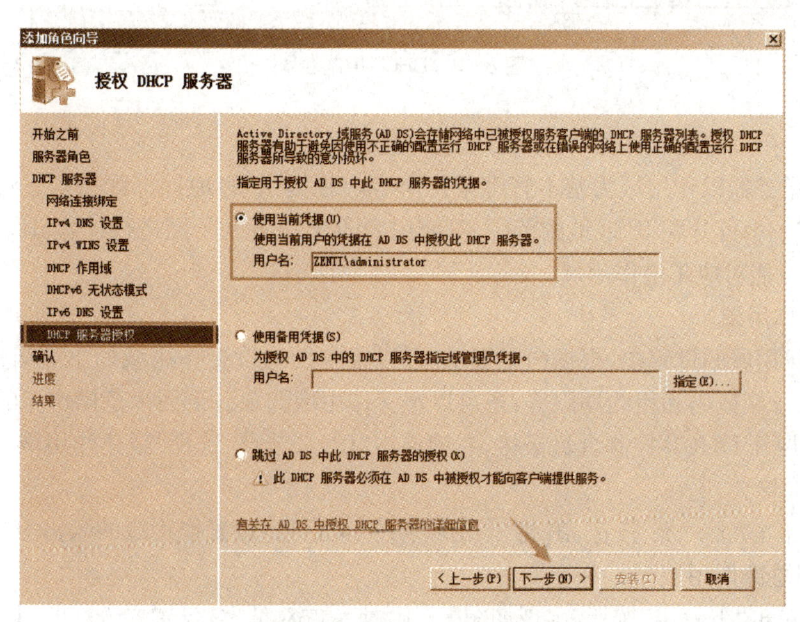

图 8-8　授权 DHCP 服务器

3. DHCP 控制台

管理员通过 DHCP 控制台对 DHCP 服务器进行配置和管理。打开 DHCP 控制台的方法如下：

方法 1：从“管理工具”菜单选择 DHCP 命令可打开该控制台。

方法 2：在服务器管理器中展开“角色”→“DHCP 服务器”节点，选择服务器节点并进一步展开，在相应的集成界面中执行配置管理任务。

DHCP 是按层次结构进行管理的，控制台主界面如图 8－9 所示。在 DHCP 控制台中可以管理多个 DHCP 服务器，1 个 DHCP 服务器可以管理多个作用域。由于支持 DHCPv6，为每个 DHCP 服务器增加了 IPv4 和 IPv6 2 个子节点。基本管理层次为 DHCP→DHCP 服务器→IPv4/IPv6→作用域→IP 地址范围。

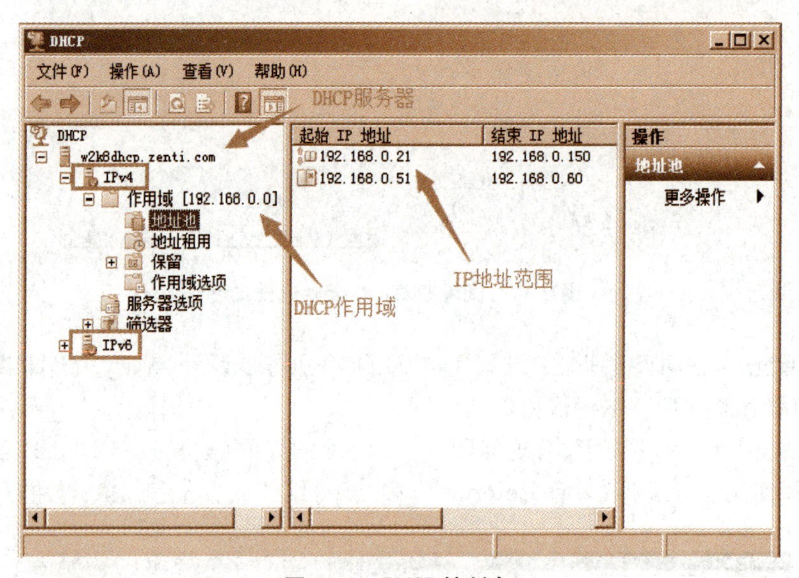

图 8－9 DHCP 控制台

8.4.1.2 子任务 2 DHCP 作用域配置与管理

DHCP 服务器以作用域为基本管理单位向客户端提供 IP 地址分配服务。作用域也称为领域，是在一个可分配 IP 地址的范围，对使用 DHCP 服务的子网进行计算机管理性分组。1 个 IP 子网只能对应 1 个作用域。

1. 创建作用域

在创建作用域的过程中，根据向导提示，可以很方便地设置作用域的主要属性，包括 IP 地址的范围、子网掩码和租约期限等，还可以定义作用域选项。下面示范操作步骤：

步骤 1：展开 DHCP 控制台目录树，右键单击“IPv4”节点，选择“新建作用域”命令，启动新建作用域向导。

步骤 2：单击“下一步”按钮，出现“作用域名称”对话框，设置作用域的名称为“总部”和说明信息“公司总部作用域”。

步骤 3：单击“下一步”按钮，出现如图 8－10 所示的对话框，设置要分配的 IP 地址范围，其中“长度”和“子网掩码”用于解析 IP 地址的网络和主机部分，本例中设置的地址范围为

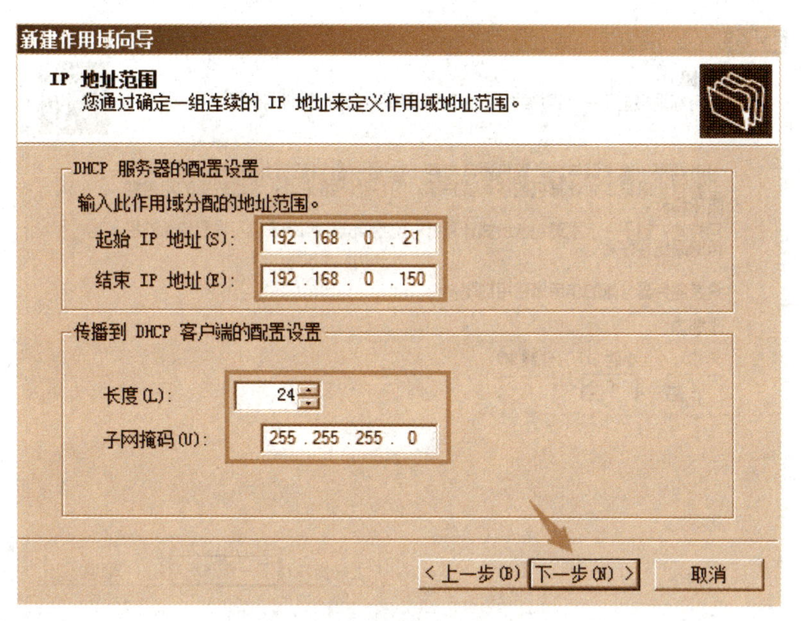

图 8 - 10　设置 IP 地址范围

"192.168.0.21～192.168.0.150"，子网掩码为 24 位。

步骤 4：单击"下一步"按钮，出现如图 8 - 11 所示的对话框。可根据需要从 IP 地址范围中选择 1 段或多段要排除的 IP 地址，排除的地址不能对外出租。如果要排除单个 IP 地址，只需在"起始 IP 地址"文本框中输入地址即可。

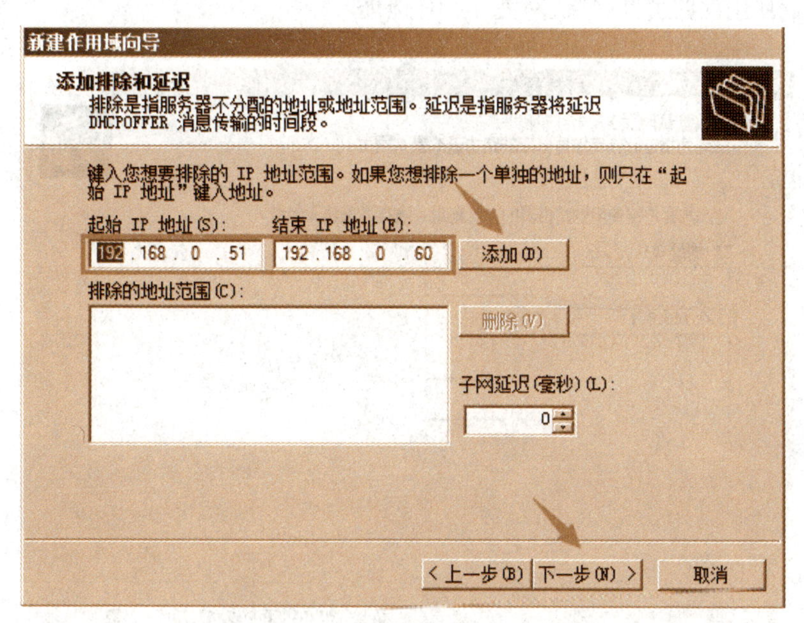

图 8 - 11　设置要排除的 IP 地址范围

步骤 5：单击"下一步"按钮，出现如图 8 - 12 所示的对话框，定义客户端从作用域租用 IP

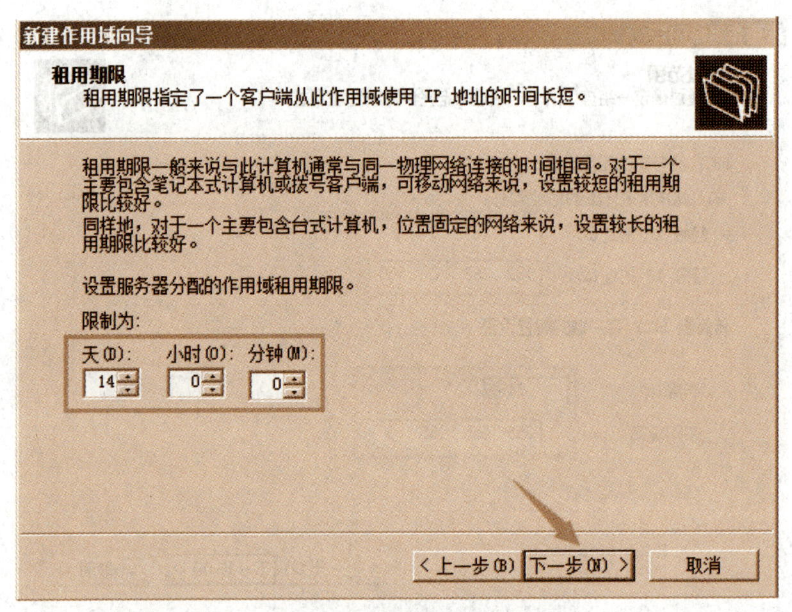

图 8－12 设置租约期限

地址的时间期限，本例设置为 14 天。对于经常变动的网络，租期应短一些。

步骤 6：单击“下一步”按钮，出现“配置 DHCP 选项”对话框，从中选择是否为此作用域配置 DHCP 选项。这里选择“是”选项，否则将跳到步骤 10。

步骤 7：单击“下一步”按钮，出现如图 8－13 所示的对话框。设置此作用域发送给 DHCP 客户端使用的路由器(默认网关)的 IP 地址。

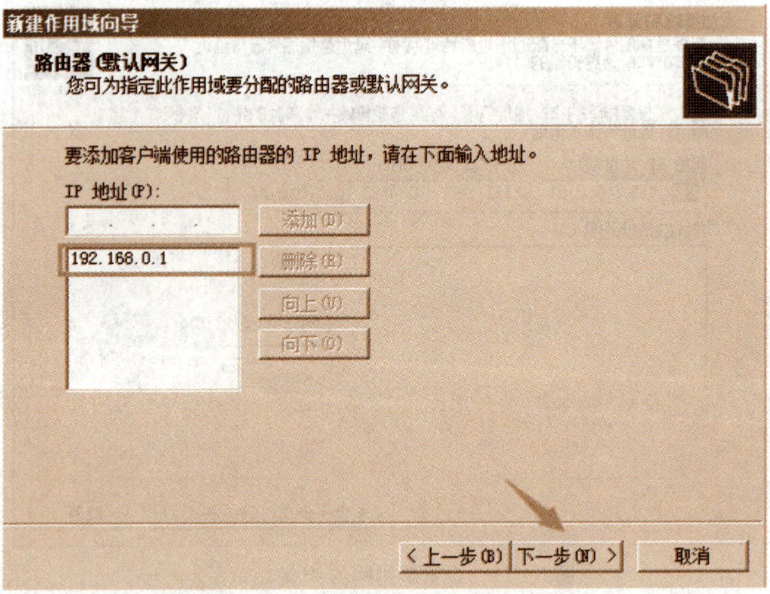

新建作用域向导
路由器(默认网关)
您可为指定此作用域要分配的路由器或默认网关。
要添加客户端使用的路由器的 IP 地址，请在下面输入地址。
IP 地址(P):
添加(D)
192.168.0.1 删除(R)
向上(U)
向下(O)
< 上一步(B) 下一步(N) > 取消

图 8－13 设置路由器(默认网关)选项

步骤8:单击“下一步”按钮,出现如图8-14所示的对话框。

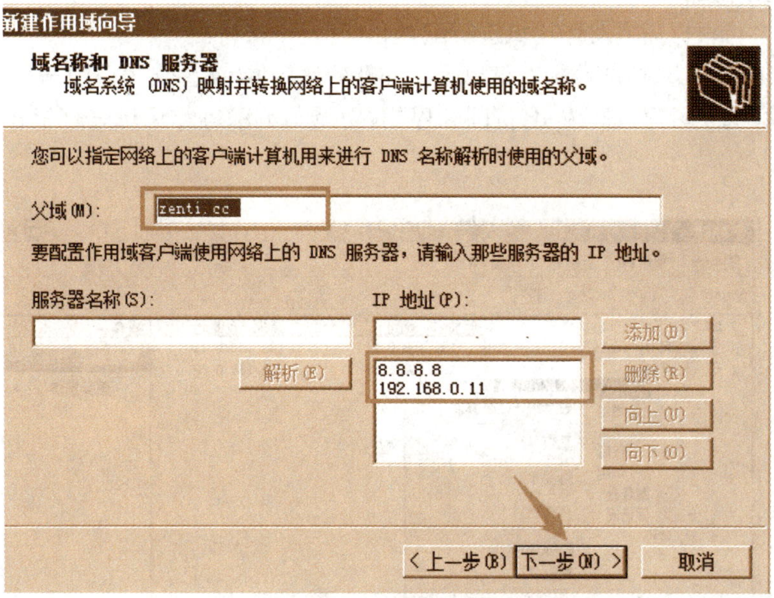

新建作用域向导
域名称和 DNS 服务器
域名系统 (DNS) 映射并转换网络上的客户端计算机使用的域名称。
您可以指定网络上的客户端计算机用来进行 DNS 名称解析时使用的父域。
父域(M): zenti.cc
要配置作用域客户端使用网络上的 DNS 服务器,请输入那些服务器的 IP 地址。
服务器名称(S):
IP 地址(P):
添加(D)
解析(E)
8.8.8.8
192.168.0.11
删除(R)
向上(U)
向下(O)
< 上一步(B) 下一步(N) > 取消

图8-14 设置域名称和DNS服务器选项

步骤9:单击“下一步”按钮,出现如图8-15所示的对话框,设置客户端使用的WINS服务器。

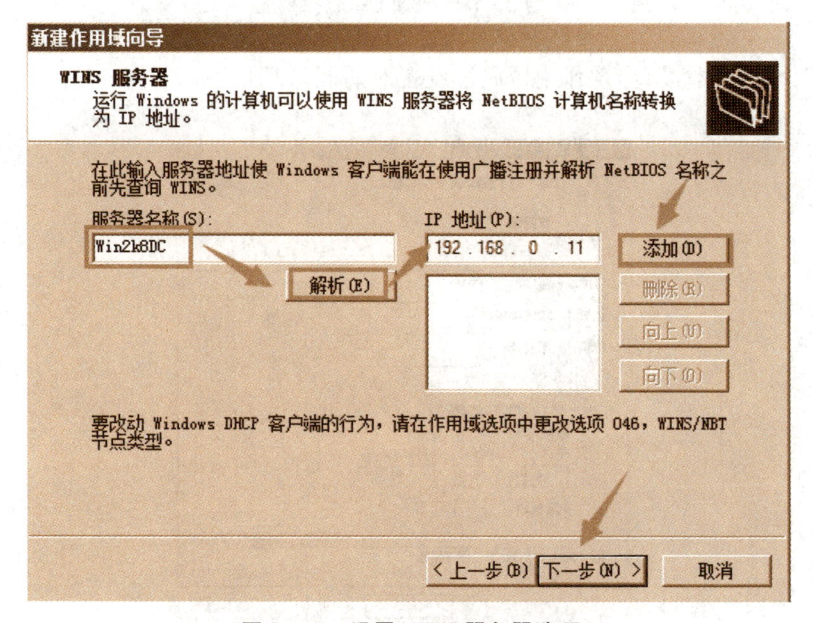

图8-15 设置WINS服务器选项

步骤10:单击“下一步”按钮,出现对话框,提示是否激活该作用域,这里选择“是,我想现在激活此作用域”,该作用域就可以提供DHCP服务了。

步骤 11:单击“下一步”按钮,最后单击“完成”按钮完成作用域的创建。

2. 管理作用域

管理员也可根据需要对作用域进行配置和调整,步骤为:

步骤 1:在 DHCP 控制台中右键单击要处理的作用域,从弹出菜单中选择“属性”“停用”“协调”“删除”选项可完成修改 IP 范围和停用、协调与删除等作用域管理操作。如图 8-16 所示。

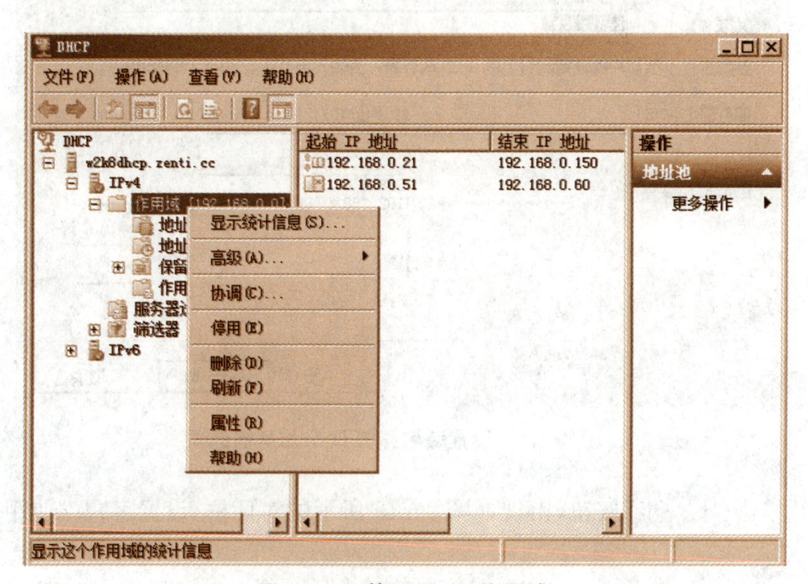

图 8-16 管理 DHCP 作用域

步骤 2:单击“属性”,出现作用域属性设置对话框,如图 8-17 所示。

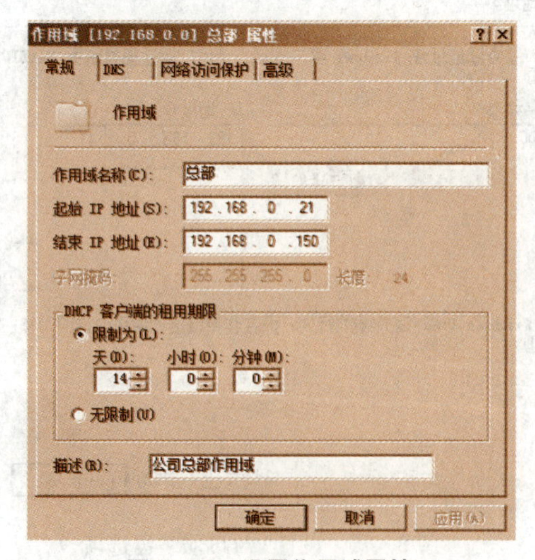

图 8-17 设置作用域属性

3. 设定客户端保留地址

服务器不允许将排除的地址分配给客户端,而将保留的特定 IP 地址留给特定的 DHCP

客户端，供其“永久使用”。这在实际应用中很有用处，一方面可以避免用户随意更改 IP 地址；另一方面用户也无须设置自己的 IP 地址、网关地址、DNS 服务器等信息，可以通过此功能逐一为用户设置固定的 IP 地址，即所谓“IP-MAC”绑定，减少维护工作量。

要创建保留区，在 DHCP 控制台展开相应的作用域，操作步骤如下：

步骤 1：右键单击其中的“保留”节点，选择“新建保留”命令，打开如图 8－18 所示的对话框。

步骤 2：在“保留名称”文本框中指定保留的标识名称，在“IP 地址”框中输入要为客户端保留的 IP 地址；在“MAC 地址”框中输入客户端网卡的 MAC 编号(物理地址)，选择所支持的客户端类型，然后单击“添加”按钮，将保留的 IP 地址添加到 DHCP 数据库中。

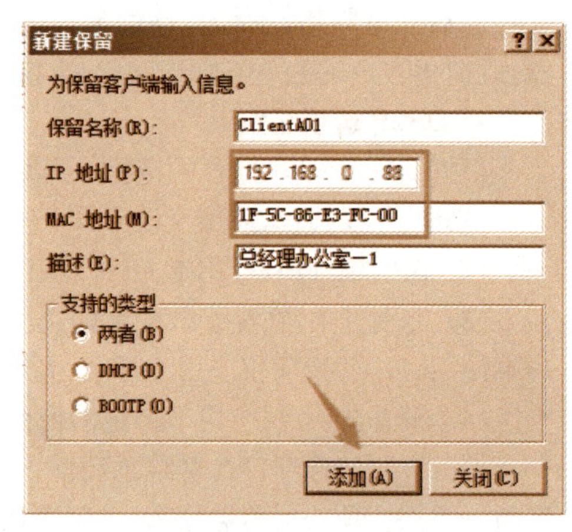

图 8－18 设置保留地址

4. 管理地址租约

DHCP 服务器为其客户端提供租用的 IP 地址，每份租约都有期限，到期后如果客户端要继续使用该地址，则客户端必须续租。租约到期后，将在服务器数据库中保留大约 1 天的时间，以确保在客户端和服务器处于不同时区、计算机时钟没有同步、在租约过期时客户端从网络上断开等情况下，能够继续维持客户租约。过期租约保留在活动租约列表中，用变灰的图标来区分。

在 DHCP 控制台展开某作用域，单击其中的“地址租用”节点，可查看当前的地址租约，如图 8－19 所示。

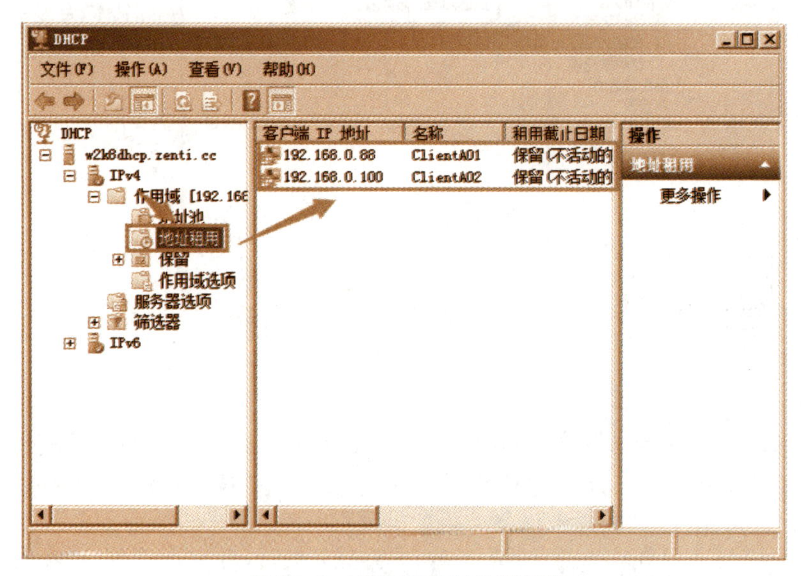

图 8－19 查看和管理地址租约

管理员可以通过删除租约来强制中止租约。删除租约与客户租约过期有相同的效果，下一次客户端启动时，必须进入初始化状态并从 DHCP 服务器获得新的 TCP/IP 配置信息。

8.4.1.3 子任务 3 使用 DHCP 选项配置客户端的 TCP/IP 设置

除了为 DHCP 客户端动态分配 IP 地址外，还可以通过 DHCP 选项设置，使 DHCP 客户端在启动或更新租约时，自动配置 TCP/IP 设置，如默认网关、WINS 服务器和 DNS 服务器，既简化客户端的 TCP/IP 设置，又方便了整个网络的统一管理。

1. DHCP 选项级别

根据 DHCP 选项的作用范围，可以设置 4 个不同级别的 DHCP 选项：

(1) 服务器选项，应用于该 DHCP 服务器所有作用域的所有客户端。

(2) 作用域选项，应用于 DHCP 服务器上的某特定作用域的所有客户端。

(3) 类别选项，在类别级配置的选项，只对向 DHCP 服务器标明自己属于特定类别的客户端使用。这些选项仅应用于标明为获得租约时指定的用户或供应商成员的客户端。

(4) 保留选项，仅应用于特定的保留客户端。

不同级别的选项存在着继承和覆盖关系，层次从高到低的顺序为“服务器选项→作用域选项→类别选项→保留选项”。下层选项自动继承上层选项，下层选项覆盖上层选项。

2. DHCP 选项设置

步骤 1：展开 DHCP 控制台，单击要设置的作用域节点下的“作用域选项”节点，详细窗格中列出当前已定义的作用域选项，如图 8－20 所示。

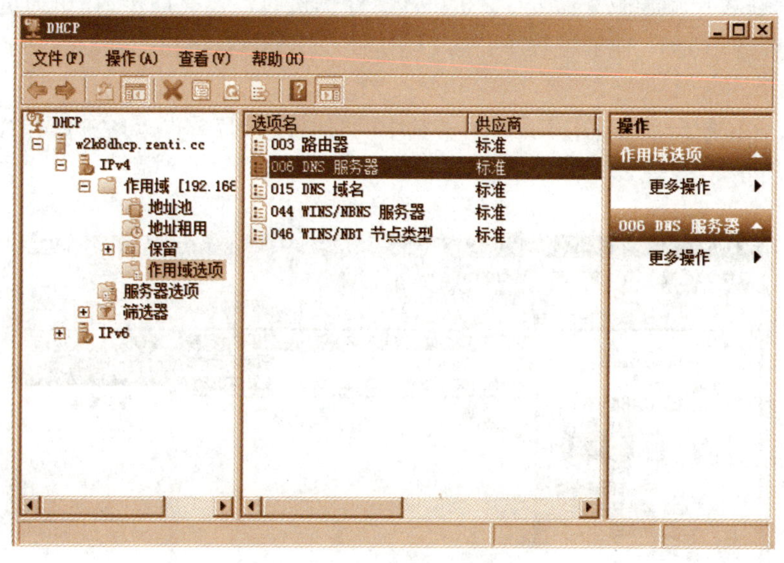

图 8－20 作用域选项列表

步骤 2：双击列表中要设置的作用域选项，或者右键单击“作用域选项”节点并选择“配置选项”命令，打开如图 8－21 所示的对话框，可从中修改现有选项或添加新的选项。

步骤 3：从“可用选项”列表中选择要设置的选项，定义相关的参数。

Windows 系统计算机作为 DHCP 客户端支持的 DHCP 选项比较有限，常见选项有 003 路由器、006 DNS 服务器、015 DNS 域名、044 WINS/NBNS 服务器、046 WINS/NBT 节点类型、047 NetBIOS 作用域表示。使用新建作用域向导创建作用域时，可直接设置 DNS 域名、DNS服务器、路由器和WINS等选项。

步骤4：单击“确定”按钮完成作用域选项配置。

8.4.1.4　子任务4　DHCP服务器级配置与管理

1. DHCP服务器两级管理

在Windows Server 2008 R2中可对DHCP服务器进行两个级别的配置管理。

(1) 一级是DHCP服务器本身的配置管理。

步骤：在DHCP控制台中右键单击DHCP服务器，从快捷菜单中选择相应的命令，如图8-22所示，可对DHCP服务器进行授权/删除、DHCP数据库的备份与还原、DHCP服务的启动与停止等操作。

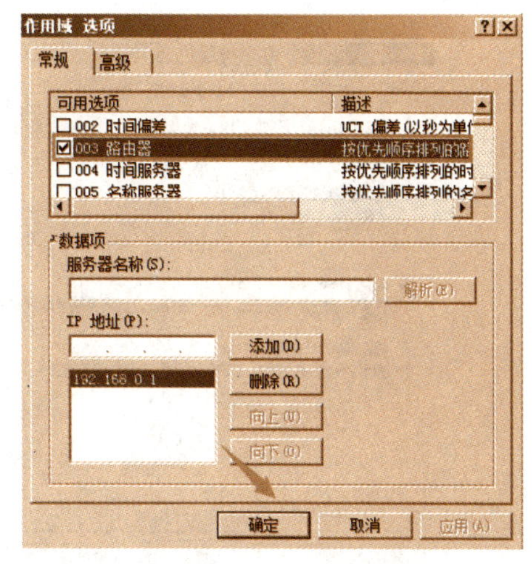

图8-21　作用域选项设置

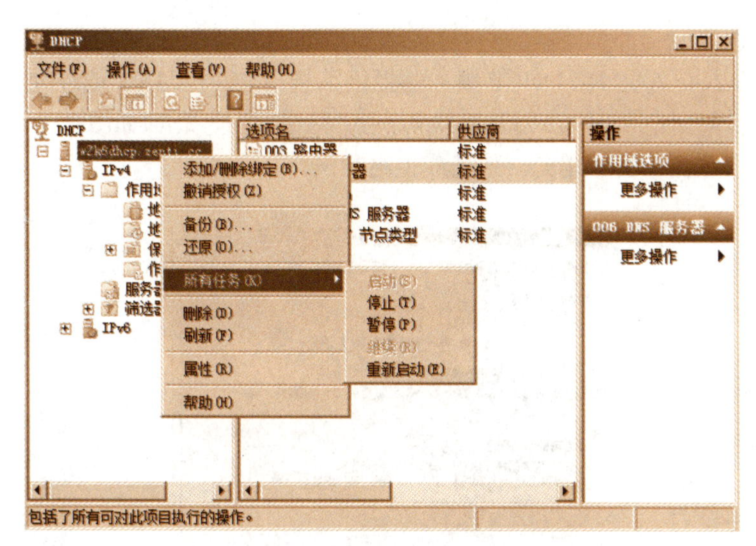

图8-22　管理DHCP服务器

(2) 二级是对IPv4/IPv6节点的配置管理。

步骤：以IPv4节点为例，在DHCP控制台中右键单击DHCP服务器，选择“属性”，打开如图8-23所示对话框。实际工作中主要用到IPv4属性设置。

2. 设置冲突检测

设置冲突检测是一项DHCP服务器的重要功能。如果启用这项功能，DHCP服务器在提供客户端的DHCP租约时，可用Ping程序测试可用作用域的IP地址。如果Ping程序探测到某个IP地址正在网络上使用，DHCP服务器就不会将该地址租给客户，步骤为：

步骤：在图8-23对话框中切换到“高级”选项卡，如图8-24所示。在“冲突检测次数”框中输入大于0的数字，然后单击“确定”按钮。

这里的数字决定了将其租给客户端之前DHCP服务器测试IP地址的次数，建议用不大于2的数值进行Ping程序测试，默认为0。

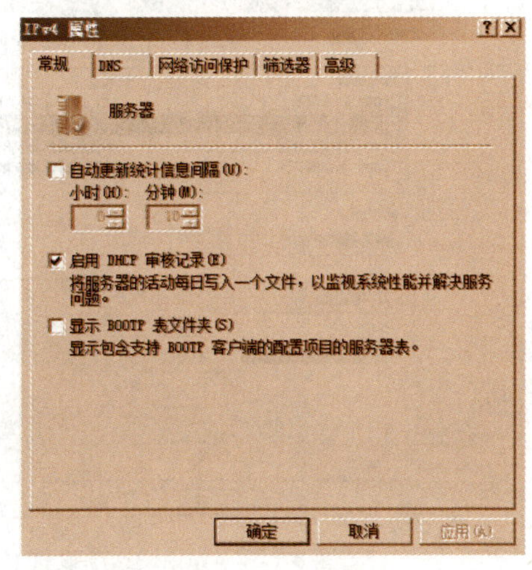

图 8-23　IPv4 属性设置

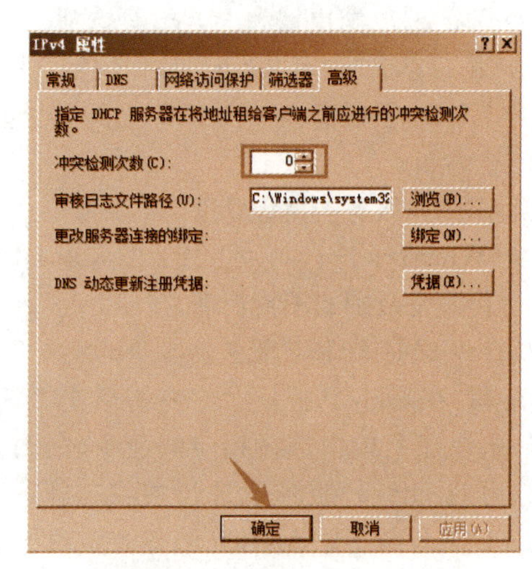

图 8-24　设置冲突检测功能

3. 设置筛选器

Windows Server 2008 R2 DHCP 服务器提供筛选器，基于 MAC 地址允许或拒绝客户端使用 DHCP 服务。在图 8-23 对话框中切换到“筛选器”选项卡，如图 8-25 所示，默认没有启用筛选器，可根据需要启用允许列表或拒绝列表。

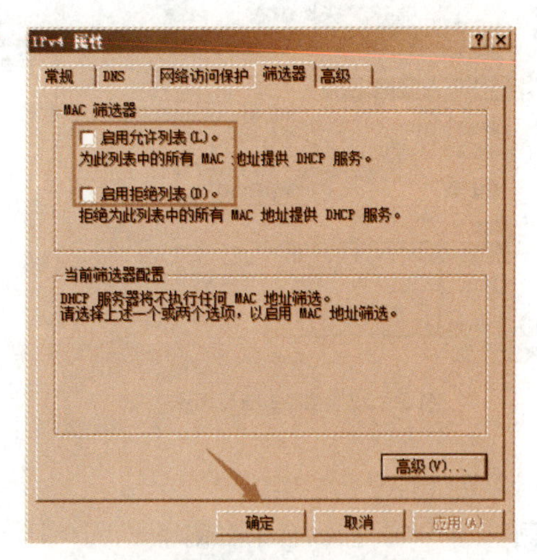

图 8-25　设置 MAC 筛选器

8.4.2　任务 2　DHCP 客户端配置与管理

DHCP 客户端软件由操作系统内置，而用于服务器端的 DHCP 软件主要由网络操作系统内置，如 Linux、Windows，它们可支持非常复杂的网络。

DHCP 客户端使用 2 种不同的过程与 DHCP 服务器通信并获得配置信息。

8.4.2.1　子任务 1　配置 DHCP 客户端

DHCP 客户端的安装和配置非常简单。在 Windows 操作系统中安装 TCP/IP 时，就已安装了DHCP客户程序，需要配置DHCP客户端，通过网络连接的“TCP/IP属性”对话框，切换到“IP地址”选项卡，选中“自动获取IP地址”单选按钮即可。只有启用DHCP的客户端才能从DHCP服务器租用IP地址，否则必须手工设定IP地址。

VMWare虚拟机默认组网模式为NAT，内置有DHCP服务，在测试DHCP时注意关闭该服务。

8.4.2.2 子任务2 DHCP客户端续租地址和释放租约

在DHCP客户端可要求强制更新和释放租约。当然，DHCP客户端也可不释放，不更新(续租)，等待租约过期而释放占用的IP地址资源。一般使用命令行工具ipconfig来实现此功能。

(1) 执行命令ipconfig/renew可更新所有网络适配器的DHCP租约。

(2) DHCP客户端可以主动释放自己的IP地址请求。

(3) 执行命令ipconfig/release可释放所有网络适配器的DHCP租约。

(4) 执行命令ipconfig/renew adapter可释放指定网络适配器的DHCP租约。

8.5 知识拓展

8.5.1 DHCP与DNS的集成

Windows Server 2008 R2支持DHCP与DNS集成。当DHCP客户端通过DHCP服务器取得IP地址后，DHCP服务器自动复制1份资料给DNS服务器。安装DHCP服务时，可以配置DHCP服务器，使之能代表其DHCP客户端对任何支持动态更新的DNS服务器进行更新。

如果由于DHCP的原因而使IP地址信息发生变化，则会在DNS服务器中进行相应的更新，对该计算机的名称到地址的映射进行同步。DHCP服务器可为不支持动态更新的传统客户端执行代理注册和DNS记录更新。

要使DHCP服务器代理客户端实现DNS动态更新，可在相应的DHCP服务器和DHCP作用域上设置DNS选项，具体方法是：

步骤：展开DHCP控制台，右键单击IPv4节点或作用域，选择“属性”命令打开属性对话框，切换到DNS选项卡(图8-26)，设置相应选项即可。

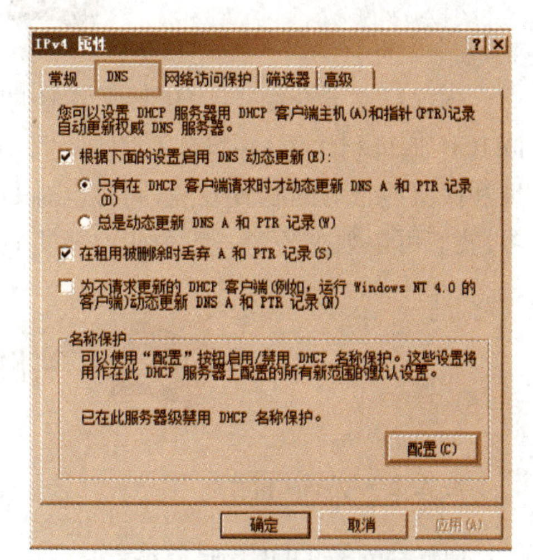

图8-26 设置DNS动态更新

默认情况下，始终会对新安装的Windows Server 2008 R2 DHCP服务器，以及为它们创建的任何新作用域进行更新操作。可以设置以下3种模式：

(1) 按需动态更新，即DHCP服务器根据DHCP客户端请求进行注册和更新。

(2) 总是动态更新，即DHCP服务器始终注册和更新DNS中的客户端信息。

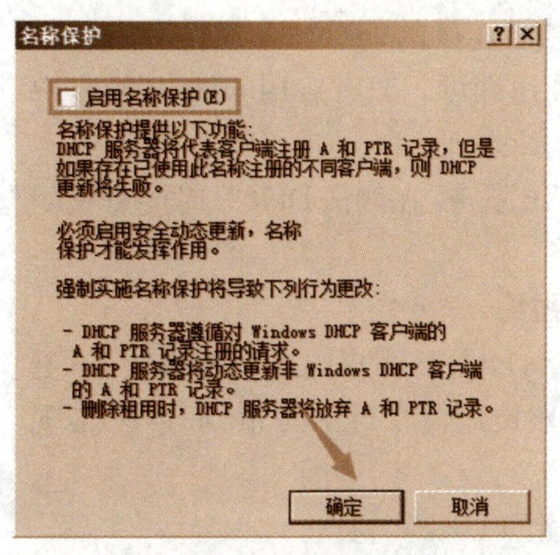

图 8-27 设置名称保护

(3) 不允许动态更新，即 DHCP 服务器从不注册和更新 DNS 中的客户端信息。

以上 3 种模式都是针对基于 Windows 的 DHCP 服务器和 DHCP 客户端的设置。还可将 DHCP 服务器设置为代理其他不支持 DNS 动态更新的 DHCP 客户端，此时应选中"为不请求更新的 DHCP 客户端"复选框。

另外，Windows Server 2008 R2 DHCP 服务器支持名称保护，以防止覆盖已注册的名称。

步骤：在 DNS 选项卡中单击"名称保护"区域的"配置"按钮可打开如图 8-27 所示的对话框，其中默认没有启用名称保护功能，可根据需要启用。

8.5.2 DHCP 与 WINS 的集成

通过解决 IP 地址管理的问题，DHCP 也相应地解决了 NetBIOS 名称解析问题。当 IP 地址被自动或动态分配给网络客户时，管理员要记录不断改变的分配地址几乎是不可能。

鉴于此，WINS 与 DHCP 一起合作提供自动的 NetBIOS 名称服务器，在 DHCP 分配新的 IP 地址的时候，WINS 服务器都会更新。可以在客户端手动设置 WINS 服务器，最好通过 DHCP 选项为客户端自动配置 WINS 服务器。当然，只有在需要 NetBIOS 的环境中，WINS 才是必需的。

8.6 项目小结

本项目主要介绍了 DHCP 服务器的基本知识和配置管理方法，包括 IP 地址相关知识、DHCP、地址租约等；在操作上主要对 DHCP 规划、作用域的创建与管理、地址范围、排除地址和保留地址等的配置方法，同时也对 DHCP 选项的配置方法作了介绍。通过本项目的学习，我们可以独立搭建一般企业内部的 DHCP 服务器。

8.7 实践训练(工作任务单)

8.7.1 实训目标

(1) 会安装 DHCP 服务器。
(2) 会创建 DHCP 服务器作用域。
(3) 会配置和管理 DHCP 服务器的保留地址。
(4) 会使用 ipconfig 命令来测试 DHCP 服务器。

8.7.2　实训场景

如果你是 Sunny 公司的网络管理员，需要部署 1 台 DHCP 服务器，使公司所有的客户端通过 DHCP 服务器自动获得 IP 地址，其要求如下：

(1) 动态分配 IP 地址的范围为：192.168.1.2～192.168.1.254，子网掩码为：255.255.255.0。

(2) 192.168.1.200～192.168.1.219 已分配给局域网网内的服务器使用。

(3) 在文印室有 1 台计算机用于接收上级部门的重要文件，需要设置为保留地址 192.168.1.100。

(4) DNS 服务器的 IP 地址和域名根据域控制器和辅助 DNS 服务器 IP 地址进行设置。

(5) 网关设置为：192.168.1.1。

网络实训环境如图 8-28 所示。

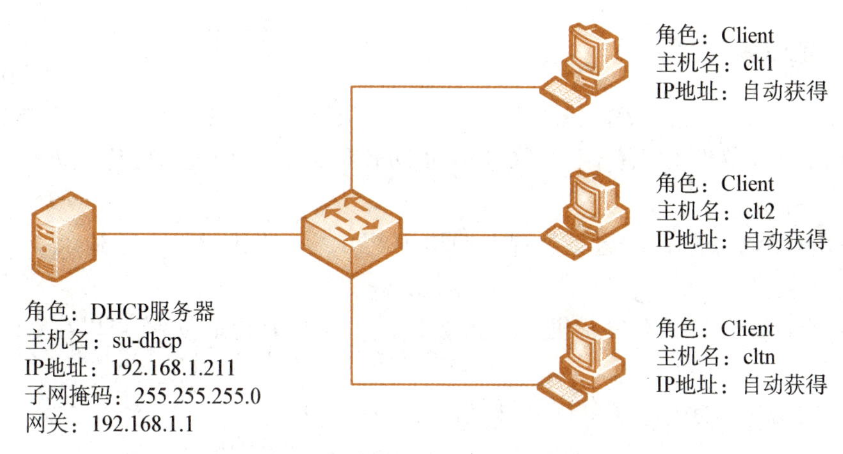

图 8-28　部署和管理 DHCP 服务器实训环境

8.7.3　实训任务

任务 1：在 su-dc1 上安装 DHCP 服务器角色

任务 2：配置 DHCP 服务器

(1) 配置服务器选项。

006 DNS 服务器 192.168.1.200、114.114.114.114，015 DNS 域名 sunny.com。

(2) 配置作用域。

作用域名称：su-dhcp-localnet，IP 地址范围：192.168.1.2～192.168.1.254，DHCP 客户端子网掩码：255.255.255.0，排除地址：192.168.1.200～192.168.1.219。

(3) 配置作用域选项。

003 路由器 192.168.1.1，006 DNS 服务器 192.168.1.200，192.168.1.210，015 DNS 域名 sunny.com。

(4) 配置保留地址。

保留名称：文印室计算机，IP 地址：192.168.1.100，MAC 地址：su-clt2 计算机的 MAC

地址。

任务3:配置DHCP客户端并测试DHCP服务器

(1) su-clt1计算机设置为自动获得IP地址。

(2) 使用ipconfig/all查看客户机su-clt1详细的IP地址信息,并确认当前显示的IP地址是否为DHCP服务器动态分配的IP地址。

(3) 请回答:在客户机su-clt1中获得的DNS服务器IP地址是:192.168.1.200、114.114.114.114还是192.168.1.200、192.168.1.210,为什么?

(4) 使用ipconfig/release命令释放当前IP地址。

(5) 使用ipconfig/renew命令更新IP地址。

8.8 课后习题

8.8.1 填空题

1. DHCP的IP地址的分配方式有________方式、________方式和________方式。

2. 在DHCP服务器中,有4种不同级别的DHCP选项,4种选项的优先级别由低到高依次为________、________、________、________。

3. 在DHCP动态分配IP地址过程中DHCP客户端会发出________和________报文,而DHCP服务器会回应________和________报文。

4. 如果希望1台DHCP客户机总是获取1个固定的IP地址,那么可以在DHCP服务器上为其设置________地址。

5. 运行________命令可以在DHCP客户端上释放IP租约。

8.8.2 单项选择题

1. DHCP协议的作用是(　　)。

A. 为客户机自动进行注册　　B. 实现服务器远程自动登录

C. 为客户机自动分配IP地址　　D. 为客户机自动分配计算机名

2. 在安装DHCP服务器之前,必须保证这台计算机具有(　　)。

A. 静态的IP地址　　B. 动态的IP地址

C. DNS服务器的IP地址　　D. Web服务器的IP地址

3. DHCP服务的工作过程不包括(　　)。

A. IP地址租约的发现阶段　　B. IP地址租约的选择阶段

C. IP地址租约的确认阶段　　D. IP地址租约的终止阶段

4. 安装完DHCP服务以后,在DHCP管理控制中发现服务器前面是红色向下的箭头,这是因为(　　)。

A. 当前用户权限不够　　B. 组件安装不完整

C. 没有对服务器进行授权　　D. 没有激活服务器

5. 下列选项中,(　　)可以在多个网络中实现DHCP服务。

A. 设置 IP 作用域　　B. 设置子网掩码

C. 设置 DHCP 中继代理　　D. 设置 IP 地址保留

6. 运行下列哪个命令可以查看本机从 DHCP 服务器上所获得的 IP 地址信息？(　　)。

A. ipconfig/all　　B. ipconfig/renew

C. ipconfig/release　　D. ipconfig/find

7. 运行下列哪个命令可以在 DHCP 客户端上更新 IP 租约？(　　)。

A. ipconfig/all　　B. ipconfig/renew

C. ipconfig/release　　D. ipconfig/find

8. 公司有 1 台系统为 Windows Server 2008 的 DHCP 服务器，该服务器上有多个作用域，原来为多个网段分配 IP 地址，每个网段的网关设置都不同，需要(　　)进行配置。

A. 在各自的作用域下配置“作用域选项”　　B. 在“服务器选项”中统一配置

C. 在“保留选项”中单独配置　　D. 在其中任意一个作用域中配置即可

9. 网络管理员小李在 1 台装有 Windows Server 2008 R2 操作系统的计算机上安装了 DHCP 服务，创建了作用域并激活。其中 DHCP 服务器的 IP 地址为：192.168.10.254/24，作用域为：192.168.10.1～192.168.10.200，在服务器选项中配置 DNS 服务器地址是：61.128.128.68，默认网关为 192.168.10.1，在作用域选项中配置 DNS 服务器地址是：61.128.192.68，默认网关为 192.168.10.253，则客户机从网络中获得的 DNS 服务器 IP 地址和默认网关分别是(　　)。

A. 61.128.128.68、192.168.10.1　　B. 61.128.192.68、192.168.10.1

C. 61.128.192.68、192.168.10.253　　D. 61.128.128.68、192.168.10.253

10. 1 个局域网利用 Windows Server 2008 R2 的 DHCP 服务器为网络中所有的计算机提供动态 IP 地址分配服务。网络管理员发现 1 台计算机不能与网络中的其他计算机互相通信，但此时网络中其他计算机之间仍然可以正常通信。而且在此之前，该计算机与网络中的其他计算机的通信也是正常的。为了查明故障所在，管理员使用“ipconfig/all”命令查看该计算机的 TCP/IP 配置信息，却发现该计算机的 IP 地址为“169.254.11.5”，导致这一现象的原因可能是？(　　)。

A. 该计算机的 IP 地址已超过租约期限，而且暂时无法和 DHCP 服务器取得联系，导致动态申请地址失败

B. DHCP 服务器中的 IP 地址池中已无可分配的 IP 地址

C. DHCP 服务器中的区域设置有误

D. 该计算机不是该 DHCP 服务器的客户端

8.8.3 简答题

1. 什么是 DHCP？DHCP 地址分配的类型有哪几种？
2. 简述 DHCP 服务器的工作过程。
3. 动态 IP 地址方案有什么优点和缺点？

文件与打印服务器的部署和管理

9.1 项目导入

计算机网络最基本的功能是资源共享和信息交流。在资源共享方面,在公司内部用得最多的就是文件和打印机的共享。在重庆正泰网络科技有限公司的网络建设规划中,也是把实现文件和打印机等资源的管理和共享作为主要的应用目的,所以本项目的主要目标就是通过 Windows Server 2008 R2 服务器和活动目录配置来实现文件和打印共享服务。

9.2 项目分析

文件和打印机共享历来都是网络应用中的重点内容。根据该公司的网络规划,结合公司实际情况,网络部人员研究后决定,在公司内部架设文件服务器,打印机按 1 个办公室共享 1 台打印机进行部署。详细计划如下:

(1) 服务器信息。

服务器名:W2k8Share. zenti. cc　　IP 地址:192. 168. 0. 17

(2) 共享目录信息。

按各部门需求配置共享目录,并设置相应权限。共享目录位置:D 盘,具体目录为:

Market

AdminDept

Develop

(3) 按部门设置共享打印机。

9.3 预备知识

9.3.1 文件服务器概述

文件共享服务由文件服务器提供,网络操作系统提供的文件服务器能满足多数文件共享需求。

1. 文件服务器概念

文件服务器负责共享资源的管理和传送接收，管理存储设备（硬盘、光盘、磁带）中的文件，为网络用户提供文件共享服务，又称文件共享服务器。如图 9－1 所示，当用户需要使用文件时，可访问文件服务器上的文件，而不必在各自的计算机之间传送文件。除了文件管理功能之外，文件服务器还需要提供配套的磁盘缓存、访问控制、容错等功能。

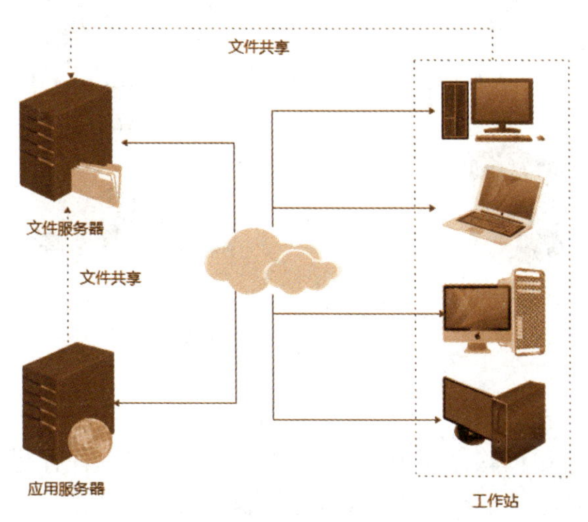

图 9－1　文件服务器

2. 文件服务器解决方案

文件服务器的部署主要考虑存取速度、存储容量和安全措施等因素，主要有 2 类解决方案：专用文件服务器和通用文件服务器。

通用文件服务器由操作系统实现。一般用户可通过网络操作系统来实现文件共享，UNIX、Linux、Novell、Windows 等操作系统都可以提供文件共享服务。Windows 系统由于操作管理简单、功能强大，在中小用户群的普及率非常高，使用 PC 服务器或 PC 机就可快速建立文件服务器。

9.3.2　打印服务器的概述

网络共享打印机是通过打印服务器实现的，这种打印方式称为网络打印，能集中管理和控制打印机，降低总体拥有成本，提高整个网络的打印能力、打印管理效率和打印系统的可用性。

1. 打印服务器的概念

打印服务器就是将打印机通过网络向用户提供共享使用服务的计算机，如图 9－2 所示。

2. 打印服务器解决方案

解决方案主要有 2 类：硬件打印服务器和软件打印服务器。

硬件打印服务器相当于 1 台专用计算机，拥有独立的网络地址。硬件打印服务器配置容易、功能强大、打印速度快、效率高，能支持大量用户的打印共享，一般与网络打印管理软件相配合，便于管理用户和打印机。高端的打印服务器适合大中型企业和集团用户。硬件

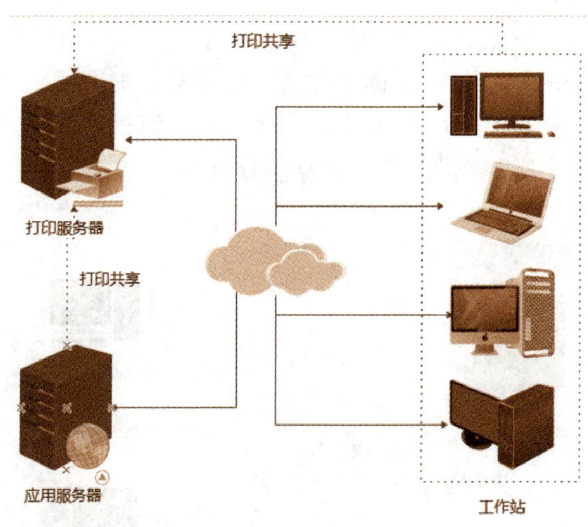

图 9-2 打印服务器

打印服务器又可分为外置打印服务器和内置打印服务器。

软件打印服务器是通过软件实现的,将普通打印机连接到计算机上,利用操作系统实现打印共享。通常与文件服务器结合在一起,打印机共享类似于文件共享。软件打印服务器成本低廉,但是效率较低,打印共享依赖于服务器计算机。这种方案适用于打印任务量不多、用户相对集中、要求不高的场合,如小型企业、工作组或单位部门。

UNIX、Linux、Novell、Windows 等操作系统都可提供打印共享服务。Windows 系统将文件和打印机共享作为最基本的网络服务之一,Windows 系统计算机将所连接的打印机共享,就可成为软件打印服务器。

9.3.3 Microsoft 网络共享组件

Microsoft 网络共享采用典型的客户端/服务器工作模式,"Microsoft 网络的文件和打印机共享"是 1 个服务器组件,与"Microsoft 网络客户端"一起实现网络资源共享。无须安装文件服务器与打印服务器,它们之间就可以通过 SMB/CIFS 协议来实现文件与打印机共享。

1. 共享协议

Windows 系统计算机使用 NetBIOS 和直接主机(Direct Hosting)来提供任何网络操作系统所必需的核心文件共享服务。Windows 系统都是 SMB/CIFS 协议的客户端和服务器,Windows 系统计算机之间使用 SMB/CIFS 协议进行网络文件与打印共享。运行其他操作系统的计算机安装支持 SMB/CIFS 协议的软件后,也可与 Windows 系统实现文件与打印共享。

SMB 全称 Server Message Block,用于规范共享网络资源(如目录、文件、打印机以及串行端口)的结构。Microsoft 将该协议用于 Windows 网络的文件与打印共享。

2. Microsoft 网络的文件和打印机共享

Windows 系统的文件和打印机共享服务由"Microsoft 网络的文件和打印机共享"组件提供。默认情况下,在安装 Windows 系统时将自动安装并启用该网络组件,允许提供文件和打印机共享服务。

该组件在 Windows 系统中对应“Server”服务(从管理工具菜单中选择“服务”命令打开服务管理单元来查看和配置),用于支持计算机之间通过网络实现文件、打印及命名管道共享。在 Windows Server 2008 R2 服务器上可通过网络连接属性对话框安装或卸载该组件,如图 9-3 所示。

3. Microsoft 网络客户端

“Microsoft 网络客户端”是让计算机访问 Microsoft 网络资源(如文件和打印服务)的软件组件。

在 Windows 系统中安装网络组件(网络接口设备的硬件和驱动程序)时,将自动安装该组件,如图 9-4 所示(此处以 Windows 7 为例)。该组件在目前的 Windows 系统中对应于 Workstation(工作站)服务和 Computer Browser(计算机浏览器)服务(可使用“服务”管理单元查看和配置)。

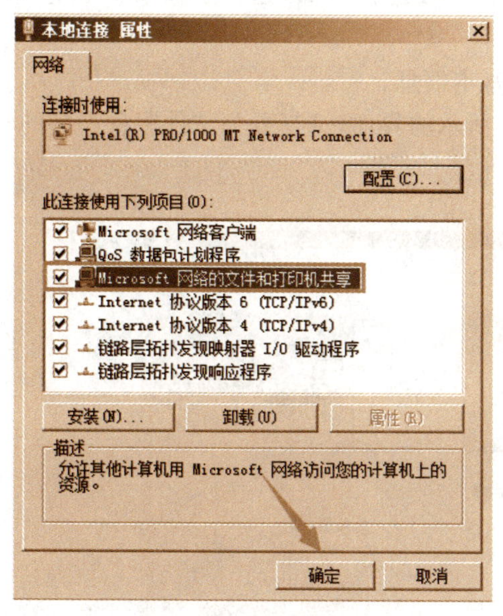

图 9-3　Microsoft 网络的文件和打印机共享

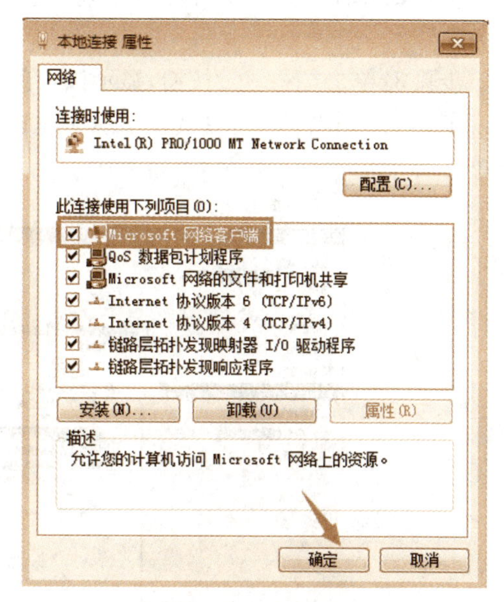

图 9-4　Microsoft 网络客户端

 项目实施

9.4.1　任务 1　文件服务器配置与管理

9.4.1.1　子任务 1　部署文件服务器

充当文件服务器的计算机可以是独立服务器,也可以是域成员服务器,甚至是域控制器。如果希望验证客户端的身份,或者将共享文件夹发布到 Active Directory,文件服务器就必须加入域中。这里以在域环境中部署 Windows Server 2008 R2 文件服务器为例进行介绍。

1. 安装文件服务器

在部署文件服务器之前,应当做好以下准备工作:

(1) 划出专门的硬盘分区(卷)用于提供文件共享服务,而且要保证足够的存储空间,必要时使用磁盘阵列。

(2) 对于 Windows 系统来说,磁盘分区(卷)使用 NTFS 文件系统。

(3) 确定是否启用磁盘配额,以限制用户使用的磁盘存储空间。

(4) 确定是否使用索引服务,以提供更快速、更便捷的搜索服务。

默认情况下,在安装 Windows Server 2008 R2 系统时,将自动安装“Microsoft 网络的文件和打印共享”网络组件。

作为功能完整的文件服务器,还需要通过添加角色向导来安装文件服务器,步骤如下:

步骤 1:打开服务器管理器,在主窗口“角色摘要”区域(或者在“角色”窗格)中单击“添加角色”按钮,启动添加角色向导。

步骤 2:单击“下一步”按钮,出现“选择服务器角色”界面,选择要安装的角色“文件服务”。

步骤 3:单击“下一步”按钮,显示该角色的基本信息。

步骤 4:单击“下一步”按钮,出现如图 9-5 所示的界面,选择要为文件服务安装的角色服务。

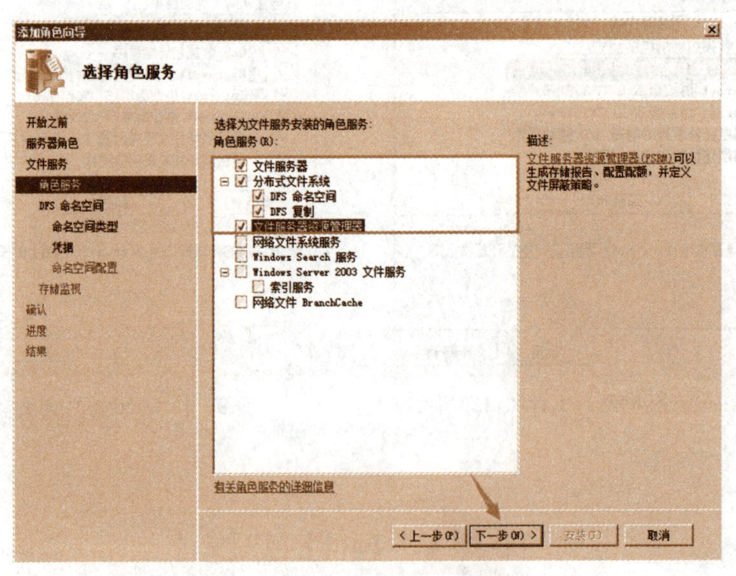

图 9-5 为文件服务选择角色服务

步骤 5:单击“下一步”按钮出现如图 9-6 所示的界面,从中创建 DFS 命名空间。这里选择以后创建。

步骤 6:单击“下一步”按钮出现“配置存储使用情况监视”界面,这里暂不配置。

步骤 7:单击“下一步”按钮出现“确认安装选择”界面,单击“安装”按钮开始安装,根据向导提示完成其余的操作步骤。

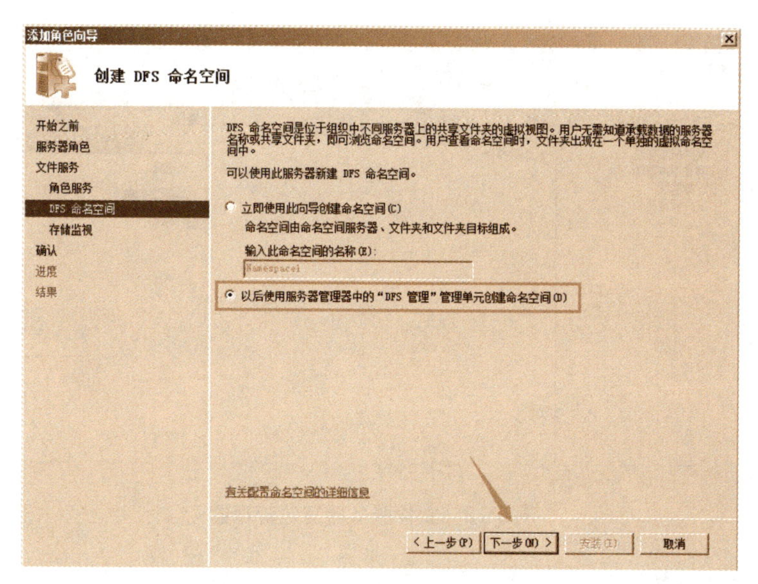

图 9-6 创建 DFS 命名空间

2. 文件服务器配置管理工具

Windows Server 2008 R2 提供了用于文件服务器配置管理的多种工具。根据安装的角色服务，系统提供的管理工具有所不同，打开方法如下：

(1) 方法 1：“共享和存储管理”控制台。

步骤：从管理工具菜单中选择“共享和存储管理”命令来打开该控制台，界面如图 9-7 所示。该工具包括 2 方面的功能：创建和管理文件共享与磁盘存储管理。

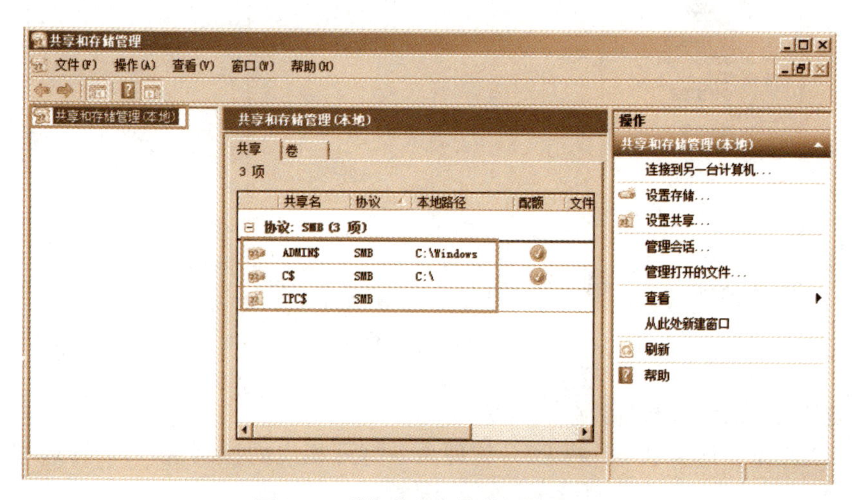

图 9-7 “共享和存储管理”控制台

(2) 方法 2：文件服务器资源管理器。

步骤：从管理工具菜单中选择“文件服务器资源管理器”命令打开该控制台，界面如图 9-8 所示。该工具提供配额管理、文件屏蔽管理和存储报告管理等功能。

图 9-8　文件服务器资源管理器

(3) 方法 3:“计算机管理”控制台。

步骤:从管理工具菜单中选择“计算机管理”命令打开相应的控制台,展开“共享文件夹”节点,如图 9-9 所示。它与“共享和存储管理”控制台中“共享”部分的功能基本相同。

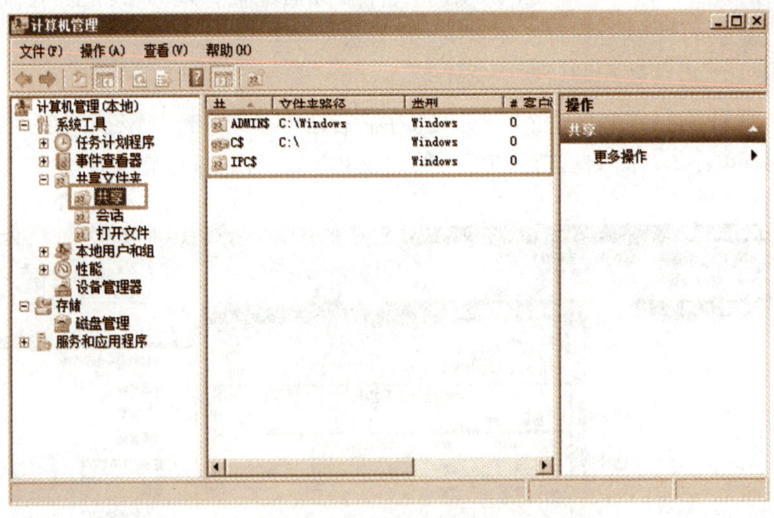

图 9-9　计算机管理

(4) 方法 4:“DFS 管理”控制台。

步骤:从管理工具菜单中选择 DFS 管理命令打开相应的控制台,可以管理 DFS 命名空间和 DFS 复制。

9.4.1.2　子任务 2　使用“计算机管理控制台”管理共享文件夹

文件服务器的核心功能是文件共享,在 Windows 系统中通过共享文件夹实现。这些配置管理工作包括查看、创建和配置共享文件夹;创建、查看和设置共享资源权限,以及查看和管理通过网络连接到计算机的用户和打开的文件。只有 Administrators 或 Server Operators 组成员才能够配置管理共享文件夹。计算机管理控制台是 1 个比较通用的共享

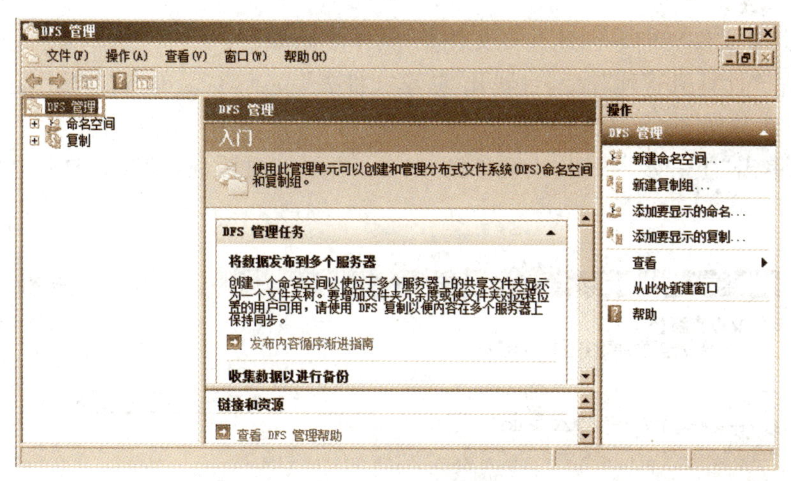

图9-10 DFS管理

文件夹管理工具。

1. 查看共享文件夹

步骤:在计算机管理控制台中展开“共享文件夹”节点,单击“共享”节点,列出当前共享资源,如图9-9所示。其中,“共享名”是指供用户访问的资源名称,“文件夹路径”是指用于共享的文件夹实际路径,“类型”是指网络连接类型,“客户端连接”是指连接到共享资源的用户数。

共享资源可以是共享文件夹(目录)、命名管道、共享打印机或者其他不可识别类型的资源。系统根据计算机的当前配置自动创建特殊共享资源,具体说明如表9-1所示。由于配置不同,一般服务器上只有一部分特殊共享资源。

特殊共享资源主要由管理和系统本身所使用,可通过“共享文件夹”管理工具查看(在资源管理器中不可见),建议不要删除或修改特殊共享资源。

表9-1 特殊共享资源

共享名	说明
ADMIN$	用于计算机远程管理所使用的资源,共享文件夹为系统根目录路径(如C:\Windows)
Drive Letter$	驱动器(不含可移动磁盘)根目录下的共享资源,Drive Letter为驱动器号
IPC$	共享命名管道的资源,用于计算机的远程管理和查看计算机共享资源,不能删除
NETLOGON 和SYSVOL	域控制器上需使用的资源。删除其中任一共享资源,将导致域控制器所服务的所有客户机的功能丢失
PRINT$	远程管理打印机过程中使用的资源
FAX$	传真服务器为传真客户提供共享服务的共享文件夹,用于临时缓存文件及访问服务器上封面页

2. 创建共享文件夹

可通过共享文件夹向导创建共享文件夹，具体步骤如下：

步骤 1：在“计算机管理”控制台展开“共享文件夹”节点，右键单击“共享”节点，从快捷菜单中选择“新建共享”命令，启动共享文件夹向导。

步骤 2：单击“下一步”按钮，出现如图 9－11 所示的对话框，设置需要共享的文件夹的路径。

创建共享文件夹向导
文件夹路径
请指定要共享的文件夹路径。
计算机名(C):
W2K8SHARE
请输入您要共享的文件夹路径，或单击“浏览”选择文件夹或添加新文件夹。
文件夹路径(F):
D:\AdminDept
浏览(O)...
例如:
C:\Docs\Public
< 上一步(B)
下一步(N) >
取消

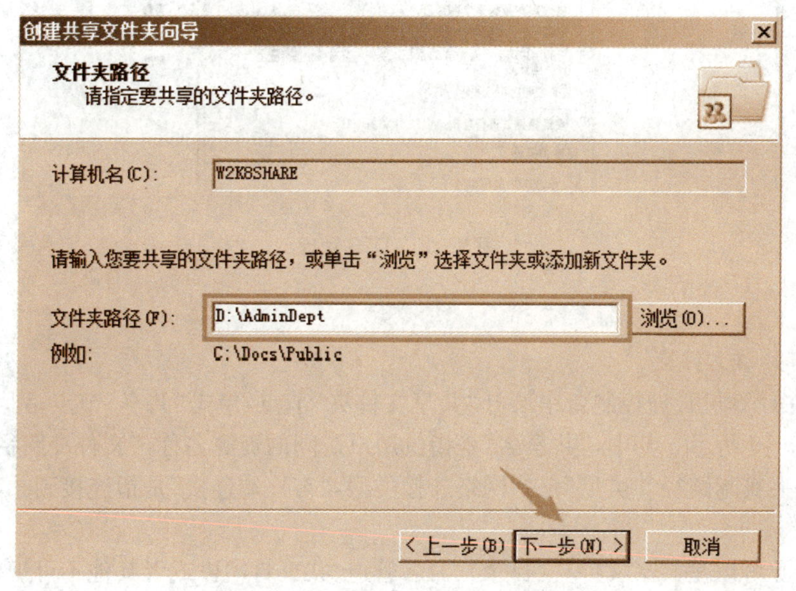

图 9－11　设置共享文件夹路径

步骤 3：单击“下一步”按钮，出现如图 9－12 所示的对话框，设置共享名。

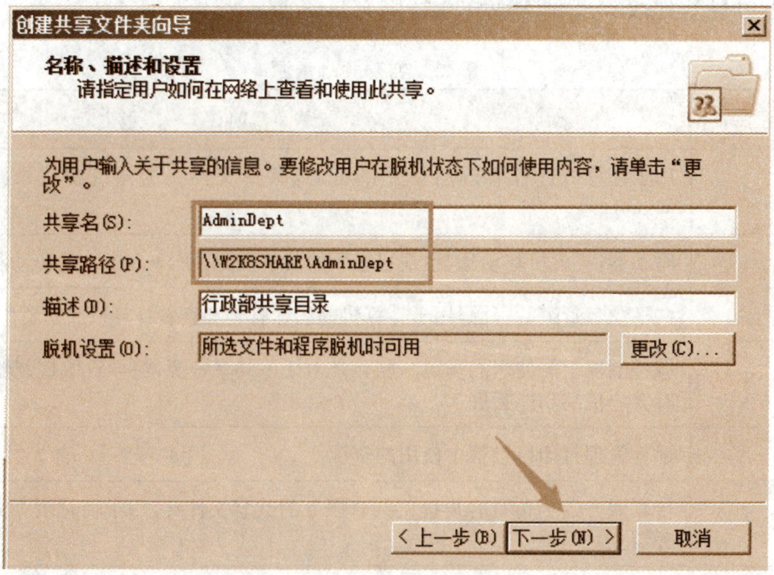

创建共享文件夹向导
名称、描述和设置
请指定用户如何在网络上查看和使用此共享。
为用户输入关于共享的信息。要修改用户在脱机状态下如何使用内容，请单击“更改”。
共享名(S):
AdminDept
共享路径(P):
\\W2K8SHARE\AdminDept
描述(D):
行政部共享目录
脱机设置(O):
所选文件和程序脱机时可用
更改(C)...
< 上一步(B)
下一步(N) >
取消

图 9－12　设置共享名

步骤 4：单击“下一步”按钮，出现如图 9－13 所示的对话框，设置共享权限。

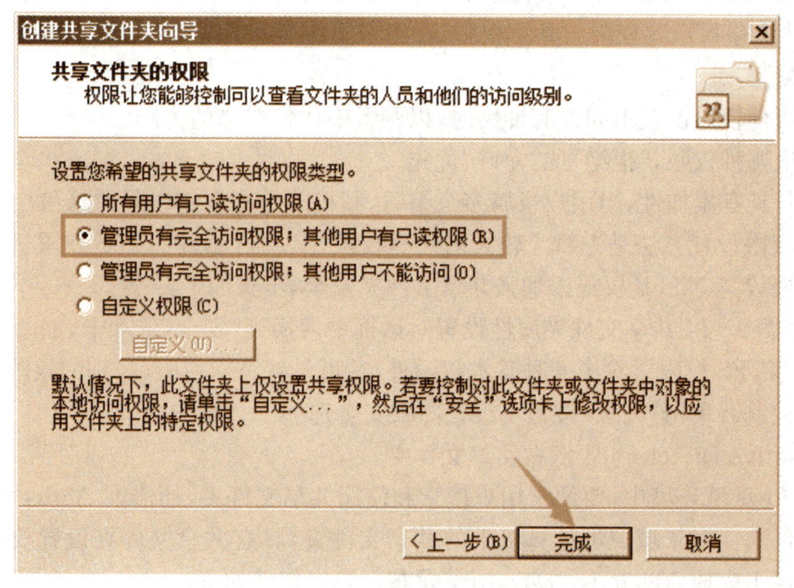

图 9－13　设置共享权限

步骤 5：单击“完成”按钮，出现“共享成功”对话框，提示共享成功，再单击“关闭”按钮。

共享文件夹创建完成之后，可以通过共享文件夹的属性设置进一步配置。

步骤：在“共享文件夹”列表中，右键单击要配置的共享资源项，如刚刚创建的共享文件夹 AdminDept，从快捷菜单中选择“属性”命令打开相应的属性设置对话框。如图 9－14 所示，设置常规属性，如描述信息、用户限制和脱机情况。

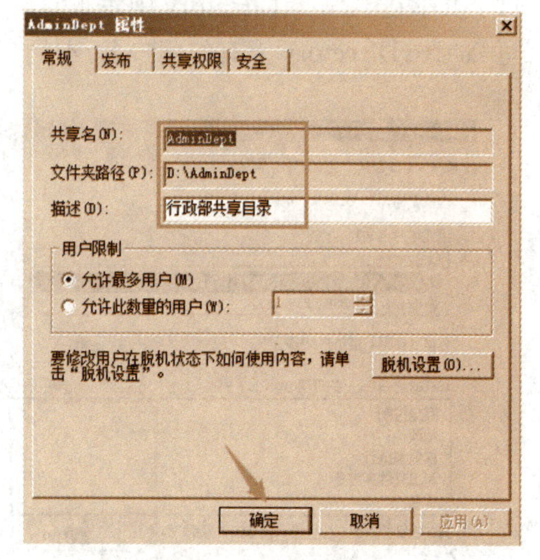

图 9－14　设置常规属性

3. 设置共享文件夹的共享权限

共享权限用于控制网络用户对共享资源的访问，仅仅适用于通过网络访问资源的用户，共享权限不会应用到在本机登录的用户(包括登录到终端服务器的用户)。有以下 3 种共享权限：

(1)“读取”：查看文件名和子文件夹名、查看文件数据、运行程序文件。

(2)“更改”：除具备“读取”权限外，还具有添加文件和子文件夹、更改文件中的数据、删除子文件夹和文件等权限。

(3)“完全控制”：最高权限。

在共享文件夹属性设置对话框中切换到“共享权限”选项卡，可查看当前的共享权限配置。

4. 设置共享文件夹的 NTFS 权限

使用 NTFS 文件系统的文件和文件夹还可设置访问权限，一般将其称为 NTFS 权限或安全权限。

共享文件夹如果位于FAT文件系统，则只能受到共享权限的保护，如果位于NTFS分区上，便同时具有NTFS权限与共享权限，获得双重控制和保护，在设置权限时注意以下几个方面：

(1) 当两种权限设置不同或有冲突时，以两者中比较严格的为准。

(2) 无论哪种权限，"拒绝"比"允许"优先。

(3) 权限具有累加性，当用户隶属多个组时，其权限是所有组权限的总和。

常用的权限设置方法是先赋予较大的共享权限，然后再通过NTFS权限进一步详细地控制。如果要设置NTFS权限以加强共享文件夹安全，步骤如下：

步骤：在图9-14共享文件夹属性设置对话框中切换到"安全"选项卡，如图9-15所示，查看和编辑NTFS权限。除了6种基本权限外，还可设置特殊权限(特别的权限)，进行更为细腻的访问控制。单击"高级"按钮可设置高级安全选项。

5. 在 Active Directory 中发布共享文件夹

在Windows域环境中，要便于用户搜索和使用共享文件夹，还需在Active Directory中发布共享文件夹。对于域成员计算机上的共享文件夹，具有共享文件夹设置权限的用户可以直接在本机上完成，在Active Directory发布。操作步骤如下：

步骤：在共享文件夹属性设置对话框中切换到"发布"选项卡，如图9-16所示，选中"将这个共享在Active Directory中发布"复选框，描述和所有者根据实际需要填写，所有者应填写Active Directory上有的用户名，本例为weixin@zenti.cc，单击"确定"按钮。

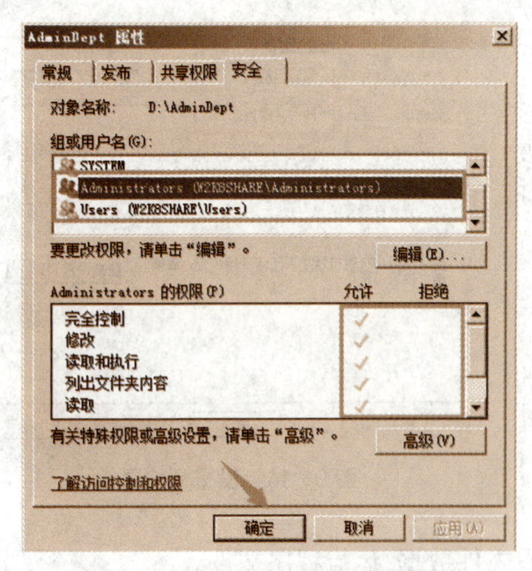

图9-15 设置安全选项(NTFS权限)

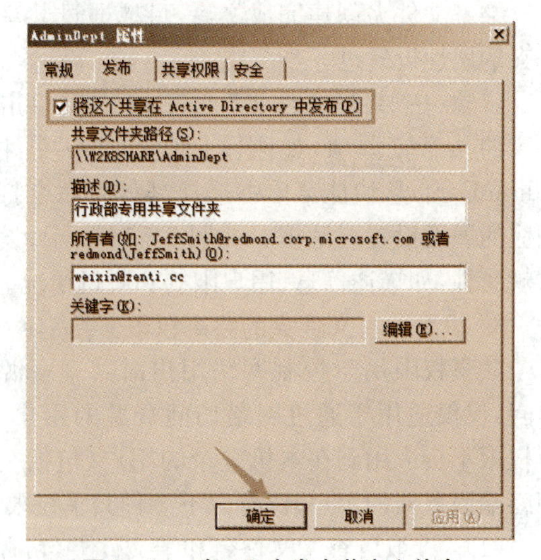

图9-16 在AD中发布共享文件夹

6. 停止共享文件夹

根据需要可以停止共享文件夹，使其不再为网络用户所用。操作步骤如下：

步骤：在计算机管理控制台树中展开"共享文件夹"→"共享"节点，右键单击要停止共享的共享文件夹，在弹出的快捷菜单中选择"停止共享"命令即可。

7. 查看和管理正在共享的网络用户

步骤：展开文件服务器管理或计算机管理控制台中的“共享文件夹”→“会话”节点，列出当前连接到(正在访问)服务器共享文件夹的网络用户的基本信息，如图9－17所示。在服务器端要断开其中的某个用户，右键单击该用户名，然后选择“关闭会话”命令即可。

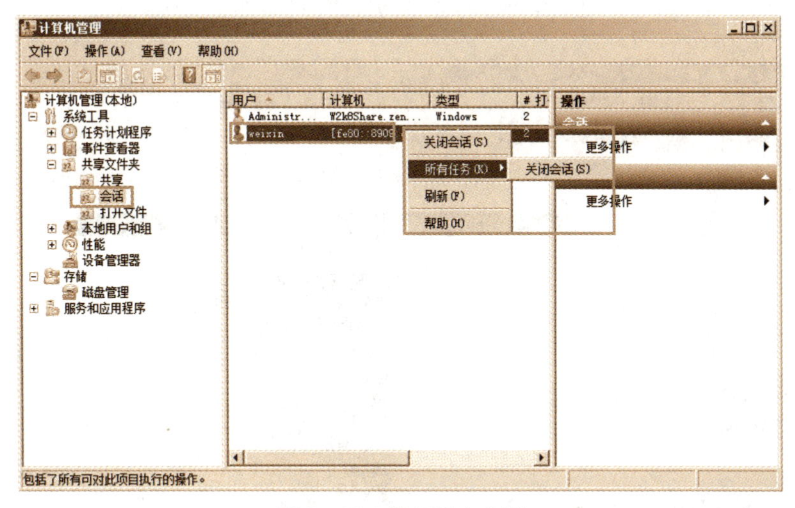

图9－17 管理用户会话

8. 查看和管理正在共享的文件或资源

步骤1：展开文件服务器管理或计算机管理控制台中的“共享文件夹”→“打开文件”，列出服务器共享文件夹中由网络用户打开(正在使用)的资源的基本信息，如图9－18所示。

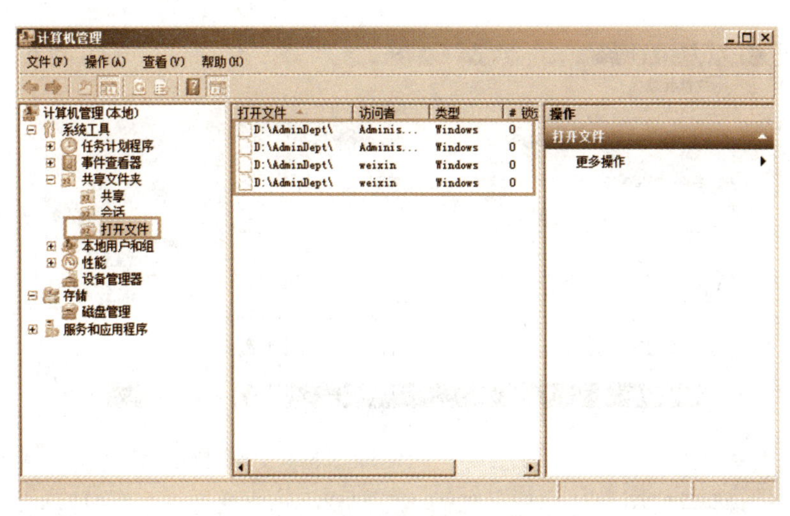

图9－18 管理打开的文件

步骤2：在服务器端要强制关闭其中某个文件或资源，右键单击该文件或资源名，选择“将打开的文件关闭”命令即可。

9.4.1.3 子任务3 使用Windows资源管理器管理共享文件夹

许多用户习惯使用Windows资源管理器来配置和管理共享文件夹，这是一种较为传统的共享管理方法。这种方法可创建共享文件夹、设置权限、更改共享名、停止共享，但是不方便查看共享资源，也不能管理共享会话。

1. 创建共享文件夹

步骤1：打开Windows资源管理器或“计算机”，如图9－19所示，右键单击要共享的文件夹或驱动器，本任务以Market为例，选择“共享”→“特定用户”命令。

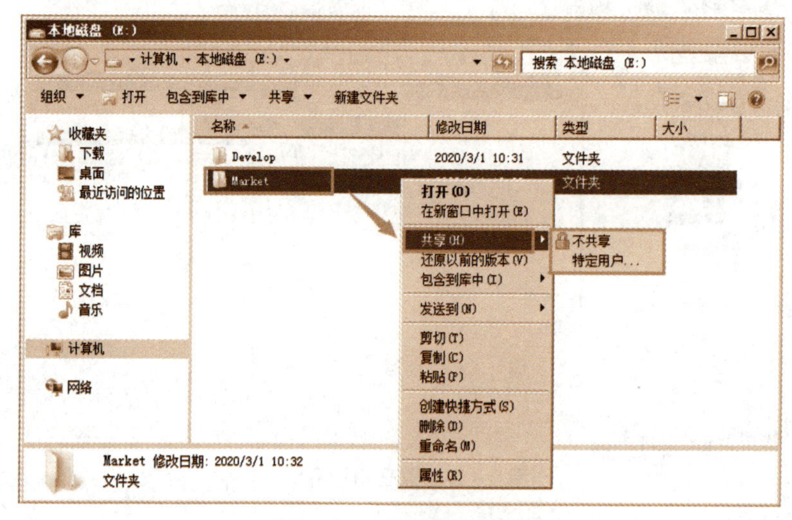

图9－19 执行共享命令

步骤2：出现如图9－20所示的对话框，从中选择要访问此共享的用户，并设置访问权限。

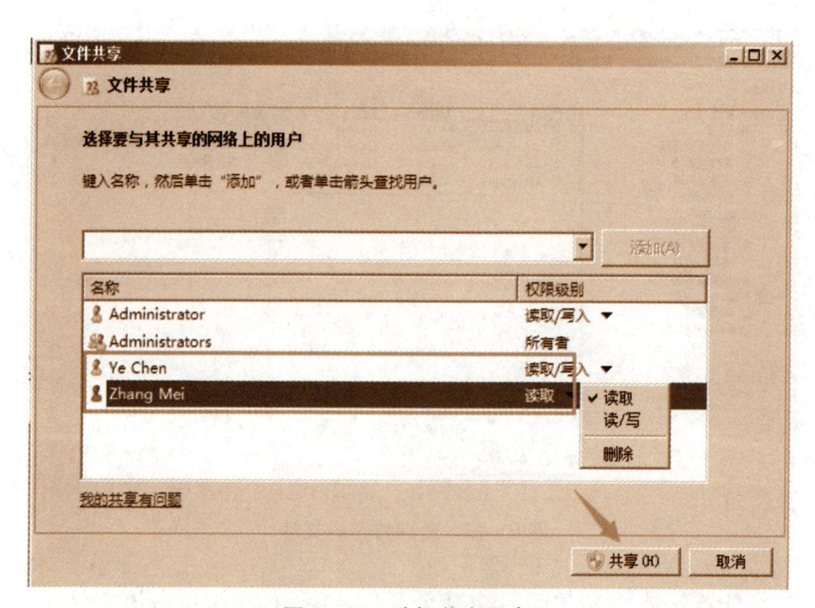

图9－20 选择共享用户

步骤3：单击“共享”按钮，出现文件夹已共享的提示界面，完成共享创建。

2. 设置共享文件夹

步骤1：打开 Windows 资源管理器或"计算机"，右键单击要共享的文件夹或驱动器，以 Market 为例，选择"属性"打开对话框，切换到"共享"选项卡，如图 9－21 所示。

步骤2：单击"共享"按钮将弹出"文件共享"对话框，如图 9－20 所示，参照前述方法，输入或选择要访问此共享的用户，并设置访问权限。

步骤3：单击"高级共享"按钮将弹出如图 9－22 所示的对话框，选择是否共享该文件夹（此处也可用来创建共享），设置共享名（可通过添加或删除来更改共享名，或设置多个共享名），此处"权限"按钮用来设置共享权限。

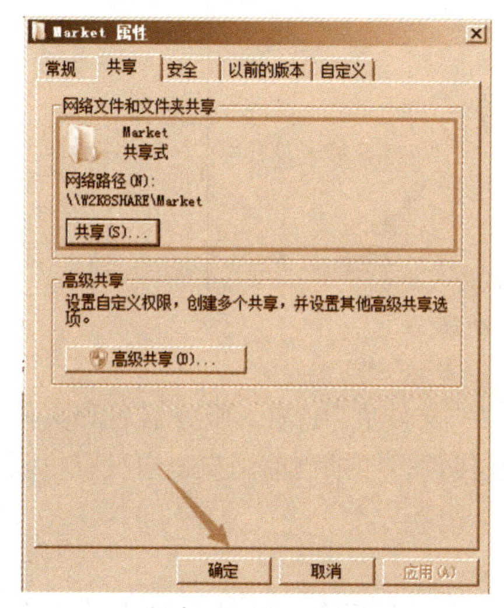

图 9－21　设置共享

图 9－22　设置高级共享

3. 停止共享文件夹

方法1：打开 Windows 资源管理器或"计算机"，如图 9－19 所示，右键单击要停止共享的文件夹或驱动器，选择"共享"→"不共享"命令。

方法2：也可以在"高级共享"对话框，如图 9－22 所示，清除"共享此文件夹"复选框来停止共享。

9.4.1.4　子任务4　访问共享文件夹

1. 直接使用 UNC 名称

UNC 表示通用命名约定，是网络资源的全称，采用"\\服务器名\共享名"格式。目录或文件的 UNC 名称还可包括路径，采用"\\服务器名\共享名\目录名\文件名"格式。可直接在浏览器、Windows 资源管理器等地址栏中输入 UNC 名称来访问共享文件夹，如 \\W2k8Share\Market。该方式中使用的"服务器名"也可以使用 IP 地址代替。

2. 映射网络驱动器

通过映射网络驱动器，为共享文件夹在客户端指派 1 个驱动器号，客户端像访问本地驱动器一样访问共享文件夹。

步骤1：以 Windows 7 为例，打开 Windows 资源管理器或"计算机"文件夹，按 Alt 键，选择菜单"工具"→"映射网络驱动器"（或者右键单击"计算机"，选择"映射网络驱动器"命令），打开如图 9 - 23 所示的对话框。

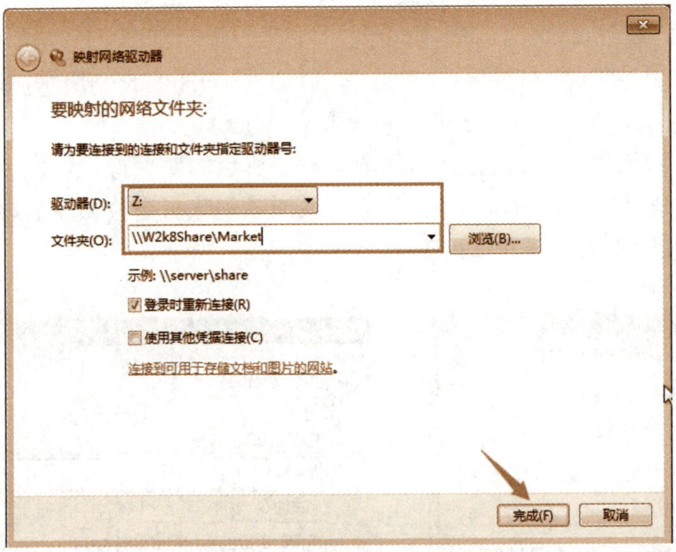

图 9 - 23 映射网络驱动器

步骤 2:在“驱动器”框中选择要分配的驱动器号,在“文件夹”中输入服务器名和文件夹共享名称,即 UNC 名称,其中服务器名也可用 IP 地址代替。如果当前用户账户没有权限连接到该共享文件夹,将提示输入网络密码。

3. 使用 Net Use 命令

可直接使用命令行工具 Net Use 执行映射网络驱动器任务。映射网络驱动器命令如下:

```
net use Y:\\W2k8Share\Develop
```

其中,Y 为网络驱动器号,\\Srv2008a\test 为共享文件夹的 UNC 名称。

执行如下命令则断开网络驱动器:

```
net use Y:\\W2k8Share\Develop/delete
```

4. 通过网络发现和访问共享文件夹

网络发现用于设置计算机是否可以找到网络上的其他计算机和设备,以及网络上的其他计算机是否可以找到自己的计算机,可通过可视化操作来连接和访问共享文件夹,相当于以前 Windows 版本的“网上邻居”。

步骤 1:打开 Windows 资源管理器或“计算机”文件夹,单击“网络”节点,列出当前网络上可共享的计算机,单击其中的计算机,本例为 W2k8Share,可发现其可提供的共享资源,如图 9 - 24 所示。

步骤 2:如果提示“网络发现和文件共享已关闭,看不到网络计算机和设备,单击已更改”,依照提示进行操作,选择“启用网络发现和文件共享”命令即可。

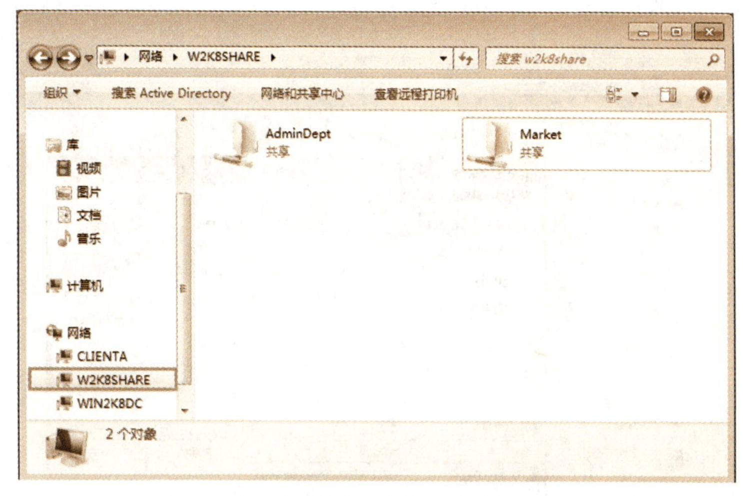

图 9－24　通过网络发现使用共享文件夹

也可以从控制面板的“网络和共享中心”中打开“高级共享设置”来启用或关闭网络发现，如图 9－25 所示。连接到网络时，必须选择 1 个网络位置。

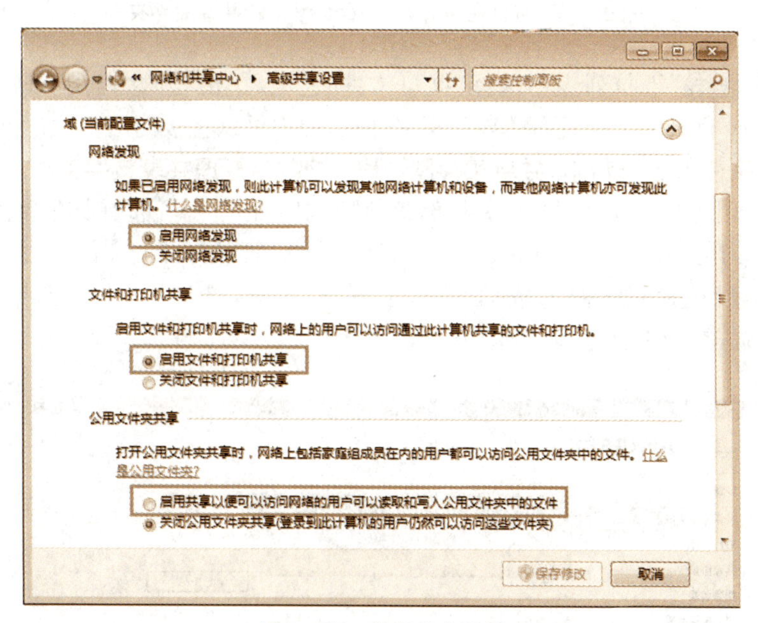

图 9－25　高级共享设置

有 4 个网络位置：家庭、工作、公用和域。根据选择的网络位置，Windows 为网络分配 1 个网络发现状态，并为该状态打开合适的 Windows 防火墙端口。

5. 从 Active Directory 中搜索共享文件夹

对于已经发布到 Active Directory 的共享文件夹，还可以直接在域成员计算机上通过“网上邻居”来搜索 Active Directory 中的共享文件夹，具体方法是：

步骤 1：打开 Windows 资源管理器或“计算机”文件夹，“搜索 Active Directory”链接，打开如图 9－26 所示的对话框。

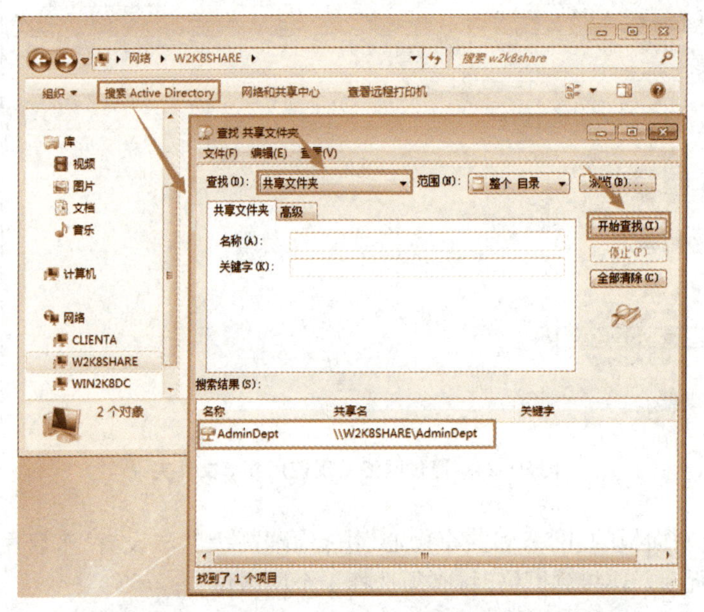

图 9－26 查找在 Active Directory 中的共享文件夹

步骤 2：从“查找”下拉列表中选择“共享文件夹”项，单击“开始查找”按钮即可找到在 Active Directory 目录中已经发布的该共享文件夹，用户可以直接使用。

9.4.1.5 子任务 5 使用“共享和存储管理”控制台管理共享文件夹

步骤 1：参见图 9－7，使用“共享和存储管理”控制台的“共享”选项卡查看和管理共享资源。“设置共享”用来创建共享文件夹，还提供管理会话、管理打开的文件等功能。

步骤 2：单击“设置共享”链接启动如图 9－27 所示的设置共享文件夹向导，首先设置共享文件夹的位置，本例中设置“D：\NetWork”。

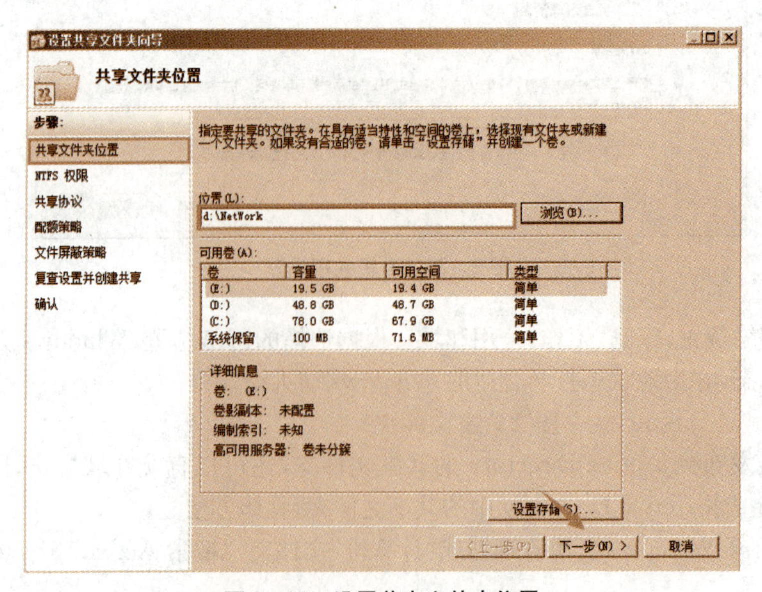

图 9－27 设置共享文件夹位置

步骤 3:单击“下一步”按钮,进入“NTFS 权限”对话框,这里保持默认,暂不修改。

步骤 4:单击“下一步”按钮,打开如图 9 - 28 所示“共享协议”对话框,勾选“SMB”。

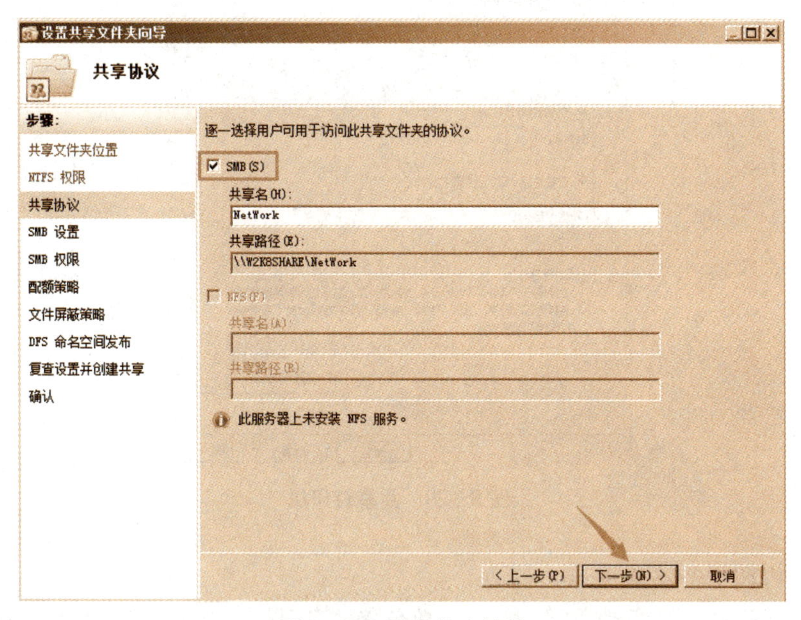

图 9 - 28 选择共享协议

步骤 5:单击“下一步”按钮,根据提示完成 SMB 权限、配额策略、文件屏蔽策略、DFS 命名空间发布等选项的设置,直至完成共享文件夹的创建。

9.4.2 任务 2 打印服务器配置与管理

9.4.2.1 子任务 1 部署打印服务器

充当打印服务器的计算机可以是独立服务器,也可以是域成员服务器,甚至是域控制器。

默认情况下,在安装 Windows Server 2008 R2 系统时,将自动安装“Microsoft 网络的文件和打印共享”网络组件。如果没有安装该组件,需要通过网络连接属性对话框安装。

将服务器连接的打印机共享,就可以对客户端提供打印共享服务。为了集中管理网络上的打印机,还需要通过服务器管理器来添加打印服务器角色。

1. 在服务器端安装打印机并设置共享

步骤 1:将打印机连接到服务器计算机上,在服务器上安装打印机和打印机驱动程序,与在普通 Windows 系统计算机上安装方式一样。

一般从控制面板中打开“设备和打印机”窗口,通过添加打印机向导进行安装,即插即用的打印机(如 USB 接口)可参照相应的说明进行安装。

步骤 2:设置打印机共享。在“设备和打印机”窗口中右键单击要共享的打印机,选择“打印机属性”命令,打开相应的属性设置对话框,切换到“共享”选项卡,选中“共享这台打印机”复选框,并设置共享名即可,如图 9 - 29 所示。

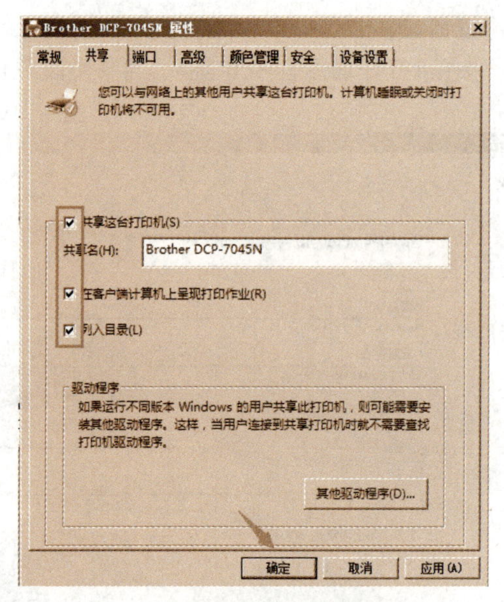

图 9-29　共享打印机

2. 添加打印服务器角色

步骤 1:打开服务器管理器,在主窗口“角色摘要”区域(或者在“角色”窗格)中单击“添加角色”按钮,启动添加角色向导。

步骤 2:单击“下一步”按钮,出现“选择服务器角色”界面,选择要安装的角色“打印和文件服务”。

步骤 3:单击“下一步”按钮,显示该角色的基本信息。

步骤 4:单击“下一步”按钮,出现如图 9-30 所示的界面,从中选择要为文件服务安装的角色服务。这里选中“打印服务器”的角色服务。

步骤 5:单击“下一步”按钮,根据向导提示完成余下的安装过程。

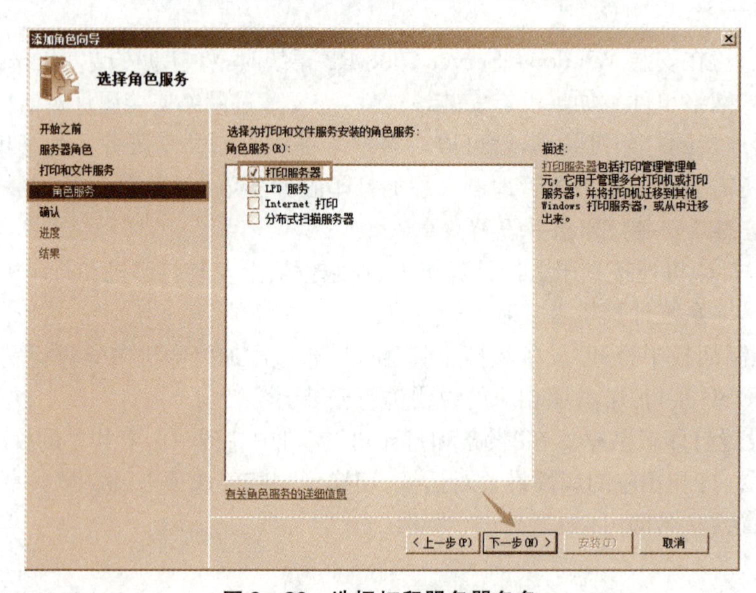

图 9-30　选择打印服务器角色

3. 打印管理工具

在 Windows 操作系统中提供“打印机和传真”窗口或者“设备和打印机”窗口进行打印管理工作，如图 9－31 所示。对于要共享的打印机来说，可以像普通打印机一样进行配置和管理。

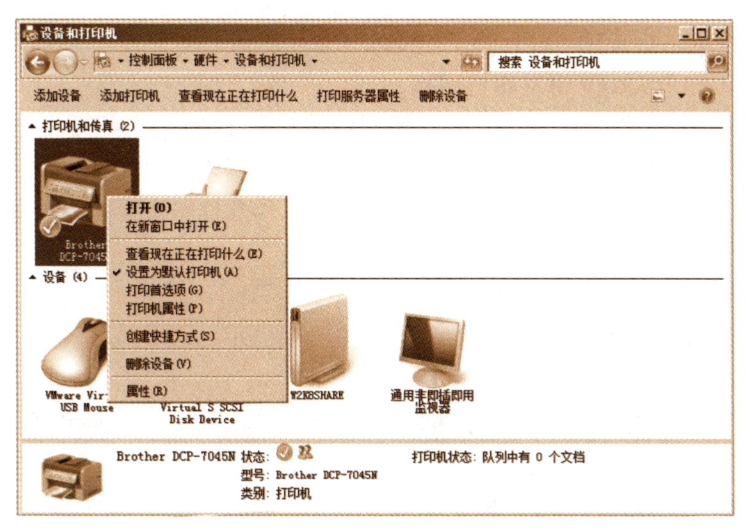

图 9－31　“设备和打印机”窗口

在 Windows Server 2008 R2 服务器上添加打印机服务器角色之后，就可以使用“打印管理”控制台集中、高效地配置和管理网络中的打印服务器和打印机，例如，可以管理服务器上的驱动程序、纸张规格、端口和打印机的相关属性；还可以通过组策略向计算机或用户部署网络打印机。

步骤：从管理工具菜单中选择“打印管理”命令可以打开该控制台，如图 9－32 所示，可以执行下列任务：

图 9－32　打印管理控制台

(1) 自动将打印机添加到本地打印服务器。
(2) 添加和删除打印服务器。
(3) 创建新的打印机筛选器。
(4) 执行打印机管理任务。
(5) 查看打印机的扩展功能。
(6) 使用组策略部署打印机。

4. 在 Active Directory 中发布打印机

在 Windows 域环境中,要便于用户搜索和使用打印服务器,还需要在 Active Directory 中发布共享打印机,有以下 2 种发布方法:

方法 1:对于域成员计算机上的共享打印机,具有共享打印机设置权限的用户可以直接在本机上完成 Active Directory 发布。

步骤:打开"设备和传真"窗口,右键单击要发布到 Active Directory 的共享打印机,选择"属性"命令,切换到"共享"选项卡,参见图 9-29,选中"列入目录"复选框,单击"确定"按钮即可。

也可以在"打印管理"控制台中右键单击要发布的共享打印机,选择"在目录中列出"命令即可。

方法 2:对于非域成员计算机上的共享打印机,可以由域管理员发布到 Active Directory。步骤如下:

步骤:在联网计算机上设置共享打印机之后,在域控制器或域成员计算机上使用"Active Directory 用户和计算机"控制台新建打印机,设置共享打印机的网络路径(UNC 名称)。

域成员计算机可以通过网络发现或搜索 Active Directory 来定位 Active Directory 目录中已经发布的打印机,直接使用。

9.4.2.2 子任务 2 安装和配置网络打印客户端

打印服务器的主要功能是为打印客户端提供到网络打印机和打印机驱动程序的访问。对于客户端来说,打印服务器共享的打印机就是网络打印机。客户端要共享网络打印机,还需要安装打印机驱动程序。

为方便不同平台和操作系统的客户端安装,可在服务器端添加相应的客户端打印机驱动程序,供客户端在安装或更新时自动下载,而不需要原始光盘或磁盘。

1. 在打印服务器上添加其他平台打印机驱动程序

Windows Server 2008 R2 为 64 位平台,默认安装的是 64 位打印机驱动程序,如果打印客户端为 32 位系统,还要在打印服务器上为客户端安装 32 位打印机驱动程序。这样,运行 32 位 Windows 版本的用户才可以连接到网络打印机,而不会被提示安装所需的打印机驱动程序。

可直接在打印服务器上添加其他驱动程序,步骤如下:

步骤 1:打开"设备和打印机"窗口,右键单击要为其安装其他驱动程序的打印机,选择"打印机属性"命令,切换到"共享"选项卡(图 9-29)。

步骤 2:单击"其他驱动程序"按钮,打开如图 9-33 所示的对话框,选中需要的处理器版本(x86 代表 32 位版本),然后单击"确定"按钮,根据提示安装驱动程序。

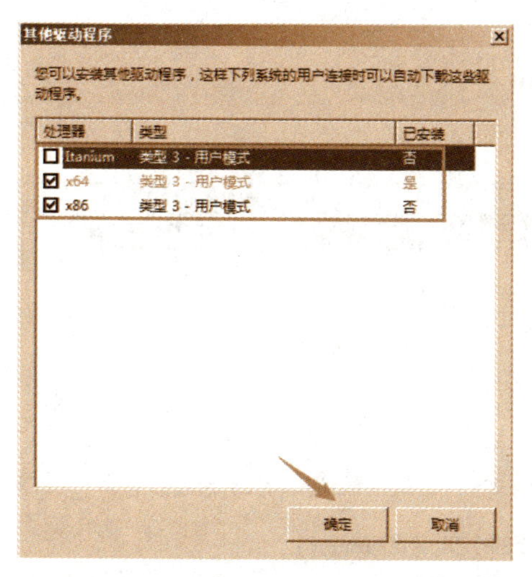

图 9 - 33　添加其他版本打印机驱动程序

2. 将网络客户端连接到网络打印机

客户端要使用共享的网络打印机，只需要简单安装网络打印机即可。以 Windows 7 客户端为例，具体步骤如下：

步骤 1：打开“设备和打印机”窗口，单击“添加打印机”按钮以启动添加打印机向导。

步骤 2：如图 9 - 34 所示，单击“添加网络、无线或 Bluetooth 打印机”链接。

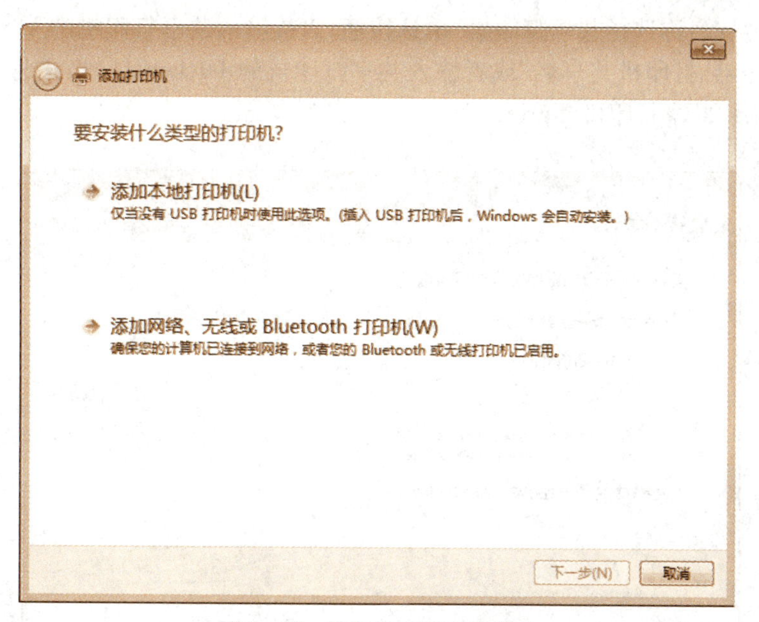

图 9 - 34　选择打印机安装类型

步骤 3：出现如图 9 - 35 所示的对话框，对于已发布到 Active Directory 的共享打印机，将直接列出，单击“下一步”按钮，根据提示完成余下的安装步骤。

如果需要连接的打印机未列出，单击“我需要的打印机不在列表中”链接，打开如

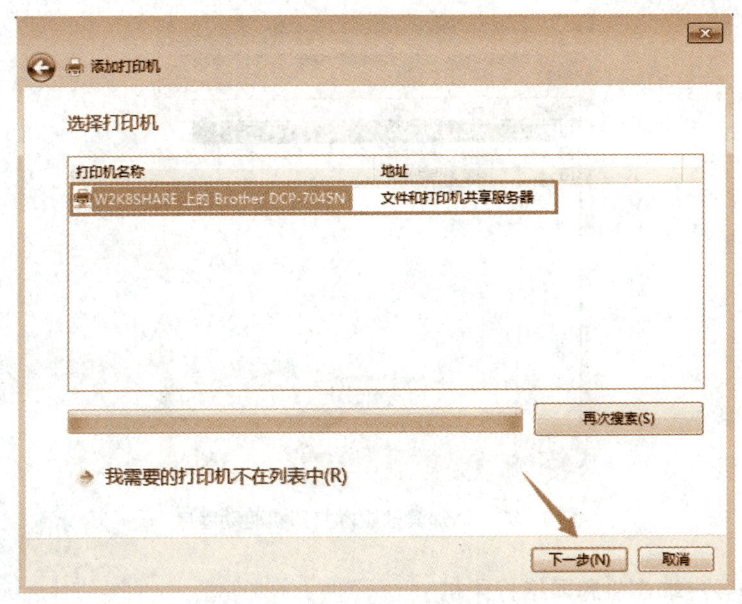

图 9-35 选择打印机

图 9-36 所示的对话框,有以下 3 种选择:

(1) 选中"根据位置或功能在目录中查找一个打印机"单选按钮,从 Active Directory 目录中查找要共享的打印机。

(2) 选中"按名称选择共享打印机"单选按钮,直接输入共享打印机的 UNC 名称,格式为"\\打印服务器\打印机共享名"或者输入共享打印机的 URL 地址,格式为"http://打印服务器/printers/共享打印机/. printer"。

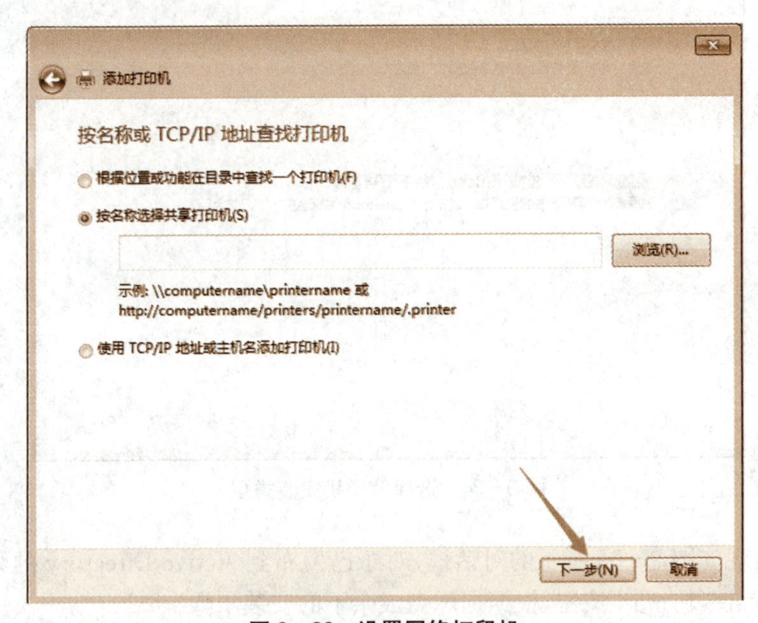

图 9-36 设置网络打印机

(3) 选中“使用 TCP/IP 地址或主机名添加打印机”单选按钮，根据共享打印机的 IP 地址或主机名以及端口名称来连接。

经过上述选择之后，再根据相应的提示完成其他设置直至打印机安装成功。用户还可以使用网络发现像访问共享文件夹一样来连接共享打印机。

9.4.2.3　子任务 3　配置和管理共享打印机

对于打印服务器来说，配置和管理共享打印机是管理员最主要的任务。

1. 添加和删除打印服务器

将运行 Windows 的打印服务器添加到“打印管理”控制台中，可使用该控制台管理打印服务器上运行的打印机，操作步骤如下：

步骤 1：右键单击“打印管理”节点，选择“添加/删除服务器”命令，打开相应的对话框，如图 9－37 所示。

步骤 2：在“添加服务器”框中输入要添加的打印机服务器名称(或者单击“浏览”按钮来查找)，然后单击“添加到列表”按钮，根据需要添加多个打印服务器，再单击“确定”按钮，结果如图 9－38 所示，可以对多个打印服务器进行统一管理。

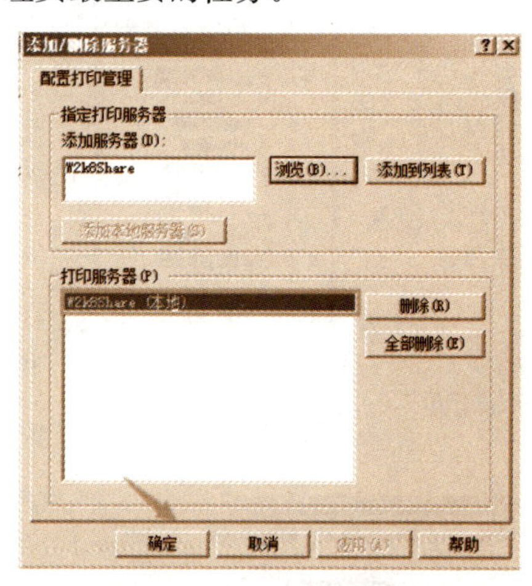

图 9－37　添加打印服务器

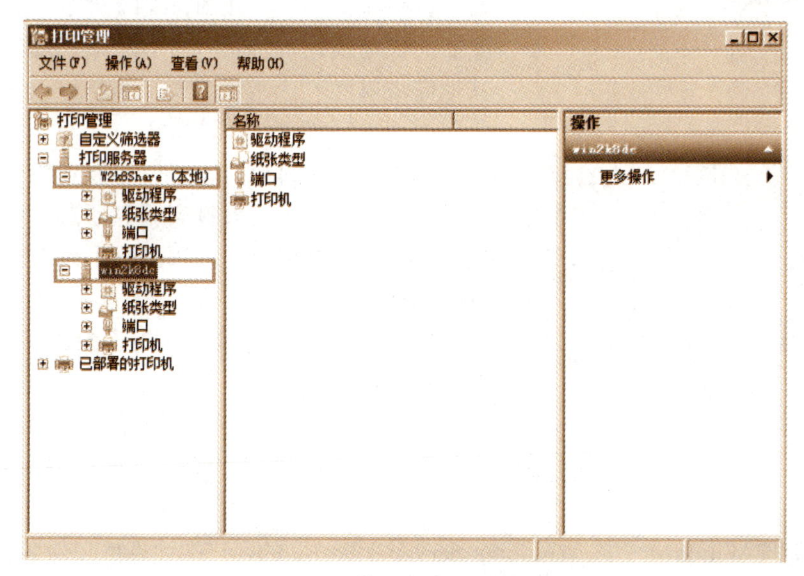

图 9－38　管理多台打印服务器

2. 执行打印机批量管理任务

使用打印管理组件可管理企业内的所有打印机，可以使用相同的界面执行批量操作。如图 9－39 所示，可以在特定服务器上的所有打印机，或通过打印机筛选器筛选出的所有打印机上执行批量操作，包括暂停打印、继续打印、取消所有任务、在目录中列出或删除等；还可以获取实时信息，包括队列状态、打印机名称、驱动程序名称和服务器名称。

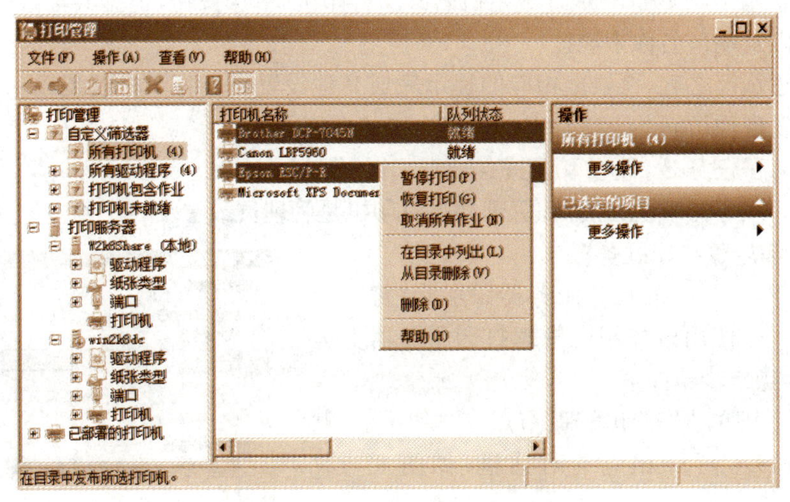

图 9-39 批量管理打印机

3. 设置打印服务器属性

可在“打印管理”控制台中设置打印服务器。操作步骤如下：

步骤：右键单击“打印服务器”节点下面的服务器，选择“属性”命令，如图 9-40 所示，设置该打印服务器的各项属性，包括驱动程序、纸张规格、端口以及其他高级属性。

图 9-40 设置打印服务器属性

4. 设置和管理打印机

可以分别对每台打印机进行设置管理。展开“打印管理”控制台，单击某打印服务器节点下面的“打印机”节点，右侧窗格显示该服务器上的打印机，可对其进行属性设置和管理。

9.4.2.4 子任务 4 使用组策略在网络中批量部署打印机

使用组策略部署打印机连接必须满足下列要求：

(1) Active Directory 域服务架构必须使用 Windows Server 2008 或 Windows Server 2008 R2 架构版本。

(2) 未运行 Windows 7 或 Windows Server 2008 R2 的客户端计算机必须在启动脚本(对于每台计算机的连接)或登录脚本(对于每位用户的连接)中使用 PushPrinterConnections. exe 工具。

1. 通过使用组策略将打印机指派给 Active Directory 用户或计算机

首先通过“打印管理”控制台将某台打印机连接设置添加到 Active Directory 中某个现有组策略对象(GPO)。这样客户端计算机在处理组策略时，会将打印机连接设置应用到与该组策略对象相关联的用户或计算机。

步骤 1：打开“打印管理”控制台，展开某打印服务器下的“打印机”节点，右键单击要部署的共享打印机,选择“使用组策略部署”命令打开相应的对话框。

步骤 2:单击“浏览”按钮,弹出“浏览组策略对象”对话框,从中选择 1 个组策略对象并单击“确定”按钮。这里选择通用的 Default Domain Policy。

步骤 3:如图 9－41 所示,确定打印机连接设置应用到与该组策略对象相关联的用户还是计算机。如果是按用户设置,选中“应用此 GPO 的用户(每位用户)”复选框;如果按计算机设置,选中“应用此 GPO 的计算机(每台计算机)”复选框。

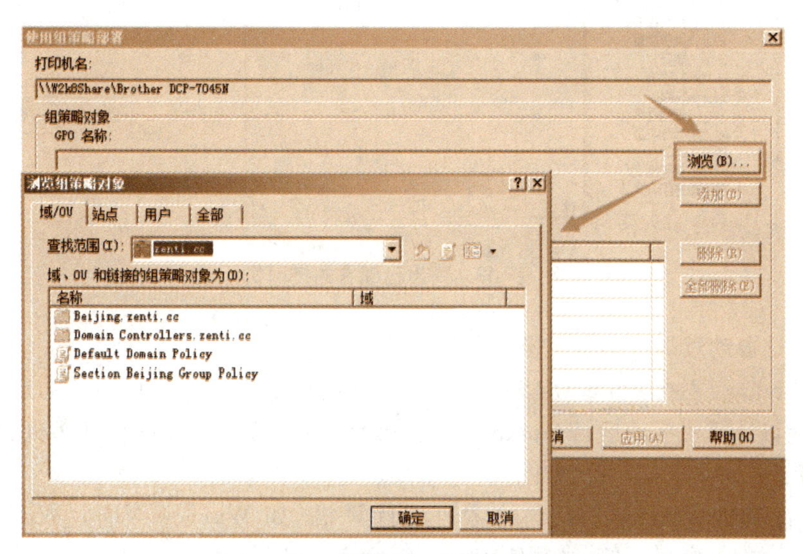

图 9－41　设置打印机连接部署对象

步骤 4:单击“添加”按钮,打印机连接设置添加到该组策略对象,如图 9－42 所示。

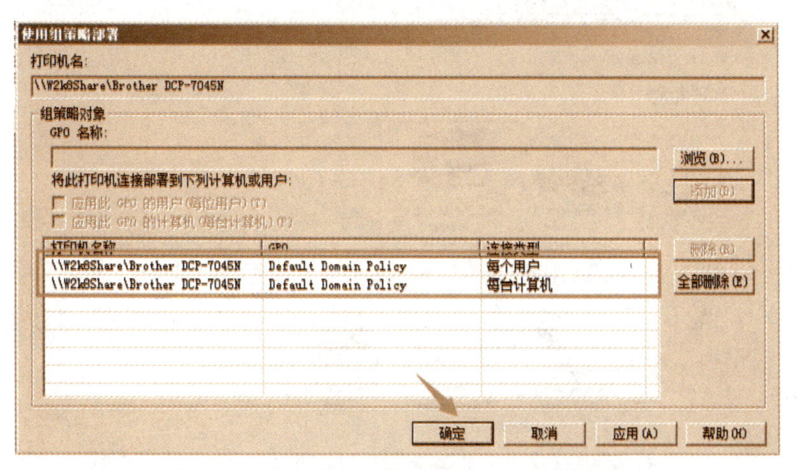

图 9－42　将打印机连接设置添加到组策略对象

步骤 5:单击“确定”按钮,弹出“打印管理”对话框,其中提示打印机部署或删除操作成功完成,再单击“确定”按钮。

使用此方法部署的打印机将显示在打印管理控制台的“已部署的打印机”节点中,并显示其基本信息,如图 9－43 所示。

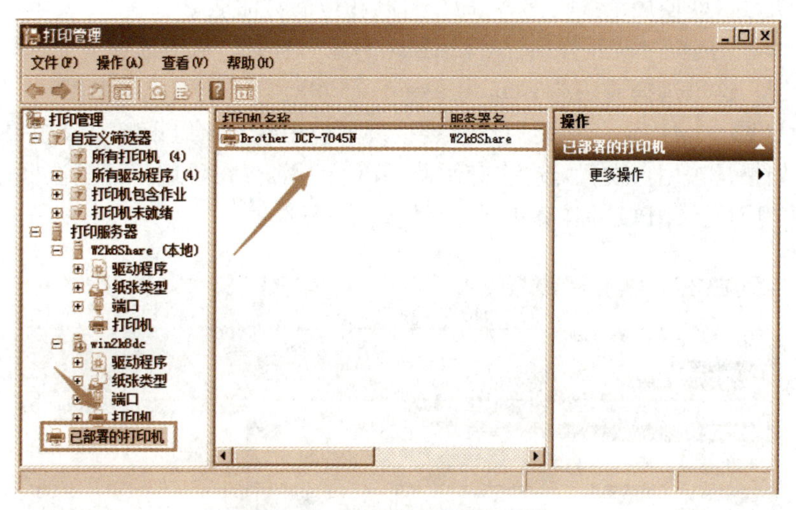

图 9-43　列出已部署的打印机

2. 客户端自动添加打印机连接

运行 Windows 7 或 Windows Server 2008 R2 的域成员计算机重新启动或域用户重新登录，或者在该计算机手动运行 Gpudate/force 命令，就可以在"设备和打印机"窗口中看到通过组策略部署的共享打印机，如图 9-44 所示。

对于运行其他 Windows 版本的客户端计算机(如 Window Vista、Windows Server 2008)要自动添加打印机连接，必须使用 1 个名为 PushPrinterConnections. exe 的实用程序。该程序通常位于 C:\Windows\System32 文件夹中。

图 9-44　已部署的打印机

接下来通过编辑组策略对象(详细操作请参见项目 6 的有关讲解)，将 PushPrinter Connections. exe 实用程序添加到某个计算机启动脚本(对于按计算机连接)或添加到某个用户登录脚本(对于按用户连接)。该实用程序会读取在组策略对象中所做的打印机连接设置并添加打印机连接。

步骤1:以系统管理员身份登录到域控制器,打开“组策略管理”控制台,展开要更改组策略对象的域节点(例中为 zenti. cc)。

步骤2:右键单击名为“Default Domain Policy”的默认组策略对象,选择“编辑”命令打开组策略管理编辑器,对组策略对象进行编辑。

步骤3:如果按计算机进行部署,展开“计算机配置”→“策略”→“Windows 设置”→“脚本(启动/关机)”节点;如果按用户进行部署,展开“计算机配置”→“策略”→“Windows 设置”→“脚本(登录/注销)”节点。

步骤4:右键单击“启动”或“登录”节点,选择“属性”命令打开相应的属性设置对话框。

步骤5:单击“显示文件”按钮,弹出“Startup”窗口,将 PushPrinterConnections. exe 文件(域控制器上如果未安装打印服务器,可从其他 Windows 7 系统计算机获取)复制到该文件夹,然后关闭该窗口。

步骤6:如图 9 - 45 所示,单击“添加”按钮弹出“添加脚本”对话框,在“脚本名”文本框中输入“PushPrinterConnections. exe”,如果要启用日志记录,在“脚本参数”文本框中输入“-log”,然后单击“确定”按钮。

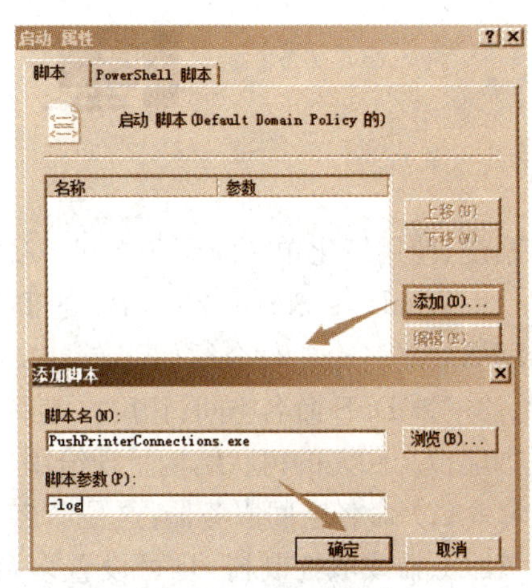

图 9 - 45　添加脚本

步骤7:继续单击“确定”按钮直到退出组策略编辑器。

对于按计算机设置连接,在客户端计算机重新启动时添加打印机连接。对于按用户设置连接,在用户登录时添加打印机连接。

知识拓展

9.5.1　配置和管理分布式文件系统

当用户通过网上邻居或 UNC 名称访问共享文件夹时,必须知道目标文件夹在哪台计算机上。

如果共享资源分布在多台计算机上,就会给网络用户的查找定位带来不便。使用分布式文件系统(DFS),可使分布在多台服务器上的文件像同一台服务器上的文件一样提供给用户。用户在访问文件时无须知道和指定它们的实际物理位置,这样能方便地访问和管理分布在网络中的文件,如图 9 - 46 所示。DFS 还可用来为文件共享提供负载平衡和容错功能。

1. DFS 结构

DFS 旨在为用户所需网络资源提供统一和透明的访问途径。DFS 更像一类名称解析

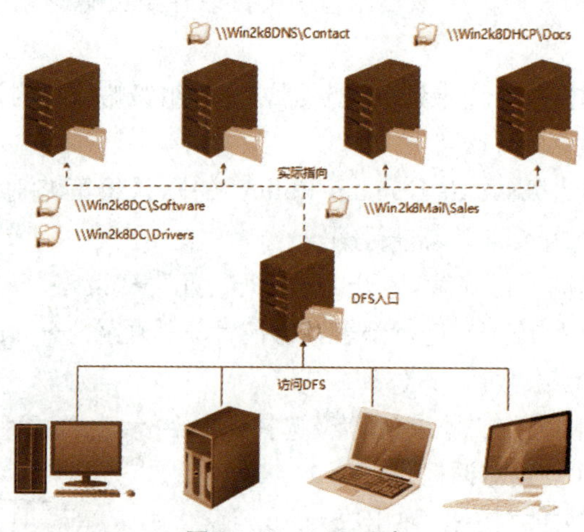

图 9-46 DFS 示意

系统，使用简化单一的命名空间来映射复杂多变的网络共享资源。

Windows Server 2008 R2 的 DFS 通过 DFS 命名空间与 DFS 复制 2 项技术来实现。DFS 中的各个组件介绍如下：

(1) DFS 命名空间：让用户能够将位于不同服务器内的共享文件夹集中在一起，并以 1 个虚拟文件夹的树状结构呈现给用户。

(2) 命名空间服务器：这是命名空间的宿主服务器，对于基于域的命名空间，可以是成员服务器或域控制器，且可设置多台命名空间服务器；对于独立命名空间，可以是独立服务器。

(3) 命名空间根目录：这是命名空间的起始点，对应到命名空间服务器内的 1 个共享文件夹，而且此文件夹必须位于 NTFS 卷。

(4) DFS 文件夹：相当于 DFS 命名空间的子目录，它是 1 个指向网络文件夹的指针，同一根目录下的每个文件夹必须拥有唯一的名称，但是不能在 DFS 文件夹下再建立文件夹。

(5) 文件夹目标：这是 DFS 文件夹实际指向的文件夹位置，即目标文件夹。目标可以是本机或网络中的共享文件夹，也可以是另一个 DFS 文件夹。1 个 DFS 文件夹可以对应多个目标，以实现容错功能。

(6) DFS 复制(DFS Replication)：1 个 DFS 文件夹可以对应多个目标，多个目标所对应的共享文件夹提供给客户端的文件必须一样，也就是保持同步，这是由 DFS 复制服务来自动实现的。

2. 安装 DFS

安装 DFS 组件并启用 DFS 服务，然后建立 DFS 结构。在 Windows Server 2008 R2 服务器上安装文件服务器时可选择安装分布式文件系统组件，还要检查确认服务器上的“DFS Namespace”(用于 DFS 命名空间)与“DFS Replication”(用于 DFS 复制)服务已经启动。

3. 在服务器端建立命名空间

步骤 1：从“管理工具”菜单中选择 DFS Management 命令打开“DFS 管理”控制台。

步骤 2：展开“DFS 管理”节点，右键单击“命名空间”节点，选择“新建命名空间”命令启动新建命名空间向导，设置命名空间服务器。一般选择本机，也可选择其他服务器(需要管理权限)。

步骤 3:单击“下一步”按钮,出现如图 9－47 所示的对话框,设置命名空间的名称。

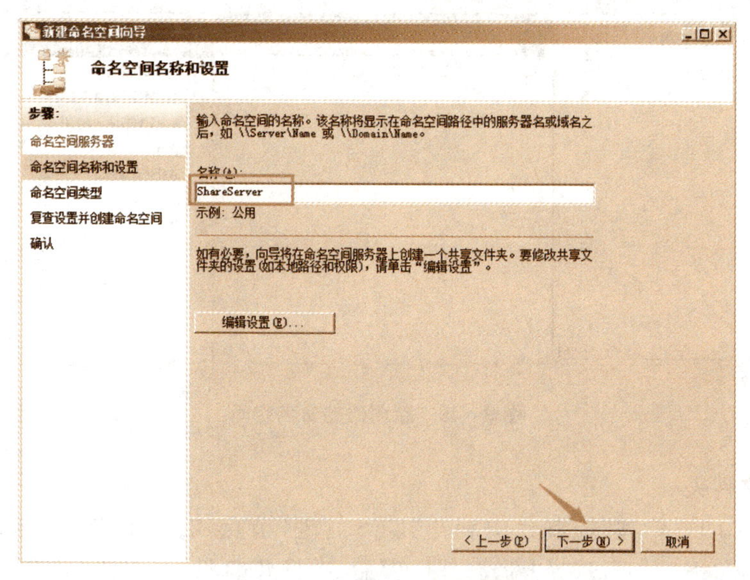

图 9－47　设置命名空间名称

步骤 4:单击“下一步”按钮,出现如图 9－48 所示的对话框,从中选择命名空间类型。这里选中“基于域的命名空间”单选按钮。

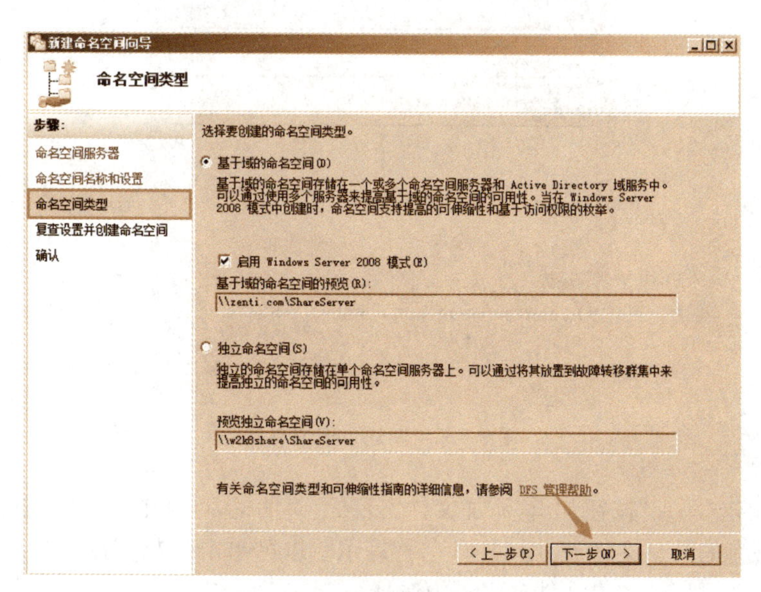

图 9－48　选择命名空间类型

步骤 5:单击“下一步”按钮,出现“复查设置并创建命名空间”对话框,检查命名空间设置信息,确认后单击“创建”按钮完成命名空间的创建。

在“DFS 管理”控制台中可查看新创建的命名空间,如图 9－49 所示。

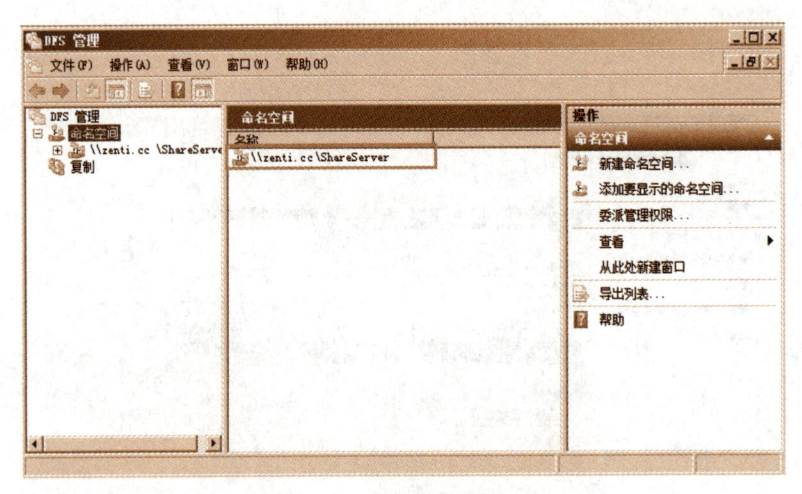

图 9-49　新创建的命名空间

4. 创建文件夹

步骤 1:在“DFS 管理”控制台中展开“DFS 管理”节点,右键单击命名空间,本例中为“\\zenti. cc\ShareServer”,选择“新建文件夹”命令,打开如图 9-50 所示的对话框,设置文件夹名称“NetWork”和文件夹目标路径“\\zenti. cc\ShareServer\NetWork”。文件夹名称不受目标名称或位置的限制,可创建对用户具有意义的名称。

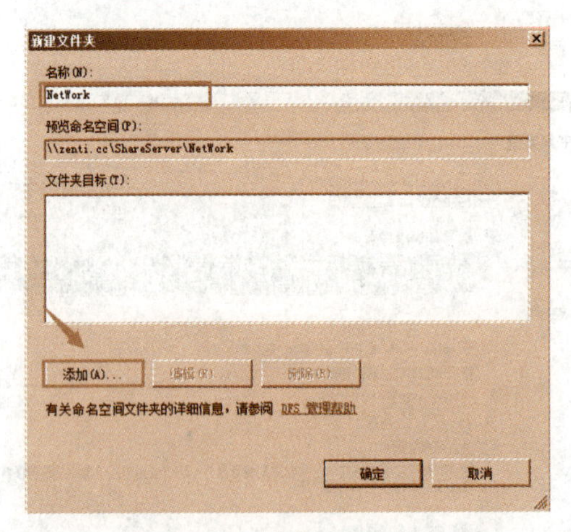

图 9-50　新建 DFS 文件夹

步骤 2:单击“添加”按钮弹出“添加文件夹目标”对话框,可从中直接输入目标路径,目标路径必须是现有的共享文件夹,用 UNC 名称表示。也可单击“浏览”按钮弹出“浏览共享文件夹”对话框,从可用的共享文件夹列表中选择。

在“DFS 管理”控制台中可查看命名空间下新创建的文件夹及其目标,如图 9-51 所示。

5. 客户端通过 DFS 访问共享文件夹

DFS 客户端组件可在许多不同的 Windows 平台上运行。默认情况下,Windows 2000 及更高版本都支持 DFS 客户端。

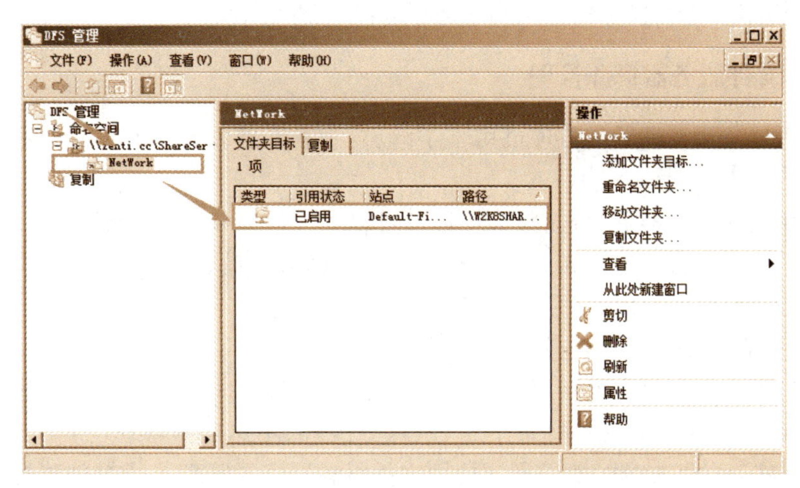

图 9-51　新创建的 DFS 文件夹及其目标

在客户端计算机上像访问网络共享文件夹一样访问 DFS，只是 UNC 名称是基于 DFS 结构的，格式为“\\命名空间服务器\命名空间根目录\DFS 文件夹”。服务器也可用域代替，例如\\zenti.cc\ShareServer\NetWork。还可直接打开命名空间根目录，展开文件夹后访问所需的资源。

6. 管理 DFS 目标

每个 DFS 文件夹都可对应多个目标（共享文件夹），形成目标集。例如，让同一个 DFS 文件夹对应多个存储相同文件的共享文件夹，这样可提高可用性，还可用于平衡服务器负载，当用户打开 DFS 资源时，系统自动选择其中的 1 个目标。这就需要为 DFS 文件夹再添加其他 DFS 目标，同一个文件夹对应多个目标会涉及 DFS 复制。

步骤：右键单击 DFS 文件夹，选择“添加文件夹目标”命令，打开如图 9-52 所示的对话框，在“文件夹目标的路径”框中设置可用的共享文件夹。

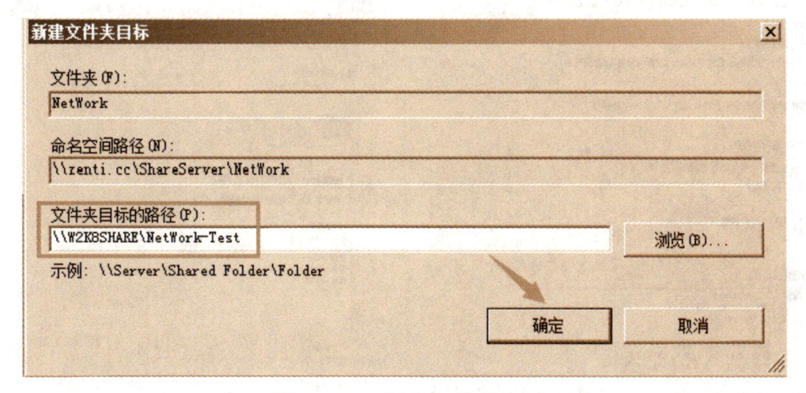

图 9-52　新建文件夹目标

7. 删除 DFS 系统

DFS 命名空间根目录、DFS 文件夹还是文件夹目标都可以被删除，删除方法是右键单击该项目，选择相应的删除命令即可。无论是删除哪个 DFS 项，都仅仅是中断 DFS 系统与共享文件夹之间的关联,而不会影响到存储在文件夹中的文件。

9.5.2 文件服务器资源管理

文件服务器资源管理器是管理员用于了解、控制和管理服务器上存储的数据的数量和类型的一套工具。

通过使用文件服务器资源管理器,管理员可以为文件夹和卷设置配额,主动屏蔽文件,并生成全面的存储报告。这套高级工具不仅可以帮助管理员有效地监视现有的存储资源,而且可以帮助规划和实现以后的策略更改。

1. 文件夹配额管理

配额管理的主要作用是限制用户的存储空间,只有 NTFS 文件系统才支持配额。

早期的 Windows 版本仅支持基于卷(磁盘分区)的用户配额管理,而 Windows Server 2008 R2 支持基于文件夹的配额管理。使用文件服务器资源管理器通过创建配额来限制允许卷或文件夹使用的空间,并在接近或达到配额限制时生成通知。

配额可以通过模板创建,也可以分别创建。模板便于集中管理配额,简化存储策略更改。

步骤 1:从“管理工具”菜单中打开文件服务器资源管理器,展开“配额管理”节点,右键单击“配额”节点,选择“创建配额”命令。

步骤 2:弹出如图 9-53 所示的对话框,在“配额路径”文本框中指定要应用配额的文件夹,可单击“浏览”按钮来浏览查找配额路径。

步骤 3:如果要使用配额模板,选择“从此配额模板派生属性”单选按钮,然后从下拉列表中选择模板,在“配额属性摘要”区域可查看相应模板的属性。

如果不使用模板,选择“定义自定义配额属性”单选按钮,然后单击“自定义属性”按钮弹出如图 9-54 所示的对话框,从中设置所需的配额选项,单击“确定”按钮。

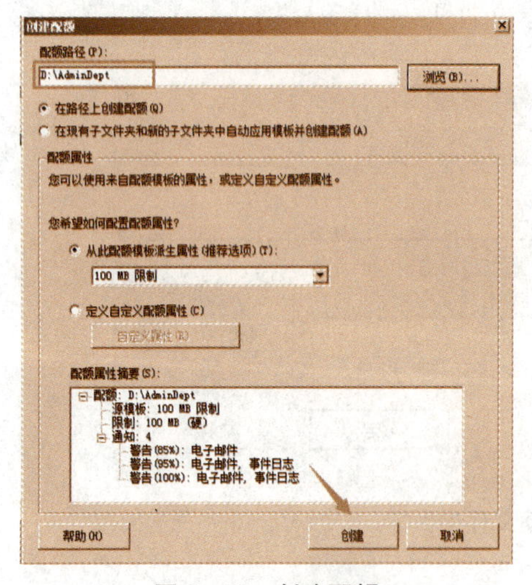

图 9-53 创建配额

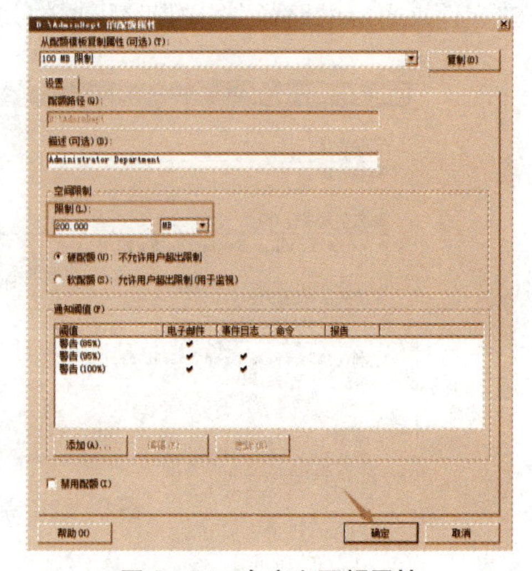

图 9-54 自定义配额属性

步骤 4:单击“创建”按钮,完成配额创建,结果如图 9-55 所示,可根据需要调整现有配

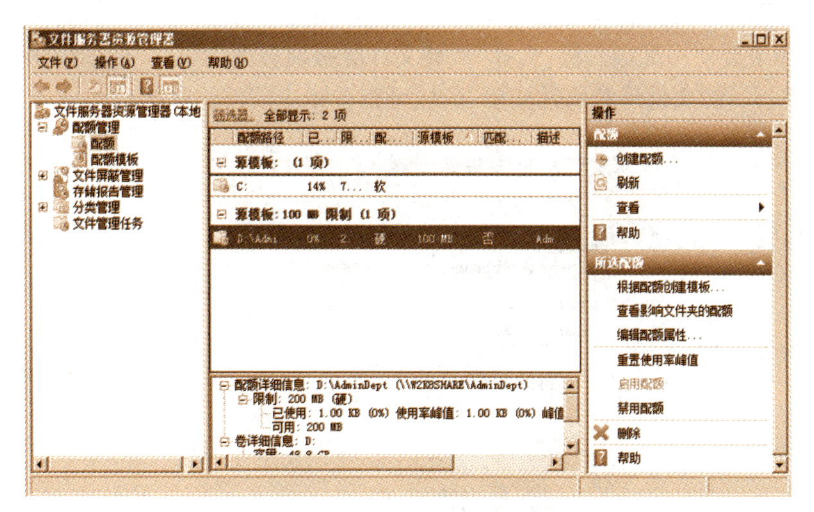

图 9-55　已创建的配额

额的设置。

默认情况下，系统提供了 6 种配额模板，如图 9-56 所示，可根据需要添加新的模板，或者编辑修改甚至删除现有模板。模板的编辑如图 9-54 所示。

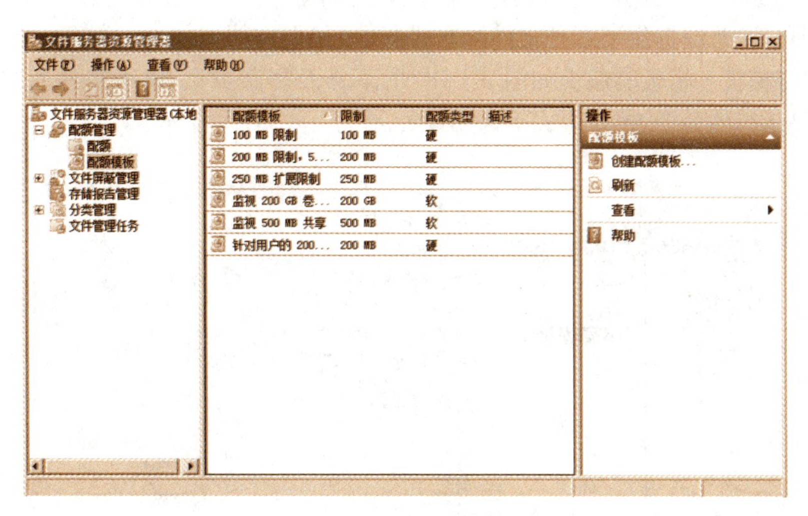

图 9-56　配额模板

2. 文件屏蔽管理

文件屏蔽管理的主要作用是在指定的存储路径(文件夹或卷)中限制特定的文件类型存储，阻止大容量文件(如 AVI)、可执行文件或其他可能威胁安全的文件类型。

文件屏蔽管理任务主要是创建和管理文件屏蔽规则。屏蔽规则可以通过模板创建，也可以自定义。模板便于集中管理屏蔽规则，简化存储策略更改。

步骤 1：打开文件服务器资源管理器，展开“文件屏蔽管理”节点。

步骤 2：右键单击“文件屏蔽”节点，选择“创建文件屏蔽”命令，打开如图 9-57 所示的对话框，在“文件屏蔽路径”框中指定要屏蔽规则的文件夹或卷，可单击“浏览”按钮来浏览查找路径。

步骤 3:如果要使用配额模板,选择“从此文件屏蔽模板派生属性”单选按钮,然后从下拉列表中选择模板,在“文件屏蔽属性摘要”区域可查看相应模板的属性。

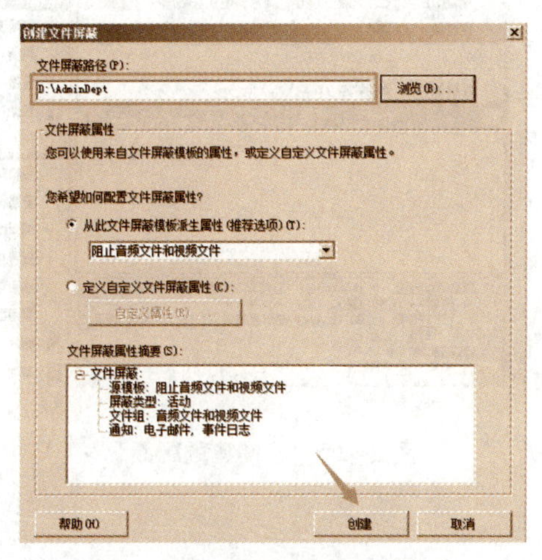

图 9-57 创建文件屏蔽规则

步骤 4:单击“创建”按钮,完成文件屏蔽规则的创建。

默认情况下,系统提供了 6 种文件屏蔽模板,可根据需要添加新的模板,或者编辑修改甚至删除现有模板。模板的编辑如图 9-58 所示,涉及屏蔽类型、电子邮件通知、事件日志记录、违规时运行的命令、报告生成等选项设置。

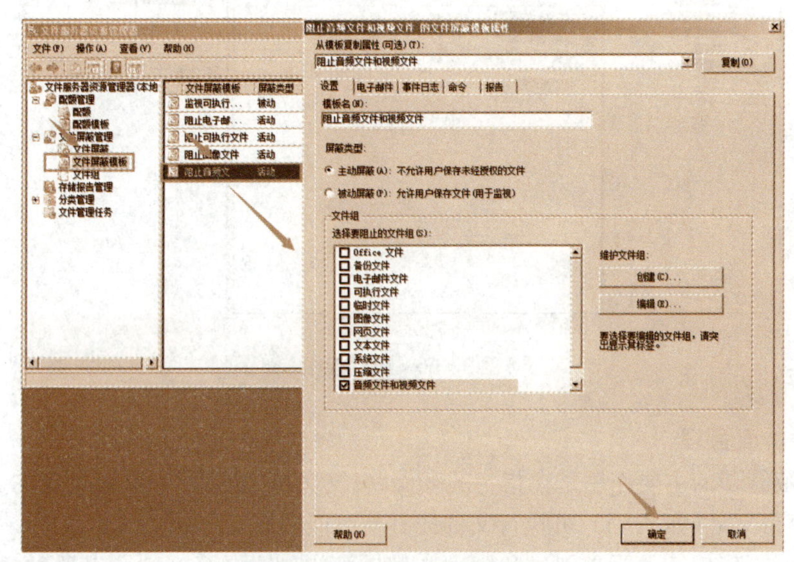

图 9-58 编辑文件屏蔽模板

3. 存储报告管理

存储报告管理的主要作用是生成与文件系统和文件服务器相关的存储报告,用于监视磁盘使用情况,标记重复的文件和休眠的文件,跟踪配额的使用情况,以及审核文件屏蔽。

存储报告管理任务主要是创建存储报告任务，操作步骤如下：

步骤 1：打开文件服务器资源管理器，右键单击“存储报告管理”节点，选择“计划新报告任务”命令，打开如图 9－59 所示的对话框。

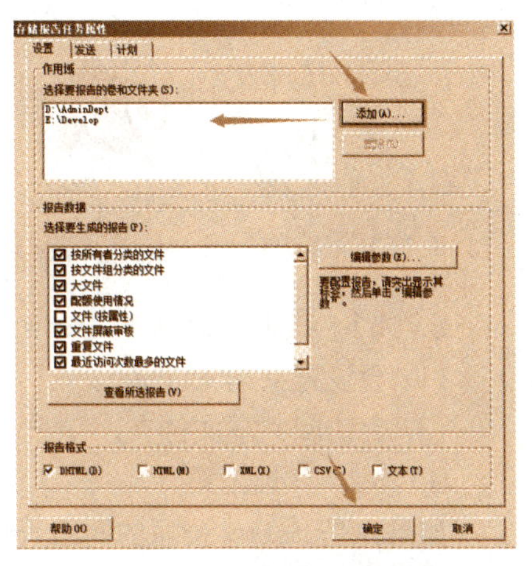

图 9－59　创建存储报告任务

步骤 2：在“作用域”区域添加要生成报告的文件夹或卷，可添加多个；在“报告数据”区域选择报告类型；在“报告格式”区域设置报告的格式。切换到“发送”选项卡指定报告发送的电子邮件地址；切换到“计划”选项卡订制报告生成任务的调度计划。

步骤 3：可立即生成存储报告，右键单击“存储报告管理”节点，选择“立即生成报告”命令打开相应的对话框，进行设置。图 9－60 就是 1 份简单的存储报告。

图 9－60　存储报告示例

9.6 项目小结

本项目主要介绍网络中的共享资源的配置和使用方法：共享文件夹的创建、共享权限的设置、共享打印机的配置和使用方法，同时还介绍了 DFS 的安装与管理方法、文件服务器的管理方法等。通过本项目的学习，我们能够对企业内部共享资源进行灵活的管理和配置。

9.7 实践训练(工作任务单)

9.7.1 子项目1 配置与管理共享文件夹

9.7.1.1 实训目标

(1) 会设置共享文件夹。

(2) 会访问共享文件夹。

9.7.1.2 实训场景

如果你是Sunny公司的网络管理员,需要根据公司的组织结构和管理要求,在文件服务器su-files上为已创建好的"work"和"notice"文件夹配置相应的共享权限,每个公司的每个用户都能根据相应的权限来访问相应的目录。网络实训环境如图9-61所示。

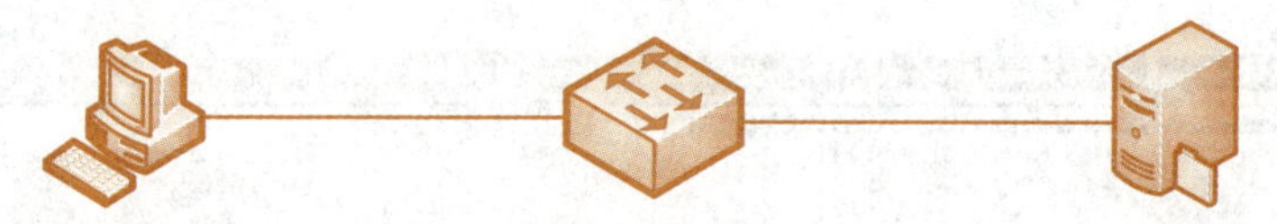

图9-61 配置与管理共享文件夹实训环境

9.7.1.3 实训任务

任务1:创建和管理用户和组

根据用户账户信息,创建用户和组,并将用户加入相应的组中。

任务2:创建和管理共享文件夹

(1) 配置共享文件夹的NTFS权限。

详见项目5中实训任务2。

(2) 配置共享文件夹的共享权限。

用户对自己的文件夹拥有更改权限,所有用户对于notice文件夹具有读取权限,但文印室职员刘兵可以修改相关文件。

任务3:验证共享文件夹的配置

(1) 李海访问服务器中的共享文件夹(文件),测试各文件夹的访问权限。

(2) 张林访问服务器中的共享文件夹(文件),测试各文件夹的访问权限,并将个人的共享文件夹映射为网络驱动器。

(3) 马小能否访问刘强共享的文件夹,并说明理由。

9.7.2　子项目2　配置与管理打印服务器

9.7.2.1　实训目标

（1）会安装网络打印服务器。

（2）会设置打印机的权限、优先级、可用时间。

（3）会配置打印机的打印池。

9.7.2.2　实训场景

如果你是Sunny公司的网络管理员，需要部署1台打印服务器，并将公司购买的打印机通过打印服务器进行管理，以提高打印效率。网络实训环境如图9-62所示。

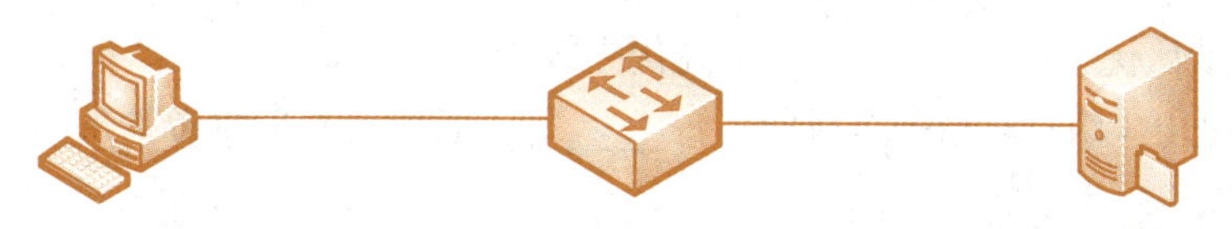

图9-62　配置与管理打印服务器实训环境

9.7.2.3　实训任务

任务1：安装打印机

（1）在服务器上安装2台连接到LTP1端口的逻辑打印机，并且这2台逻辑打印机指向公司新购的物理打印机，物理打印机的型号为：Brother DCP-116C。

（2）设置共享打印机名为Brother DCP-116C-1和Brother DCP-116C-2。

（3）在客户机上连接共享的打印机Brother DCP-116C-1，并进行打印测试。

任务2：管理打印服务器

（1）配置打印机的优先级

设置共享打印机Brother DCP-116C-1的优先级为1，Brother DCP-116C-2的优先级为99。

（2）配置打印机的权限

设置共享打印机Brother DCP-116C-1允许本公司内所有用户打印，Brother DCP-116C-2仅允许总经理和文印室的职员打印，其中刘强能够管理此打印机。

（3）配置打印机的打印时间。

Brother DCP-116C-1的打印机只允许在8:30～18:00期间提供打印服务，Brother DCP-116C-2打印机可全天进行打印服务。

（4）配置打印池。

① 在服务器的LTP2端口上安装1台型号为Brother DCP-116C的打印设置。

② 将LTP1和LTP2配置为打印池。

9.8 课后习题

9.8.1 填空题

1. 文件夹的共享权限有3种，分别是________、________和________。

2. 在Windows Server 2008 R2中，共享打印机的权限有________、________和________。

3. 设置打印机的________可以安排打印文档的优先次序。

4. 打印机的默认优先级为________，最高优先级为________。

5. 打印机池是由1组打印设备组成的1台________，它通过打印服务器的多个________连接到多台打印机。

9.8.2 单项选择题

1. 以下对“共享权限”正确描述的是(　　)。

A. 可以把共享权限单独指定给某个文件

B. 只能为文件夹设置共享权限

C. 共享权限能够提高本地登录时的资源安全

D. 共享权限比NTFS权限更安全

2. 在1台安装有Windows Server 2008 R2文件服务器中，网络管理员在D:\files\company\software创建了1个共享文件夹share，现需要调整共享文件夹的位置，并且希望调整后文件夹的NTFS权限不变，下列操作正确的是(　　)。

A. 将共享文件夹复制到D盘根目录中

B. 将共享文件夹移动到D盘根目录中

C. 将共享文件夹复制到E盘根目录中

D. 将共享文件夹移动到E盘根目录中

3. 在Windows Server 2008 R2系统中，某共享文件夹的NTFS权限和共享权限设置的并不一致，则对于通过网络访问该文件夹的用户而言，下列(　　)有效。

A. 文件夹的共享权限

B. 文件夹的NTFS权限

C. 文件夹的共享权限和NTFS权限二者的累加权限

D. 文件夹的共享权限和NTFS权限二者中最严格的那个权限

4. 小李在Windows Server 2008 R2系统中创建了1个共享文件夹share，在设置权限时将share的共享权限设置为完全控制，而它的NTFS权限为读取，则通过网络访问该文件夹时，它的有限权限为(　　)。

A. 完全控制　　B. 修改

C. 读取　　D. 列出文件夹内容

5. 在1台安装Windows Server 2008 R2文件服务器中，小李在D盘共享了1个文件夹，该文件夹对用户 manager 的共享权限为完全控制，但用户 manager 通过网络访问该文件时收到拒绝访问的提示，产生的原因可能是(　　)。

A. 没有将用户账户 manager 加入 User 组

B. 用户账户 manager 没有相应的共享权限

C. 用户账户 manager 没有相应的 NTFS 权限

D. 网络出现故障，不能访问文件服务器

6. 在 Windows Server 2008 R2 中，要创建隐藏共享文件夹，只需要在共享名后加(　　)符号。

A. %　　B. @　　C. $　　D. &

7. 网络管理员小李在系统为 Windows Server 2008 R2 文件服务器的 E 盘配置了 1 个共享文件夹 share，其服务器 IP 地址为：192.168.1.254/24。如果小王要访问文件服务器上的共享文件夹，则应该在地址栏中输入(　　)。

A. \\192.168.1.254　　B. \\192.168.1.254\E:

C. \\192.168.1.254\E:\share　　D. \\192.168.1.254\share

8. 网络管理员小李在 Windows Server 2008 R2 文件服务器上，将 D:\share 文件夹创建为隐藏共享，共享名为 share$，服务器名为：files。如果小王要访问文件服务器上的共享文件夹，则应该在地址栏中输入(　　)。

A. \\files　　B. \\files\share

C. \\files\D:\share　　D. \\files\share$

9. 如果网络中包含 1 台运行着 Windows server 2008 R2 的文件服务器。在服务器上创建了 1 个共享文件夹，需要确保无论什么时候用户在共享文件夹中保存.exe 文件时，都能通知管理员。你应当怎么做？(　　)。

A. 创建 1 个软配额　　B. 创建 1 个文件屏蔽

C. 配置给予访问权限的枚举(ABE)　　D. 修改 NTFS 权限和共享权限

10. Windows Server 2008 R2 中为网络打印机提供了 3 种常用权限，以下不属于网络打印机权限的是(　　)。

A. 打印权限　　B. 管理打印机

C. 管理文档　　D. 添加、删除打印机

11. 下列关于打印机优先级正确的叙述是(　　)。

① 在打印机服务器上设置优先级。

② 设置打印机优先级时，需要 1 台物理打印机对应 2 台或多台逻辑打印机。

③ 设置打印机优先级时，需要 1 台逻辑打印机对应 2 台或多台物理打印机。

④ 在每个员工的机器上设置优先级。

A. ①②　　B. ①③　　C. ②③　　D. ②④

12. 网络中有 1 个活动目录域，该域中有 2 台运行 Windows Server 2008 R2 的打印服务器，分别名为 server1 和 server2，Server1 上有 1 台打印机名为 Printer1，Server2 上有 1 台打印机名为 Server2。2 台打印机使用着相同的驱动程序，请问当 printer1 出现故障时，为了确保 Printer1 上的打印任务队列可以继续打印，需要(　　)。

A. 修改 Printer1 的端口设置

B. 修改 printer1 的共享设置

C. 运行打印机迁移工具

D. 使用命令行工具执行 Remove-Job 和 Copy-Item 的操作

13. 某公司的网络中有 1 台办公用的网络接口打印机，管理员分别在总经理和普通员工的计算机上安装了打印机软件，并为总经理的打印机设置优先级为 50，普通员工的打印机使用默认优先级。1 位员工将 1 份有 300 页的合同书发送到该打印机开始打印后，总经理也将 1 份项目计划书发送到该打印机，那么(　　)。

A. 打印机会删除当前的员工打印任务后开始打印总经理的打印任务

B. 打印机会穿插打印这 2 份打印任务

C. 打印机会暂停当前对员工任务的打印，优先开始打印总经理的打印任务，完成后继续前面的任务

D. 打印机会在完成员工的打印任务后再开始打印总经理的打印任务

14. 如果你是 1 家公司的网络管理员，该公司有 1 台安装了 Windows Server 2008 R2 的打印服务器，另有 3 台同型号的打印设备，为了避免某台打印机的打印任务太重，公司决定在 3 台打印机之间平衡打印任务的负载。作为该公司的网络管理员，你应该怎么做？(　　)。

A. 在服务器安装和共享 3 台打印机，通过为每台打印机设置不同的打印时间来实现打印任务的负载均衡

B. 在服务器安装和共享 3 台打印机，通过配置打印机的优先级来实现打印任务的负载均衡

C. 在服务器安装和共享 3 台打印机，通过配置打印机的权限来实现打印任务的负载均衡

D. 在服务器上安装和共享 1 台打印机，通过配置打印池来实现打印任务的负载均衡

9.8.3 简答题

1. 简述创建共享文件夹的方法有哪几种。

2. 如果你是公司的网络管理员，公司的打印服务器的计算机名为 printsrv，该服务器的 lpt1 连接了 1 台打印设备。公司的经理和普通员工都使用这台打印设备。公司想实现经理的打印优先级比普通员工高，应如何实现？简要写出打印服务器和客户机的安装步骤。

3. 简述打印机、打印设备和打印服务器的区别。

第四篇

应用服务器配置

Web 服务器的配置与管理

10.1 项目导入

在重庆正泰网络科技有限公司网络建设达到一定程度后，对信息化办公也提出了更高的要求。公司领导层认为，目前业务发展较为迅速，但是宣传的力度跟不上需要，要想实现更大范围的宣传，需要从网络宣传入手，要求除了公司官网外，对外业务联系比较多的部门也需要考虑网络建设。

10.2 项目分析

网站建设是当前网络宣传的主要手段之一，通过网页发布软件将企事业单位的宣传资料发布在网络上，供他人阅览。目前主流的网页发布软件有微软的 IIS 和 Linux 的 Apache。考虑到公司的网络系统是以 Windows 为主，所以本项目将选用 IIS 作为网页发布软件。

本次任务由网络部李代权负责。经过充分调研，他准备从以下几个方面着手：

(1) Web 服务器信息：

主机名：W2k8WEB. zenti. cc　　IP 地址：192. 168. 0. 13

(2) 域名信息：

官网：www. zenti. cc(别名：web. zenti. cc)

市场部：market. zenti. cc

销售部：sales. zenti. cc

网络部：network. zenti. cc

10.3 预备知识

10.3.1 Web 概述

Web 是最重要的 Internet 服务，Web 服务器是实现信息发布的基本平台，更是网络服务与应用的基石。

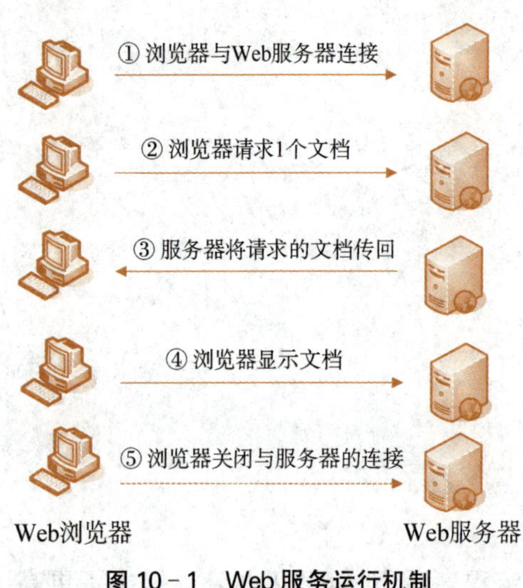

图 10-1 Web 服务运行机制

1. Web 服务运行机制

Web 服务基于客户机/服务器模型。客户端运行 Web 浏览器程序,提供统一、友好的用户界面,解释并显示 Web 页面,将请求发送到 Web 服务器。服务器端运行 Web 服务程序,侦听并响应客户端请求,将请求处理结果(页面或文档)传送给 Web 浏览器,浏览器获得 Web 页面。Web 浏览器与 Web 服务器交互的过程如图 10-1 所示。可以说 Web 浏览就是一个从服务器下载页面的过程。

Web 浏览器和服务器通过 HTTP 协议建立连接、传输信息和终止连接,Web 服务器也称为 HTTP 服务器。HTTP 即超文本传输协议,是一种通用的、无状态的、与传输数据无关的应用层协议。

Web 服务器以网站的形式提供服务,网站是一组网页或应用的有机集合。在 Web 服务器上建立网站,集中存储和管理要发布的信息,Web 浏览器通过 HTTP 协议以 URL 地址(格式为 http://主机名:端口号/文件路径,当采用默认端口 80 时可省略)向服务器发出请求,来获取相应的信息。

传统的网站主要提供静态内容,目前主流的网站都是动态网站,服务器和浏览器之间能够进行数据交互,这需要部署用于数据处理的 Web 应用程序。

2. Web 应用程序简介

Web 应用程序就是基于 Web 开发的程序,一般采用浏览器/服务器结构,要借助 Web 浏览器来运行。Web 应用程序具有数据交互处理功能,如聊天室、留言板、论坛、电子商务等软件。

Web 应用程序是一组静态网页和动态网页的集合,其工作原理如图 10-2 所示。

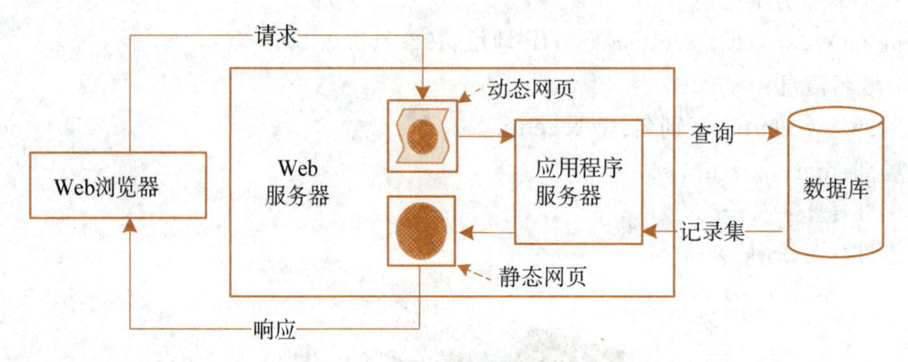

图 10-2 Web 应用程序工作原理

10.3.2 Web 服务器解决方案

Web 服务是最主要的网络应用,除了考虑服务器硬件和网络环境外,重点是选择合适的 Web 服务器软件。Web 服务器软件的选择应遵照下述原则:

(1) 考虑网站规模和用途。
(2) 是否选择商业软件。
(3) 考虑操作系统平台。
(4) 考虑对 Web 应用程序的支持。

10.4 项目实施

10.4.1　任务 1　IIS 安装与网站基本管理

1. 在 Windows Server 2008 R2 平台上安装 IIS 7.5

以前版本将 IIS 并到应用程序服务器，Windows Server 2008 R2 则将 Web 服务器与应用程序服务器分为 2 个不同的角色。

默认情况下，Windows Server 2008 R2 并不安装 IIS 7.5，可以使用服务器管理器中的“添加角色”向导来安装。

步骤 1：打开服务器管理器，在主窗口“角色摘要”区域(或者在“角色”窗格)中单击“添加角色”按钮，启动添加角色向导。

步骤 2：单击“下一步”按钮出现“选择服务器角色”界面，选择要安装的角色“Web 服务器(IIS)”。

步骤 3：单击“下一步”按钮，显示该角色的基本信息。

步骤 4：单击“下一步”按钮，出现如图 10-3 所示的界面，从中选择要为 IIS 安装的角色服务。

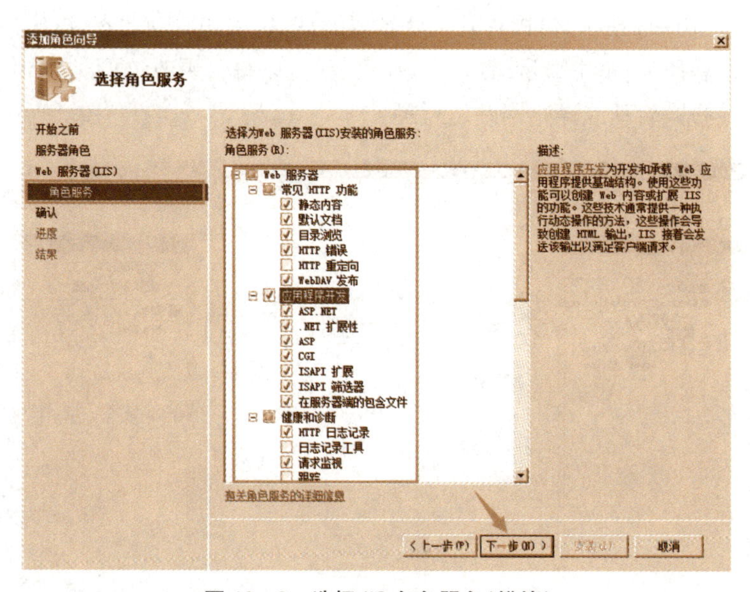

图 10-3　选择 IIS 角色服务(模块)

步骤 5：单击“下一步”按钮出现“确认安装选择”界面，单击“安装”按钮开始安装，根据向导提示完成其余操作步骤。

在服务器管理器中单击“Web 服务器(IIS)”节点,右侧窗格显示当前 IIS 服务器的状态和摘要信息,如图 10-4 所示。

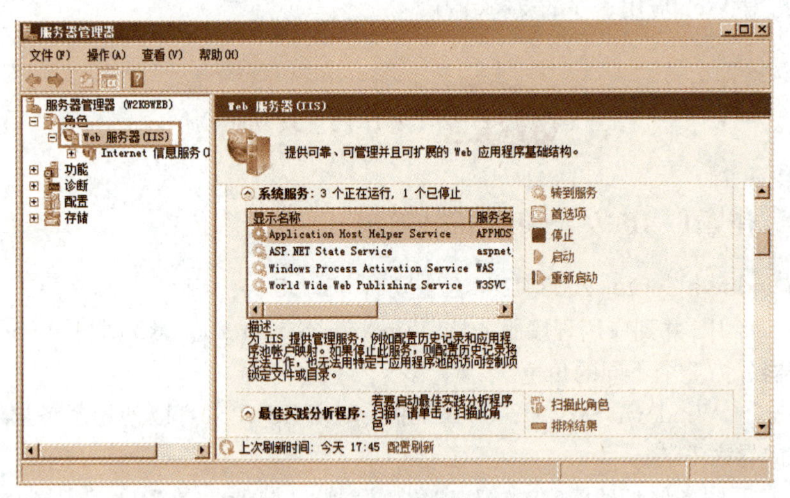

图 10-4 Web 服务器(IIS)信息

可以在此查看事件,管理相关的系统服务,添加或删除角色服务。凡是通过服务器管理器安装的服务,都可以在服务器管理器中进行配置和管理。

2. 查看网站列表

步骤 1:依次单击“开始”→“管理工具”→“Internet 信息服务管理器”,打开 IIS 管理器,在“连接”窗格中单击“网站”节点,工作区显示当前的网站(站点)列表。

步骤 2:如图 10-5 所示,可以查看一些重要的信息,例如启动状态、绑定信息;从列表中选择 1 个网站,“操作”窗格中显示对应的操作命令,可以编辑更改该网站,重命名网站,修改物理路径、绑定网站,启动或停止网站运行等。

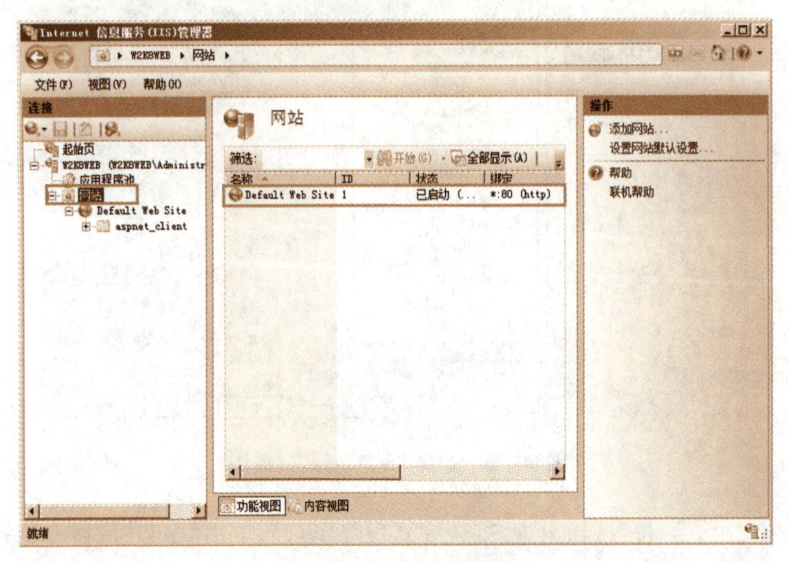

图 10-5 网站列表

3. 设置网站主目录

每个网站必须有 1 个主目录。主目录位于发布的网页的中央位置,包含主页或索引文件以及到所在网站其他网页的链接。主目录是网站的"根"目录,映射为网站的域名或服务器名。用户使用不带文件名的 URL 访问 Web 网站时,请求将指向主目录。步骤如下:

步骤 1:在 IIS 管理器中选中要设置的网站,在右侧"操作"窗口中单击"基本设置"链接,打开如图 10－6 所示的对话框,根据需要在"物理路径"框中设置主目录所在的位置,可以输入目录路径,也可以单击"物理路径"框右侧的按钮打开"浏览文件夹"窗口来选择 1 个目录路径。

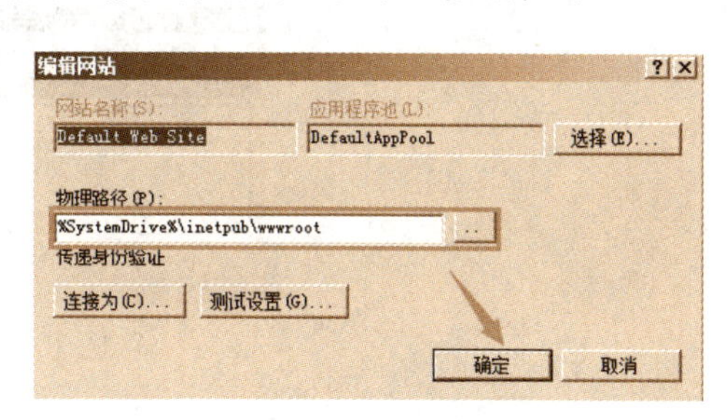

图 10－6　编辑网站

步骤 2:主目录也可以是远程计算机上的共享文件夹,直接输入完整的 UNC 路径(格式为"\\服务器\共享名"),或者打开"浏览文件夹"窗口展开"网络"节点来选择共享文件夹(前提是启用网络发现功能),本例为"\\win2k8dc\wwwroot",如图 10－7 所示。

步骤 3:注意网站必须提供访问共享文件夹的用户认证信息,单击"连接为"按钮弹出相应的对话框,默认选中"应用程序用户",IIS 使用请求用户提供的凭据来访问物理路径。如图 10－8 所示,这里选中"特定用户"。

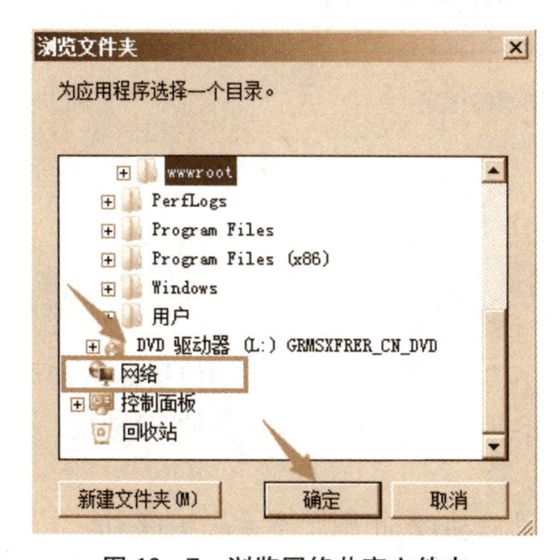

图 10－7　浏览网络共享文件夹

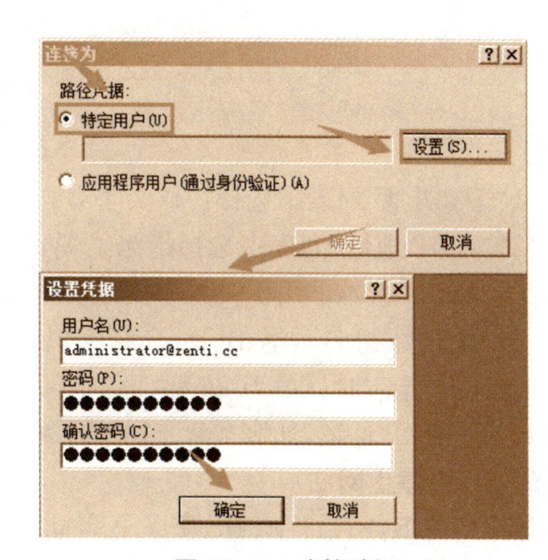

图 10－8　连接验证

步骤 4:单击"设置"按钮打开"设置凭据"对话框,从中输入具有物理路径访问权限的用户账户名和密码。完成设置后可以单击"测试连接"按钮来测试。

4. 设置网站绑定

网站绑定(IIS 6.0 版本的相关界面上称为"网站标识")用于支持多个网站。创建网站时需要设置绑定,现有网站也可以进一步添加、删除或修改绑定,包括协议类型(Web 服务有 2 种:HTTP 和 HTTPS)、IP 地址和 TCP 端口。完整的网站绑定由协议类型、IP 地址、TCP 端口以及主机名(可选)组成,它使名称与 IP 地址相关联从而支持多个网站即后面要介绍的虚拟主机。

步骤 1：在 IIS 管理器中选中要设置的网站，在“操作”窗格中单击“绑定”链接，打开如图 10-9 所示的界面，其中列出现有的绑定条目，可以添加新的绑定，删除或编辑修改已有的绑定。

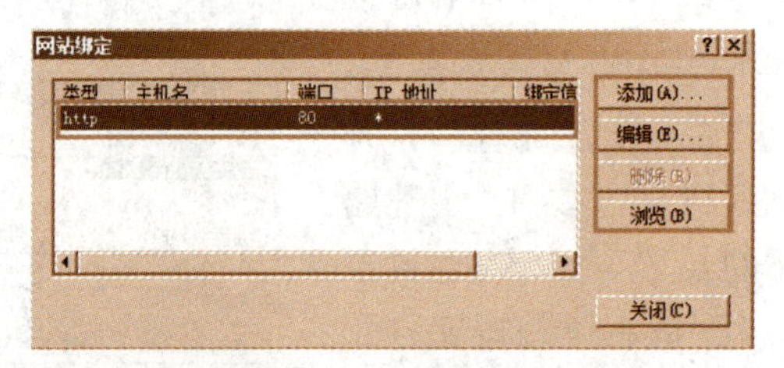

图 10-9　网站绑定列表

步骤 2：例如选中 1 个绑定，单击“添加”按钮打开如图 10-10 所示的对话框，根据需要进行编辑。

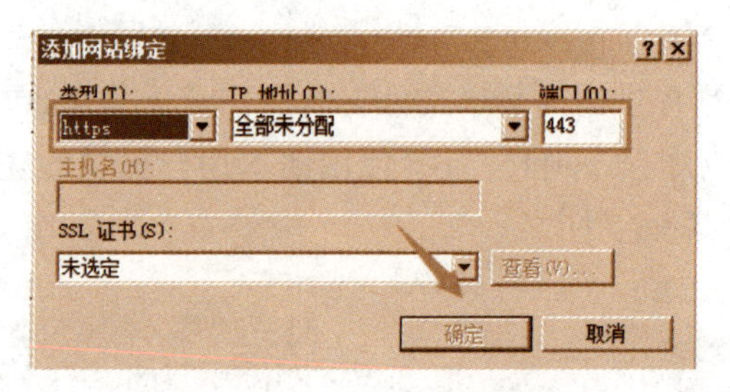

图 10-10　添加网站绑定

(1) 从“类型”列表中选择协议类型，可以是 http 或 https。

(2) 从“IP 地址”列表中选择指派给 Web 网站的 IP 地址。

(3) “端口”文本框用于设置该网站绑定的端口号。

(4) 至于“主机名”，将在后面介绍虚拟主机时详细说明。

也可以不指定具体的 IP 地址，即“全部未分配”(将显示为“ * ”)，则使用尚未指派给其他网站的所有 IP 地址，如服务器上分配了多个 IP 地址，可从中选择所需的 IP 地址。

5. 启动、停止网站

默认情况下，网站将随 IIS 服务器启动而自动启动，停止网站不会影响该 IIS 服务器其他正在运行的服务、网站，启动网站将恢复网站的服务。在 IIS 管理器中，右键单击要启动、停止的网站，然后选择相应的命令即可。

10.4.2　任务 2　基于虚拟主机部署多个网站

网站是 Web 应用程序的容器，可以通过 1 个或多个网站绑定来访问网站，网站绑定可以实现多个网站即虚拟主机技术。

虚拟主机技术将 1 台服务器主机划分成若干台“虚拟”的主机，每台虚拟主机都具有独立的域名(有的还有独立的 IP 地址)，具备完整的网络服务器(WWW、FTP 和 E-mail 等)功能。虚拟主机之间完全独立，并由用户自行管理。这种技术可节约硬件资源、节省空间、降低成本。

每个 Web 网站都具有唯一的，由 IP 地址、TCP 端口和主机名 3 个部分组成的网站绑定，用来接收和响应来自 Web 客户端的请求。

1. 基于不同 IP 地址架设多个 Web 网站

这是传统的虚拟主机方案，又称为 IP 虚拟主机，使用多 IP 地址来实现，将每个网站绑定不同的 IP 地址，以确保每个网站域名对应于独立的 IP 地址，如图 10－11 所示。用户只需在浏览器地址栏中输入相应的域名或 IP 地址即可访问 Web 网站。

下面示范使用不同 IP 地址架设 Web 网站的步骤：

步骤 1：在服务器上添加并设置好 IP 地址，本例再添加 2 个 IP 地址：192.168.0.18 和 192.168.0.19，如果需要域名，还应为 IP 地址注册相应的域名。

步骤 2：打开 IIS 管理器，在“连接”窗格中右键单击“网站”节点，然后选择“添加网站”命令打开“添加网站”对话框。如图 10－12 所示，设置各个选项。

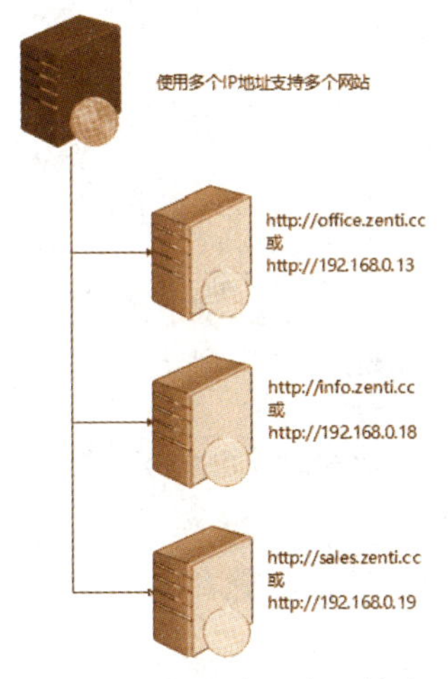

图 10－11　IP 虚拟主机技术

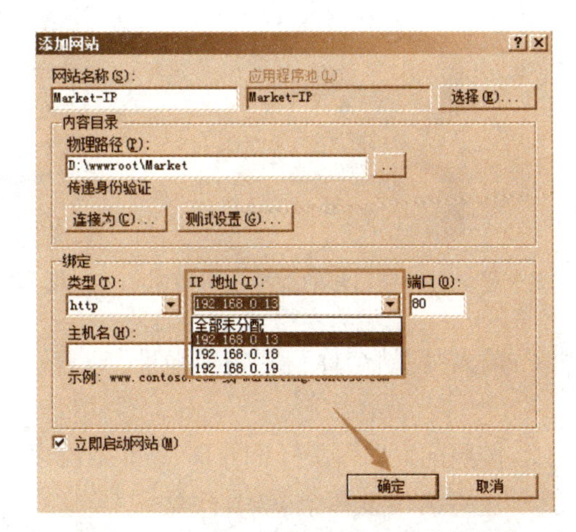

图 10－12　基于不同 IP 地址创建新网站

步骤 3：在“网站名称”框中为该网站命名。

步骤 4：在“应用程序池”框中选择所需的应用程序池。

步骤 5：在“物理路径”框中直接输入网站文件夹的物理路径，或者单击右侧按钮弹出“浏览文件夹”对话框来选择。

步骤 6：从“类型”列表中为网站选择协议，这里选择默认的 HTTP 协议。

步骤 7：在“IP 地址”框中指定要绑定的 IP 地址。

步骤 8：在“端口”文本框中输入端口号。HTTP 协议的默认端口号为 80。

步骤 9：如果无须对站点做任何更改，并且希望网站立即可用，选中“立即启动网站”复选框。

步骤 10：单击“确定”按钮完成网站的创建。

2. 基于附加 TCP 端口号架设多个 Web 网站

浏览网页时，可以通过“http://域名:端口号”格式的网址来访问网站。这实际上是利用不同的 TCP 端口号在同一服务器上架设多个 Web 网站。严格地说，这不是真正意义上的虚拟主机技术，因为一般意义上的虚拟主机应具备独立的域名。这种方式多用于同一个网站上的不同服务。

除了使用默认 TCP 端口号 80 的网站之外，也可以在 IP 地址（或域名）后面附加其他端口号，如“http://192.168.0.18:8080”。在服务器只需 1 个 IP 地址时，按图 10 - 13 所示要求，通过使用附加端口号，即可维护多个网站。操作步骤如下：

步骤 1：在 IIS 管理器中，定位并右键单击“网站”，选择“添加网站”，打开如图 10 - 14 所示对话框。

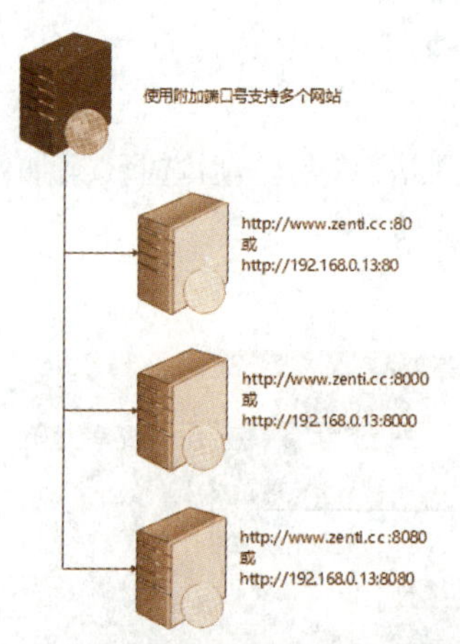

图 10 - 13　基于附加端口号的虚拟主机技术

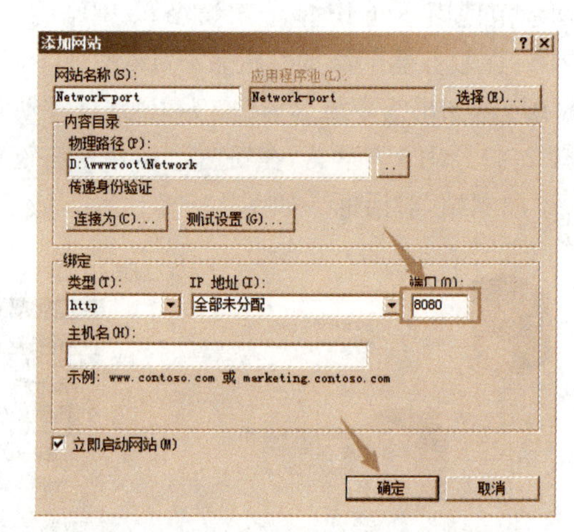

图 10 - 14　基于附加端口号创建新网站

步骤 2：输入“网站名称”和“物理地址”等信息，在“端口”下方输入“8080”，单击“下一步”按钮。

步骤 3：按照前面“1. 基于不同 IP 地址架设多个 Web 网站”的步骤，完成后面操作。

3. 基于主机名架设多个 Web 网站

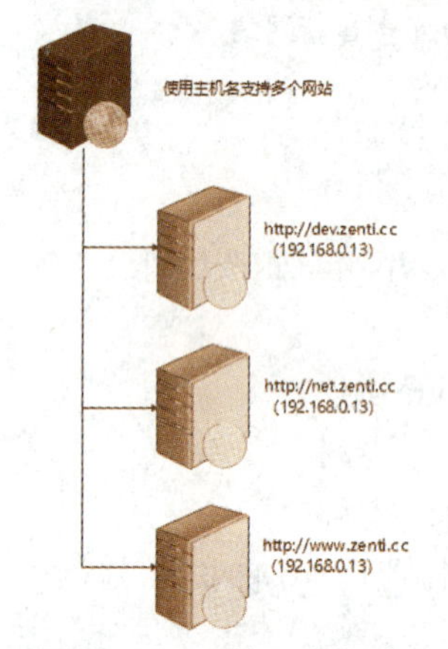

图 10 - 15　基于主机名的虚拟主机技术

由于传统的 IP 虚拟主机浪费 IP 地址，实际应用中更倾向于采用非 IP 虚拟主机技术，即将多个域名绑定到同一个 IP 地址。

这是通过使用具有单个 IP 地址的主机名建立多个网站实现的，如图 10 - 15 所示。前提条件是在域名设置中将多个域名映射到同一个 IP 地址。

下面示范使用主机名架设多个 Web 网站的操作步骤，以 1 个公司的不同部门（网络部、开发部）分别建立独立网站为例，两部门所用的独立域名分别为 net. zenti. cc 和 dev. zenti. cc，通过 IIS 提供虚拟主机服务。为不同公司创建不同的网站可参照此方法。

首先要将网站的主机名（域名）添加到 DNS 解析系统，使这些域名指向同一个 IP 地址。

Internet 网站多由服务商提供相关的域名服务，这里以使用 Windows Server 2008 R2 内置的 DNS 服务器自行管理域名为例。

步骤 1：在 DNS 服务器上打开 DNS 控制台，展开目录树，右键单击“正向查找区域”下面要设置的 1 个区域（或域），选择“新建主机(A)”命令。

步骤 2：打开“新建主机”对话框，分别设置主机名 net、dev 对应同一 IP 地址 192.168.0.13，单击“添加主机”按钮，最后单击“完成”按钮，结果如图 10－16 所示。

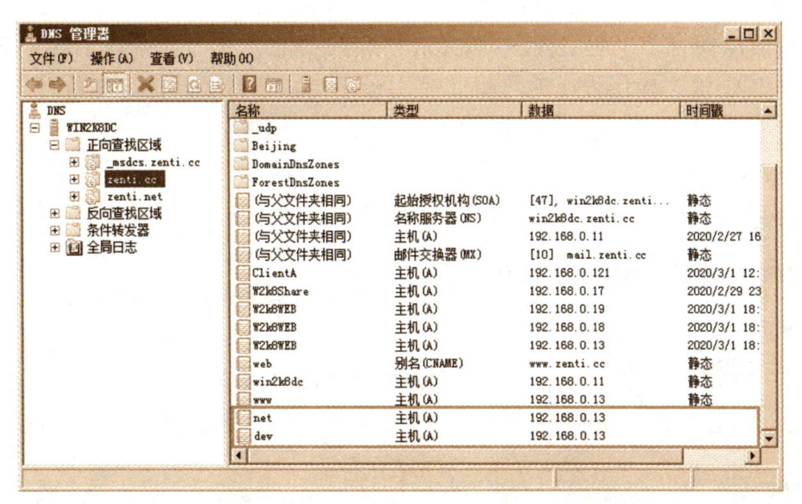

图 10－16　多个域名指向统一 IP 地址

步骤 3：在 IIS 服务器上为不同主机建立文件夹，作为 Web 网站主目录，例中分别为 D:\wwwroot\net、D:\wwwroot\dev。

步骤 4：打开 IIS 管理器，打开“添加网站”对话框，如图 10－17 所示，设置第 1 个部门网站，这里的关键是在“主机名”文本框中为网站设置主机名，例中为 net.zenti.cc，还要注意设置物理路径，例中设为 D:\wwwroot\net。

步骤 5：参照步骤 4，设置第 2 个部门网站，如图 10－18 所示。

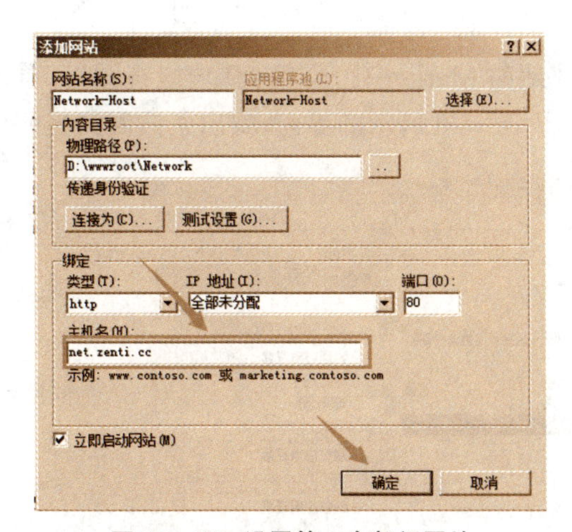

图 10－17　设置第 1 个部门网站

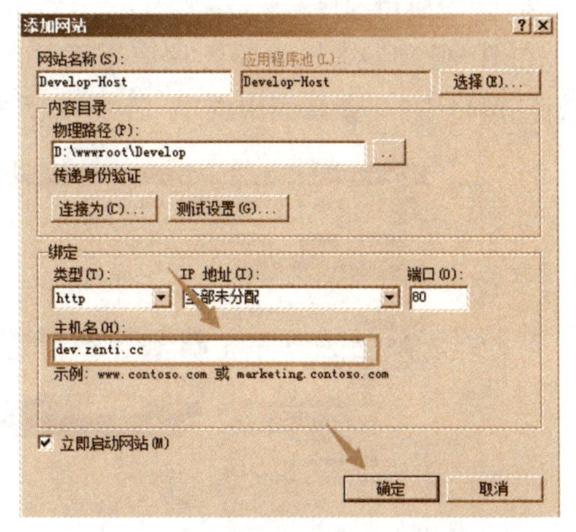

图 10－18　设置第 2 个部门网站

10.4.3　任务 3　部署应用程序

应用程序是一种在应用程序池中运行并通过 HTTP 协议向用户提供 Web 内容的软件程序。

创建应用程序时,应用程序的名称将成为用户可通过 Web 浏览器请求的 URL 的一部分。在 IIS 10.5 中,每个网站都必须拥有 1 个称为根应用程序(或默认应用程序)的应用程序。

1 个网站可以拥有多个应用程序,以实现不同的功能。应用程序除了属于网站之外,还属于某个应用程序池。应用程序池可将此应用程序与服务器上其他应用程序池中的应用程序分隔开。

1. 添加应用程序

应用程序是网站根级别的一组内容,或网站根目录下某一单独文件夹中的一组内容。

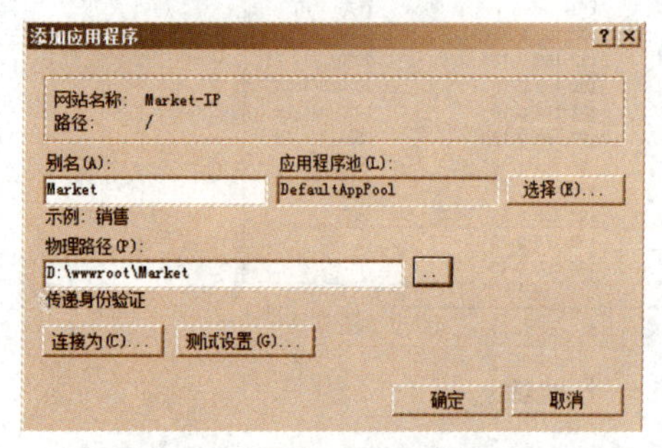

图 10－19　添加应用程序

在 IIS 7.5 中添加应用程序时,需为该应用程序指定 1 个目录作为应用程序根目录(即开始位置),然后指定特定于该应用程序的属性,例如指定应用程序池以供该应用程序在其中运行。

步骤 1:打开 IIS 管理器,在“连接”窗格中展开“网站”节点。

步骤 2:右键单击要创建应用程序的网站,然后选择“添加应用程序”,打开对话框。如图 10－19 所示,设置所需选项。

步骤 3:在“别名”文本框中为应用程序 URL 设置 1 个值,如 Market。

步骤 4:如果要选择其他应用程序池,单击“选择”按钮从列表中选择 1 个应用程序池。

步骤 5:在“物理路径”中设置应用程序所在文件夹的物理路径,或者单击右侧按钮通过浏览文件系统找到该文件夹。

步骤 6:单击“确定”按钮完成应用程序的创建。

2. 管理应用程序

在 IIS 管理器中选中要管理应用程序的网站如 Market-IP,切换到“功能视图”。单击“操作”窗格中的“查看应用程序”链接,打开如图 10－20 所示的界面,列出了该网站当前的

图 10－20　应用程序列表

应用程序列表。通过应用程序列表可以查看一些重要的信息，如应用程序内容的物理路径、所属的应用程序池等。应用程序图标为 。

10.4.4　任务 4　部署虚拟目录

Web 应用程序由目录和文件组成。目录分为 2 种类型：物理目录和虚拟目录。物理目录是位于计算机物理文件系统中的目录，它可以包含文件及其他目录。虚拟目录是在 IIS 中指定并映射到本地或远程服务器上的物理目录的目录名称，这个名称被称为别名。别名成为应用程序 URL 的一部分。用户可以通过在 Web 浏览器中请求该 URL 来访问物理目录的内容。

如果同一 URL 路径中物理子目录名称与虚拟目录名称相同，那么使用该目录名称访问时，虚拟目录名称优先响应。

虚拟目录具有以下优点：

(1) 虚拟目录的名称通常比实际目录的路径名短，使用起来更方便。

(2) 更安全，使用不同于物理目录名称的别名，用户难以发现服务器上实际物理文件的结构。

(3) 可以更方便地移动和修改网站应用程序的目录结构。一旦需要更改目录，只需更改别名与目录实际位置的映射即可。

1. 创建虚拟目录

虚拟目录是在地址中使用的、与服务器上的物理目录对应的目录名称。可以将包括网站或应用程序中的目录内容添加到虚拟目录，而无须将这些内容实际移动到该网站或应用程序目录中。可以在网站或应用程序下面创建虚拟目录。

步骤：打开 IIS 管理器，在“连接”窗格中展开“网站”节点，右键单击要创建虚拟目录的网站(或应用程序)，然后选择“添加虚拟目录”命令打开相应的对话框，如图 10－21 所示，给出了虚拟目录所在的当前路径，分别设置虚拟目录别名和对应的物理目录路径。

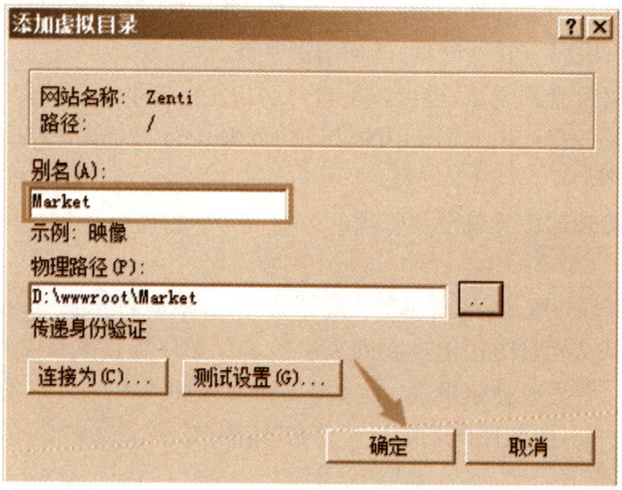

图 10－21　添加虚拟目录

2. 管理虚拟目录

步骤：在 IIS 管理器中选中要管理虚拟目录的网站，切换到“功能视图”，单击“操作”窗格中的“查看虚拟目录”链接，打开如图 10－22 所示界面，给出了该网站当前的虚拟目录列表，可查看一些重要的信息，如虚拟目录内容的物理路径。虚拟目录用图标 来表示。

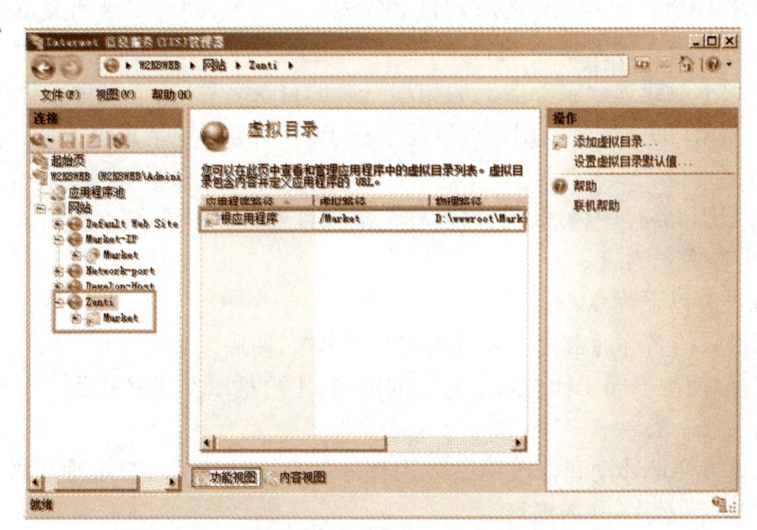

图 10－22　虚拟目录列表

10.4.5　任务 5　配置 HTTP

HTTP 功能是 Web 服务器一项重要的设置。HTTP 功能设置包括默认文档、目录浏览、HTTP 错误页、HTTP 重定向、HTTP 响应头和 MIME 类型等。下面介绍几项常用的功能设置。

1. 设置默认文档

在浏览器的地址栏中输入网站名称或目录，而不用输入具体的网页文件名也可访问，此时 Web 服务器将默认文档(默认网页)返回给浏览器。

默认文档可以是目录的主页，也可以是包含网站文档目录列表的索引页。Internet 上比较通用的默认网页是 index.htm，IIS 中的默认网页为 default.htm，管理员可定义多个默认网页文件。操作步骤如下：

步骤 1：在 IIS 管理器中导航至要管理的级别，在“功能视图”中双击“默认文档”按钮，打开相应的界面。

步骤 2：如图 10－23 所示，列出已定义的默认文档，根据需要添加和删除默认文档。

可指定多个默认文档，IIS 按出现在列表中的名称顺序提供默认文档，服务器将返回所找到的第 1 个文档。要更改搜索顺序，应选择 1 个文档并单击“上移”或“下移”链接。默认已经启用默认文档功能，要禁用此功能只需单击“禁用”链接。

2. 设置目录浏览

目录浏览功能允许服务器收到未指定文档的请求时向客户端浏览器返回目录列表。

步骤：在 IIS 管理器中导航至要管理的级别，在“功能视图”中双击“目录浏览”按钮，打

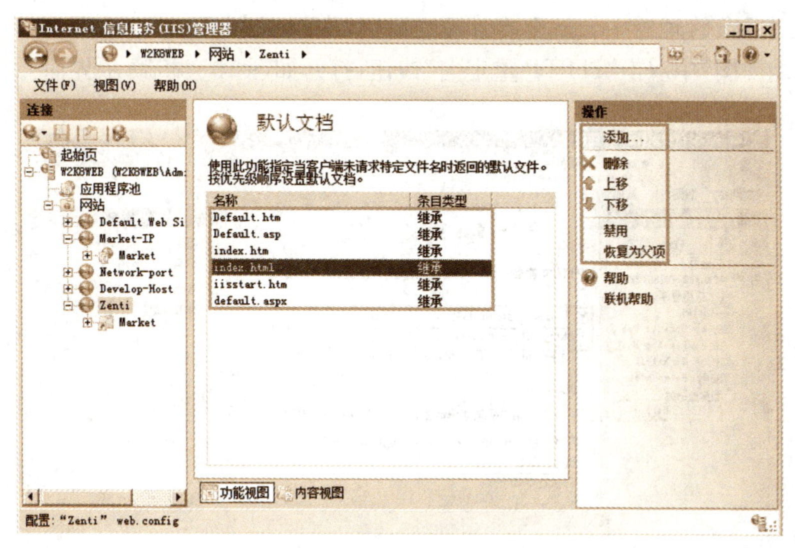

图 10－23　设置默认文档

开相应的界面。如图 10－24 所示，显示当前目录浏览设置。

为安全起见，默认已禁用目录浏览。可以根据需要启用，然后在“功能视图”中设置要显示在目录中的文件属性项，如时间、大小等。

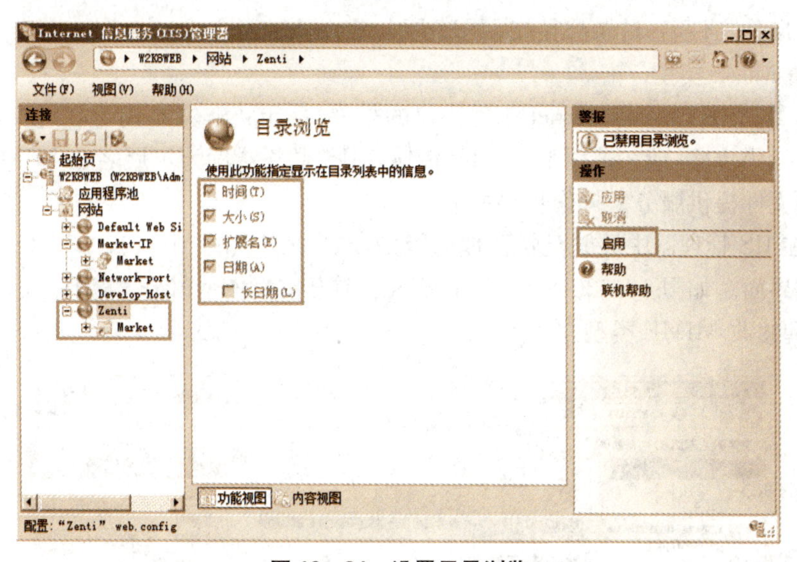

图 10－24　设置目录浏览

3. HTTP 重定向

重定向是指将客户请求直接导向其他网络资源(文件、目录或 URL)，Web 服务器向客户端发出重定向消息(如 HTTP 302)以指示客户端重新提交新位置请求。配置重定向规则可使最终用户的浏览器加载与最初请求的 URL 不相同。

要使用重定向功能，需要确认在 IIS 服务器角色中安装有“HTTP 重定向”角色服务(安装 IIS 服务器时默认没有选中该角色服务)。操作步骤如下：

步骤1：在IIS管理器中导航至要管理的级别，本例中为“Zenti”网站下的“Market”虚拟目录，在“功能视图”中双击“HTTP重定向”按钮，打开如图10-25所示界面。

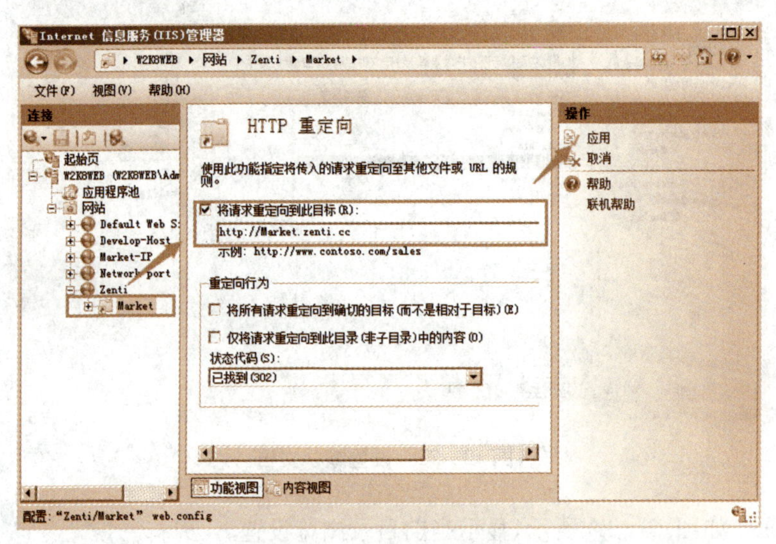

图10-25 设置HTTP重定向

步骤2：设置重定向选项。选中“将请求重定向到此目标”复选框，在相应的框中输入要将用户重定向的文件名、目录路径或URL为“http://Market.zenti.cc”。

4. 设置MIME类型

MIME最初用作原始Internet邮件协议的扩展，用于将非文本内容在纯文本的邮件中进行打包和编码传输，现在被用于HTTP传输。IIS服务器仅为扩展名在MIME类型列表中注册过的文件提供服务。操作步骤如下：

步骤：在IIS管理器中导航至要管理的级别，在“功能视图”中双击“MIME类型”按钮，打开相应的界面。如图10-26所示，其中显示当前已定义的MIME类型列表，可根据需要添加、删除和修改MIME类型。

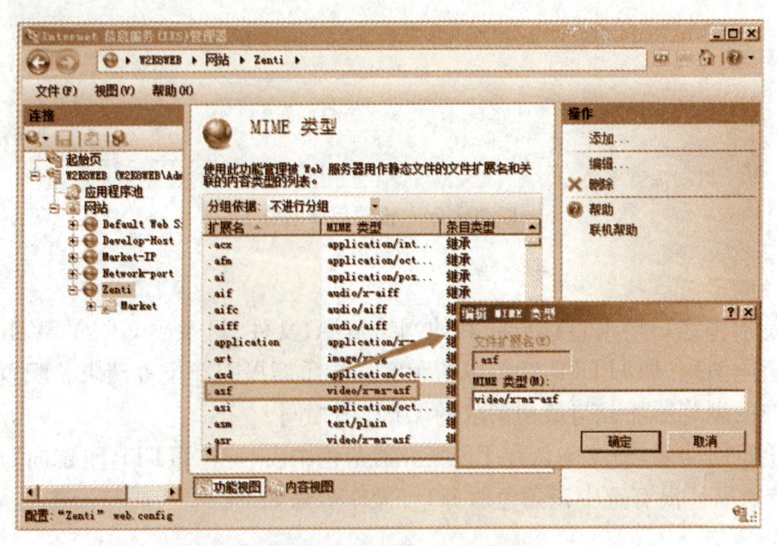

图10-26 设置MIME类型

10.4.6　任务 6　配置请求处理

1. 管理应用程序池

应用程序池是 1 个或 1 组 URL，它们由 1 个或 1 组工作进程提供服务。应用程序池为它们包含的应用程序设置了边界，通过进程边界将它们与其他应用程序池中的应用程序分开。这种隔离方法可以提高应用程序的安全性，降低一个应用程序访问另一个应用程序的资源的可能性，还可以阻止一个应用程序池中的应用程序影响同一 Web 服务器上其他应用程序池中的应用程序。

在 IIS 7.5 中应用程序池以集成模式或经典模式运行。运行模式会影响 Web 服务器处理托管代码请求的方式。

创建网站时默认会创建新的应用程序池，也可以直接添加新的程序池。

步骤 1：打开 IIS 管理器，在“连接”窗格中单击树中的“应用程序池”节点，显示当前已有的应用程序池列表。如图 10－27 所示，可以查看一些重要的信息，如.NET Framework 特定版本、运行状态、托管模式等。

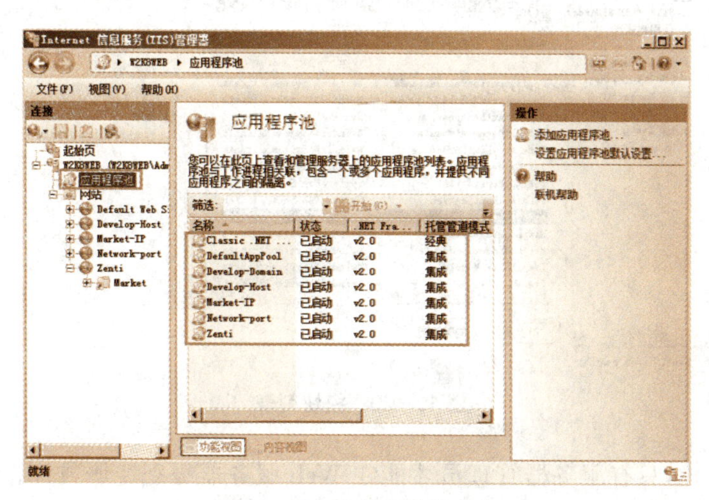

图 10－27　应用程序池列表

步骤 2：选中列表中的某一应用程序池，右侧“操作”窗格中给出相应的操作命令，可以编辑和管理指定的应用程序池。

步骤 3：单击“基本设置”链接可打开如图 10－28 所示的对话框，编辑应用程序池，如更改托管模式、.NET Framework 版本等。单击“添加应用程序池”链接打开相应的对话框（界面如图 10－28 所示），添加新的应用程序池。

图 10－28　编辑应用程序池

2. 配置模块

模块通过处理请求的部分内容来提供所需的服务，如身份验证或压缩。通常情况下，模块不生成返回给客户端的响应，而是由处理程序来执行此操作，这是因为它们更适合处理针对特定资源的特定请求。IIS 7 包含以下 2 种类型的模块：

(1) 本机模块(本机. dll 文件)，也称非托管模块，是执行特定功能的工作以处理请求的本机代码 DLL。默认情况下，Web 服务器中包含的大多数功能都是作为本机模块实现的。初始化 Web 服务器工作进程时，将加载本机模块。这些模块可为网站或应用程序提供各种服务。

(2) 托管模块(由. NET 程序集创建的托管类型)。这些模块是使用 ASP. NET 模型创建的。

步骤 1：打开 IIS 管理器，在“连接”窗格中单击服务器节点，在“功能视图”中双击“模块”按钮，打开如图 10－29 所示的界面，列出当前模块。

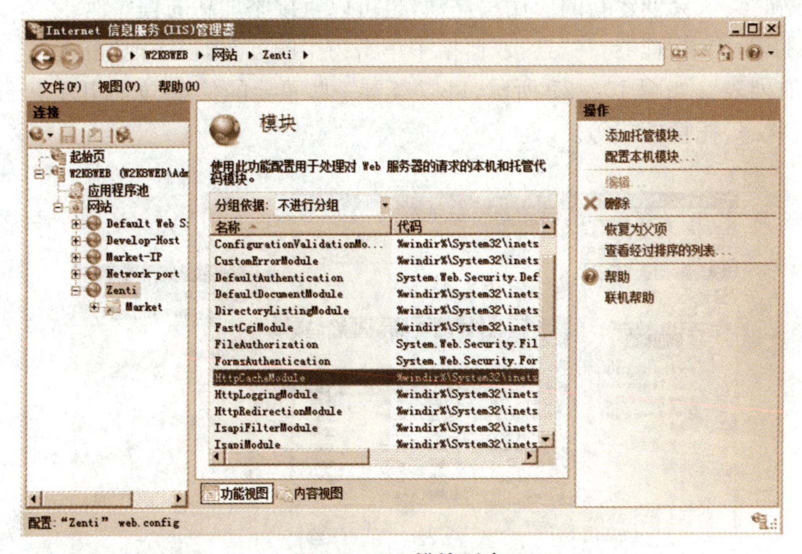

图 10－29 模块列表

出于安全考虑，只有服务器管理员才能在 Web 服务器级别注册或注销本机模块。但是，可以在网站或应用程序级别启用或删除已注册的本机模块。

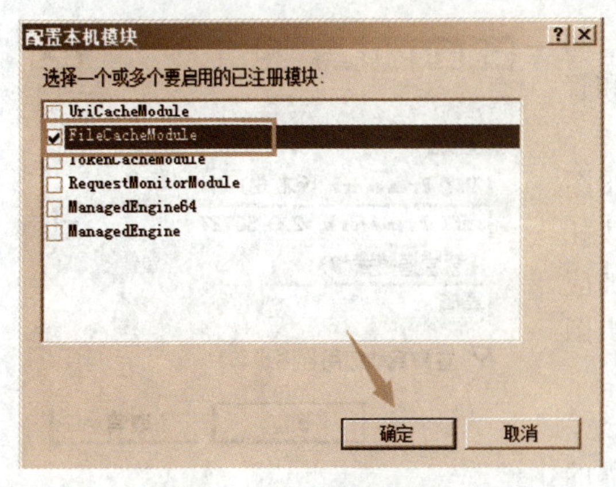

图 10－30 配置本机模块

步骤 2：单击“配置本机模块”按钮，打开相应的对话框，列出已注册但未启用的本机模块，如图 10－30 所示。要启用某模块，选中其左侧复选框。要删除已注册的本机模块，在模块列表中选择本机模块，在“操作”窗格中单击“删除”链接。

可以为每个网站或应用程序单独配置托管模块。只有在该网站或应用程序需要时，才会加载这些模块来处理数据。

步骤 3：单击“添加托管模块”链接将打开相应的对话框，设置相关选项即可。

3. 配置处理程序映射

在 IIS 7.5 中，处理程序对网站和应用程序发出的请求生成响应。与模块类似，处理程序也是作为本机代码或托管代码实现的。当网站或应用程序中存在特定类型的内容时，必须提供能处理对该类型内容的请求的处理程序，并且要将该处理程序映射到该内容类型。IIS 7.5 为网站和应用程序提供了一系列常用的从文件、文件扩展名和目录到处理程序的映射。

IIS 7 支持以下 4 种类型的处理程序映射来处理针对特定文件或文件扩展名的请求。

(1) 脚本映射：使用本机处理程序(脚本引擎).exe 或.dll 文件响应特定请求。脚本映射提供与 IIS 早期版本的向下兼容性。

(2) 托管处理程序映射：使用托管处理程序(以托管代码编写)响应特定请求。

(3) 模块映射：使用本机模块响应特定请求。例如，IIS 会将所有对.exe 文件的请求映射到 CgiModule，当用户请求带有.exe 文件扩展名的文件时将调用该模块。

(4) 通配符脚本映射：将 ISAPI 扩展配置为在系统将请求发送至其映射处理程序之前截获每个请求。

步骤 1：打开 IIS 管理器，导航至要管理的节点，在“功能视图”中双击“处理程序映射”按钮，打开如图 10 - 31 所示的界面，列出当前配置的处理程序映射。

图 10 - 31　处理程序映射列表

步骤 2：选中列表中的某一处理程序映射，右侧“操作”窗格中给出相应的操作命令，可以编辑和管理指定的应用程序映射。

这里以添加 PHP 脚本映射为例(前提是安装有 PHP 软件包)。

步骤 1：在“操作”窗格中单击“添加脚本映射”链接打开如图 10 - 32 所示的对话框，

步骤 2：在“请求路径”框中输入文件扩展名或带扩展名的文件名(这里为 *.php)。

步骤 3：在“可执行文件”框中设置将处理请求的本机处理程序的完整路径。

步骤 4：在“名称”框中为处理程序映射命名。

步骤 5：如果要让该处理程序仅处理针对特定资源类型或谓词的请求，单击“请求限制”

按钮弹出如图 10－33 所示的对话框，从中配置相应的限制。

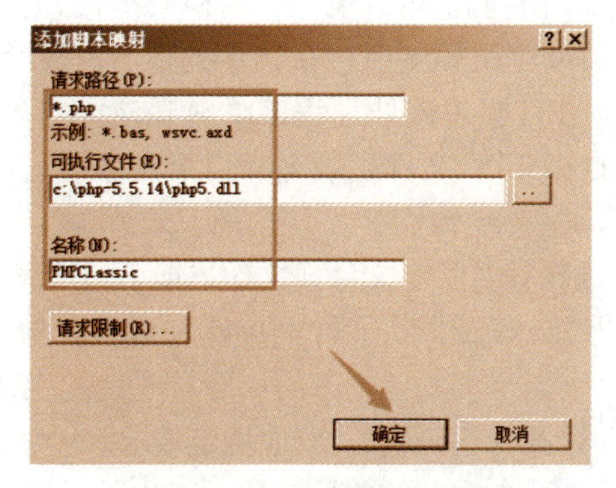

图 10－32　添加脚本映射

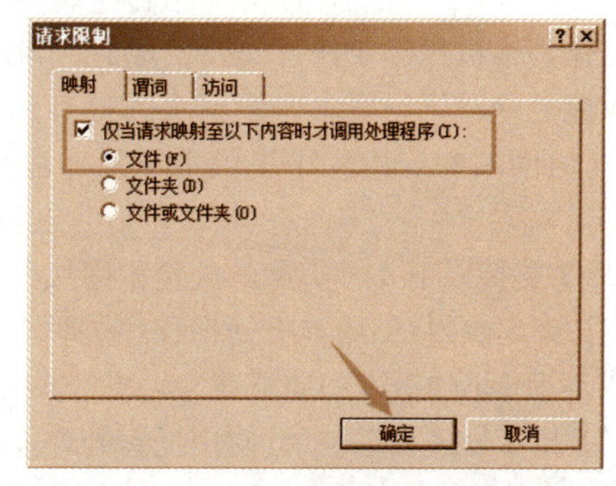

图 10－33　设置资源类型限制

如果希望处理程序仅响应针对特定资源类型的请求，在“映射”选项卡上选中“仅当请求映射至以下内容时才调用处理程序”复选框，这里选中“文件”单选按钮，表示仅在所请求的目标资源是文件时才做出响应。

如果要限制请求中发送的谓词(如 GET、HEAD、POST)，切换到“谓词”选项卡，如图 10－34 所示。这里选中“全部谓词”，处理程序将对含有任何为此的请求做出响应。

如果要限制访问策略，切换到“访问”选项卡，如图 10－35 所示，这里选中“脚本”单选按钮，处理程序会在访问策略中启用了“脚本”的情况下运行。这是默认选项。

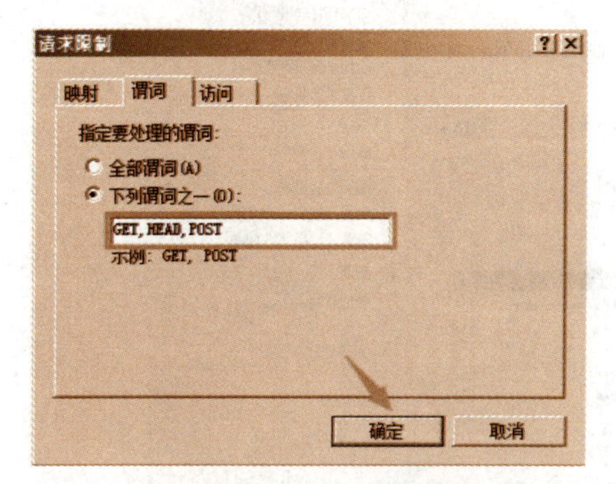

图 10－34　设置谓词限制

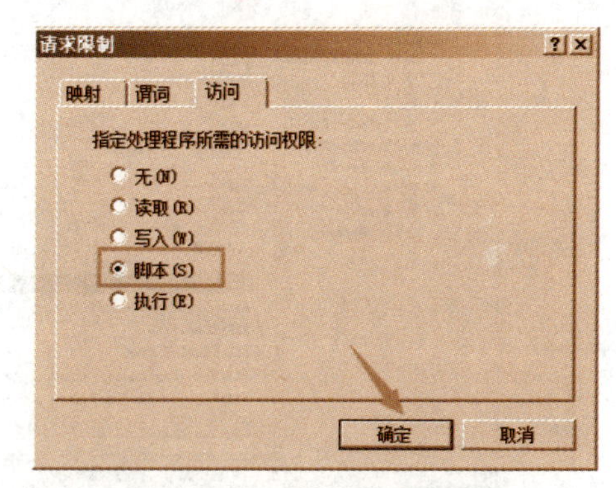

图 10－35　设置访问策略限制

步骤 6:完成上述设置后单击“确定”按钮，将弹出如图 10－36 所示的对话框，这里单击“是”按钮将允许此 ISAPI 扩展。这是因为添加通配符脚本映射后，必须将可执行文件添加到 ISAPI 和 CGI 限制列表中才能启用要运行的映射。

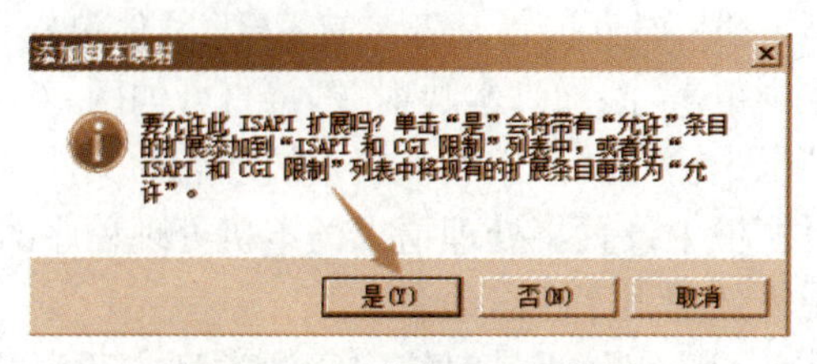

图 10－36　允许 ISAPI 扩展

10.4.7 任务 7 配置 IIS 安全性

Web 服务器本身和 Web 应用程序已成为攻击者的重要目标。Web 服务所使用的 HTTP 协议本身是一种小型简单且又安全可靠的通信协议，它本身遭受非法入侵的可能性不大。

Web 安全涉及的因素多，必须从整体安全的角度来解决 Web 安全问题，实现物理级、系统级、网络级和应用级的安全。这里主要从 Web 服务器软件自身角度来讨论安全问题，解决访问控制问题，即哪些用户能够访问哪些资源的管理。

IIS 7.5 继承并改进了 IIS 6 的应用级安全机制。为增强安全性，默认情况下 Windows Server 2008 R2 上未安装 IIS 7.5。安装 IIS 7.5 时，默认将 Web 服务器配置为只提供静态内容(包括 HTML 和图像文件)。在 IIS 7.5 中可以配置的安全功能包括身份验证、IPv4 地址和域名规则、URL 授权规则、服务器证书、ISAPI 和 CGI 限制、SSL(安全套接字层)、请求筛选器等。

默认安装 IIS 7.5 时提供的安全功能有限。为便于实验，这里要求安装与安全性相关的所有角色服务，如图 10-37 所示。

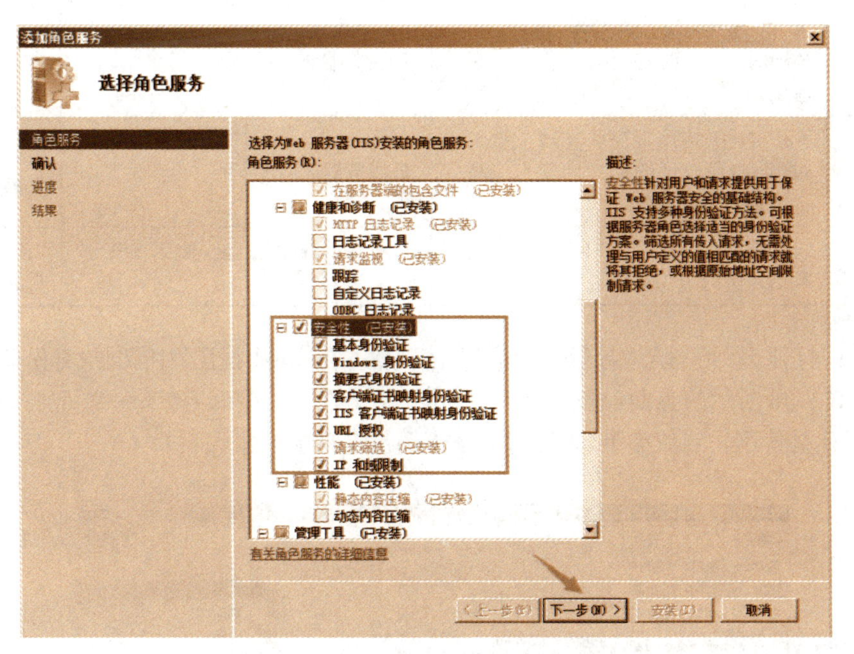

图 10-37 确认安装安全性相关角色服务

1. 配置身份验证

身份验证用于控制特定用户访问网站或应用程序。IIS 7.5 支持 7 种身份验证方法，具体说明如表 10-1 所示。

默认情况下，IIS 7.5 仅启用匿名身份验证。一般在禁止匿名访问时，才使用其他验证方法。如果服务器端启用多种身份验证，客户端则按照一定顺序来选用，例如常用的 4 种验证方法的优先顺序为匿名身份验证、Windows 验证、摘要式身份验证、基本身份验证。

表 10－1 IIS 7 种身份验证方法的比较

身份验证方法	说明	安全性	对客户端的要求	能否跨代理服务器或防火墙	应用场合
匿名访问	允许任何用户访问任何公共内容，而不要求向客户端浏览器提供用户名和密码质询	无	任何浏览器	能	Internet 公共区域
基本身份	要求用户提供有效的用户名和密码才能访问内容	低	主流浏览器	能，但是明码传送密码存在安全隐患	内网或专用连接
Forms（窗体）	使用客户端重定向将未经过身份验证的用户重定向至 1 个 HTML 表单，用户在该表单中输入凭据（通常是用户名和密码），确认凭据有效后重定向至最初请求网页	低	主流浏览器	能，但是以明文形式发送用户名和密码存在安全隐患	内网或专用连接
摘要式	使用 Windows 域控制器对请求访问 Web 服务器内容的用户进行身份验证	中等	支持 HTTP 1.1 协议	能	Active Directory 域网络环境
Windows	客户端使用 NTLM 或 Kerberos 协议进行身份验证	高	IE 浏览器	否	内网
ASP.NET 模拟	ASP.NET 应用程序将在通过 IIS 身份验证的用户的安全下运行应用程序	高	IE 浏览器	能	Internet 安全交易
客户端证书映射	自动使用客户端证书对登录的用户进行身份验证	高	IE 和 Netscape 浏览器	能，使用 SSL 连接	Internet 安全交易

步骤 1：打开 IIS 管理器，导航至要管理的节点。在“功能视图”中双击“身份验证”按钮打开如图 10－38 所示的界面，显示当前的身份验证方法列表，可以查看一些重要的信息，如状态（启用还是禁用）、响应类型（未通过验证返回浏览器端的错误页）。

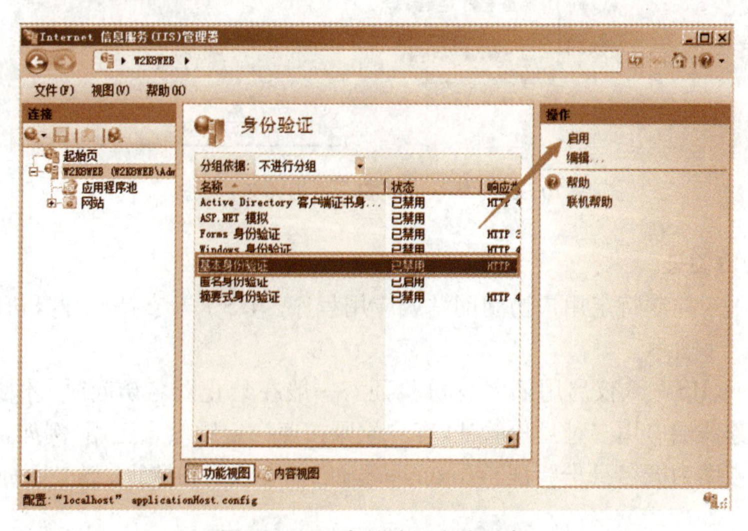

图 10－38 身份验证方法列表

步骤2:选中某一身份验证方法,右侧"操作"窗格中给出相应的操作命令,可以启用、禁用或编辑该方法。

匿名身份验证允许任何用户访问任何公共内容,而不要求向客户端浏览器提供用户名和密码质询。

默认情况下,匿名身份验证处于启用状态。启用匿名身份验证后,可以更改IIS用于访问网站和应用程序的账户。操作步骤如下:

步骤:选中"匿名身份验证",单击"编辑"链接打开如图10-39所示的对话框,默认情况下使用IUSR作为匿名访问的用户名,该用户名是在安装IIS时自动创建的,可根据需要改为其他指定用户。

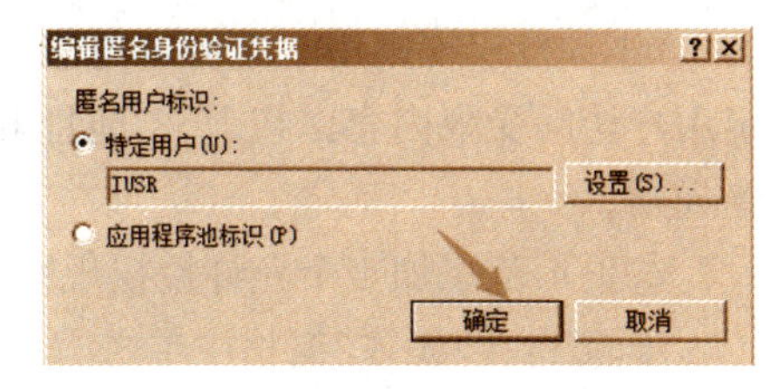

图10-39 设置匿名身份验证凭据

如果希望只允许注册用户查看特定内容,应当配置一种要求提供用户名和密码的身份验证方法,如基本身份验证或摘要式身份验证。以使用摘要式身份验证为例,步骤如下:

图10-40 设置摘要式身份验证

步骤1:在身份验证方法列表中选中"摘要式身份验证",单击"启用"链接,然后单击"编辑"链接打开如图10-40所示的对话框。

步骤2:在"领域"文本框中输入IIS在对尝试访问受摘要式身份验证保护的资源的客户端进行身份验证时应使用的领域(输入用户/密码对话框时的提示内容)。如果需要使用摘要式身份验证,必须禁用匿名身份验证。

2. 配置IPv4地址和域名规则

当用户首次尝试访问Web网站的内容时,IIS将检查每个来自客户端的接收报文的源IP地址,并将其与网站设置的IP地址比较,以决定是否允许该用户访问。配置IPv4地址和域名规则可以有效保护Web服务器上的内容,防止未授权用户进行查看或更改。

需要添加允许规则,操作步骤如下:

步骤:在"操作"窗格中单击"添加允许条目"链接,打开如图10-41所示的对话框,选中"特定IP地址"或"IP地址范围"选项,接着添加IPv4地址、范围、掩码,然后单击"确定"按钮即可。例中由子网标志和子网掩码来定义1个IP地址范围。

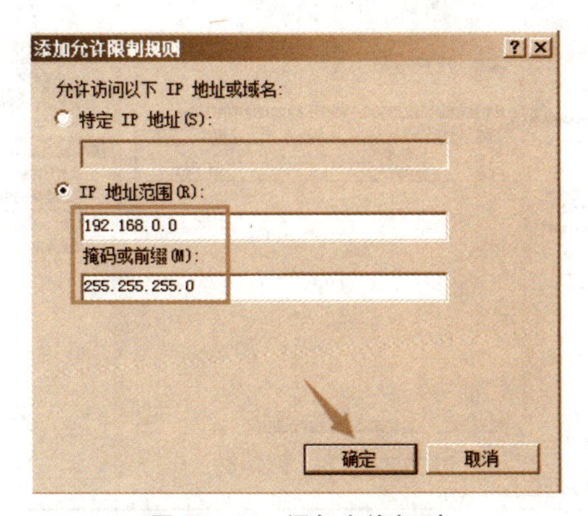

图10-41 添加允许规则

需要添加拒绝规则，操作步骤如下：

步骤：可以添加拒绝规则，单击"添加拒绝条目"链接打开如图 10－42 所示的对话框，除了"特定 IP 地址""IP 地址范围"选项，还可以使用"域名"选项(因为启用域名限制)。

3. 配置 URL 授权规则

URL 授权规则用于向特定角色、组或用户授予对 Web 内容的访问权限，可以防止非指定用户访问受限内容。与 IPv4 地址和域名规则一样，URL 授权规则也包括允许规则和拒绝规则。

这里示范添加 1 个允许授权规则，操作步骤如下：

步骤 1：在"操作"窗格中单击"添加允许规则"链接打开如图 10－43 所示的对话框，选择访问权限授予的用户类型，这里选中"所有用户"，表示不论是匿名用户还是已识别的用户都可以访问相应内容。

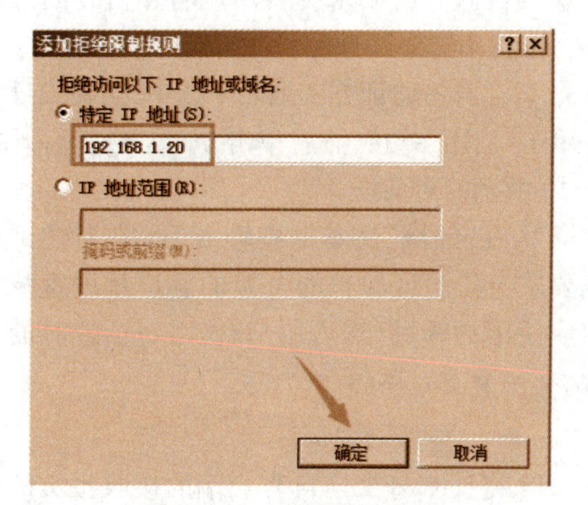

图 10－42　添加拒绝规则

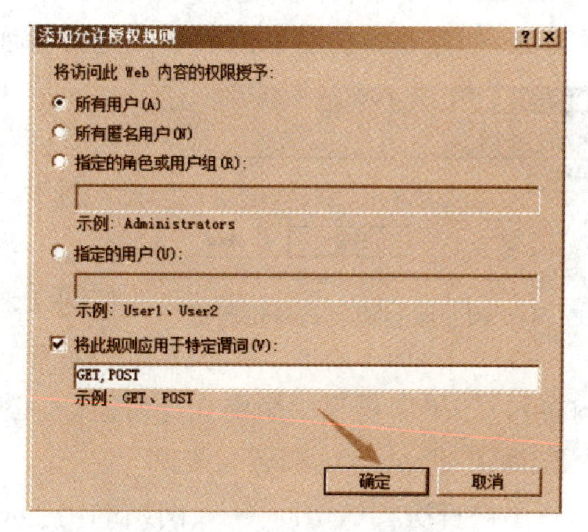

图 10－43　添加允许授权规则

步骤 2：如果要进一步规定允许访问相应内容的用户、角色或组只能使用特定 HTTP 谓词列表，还可以选中"将此规则应用于特定谓词"复选框，并在对应的文本框中输入这些谓词。新创建的规则将在授权规则列表中显示，如图 10－44 所示。

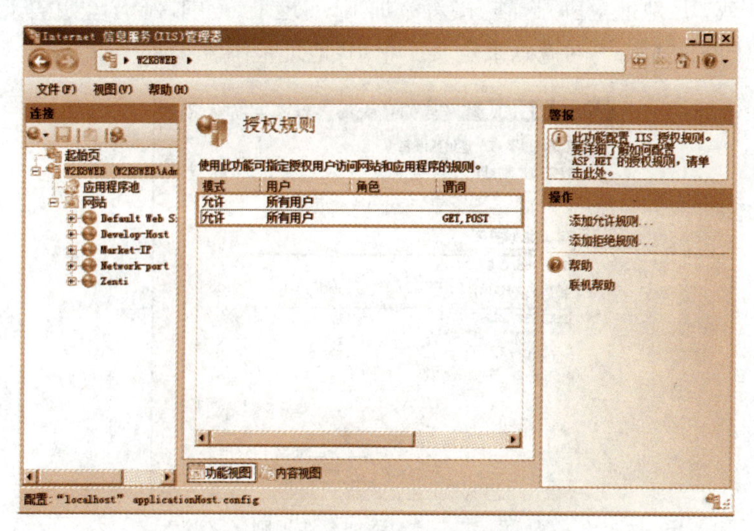

图 10－44　URL 授权规则列表

4. 管理 ISAPI 和 CGI 程序限制

ISAPI 和 CGI 限制决定是否允许在服务器上执行动态内容——ISAPI(.dll)或 CGI(.exe)程序的请求处理，相当于 IIS 6 中的配置 Web 服务扩展。

步骤 1：打开 IIS 管理器，导航至要管理的服务器节点，在“功能视图”中双击“ISAPI 和 CGI 限制”按钮打开如图 10－45 所示的界面。

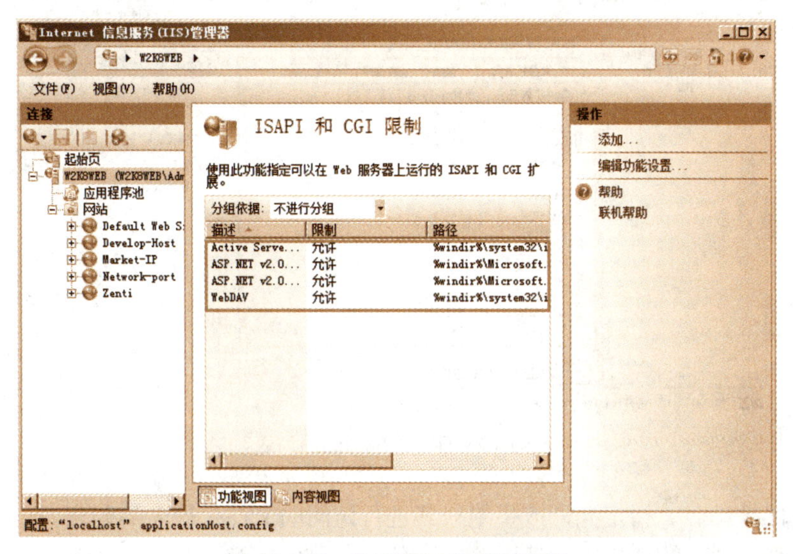

图 10－45　ISAPI 和 CGI 限制列表

步骤 2：从中可以查看已经定义的 ISAPI 和 CGI 限制的列表，“限制”列显示是否允许运行该特定程序，“路径”列显示 ISAPI 或 CGI 文件的实际路径。从列表中选中某一限制项，右侧“操作”窗格中给出相应的操作命令，可以管理或修改该规则。

步骤 3：单击“操作”窗格中的“编辑”按钮，打开如图 10－46 所示的对话框，在“ISAPI 或 CGI 路径”框中设置要进行限制的执行程序，可直接输入路径，也可单击右侧的按钮弹出对话框选择文件；在“描述”框中输入说明文字；选中“允许执行扩展路径”复选框将允许执行上述执行文件。

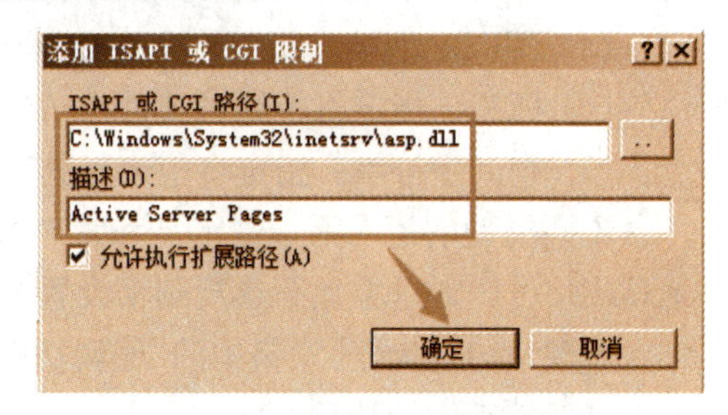

图 10－46　编辑 ISAPI 和 CGI 限制

需要添加新的 ISAPI 和 CGI 限制，操作步骤如下：

步骤：单击“操作”窗格中的“添加”按钮，弹出“添加 ISAPI 或 CGI 限制”对话框，界面如图 10－46 所示。前面涉及的脚本映射，如果相关的脚本引擎执行文件没有添加到 ISAPI 和 CGI 限制列表中，就不能启用要运行的映射。

5. 配置请求筛选器

请求筛选器用于限制要处理的 HTTP 请求类型(协议和内容)，防止具有潜在危害的请求到达 Web 服务器。

步骤：打开 IIS 管理器，导航至要管理的节点，在“功能视图”中双击“请求筛选”按钮打开如图 10－47 所示的界面，可以查看已经定义的请求筛选器列表，IIS 可定义以下类型的筛选器（筛选规则），通过相应的选项卡来查看或管理。

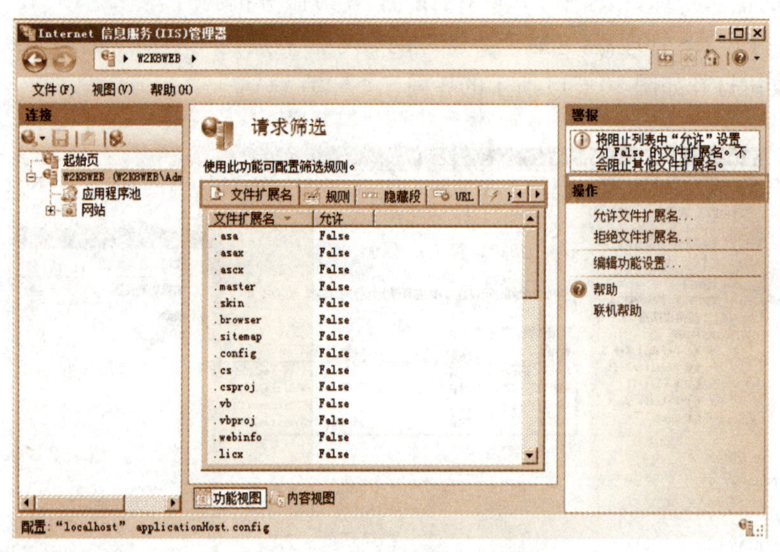

图 10－47　请求筛选器列表

（1）文件扩展名。指定允许或拒绝对其进行访问的文件扩展名的列表。

（2）规则。列出筛选规则和请求筛选服务应扫描的特定参数，这些参数包括标头、文件扩展名和拒绝字符串。

（3）隐藏段。指定拒绝对其进行访问的隐藏段的列表，目录列表中将不显示这些隐藏段。

（4）URL（拒绝 URL 序列）。指定将拒绝对其进行访问的 URL 序列的列表。

（5）HTTP 谓词。指定将允许或拒绝对其进行访问的 HTTP 谓词的列表。

（6）标头。指定将拒绝对其进行访问的标头及其大小限制。

（7）查询字符串。指定将拒绝对其进行访问的查询字符串。

不同类型的请求筛选器定义和管理操作不尽相同，例如文件扩展名可以设置允许或拒绝；URL 可以通过添加筛选规则来设置要拒绝的 URL，如图 10－48 所示。

步骤：单击“操作”窗格中的“编辑功能设置”链接，打开如图 10－49 所示的对话框，可以配置全局请求筛选选项。

6. 配置 Web 访问权限（功能权限）

Web 访问权限适用于所有的用户，而不管他们是否拥有特定的访问权限。如果禁用 Web 访问权限（如读取），将限制所有用户（包括拥有 NTFS 高级别权限的用户）访问 Web 内容。如果启用读取权限，则允许所有用户查看文件，除非通过 NTFS 权限设置来限制某些用户或组的访问权限。

在 IIS 7.5 中 Web 访问权限被称为功能权限，在“处理程序映射”模块中配置 Web 访问权限，通过配置功能权限可以指定 Web 服务器、网站、应用程序、目录或文件级别的所有处理程序可以拥有的权限类型。操作步骤如下：

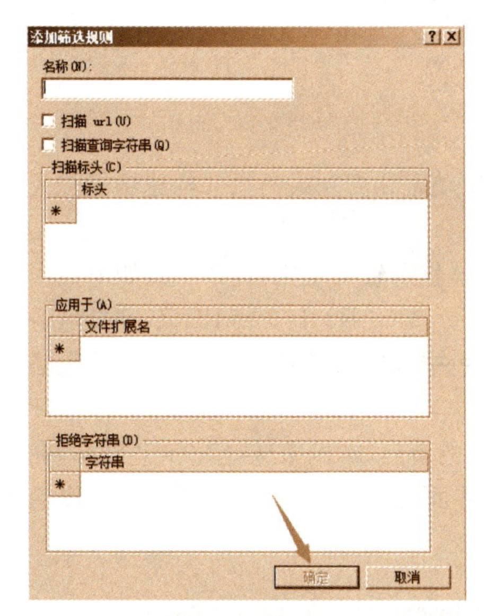

图 10 - 48　添加筛选规则

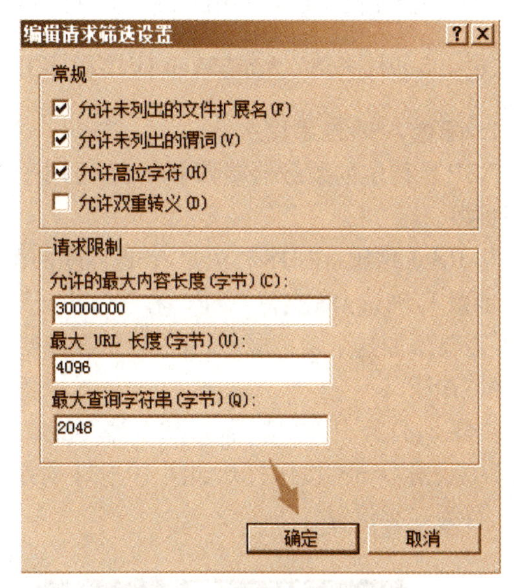

图 10 - 49　编辑请求筛选设置

步骤：打开 IIS 管理器，导航至要管理的节点，在“功能视图”中双击“处理程序映射”按钮打开相应的界面，单击“操作”窗格中的“编辑功能权限”链接打开如图 10 - 50 所示的对话框，共有“读取”“脚本”和“执行”3 种权限，默认已经启用前 2 种权限。

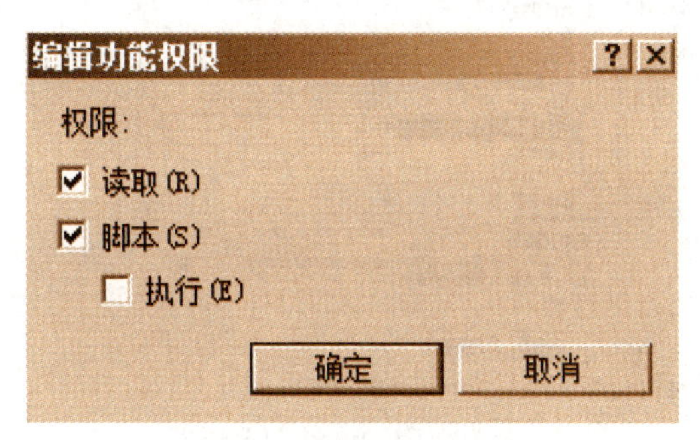

图 10 - 50　编辑功能权限

7. 配置 NTFS 权限

IIS 利用 NTFS 安全特性为特定用户设置 Web 服务器目录和文件的访问权限。

首先应了解 NTFS 权限和 Web 访问权限之间的差别：

(1) 前者只应用于拥有 Windows 账户的特定用户或组，而后者应用于所有访问 Web 网站的用户。

(2) 前者控制对服务器物理目录的访问，而后者控制对 Web 网站虚拟目录的访问。

(3) 如果 2 种权限之间出现冲突，则使用最严格的设置。

要使用 NTFS 权限保护目录或文件必须具备以下 2 个条件：

(1) 要设置权限的目录或文件必须位于 NTFS 分区中。对于 Web 服务器上的虚拟目录，其对应的物理目录应置于 NTFS 分区。

(2) 对于要授予权限的用户或用户组,应设立有效的 Windows 账户。

10.4.8 任务 8 配置 Web 应用程序开发设置

1. 配置 ASP 应用程序

ASP 是传统的服务器端脚本环境,可用于创建动态和交互式网页并构建功能强大的 IIS 应用程序。

与 IIS 6 相比,在 IIS 7.5 中 ASP 程序的配置操作有较大变化,具体步骤如下:

步骤 1:确认 IIS 支持 ASP。在 Windows Server 2008 R2 上安装 IIS 7.5 时默认不安装 ASP,需要添加这个角色服务,在"Web 服务器"角色中添加角色服务时选中"应用程序开发"部分的"ASP"。

步骤 2:打开 IIS 管理器,导航至需要配置网站的节点,本例中选择"Zenti"网站,在"功能视图"中双击"ASP"按钮打开如图 10-51 所示的界面,配置 ASP 有关选项,具体包括编译、服务、行为 3 类设置。

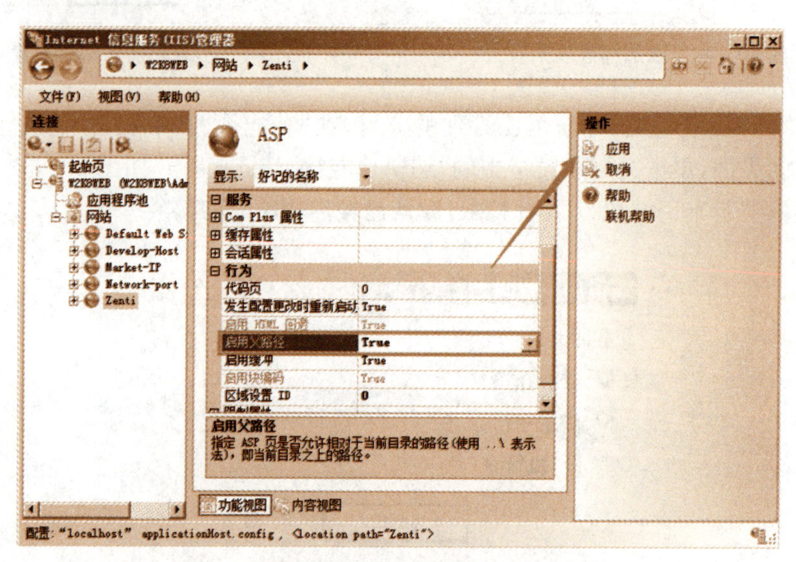

图 10-51 设置 ASP 选项

步骤 3:导航至服务器节点,在"功能视图"中双击"ISAPI 和 CGI 限制"按钮打开相应的界面,确认允许执行 ASP 相关的扩展路径,如图 10-45 所示。

步骤 4:导航至"Zenti"节点,在"功能视图"中双击"处理程序映射"按钮打开相应的界面,检查确认处理程序映射配置已经配置 ASP 脚本映射并启用,如图 10-31 所示。还要单击"编辑功能权限"链接打开相应的对话框,确认启用"读取"和"脚本"Web 权限。

步骤 5:导航至"Zenti"节点,单击"操作"窗格中的"编辑权限"链接打开相应的界面,切换到"安全"选项卡,如图 10-52 所示,设置 NTFS 权限。

步骤 6:将要发布的 ASP 程序文件复制到网站相应目录中,根据需要配置数据库。

步骤 7:如果需要使用特定的默认网页,还需要设置默认文档。

2. 配置 ASP.Net 应用程序

ASP.NET 是 Microsoft 主推的统一的 Web 应用程序平台,它提供了建立和部署企业级 Web 应用程序所必需的服务。

ASP.NET 不仅仅是 ASP 的下一代升级产品，还提供了具有全新编程模型的网络应用程序，能够创建更安全、更稳定、更强大的应用程序。部署 ASP.NET 应用程序的步骤如下：

步骤 1：确认 IIS 安装有 ASP.Net 角色服务。

步骤 2：根据需要安装和配置.Net Framwork 运行环境，如图 10－53 所示。

步骤 3：在 IIS 管理器中导航至服务器节点，在“功能视图”中双击“ISAPI 和 CGI 限制”按钮打开相应的界面，确认允许执行 ASP.NET(可能有多个版本)相关的扩展路径。

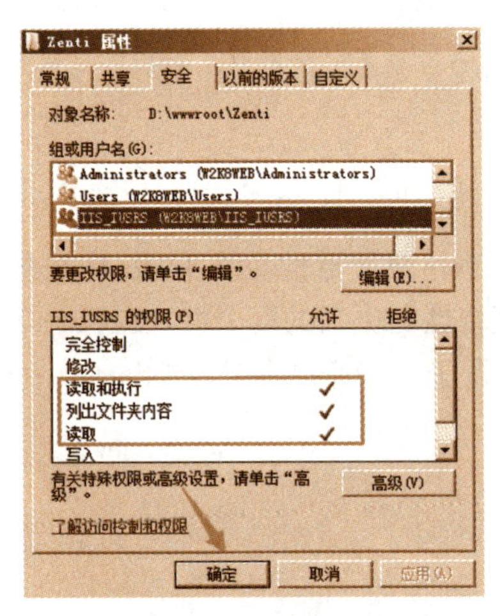

图 10－52　设置访问权限

图 10－53　更改.NET Framework 版本

步骤 4：导航至要配置 ASP.NET 的节点，在“功能视图”中双击“处理程序映射”按钮打开相应的界面，检查确认处理程序映射已经配置 ASP.NET 脚本映射和托管程序并启用，如图 10－54 所示。

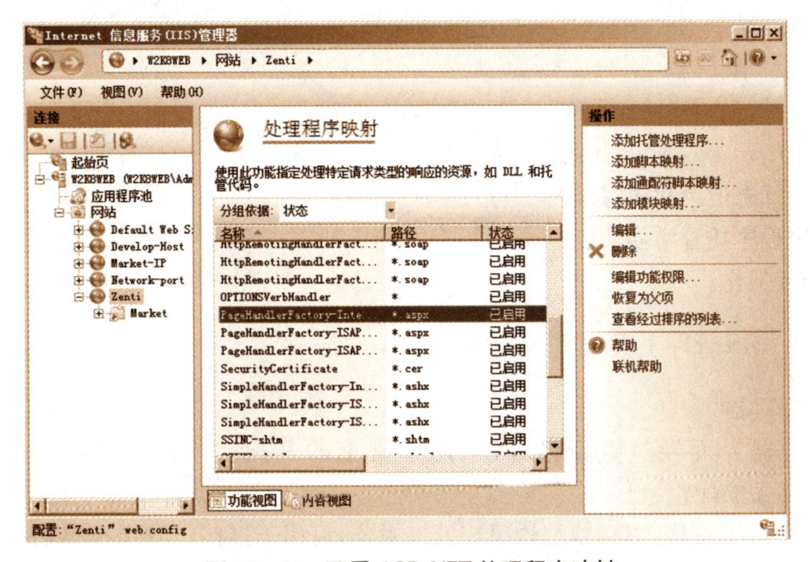

图 10－54　配置 ASP.NET 处理程序映射

步骤5:导航至要配置ASP.NET的节点,单击“操作”窗格中的“编辑权限”链接打开相应的界面,切换到“安全”选项卡设置NTFS权限。

步骤6:将要发布的ASP.NET程序文件复制到网站相应目录中,根据需要配置数据库。

步骤7:如果需要使用特定的默认网页,还需要设置默认文档。

10.5 知识拓展

10.5.1 IIS 7简介

IIS 7是一种集成了IIS、ASP.NET、Windows Communication Foundation和Windows SharePoint Services的统一Web平台,是对现有IIS Web服务器的重大升级,在集成Web平台技术方面发挥着关键作用。它具有更高效的管理特性和更高的安全性,支持成本更低。

目前IIS 7有2个版本:Windows Server 2008提供IIS 7.0和Windows Server 2008 R2提供IIS 7.5。

1. IIS 7.0的新特性

(1) 完全模块化的IIS。

(2) 增强的扩展性。

(3) 分布式配置。

(4) 新的IIS管理器。

(5) 增强的安全性。

(6) 诊断与故障排除。

2. IIS 7.5的新增功能

IIS 7.5在继承IIS 7.0体系和功能的基础上,进一步添加或增强了以下功能。

(1) 集成扩展。

(2) 管理增强。

① Windows PowerShell的IIS模块。

② 配置日志记录和跟踪。

③ 应用程序托管增强功能。

(3) 服务强化。

10.5.2 IIS管理工具

1. IIS管理器

IIS管理器界面经过重新设计,采用了常见的三列式界面,可以同时管理IIS和ASP.NET相关的配置。

左侧是“连接”窗格,以树状结构呈现管理对象,可用于连接(导航)至Web服务器、站点和应用程序等管理对象。

中间窗格是工作区,有2种视图可供切换,“功能视图”用于配置站点或应用程序等对象的功能;“内容视图”用于查看树中所选对象的实际内容。

右侧是“操作”窗格,可以配置 IIS、ASP. NET 和 IIS 管理器设置,其显示的操作功能与左侧选定的当前对象有关。这些操作命令也可通过右键快捷菜单来选择。

步骤 1:从管理工具菜单选择“Internet 信息服务(IIS)管理器”命令打开 IIS 管理器,单击左侧“连接”窗格中的“起始页”节点,如图 10-55 所示,在右侧窗格中可连接要管理的 IIS 7 服务器。

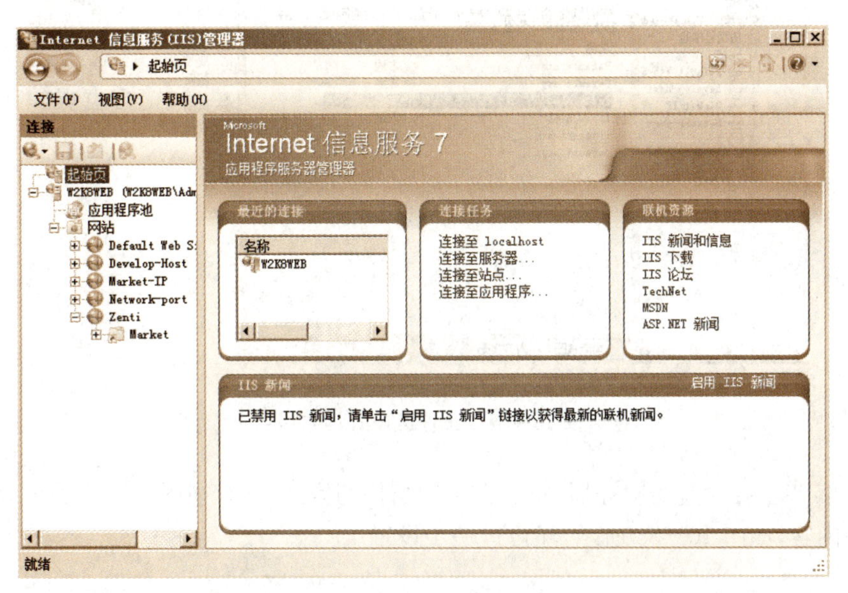

图 10-55　连接到服务器

步骤 2:单击要设置的服务器节点,如图 10-56 所示,工作区(中间窗格)默认为“功能视图”,显示要配置的功能项,这与早期版本通过选项卡设置不同。

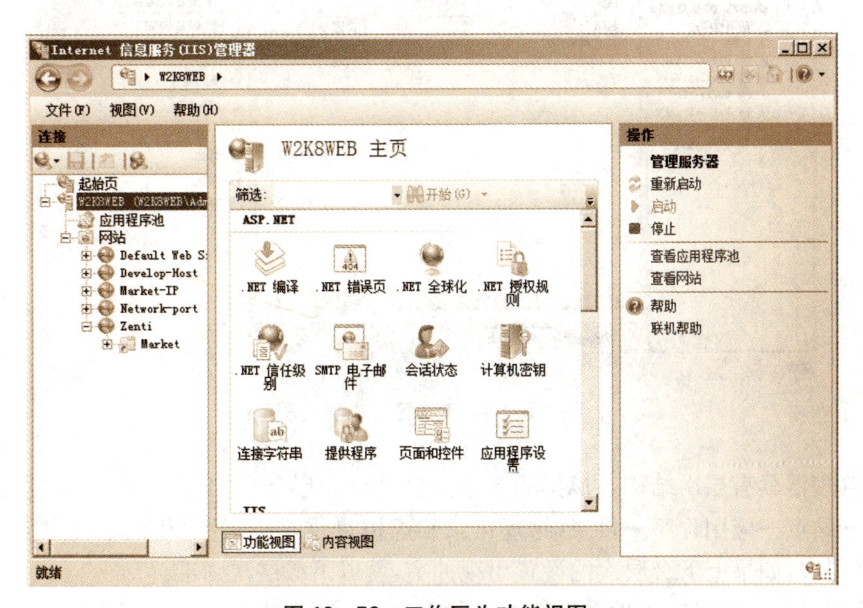

图 10-56　工作区为功能视图

步骤3:单击要设置的功能项,右侧“操作”窗格显示相应的操作链接,单击链接打开相应的界面,执行具体的设置,如图10-57所示。

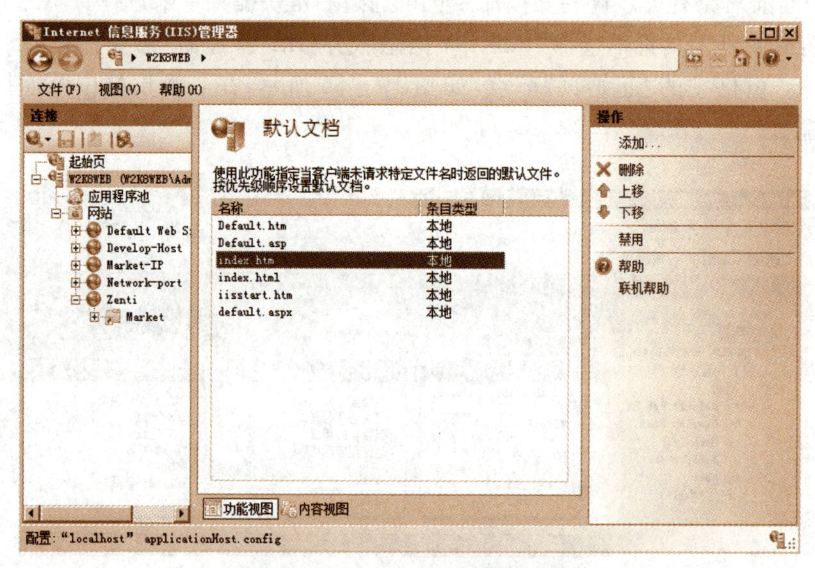

图10-57 工作区设置具体功能

步骤4:单击要设置的服务器节点,在中间窗格切换到“内容视图”,可查看该服务器或站点包括的内容,如图10-58所示,还可进一步设置。

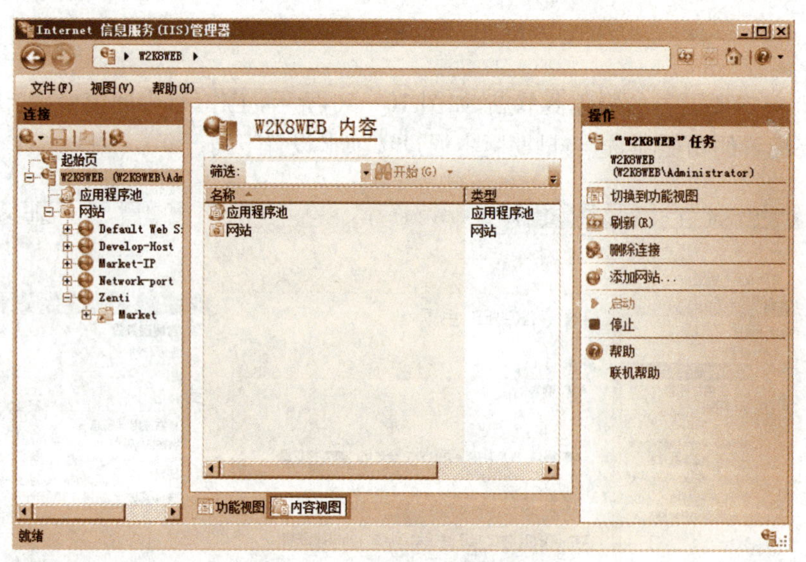

图10-58 工作区为内容视图

IIS管理器具有层次结构,可对Web服务器进行分层管理,自上而下依次为服务器(所有服务)→站点→应用程序→目录(物理目录和虚拟目录)→文件(URL)。下级层次的设置继承上级层次,如果上下级层次的设置出现冲突,就以下级层次为准。

该管理工具不仅可以管理本地的站点,还可以管理远程的IIS 7服务器,前提是远程的

IIS 7 服务器安装、启用和设置了相关的服务。

2. 命令行工具 Appcmd.exe

Appcmd.exe 可以用来配置和查询 Web 服务器上的对象，并以文本或 XML 格式返回输出。它为常见的查询和配置任务提供了一致的命令，从而降低了语法学习的复杂性，例如可以使用 list 命令来搜索有关对象的信息，使用 add 命令来创建对象。另外，还可以将命令组合在一起使用，以返回与 Web 服务器上对象相关的更为复杂的数据，或执行更为复杂的任务，如批量处理。

3. 直接编辑配置文件

IIS 7.5 使用 XML 文件指定 Web 服务器、站点和应用程序配置的设置，主要配置文件是 ApplicationHost.config，还对应用程序或目录使用 Web.config 文件。这些文件可以从一个 Web 服务器或网站复制到另一个 Web 服务器或网站，以便向多个对象应用相同的设置。大多数设置既可以在本地级别(Web.config)配置，又可以在全局级别(ApplicationHost.config)配置。

管理员可以直接编辑配置文件。IIS 配置存储在 ApplicationHost.config 文件中，同时可以在网站、应用程序和目录的 Web.config 文件之间进行分发。下级层次的设置继承上级层次的设置，如果上下级层次的设置出现冲突，就以下级层次为准。这些配置保存在物理目录的服务器级配置文件或 Web.config 文件中。每个配置文件都映射到 1 个特定的网站、应用程序或虚拟目录。

4. 编写 WMI 脚本

IIS 使用 WMI(Windows Management Instrumentation)构建用于 Web 管理的脚本。

IIS 7 WMI 提供程序命名空间(WebAdministration)包含的类和方法，允许通过脚本管理网站、Web 应用程序及其关联的对象和属性。

5. Windows PowerShell 的 IIS 模块

Windows PowerShell 的 IIS 模块 WebAdministration 是 1 个 Windows PowerShell 管理单元，可执行 IIS 管理任务并管理 IIS 配置和运行时数据。此外，1 个面向任务的 cmdlet 集合提供了一种管理网站、Web 应用程序和 Web 服务器的简单方法。

10.5.3　通过 WebDAV 管理 Web 网站内容

WebDAV 是 Web 分布式创作和版本控制的简称。它扩展了 HTTP 1.1 协议，支持通过 Intranet 和 Internet 安全传输文件，允许客户端发布、锁定和管理 Web 上的资源。

WebDAV 让用户通过 HTTP 连接来管理服务器上的文件，包括对文件和目录的建立、删改、属性设置等操作，就像在本地资源管理器中一样简单，可完全取代传统的 FTP 服务。WebDAV 可使用 SSL 安全连接，安全性高。基于 SSL 远程管理 Web 服务器时，WebDAV 将保护密码和所加密的数据。

1. 在服务器端创建和设置 WebDAV 发布

关键是在服务器端创建和设置 WebDAV 发布目录，供客户端访问和管理。服务器上需要管理的文件夹都可以设置为 WebDAV 发布目录，便于远程管理其中的文件。初次安装 IIS 6.0 时，WebDAV 发布功能没有启用。

步骤 1：确认安装有“WebDAV”角色服务。

步骤 2:打开 IIS 管理器,导航至要配置的网站节点,在“功能视图”中双击“WebDAV 创作规则”按钮打开相应界面,默认禁用 WebDAV,单击“启用 WebDAV”链接。

步骤 3:默认没有创建任何 WebDAV 创作规则,单击“添加 WebDAV 创作规则”链接弹出如图 10-59 所示的界面,设置所需的规则以控制内容访问权限。

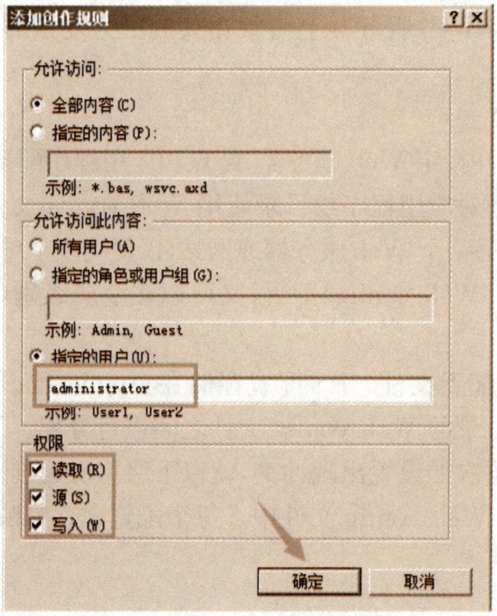

添加创作规则
允许访问:
全部内容(C)
指定的内容(P):
示例: *.bas, wsvc.axd
允许访问此内容:
所有用户(A)
指定的角色或用户组(G):
示例: Admin, Guest
指定的用户(U):
administrator
示例: User1, User2
权限
读取(R)
源(S)
写入(W)
确定 取消

图 10-59 添加创作规则

步骤 4:确认规则设置后,单击“确定”按钮,WebDAV 创作规则将添加到规则列表中。可根据需要添加多条规则,更改规则应用顺序,修改或删除某条规则。

步骤 5:选中设置的规则,单击操作窗格的“WebDAV 设置”链接打开相应的界面,如图 10-60 所示,根据需要从中设置 WebDAV 选项,一般保持默认设置即可。

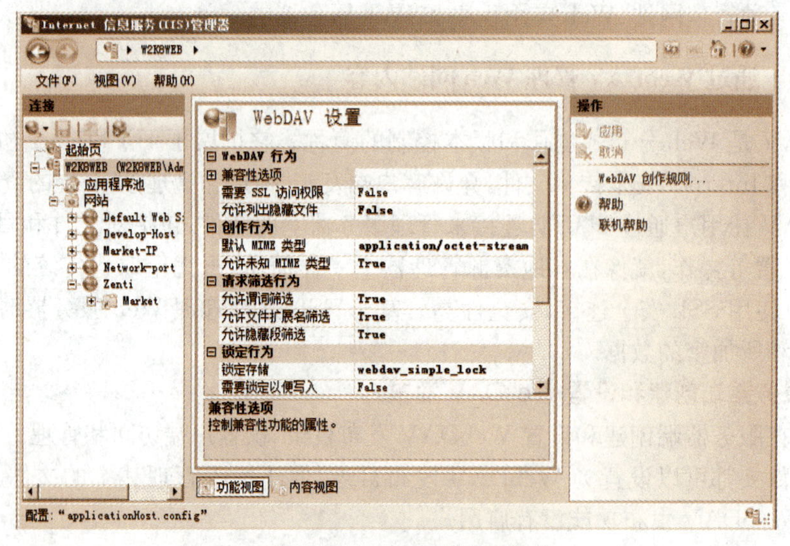

图 10-60 WebDAV 设置

步骤 6:在“连接”窗格中单击要设置的网站节点,双击“身份验证”按钮打开相应的界面,启用 Windows 身份验证(不必禁用匿名身份验证)。

步骤 7:在 IIS 管理器中导航至服务器节点,在“功能视图”中双击“ISAPI 和 CGI 限制”按钮打开相应的界面,检查确认允许执行 WebDAV,默认设置为允许。

步骤 8:用于 WebDAV 发布目录的物理目录应具有的 NTFS 权限有:“读取”“读取和运行”“列出文件夹目录”“写入”和“修改”,可为“Everyone”组授予“读取”权限,为部分管理用户授予“写入”和“修改”权限。

2. WebDAV 客户端访问 WebDAV 发布目录

经过以上配置,只要使用支持 WebDAV 协议的客户端软件,就可以访问 WebDAV 发布目录,就像访问本地文件夹一样。访问 WebDAV 发布目录最通用的方法是使用指向 WebDAV 发布路径的 URL 地址,格式为:http://服务器 IP 地址(或域名)/WebDAV 发布路径或 https://服务器 IP 地址(或域名)/WebDAV 发布路径(需要支持 SSL 连接)。

步骤 1:打开 Windows 资源管理器,右键单击“计算机”或“网络”节点,选择“映射网络驱动器”命令。

步骤 2:弹出如图 10-61 所示的对话框,在“驱动器”列表框中选择 1 个驱动器号,在“文件夹”框中输入 WebDAV 网站的 URL 地址,单击“完成”按钮将出现正在尝试连接的提示。

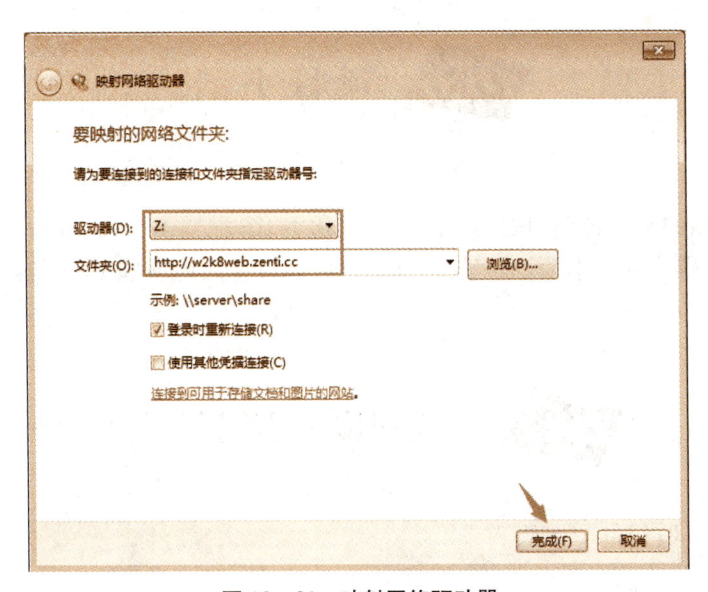

图 10-61 映射网络驱动器

步骤 3:稍后弹出“Windows 安全”对话框,输入用于验证的用户名和密码,单击“完成”按钮。

步骤 4:连接成功后在 Windows 资源管理器中显示新设置的映射驱动器,正好是启用 WebDAV 的网站,如图 10-62 所示。可以根据需要操作其中的文件。

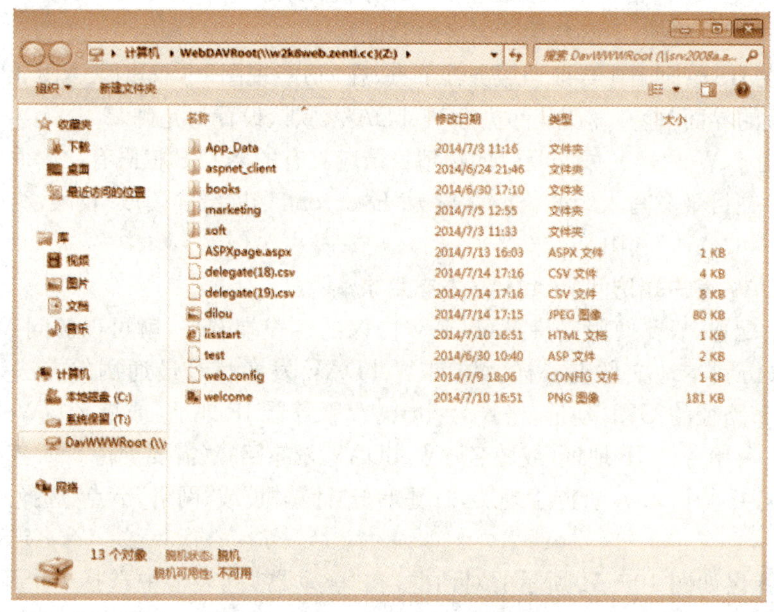

图 10-62 WebDAV 网站的内容

项目小结

本项目主要介绍了在 Windows Server 的 IIS 平台搭建 Web 网站的技术和方法，主要内容包括 Web 网站的基本管理和配置、虚拟目录；利用 IIS 配置多个独立网站的 3 种技术；网站的安全性配置等。通过本项目的学习，我们可以比较全面地掌握 IIS 配置管理技术，能独立地搭建和管理企业网站。

实践训练(工作任务单)

10.7.1 实训目标

(1) 会安装 Web 服务。
(2) 会创建、配置和管理 Web 站点。
(3) 会使用基于虚拟主机技术部署多个网站。
(4) 会配置虚拟目录、应用程序、应用程序池。
(5) 会配置网站的安全性。

10.7.2 实训场景

如果你是 Sunny 公司的网络管理员，需要在 su-web 上搭建 1 个 Web 服务器，以实现企业信息的发布、企业的信息化管理。网络实训环境如图 10－63 所示。

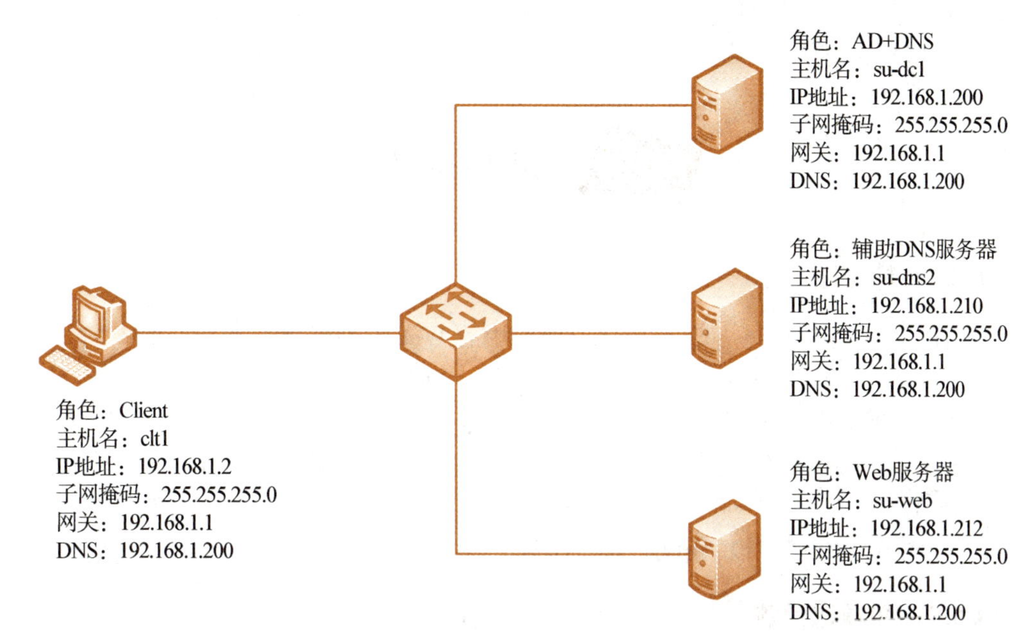

图 10－63 配置与管理 Web 服务器实训环境

10.7.3 实训任务

任务 1:在 su-Web 上安装 Web 服务器角色

任务 2:在 su-Web 创建并配置站点

(1) 创建公司网站。

公司的 Web 网站的域名为 www. sunny. com，IP 地址为 192. 168. 1. 212，网站名称为 sunny_web，物理路径为:D:\webroot\sunny，并在 D:\webroot b\sunny 目录创建静态网页文件 main. html。

(2) 为网站 sunny_web 添加默认文档 main. html。

(3) 为网站 sunny_web 添加虚拟目录 sales，物理路径为 D:\webroot\sales。

(4) 在 su-Web 上创建应用程序池 WebApp_Pool。

(5) 为网站 sunny_web 添加应用程序 sunny_WebApp，物理路径为 D:\web\webapp，应用程序池为 WebApp_Pool。

任务 3:基于虚拟主机技术部署多个网站

(1) 为公司的 OA 系统创建 Web 站点。

网站的域名为 oa. sunny. com，IP 地址为 192. 168. 1. 212，网站名称为 oa，物理路径为:E:\oa。

(2) 为公司的工资管理创建 Web 站点。

网站的域名为 gongzi. sunny. com:800，IP 地址为 192. 168. 1. 212，网站名称为 gongzi，物理路径为:E:\gongzi。

任务 4:配置网站的安全

(1) 为网站 gongzi 设置启用 Windows 身份验证。

(2) 设置网站 gongzi 只允许网段 192.168.1.0/24 中的客户机访问。

(3) 启用服务器日志。

10.8 课后习题

10.8.1 填空题

1. 用户主要使用________协议访问互联网中的 Web 网站资源。

2. Web 服务器中的目录分为 2 种类型:________和________。

3. 网络管理员小李在 Windows Server 2008 的 web 服务器上配置了 1 个站点,域名为:www.aaa.com,同时为该站点启用了 SSL 443 端口,客户端在访问该站点时应输入________。

4. 架设网站常用的虚拟主机技术有:基于________、基于________和基于________。

10.8.2 单项选择题

1. Web 服务器与客户端的通信协议是( )。

A. FTP　　B. HTTP　　C. POP3　　D. SMTP

2. 虚拟主机技术是指( )。

A. 在 1 台服务器上运行 1 个网站　　B. 在 1 台服务器上运行多个网站

C. 在多台服务器上运行 1 个网站　　D. 在多台服务器上运行多个网站

3. 以下关于 Web 服务器说法正确的是( )。

A. 1 台 Web 服务器只能有 1 个 IP 地址

B. 1 个域名只对应 1 台 Web 服务器

C. 在 1 台 Web 服务器上使用虚拟主机技术可以响应多个域名

D. Web 服务器只能使用 80 端口

4. 下面( )不是 IIS 7 架设网站时的默认文档。

A. index.asp　　B. default.asp　　C. index.htm　　D. iisstar.htm

5. 网络管理员小李在 1 台 Windows Server 2008 的服务器上配置运行多个 Web 站点,但由于该服务器只有 1 张网卡,此时小李可以( )。

A. 不同的站点使用相同的 IP 地址,相同的端口号

B. 不同的站点使用相同的 IP 地址,不同的端口号

C. 不同的站点使用不同的 IP 地址,相同的端口号

D. 不同的站点使用不同的 IP 地址,不同的端口号

6. 管理员在 Windows Server 2008 系统中利用 IIS 搭建了 Web 服务,在默认站点下创建了 1 个虚拟目录 Web,经测试可以成功访问其中的内容。由于业务需要,现在将虚拟目录中的内容移动到了另一个分区中,管理员( )能让用户继续用原来的方法访问其中的内容。

A. 对虚拟目录进行重新命名　　B. 修改虚拟目录的路径
C. 更改 TCP 端口号　　D. 无须任何操作

7. 在配置 IIS 时，如果想禁止某些 IP 地址访问 Web 服务器，可以在“默认 Web 站点”的属性对话框中(　　)选项中进行配置。

A. 目录安全性　　B. 文档　　C. 主目录　　D. ISAPI 筛选器

8. 用户可以通过 http://www.aaa.com 和 http://www.bbb.com 访问在同一台服务器上的(　　)不同的 2 个 Web 站点。

A. IP 地址　　B. 端口号　　C. 协议　　D. 虚拟目录

10.8.3 简答题

1. 简述基于虚拟主机技术架设多个 Web 网站的方法和适用环境。
2. 什么是虚拟主机？什么是虚拟目录？

FTP 服务器的配置与管理

11.1 项目导入

自从重庆正泰网络科技有限公司域网络组建成功后，并在此基础上搭建了公司网站，但在网站上传和更新时，需要用到文件上传和下载功能，因此还需要架设 FTP 服务器，为公司内部和互联网用户提供 FTP 等服务。本项目将实践配置与管理 FTP 服务器。

由于工作性质，公司员工在家办公或者外出办公都需要使用公司的文件。为了方便在外员工能随时读取和使用公司服务器上的文件，FTP 是一种解决方案。

11.2 项目分析

网络规划时，资源共享是最重要的一个应用方向。公司网络部在规划网络建设的初期，就考虑到了这一功能。这次随着 Web 网站的建设和员工的要求，FTP 服务器也需要架设。本任务由网络部李代权负责实施，其计划如下：

(1) 搭建公司的官方 FTP 服务器：Zenti_FTP，并在其下创建虚拟目录 VirDir。

(2) 搭建公司应用程序的 FTP 服务器：Zenti_Apps。

(3) 设置 FTP 服务器的访问方式为 MS-DOS，并设置用户隔离访问模式。

11.3 预备知识

FTP 概述

FTP 就是文件传输协议，其突出的优点是可在不同类型的计算机之间传输和交换文件。

FTP 服务器以站点(Site)的形式提供服务，1 台 FTP 服务器可支持多个站点。FTP 管理简单且具备双向传输功能，在服务器端许可的前提下可以非常方便地将文件从本地传输到远程系统。

1. FTP 的工作过程

FTP 采用客户/服务器模式运行。FTP 工作的过程就是一个建立 FTP 会话并传输文件的过程,如图 11－1 所示。

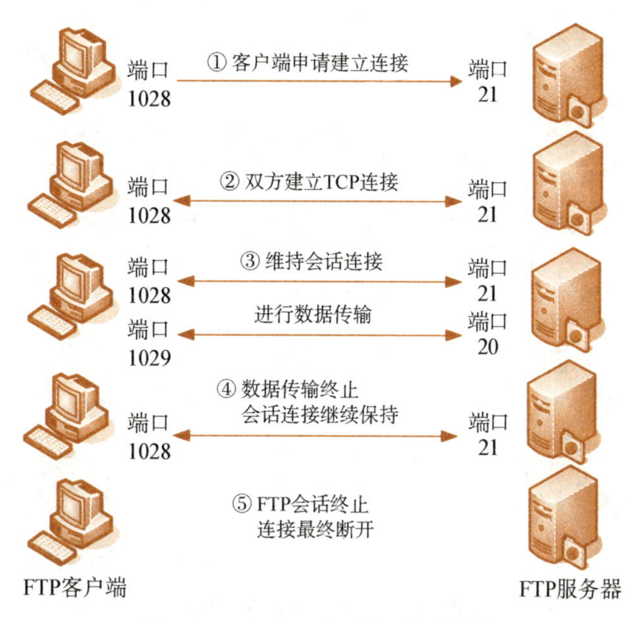

图 11－1 FTP 工作过程(主动模式)

与一般的网络应用不同,FTP 会话需要 2 个独立的网络连接,FTP 服务器需要监听 2 个端口:1 个端口作为控制端口(默认 TCP 21),用来发送和接收 FTP 的控制信息,一旦建立 FTP 会话,该端口在整个会话期间始终保持打开状态;1 个端口作为数据端口(默认 TCP 20),用来发送和接收 FTP 数据,只有在数据传输时才打开,传输结束就断开。FTP 客户端动态分配自己的端口。

FTP 控制连接建立之后,再通过数据连接传输文件。FTP 服务器所使用的数据端口取决于 FTP 连接模式。FTP 数据连接可分为主动模式(Active Mode)和被动模式(Passive Mode)。FTP 服务器端或 FTP 客户端都可设置这 2 种模式。究竟采用何种模式,最终取决于客户端的设置。

2. 主动模式与被动模式

主动模式又称标准模式,一般情况下都使用这种模式,如图 11－1 所示。

(1) FTP 客户端打开 1 个动态选择的端口(1024 以上)向 FTP 服务器的控制端口(默认 TCP 21)发起连接,经过 TCP 的 3 次握手之后,建立控制连接。

(2) 客户端接着在控制连接上发出 PORT 指令通知服务器自己所用的临时数据端口。

(3) 服务器接到该指令后,使用固定的数据端口(默认 TCP 20)与客户端的数据端口建立数据连接,并开始传输数据。在这个过程中,由 FTP 服务器发起到 FTP 客户端的数据连接,称为主动模式。由于客户端使用 PORT 指令联系服务器,又称为 PORT 模式。

被动模式的工作过程如图 11－2 所示。

(1) 采用与主动模式相同的方式建立控制连接。

(2) FTP 客户端在控制连接上向 FTP 服务器发出 PASV 指令请求,进入被动模式。

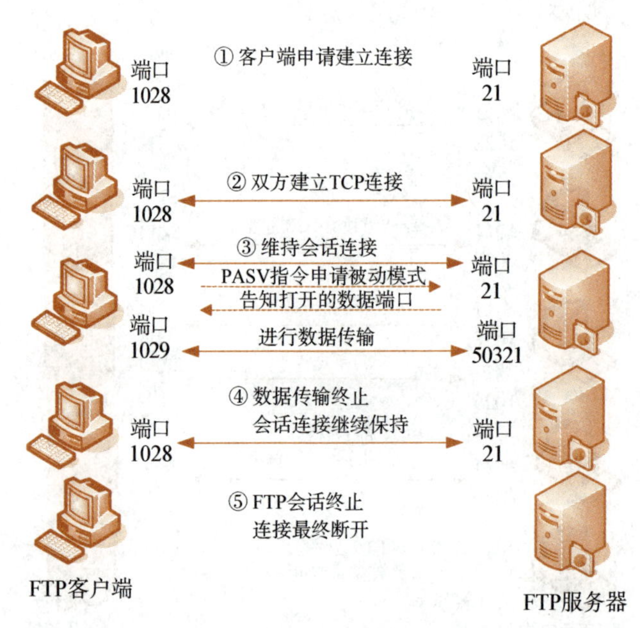

图 11-2　FTP 连接被动模式

(3) 服务器接到该指令后，打开 1 个空闲的端口(1024 以上)监听数据连接，并进行应答，将该端口通知客户端，然后等待客户端与其建立连接。

(4) 当客户端发出数据连接命令后，FTP 服务器立即使用该端口连接客户端并传输数据。在这个过程中，由 FTP 客户端发起到 FTP 服务器的数据连接，称为被动模式。由于客户端使用 PASV 指令联系服务器，又称为 PASV 模式。

3. 匿名 FTP 和用户 FTP

用户对 FTP 服务的访问有 2 种形式：匿名 FTP 和用户 FTP。

匿名 FTP 允许任何用户访问 FTP 服务器。匿名 FTP 登录的用户账户通常是 anonymous 或 ftp，一般不需要密码，有的是以电子邮件地址作为密码。在许多 FTP 站点上，都可以自动匿名登录，从而查看或下载文件。匿名用户的权限很小，FTP 服务比较安全。Internet 上的一些 FTP 站点，通常只允许匿名访问。

4. FTP 解决方案

FTP 软件的工作效率很高，在文件传输的过程中不进行复杂的转换，因此传输速度很快，而且功能集中，简单易学。

目前有许多 FTP 服务器软件可供选择。Serv-U 是一种广泛使用的 FTP 服务器软件。许多综合性的 Web 服务器软件如 IIS、Apache 和 Sambar 等，都集成了 FTP 功能。

IIS 的 FTP 服务与 Windows 操作系统紧密集成，能充分利用 Windows 系统的特性，其配置和管理都与 Web 网站类似。

FTP 服务需要通过 FTP 客户软件访问。用户可以使用任何 FTP 客户软件连接 FTP 服务器。

11.4 项目实施

11.4.1　任务 1　部署 IIS FTP 服务器

Windows Server 2008 R2 提供的 FTP 服务器具有以下新特性：

(1) 与 Windows Server 2008 R2 的 IIS 7.5 充分集成，可以通过全新的 IIS 管理器来管理 FTP 服务器，支持将 FTP 服务添加到现有 Web 网站中，使站点可以同时提供 Web 服务与 FTP 服务。

(2) 支持新的 Internet 标准，如 FTPS(FTP over SSL)、IPv6、UTF 8 等。

(3) 支持虚拟主机名。

(4) 增强的用户隔离功能。

(5) 增强的日志记录功能。

1. 安装 FTP 服务器

在部署之前，根据需要为服务器注册 FTP 域名，本例中为 ftp.abc.com。

默认情况下，Windows Server 2008 R2 安装 IIS 7.5 时不会安装 FTP，操作步骤如下：

步骤：可以使用服务器管理器中的“添加角色服务”向导来安装“FTP 服务器”角色服务，如图 11－3 所示，确认选中“FTP Service”和“FTP 扩展”。

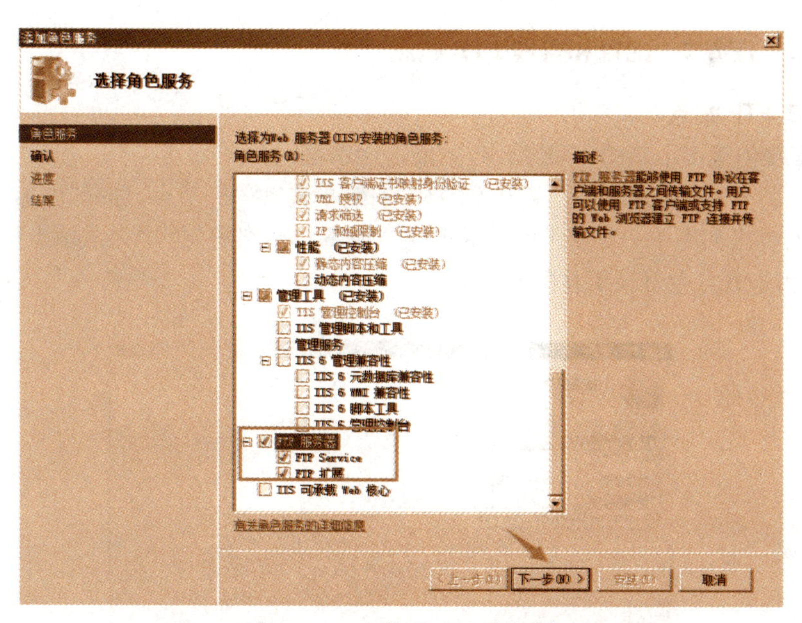

图 11－3　安装 IIS FTP 服务器

2. FTP 服务器管理工具

一般直接使用 IIS 管理器来配置和管理 IIS FTP。安装 FTP 服务器之后，IIS 管理器界面中会提供有关的管理功能项，如图 11－4 所示。

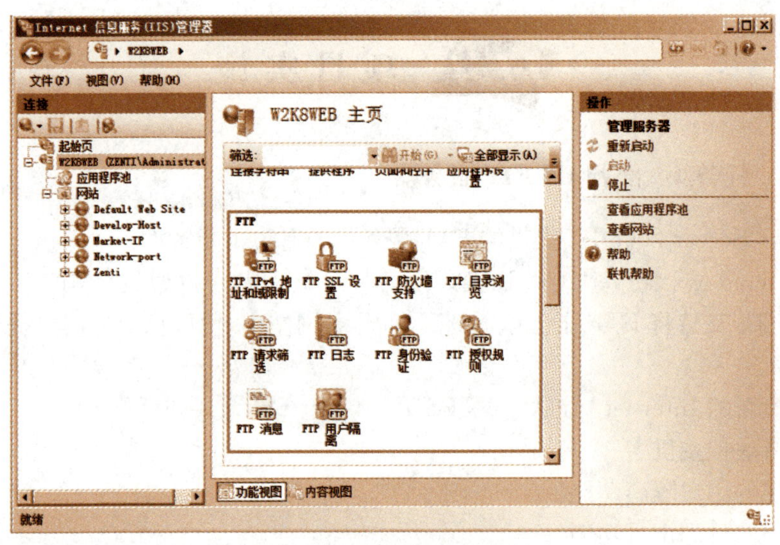

图 11－4 IIS FTP 管理界面

IIS FTP 的配置和管理可分为不同的级别或层次，其层次结构为服务器级设置→FTP 站点级设置→应用程序级设置→目录级设置→文件级设置。最高层的服务器级设置，相当于全局设置，对所有的 IIS FTP 站点都起作用；接下来是 FTP 站点级设置，对该站点起作用；最后可以对站点中应用程序、目录和文件进行设置。

11.4.2 任务 2 配置和管理 FTP 站点

1. 创建 FTP 站点

可以直接创建 1 个新的 FTP 站点，下面进行示范：

步骤 1：打开 IIS 管理器，在"连接"窗格中右键单击"网站"节点，选择"添加 FTP"命令。

步骤 2：弹出如图 11－5 所示的对话框，在"FTP 站点名称"框中为该站点命名，在"物理路径"框中指定站点主目录所在的文件夹。

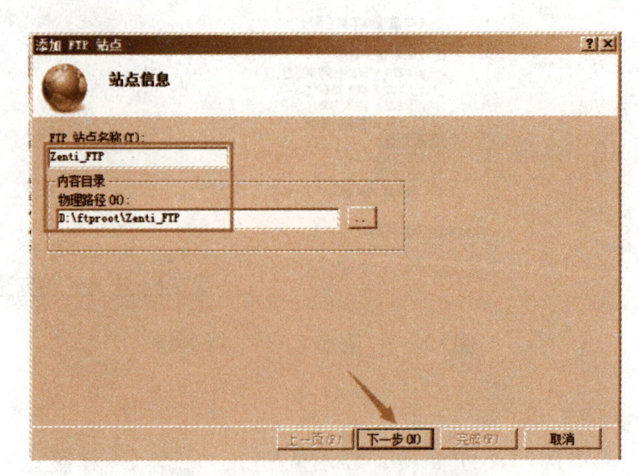

图 11－5 设置 FTP 站点信息

步骤 3:单击“下一步”按钮,出现如图 11-6 所示的对话框,设置绑定包括 IP 地址和端口。考虑到安全性,默认启用 SSL,由于暂时没有 SSL 证书,这里选择无 SSL。

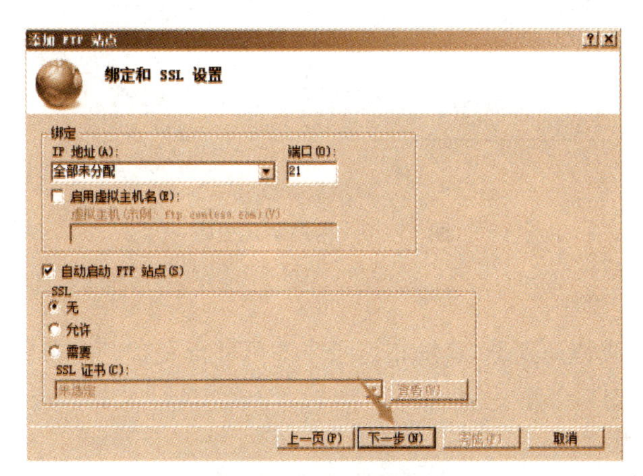

图 11-6 设置绑定和 SSL

步骤 4:单击“下一步”按钮,出现如图 11-7 所示的对话框,从中设置身份认证和授权信息。这里匿名和基本 2 种身份验证都选中,给所有用户授予读取权限。

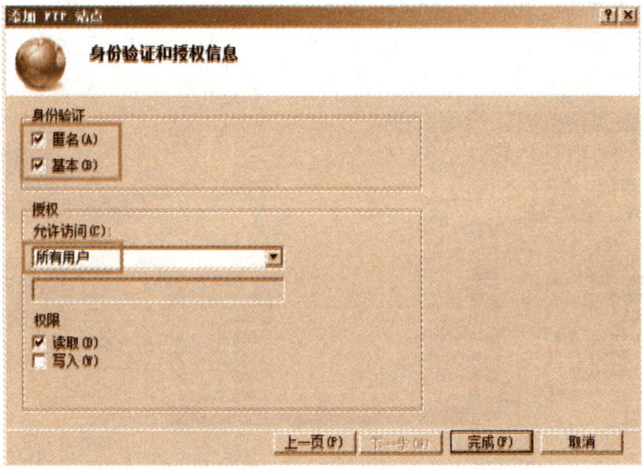

图 11-7 设置身份验证和授权信息

步骤 5:单击“完成”按钮,完成 FTP 站点的创建。

还可以在现有 Web 网站上添加 FTP 发布,使得该网站同时作为 FTP 站点提供 FTP 服务。

步骤 1:在 IIS 管理器的“连接”窗格中右键单击要设置的 Web 网站节点“Zenti”,选择“添加 FTP 发布”命令,弹出“添加 FTP 站点发布”对话框,设置绑定和 SSL。

步骤 2:单击“下一步”按钮,设置身份认证和授权信息,直至完成 FTP 站点发布。有关选项前面介绍过。

采用这种方式创建的 FTP 站点的主目录与 Web 网站的主目录相同,绑定信息增加了 FTP 类型,如图 11-8 所示。可以执行“删除 FTP 发布”命令取消 Web 网站添加的 FTP 发布。

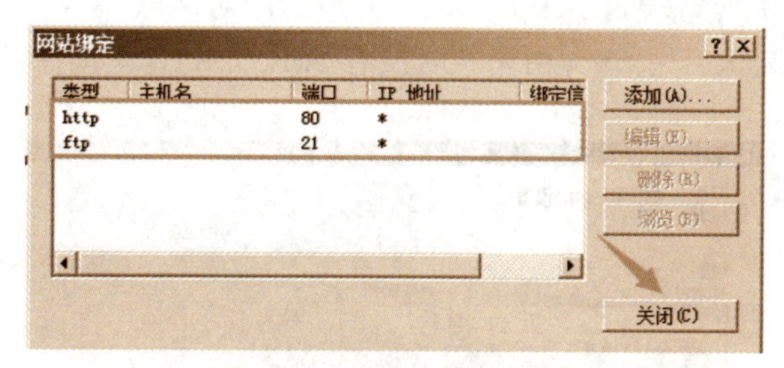

图 11－8　网站绑定 FTP

2. 在 FTP 站点上发布内容

将内容文件复制或移动到 FTP 发布目录中即可进行发布。发布后，用户即可使用 FTP 客户软件，从中下载文件。

3. 管理 FTP 站点

步骤 1：打开 IIS 管理器，在“连接”窗格中单击“网站”节点，工作区显示当前的网站（站点）列表，其中包括 FTP 站点。如图 11－9 所示，可以查看一些重要的信息，如启动状态、绑定信息。

步骤 2：从列表中选择 1 个 FTP 站点（绑定 FTP 的站点），“操作”窗格中显示对应的操作命令，可以编辑更改该站点，重命名网站，修改物理路径，绑定网站，启动或停止站点运行等，与 Web 网站操作基本相同。

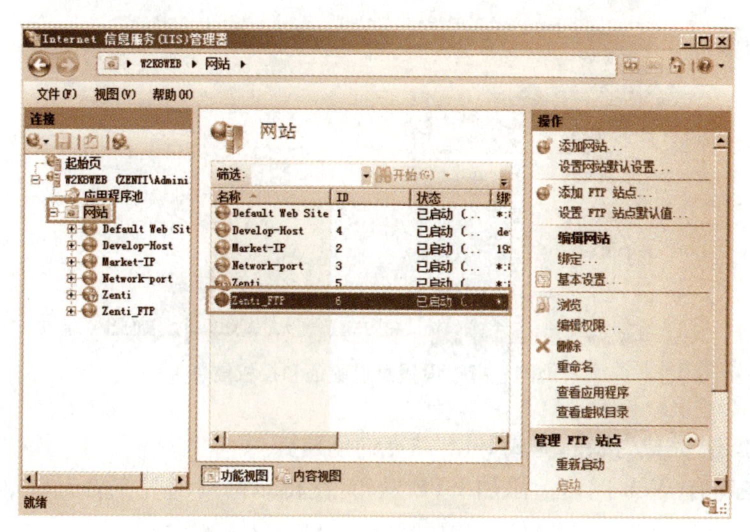

图 11－9　网站列表

步骤 3：例如选中要设置的 FTP 站点，在右侧“操作”窗口中单击“基本设置”链接，打开如图 11－10 所示的对话框，根据需要在“物理路径”框中设置主目录所在的位置。

4. 建立多个 FTP 站点

与建立 Web 网站一样，可以在 1 台计算机上建立多个 FTP 站点，也就是常说的虚拟主机技术。与 IIS 6 不同，IIS 7.5 的 FTP 站点所使用的虚拟主机技术与 Web 网站一样，除了绑定不同的 IP 地址和端口外，还支持主机名。通过更改其中的任何 1 个标志，就可在 1 台

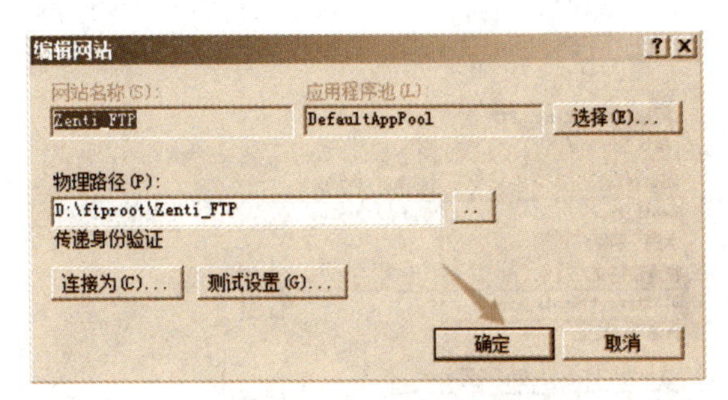

图 11－10　编辑网站

计算机上维护多个站点。具体设置可参见关于用虚拟主机技术创建多个 Web 网站的介绍。

步骤：在创建 FTP 站点时，可在绑定和 SSL 设置界面(图 11－6)中选中“启用虚拟主机名”复选框，并设置主机名。对于已创建的 FTP 站点，则可以通过修改绑定信息来设置虚拟主机名，如图 11－11 所示。

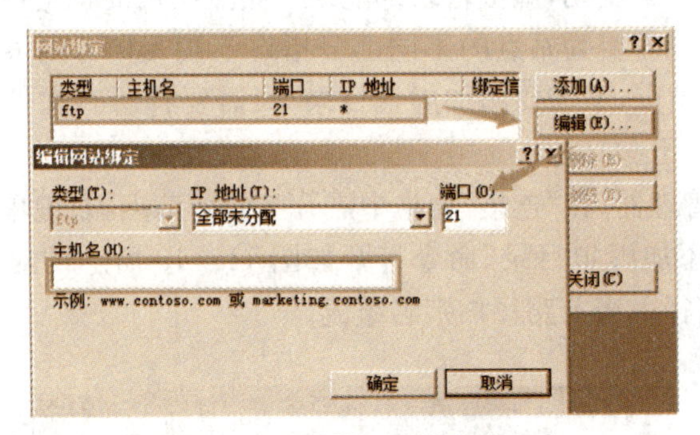

图 11－11　设置 FTP 站点主机名

5. 管理应用程序

与 Web 服务器一样，FTP 服务器也允许在 FTP 站点中创建应用程序。应用程序是站点根级别的一组内容，或站点根目录下某一单独文件夹中的一组内容。在 IIS 7.5 中添加应用程序时，需为该应用程序指定 1 个目录作为应用程序根目录(即开始位置)，然后指定该特定应用程序的属性，例如指定应用程序池以供该应用程序在其中运行。应用程序的名称将成为用户可以通过客户端请求的 URL 的一部分。

步骤：打开 IIS 管理器，在“连接”窗格中展开“网站”节点，右键单击要创建应用程序的 FTP 站点，然后选择“添加应用程序”命令，打开如图 11－12 所示的对话框，从中设置所需选项。该应用程序的 URL 路径由当前路径加别名组成。

6. 管理物理目录

物理目录是直接在文件系统中创建的真实目录，它可对应不同的 FTP 站点主目录或虚拟目录。可以直接在 Windows 系统中创建和删除物理目录，也可在 IIS 管理器中管理站点主目录或应用程序、虚拟目录对应的物理目录。操作步骤如下：

步骤：右键单击 FTP 站点、应用程序或虚拟目录，选择“浏览”命令打开资源管理器，可创建、删除和修改物理目录。

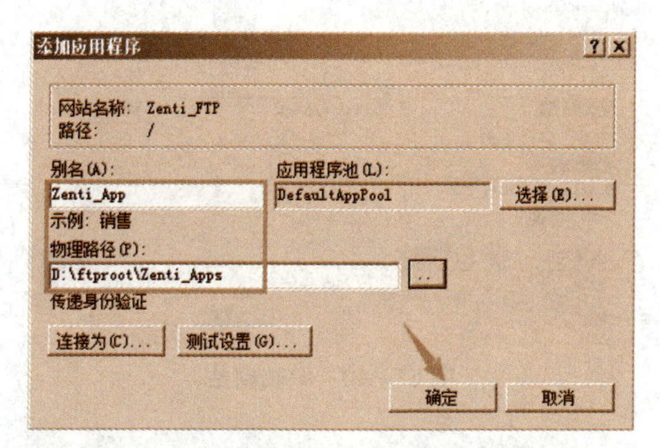

图 11 - 12　在 FTP 站点中添加应用程序

7. 管理虚拟目录

创建虚拟目录是为了 FTP 站点的结构化管理。虚拟目录可根据需要映射到不同的物理目录，无论物理目录怎么变动，虚拟目录都能维持站点结构的稳定性。

如果站点较复杂，或需要为站点的不同部分指定不同 URL，则可根据需要添加虚拟目录。对于简单的 FTP 站点，不需要添加虚拟目录，只需要将所有文件放在该站点主目录中即可。

步骤 1：打开 IIS 管理器，在“连接”窗格中展开“网站”节点，右键单击要创建应用程序的 FTP 站点，然后选择“添加虚拟目录”命令打开如图 11 - 13 所示的对话框，设置所需选项。该虚拟目录的 URL 路径由当前路径加别名组成。

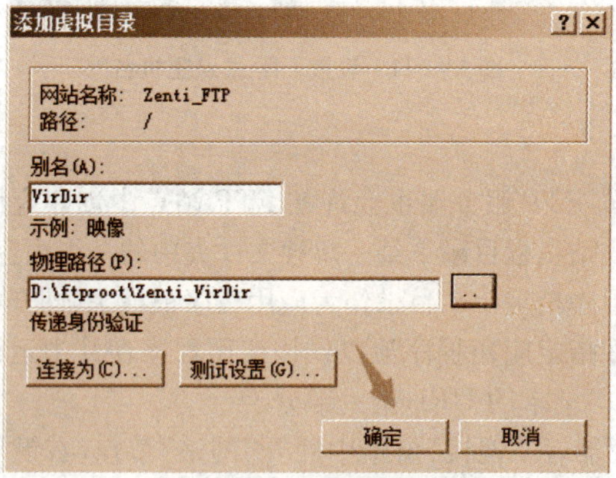

图 11 - 13　添加虚拟目录

步骤 2：在 IIS 管理器中选中要管理虚拟目录的 FTP 站点，切换到“功能视图”，单击“操作”窗格中的“查看虚拟目录”链接，打开如图 11 - 14 所示的界面，其中显示了该网站当前的虚拟目录列表，可以查看一些重要的信息，如虚拟目录内容的物理路径。

步骤 3：选中列表中的虚拟目录项，右侧“操作”窗格中给出相应操作命令，可以编辑和管理虚拟目录。单击“删除”链接将删除该虚拟目录。注意，删除虚拟目录并不删除相应的物理目录及其文件。

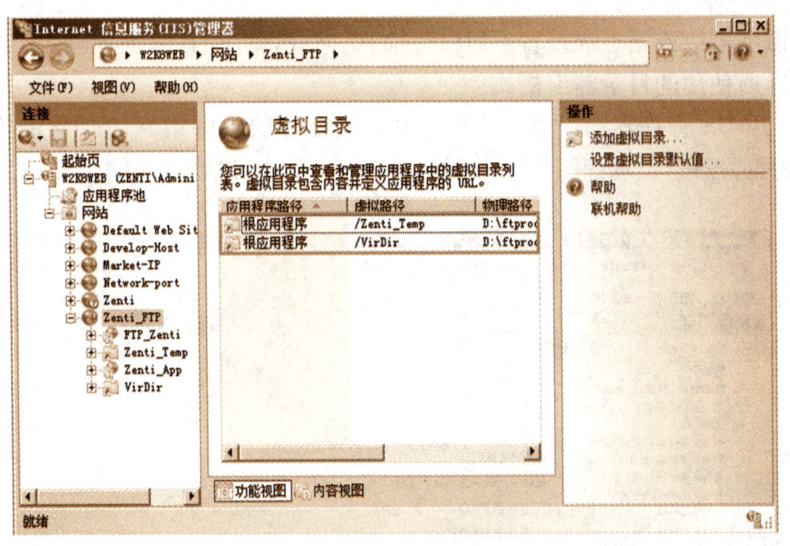

图 11 - 14　虚拟目录列表

11.4.3　任务 3　FTP 基本配置和管理

1. 设置 FTP 消息

当用户登录 FTP 站点时，可以发送消息，以便向用户提供关于此站点的提示信息。

步骤：打开 IIS 管理器，在“连接”窗格中导航至要配置的级别(可以在服务器级或站点级设置 FTP 消息)，在“功能视图”中双击“FTP 消息”按钮，出现如图 11 - 15 所示的界面，从中设置 FTP 消息。

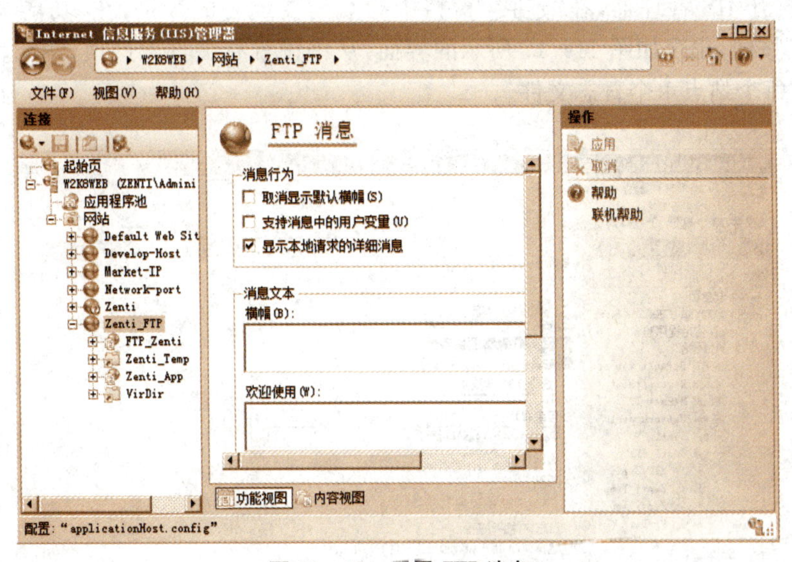

图 11 - 15　配置 FTP 消息

2. 设置 FTP 目录浏览

可以在服务器级或站点级设置 FTP 目录浏览格式，即 FTP 服务器响应 FTP 客户端发送列表请求时所使用的目录输出格式。

步骤：打开 IIS 管理器，在“连接”窗格中导航至要配置的级别，在“功能视图”中双击“FTP 目录浏览”按钮，出现如图 11－16 所示的界面，其中，默认目录输出格式是 MS-DOS。

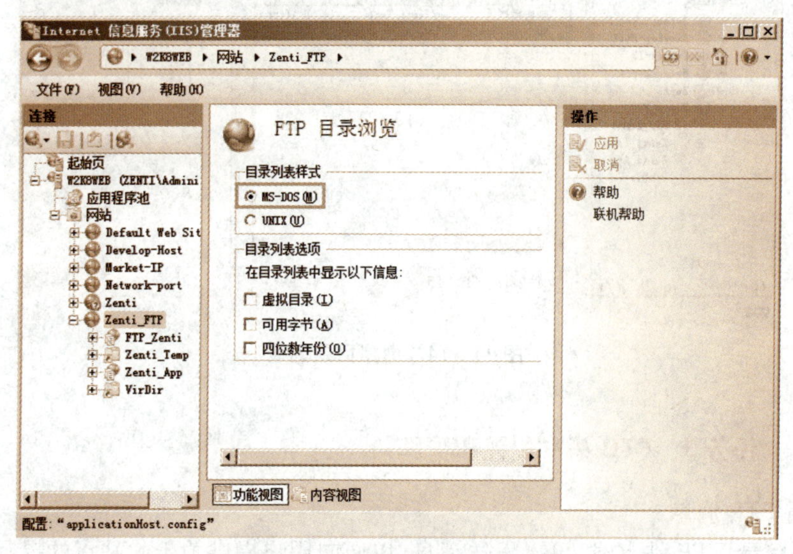

图 11－16　设置 FTP 目录浏览

3. 设置 FTP 日志

可以在服务器级或站点级设置 FTP 日志，记录 FTP 访问，操作步骤如下：

步骤：打开 IIS 管理器，在“连接”窗格中导航至要配置的级别，在“功能视图”中双击“FTP 日志”按钮，出现如图 11－17 所示的界面，从中设置有关日志选项，例如，可以设置每台服务器或每个站点 1 个日志文件。

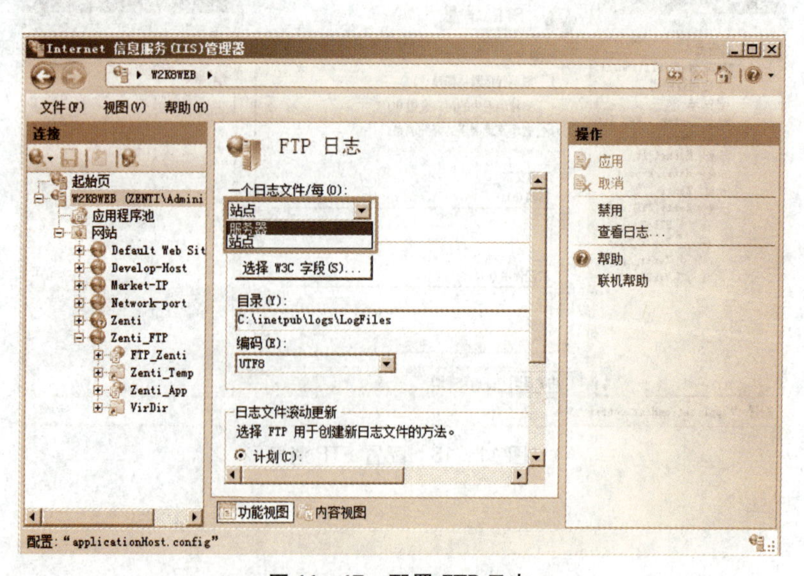

图 11－17　配置 FTP 日志

4. 管理 FTP 会话活动

管理员可以查看和管理 FTP 站点当前连接的用户，操作步骤如下：

步骤：打开 IIS 管理器，在“连接”窗格中导航至要管理的 FTP 站点，在“功能视图”中双击“FTP 当前会话”按钮，出现如图 11－18 所示的界面，从中可查看、跟踪和控制当前连接的用户。用户注销或中断连接之前一直处于会话状态。

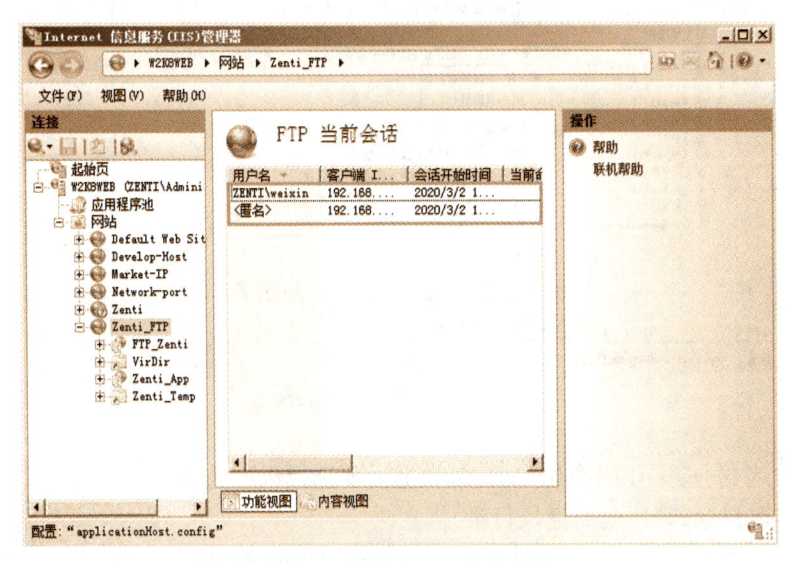

图 11－18　管理 FTP 用户会话

11.4.4　任务 4　配置 FTP 用户主目录与 FTP 用户隔离

FTP 站点涉及物理目录和虚拟目录，以及特有的用户主目录。用户主目录是 FTP 的一个特色，用来设置 FTP 用户的默认目录。用户主目录可以是站点主目录中的物理目录，也可以是站点的虚拟目录，其目录名称与用户名相同，与 UNIX 系统或网络用户的用户工作目录类似。

1. 创建用户主目录

如果启用用户主目录支持，用户以 FTP 用户名登录，则将用户主目录作为其根目录。

当用户登录到 FTP 站点时，FTP 服务器以用户登录名查找站点主目录下的用户主目录。

IIS FTP 本身不能创建和管理用户，因而需要借助 Windows 系统手动建立用户主目录，具体步骤如下：

步骤 1：设置相应的 Windows 用户账户来定义 FTP 用户。

步骤 2：在 FTP 站点中建立相应的用户主目录。

步骤 3：根据需要设置目录访问权限。

步骤 4：通过磁盘配额管理或文件服务器配额管理来限制用户主目录空间。

2. 配置 FTP 用户隔离

可以在服务器或站点级配置 FTP 用户隔离，操作步骤如下：

步骤：打开 IIS 管理器，导航至要管理的节点，在“功能视图”的“FTP”部分双击“FTP 用户隔离"按钮打开如图 11－19 所示的界面，从中可以查看和管理 FTP 用户隔离设置。

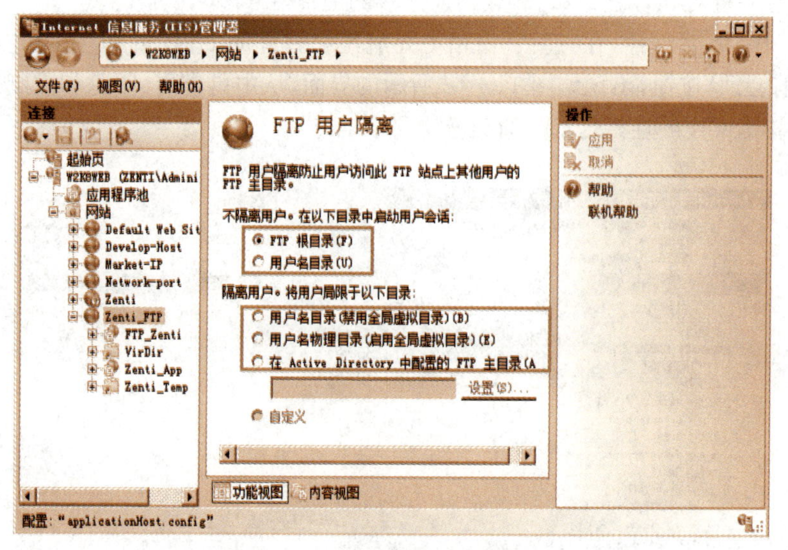

图 11－19 配置 FTP 用户隔离

出于安全考虑，应采用隔离用户模式，根据需要选择以下选项：

(1) 用户名目录(禁用全局虚拟目录)。

表 11－1 列出了不同 FTP 用户账户类型所对应的用户主目录语法格式，其中％％FtpRoot％表示 FTP 站点根目录，％UserDomain％表示域名，％UserName％表示用户名。

(2) 用户名物理目录(启用全局虚拟目录)。

这种选项需要创建的用户主目录如表 11－1 所示。

(3) Active Directory 中配置的 FTP 主目录。

表 11－1 FTP 用户账户对应的用户主目录

用户账户类型	用户主目录语法格式
匿名用户	％％FtpRoot％\LocalUser\Public
本地 Windows 用户账户(需基本身份验证)	％％FtpRoot％\LocalUser\％UserName％
Windows 域账户(需基本身份验证)	％％FtpRoot％\％UserDomain％\％UserName％
IIS 管理器或 ASP. NET 自定义身份验证用户账户	％％FtpRoot％\LocalUser\％UserName％

11.4.5 任务 5 使用 FTP 客户端访问 FTP 站点

DOS 命令行工具 FTP 主要用于测试 FTP 站点，实际应用中一般使用浏览器或专门的 FTP 客户软件来访问 FTP 站点。

1. 使用 IE 浏览器访问 FTP 站点

使用 IE 浏览器可访问 FTP 站点，不过 FTP 服务在 URL 地址中的协议名为"ftp"，例如在浏览器地址栏中输入"ftp://ftp. abc. com"，如果允许匿名连接，就会自动登录到 FTP 服务器，在浏览器中显示 FTP 站点主目录的文件夹和文件。现在的浏览器支持 FTP 上传功能，可以用来在 FTP 站点中新建、删除、修改文件夹和文件。IE 浏览器的浏览、上传和下载方法与 Windows 资源管理器类似，只需要在本地文件夹和 FTP 站点文件夹之间进行复制操作即可。

在浏览器中使用用户账户访问 FTP 站点有 2 种方法：

方法 1：像匿名用户一样输入 URL 地址，弹出登录窗口，提供用户输入登录用户名和密码信息。

方法 2：在 URL 中包括用户名和密码，URL 格式为 ftp://用户名：密码@站点及其目录。

2. 使用专门 FTP 客户软件访问 FTP 站点

专用 FTP 客户软件功能更为强大。这里以经典的 FTP 客户软件 CuteFTP 为例介绍，其增强版本 CuteFTP Pro 是一款全新的商业级 FTP 客户端程序，除了支持多站点同时连接外，还改进了数据传输安全措施，支持 SSL 或 SSH2 安全认证的客户机/服务器系统传输。

步骤 1：安装并运行 CuteFTP 程序（例中版本为 CuteFTP 8 Professional），进入其主界面。

步骤 2：选择菜单"文件"→"FTP 站点"打开相应的对话框，设置要访问的 FTP 站点的属性。

步骤 3：如图 11－20 所示，在"一般"选项卡中设置要登录站点的基本信息，其中登录方法选择"普通"单选按钮表示以用户账户登录，需要设置用户名和密码；默认选择"匿名"单选按钮，以匿名方式登录；选择"交互式"单选按钮表示 2 种方式均可。

图 11－20 设置要访问的 FTP 站点

步骤 4：根据需要切换到其他选项卡设置其他选项。

步骤 5：确认 FTP 站点设置正确，单击连接按钮，开始与所设站点建立连接。

步骤 6：连接成功后，将显示出现如图 11－21 所示的界面，中部有 2 个窗格，左侧显示的是本地磁盘的目录文件列表，右侧显示的是 FTP 站点主目录下的文件列表。

步骤 7：根据需要执行文件传输等操作。

步骤 8：完成操作后，选择菜单"文件"→"断开"，断开与 FTP 站点的连接。

11.4.6 任务 6 通过 FTP 管理 Web 网站

FTP 非常适合管理 Web 网站，最通用而且文件传输效率又高，但是安全性较差。ISP 提供的虚拟主机或个人主页空间，大多让用户通过 FTP 管理。用户可以充分利用 FTP 的目录配置管理，通过 FTP 协议来管理 Web 虚拟主机。

下面简单介绍一下服务器端的实现步骤：

步骤 1：将不同用户的虚拟主机站点内容放在不同的目录中，每个站点使用 1 个独立的目录，将其设置为相应的 Web 站点主目录。

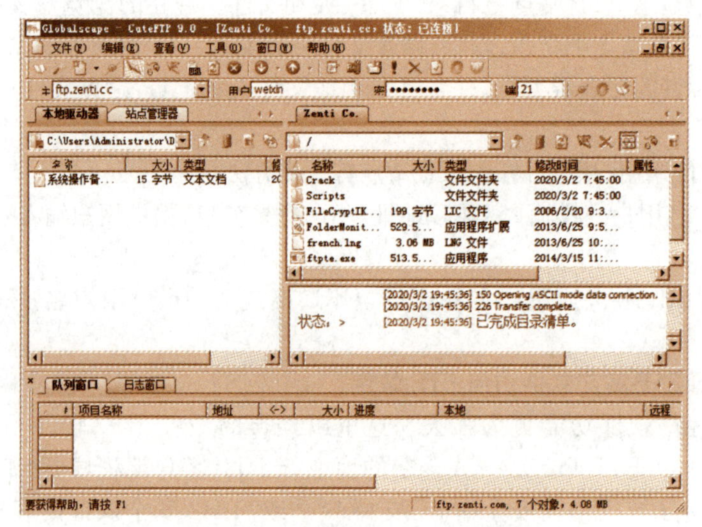

图 11-21　CuteFTP 站点访问界面

步骤 2：针对每个虚拟主机主目录，在 FTP 站点上以虚拟目录的形式建立相应的用户主目录。

步骤 3：为用户主目录分配适当的写入或上传权限。

步骤 4：启用磁盘配额功能，并设置各个虚拟主机的磁盘容量限额。

步骤 5：对于以虚拟目录来提供的主页空间管理，主要是对各虚拟目录对应的物理目录设置 FTP 用户主目录。

11.5 知识拓展

11.5.1 IIS 的 FTP 安全管理

使用 FTP 的一个基本原则，就是要在保证系统安全的情况下使用 FTP 服务。FTP 的明文传输（未加密的用户名和密码）和上传功能是其重要的安全隐患，应该引起足够的重视。

IIS FTP 安全管理是以 Windows 操作系统和 NTFS 文件系统的安全性为基础的。

FTP 的安全主要是解决访问控制问题，即让特定用户能够访问特定资源。

1. 配置 IP 地址限制

IIS 的 FTP 也具备控制特定 IP 地址的用户访问的功能，以加强安全性，可以在服务器、站点、应用程序、目录级别配置 IPv4 地址和域限制，操作步骤如下：

步骤：打开 IIS 的管理器，导航至要管理的节点，在“功能视图”的“FTP”部分双击“IPv4 地址和域限制”按钮打开相应的界面，查看和管理 IPv4 地址和域限制规则。

2. 配置身份验证方法

身份验证用于控制特定用户访问 FTP 站点。IIS 的 FTP 身份验证方法有 2 种类型：内置和自定义。

内置身份验证方法是 FTP 服务器的组成部分，可以启用或禁用这些身份验证方法，但无法从 FTP 服务器中删除。自定义身份验证方法通过可安装的组件得以实现，除了启用或禁用外，还可以使用添加或删除这些方法。

可以在服务器级或站点级配置身份验证，操作步骤如下：

步骤 1：打开 IIS 管理器，导航至要管理的节点，在“功能视图”的“FTP”部分双击“FTP 身份验证”按钮打开如图 11－22 所示的界面，其中显示当前的身份验证方法列表，可以查看一些重要的信息，如状态（启用还是禁用）、类型（内置或自定义）。

步骤 2：选中某一身份验证方法，右侧“操作”窗格中给出相应的操作命令，可以启用、禁用或编辑该方法。

步骤 3：单击“自定义提供程序”，弹出如图 11－23 所示对话框，勾选“AspNetAuth”。

步骤 4：单击“确定”，完成自定义身份验证程序。

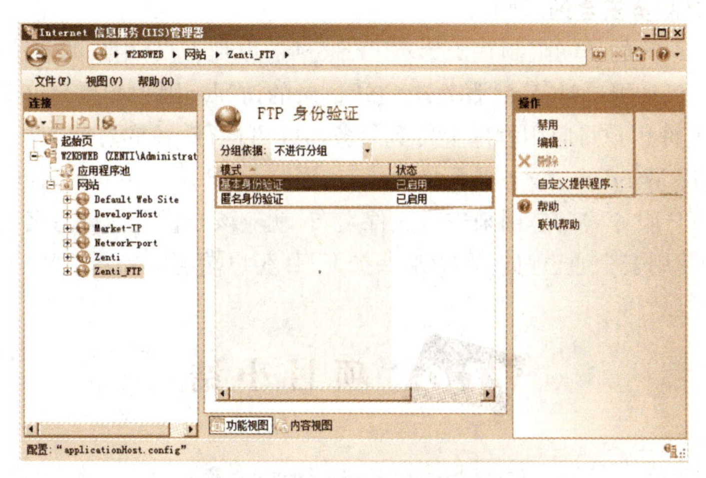

图 11－22　设置 FTP 身份验证

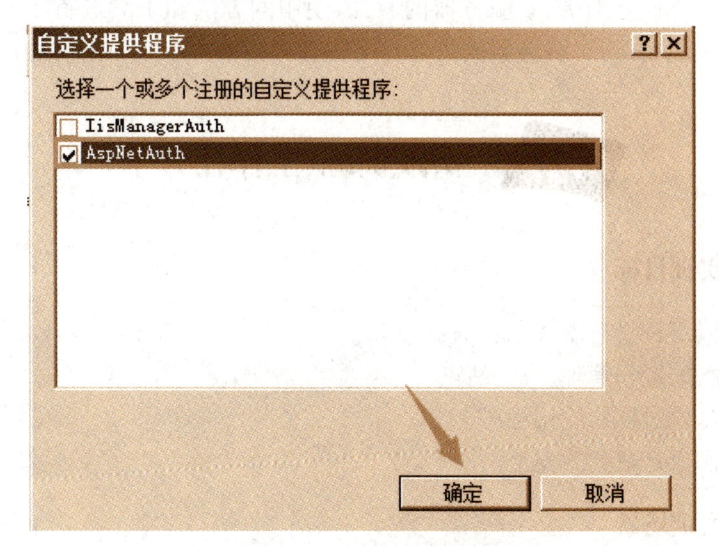

图 11－23　添加自定义身份验证方法

3. 配置 FTP 授权规则

可以在服务器、站点、应用程序、目录级别配置 FTP 授权规则，基于用户或角色来控制对内容的访问权限(读取或写入)，这与 Web 服务器的 URL 授权规则类似。

4. 配置目录或文件的 NTFS 权限

IIS 利用 NTFS 文件系统的安全特性为特定用户设置 FTP 服务器目录和文件的访问权限，确保特定目录或文件不被未经授权的用户访问。NTFS 权限可在资源管理器中设置，也可直接在 IIS 管理器中设置。

5. 配置其他 FTP 安全选项

还可以像 Web 服务器一样为 FTP 服务器配置其他安全选项。可以在服务器、站点、应用程序、目录级配置 FTP 请求筛选功能，定义 3 种类型的筛选器(筛选规则)：文件扩展名、隐藏段、拒绝的 URL 序列。

6. 确保 FTP 服务安全的原则

(1) 最好将 FTP 的访问限制在 1 个 NTFS 分区，以免 FTP 用户的非法入侵。

(2) 不允许 FTP 用户对 Web 服务器 CGI 目录的访问。因为如果允许 FTP 上传文件到这个目录，也就允许用户将应用程序上传到服务器并可运行，必然会带来安全隐患。

(3) 充分利用 Windows 服务器系统的优点，限制 FTP 用户访问的时间。

(4) 如果 FTP 服务器只是用来进行文件发布，就应该设置只允许匿名登录。

(5) 尽可能使用安全通道(如 SSL)来保护 FTP 客户端与服务器之间的通信。

11.6 项目小结

本项目主要介绍了在 Windows Server 中 IIS 平台下搭建 FTP 服务器的技术和方法，主要内容包括：FTP 的基本知识、FTP 服务器的搭建与基本配置方法、FTP 的常用设置、FTP 安全设置等技术，同时还对 FTP 服务器的验证、使用的方法和工具进行了介绍。通过本项目的学习，我们将具备 FTP 服务器的搭建和配置管理技术。

11.7 实践训练(工作任务单)

11.7.1 实训目标

(1) 会安装 FTP 服务器。

(2) 会创建、配置和管理 FTP 站点。

(3) 会配置虚拟目录、应用程序。

(4) 会配置 FTP 站点的安全。

11.7.2 实训场景

如果你是 Sunny 公司的网络管理员，现在需要在 su-ftp 上搭建 1 个 FTP 服务器，以便公司职工能通过账号登录公司的 FTP 站点，实现文件的上传和下载。网络实训环境如图 11－24 所示。

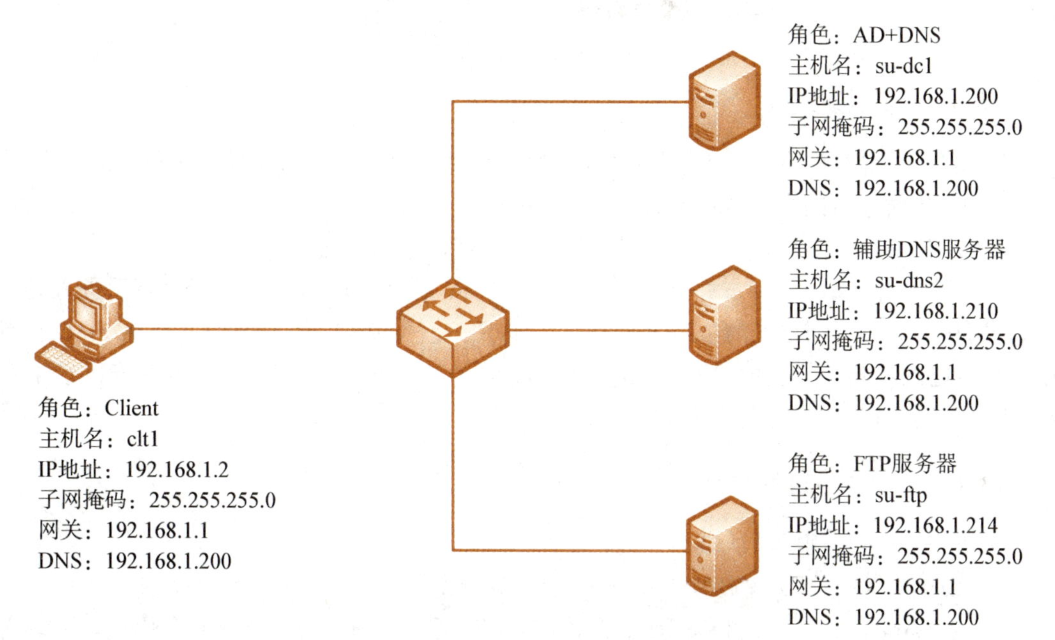

图 11－24　配置与管理 FTP 服务器实训环境

11.7.3　实训任务

任务 1：在 su-ftp 上安装 FTP 服务器

任务 2：在 su-ftp 上创建并配置 FTP 站点

（1）创建公司 FTP 站点。

① 公司的 FTP 站点的域名为 ftp. sunny. com，IP 地址为 192. 168. 1. 212，站点名称为 sunny_ftp，物理路径为：D:\ftproot。

② 设置 FTP 站点的 FTP 用户隔离为："隔离用户"的"用户名目录(禁用全局虚拟目录)"。

③ 允许匿名用户访问 FTP 服务器，目录为 D:\ftproot\localuser\public，匿名用户拥有只读的权限。

（2）为站点 sunny_ftp 添加虚拟目录 downloads，物理路径为 E:\downloads。

（3）在 su-ftp 上创建应用程序池 FtpApp_Pool。

（4）为站点 sunny_ftp 添加应用程序 sunny_FtpApp，物理路径为 D:\ftproot\ftpapp，应用程序池为 FtpApp_Pool。

任务 3：配置 FTP 站点的安全

（1）设置站点 sunny_ftp 只允许网段在 192. 168. 1. 0/24 中的客户机访问。

（2）禁止上传 exe 文件。

（3）设置 FTP 最大客户端连接数为 100，设置无任何操作的超时时间为 5 分钟，设置数据连接的超时时间为 1 分钟。

11.8 课后习题

11.8.1 填空题

1. FTP 身份验证有________FTP 身份验证和________FTP 身份验证 2 种方式。

2. FTP 服务器提供匿名登录时，一般采用的用户名是________。

3. FTP 用户隔离模式有 2 种，分别是________和________。

4. FTP 不隔离用户有________和________2 种。前者，所有用户登录 FTP 后进入同一个目录，而不会切换到自己的主目录；后者，FTP 用户登录后，以用户名的方式在 FTP 站点中查找自己的主目录，而匿名用户则进入根目录下名为________的目录，如果该目录不存在，则进入到 FTP 站点的主目录。

11.8.2 单项选择题

1. FTP 服务使用的默认端口号为(　　)。

A. 21　　B. 23　　C. 80　　D. 443

2. 在 Windows Server 2008 R2 IIS 中配置 FTP 服务器时，为了能让匿名用户能登录访问 FTP 服务器，除配置匿名用户账户以外还需要在创建用户目录的同一目录中创建名为(　　)的目录。

A. user　　B. public　　C. anonymous　　D. everyone

3. 以下(　　)不能用作 FTP 客户端。

A. FileZilla　　B. IE 浏览器　　C. CuteFTP　　D. FoxMail

4. 以下(　　)不是 FTP 服务器软件。

A. FileZilla Server　　B. Serv-U　　C. IIS　　D. SMTP

5. 在 Windows 操作系统中，FTP 客户端可以使用(　　)命令显示客户端当前目录中的文件。

A. dir　　B. list　　C. !dir　　D. !list

6. 某公司要为每个员工在服务器上分配 1 个不同的 FTP 访问目录，并且每个用户只能访问自己目录中的内容，公司网络管理员小李已经为每个员工创建了 1 个用户账户，还需要操作(　　)。

A. 在主目录下为每个用户创建 1 个与用户名相同的子目录

B. 在主目录的 Local User 子目录中为每个用户创建 1 个子目录，并且设置为用户可访问

C. 在主目录的 Local User 子目录中为每个用户创建 1 个与用户名相同的子目录

D. 在主目录下为每个用户创建 1 个与用户名相同的虚拟目录

7. 小李在 1 台系统为 Windows Server 2008 R2 的服务器上利用 IIS 配置了 FTP 服务，在服务器上创建了 1 个用户账户并在 D:\localuser 下创建了与用户名相同的文件夹作为主目录，又在文件夹中放置了一些文件。在测试时他发现：能够执行文件的提示操作，但当他

执行新建文件夹时出现:“550 新文件夹:Access is denied”的提示信息,请问产生的原因可能是(　　)。

A. 他的工作机的 IP 地址被拒绝

B. 该 FTP 站点没有提供写入文件的服务

C. 该 FTP 站点没有提供读取文件的服务

D. 该 FTP 站点不允许该用户账户登录

8. 作为公司的网络管理员,如果你在 1 台安装了 Windows Server 2008 R2 操作系统的计算机上创建了 1 个 FTP 站点,该站点的主目录位于 1 个 NTFS 分区上,设置该站点允许用户下载,并可以匿名访问,可是用户报告说他们不能下载服务器上的文件。通过检查发现这是由于没有设置用户对 FTP 站点主目录 NTFS 权限造成的,为了让用户能够下载这些文件并最大限度地实现安全,你应该将 FTP 站点主目录的 NTFS 权限设置为(　　)。

A. Everyone 组有完全控制的权限

B. 用户账号 IUSR_Computername 具有读取的权限

C. 用户账号 IUER_Computername 具有完全控制的权限

D. 用户账号 IUER_Computername 具有读取和写入的权限

9. 某公司的网络管理员在 Windows Server 2008 R2 的服务器上采用基于“用户名目录(禁用全局虚拟目录)”的方式搭建了 FTP 站点,为了保证匿名用户能够访问该站点,需要在 FtpRoot\LocalUser 下创建 1 个(　　)目录。

A. Anonymous　　B. Guest　　C. Public　　D. UserName

10. 某公司有 1 台 Windows Server 2008 R2 的服务器,计算机名是 FTPsrv。在该服务器上利用 IIS 搭建了 FTP 站点,并启用匿名访问,那么对匿名访问会使用(　　)windows 账户。

A. anonymous　　B. IUSR_FTPsrv　　C. Administrator　　D. guest

11.8.3　简答题

1. 简述 FTP 服务器的工作过程。
2. 简述创建 FTP 站点的步骤。
3. 简述创建隔离用户中“用户名目录(禁用全局虚拟目录)”FTP 服务器的步骤。

远程桌面服务器的部署和管理

12.1 项目导入

现在是网络非常普及的社会，各行各业都通过网络开发业务。远程管理、远程办公更是公司管理过程必不可少的发展需求。以科技开发为主的公司经常会发生服务器运行故障、管理人员出差休假等情况，因此公司网络部在前期规划中充分考虑了远程管理的需求，计划在后期规划中部署远程桌面服务。

12.2 项目分析

远程桌面可以让管理者通过网络，轻松实现管理功能，且如同在本地计算机上使用一样。公司网络部对此提出了详细要求：因为部门随时要处理突发网络事故的工作特殊性，要求部门所有员工都能随时随地了解网络运行状态，处理网络故障。本次任务由网络部主管张小军完成。经过调研，张小军制订了如下实施计划：

(1) 开启公司服务器的远程桌面访问功能，并设置相应权限。

(2) 部署并分发 RemoteApp 程序。

(3) 部署远程桌面 Web 访问。

(4) 远程桌面授权与管理。

12.3 预备知识

终端服务为所谓“瘦客户机”的远程访问和使用服务器提供服务，其核心在服务器端，主要在网络环境下将应用程序集中部署在服务器端，让每个客户端登录服务器访问自己权限范围内的应用程序和文件，就是构建多用户系统。

12.3.1 终端工作原理

早期的终端是 UNIX 字符终端，现在使用的 Windows 终端具有更为友好的图形界面，操作更为便捷。如图 12 - 1 所示，终端服务采用客户/服务器模式，终端服务器运行应用程序。终端服务仅将程序的用户界面传输到客户端，客户端计算机作为终端模拟器返回键盘和鼠标动作，客户端的动作由终端服务器接收并加以处理。

多个客户端可同时登录到终端服务器上，互不影响地开展工作。客户端不需要具有计算能力，只需要提供一定的缓存能力。

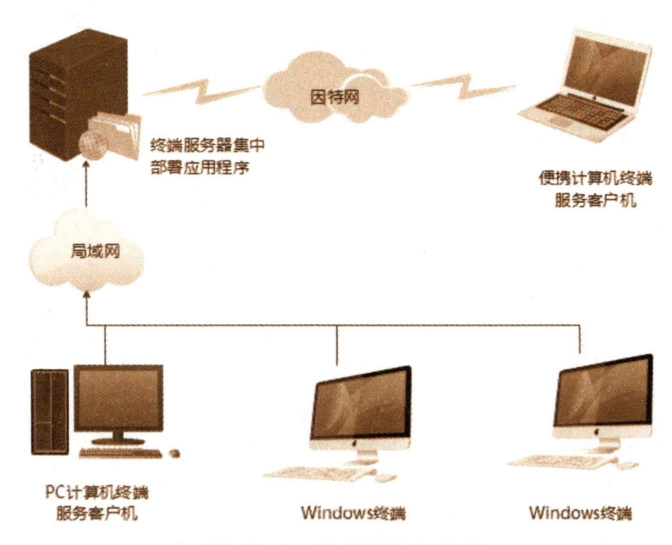

图 12-1　终端服务示意图

目前最流行的是能够部署和运行 Windows 应用程序的 Windows 终端，英文全称 Windows Based Terminal，简称 WBT。Windows 终端服务有 2 种主流的解决方案：由 Windows 服务器操作系统集成的终端服务和由 Citrix 公司提供的第三方解决方案 MetaFrame 系统。

客户端通过终端服务可以访问 Windows 图形界面，并在服务器上运行 Win32 和 Win64 应用程序。

这种模型称为瘦客户端计算模型，客户端需要的仅仅是用来加载远程桌面软件和连接到服务器的最少资源。

12.3.2　部署终端服务的好处

现有 2 种类型的客户端：在普通 PC 机上基于软件实现的终端服务客户端和基于 Windows 的专业终端设备。单纯从价格上考虑，Windows 终端与一般 PC 机相比，优势并不明显。

使用终端最大的好处是能够集中管理、降低网络和信息管理费用、提高安全性和可靠性，从而降低总体拥有成本。其主要优点如下：

(1) 充分利用已有的硬件设备。

(2) 在终端服务器上集中部署应用程序，提升企业信息系统的可管理性，降低企业的总体拥有成本。

(3) 远程管理和控制。

(4) 终端服务客户端可用于多种不同的桌面平台。

12.3.3 终端服务的应用模式

终端服务本质上是一种基于服务器端的计算，可用于大中型企业、教育培训机构、金融证券机构等行业用户，也可用于 ASP(应用程序服务提供商)、企业 Intranet 系统和电子商务系统。

另外，将终端服务与远程启动技术和无盘网络技术结合起来，可组建无盘终端网络。终端服务有 5 种应用模式，如表 12－1 所示。

表 12－1 终端服务的应用模式

应用模式	说　明	典型应用
基于服务器的集中计算	在服务器端部署应用程序，集中进行应用程序的管理、配置、升级以及其他技术支持，提高数据的安全性，减少网络流量，降低总体拥有成本	分支机构对企业服务器的访问
远程应用	在服务器上部署应用程序，让远程用户通过各种网络连接访问中心服务器，用户端可免装各种应用软件，通过宽带或窄带网络连接方式进行工作，达到与局域网中工作一样的效果	远程用户或移动用户访问总部服务器，运行各种业务
跨平台应用	充分利用现有的业务系统和资源(不同类型的客户端、操作系统、网络连接)访问最新的 Windows 应用程序，最大限度地发挥现有软硬件的效益，在异构网络中部署跨平台应用	在不调整现有软硬件平台的情况下，部署和升级新的 Windows 应用程序
瘦客户设备应用	将最新的 Windows 应用程序直接提供瘦客户设备，而不用针对各种瘦客户设备对应用程序进行二次开发	让许多新型设备，如 WBT、PDA 直接访问现有的 Windows 应用程序
基于 Web 的应用程序发布	使用 Web 发布功能，用户可以在网页中配置和访问完整的 Windows 应用软件	在 Intranet 或 Internet 上发布现有的交互式 Windows 应用程序

12.3.4 Windows Server 2008 R2 的远程桌面服务

Windows Server 2008 对终端服务进行了改进和创新，将其作为 1 个服务器角色，增加了终端服务远程应用程序(RemoteApp 程序)、终端服务网关和终端服务 Web 访问等组件，便于通过 Web 浏览器更快捷地访问远程程序或 Windows 桌面本身，同时支持远程终端访问和跨防火墙应用。

Windows Server 2008 R2 进一步改进终端服务，并将其改称为远程桌面服务。它提供的技术让用户能够从企业内部网络和 Internet 访问在远程桌面会话主机服务器(相当于终端服务器)上安装的 Windows 程序或完整的 Windows 桌面。

1. 远程桌面服务的角色服务

在 Windows Server 2008 R2 中，已重命名所有远程桌面服务角色服务，并新增了远程桌面虚拟化主机。远程桌面服务角色由下列角色服务组成：

(1) 远程桌面会话主机(RD 会话主机)。

(2) 远程桌面 Web 访问(RD Web 访问)。

(3) 远程桌面授权(RD 授权)。

(4) 远程桌面网关(RD 网关)。

(5) 远程桌面连接代理(RD 连接 Broker)。

(6) 远程桌面虚拟化主机(RD 虚拟化主机)。

2. RemoteApp 程序

与传统的终端服务一样,Windows Server 2008 R2 的远程桌面服务支持高保真桌面。除了传统的基于会话的桌面,新增基于虚拟机的桌面。客户端可以访问远程桌面会话主机所提供的桌面连接来访问整个远程桌面。

远程桌面服务主要用于在服务器上(而不是在每台设备上)部署程序,这可以带来以下好处:

(1) 应用程序部署。

(2) 应用程序合并。

(3) 远程访问。

(4) 分支机构访问。

基于 Windows Server 2008 R2 的 RemoteApp 程序的部署如图 12-2 所示,该图也示意了远程桌面服务的基本运行机制。

RemoteApp 程序可以通过远程桌面 Web 访问在网站上分发(提供指向 RemoteApp 程序的链接);也可以将 RemoteApp 程序作为.rdp 文件或 Windows Installer 程序包通过文件共享或其他分发机制分发给用户。通过部署远程桌面网关,支持客户端从 Internet 访问 RemoteApp 程序。

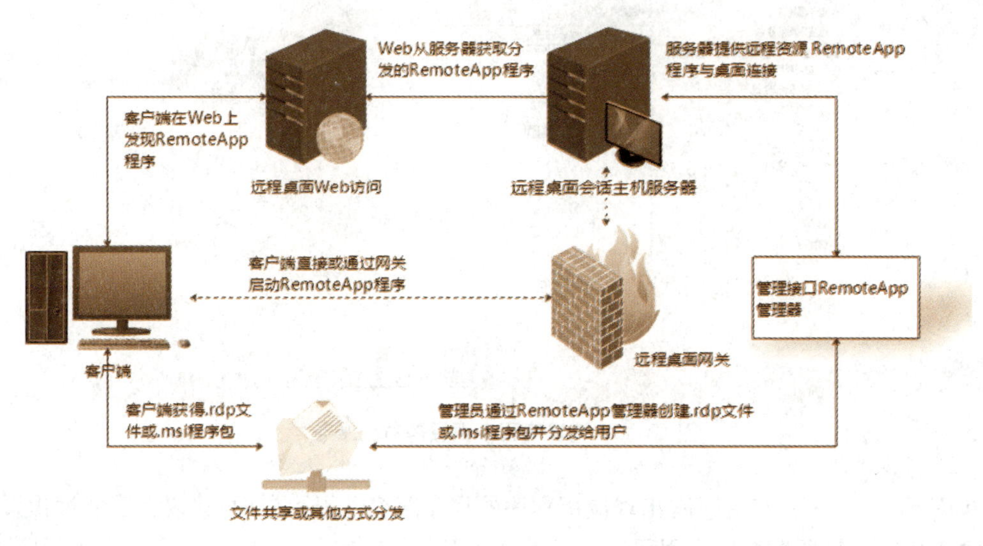

图 12-2 RemoteApp 程序的部署

12.4 项目实施

远程桌面服务是 Windows Server 2008 R2 中的 1 个角色，主要用于企业环境中有效地部署和维护软件。

下面示范远程桌面服务的部署与管理，实验环境中有 1 台 Windows Server 2008 R2 服务器用作域控制器，1 台 Windows Server 2008 R2 服务器(作为域成员)安装远程桌面服务，1 台 Windows 7 计算机作为客户端。

12.4.1 任务 1 安装远程桌面服务

默认情况下 Windows Server 2008 R2 没有安装远程桌面服务，可以通过服务器管理器来安装远程桌面服务这个角色。

步骤 1：以域管理员身份登录服务器，打开服务器管理器，在主窗口“角色摘要”区域(或者在“角色”窗格)中单击“添加角色”按钮，启动添加角色向导。

步骤 2：单击“下一步”按钮出现“选择服务器角色”界面，选择要安装的角色“远程桌面服务”。

步骤 3：单击“下一步”按钮，显示该角色的基本信息。

步骤 4：单击“下一步”按钮，出现如图 12-3 所示的界面，从中选择要安装的角色服务。

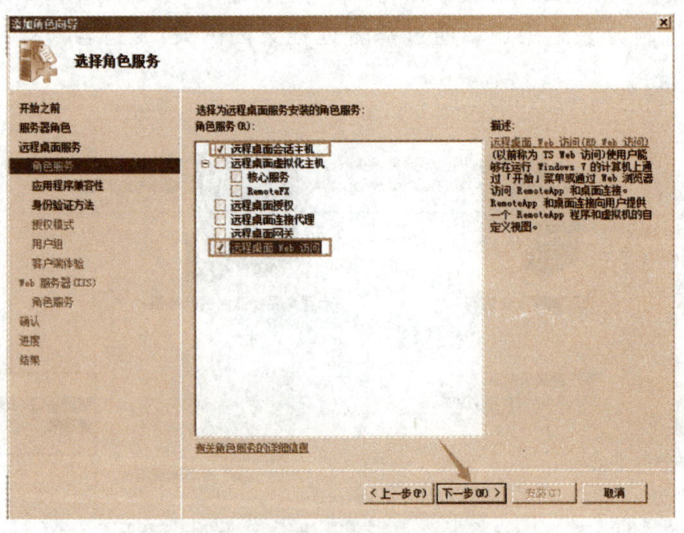

图 12-3 选择远程桌面服务角色服务

步骤 5：单击“下一步”按钮，出现应用程序的程序兼容性提示界面，建议在安装远程桌面会话主机之后安装要发布的应用程序。对于已经安装的应用程序，如果出现兼容性问题，需要卸载之后再安装。

步骤 6：单击“下一步”按钮，出现如图 12-4 所示的界面，指定远程桌面会话主机的身份验证方法。这里选择“不需要使用网络级别身份验证”。

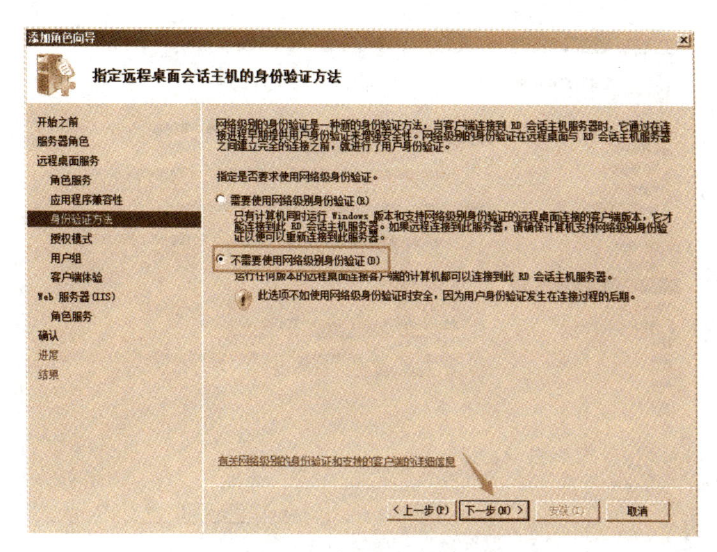

图 12-4　选择身份验证方法

步骤 7:单击“下一步”按钮,出现“指定授权模式”界面,这里选择“以后配置”,允许免费使用 120 天。

步骤 8:单击“下一步”按钮,出现如图 12-5 所示的界面,从中添加允许访问远程桌面服务的用户或用户组,也就是将要访问的用户组加入本地的 Remote Desktop Users 组中。

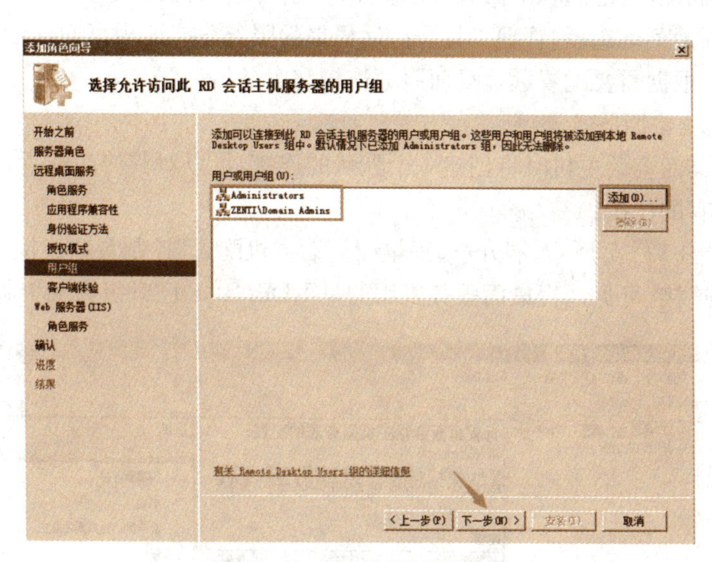

图 12-5　添加远程桌面用户

步骤 9:单击“下一步”按钮,出现如图 12-6 所示的界面,从中配置客户端体验。这里只选择“桌面元素”。

步骤 10:单击“下一步”按钮,如果涉及 Web 服务器及其角色服务的安装(主要用于远程桌面 Web 访问的配套),将出现相应的界面,一般保持默认设置。

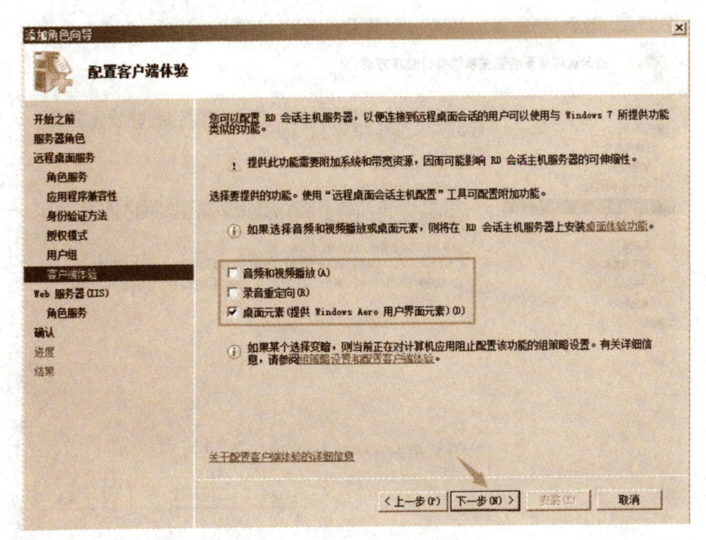

图 12 - 6 配置客户端体验

12.4.2 任务 2 配置远程桌面会话主机

远程桌面服务是由远程桌面会话主机服务器(终端服务器)提供的,其配置对于远程桌面服务具有全局性,决定远程桌面服务的基本环境。配置方法如下:

步骤:从开始菜单选择“管理工具”→“远程桌面服务”→“远程桌面会话主机配置”,打开相应的控制台,根据需要配置远程桌面服务连接和服务器设置。

1. 配置远程桌面服务连接

安装远程桌面会话主机时将创建 1 个默认的连接,可以对其修改配置,也可以创建新的连接或删除已有的连接。

步骤 1:如图 12 - 7 所示,展开“远程桌面会话主机配置”控制台,“连接”列表显示当前的远程桌面服务连接,可见远程桌面服务采用的是 RDP(RDP 已升级为 7.1 版本)。

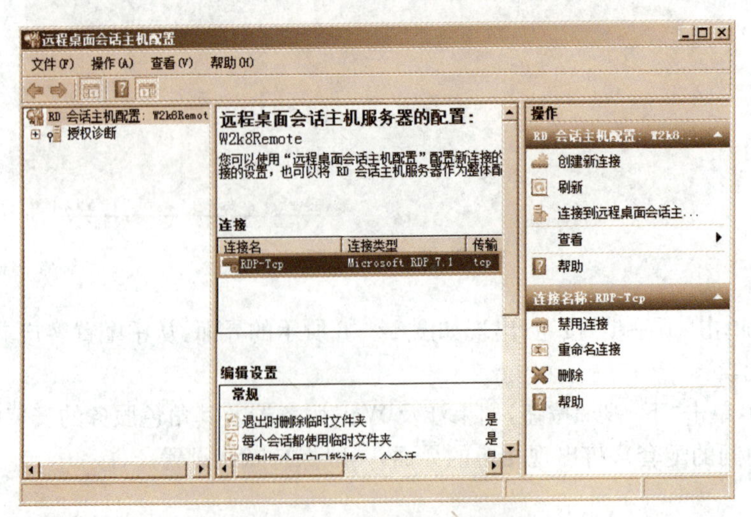

图 12 - 7 远程桌面会话主机

步骤 2：选择其中要配置的连接，右侧“操作”窗格中显示相应的操作，如重命名连接、禁用连接或删除。右键单击该连接项，选择“属性”命令打开如图 12－8 所示的对话框，从中可以设置多种选项。

（1）安全设置。在“常规”选项卡上配置服务器身份验证和加密级别，以及网络级别身份验证。

步骤 1：切换到“登录设置”选项卡，如图 12－9 所示，设置用户登录选项。一般应选择默认选项，让客户端提供登录信息。如果选中“始终使用以下登录信息”单选钮，设置让所有用户以同一账户登录，这样不方便跟踪用户。

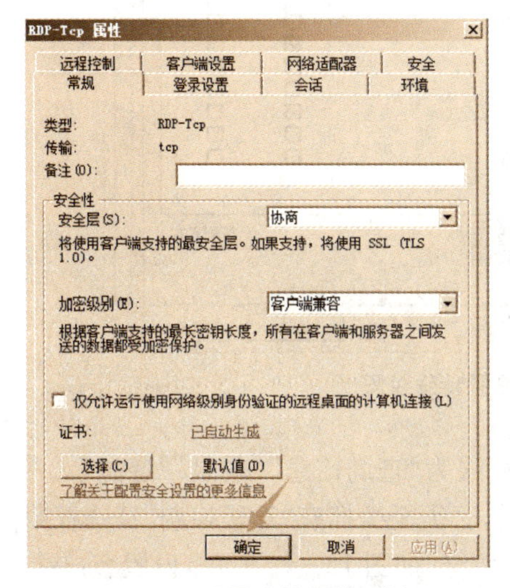

图 12－8　设置连接属性(常规)

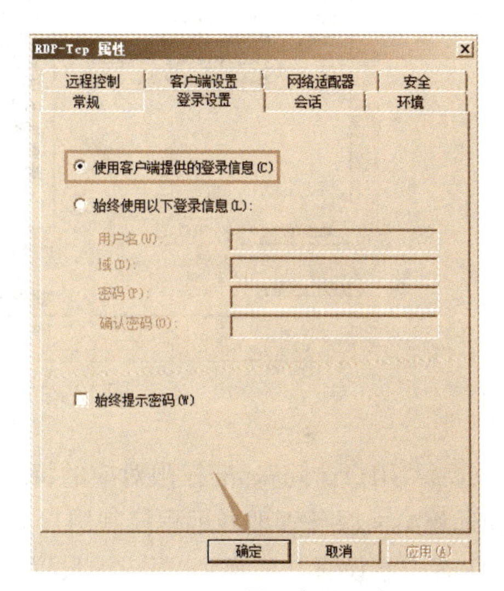

图 12－9　设置用户登录选项

步骤 2：切换到“安全”选项卡，如图 12－10 所示，为用户或组设置远程桌面服务访问权限，重点是配置 Remote Desktop Users 组的权限。标准权限有 3 种，分别是“完全控制”“用户访问”和“来宾访问”。

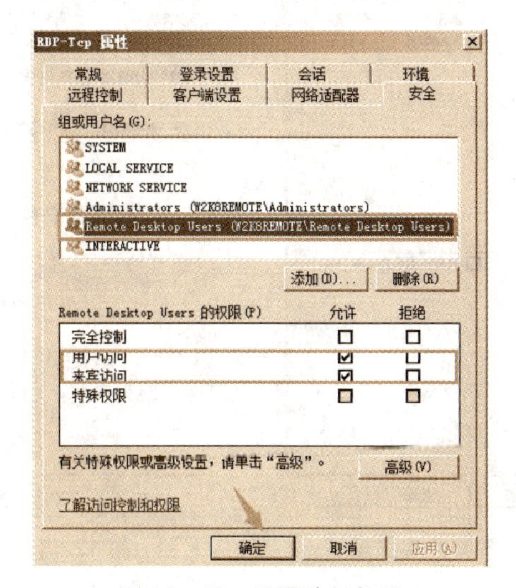

图 12－10　设置访问权限

可以设置特殊权限更为精确地控制用户访问，操作方法如下：

步骤1：单击“高级”按钮弹出相应对话框，选择要配置的用户或组，编辑其特殊权限，如图12-11所示。

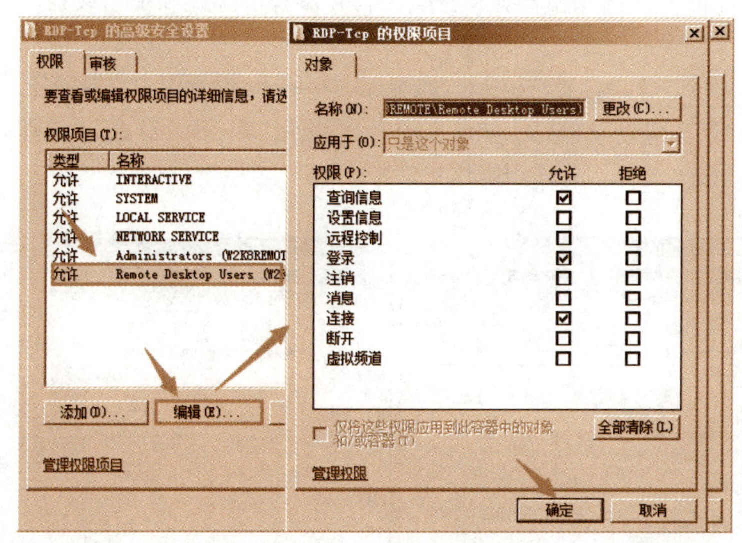

图12-11 设置特殊权限

步骤2：“用户访问”标准权限对应的特殊权限为“查询信息”“登录”“连接”。例如，用户要使用远程桌面服务管理器远程控制用户会话，必须至少拥有“远程控制”特殊权限。

(2) 客户端设置。切换到“客户端设置”选项卡，如图12-12所示，设置客户端的基本设置，包括登录时要连接的设备、所允许的最大颜色深度以及需要禁用的客户端映射资源。

(3) 会话设置。切换到“会话”选项卡，配置远程桌面服务会话的超时设置和重新连接设置。切换到“远程控制”选项卡，如图12-13所示，从中设置是否允许远程控制。

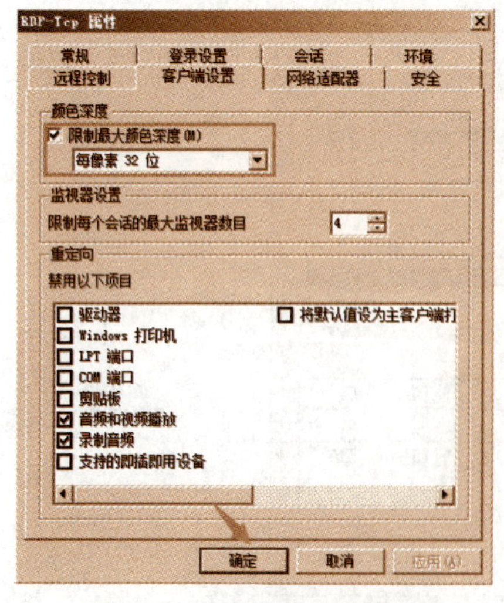

图12-12 设置客户端选项

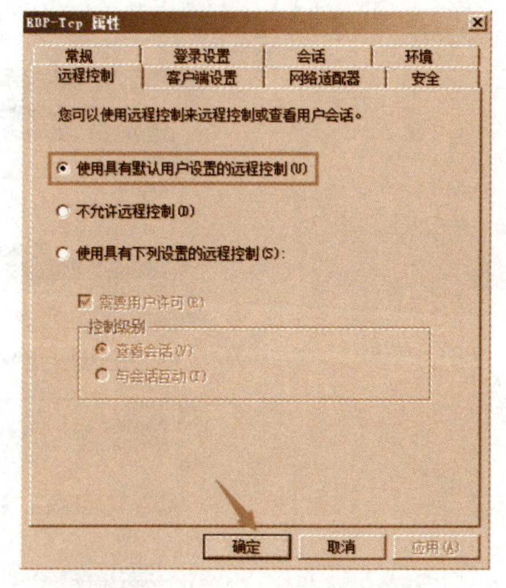

图12-13 远程控制设置

2. 配置服务器设置

可以对远程桌面会话主机服务器进行配置。参见图 12 - 7,“编辑设置”区域显示当前的服务器设置,需要查看和修改具体设置项,步骤如下:

步骤:双击名称“RDP-Tcp”,打开相应的属性设置对话框进行设置即可,如图 12 - 14 所示。例如,需要限制每个用户只能进行一个会话,选中复选框该项即可。

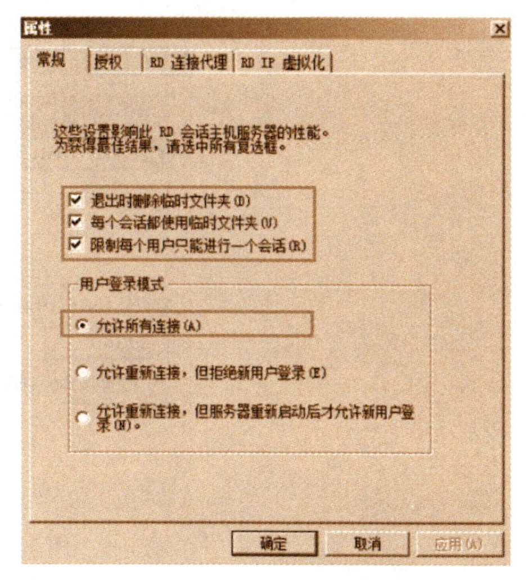

图 12 - 14　服务器设置

12.4.3　任务 3　部署远程桌面连接

远程桌面是 Microsoft 为方便网络管理员管理维护服务器而推出的一项服务,管理员使用远程桌面连接程序连接到网络中开启了远程桌面功能的计算机上,可以像在本地直接操作该计算机一样执行各种操作任务。在 Windows 早期版本中将这种服务称为终端服务的远程管理模式,当前版本则称为用于管理的远程桌面。

管理员从客户端配置并运行远程桌面连接程序(与访问终端服务相同),远程登录到服务器上,像在该服务器本机上一样对其执行各种管理操作。如果计算机上未安装“远程桌面会话主机”角色服务,服务器最多只允许同时建立 2 个远程连接。

1. 服务器端的远程桌面配置

默认情况下,在安装了“远程桌面会话主机”角色服务后,将启用远程连接,即可为客户端提供远程桌面连接服务。

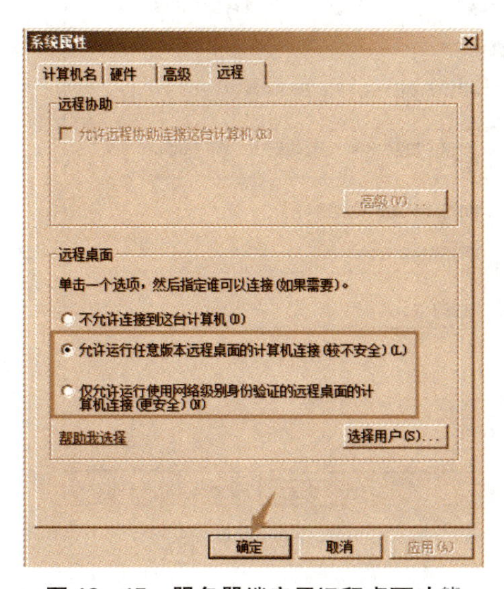

图 12 - 15　服务器端启用远程桌面功能

可以执行以下步骤来验证或更改远程连接设置:

步骤 1:通过控制面板打开“系统”窗口(或者右键单击“计算机”并选择“属性”命令),单击“远程设置”打开系统属性对话框。

步骤 2:如图 12 - 15 所示,根据需要选中“允许运行任意版本远程桌面的计算机连接”或“仅允许运行使用网络级别身份验证的远程桌面的计算机连接”项。后者更安全,但仅支持 Windows Vista 和 Windows Server 2008 以及更高版本的客户端。

步骤 3:根据需要管理具有远程连接权限的用户。单击“选择用户”按钮打开如图 12 - 16 所示的对话框添加或删除远程桌面用户,Administrator 组成员总是能够远程连接到该服务器。

还可以根据需要进一步进行远程会话主机配置来控制远程桌面连接,这需要在远程桌面会话主机服务器上打开“远程桌面会话主机配置”控制台并打开相应连接的属性设置对话框进行配置。

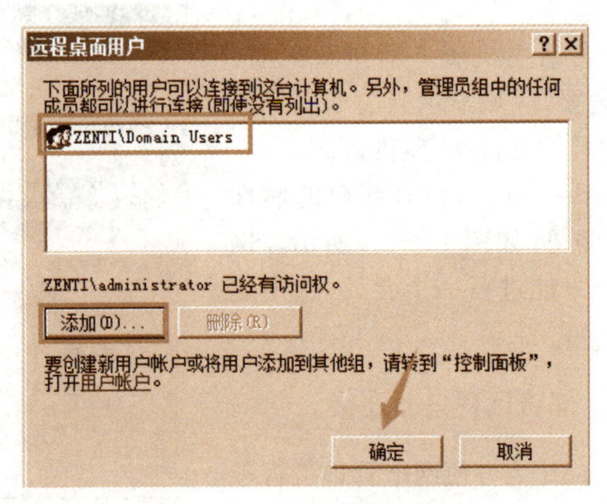

图 12-16 管理远程桌面用户

(1) 配置连接允许的同时远程连接数。限制同时远程连接数可以提高计算机的性能，因为减少了需要系统资源的会话。

步骤：如图 12-17 所示，切换到“网络适配器”选项卡，默认不限制连接数，要更改就需要选中“最大连接数”单选按钮，输入希望连接允许的远程同时连接数。

(2) 指定在用户登录时自动启动某个程序。默认情况下远程桌面服务会话将访问完整的 Windows 桌面，除非指定在用户登录到远程会话时启动某个程序。

步骤：如图 12-18 所示，切换到“环境”选项卡，从中配置所需的初始启动程序设置。

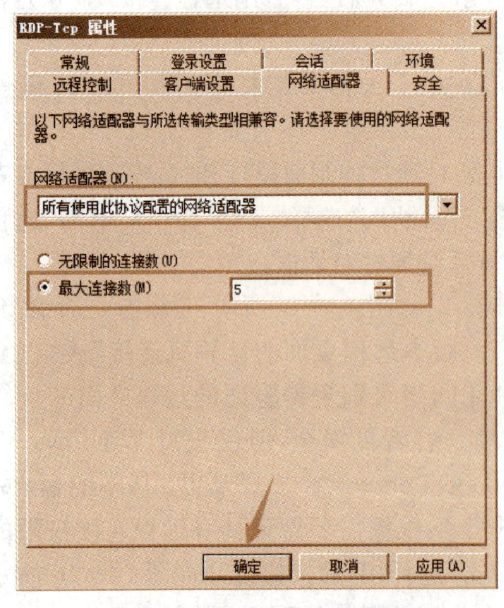

图 12-17 设置远程连接数

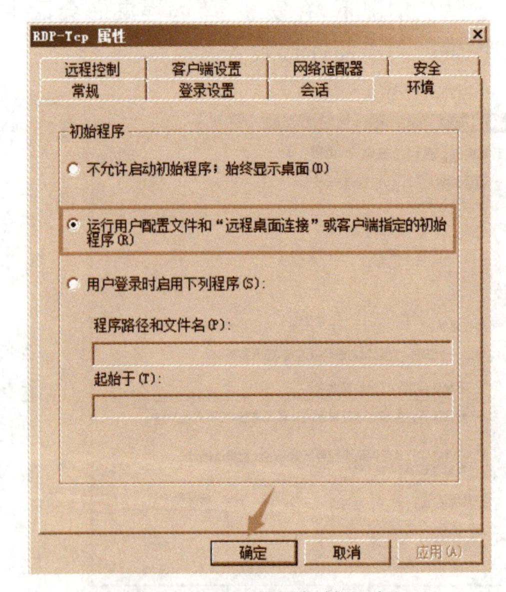

图 12-18 配置初始程序

2. 客户端使用远程桌面连接

客户端使用远程桌面连接软件连接到远程桌面服务器。以 Windows 7 计算机为例，从程序菜单中选择“附件”→“远程桌面连接”命令打开如图 12-19 所示的对话框。要正常使

图 12－19　启动远程桌面连接

用，还需要对远程连接进一步配置。

步骤 1：单击“选项”按钮出现相应的界面，如图 12－20 所示，在“常规”选项卡中设置登录设置，包括要连接的终端服务器、登录终端服务器的用户账户及其密码。可以将设置好选项的连接保存为连接文件，供以后调用。

步骤 2：切换到“显示”选项卡，从中设置桌面的大小和颜色。

步骤 3：切换到“本地资源”选项卡，如图 12－21 所示，从“远程音频”列表中选择声音文件的处理方式；从“键盘”列表中选择连接到远程计算机时 Windows 快捷键组合的应用；在“本地设备和资源”区域设置是否允许终端服务器访问本地计算机上的打印机等。

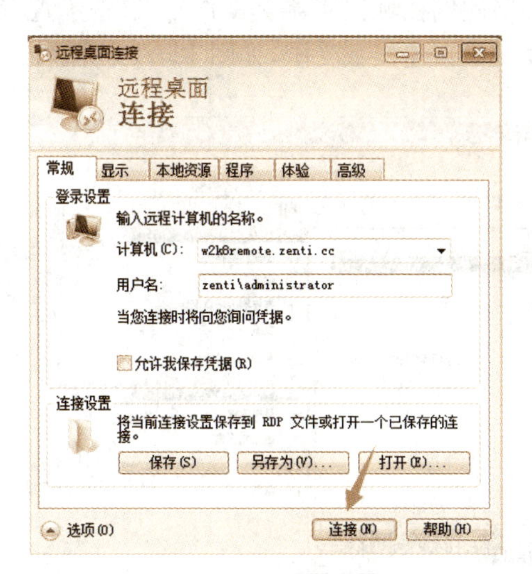

图 12－20　登录设置　　图 12－21　设置本地资源选项

步骤 4：根据需要切换到其他选项卡，可以设置有关远程桌面连接的其他选项。

步骤 5：设置完毕，单击“连接”按钮，出现远程桌面登录界面，输入登录账户名称和密码。

登录成功之后的操作界面如图 12－22 所示，客户端可像本地用户一样在计算机上进行操作。用户如果要退出，可通过顶部的会话控制条选择断开。

3. 用于管理的远程桌面配置

用于管理的远程桌面相当于授权远程用户管理 Windows 服务器，它由远程桌面服务(终端服务)启用，采用的是远程桌面协议。如果只是需要远程管理 Windows Server 2008 R2

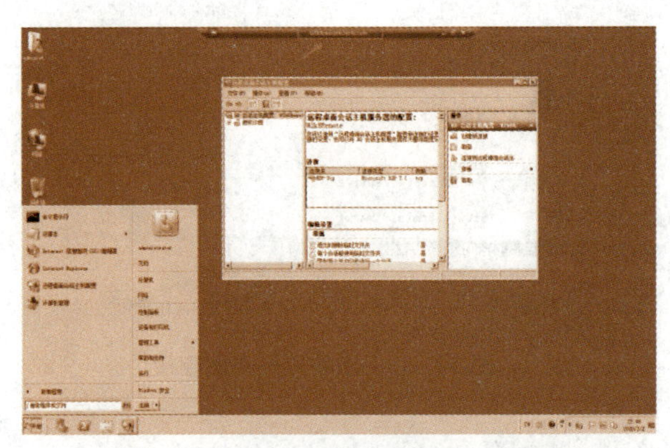

图 12-22　登录远程桌面主机会话服务器

服务器，则没有必要安装“远程桌面会话主机”角色服务。

安装 Windows Server 2008 R2 系统时，会自动安装用于管理的远程桌面，在未安装“远程桌面会话主机”角色服务的情况下默认禁用该功能。可以通过控制面板打开“系统”窗口，再单击“远程设置”打开系统属性对话框进行配置，具体步骤参考前述更改远程连接设置。

在未安装“远程桌面会话主机”角色服务的情况下，Windows Server 2008 R2 服务器也提供“远程桌面会话主机配置”控制台对远程桌面连接进行配置管理，如图 12-23 所示，界面将显示“此服务器配置用于管理的远程桌面”(此例在域控制器上操作)。进一步查看远程连接的属性，可以在“网络适配器”选项卡中发现最大连接数受限，如图 12-24 所示。

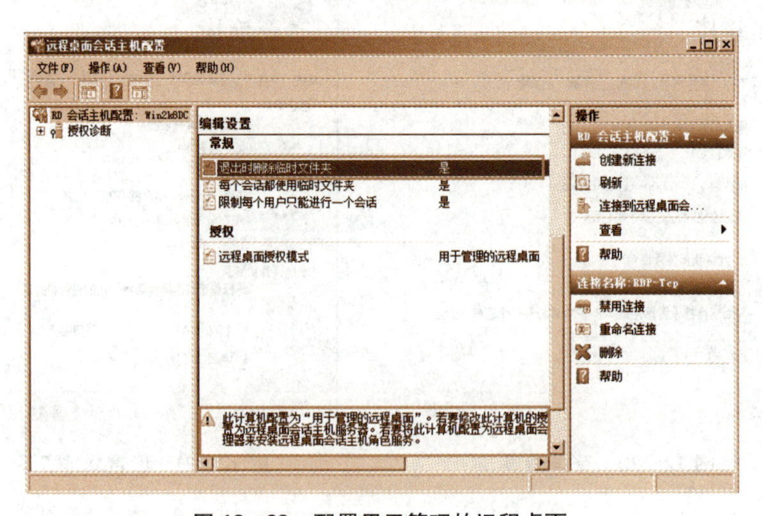

图 12-23　配置用于管理的远程桌面

用于管理的远程桌面受到下列限制：

(1) 默认连接(RDP-Tcp)最多只允许同时 2 个远程连接。

(2) 无法配置远程桌面授权设置。

(3) 无法配置远程桌面连接代理设置。

(4) 无法配置用户登录模式。

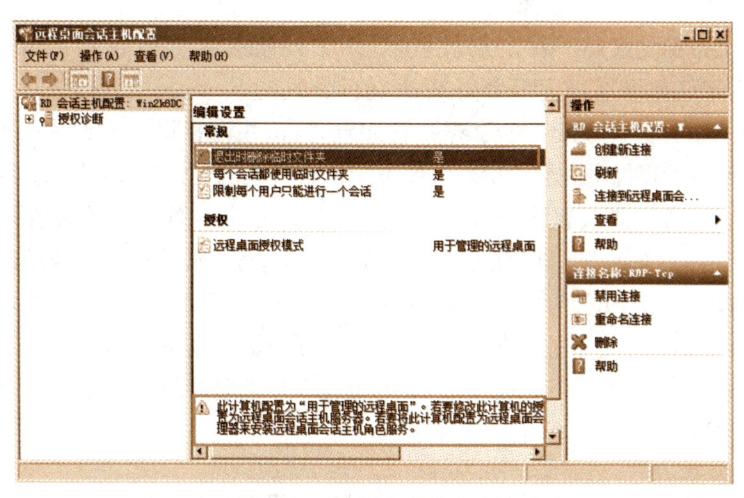

图 12 - 24　最大连接数为 2

12.4.4　任务 4　部署并分发 RemoteApp 程序

部署 RemoteApp 程序是远程桌面服务的重点，主要步骤如下：

步骤 1：配置 RemoteApp 部署设置。

步骤 2：将应用程序设置为 RemoteApp 程序。

步骤 3：向用户分发 RemoteApp 程序。

相关的配置工作主要由 RemoteApp 管理器实施，操作步骤如下：

步骤：从管理工具菜单中选择“远程桌面服务”→“RemoteApp 管理器”命令，打开如图 12 - 25 所示的主界面。

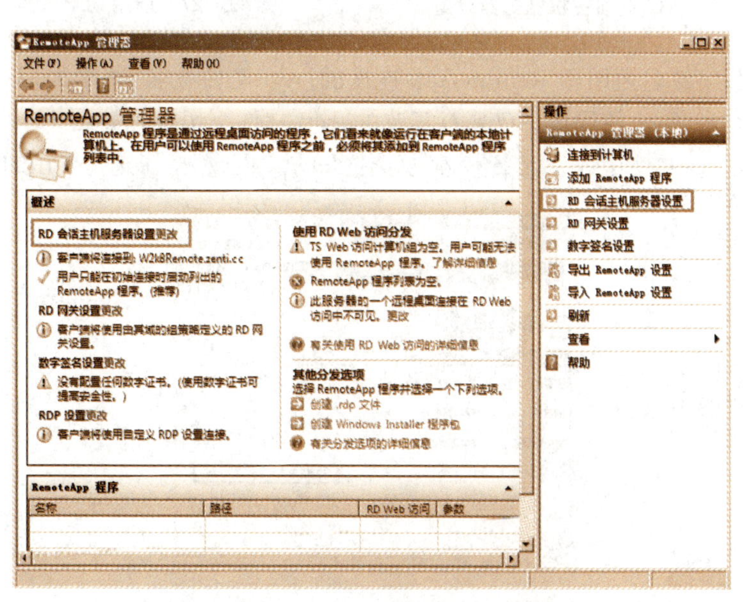

图 12 - 25　RemoteApp 管理器主界面

1. 配置 RemoteApp 部署设置

RemoteApp 部署设置是一种全局设置，适用于该服务器上所有的 RemoteApp 程序。这些设置将应用于任何可通过远程桌面 Web 访问分发的 RemoteApp 程序。

在创建. rdp 文件或 Windows Installer 程序包时，这些设置将作为默认设置使用。

在 RemoteApp 管理器的“操作”窗格中单击“RD 会话主机服务器设置”(或者在“概述”窗格中单击“RD 会话主机服务器设置”旁边的“更改”)，打开如图 12 - 26 所示的对话框，在“RD 会话主机服务器”选项卡的“连接设置”区域设置服务器名称和远程桌面协议端口号(默认为 3389)。

切换到如图 12 - 27 所示的“通用 RDP 设置”选项卡，可以配置 RDP 会话的设备重定向，例如，要发布的 Word 文字处理程序一般需要对打印机和剪贴板进行重定向。还可以设置用户体验，如果选中“连接到远程桌面时使用所有客户端监视器”复选框，服务器上的远程桌面可以在客户端的多个显示器上实现跨越显示。

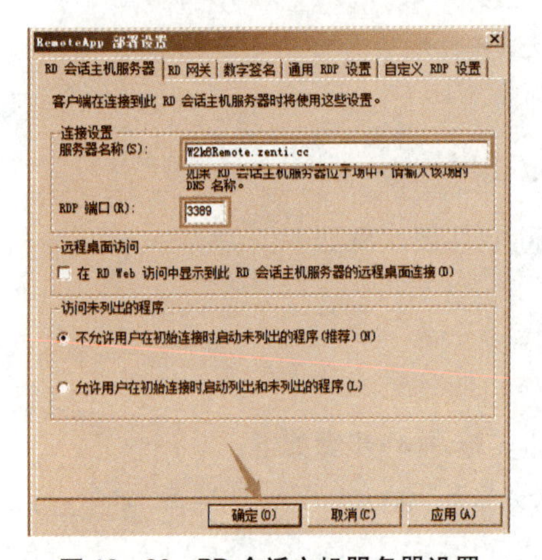

图 12 - 26 RD 会话主机服务器设置

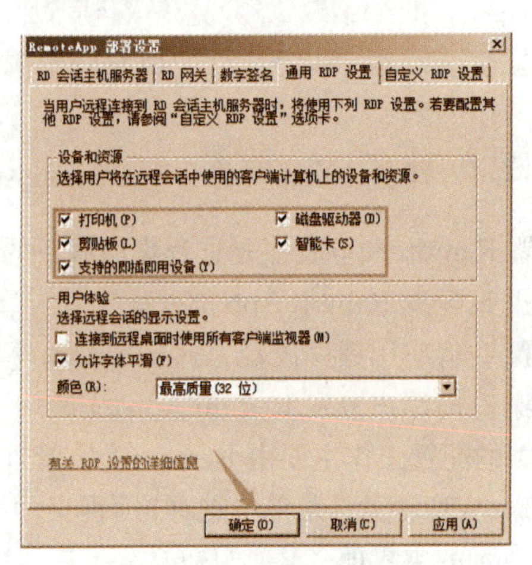

图 12 - 27 通用 RDP 设置

可以使用数字签名为用于 RemoteApp 连接的. rdp 文件签名，便于客户端识别和信任远程资源的发布者，防止使用用户已恶意篡改的. rdp 文件。切换到如图 12 - 28 所示的“数字签名”选项卡，选中“使用数字证书签名”复选框，单击“更改”按钮选择要用的证书。

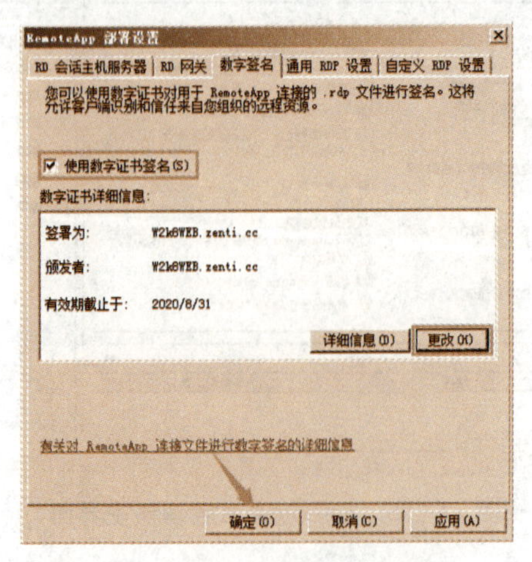

图 12 - 28 签名用证书设置

2. 在远程桌面会话主机服务器上安装应用程序

对于要发布的应用程序，应当在安装了远程桌面会话主机角色服务之后再进行安装。对于之前已经安装的，如果发现兼容性问题，可卸载之后重新安装。

切换到特殊的安装模式有以下 2 种方法：

(1) 使用控制面板中“程序”下的“在桌面会话主机上安装应用程序”工具，运行向导来帮助安装应用程序，完成后自动切换回执行模式。

(2) 在命令提示符执行 Change user/install 命令，然后手动启动应用程序的安装。完成安装之后，再手动执行 Change user/execute 命令切换回执行模式。

遇到以下情形，应考虑将各个程序分别安装在不同的服务器上：

(1) 程序存在兼容性问题，可能会影响其他程序。

(2) 1 个应用程序及若干关联用户可能会耗尽服务器的能力。

3. 添加 RemoteApp 程序

应用程序需要设置为 RemoteApp 程序才能发布，具体方法是将其添加到 RemoteApp 程序列表中。

步骤 1：打开 RemoteApp 管理器，在“操作”窗格中单击“添加 RemoteApp 程序”按钮，启动 RemoteApp 向导。

步骤 2：单击“下一步”按钮，出现如图 12－29 所示的界面，从中选择要发布的应用程序。可以一次性选择多个程序。

步骤 3：如果要配置 RemoteApp 程序的属性，单击“属性”按钮打开如图 12－30 所示的对话框，可以更改该程序的有关选项。

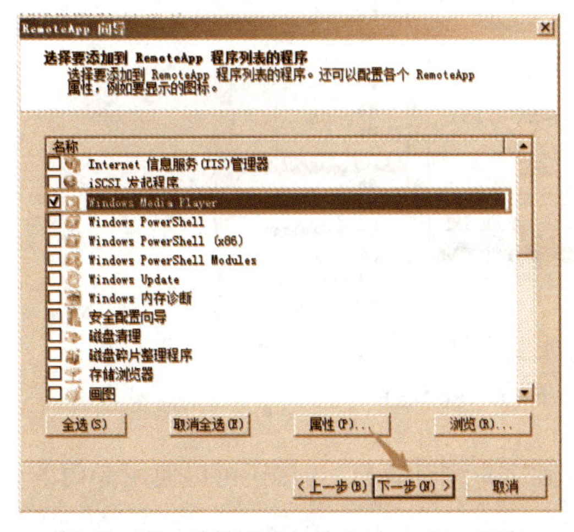

图 12－29 选择要添加的 RemoteApp 程序

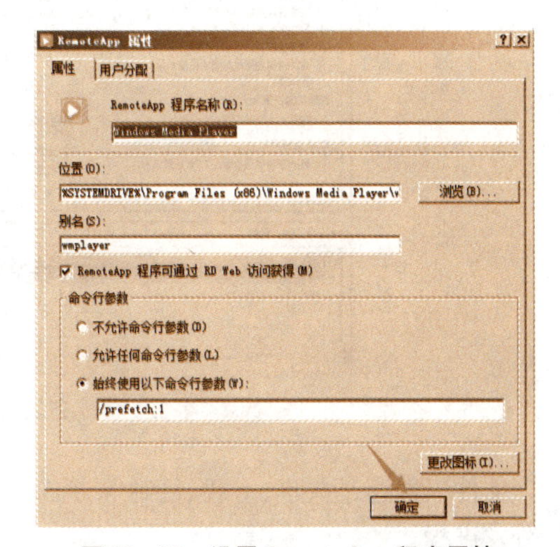

图 12－30 设置 RemoteApp 程序属性

步骤 4：单击“下一步”按钮，出现如图 12－31 所示的对话框，从中检查确认设置后，单击“完成”按钮，所选的程序出现在“RemoteApp 程序”列表中，如图 12－32 所示。选中该程序，右侧“操作”窗格中将出现相应的操作命令。

4. 创建远程桌面协议(.rdp)文件并进行分发

可以创建 1 个远程桌面协议(.rdp)文件，将 RemoteApp 程序分发给用户。

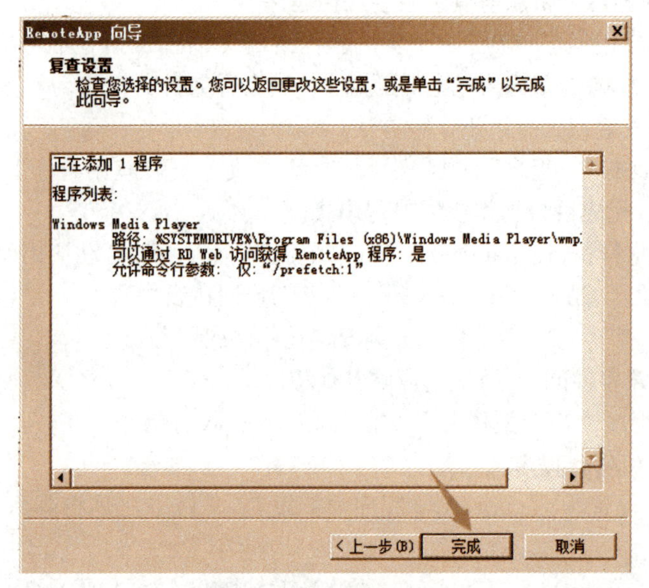

图 12－31 复查设置

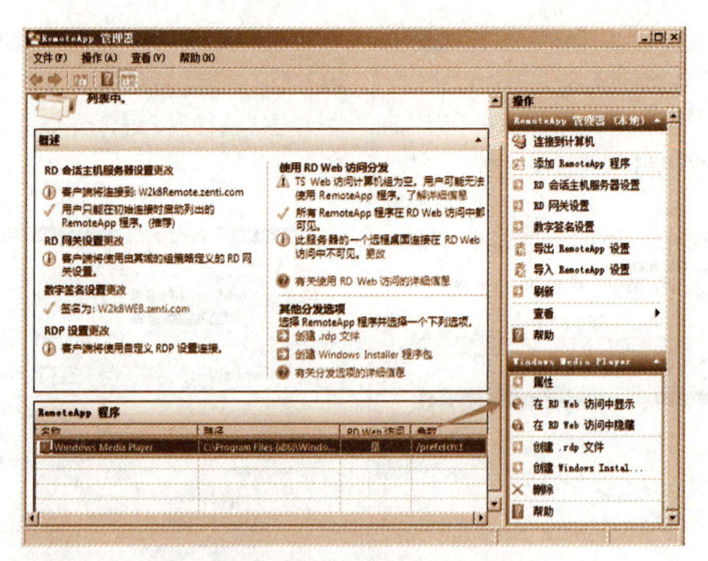

图 12－32 已添加的 RemoteApp 程序

文件一般通过共享、下载、复制等方式分发到客户端计算机，当然还可以使用专门的软件分发进程。

步骤 1：打开 RemoteApp 管理器，从“RemoteApp 程序”列表中选择要分发的 RemoteApp 程序，在“操作”窗格中单击“创建. rdp 文件”按钮启动 RemoteApp 向导。

步骤 2：单击“下一步”按钮出现如图 12－33 所示界面，指定待生成程序包的存放位置。

步骤 3：单击“下一步”按钮出现“复查设置”对话框，检查确认设置后单击“完成”按钮。生成的. rdp 文件将出现在指定的文件夹中，如图 12－34 所示。

步骤 4：将远程桌面协议文件分发给用户。

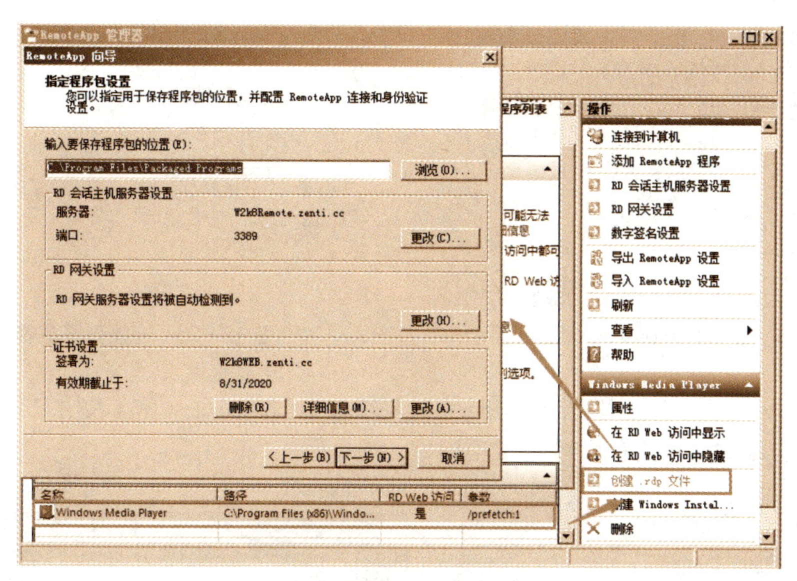

图 12-33 程序包设置

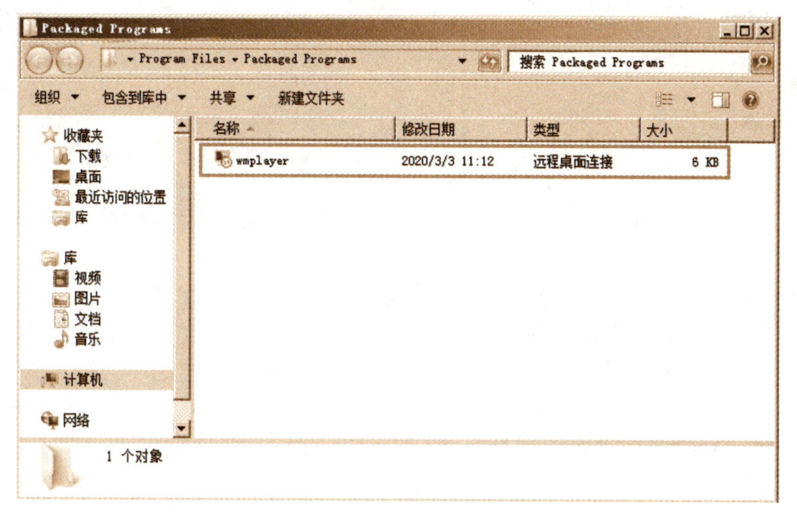

图 12-34 生成的.rdp 文件

5. 客户端通过.rdp 文件访问 RemoteApp 程序

客户端计算机获得该.rdp 文件后即可启动 RemoteApp 程序。

步骤 1:双击.rdp 文件打开相应的对话框，会弹出如图 12-35 所示的对话框，提示目前还未信任 RemoteApp 程序的发布者。如果没有提供签名用的证书，提示信息就会变为无法识别 RemoteApp 程序的发布者。

步骤 2:单击“连接”按钮，出现如图 12-36 所示的界面，开始连接到远程服务器上并运行该应用程序。

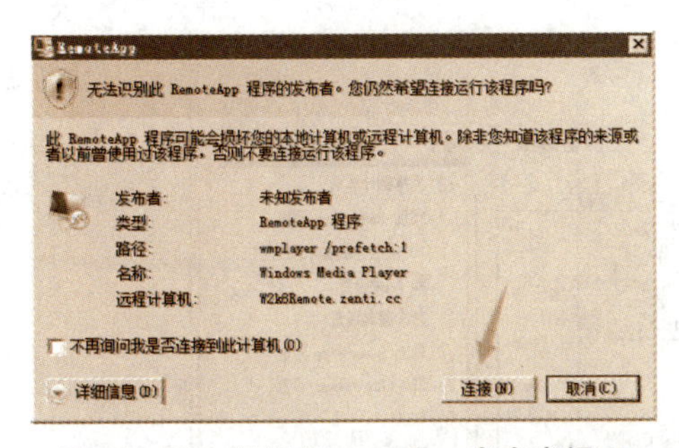

图 12－35 信任 RemoteApp 发布者提示

图 12－36 连接到服务器

步骤 3：弹出如图 12－37 所示的对话框，要求进行身份验证，请输入用户名和密码。验证成功后将自动进入应用程序界面，如图 12－38 所示。

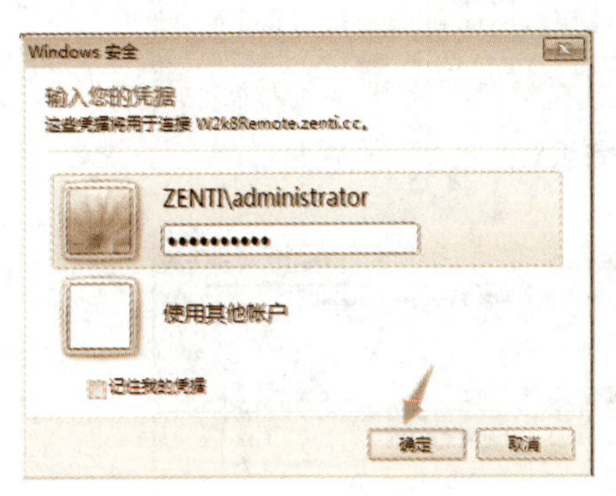

图 12－37 身份验证

图 12－38 运行 RemoteApp 程序

6. 解决 RemoteApp 发布者的信任问题

要解决 RemoteApp 发布者的信任问题，需要通过组策略指定受信任的 RemoteApp 发布者。

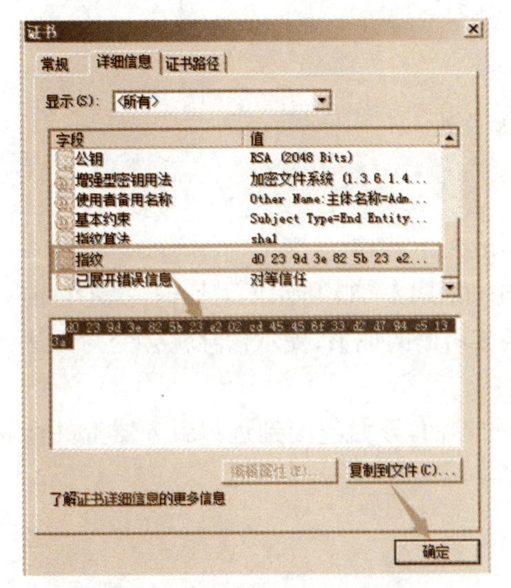

图 12－39 获取证书指纹

步骤 1：获取 RemoteApp 发布者的证书的指纹。找到该证书（本例中为 W2k8Remote. zenti. cc）并打开，如图 12－39 所示，切换到“详细信息”选项卡查看证书的详细信息，单击“指纹”字段，获取指纹信息，不包括前后空格。

步骤 2：以域管理员身份登录到域控制器，打开组策略管理控制台，编辑“Default Domain Policy”（默认域策略），依次展开“计算机配置”→“策略”→“管理模板”→“Windows 组件”→“远程桌面服务”→“远程桌面连接客户端”节点。

步骤 3：双击“指定表示受信任. rdp 发行者的 SHA1 证书指纹”项弹出相应的设置对话框，选中“已启用”单选按钮，并在“选项”下面的文本框中输入上述证书指纹，如图 12－40 所示。单击“确定”

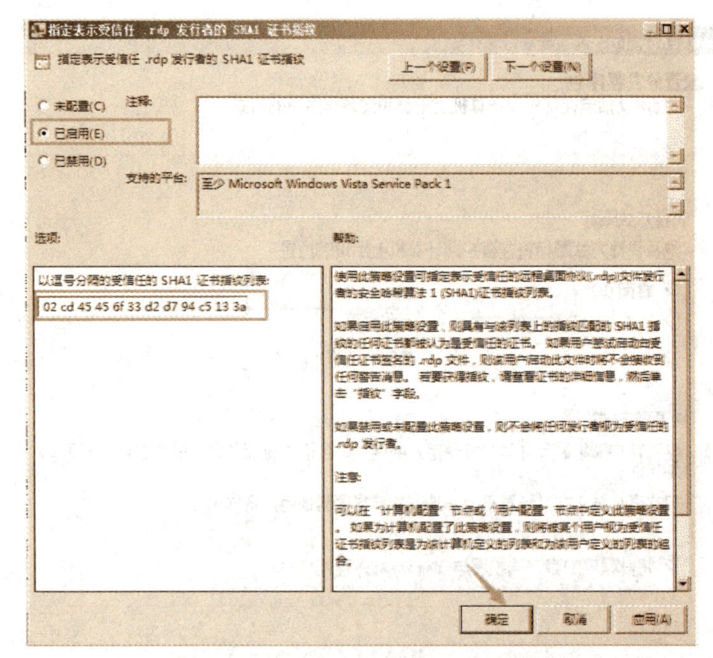

图 12 - 40　指定表示受信任. rdp 发行者的 SHA1 证书指纹

按钮完成组策略设置。

步骤 4:完成上述配置之后,刷新组策略时域用户将自动指定受信任的. rdp 发行者。如果需要立即刷新组策略,则可以重新启动客户端计算机,或者在命令提示符下运行 gpupdate 命令。

7. 创建 Windows Installer(. msi)程序包

可以创建 1 个 Windows Installer(. msi)程序包将 RemoteApp 程序分发给用户。. msi 程序包在客户端安装后,可以与特定扩展名进行关联,还可以生成图标和快捷方式,与客户端的本地程序非常相似,这有利于增强用户体验。

为便于实验,先将 PowerPoint 程序添加到 RemoteApp 程序列表中。

步骤 1:打开 RemoteApp 管理器,从"RemoteApp 程序"列表中选择要分发的 RemoteApp 程序,在"操作"窗格中单击"创建 Windows Installer 程序包"按钮启动 RemoteApp 向导。

步骤 2:单击"下一步"按钮出现相应的对话框(图 12 - 33),从中指定程序包设置。

步骤 3:单击"下一步"按钮出现如图 12 - 41 所示的对话框,从中配置分发程序包。

步骤 4:单击"下一步"按钮,出现"复查设置"对话框,检查确认设置后单击"完成"按钮。生成的. msi 文件将出现在指定的文件夹中,如图 12 - 42 所示。

8. 通过组策略分发基于 MSI 的 RemoteApp 应用程序

可以像. rdp 文件一样通过文件共享等方式分发. msi 程序包,但是最常用的还是通过组策略部署. msi 程序包,下面示范操作步骤:

步骤 1:先将要分发的 MSI 文件置于共享文件夹中。

步骤 2:以域管理员身份登录域控制器,打开组策略管理控制台,右键单击"Default

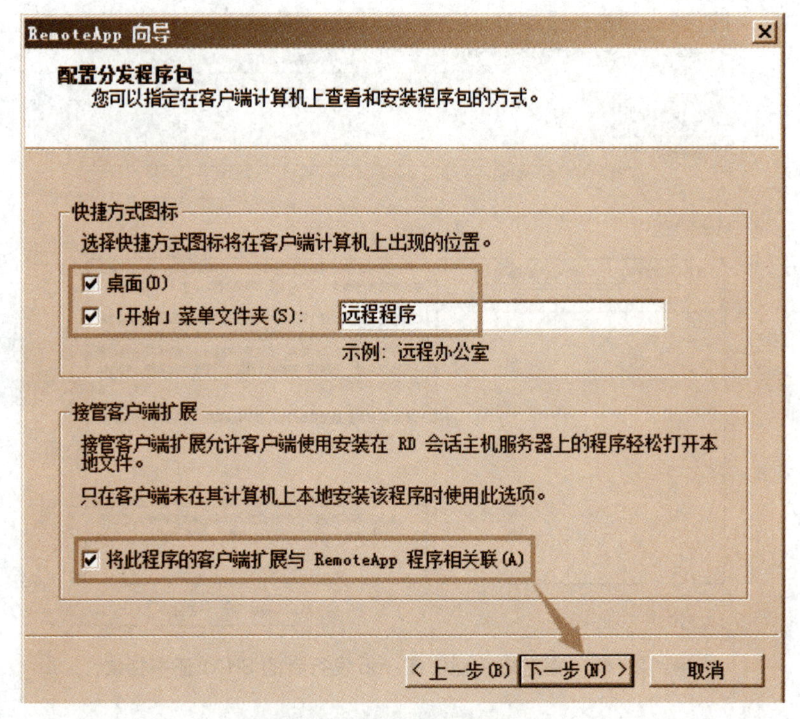

图 12－41 配置分发程序包

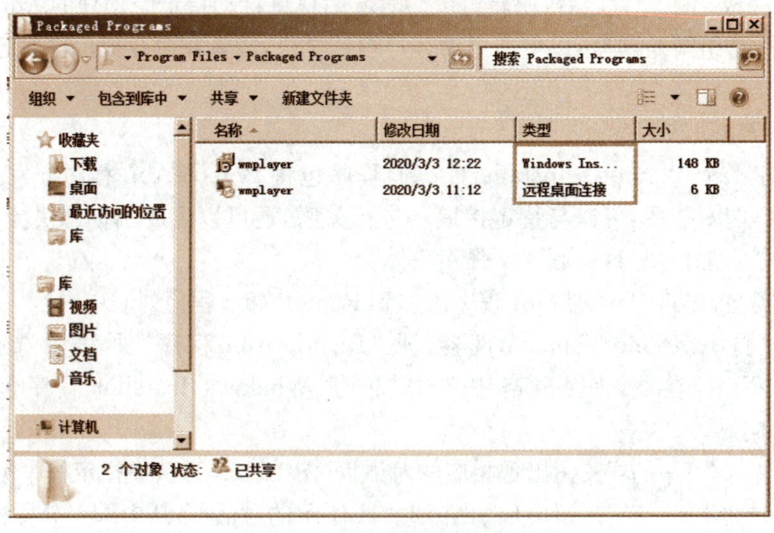

图 12－42 生成的.msi 文件

Domain Policy”(默认域策略),在快捷菜单中选择“编辑”,依次展开“用户配置”→“策略”→“软件设置”节点,右键单击其中的“软件安装”节点,选择“新建”→“数据包”命令弹出“打开”对话框,浏览选择要分发的.msi 文件,如图 12－43 所示。

步骤 3:单击“打开”按钮,弹出如图 12－44 所示的对话框,从中选择部署方法。

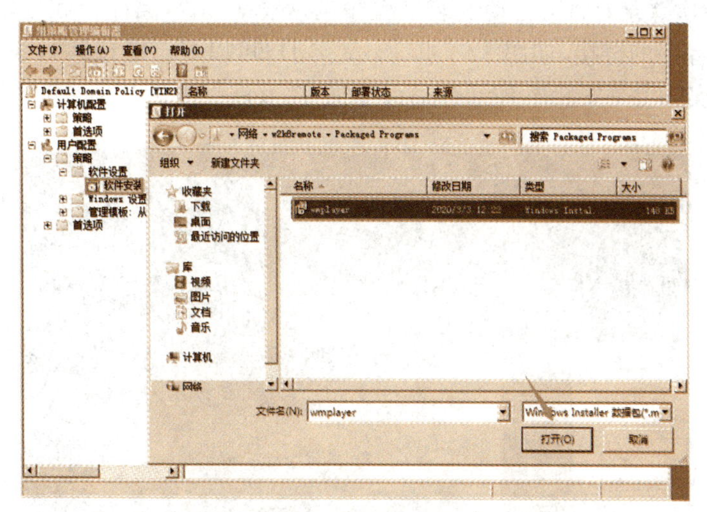

图 12 - 43　选择分发程序包

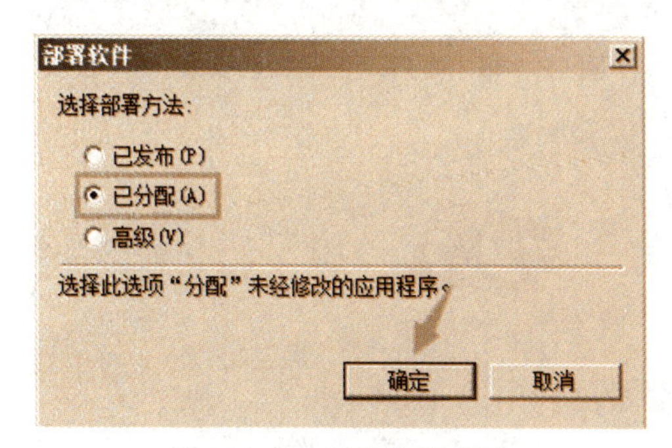

图 12 - 44　选择部署方法

步骤 4:单击"确定"按钮,完成. msi 程序包的添加。如图 12 - 45 所示,双击该组策略项,可以进一步查看和设置属性,这里切换到"部署"选项卡,选中"在登录时安装此应用程序"复选框,单击"确定"按钮完成组策略设置。

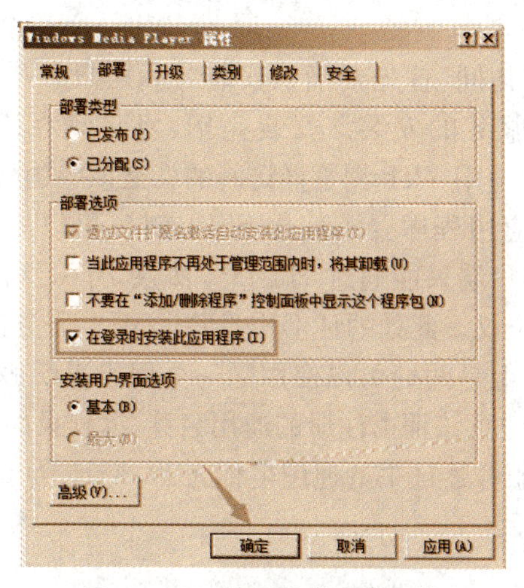

图 12 - 45　设置软件安装属性

用户在下一次登录时将会自动安装该程序包。根据设置，桌面上和程序菜单中都提供该 RemoteApp 程序的链接，如图 12－46 所示。用户可以双击链接运行该 RemoteApp 程序，链接指向的实际上是安装该 RemoteApp 程序的. msi 程序包时自动生成的 rdp 文件。

图 12－46　客户端已经自动安装.msi 包

12.5 知识拓展

12.5.1　任务 1　部署远程桌面 Web 访问

基于 Windows Server 2008 R2 远程桌面 Web 访问，管理员通过使用 RemoteApp 和桌面连接向用户提供一组远程资源，如 RemoteApp 程序和虚拟机桌面。

用户可以通过以下 2 种方式访问 RemoteApp 和桌面连接(远程桌面)：

(1) 从 Web 浏览器登录远程桌面 Web 访问提供的专用网站。

(2) 通过客户端计算机上的开始菜单访问。

1. 配置远程桌面 Web 访问网站

要实现远程桌面 Web 访问，首先要确认安装“远程桌面 Web 访问”，该角色服务涉及 IIS 服务器及其部分角色服务的安装。安装完毕，将自动在默认网站下创建 1 个名为 RDWeb 的应用程序。用户使用 Web 浏览器访问的就是该应用程序。

默认情况下，RDWeb 应用程序要求使用 SSL 连接(可以展开 IIS 管理器查看 SSL 设置，如图 12－47 所示)。客户端只能通过 HTTPS 协议访问，这需要服务器上有证书支持，并在网站上绑定 HTTPS 协议。此处的证书用于验证 Web 服务器身份，与前面用于. rdp 文件签名的证书的目的不同，但是两处可以使用同一个用于表明服务器身份的计算机证书或 Web 服务器证书。一定要注意该证书注册的通用名称，远程桌面 Web 访问就是用该名称来访问。本例中安装的远程服务器证书的通用名称为 W2k8Remote. zenti. cc，可以在 IIS 管理器中查看，如图 12－48 所示。

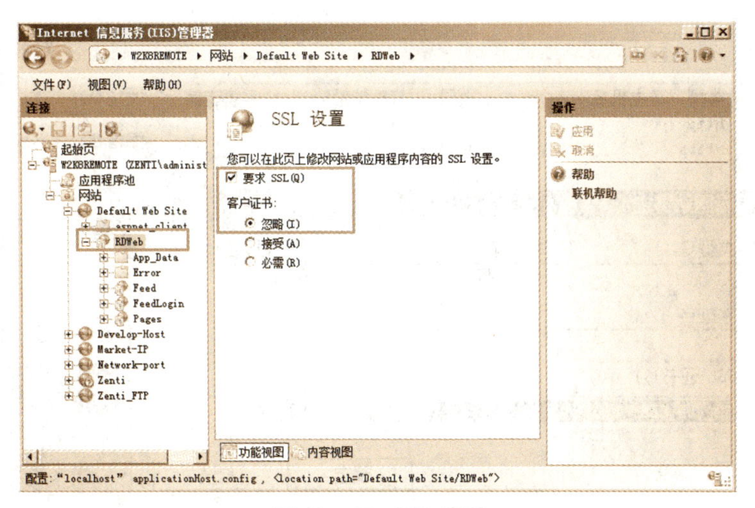

图 12 - 47 SSL 设置

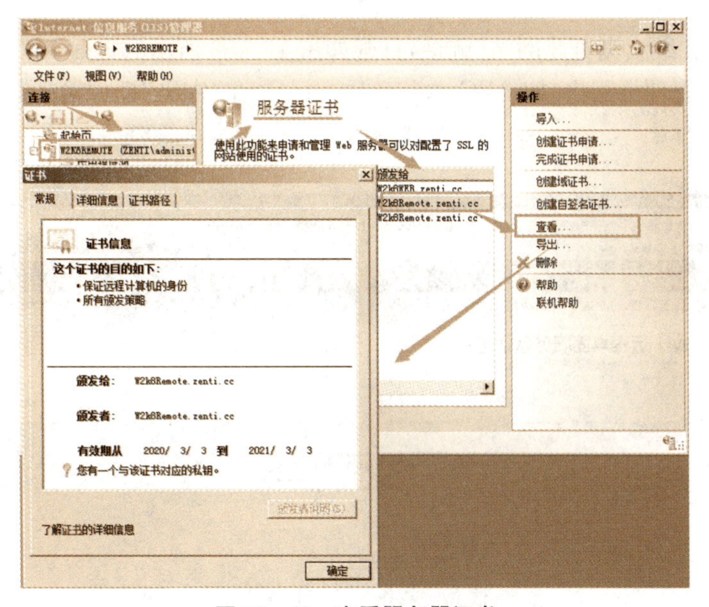

图 12 - 48 查看服务器证书

RDWeb 应用程序位于默认网站中，为该网站添加 HTTPS 绑定，如图 12 - 49 所示。

2. 指定 RemoteApp 和桌面连接的源

远程桌面 Web 访问的是 RemoteApp 和桌面连接。在安装并配置好远程桌面 Web 访问后，必须指定 RemoteApp 和桌面连接的源。该源决定了哪些服务器给用户显示 RemoteApp 程序和虚拟桌面，可以是远程桌面连接代理服务器，也可以是 RemoteApp 源。

步骤 1：以域管理员身份登录到远程桌面 Web 访问服务器上。

步骤 2：从“管理工具”中选择“远程桌面服务”→“远程桌面 Web 访问配置”命令打开相应的页面。默认访问的是 https://localhost/rdweb，而远程桌面 Web 要求 SSL 证书，因为没有提供 localhost 的证书，所以提示此网站的安全证书有问题。

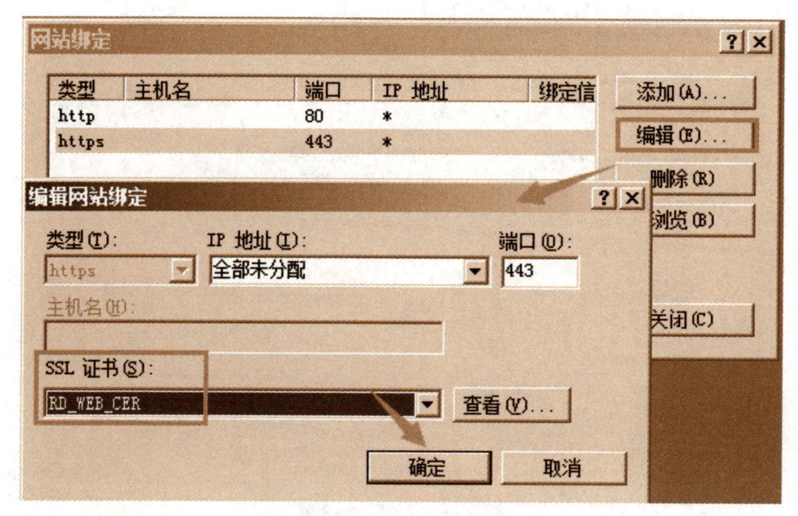

图 12-49 绑定 HTTPS 协议

步骤 3:单击"继续浏览此网站"链接,打开如图 12-50 所示的页面,在"域\用户名"框中输入此格式的域管理员账户(如 ABC\Administrator),在"密码"框中输入其密码,然后单击"登录"按钮。

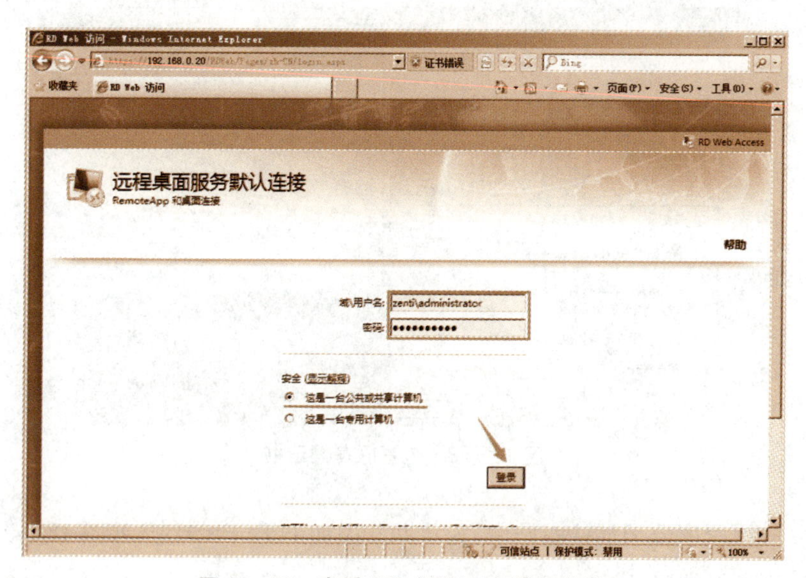

图 12-50 查看远程桌面 Web 访问分发

步骤 4:出现如图 12-51 所示的页面,从中选择并指定要使用的源。

步骤 5:单击"确定"按钮完成源的指定。

3. 设置远程桌面 Web 访问分发资源

RemoteApp 程序和桌面的 Web 访问分发主要在 RemoteApp 管理器中设置。打开 RemoteApp 管理器,可以在"概述"区域查看当前的 Web 访问分发设置,如图 12-52 所示。

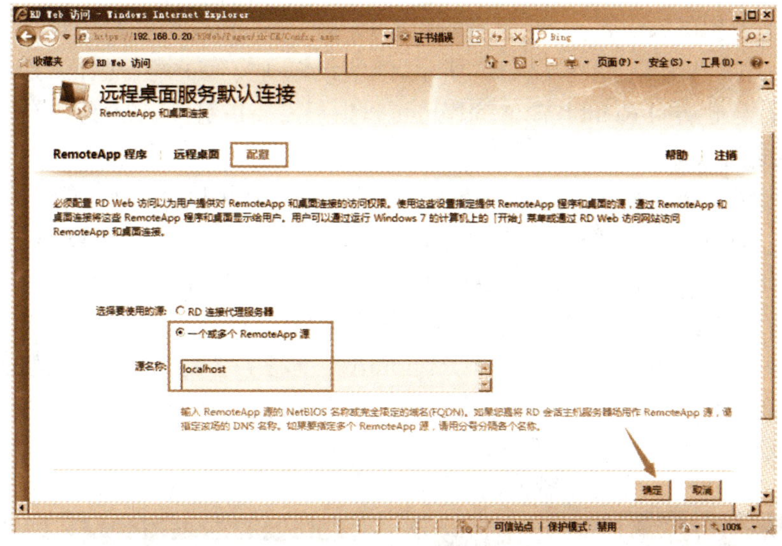

图 12－51 指定源

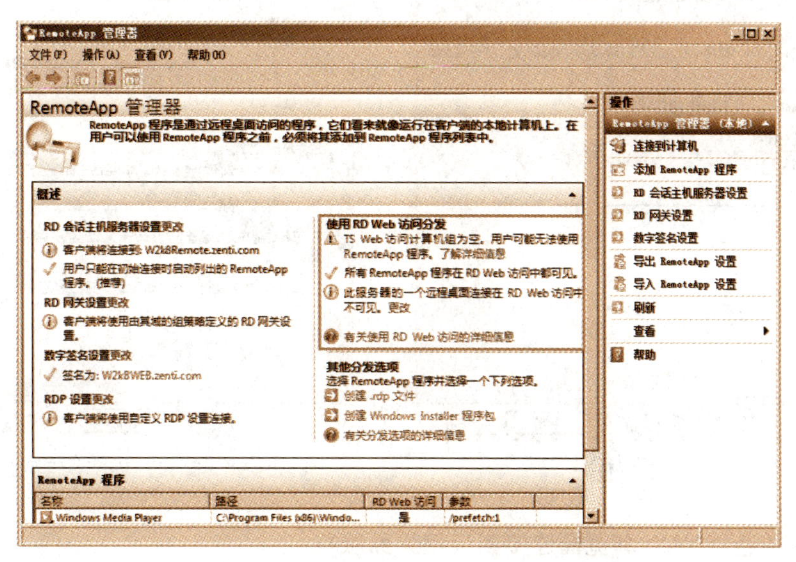

图 12－52 查看远程桌面 Web 访问分发资源

(1) 分发 RemoteApp 程序。

步骤 1:将要分发的 RemoteApp 程序添加到 RemoteApp 程序列表。默认情况下在配置 RemoteApp 程序属性时会选中“RemoteApp 程序可通过 RD Web 访问获得”复选框,对远程桌面 Web 访问启用 RemoteApp 程序(图 12－30)。

步骤 2:根据需要更改 RemoteApp 程序是否可通过远程桌面 Web 访问进行分发。在 RemoteApp 程序列表中的“RD Web 访问”指示是否进行 Web 分发。

步骤 3:选中要设置的 RemoteApp 程序,在“操作”窗格中单击“在 RD Web 访问中显示”按钮将要对远程桌面 Web 访问启用该 RemoteApp 程序;单击“在 RD Web 访问中隐藏”按钮则禁用该程序。

步骤 4：为 RemoteApp 程序指定哪些用户或组可以通过远程桌面 Web 访问(在远程桌面 Web 网站上看到该 RemoteApp 程序的图标)。打开 RemoteApp 程序属性设置对话框，切换到“用户分配”选项卡，如图 12－53 所示，默认设置所有经过身份验证的域用户都可以通过远程桌面 Web 访问 RemoteApp 程序。可以根据需要指定特定的域用户和域组。

(2) 分发远程桌面连接。

远程桌面 Web 访问还包含远程桌面 Web 连接，使用户可以从 Web 浏览器远程连接到任何对其具有远程桌面权限的计算机的桌面。默认没有在远程桌面 Web 访问中提供远程桌面连接，也就是客户端在浏览远程桌面 Web 网站时看不到指向远程桌面会话主机服务器完整桌面会话的链接。要解决这个问题，需按如下步骤：

步骤：在 RemoteApp 管理器中打开 RemoteApp 部署设置对话框，在“远程桌面访问”区域选中“在 RD Web 访问中显示到此 RD 会话主机服务器的远程桌面连接”复选框，如图 12－54 所示。

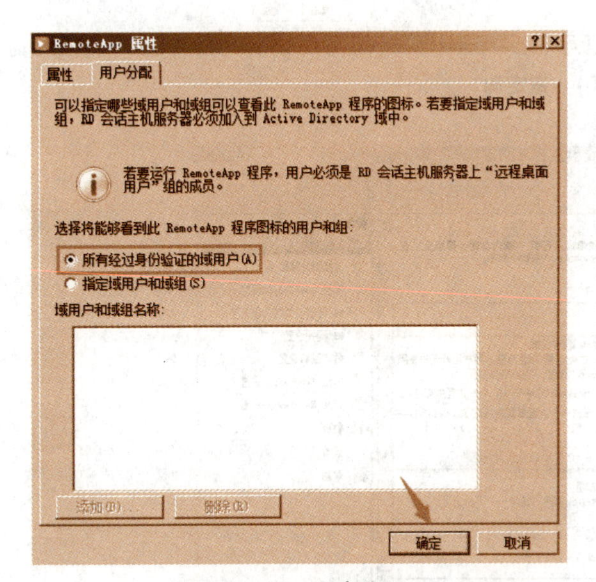

图 12－53 用户分配

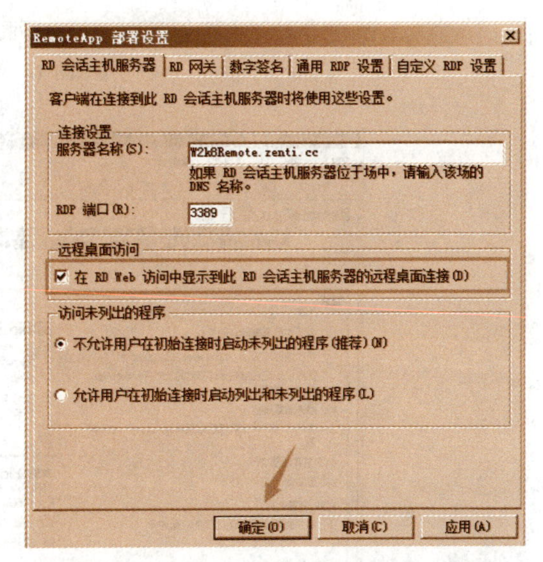

图 12－54 在 RD Web 中启用远程桌面连接

4. 客户端通过 Web 浏览器连接到远程桌面服务

使用 https://server_name/rdweb 连接到远程桌面 Web 访问网站，其中 server_name 是远程桌面 Web 访问服务器的域名，最好采用 SSL 证书的通用名称，否则将出现证书错误警告(可以忽略该警告，继续访问)。

步骤：初始主界面如图 12－55 所示，如果是在公共计算机上使用远程桌面 Web 访问，选中“这是一台公共或共享计算机”；如果使用专用计算机，选择“这是一台专用计算机”，后者在注销前允许较长的非活动时间。然后输入身份验证登录。

客户端需要 RDP 客户端控件才能运行。如果浏览器出现警告信息，应该运行该 ActiveX 控件，如图 12－56 所示。

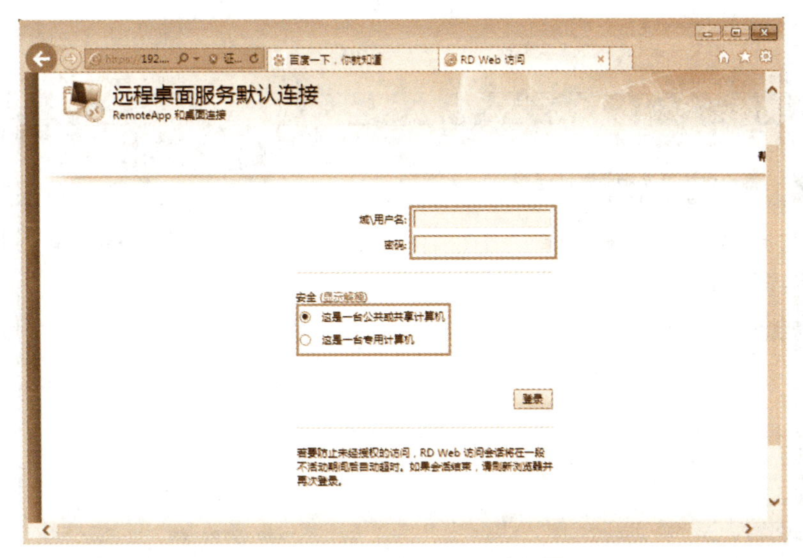

图 12-55　远程桌面 Web 访问界面

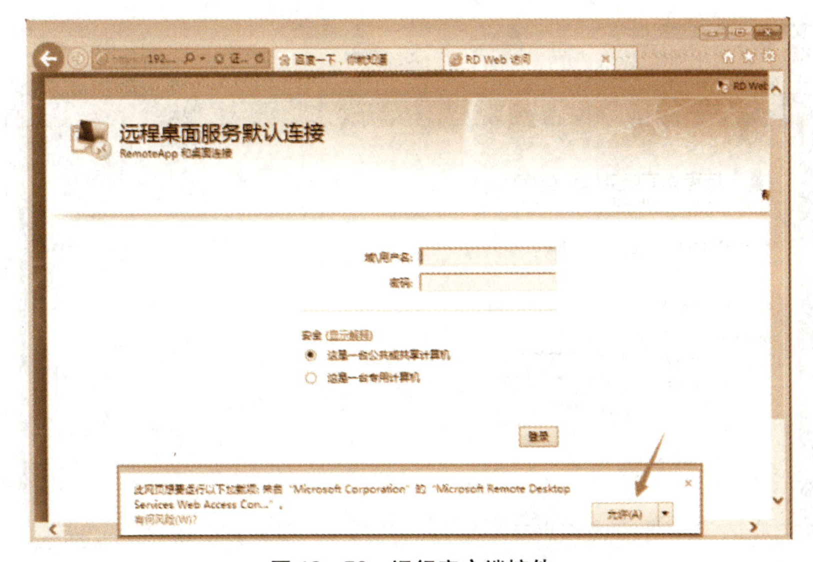

图 12-56　运行客户端控件

登录之后的界面如图 12-57 所示，列出已发布的 RemoteApp 程序以及远程桌面(指向远程桌面会话主机服务器)，单击相应的连接即可访问。切换到“远程桌面”选项卡，如图 12-58 所示，可以连接到指定的服务器远程桌面。

5. 客户端通过“开始”菜单访问 RemoteApp 和桌面连接

Windows Server 2008 R2 可以将 RemoteApp 和桌面连接部署到 Windows 7、Windows Server 2008 和 Windows Server 2008 R2 等客户端的“开始”菜单中。这需要在客户端配置 RemoteApp 和桌面连接，步骤如下：

步骤 1：以管理员的身份登录客户端计算机，打开控制面板，在其中的搜索框中输入“RemoteApp”进行搜索。

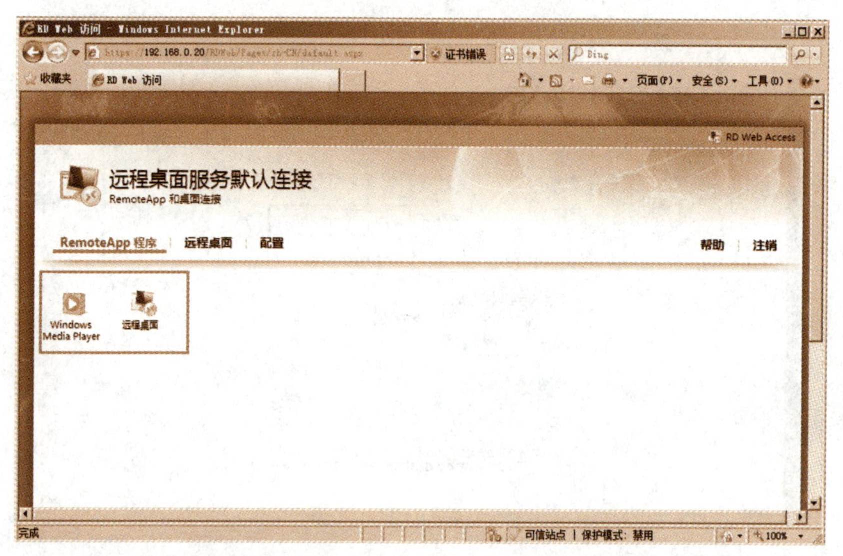

图 12 - 57 RemoteApp 程序及远程桌面链接

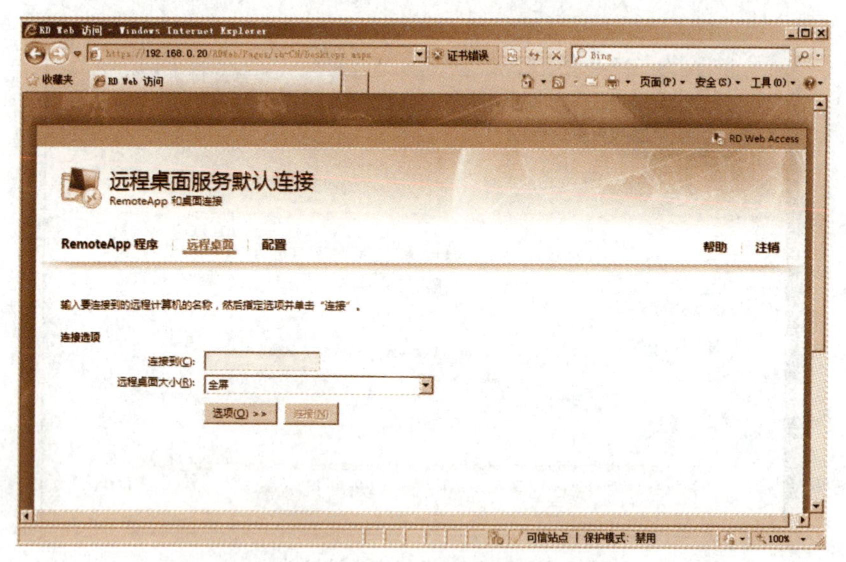

图 12 - 58 基于 Web 的远程桌面连接

步骤 2：显示搜索结果时，在"RemoteApp 和桌面连接"标题下单击"使用 RemoteApp 和桌面连接设置一个新连接"。

步骤 3：如图 12 - 59 所示，在"连接 URL"框中输入"https://server_name/RDWeb/Feed/webfeed.aspx"（server_name 是远程桌面 Web 访问服务器的域名，此处为 w2k8remote.zenti.cc），然后单击"下一步"按钮。

步骤 4：出现"已准备好设置连接"页面，单击"下一步"按钮。

步骤 5：出现如图 12 - 60 所示的界面，提示已成功设置以下连接，单击"完成"按钮。

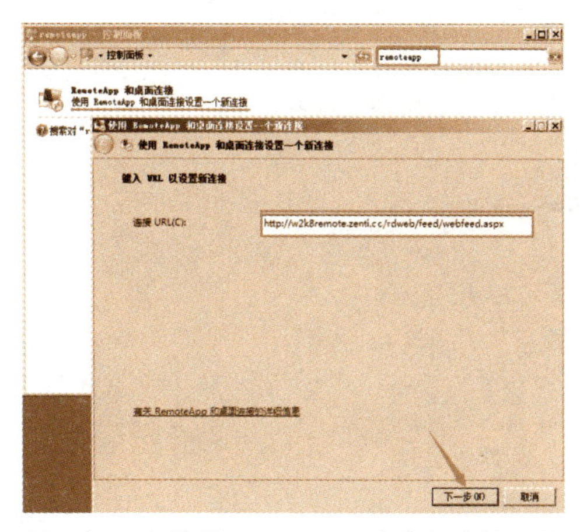

图 12 - 59　使用 RemoteApp 和桌面连接设置一个新连接

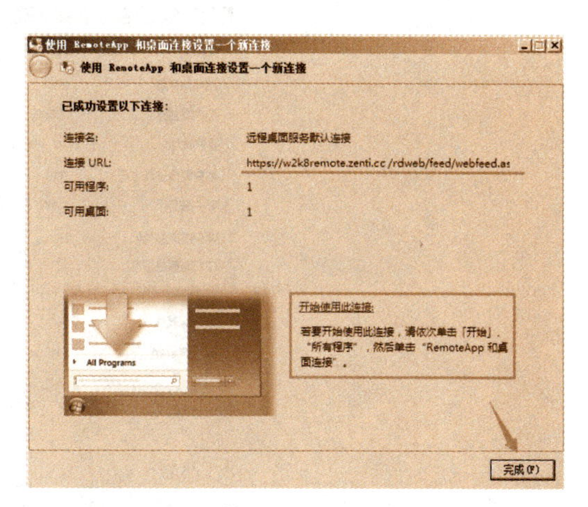

图 12 - 60　基于 Web 的远程桌面连接

12.5.2　任务 2　管理远程桌面服务

可在远程桌面会话主机服务器上进一步控制和管理在线客户，步骤如下：

步骤 1：从"管理工具"菜单中选择"远程桌面服务"→"远程桌面服务管理器"命令，打开如图 12 - 61 所示的控制台。

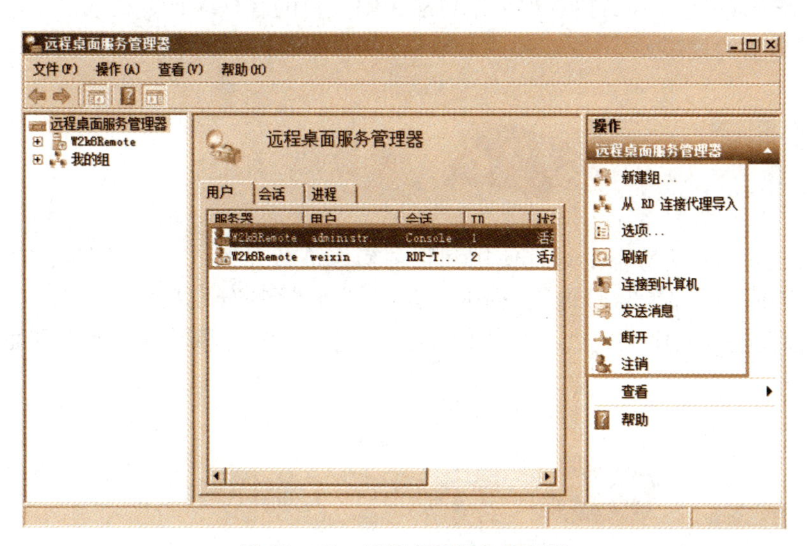

图 12 - 61　远程桌面服务管理器

步骤 2：根据需要查看当前登录的用户，以及该用户使用的进程或程序，也可强制断开远程桌面服务用户的连接。例如，查看某用户的状态如图 12 - 62 所示。

12.5.3　任务 3　管理远程桌面授权

连接到远程桌面会话主机服务器的每个用户或计算设备必须拥有远程桌面授权服务器

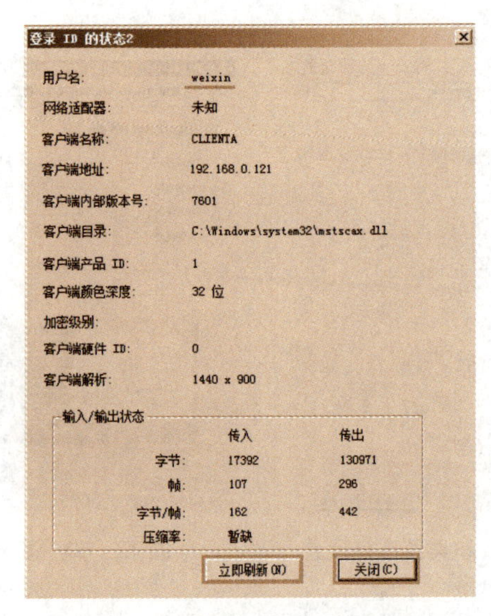

图 12-62 某登录用户的当前状态

颁发的有效远程桌面服务客户端访问许可(RDS CAL)。有效远程桌面服务客户端访问许可的类型有 2 种：

(1) RDS-每设备 CAL:允许 1 台设备(任何用户使用的)连接到远程桌面会话主机服务器。

(2) RDS-每用户 CAL:授予 1 个用户从无限数目的客户端计算机或设备访问远程桌面会话主机服务器的权限。

12.6 项目小结

本项目主要针对服务器的远程使用和管理操作进行介绍，主要内容包括：终端服务、远程桌面；远程桌面的部署与管理、远程 RemoteApp 程序的分发技术以及远程桌面 Web 访问、远程桌面授权等操作。通过本项目的学习，我们可以轻松部署单位远程桌面服务器并加以管理。

12.7 实践训练(工作任务单)

12.7.1 实训目标

(1) 会安装远程桌面服务。

(2) 会配置远程桌面服务器。

12.7.2 实训场景

如果你是 Sunny 公司的网络管理员，需要在 su-remote 安装并启用远程桌面服务，以便于管理员远程管理服务器。网络实训环境如图 12-63 所示。

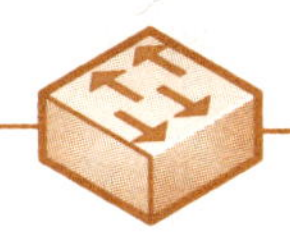

图 12-63　部署和管理远程桌面服务

12.7.3　实训任务

任务 1：在 su-remote 安装远程桌面服务

任务 2：配置远程桌面服务

(1) 配置远程桌面会话主机。

① 配置远程桌面的用户及权限。

设置用户 liuqiang、maxiao 可以使用远程桌面服务，其中用户 liuqiang 具有完全控制权限，用户 maxiao 只有来宾访问权限，并设置每次登录均需要输入密码。

② 配置远程桌面会话主机服务超时和重新连接。

设置断开连接的会话留在服务器上的最长时间为 1 天，用户会话在服务器上持续活动的最长时间为 30 分钟，没有用户端活动的会话持续留在服务器上的最长时间为 30 分钟。当达到会话限时时，将从会话中断开连接。

③ 配置客户端的远程桌面连接。

(2) 部署并分发 RemoteApp 程序。

① 在会话主机上安装 office 程序。

② 在会话主机上发布 office 程序。

③ 设置 office 程序的参数、用户分配。

(3) 配置远程桌面 Web 访问。

① 安装远程桌面 Web 访问角色服务。

② 配置 Web 访问的证书。

任务 3：使用远程桌面连接

(1) 配置远程桌面连接。

① 配置同时连接到服务器端的最大连接数为 3。

② 配置服务器端的远程桌面连接属性为“只允许运行使用网络级别身份验证的远程桌面的计算机连接(更安全)”。

(2) 客户端连接到远程桌面服务。

12.8 课后习题

12.8.1 填空题

1. 终端服务有5种应用模式，分别是：基于服务器的集中计算、____________、____________、____________和基于Web的应用程序发布。

2. ________程序是Windows Server 2008提供的一种新型远程应用呈现技术，它与客户端的桌面集成在一起，使用户可以通过远程桌面访问远端的桌面与程序，客户端本机无须安装系统与应用程序的情况下也能正常使用远端发布的各种桌面与应用。

12.8.2 单项选择题

1. 在不调整现有软硬件平台的情况下，部署和升级新的Windows应用程序，此时可以采用终端服务的(　　)应用模式。

A. 基于服务器的集中计算　　B. 跨平台应用
C. 瘦客户设备应用　　D. 基于Web的应用程序发布

2. 当远程桌面Web访问服务器与托管RemoteApp程序的远程桌面会话主机服务器是不同的服务器时，需要将远程桌面Web访问服务器的计算机账户添加到远程桌面会话主机服务器上的(　　)组中。

A. TS Web Access Computers　　B. Users
C. Power Users　　D. Guests

12.8.3 简答题

1. 部署终端服务有哪些好处？
2. 远程桌面服务包括哪些角色服务？
3. 简述RemoteApp程序分发的步骤。

远程访问服务器的配置和管理

13.1 项目导入

远程访问服务(Remote Access Service，RAS)允许客户机通过拨号连接或虚拟专用连接登录网络。远程客户机得到 RAS 服务器的确认，就可以访问网络资源，就像客户机直接连接在局域网上一样。

13.2 项目分析

重庆正泰网络科技有限公司由于面向全国开展业务，并且在北京、上海等城市都开设了公司分部，所以基于 Internet 的全国范围联络的情况肯定不少。作为公司网络部门，需要解决以下几个方面的问题：

(1) 公司分部和出差的员工需要与公司总部随时交换机密的商务信息，分部和出差的员工如何能成功远程访问总公司的内部资源并保证过程的安全性？

(2) 如何在局域网上实现安全、方便、低成本的远程访问服务？

13.3 预备知识

13.3.1 路由和远程访问服务基础

路由与远程访问服务最突出的优点就是与 Windows 服务器操作系统本身和 Active Directory 的集成，借助于多种硬件平台和网络接口，可非常经济地实现不同规模的互联网络路由、远程访问服务和虚拟专用网等解决方案。

1. 路由和远程访问服务简介

路由和远程访问服务(Routing and Remote Access Service，RRAS)，名称来源于它所提供的 2 个主要网络服务功能。

1) 路由

路由和远程访问服务可以充当 1 个全功能的软件路由器，也可以成为 1 个开放式路由和互联网络平台，为局域网、广域网、虚拟专用网(简称 VPN)提供路由选择服务。

2) 远程访问服务

将路由和远程访问服务配置为充当远程访问服务器，可以将远程工作人员或移动工作人员连接到企业网络。适用于局域网用户的所有服务(包括文件和打印共享、Web 服务器访问)。远程用户可以将其计算机直接连接到网络上工作。

路由和远程访问服务可以提供 2 种不同类型的远程访问连接。

(1) 拨号网络。通过使用远程通信提供商提供的服务，远程客户端使用非永久的拨号线路连接到远程访问服务器的物理端口上，这时使用的网络就是拨号网络。最常见的拨号网络是客户端拨打远程访问服务器某个端口的电话号码。

(2) 虚拟专用网。虚拟专用网是在公共网络上建立的安全专用网络。客户端使用特定的隧道协议对服务器的虚拟端口进行虚拟呼叫。常见的应用是客户端通过虚拟专用网隧道连接到与 Internet 相连的远程访问服务器上。远程访问服务器应答虚拟呼叫，验证呼叫方身份，并在虚拟专用网客户端和企业网络之间传送数据。与拨号网络相比，虚拟专用网始终是通过公用网络(如 Internet)在客户端和服务器之间建立的一种逻辑的、非直接的连接，必须对传送的数据进行加密。

3) Windows Server 2008 R2 的路由和远程访问服务

在 Windows Server 2008 R2 中，路由与远程访问服务是作为“网络策略和访问服务”角色的一种角色服务，与早期版本相比主要作了如下改进：

(1) 删除了开放式最短路径优先(OSPF)路由协议组件。

(2) 删除路由和远程访问中的基本防火墙，并将其替换为 Windows 防火墙。

(3) 增加了安全套接字隧道协议(SSTP)与 IKEv2(VPN Reconnect)协议。这是 2 种新型的虚拟专用网隧道技术。

(4) 提供网络访问保护的 VPN 强制。

(5) 改进对 IPv6 协议的支持。

(6) 支持新的强加密算法。

13.3.2 IP 路由配置

TCP/IP 网络作为互联网络，涉及 IP 路由配置。路由选择在 TCP/IP 中承担着非常重要的角色。路由和远程访问服务能使 Windows Server 2008 R2 作为路由器，在网络中提供路由选择服务。

1. IP 路由与路由器

1) IP 路由

从数据传输过程看，路由是数据从一个节点传输到另一个节点的过程。在 TCP/IP 网络中，携带 IP 报头的数据包，沿着指定的路由传送到目的地。同一网络区段中的计算机可以直接通信，不同网络区段中的计算机需要相互通信必须借助于 IP 路由器。如图 13-1 所示，2 个网络都是 C 类 IP 网络，网络 2 上的节点 192.168.1.5 与 192.168.1.20 可以直接通信，但是要与网络 1 的节点 192.168.0.20 通信，就必须通过路由器。

2) IP 路由器

路由器是在互联网络中实现路由功能的主要节点设备。典型的路由器通过局域网或广

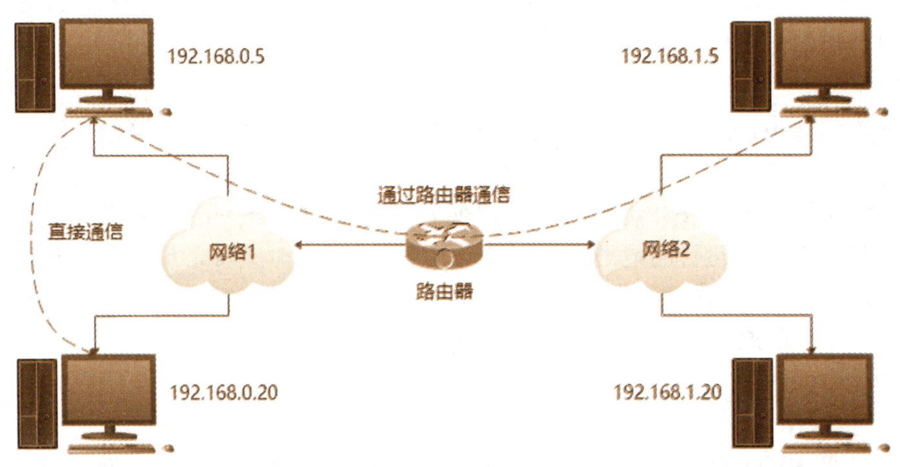

图 13-1 IP 路由示意

域网连接到 2 个或多个网络。

路由器将网络划分为不同的子网(也称为网段),每个子网内部的数据包传送不会经过路由器,只有在子网之间传输数据包才经过路由器,提高了网络带宽的利用率。路由器还能用于连接不同拓扑结构的网络。

路由器可以是专门的硬件设备,一般称专用路由器或硬件路由器;也可以由软件来实现,一般称主机路由器或软件路由器。另外,网络地址转换(NAT)甚至网络防火墙都可以看作一种特殊的路由器。

3) IP 路由表

路由器靠路由表来确定数据包的流向。路由表也称为路由选择表,由一系列称为路由的表项组成,其中包含有关互联网络的网络 ID 位置信息。

当 1 个节点接收到 1 个数据包时,查询路由表,判断目的地址是否在路由表中,如果是,则直接发送给该网络,否则转发给其他网络,直到最后到达目的地。

路由表中的表项一般包括网络地址、转发地址、接口和跃点数等信息。不同的网络协议,路由表的结构略有不同。如图 13-2 所示的是某服务器上的 1 张 IP 路由表。

W2K8ROUTER - IP 路由表

目标	网络掩码	网关	接口	跃点数	协议
0.0.0.0	0.0.0.0	192.168.1...	内网连接	10	网络管理
0.0.0.0	0.0.0.0	192.168.0.1	外网连接	266	网络管理
127.0.0.0	255.0.0.0	127.0.0.1	Loopback	51	本地
127.0.0.1	255.255.255.255	127.0.0.1	Loopback	306	本地
192.168.0.0	255.255.255.0	0.0.0.0	外网连接	266	网络管理
192.168.0.18	255.255.255.255	0.0.0.0	外网连接	266	网络管理
192.168.0.255	255.255.255.255	0.0.0.0	外网连接	266	网络管理
192.168.174.0	255.255.255.0	0.0.0.0	内网连接	266	网络管理
192.168.174.129	255.255.255.255	0.0.0.0	内网连接	266	网络管理
192.168.174.255	255.255.255.255	0.0.0.0	内网连接	266	网络管理
224.0.0.0	240.0.0.0	0.0.0.0	外网连接	266	网络管理
255.255.255.255	255.255.255.255	0.0.0.0	外网连接	266	网络管理

图 13-2 IP 路由表

查看分析路由表结构,其表项主要由以下信息字段组成:

(1) 目标(目的地址):需要网络掩码确定该地址是主机地址,还是网络地址。

(2) 网络掩码：用于决定路由目的的 IP 地址。例如，主机路由的掩码为 255.255.255.255；默认路由的掩码为 0.0.0.0。

(3) 网关：转发路由数据包的 IP 地址，一般就是下一个路由器的地址。

(4) 接口(Interface)：指定转发 IP 数据包的网络接口，即路由数据包从哪个接口转出去。

(5) 跃点数：指路由数据包到达目的地址所需要的相对成本，一般称为度量标准(Metric)。典型的度量标准指到达目的地址所经过的路由器数目，此时又常常称为路径长度或跳数(Hop Count)。本地网内的任何主机包括路由器，值为 1，每经过 1 个路由器，该值增加 1。如果到达同一目的地址有多个路由，优先选用值最低的。

路由表中的每一项都被看成 1 个路由，共有以下几种路由类型：

(1) 网络路由：到特定网络 ID 的路由。

(2) 主机路由：到特定 IP 地址即特定主机的路由。主机路由通常用于将自定义路由创建到特定主机以控制或优化网络通信。主机路由的网络掩码为 255.255.255.255。

(3) 默认路由：若在路由表中没有找到其他路由，则使用默认路由。默认路由简化主机的配置，其网络地址和网络掩码均为 0.0.0.0。在 TCP/IP 协议配置中一般将其称为默认网关。

(4) 特殊路由：例如 127.0.0.0 指本机的 IP 地址，224.0.0.0 指 IP 多播转发地址，255.255.255.255 指 IP 广播地址。

4) 路由选择过程

路由功能指选择一条从源到目的路径并进行数据包转发。如果按路由发送数据包，经过的节点出现故障，或者指定的路由不准确，数据包就不能到达目的地。位于同一子网的主机(或路由器)之间采用广播方式直接通信，只有不在同一子网中，才需要通过路由器转发。路由器至少有 2 个网络接口，同时连接到至少 2 个网络。

对大部分主机来说，路由选择很简单，如果目的主机位于同一子网，就直接将数据包发送到目的主机，如果目的主机位于其他子网，就将数据包转发给同一子网中指定的网关(路由器)。

2. 静态路由与动态路由

配置路由信息主要有 2 种方式：手动指定(静态路由)和自动生成(动态路由)。

在实际应用中，有时采用静态路由和动态路由相结合的混合路由方式。一种常见的情况是主干网络使用动态路由，分支网络和最终用户使用静态路由；另一种情况是高速网络使用动态路由，低速连接的路由器之间使用静态路由。

1) 静态路由

静态路由是指由网络管理员手工配置的路由信息。当网络的拓扑结构或链路的状态发生变化时，网络管理员要手工修改路由表中相关的静态路由信息。静态路由具有以下优点：

(1) 完全由管理员精确配置，网络之间的传输路径预先设计。

(2) 路由器之间不需要进行路由信息的交换，相应的网络开销较小。

(3) 网络中不必交换路由表信息，安全保密性高。

2) 动态路由

动态路由通过路由协议，在路由器之间相互交换路由信息，自动生成路由表，并根据实际情况动态调整和维护路由表。路由器之间通过路由协议相互通信，获知网络拓扑信息。路由器的增加、移动以及网络拓扑的调整，路由器都会自动适应。

动态路由的主要优点是伸缩性和适应性，具有较强的容错能力。其不足之处在于复杂程度高，频繁交换的路由信息增加了额外开销，这对低速连接来说难以承受。

动态路由适用于复杂的中型或大型网络，也适用于经常变动的互联网络环境。

路由协议是特殊类型的协议，能跟踪路由网络环境中所有的网络拓扑结构。它们动态维护网络中与其他路由器相关的信息，并依此预测可能的最优路由。主流的路由协议如下：

(1) 边界网关协议(Border Gateway Protocol，BGP)。

(2) 增强的内部网关路由协议(Enhanced Interior Gateway Routing Protocol，EIGRP)。

(3) 外部网关协议(Exterior Gateway Protocol，EGP)。

(4) 内部网关路由协议(Interior Gateway Routing protocol，IGRP)。

(5) 开放最短路径优先(Open Shortest Path First，OSPF)。

(6) 路由信息协议(Routing Information Protocol，RIP)。

3) RIP

Windows Server 2008 R2 的路由和远程访问服务本身支持 RIP。RIP 属于距离向量路由协议，主要用于在小型到中型互联网络中交换路由选择信息。RIP 只是同相邻的路由器互相交换路由表，交换的路由信息也比较有限，仅包括目的网络地址、下一跃点以及距离。

RIP 目前有 2 个版本：RIP 版本 1 和 RIP 版本 2。RIP 路由器主要用于中小型企业、有多个网络的大型分支机构、校园网等。

如图 13-3 所示，RIP 路由器之间不断交换路由表，直至饱和状态，整个过程如下：

第 1 步：开始启动时，每个 RIP 路由器的路由选择表只包含直接连接的网络。例如，路由器 1 的路由表只包括网络 A 和 B 的路由，路由器 2 的路由表只包括网络 B、C 和 D 的路由。

第 2 步：RIP 路由器周期性发送公告，向邻近路由器发送路由信息。路由器 1 很快就会获知路由器 2 的路由表，将网络 B、C 和 D 的路由加入自己的路由表，路由器 2 也会进一步获知路由器 3 和路由器 4 的路由表。

第 3 步：随着 RIP 路由器周期性发送公告，最后所有的路由器都将获知到达任一网络的路由。此时，路由器已经达到饱和状态。

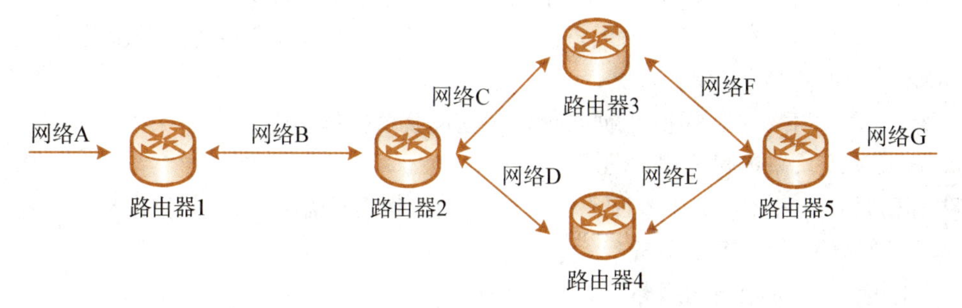

图 13-3 RIP 路由器之间交换路由表(箭头表示交换方向)

3. 路由接口

路由器上支持路由的网络接口称为路由接口。路由接口可以是转发数据包的物理接口,也可以是逻辑接口。Windows Server 2008 R2 路由器支持 3 种类型的路由接口:

1) LAN 接口

LAN 接口是物理接口,通常指用于局域网连接的网卡。充当路由器的计算机上安装的网卡都是 LAN 接口,安装的 WAN 适配器有时也表示为 LAN 接口。LAN 接口总是处于激活状态,一般不需要通过身份验证过程激活。

2) 请求拨号接口

请求拨号接口是代表点对点连接的逻辑接口。点对点连接基于物理连接(如使用模拟电话线连接的 2 个路由器)或者逻辑连接(如使用虚拟专用网连接的 2 个路由器)。请求拨号连接可以是请求式,仅在需要时建立点对点连接,也可以是持续型,建立点对点连接然后保持连接状态。请求拨号接口通常需要通过身份验证过程连接,所需的设备是设备上的 1 个端口。

3) IP 隧道接口

IP 隧道接口是代表已建立隧道的点对点连接的逻辑接口,不需要通过身份验证过程建立连接。

13.4 项目实施

13.4.1 任务 1 部署路由和远程访问服务

1. 安装路由和远程访问服务

Windows Server 2008 R2 默认没有安装路由和远程访问服务,可以通过服务器管理器来安装。

步骤 1:以管理员身份登录服务器,打开服务器管理器,在主窗口"角色摘要"区域(或者在"角色"窗格)中单击"添加角色"按钮,启动添加角色向导。

步骤 2:单击"下一步"按钮出现"选择服务器角色"界面,选择角色"网络策略和访问服务"。

步骤 3:单击"下一步"按钮,显示该角色的基本信息。

步骤 4:单击"下一步"按钮,出现角色服务选择界面,选择要安装的角色服务"路由和远程访问服务",如图 13-4 所示。

步骤 5:单击"下一步"按钮,根据向导提示完成其余操作步骤。

2. 配置并启用路由和远程访问服务

路由和远程访问服务安装之后,默认情况下处于禁用状态。无论是使用路由功能,还是使用远程访问服务功能,都必须先启用它。

1) 启用路由与远程访问服务

步骤 1:从"管理工具"菜单中选择"路由和远程访问"命令,打开"路由和远程访问"控制台。如图 13-5 所示,默认路由和远程访问服务处于禁用状态。

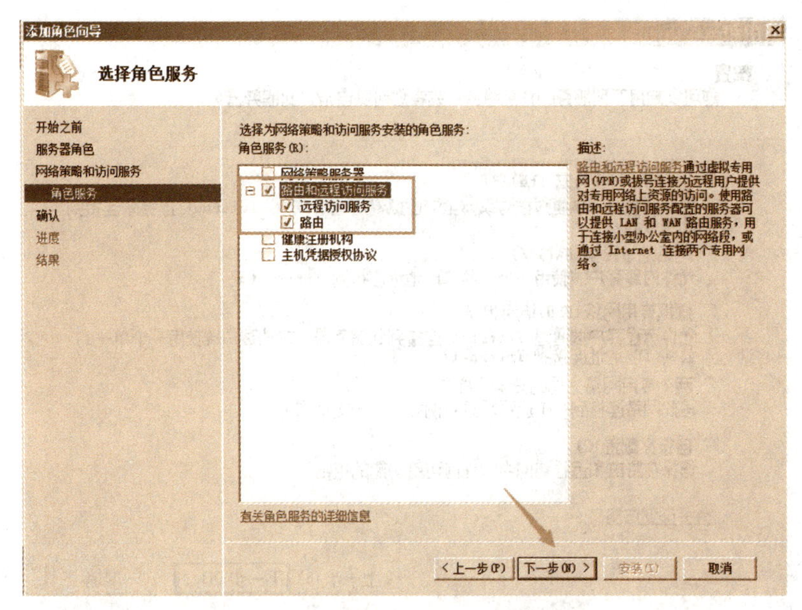

图 13-4 安装路由和远程访问服务

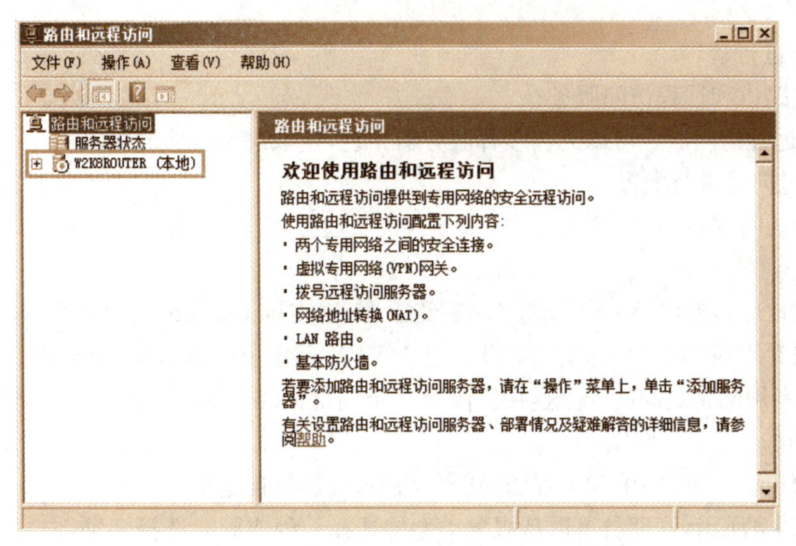

图 13-5 路由和远程访问服务处于禁用状态

步骤 2:右键单击服务器节点,从快捷菜单中选择“配置并启用路由和远程访问”命令,启动路由和远程访问服务器安装向导。

步骤 3:单击“下一步”按钮,出现如图 13-6 所示的对话框,从中选择要定义的项目,单击“下一步”按钮,根据提示完成其余操作步骤,然后启动该服务。

2)管理路由和远程访问服务

路由和远程访问作为服务程序运行,如果配置并启用了路由和远程访问,步骤如下:

步骤:在“路由和远程访问”控制台中右键单击服务器,从“所有任务”的子菜单中选择相应的命令停止或重新启动该服务;也可以在“服务”管理单元中对“Routing and Remote

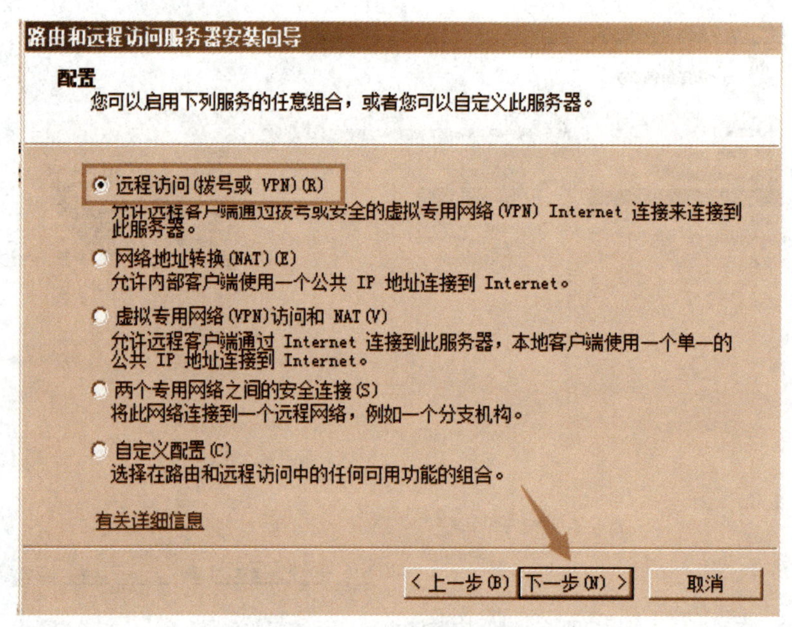

图 13-6 选择配置项目

Access”服务进行管理。

3）配置路由和远程访问服务

路由和远程访问服务可以充当多种服务器角色，这取决于具体的配置。

(1) 通过向导进行配置。

① 远程访问(拨号或 VPN)。配置服务器接受远程客户端通过拨号连接或 VPN 连接服务器的请求。

② 网络地址转换(NAT)。配置 NAT 路由器，以支持 Internet 连接共享。

③ 虚拟专用网(VPN)访问和 NAT。组合 VPN 远程访问和 NAT 路由器。

④ 2 个专用网络之间的安全连接。配置 2 个内部网络通过 VPN 连接或请求拨号连接进行远程互联。

要使用任何可用的路由和远程访问服务功能，可选择自定义配置。

如图 13-7 所示，管理员可以从服务类型中选择一种或同时选择多种，向导会安装必要的 RRAS 组件来支持所选的服务类型，但不会提示需要任何信息来设置具体选项。管理员随后在“路由和远程访问”控制台中配置这些任务。

(2) 使用“路由和远程访问”控制台手动配置。

向导只有在服务器上首次配置路由和远程访问服务时才可以使用。已经通过向导配置 RRAS 服务之后，要修改已有配置选项，或者增加新的服务类型时，都需要在“路由和远程访问”控制台进行手动设置。

如图 13-8 所示，“路由和远程访问”控制台作为重要的控制中心，管理着 RRAS 的大部分属性。通过 RRAS 控制台除了配置端口和接口之外，还可以设置协议、全局的选项和属性以及远程访问策略。接下来将具体介绍如何使用该控制台执行特定的设置和管理任务。

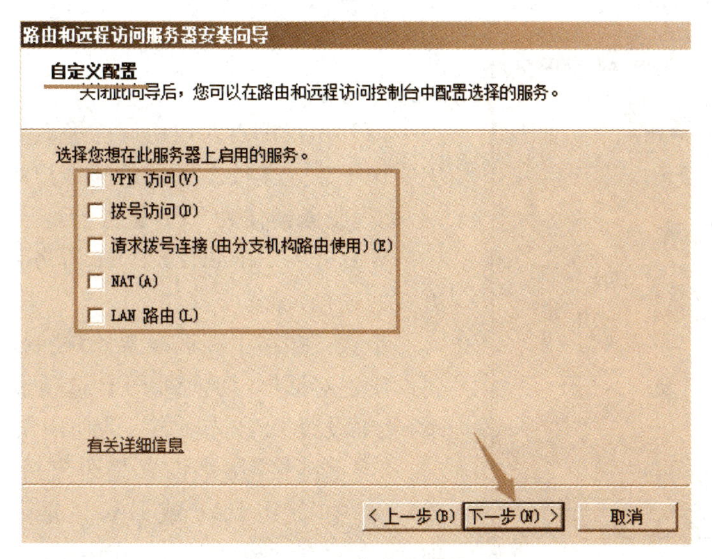

图 13-7　自定义配置

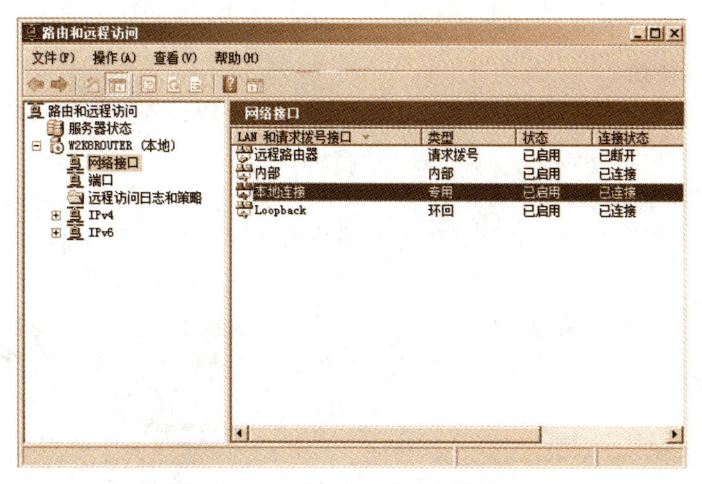

图 13-8　“路由和远程访问”控制台

13.4.2　任务 2　远程访问服务器配置

远程访问通常指远程接入，远程计算机拨入本地网络中，可以与本地网的计算机一样共享资源。RRAS 提供 2 种不同的远程访问连接：拨号网络和虚拟专用网。

1. 启用远程访问服务器

可以使用向导配置并启用远程服务，也可以手动配置远程服务器。运行路由和远程访问服务安装向导，只要选择“远程访问(拨号或 VPN)”选项，根据提示逐步完成即可。

必须指定在 LAN(局域网)上使用的 LAN 协议，并说明使用此协议是提供整个网络的访问，还是仅仅到远程访问服务器上的访问，还需要设置身份验证和加密选项。

2. 设置远程访问协议

远程访问协议用于协商连接并控制数据传输。使用远程访问协议在远程访问客户端和

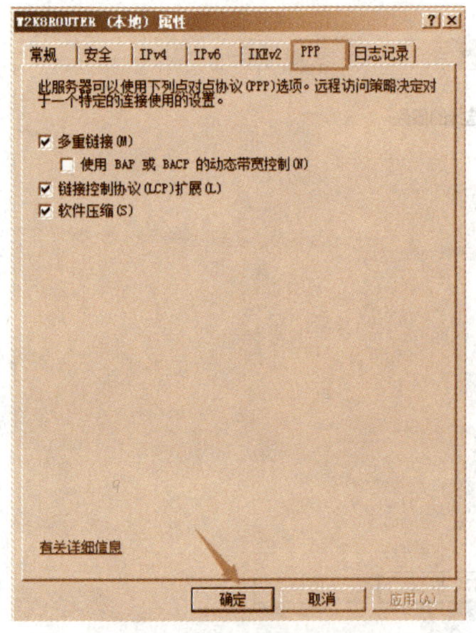

图 13-9　设置 PPP 选项

服务器之间建立拨号连接，相当于通过网线连接。Windows Server 2008 R2 服务器支持的远程访问协议是 PPP 协议。

PPP 协议即点对点协议已经成为一种工业标准，主要用于建立连接。远程访问客户端作为 PPP 客户端，远程服务器作为 PPP 服务器。

Windows Server 2008 R2 服务器只能接受 PPP 方式的连接，操作步骤如下：

步骤：在"路由和远程服务"控制台中打开服务器属性设置对话框，切换到 PPP 选项卡，如图 13-9 所示，从中设置 PPP 选项。一般使用默认设置即可。

"多重链接"用来设置是否支持多重链接(多链路)。选中"使用 BAP 或 BACP 的动态带宽控制"选项，可以动态地管理连接，其中，BAP 是带宽分配协议，BACP 是带宽分配控制协议。

"链接控制协议(LCP)扩展"用来设置链接控制协议扩展，主要用来支持要求回拨等功能。

3. 设置 LAN 协议

远程访问还需要 LAN 协议用于远程访问客户端与服务器及其所在网络之间的网络访问。

首先使用远程访问协议在远程访问客户端和服务器之间建立连接，相当于通过网线连接起来；然后使用 LAN 协议在远程访问客户端和服务器之间进行通信。在数据通信过程中，发送方首先将数据封装在 LAN 协议中，然后将封装好的数据包封装在远程访问协议中，使之能够通过拨号连接线路传输；接收方则正好相反，收到数据包后，先通过远程访问协议解读数据包，再通过 LAN 协议读取数据。可以将远程客户端视为基于特殊连接的 LAN 计算机。

TCP/IP 协议是最流行的 LAN 协议。对于 TCP/IP 协议来说，还需给远程客户端分配 IP 地址以及其他 TCP/IP 配置，如 DNS 服务器和 WINS 服务器、默认网关等。

在"路由和远程服务"控制台中打开服务器属性设置对话框，切换到 IPv4 选项卡，从中设置 IP 选项，如图 13-10 所示。

(1) 限制远程客户访问的网络范围。

(2) 向远程客户端分配 IP 地址。

(3) 在"适配器"列表中指定远程客户端获取 IP 参数的网卡。

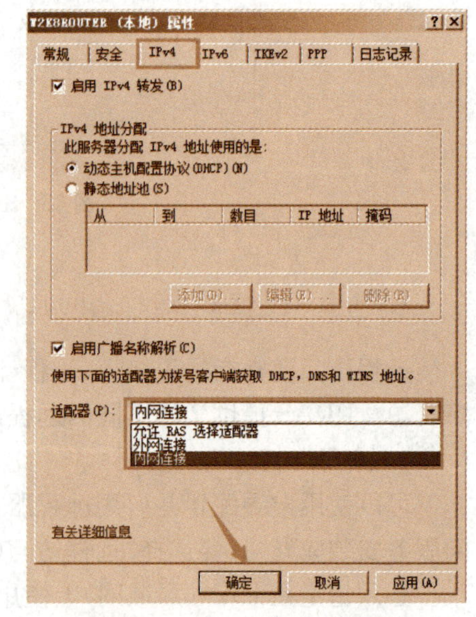

图 13-10　设置 IPv4 选项

4. 设置身份验证和记账功能

身份验证是远程访问安全的重要措施。远程访问服务器使用验证协议来核实远程用户的身份。

RRAS 支持用于本地的 Windows 身份验证和用于远程集中验证的 RADIUS 身份验证，还支持无须身份验证的访问。

当启用 Windows 作为记账提供程序时，Windows 远程访问服务器也支持本地记录远程访问连接的身份验证和记账信息，即日志记录。

1）选择身份验证和记账提供程序

在“路由和远程服务”控制台中打开服务器属性设置对话框，切换到“安全”选项卡，选择身份验证和记账（注：图中“计账”应为“记账”）提供程序，如图 13－11 所示。

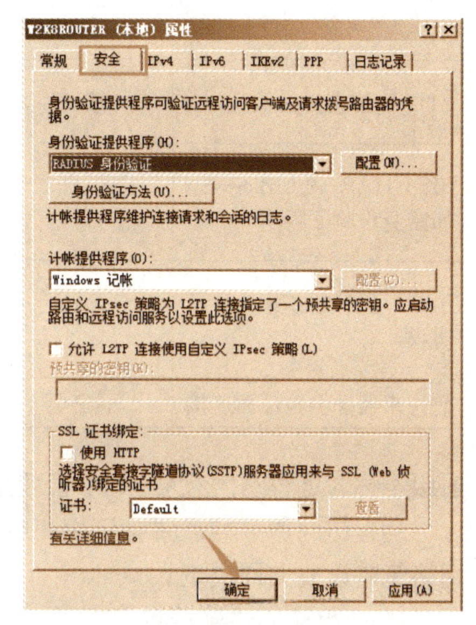

图 13－11 设置身份验证和记账

从“验证提供程序”列表中选择是由 Windows 系统还是 RADIUS 服务器来验证客户端的账户名称和密码。除非建立了 RADIUS 服务器，否则采用默认的“Windows 身份验证”。

2）设置身份验证方法

可以进一步设置身份验证方法。如图 13－11 所示，单击“身份验证方法”按钮，打开如图 13－12 所示的对话框，设置合适的验证方法。

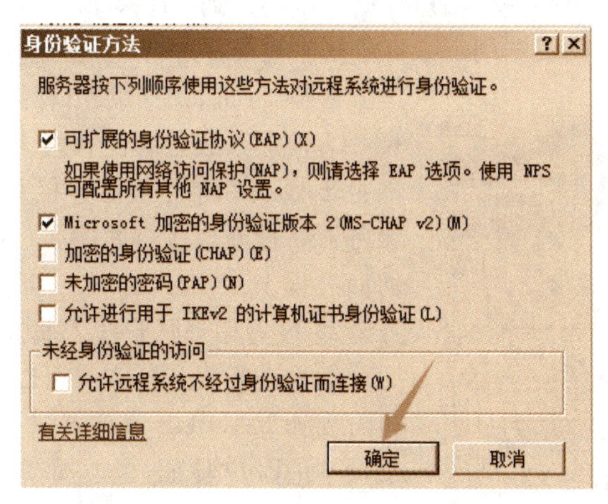

图 13－12 设置身份验证方法

身份验证方法一般使用在连接建立过程中用于协商的一种身份验证协议，各种身份验证方法比较如表 13－1 所示。可以同时选中多种验证方法，应禁用安全级别低的验证方法，以提高安全性。

在选择身份验证方法的时候，还要注意服务器端和客户端都要支持。

5. 配置远程访问用户拨入属性

必须为远程访问用户设置拨入属性，并授予适当的远程访问权限。Windows Server 2008 R2 不仅可以为远程访问用户个别设置账户和权限，还可以通过设置 NPS 网络策略（以

表 13-1 身份验证方法

协议	安全等级	特　　点
PAP(未加密的密码)	低	密码身份验证协议,明文传递账户和密码,安全性极低,但兼容性好
CHAP(加密身份验证)	较高	质询握手身份验证协议,使用工业标准 MD5 的质询响应方式提供单向加密机制
MS-CHAP v2(Microsoft 加密身份验证版本 2)	高	MS CHAP 增强版,主要加强了在远程访问连接的协商过程中安全凭据传递和密钥生成的安全性,弥补了安全漏洞,提供双向身份验证
EAP(可扩展的身份验证协议)	特殊	允许为自定义身份验证机制,远程访问客户端和身份验证服务器(远程访问服务器或 RADIUS 服务器)协商要明确使用的身份验证方案
允许未经身份验证而连接	不安全	远程访问客户端和远程访问服务器之间不交换用户名和密码

前版本称为远程访问策略)集中管理账户和权限。

远程访问服务器需要验证用户账户来确认其身份,而授权由用户账户拨入属性和 NPS 网络策略设置共同决定。

1) 远程访问连接授权过程

以远程访问服务器使用 Windows 身份验证为例说明远程访问客户端获得授权访问的过程。

步骤 1:远程访问客户端提供用户凭据尝试连接到 RRAS 服务器。

步骤 2:RRAS 服务器根据用户账户数据库检查并进行响应。

步骤 3:如果用户账户有效且身份验证凭据正确,RRAS 使用其拨入属性和网络策略为连接授权。

步骤 4:如果是拨号连接并且启用了回拨功能,则服务器将挂断连接再回拨客户端,然后继续执行连接协商过程。

2) 设置用户账户拨入属性

远程访问服务器本身可以用于身份验证和授权,也可委托 RADIUS 服务器进行身份验证和授权。它支持本地账户验证,也支持 Active Directory 域用户账户验证,这取决于用于身份验证的服务器。要使用 Active Directory 域用户账户进行身份验证,用于身份验证的服务器必须是域成员,并且要加入“RAS and IAS Servers”组中。

以域用户账户拨入属性设置为例,打开用户账户属性设置对话框,切换到“拨入”选项卡,如图 13-13 所示,包括以下 4 个方面的设置:

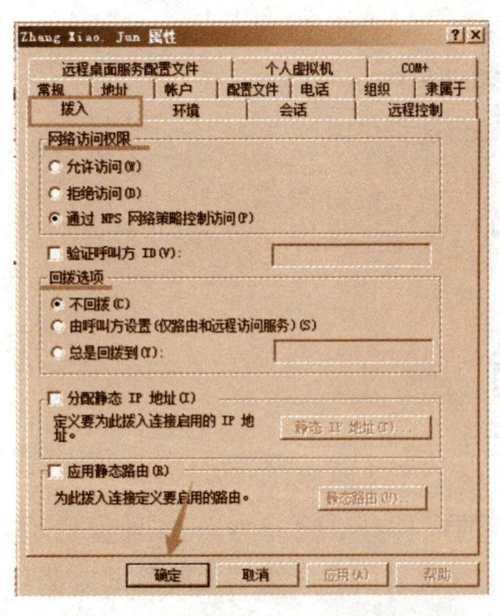

图 13-13 设置用户账户的拨入属性

(1) 配置网络访问权限。

(2) 配置呼叫方 ID 和回拨。

(3) 配置静态 IP 地址分配。

(4) 配置静态路由。

13.4.3　任务 3　部署 Windows Server 2008 R2 路由器

1. 启用 Windows Server 2008 R2 路由器

默认情况下，Windows Server 2008 R2 路由和远程访问服务并没有启用路由功能，需要进行相应的配置。启用的操作方法如下：

方法 1：如果是首次配置路由和远程访问服务，可利用向导启用路由器，选择“自定义配置”选项，然后再选中“LAN 路由”复选框(图 13－7)。然后单击“下一步”按钮，出现相应的对话框，提示路由器设置完成，单击“完成”按钮，弹出相应的提示对话框，询问是否开始服务，单击“是”按钮即可。

方法 2：若已配置路由和远程访问服务，在“路由和远程服务”控制台中右键单击服务器节点，选择“属性”，打开相应的对话框，如图 13－14 所示，确认在“常规”选项卡上勾选“IPv4 路由器”。如果修改这些配置，需要重启路由和远程访问服务。

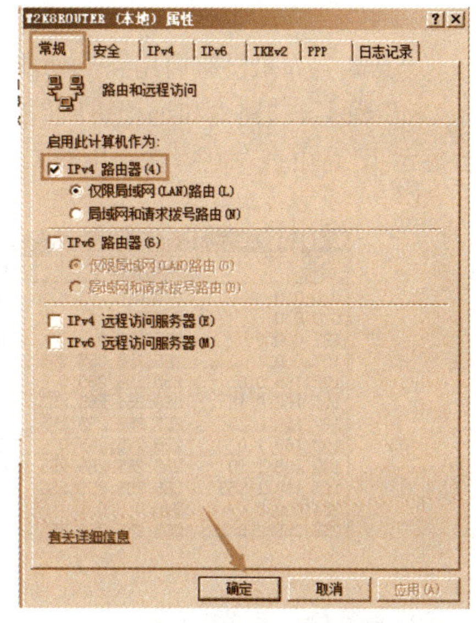

图 13－14　启用局域网路由

2. 配置 IP 静态路由

路由器可以在许多不同的拓扑和网络环境中使用。路由器的部署涉及绘制网络拓扑图、规划网络地址分配方案、路由器网络接口配置、路由配置等。

1) 配置简单的 IP 路由网络

1 个路由器连接 2 个网络是最简单的路由方案。因为路由器本身是同 2 个网络直接相连，不需要路由协议即可转发需要路由的数据包，只需要设置简单的静态路由。这里举 1 个简单的例子，网络拓扑如图 13－15 所示，图中标明了每个路由接口的 IP 地址。

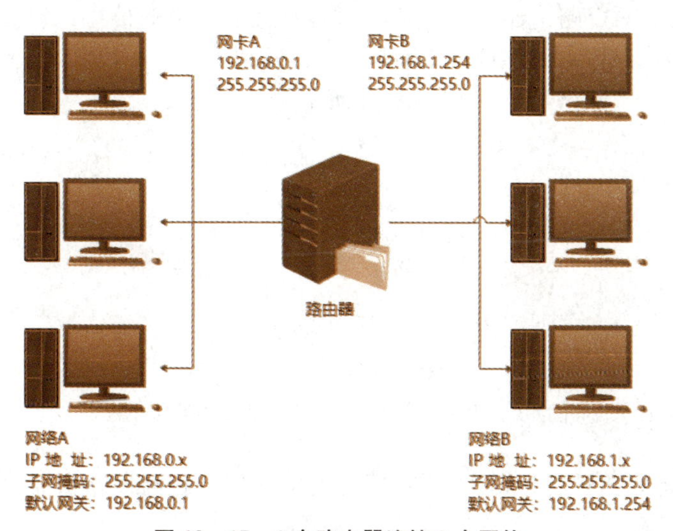

图 13－15　1 个路由器连接 2 个网络

首先配置作为路由器的 Windows Server 2008 R2 计算机。

步骤 1：在 Windows Server 2008 R2 计算机上安装和配置 2 块网卡。可根据情况将网卡改为更明确的名称，如到网络 A 的连接名为“内网连接”，到网络 B 的连接名为“外网连接”，这样会更直观。

步骤 2：在网卡上配置 IP 地址，连接到网络 A 和网络 B 的 2 个网卡的 IP 地址分别为 192.168.1.20 和 192.168.0.20，子网掩码为 255.255.255.0。

步骤 3：如果没有启用路由功能，可参见 13.4.1 节开启路由和远程访问服务的功能。

步骤 4：在“路由和远程访问”控制台中展开“IPv4”节点，右键单击“静态路由”项，选择“显示 IP 路由表”命令，在弹出窗口查看当前的路由信息，如图 13-16 所示。

T2K8ROUTER - IP 路由表

目标	网络掩码	网关	接口	跃点数	协议
0.0.0.0	0.0.0.0	192.168.1.1	内网连接	266	网络管理
0.0.0.0	0.0.0.0	192.168.0.1	外网连接	266	网络管理
127.0.0.0	255.0.0.0	127.0.0.1	Loopback	51	本地
127.0.0.1	255.255.255.255	127.0.0.1	Loopback	306	本地
192.168.0.0	255.255.255.0	0.0.0.0	外网连接	266	网络管理
192.168.0.18	255.255.255.255	0.0.0.0	外网连接	266	网络管理
192.168.0.255	255.255.255.255	0.0.0.0	外网连接	266	网络管理
192.168.1.0	255.255.255.0	0.0.0.0	内网连接	266	网络管理
192.168.1.20	255.255.255.255	0.0.0.0	内网连接	266	网络管理
192.168.1.255	255.255.255.255	0.0.0.0	内网连接	266	网络管理
224.0.0.0	240.0.0.0	0.0.0.0	内网连接	266	网络管理
255.255.255.255	255.255.255.255	0.0.0.0	内网连接	266	网络管理

图 13-16 查看 IP 路由表

路由表中分别提供了目标为 192.168.1.0（网络 A）和 192.168.2.0（网络 B）的路由表项。接下来配置网络上其他计算机（非路由器）的 IP 地址、子网掩码和默认网关。

最后进行测试时，一般使用 ping 或 tracert 命令测试，例如，网络 B 的某计算机用 ping 和 tracert 命令访问网络 A 的某计算机。

2）配置静态路由

上述例子比较简单，网络中只有 1 个路由器。该路由器直接与两边的网络相连，路由器直接将数据包转发给目的主机，不用手工添加路由器。如果遇到更为复杂的网络，需要跨越多个网络进行通信，每个路由器必须知道并未直接相连网络的信息，当与这些网络通信时，必须将数据包转发给另一个路由器，而不是直接发往目的主机，这就需要提供明确的路由信息。这里举 1 个例子，网络拓扑如图 13-17 所示。

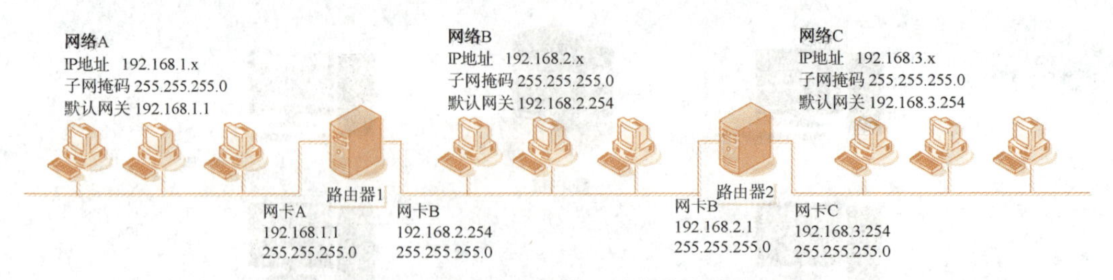

图 13-17 跨多个路由器通信的路由网络示意

静态路由的配置比较容易，只需要在每台路由器上设置与该路由器没有直接连接的网络的路由项即可。打开“路由和远程访问”控制台，展开“IPv4”节点，右键单击“静态路由”节点，选择“新建静态路由”命令，弹出如图 13－18 所示的窗口，在其中设置相应的参数。各项参数含义如下：

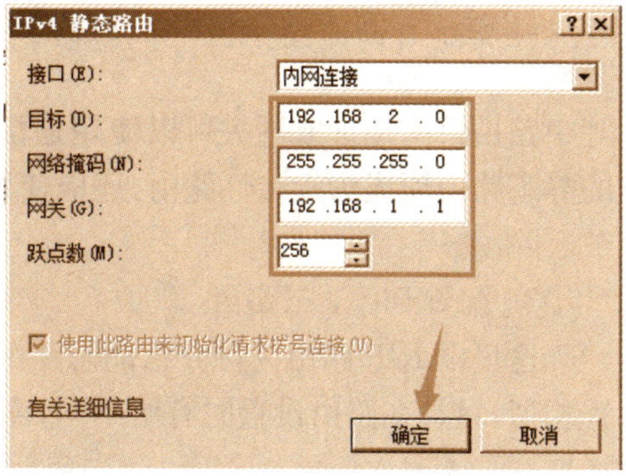

(1) 接口：指定转发 IP 数据包的网络接口。

(2) 目标：目的 IP 地址，可以是主机地址、子网地址和网络地址，还可以是默认路由(0.0.0.0)。

图 13－18　设置到网络 C 的静态路由

(3) 网络掩码：用于决定目的 IP 地址。需要注意的主机路由的子网掩码为 255.255.255.255；默认路由的掩码为 0.0.0.0。

(4) 网关：转发路由数据包的 IP 地址，也就是下一个路由器的 IP 地址。

(5) 跃点数：也称跳(Hop Count)，到达目的地址所经过的路由器数目。

如图 13－17 所示网络中的路由器 1 为例进行示范。根据网络拓扑，共有 3 个网段和 2 个路由器，从网络 A 到网络 C 要跨越 2 个路由器。路由器 1 要连接到网络 C，必须通过路由器 2 同网络 C 通信，到网络 C 的数据包由网卡 B 发送，下一个路由器为路由器 2，路由器 2 连接网络 B 的 IP 地址为 192.168.2.254。到网络 C 的静态路由的设置如图 13－18 所示。注意，路由器 1 与网络 A 和网络 B 都能直接相连，不用设置静态路由。

当前设置的静态路由项添加到“静态路由”列表中。右键单击“静态路由”项，选择“显示 IP 路由表”命令查看当前路由信息，如图 13－19 所示，其中的通信协议都显示为“静态(非请求拨号)”。

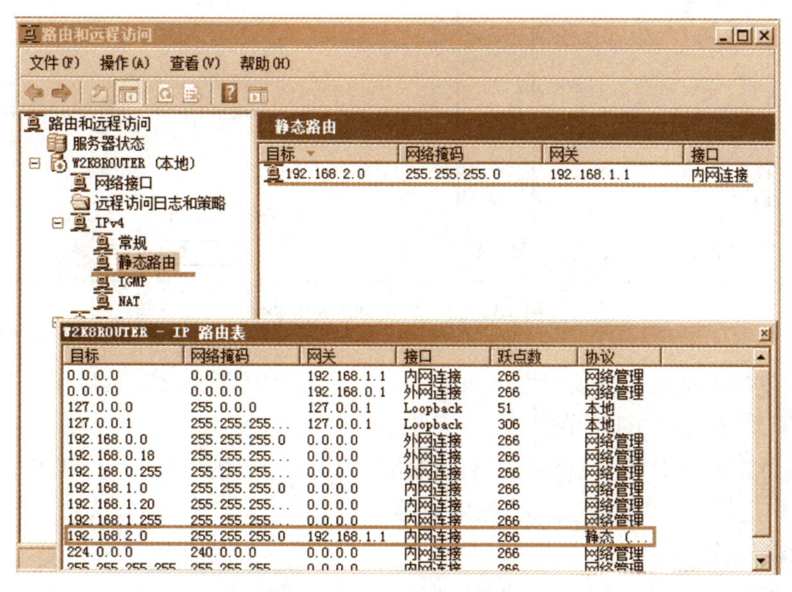

图 13－19　查看 IP 路由表

3) 使用 route ADD 命令添加静态路由

还可直接使用命令行工具 route 来添加静态路由，语法格式为：

```
route ADD[目的地址]MASK[子网掩码][网关]METRIC[跃点数]IF[网络接口(号)]
```

其中路由目的地址或网关可以使用通配符“ * ”和“?”,这可简化路由配置。另外,要使添加的静态路由项成为永久性路由,还应使用-p 选项,否则系统重启后使用此命令添加的路由将被删除。

3. 配置 RIP 动态路由

这里以 RIP 路由为例介绍动态路由的配置。RIP 路由设置的基本步骤与静态路由的设置相似,只是在路由设置时有所不同,需要在路由器上添加 RIP 协议,添加并配置 RIP 路由接口。

步骤 1:参照静态路由设置,在充当路由器的 Windows Server 2008 R2 计算机上安装和配置网卡,并启用路由功能和 IP 路由功能。

步骤 2:添加 RIP 路由协议。打开“路由和远程访问”控制台,展开“IPv4”节点,右键单击“常规”节点,从快捷菜单中选择“新增路由协议”命令弹出“新路由协议”对话框,如图 13 - 20 所示。

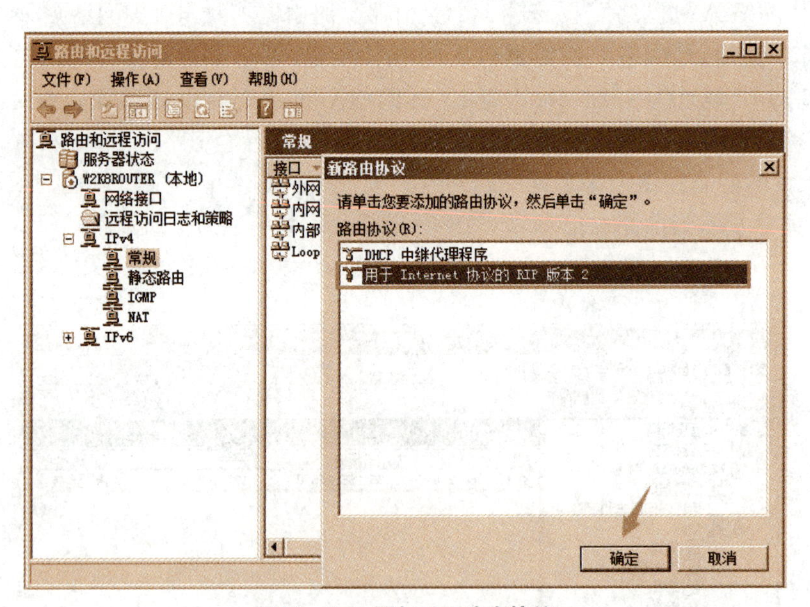

图 13 - 20 添加 RIP 路由协议

步骤 3:单击要添加的协议“用于 Internet 协议的 RIP 版本 2”,然后单击“确定”按钮,“IPv4”节点下面将出现“RIP”节点。

步骤 4:再添加 RIP 接口,将路由器的网络接口配置为 RIP 接口。右键单击“RIP”节点,从快捷菜单中选择“新增接口”命令,弹出如图 13 - 21 所示的对话框,从中选择要配置的接口,单击“确定”按钮。

步骤 5:出现如图 13 - 22 所示的对话框,这里采用默认值,单击“确定”按钮即可。

步骤 6:可根据需要切换到其他选项卡设置该接口的其他属性,例如根据需要,添加并配置其他 RIP 接口。这里 2 个接口都加入。

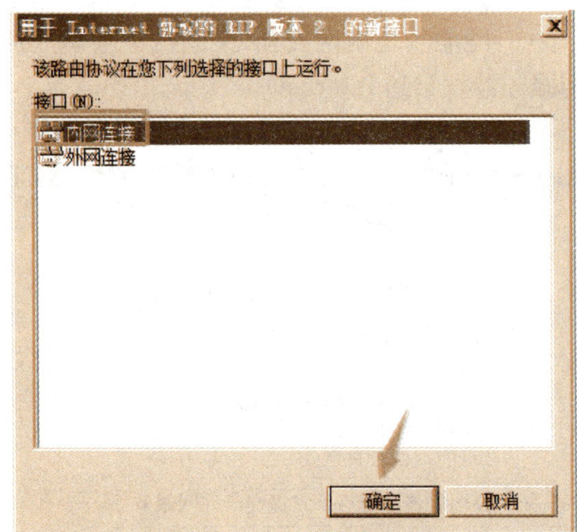

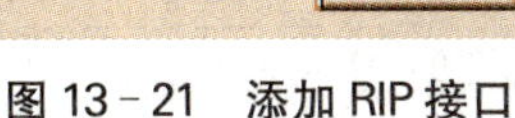
图 13－21 添加 RIP 接口

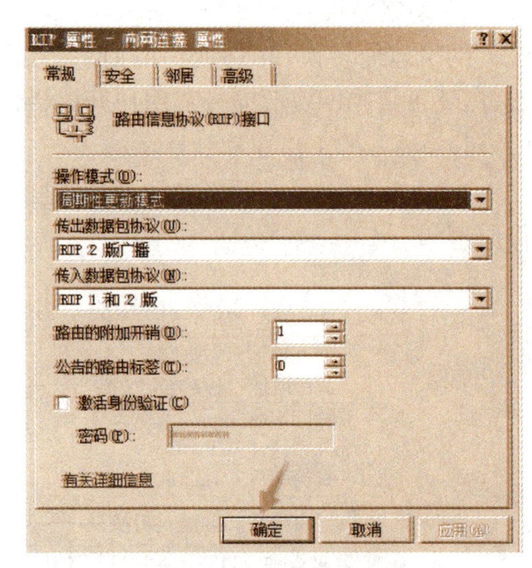

图 13－22 配置 RIP 接口

参照上述步骤，在每个充当路由器的计算机上进行上述操作，完成 RIP 路由配置。

步骤：在“路由与远程访问”控制台中查看现有的 RIP 接口，右键单击“静态路由”项并选择“显示 IP 路由表”命令查看当前路由信息，如图 13－23 所示，其中目标为 192.168.2.0 的路由表项的通信协议都显示为“静态”(注：实际上应当是 RIP，此处应系中文版翻译错误)。

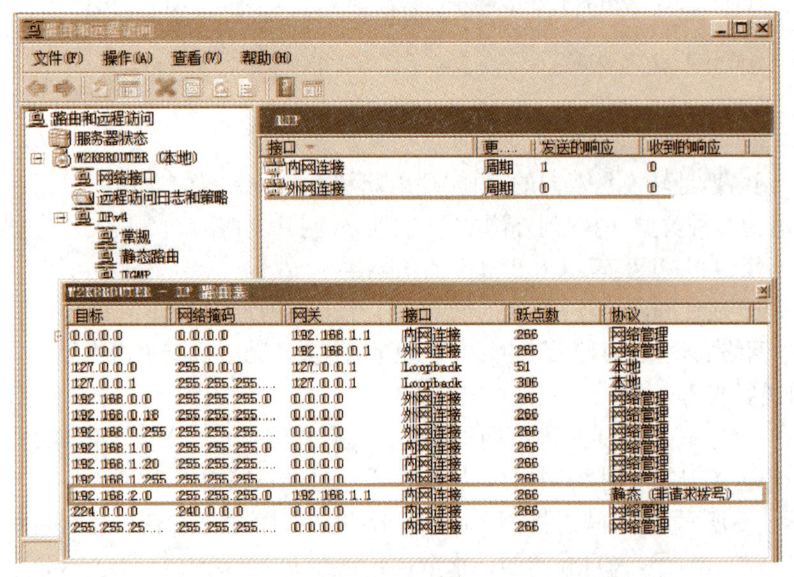

图 13－23 查看当前的 RIP 接口和 IP 路由表

13.4.4 任务 4 网络地址转换配置

Windows Server 2008 R2 路由和远程访问服务集成了非常完善的网络地址转换功能，可以用来将小型办公网络、家庭办公网络连接到 Internet 网络。

1. 网络地址转换技术

网络地址转换(NAT)工作在网络层和传输层，既能实现内网安全，又能提供共享上网服务，还可将内网资源向外部用户开放(将内网服务器发布到 Internet)。

1) NAT 的工作原理

NAT 实际上是在网络之间，对经过的数据包进行地址转换后再转发的特殊路由器，工作原理如图 13－24 所示。

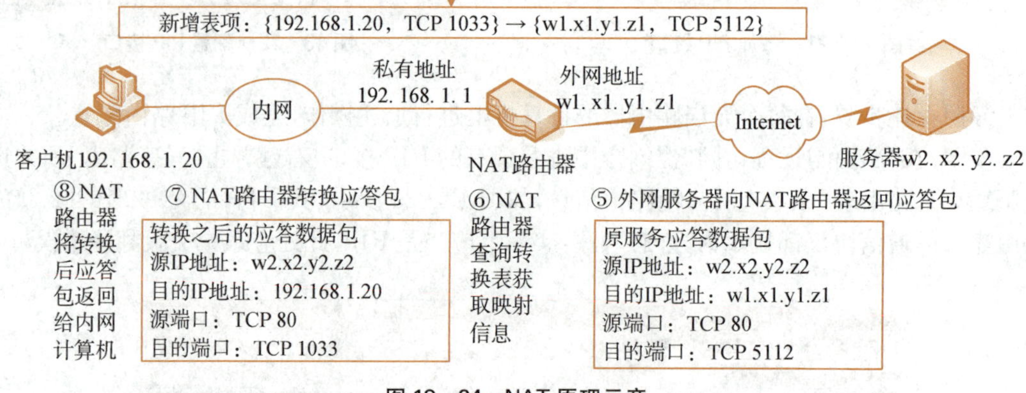

图 13－24 NAT 原理示意

NAT 的网络地址转换是双向的，可实现内网和 Internet 双向通信。根据地址转换的方向，NAT 可分为 2 种类型：内网到外网的 NAT 和外网到内网的 NAT。

内网到外网的 NAT 实现以下 2 方面的功能：

(1) 共享 IP 地址和网络连接，让内网共用 1 个公网地址接入 Internet。

(2) 保护网络安全，通过隐藏内网的 IP 地址，使黑客无法直接攻击内网。

2) 端口映射技术

外网到内网的 NAT 用于从内网向外部用户提供网络服务。NAT 系统可为内网中的服务器建立地址和端口映射，让外网用户访问，这是通过端口映射实现的。

如图 13－25 所示，端口映射将 NAT 路由器的公网 IP 地址和端口号映射到内网服务器的私有 IP 地址和端口号，来自外网的请求数据包到达 NAT 路由器，由 NAT 路由器将其转换后转发给内网服务器，内网服务器返回的应答包经 NAT 路由器再次转换，然后传回外网客户端计算机。

3) RRAS 内置的 NAT

NAT 是一种特殊的路由器，网络操作系统大多数都内置了 NAT 功能。Windows Server 2008 R2 的 RRAS 通过下列组件来实现完善的网络地址转换功能：

(1) 转换组件：用于实现数据包转换。它转换 IP 地址，同时转换内部网络和 Internet 之

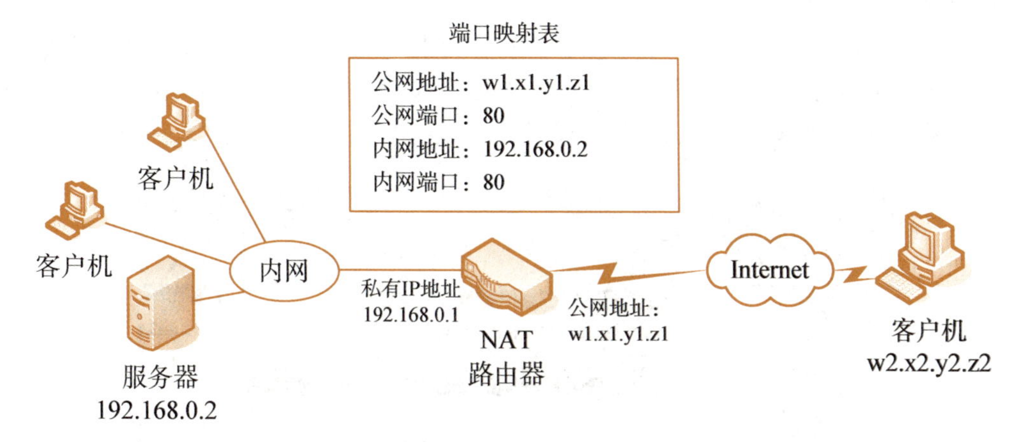

图 13－25　端口映射示意

间转发数据包的端口。

（2）寻址组件：用于为内部网络计算机提供 DHCP 服务。寻址组件是简化的 DHCP 服务器，用于分配 IP 地址、子网掩码、默认网关以及 DNS 服务器的 IP 地址。

（3）名称解析组件：用于为内部网络计算机提供 DNS 名称解析服务。

2. 通过 NAT 实现 Internet 连接共享

网络地址转换主要用于实现 Internet 连接共享。

首先要配置用于网络地址转换的路由器（服务器），配置其专用接口和公用接口（Internet 接口，可以是 LAN 网卡，也可以是拨号连接），添加并配置网络地址转换协议，然后对内部网络中的计算机进行 TCP/IP 设置。

通过 1 个实例来介绍，其网络拓扑如图 13－26 所示。它可以使用局域网模拟，例子中将 NAT 服务器外部接口 IP 地址设置为 172.16.16.10（子网掩码 255.255.0.0）；另一台服务器外部接口 IP 地址设置为 172.16.50.20（子网掩码 255.255.0.0）。

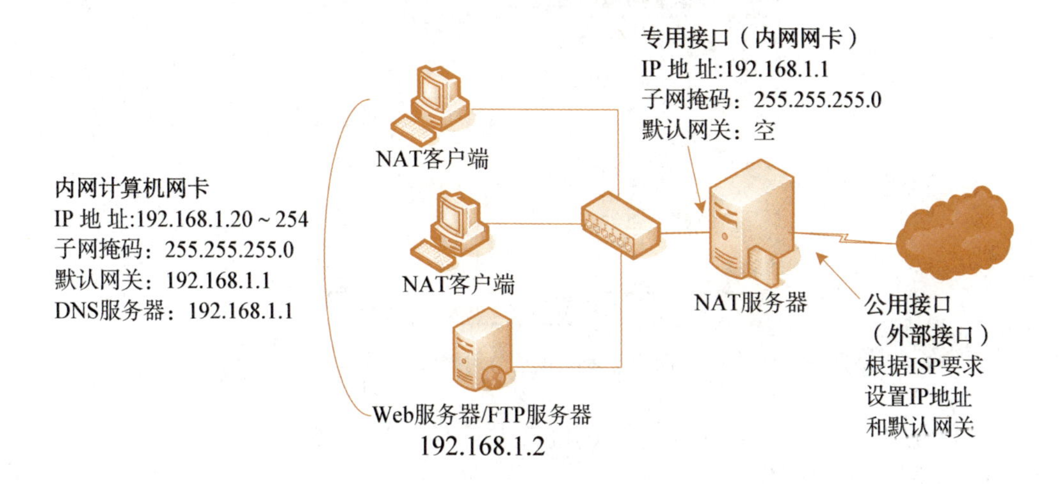

图 13－26　通过 NAT 服务器共享网络连接

1）设置 NAT 服务器

如果将 Windows Server 2008 R2 服务器配置为 NAT 路由器，利用路由和远程访问服务器安装向导非常方便，只要选择“网络地址转换（NAT）”选项，根据提示逐步完成网络地址转换的所有配置，如图 13－27、图 13－28 所示。

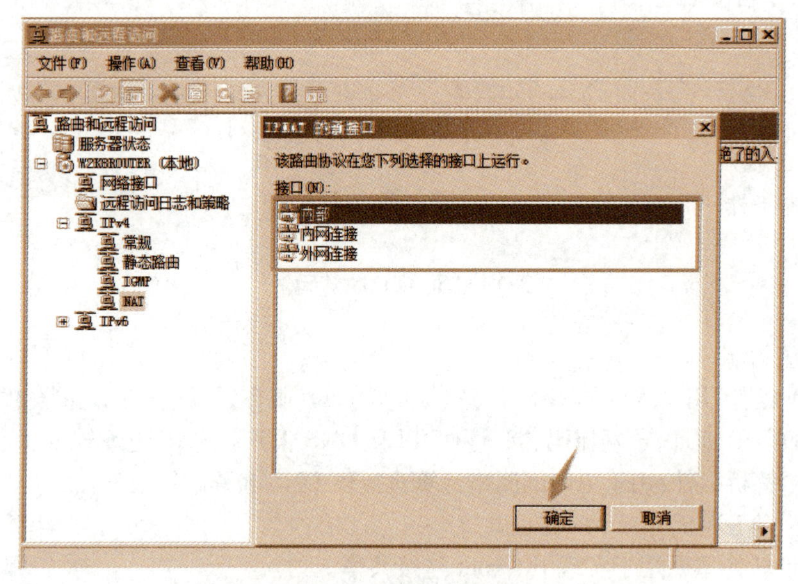

图 13－27　添加 NAT 接口

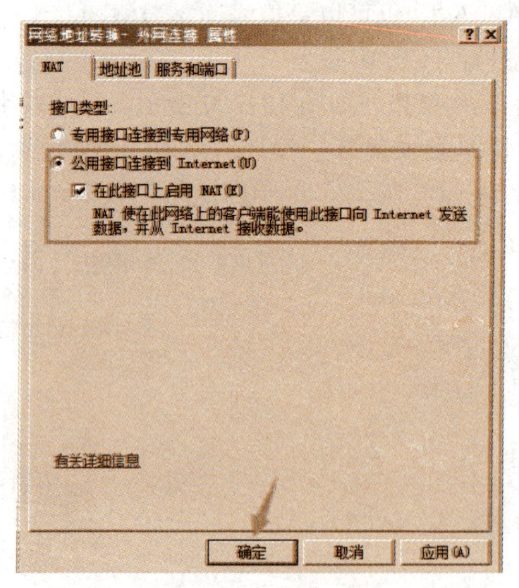

图 13－28　设置公用接口

步骤 1：分别为 NAT 服务器的专用接口和公用接口配置 IP 地址。

步骤 2：添加“NAT”路由协议。

步骤 3：为 NAT 添加公用接口（Internet 接口）。

步骤 4：为 NAT 添加专用接口（内网接口）。

步骤 5:如果要启用网络地址转换寻址功能,即提供 DHCP 服务,右键单击“NAT”节点,选择“属性”命令打开相应的对话框

步骤 6:切换到如图 13-29 所示的“地址分配”选项卡,选中“使用 DHCP 分配器自动分配 IP 地址”复选框,指定分配给专用网络上的 DHCP 客户端的 IP 地址范围(此地址范围要与 NAT 服务器专用接口位于同一网段)。必要时,还可设置需要排除的 IP 地址。

步骤 7:启用网络地址转换名称解析功能即提供 DNS 服务。右键单击 NAT 节点,选择“属性”命令,打开相应的对话框,切换到如图 13-30 所示的“名称解析”选项卡,对于到 DNS 服务器主机名称解析,请选中“使用域名系统(DNS)的客户端”复选框。

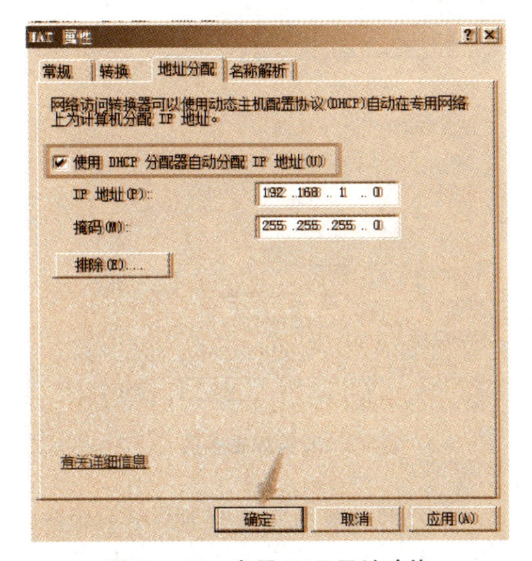

图 13-29 启用 NAT 寻址功能

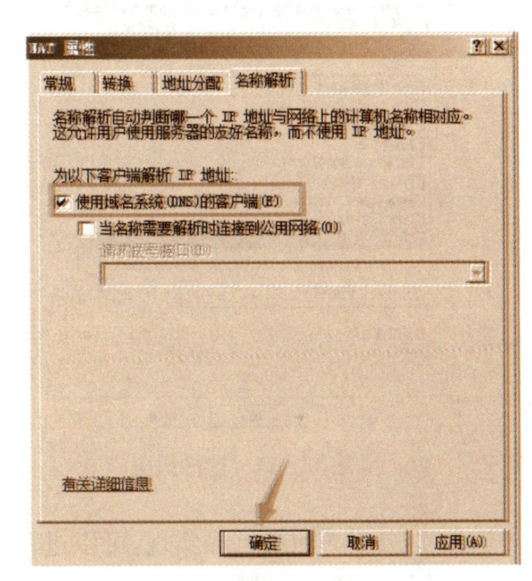

图 13-30 启用 NAT 名称解析功能

2) 配置 NAT 客户端

如果在 NAT 服务器上启用了 DHCP 功能,只需将内部专用网络的其他计算机上配置为 DHCP 客户端,以自动获得 IP 地址及相关配置。

如果在 NAT 服务器上没有启用 DHCP 功能,网络中也没有其他 DHCP 服务器提供 DHCP 服务,就必须使用手工配置。注意将默认网关和 DNS 服务器都设置为 NAT 服务器内部接口的 IP 地址。

3. 让 Internet 用户通过 NAT 访问内部服务

这实际上是通过端口映射发布内网服务器,让公网用户通过对应于公用接口的域名或 IP 地址来访问位于内网的服务和应用。来自 Internet 的请求在到达 NAT 服务器以后,就会被自动转发到拥有适当内网 IP 地址的内网服务器中。这里通过 1 个发布 Web 服务器的实例来进行介绍,其网络拓扑如图 13-26 所示。

步骤 1:在内部网络中确定要提供 Internet 服务的资源服务器,并为其设置 TCP/IP 参数,包括静态的 IP 地址、子网掩码、默认网关和 DNS 服务器(NAT 服务器的内部 IP 地址)。

步骤 2:运行路由和远程访问服务安装向导,启用路由和远程访问服务,添加 NAT 路由协议,并添加公用端口和专用端口。如果在 NAT 服务器上启用网络地址转换寻址功能,则在 IP 地址范围排除资源服务器使用的 IP 地址。如图 13-29 所示,单击“排除”按钮,将内部

服务器 IP 地址添加为保留地址。

步骤 3:添加要发布的服务。在“路由和远程服务”控制台中展开“IPv4”→“NAT”节点，右键单击要设置的公用接口，选择“属性”打开相应对话框。

步骤 4:切换到如图 13-31 所示的“服务和端口”选项卡，从列表中选中要对外发布的服务，这里选中“Web 服务器(HTTP)”，然后单击“编辑”按钮，弹出如图 13-32 所示的对话框，在“专用地址”文本框中设置要发布的服务器的 IP 地址，然后单击“确定”按钮。

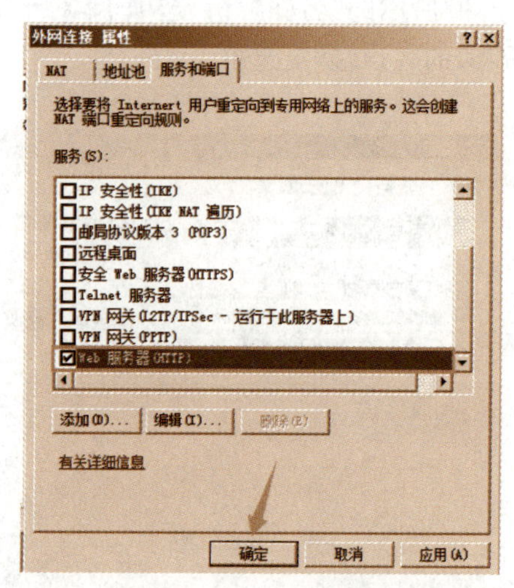

图 13-31 选择服务

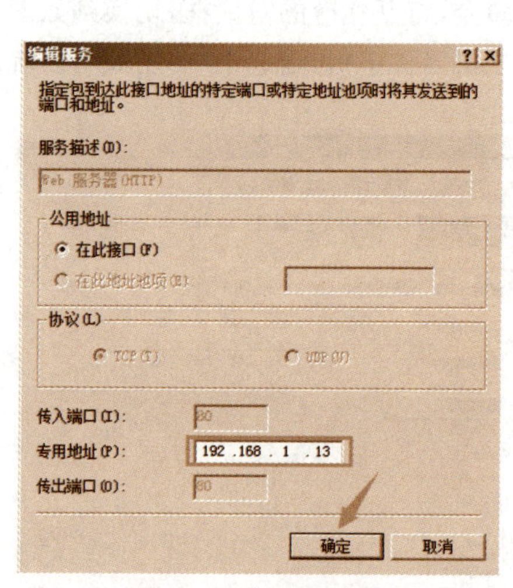

图 13-32 编辑服务

至此，对外发布服务已经实现，可以进行测试。在公网计算机上提交到 NAT 服务器公用地址的 Web 请求，将获得来自内部 Web 服务器的返回结果。不过这种情况只适合几项标准的服务(默认端口)，如果要发布更多的服务和应用，应考虑自定义端口映射。具体方法是：

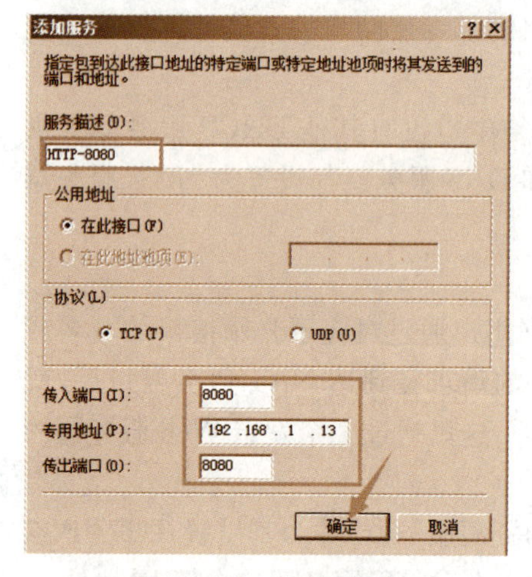

图 13-33 自定义服务

步骤 1:在“服务和端口”选项卡中单击“添加”按钮，弹出如图 13-33 所示的对话框，在“公用地址”设置外来访问的目标地址，默认选中“在此接口”单选按钮，即当前公用接口的 IP 地址。

步骤 2:在“协议”区域选择 TCP 或 UDP 单选按钮；在“传入端口”“专用地址”和“传出端口”文本框中分别输入外来访问的目标端口、内部服务器的 IP 地址和端口。

查看 NAT 映射表进一步测试 NAT 功能。

步骤：在“路由和远程服务”控制台中展开 IPv4→NAT 节点，右键单击要设置的公用接口，选择“显示映射”命令打开如图 13-34 所示的对话框，显示当前处于活动状态的地址和端口映射记录，可以清楚地查看正在活动的 NAT 通信，其中方向为“出站”表示内部用户访问 Internet 网络，方向为“入站”表示 Internet 用户访问内部网络。

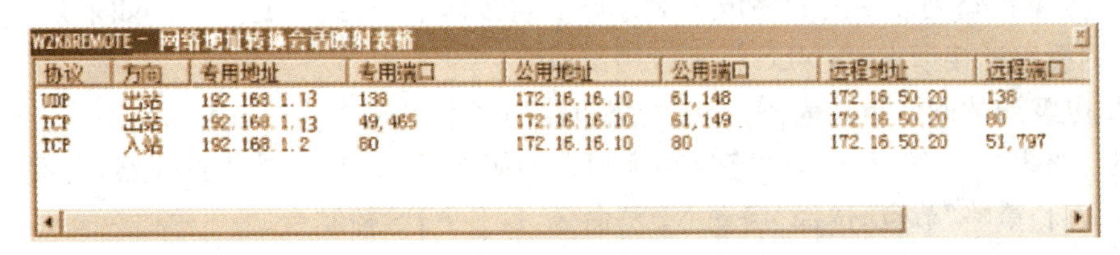

W2K8REMOTE - 网络地址转换会话映射表格

协议	方向	专用地址	专用端口	公用地址	公用端口	远程地址	远程端口
UDP	出站	192.168.1.13	138	172.16.16.10	61,148	172.16.50.20	138
TCP	出站	192.168.1.13	49,465	172.16.16.10	61,149	172.16.50.20	80
TCP	入站	192.168.1.2	80	172.16.16.10	80	172.16.50.20	51,797

图 13-34 查看 NAT 映射表

13.5 知识拓展

13.5.1 NPS 网络策略概述

NPS 网络策略可以更灵活、更方便地实现远程连接的授权，将用户账户的拨入属性和网络策略结合起来实现复杂的远程访问权限设置。

1. NPS 网络策略的应用

从 Windows Server 2008 开始，网络策略服务器（NPS）取代了 Windows Server 2003 的 Internet 验证服务器（IAS），并将远程访问策略改称为网络策略。

NPS 网络策略是一套授权连接网络的规则，由网络策略服务器提供。网络策略服务器除了作为 RADIUS 服务器用于连接请求的身份验证和授权外，还可用于部署网络访问保护以执行客户端的健康检查。

远程访问服务器配置和应用网络策略有以下 2 种情形：

（1）在 Windows Server 2008 R2 中仅安装“路由和远程访问服务”。

（2）在 Windows Server 2008 R2 中同时安装“网络策略服务器”和“路由和远程访问服务”。

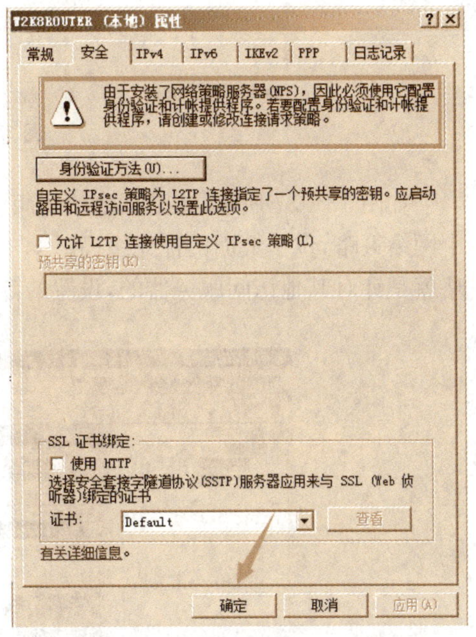

图 13-35 NPS 配置身份验证和记账

同时安装这 2 个角色服务，NPS 服务器将自动接管路由和远程访问服务的身份验证和记账（图 13-35），也就是说不支持 Windows 身份验证和记账，必须使用 NPS 服务器。默认情况下使用本地服务器的 NPS 网络策略，要使用其他服务器的网络策略，需要配置 RADIUS 代理，将身份验证请求转发到指定的 RADIUS 服务器（网络策略服务器）。

2. NPS 网络策略构成

每个网络策略是一条由条件、约束和设置组成的规则。在配置多个网络策略时，形成一组有序规则。

NPS 根据策略列表中的顺序依次检查每个连接请求，直到匹配为止。如果禁用某个网络策略，则授权连接请求时，NPS 将不应用该策略。

这里以默认的网络策略为例，介绍网络策略的基本构成。

步骤：如图 13－36 所示，在“路由和远程访问服务”控制台中展开服务器，右键单击“远程访问日志和策略”节点，选择“启动 NPS”命令，打开 NPS 控制台。

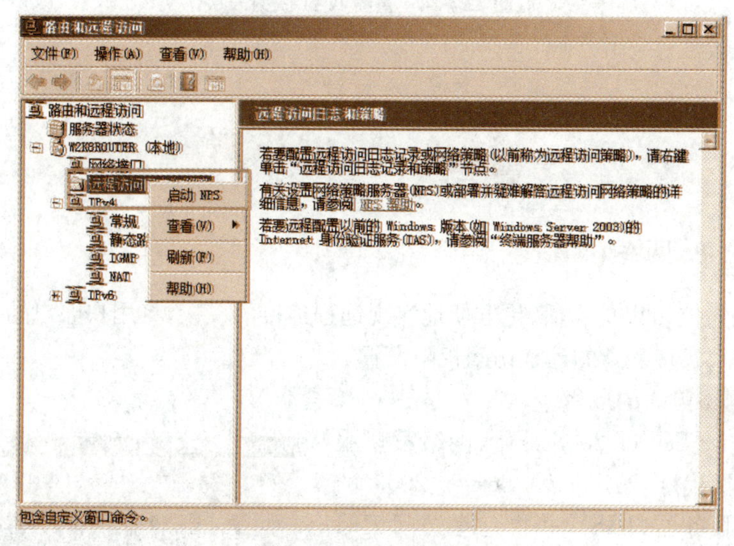

图 13－36 启动 NPS

如图 13－37 所示，这是 1 个精简版的控制台(完整版的需要安装 NPS)，已经内置了 2 个网络策略，位于上面的优先级高。第 1 个策略就是针对路由和远程访问服务的，第 2 个策略就是针对其他访问服务器的，设置的都是拒绝用户连接。

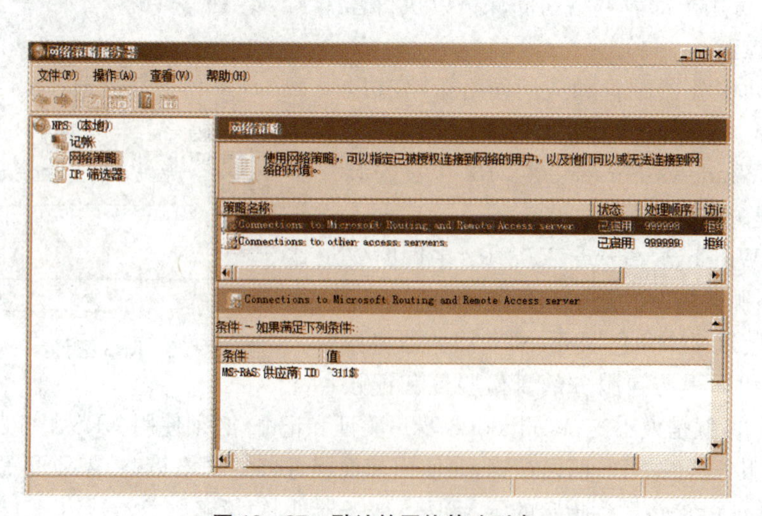

图 13－37 默认的网络策略列表

步骤 1：双击第 1 个策略打开相应的属性设置对话框，共有 4 个选项卡用于查看和设置策略。如图 13－38 所示，在“概述”选项卡中可以设置策略名称、策略状态(启用或禁用)、访

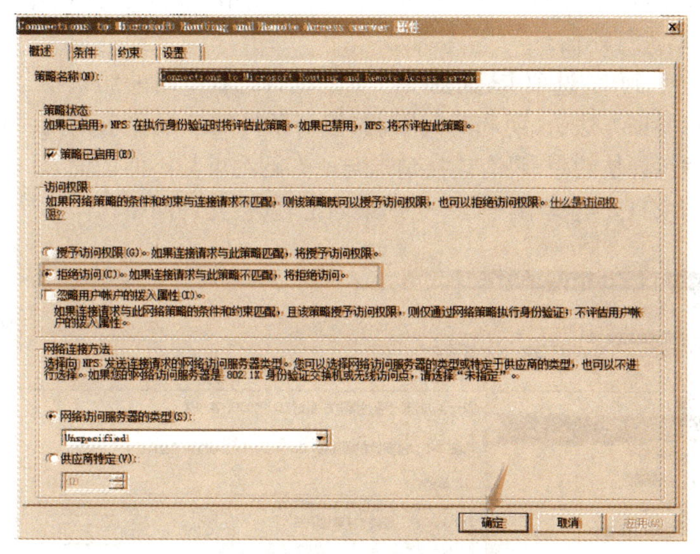

图 13－38　网络策略属性设置

问权限和网络服务器的类型等。

步骤 2：该默认策略的访问权限设置为“拒绝访问”（注：界面中的说明文字有错误，应改为“如果连接请求与此策略匹配，将拒绝访问”），表示拒绝所有连接请求。不过，没有选中“忽略用户账户的拨入属性”复选框，说明还可以由用户的拨入属性来授予访问权限（将其网络权限设置为“允许访问”）。

步骤 3：如果在网络策略中选中“忽略用户账户的拨入属性”复选框，则以网络策略设置的访问权限为准，否则用户账户拨入属性配置的网络访问权限将覆盖网络策略访问权限的设置。

步骤 4：切换到“条件”选项卡，如图 13－39 所示，从中配置策略的条件项。条件是匹配规则的前提，如用户组、隧道类型等。

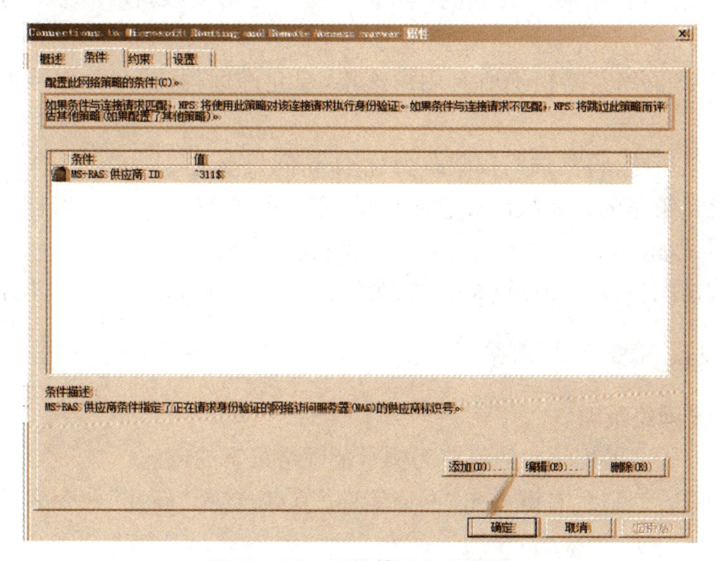

图 13－39　网络策略条件配置

只有连接请求与所定义的所有条件都匹配，才会使用该策略对其执行身份验证，否则将转向其他网络策略进行评估。

步骤5：切换到“约束”选项卡，如图13－40所示，配置策略的约束项。约束也是一种特定的限制，如身份验证方法、日期和时间限制，但与条件的匹配要求不同。只有连接请求与条件匹配，才会继续评估约束；只有连接请求与所有的约束都不匹配时，才会拒绝网络访问。也就是说，连接请求只要与其中任何一个约束匹配，就会允许网络访问。

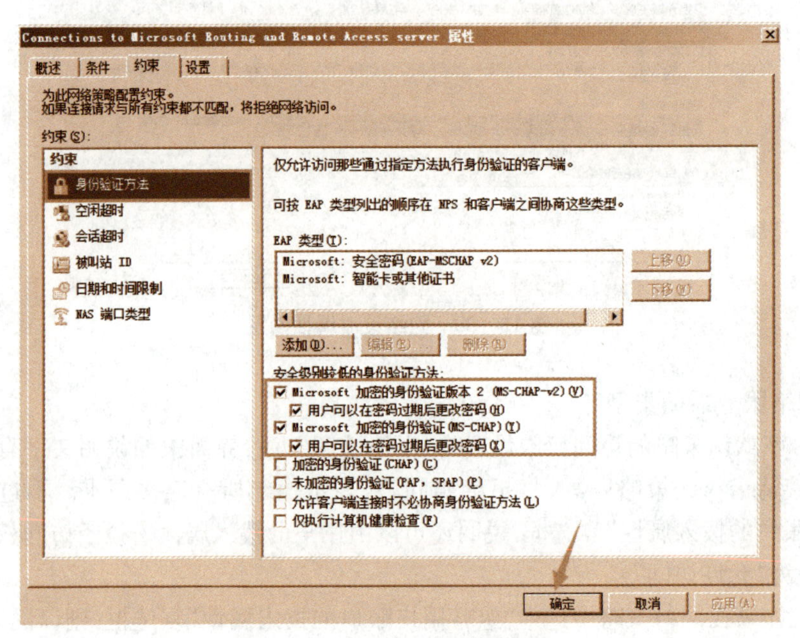

图13－40 网络策略约束配置

步骤6：切换到“设置”选项卡，如图13－41所示，从中配置策略的设置项。设置是指对符合规则的连接进行指定的配置，如设置加密位数、分配IP地址等。NPS将条件和约束与连接请求的属性进行对比，如果匹配且该策略授予访问权限，则所定义的设置会应用于连接。

默认的RRAS网络策略拒绝所有用户连接，要允许远程访问，可以采取以下任何一种方法。

(1) 修改默认策略，将其访问权限改为“授予访问权限”。

(2) 确认默认策略的访问权限设置中清除“忽略用户账户的拨入属性”复选框，通过用户账户拨入属性设置，为远程访问用户授予“允许访问”网络权限。

(3) 为远程访问创建专用的网络策略，为符合条件的连接请求授予访问权限。

13.5.2 设置NPS网络策略

1. 创建NPS网络策略

这里以用于VPN远程访问的策略为例示范网络策略的创建。

步骤1：在NPS控制台右键单击“网络策略”节点，选择“新建”命令启动新建网络策略向导。

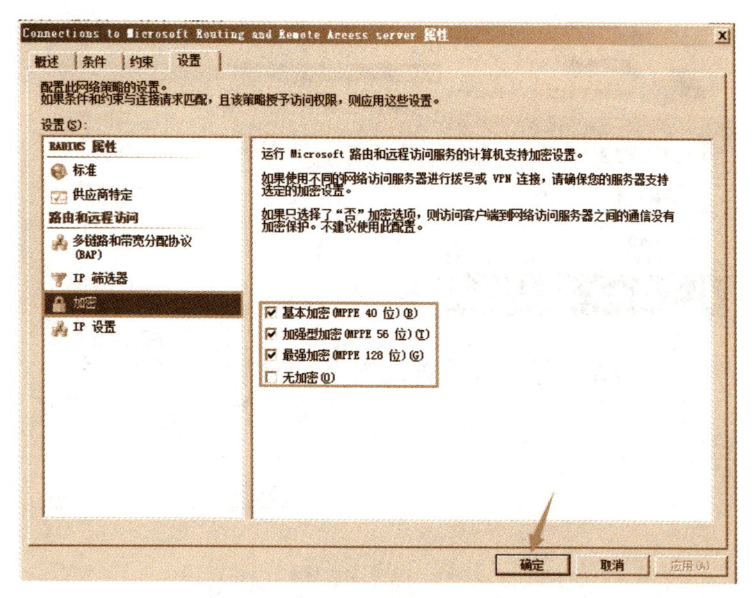

图 13－41　网络策略设置配置

步骤 2：如图 13－42 所示，指定网络策略名称和网络访问服务器的类型，这里网络访问服务器类型选择 Remote Access Server（VPN-Dial up）。还可以指定供应商来限制连接类型。

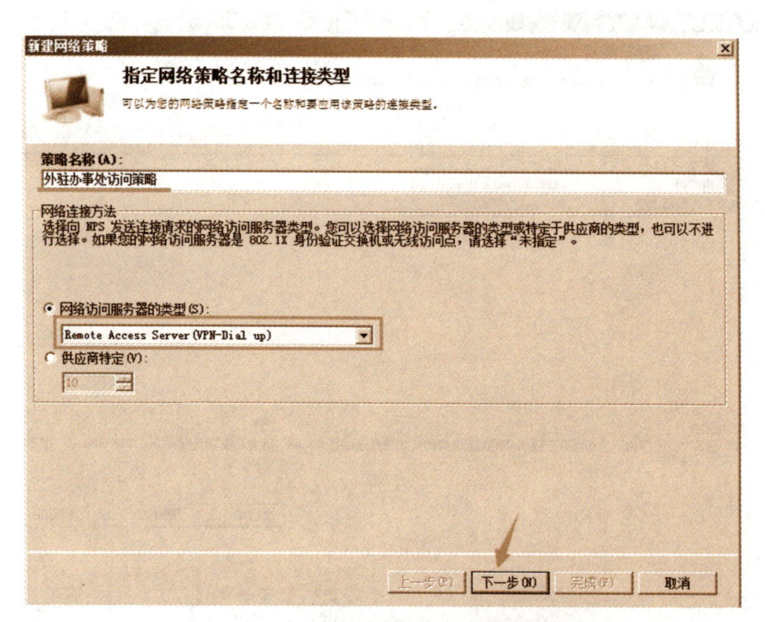

图 13－42　指定网络策略名称和连接类型

步骤 3：单击“下一步”按钮出现“指定条件”界面，从中定义策略的条件项。如图 13－43 所示，单击“添加”按钮弹出“选择条件”对话框，从列表中选择要配置的条件项（如“用户组”），再单击“添加”按钮，设置匹配的条件（如添加域用户组），单击“确定”按钮。

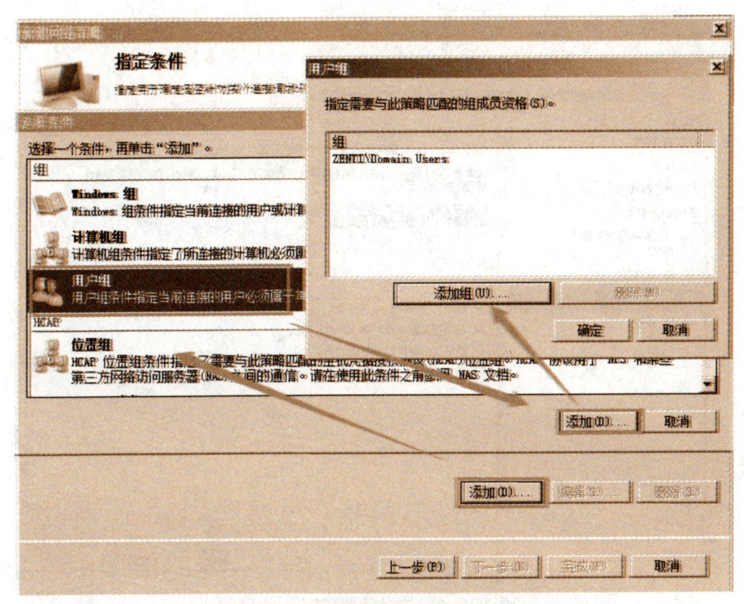

图 13－43 指定网络策略条件

步骤 4：根据需要参照上一步骤继续定义其他条件项，本例中共设置了“用户组”和“NAS 端口类型”，如图 13－44 所示。

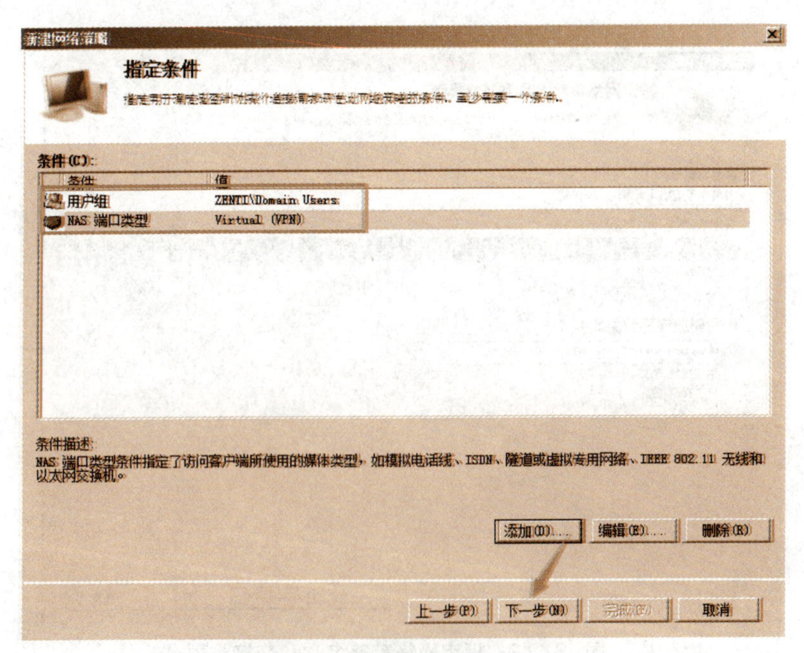

图 13－44 网络策略条件列表

步骤 5：完成策略的条件项定义以后，单击“下一步”按钮出现如图 13－45 所示的界面，从中指定访问权限。这里选中“已授予访问权限”选项。

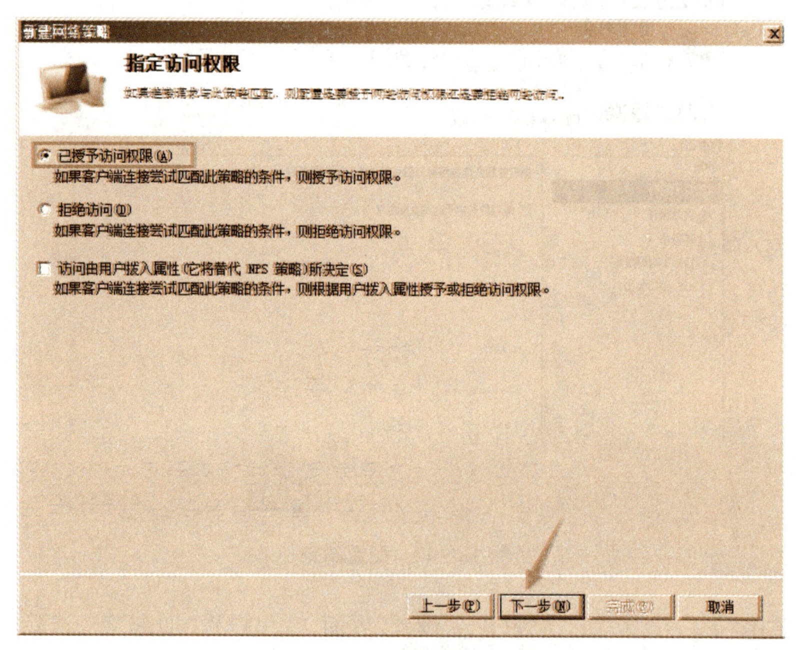

图 13-45 指定访问权限

步骤 6:单击“下一步”按钮，出现如图 13-46 所示的界面，从中配置身份验证方法，这里保持默认设置。身份验证方法实际是网络策略的约束项。

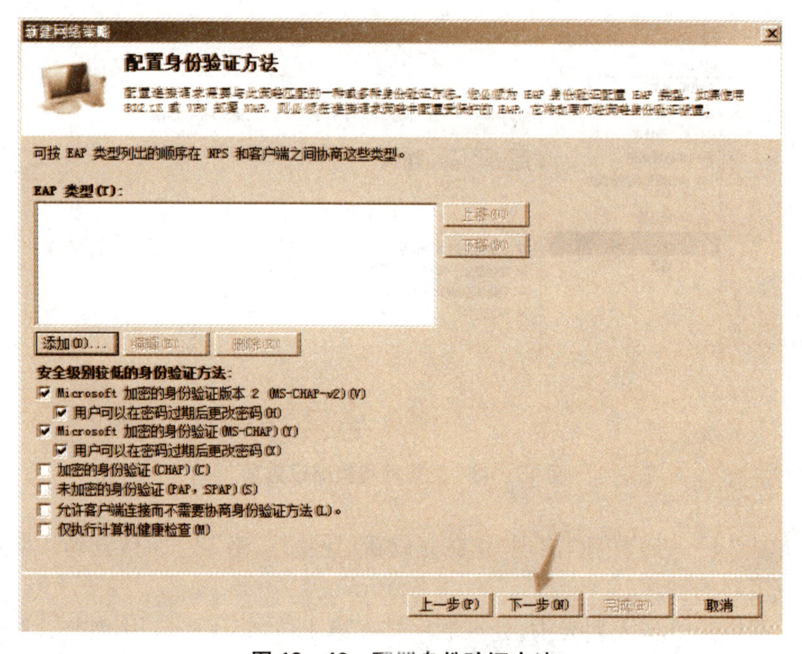

图 13-46 配置身份验证方法

步骤 7:单击“下一步”按钮，出现如图 13-47 所示的界面，从中配置约束项，默认不设置选项。

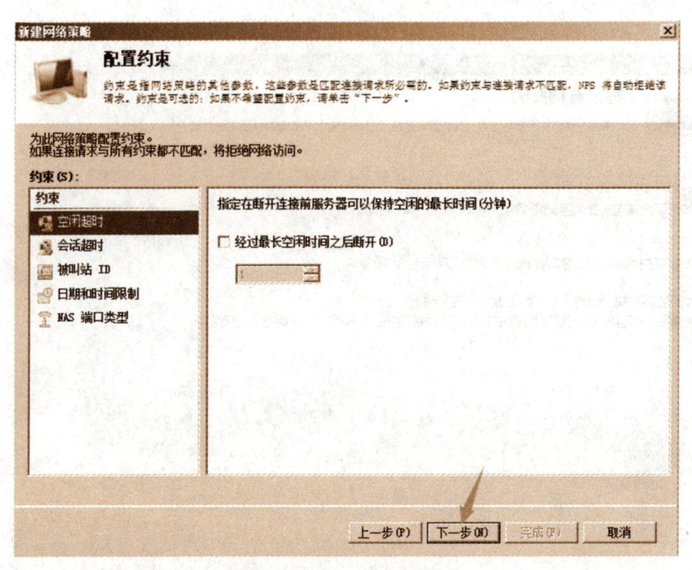

图 13－47　配置约束

步骤 8：单击“下一步”按钮，出现“配置设置”界面，这里设置“加密”项，清除其中的“无加密”复选框，如图 13－48 所示。

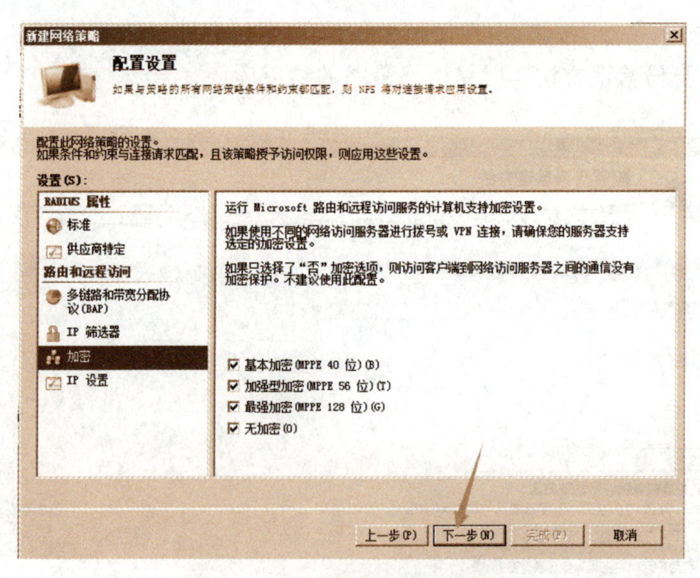

图 13－48　配置网络策略设置项

步骤 9：单击“下一步”按钮，出现“正在完成新建网络策略”界面，检查确认设置，单击“完成”按钮，完成策略的创建。

新创建的网络策略加入列表中，处理顺序排在第 1 位，将优先应用，如图 13－49 所示。

步骤：右键单击该策略，选择相应的命令进一步管理该策略，例如选择“上移”或“下移”命令来调整顺序。管理员可以调整网络策略的顺序，通常是将较特殊的策略按顺序放置在较普遍的策略之前。

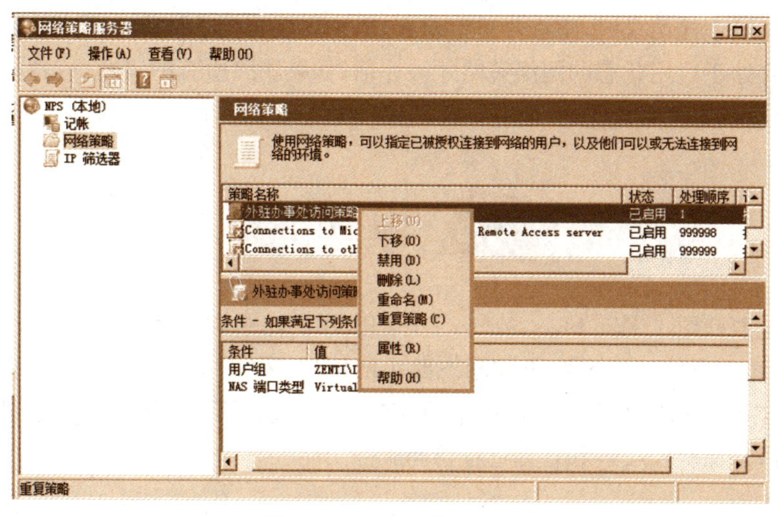

图 13 - 49　网络策略列表

2. NPS 网络策略处理流程

了解网络策略处理的流程，便于管理员正确地使用网络策略，整个流程如图 13 - 50 所示。其中的“用户账户拨入设置”是指用户账户拨入属性设置中的其他控制，如验证呼叫方 ID 等。

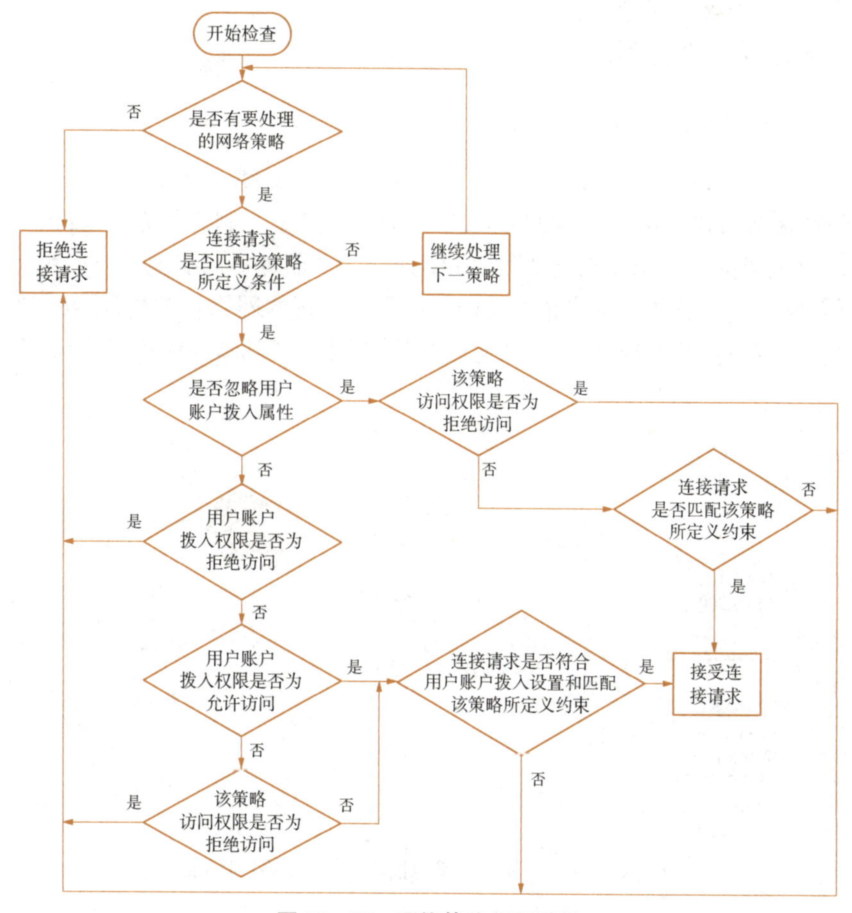

图 13 - 50　网络策略处理流程

当用户尝试连接请求时，将逐步进行检查，以决定是否授予访问权限。一般都是拒绝权限优先。只有处于启用状态的网络策略才被评估，如果删除所有的策略，或者禁用所有的策略，任何连接请求都会被拒绝。

13.6 项目小结

本项目主要介绍了 Windows Server 2008 R2 中的路由和远程访问服务，包括该服务的启用和配置，重点介绍了静态路由和动态路由的配置、网络地址转换 NAT，最后还介绍了 NPS 网络策略知识和技术实现。通过本项目的学习，我们可以较为熟练地掌握路由配置、NAT 配置等，从而轻松实现和管理远程访问服务功能。

13.7 实践训练(工作任务单)

13.7.1 实训目标

(1) 会安装路由和远程访问服务。

(2) 会配置 NAT 服务器。

13.7.2 实训场景

Sunny 公司办公网需要接入互联网，公司申请了 1 条专线。该专线分配了 7 个公网的 IP 地址(分别是 202.33.44.1～202.33.44.7)。公司信息中心制订的方案是：内部网络采用私有 IP 地址(网段为 192.168.1.0/24)，通过配置 NAT 服务器以实现全公司所有的主机都能访问外网，并给出了具体的网络拓扑结构图。作为公司的网络管理员，需要配置 NAT 服务器以实现内部私有 IP 地址到公有 IP 地址的转换。网络实训环境如图 13-51 所示。

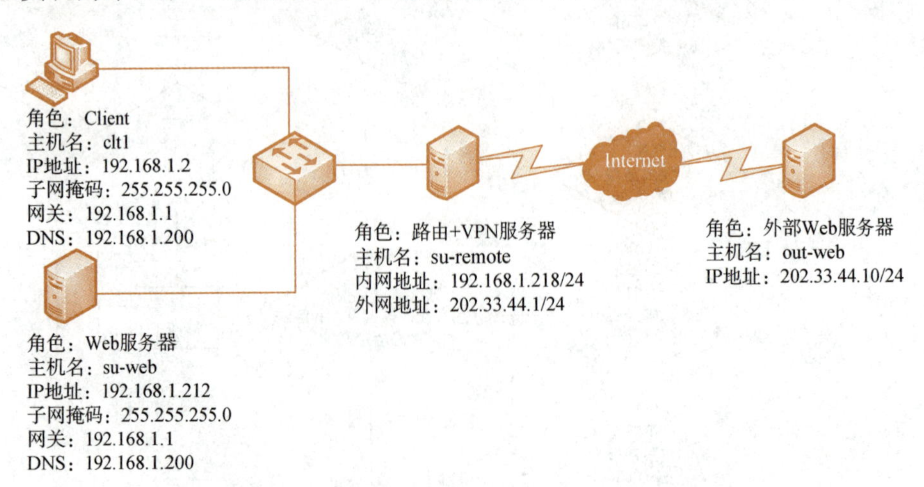

图 13-51 配置和管理远程访问服务器实训环境

13.7.3 实训任务

任务 1:搭建网络环境

(1) 搭建如图 13-51 所示的网络实训环境。

(2) 配置计算机的虚拟网卡模式。

① 将客户机虚拟网卡设置为“自定义(U):特定虚拟网络”,选择“Vmnet1(仅主机模式)”。

② 在 su-remote 服务器中配置 2 块虚拟网卡,分别更名为“inside”和“outside”,并设置为“自定义(U):特定虚拟网络”,选择“Vmnet1(仅主机模式)”。

③ 将外部 Web 服务器虚拟网卡模式设置为:“自定义(U):特定虚拟网络”,并选择“Vmnet1(仅主机模式)”。

任务 2:在 su-remote 上安装路由和远程访问服务

任务 3:配置 NAT 服务器

(1) 在 su-remote 上添加 NAT 路由协议。

(2) 在 su-remote 上添加 NAT 公用接口。

(3) 在 su-remote 上配置 NAT 地址池。

(4) 在 su-remote 上添加内部 Web 服务器的保留地址。

任务 4:配置 NAT 客户端并测试

(1) 配置 NAT 客户端的 IP 地址。

(2) 在客户端上测试与外部 Web 服务器的连通性。

(3) 在 su-remote 上查看网络地址转换会话映射表格。

13.8 课后习题

13.8.1 填空题

1. Windows Server 2008 R2 的路由和远程访问服务是 1 个全功能的________。

2. ________是一种把局域网内部私有 IP 地址转换为合法的公有 IP 地址,常用的实现方式有 3 种,即________、________和________。

13.8.2 单项选择题

1. 安装了( )服务的计算机被称为“远程访问服务器”,由它提供对远程访问的支持,接受用户的远程访问。

A. 路由 B. 远程访问 C. 搜索引擎 D. WINS 代理

2. 下列身份验证协议中,安全等级最低的是( )。

A. PAP B. CHAP C. MS-CHAPv2 D. EAP

3. 网络包含 1 个名为 www. zenti. cc 的 Active Directory 域,所有域控制器都运行 Windows Server 2008 R2,该网络包含 1 台 DHCP 服务器 DHCP1 上的 1 个子网名为

Subnet1。你需要实现1个新的子网名为Subnet2,Subnet2包含Server1的服务器。在DHCP1,你创建1个DHCP范围Subnet2,需要配置Server1,确保Subnet2上的客户端计算机可以从DHCP1接收IP地址。在Server1上,应该安装(　　)。

A. 应用程序服务器角色

B. DHCP服务器角色

C. 网络策略服务器(NPS)角色服务

D. 路由和远程访问服务(RRAS)角色服务

4. 如果你的公司有1个单一的活动目录域,该域的服务器运行Windows Server 2008 R2,有1个名为NAT1的NAT服务器,需要确保管理员可以通过远程桌面协议访问RDP1服务器,你应该怎么做?(　　)。

A. 配置NAT1转发端口389到RDP1

B. 配置NAT1端口1432转发到RDP1

C. 配置NAT1端口3339转发到RDP1

D. 配置NAT1转发端口3389到RDP1

5. 网络中包含1个Active Directory域,有1个名为Server1的成员服务器运行Windows Server 2008 R2,服务器安装了路由和远程访问服务角色服务。为实现域的(NAP)网络访问保护,需要在Server1上配置对点协议(PPP)身份验证方法。应该使用哪种身份验证方法?(　　)。

A. 质询握手身份验证协议(CHAP)

B. 可扩展身份验证协议(EAP)

C. Microsoft质询握手身份验证协议版本2(MS-CHAPv2)

D. 密码验证协议(PAP)

13.8.3 简答题

1. 什么是远程访问?Windows Server 2008 R2支持哪些远程访问类型?

2. 路由器的作用是什么?路由表主要包括哪些信息?

3. 简述NAT的工作原理。

虚拟专用网(VPN)的配置和管理

14.1 项目导入

在前面的项目当中，我们通过配置路由和 NAT 等技术实现了公司总部与分部等远程的连接与访问，初步解决了远程访问的问题。这种访问的方式都是基于 Internet，所有消息、数据等传送都是直接通过 Internet 进行的。这样的方式，对于一般的访问需要完全能够胜任，但如果企业所传输的信息含有敏感信息或保密要求较高，则必须将处于不同位置的企业成员全部纳入同一个网络。

14.2 项目分析

VPN(Virtual Private Network)即虚拟专用网络，通过公用网络(如 Internet)建立 1 个临时的、安全的、模拟的点对点连接。这是一条穿越公用网络的信息隧道，数据可以通过这条隧道在公用网络中安全地传输。借助 VPN，企业外出人员可随时连接到企业的 VPN 服务器，进而连接到企业内部网络。

要解决重庆正泰网络科技有限公司外出员工和公司分部与总部的安全访问问题，公司网络部经过研究决定由小李来实施。通过调研，小李决定主要从以下几个方面着手操作：

(1) 实现个人用户和公司总部的 VPN 连接。

(2) 实现公司分部与公司总部的 VPN 连接。

14.3 预备知识

14.3.1 VPN 基础

VPN 是企业内网的扩展，是在公共网络上建立的安全的专用网络，是为传输内部信息而形成逻辑网络，为企业用户提供比专线更经济、更安全的资源共享和互联服务。VPN 作为与传统专用网络相对应的一种组网技术，兼具公用网络和专用网络的许多特点，能够节省成本、简化网络设计，保证通过公用网络传输私有数据的安全性。

1. VPN 应用模式

VPN 大致可以划分为远程访问和网络互联 2 种应用模式。

(1) 远程访问。如图 14 - 1 所示，远程访问可作为替代传统的拨号远程访问的解决方案，能够廉价、高效、安全地连接移动用户、远程工作者或分支机构，适合企业内部人员移动办公或远程办公，以及商家提供 B2C 的安全访问服务等。此模式采用的网络结构是单机连接网络，又称站点到站点 VPN、桌面到网络 VPN、客户到服务器 VPN。

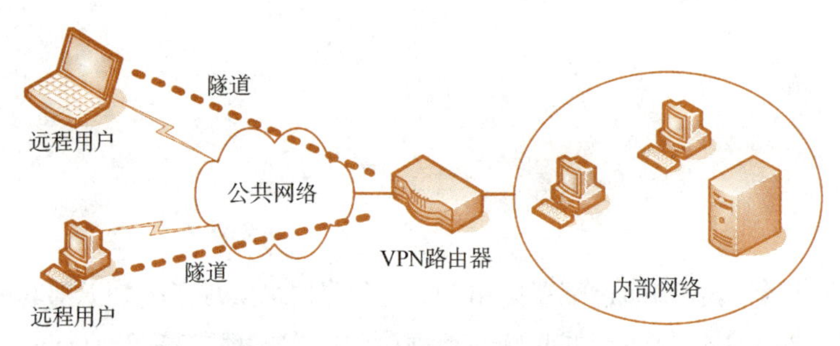

图 14 - 1 基于 VPN 的远程访问

(2) 远程网络互联。这是最主要的 VPN 应用模式，用于企业总部与分支机构、分支机构与分支机构之间的网络互联，如图 14 - 2 所示。此模式采用的网络结构是网络连接到网络，又称站点到站点(Site-to-Site)VPN、网关到网关 VPN、路由器到路由器 VPN、服务器到服务器 VPN 或网络到网络 VPN。

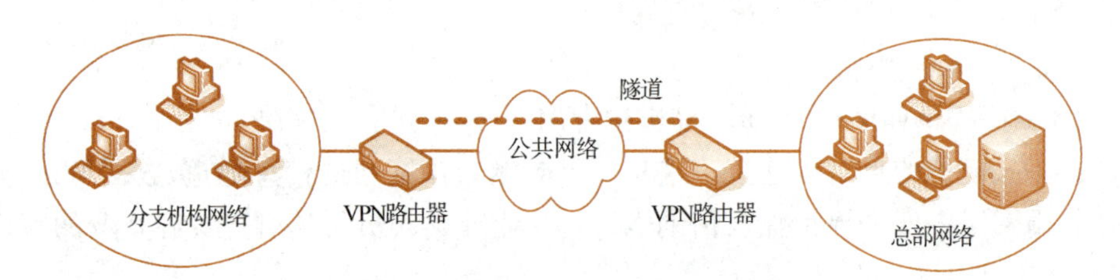

图 14 - 2 基于 VPN 的远程网络互联

2. 基于隧道的 VPN

VPN 的实现技术多种多样，隧道(又称通道)技术是最典型的也是应用最为广泛的 VPN 技术。

VPN 隧道的工作机制如图 14 - 3 所示，位于两端的 VPN 系统之间形成一种逻辑的安全隧道，称为 VPN 连接或 VPN 隧道。各种应用(如文件共享、Web 发布、数据库管理等)可以像在局域网中一样使用。

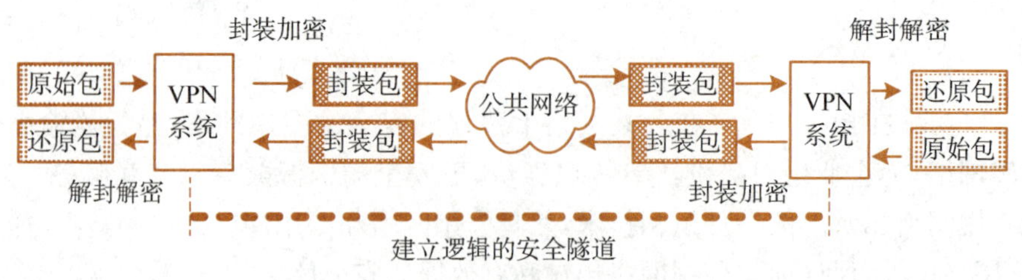

图 14 - 3 VPN 隧道工作机制

3. VPN 协议

VPN 客户端使用隧道协议以创建 VPN 服务器上的安全连接。Windows Server 2008 R2 的 RRAS 支持 4 种 VPN 协议,表 14-1 对这些协议进行了比较。

表 14-1 VPN 协议比较

VPN 协议	应用模式	穿透能力	说明
PPTP(Point-to-Point Tunneling Protocol)	远程访问与远程网络互联	NAT(需支持 PPTP)	是点对点协议 PPP 的扩展,增强了 PPP 的身份验证、压缩和加密机制。PPTP 协议允许对 IP、IPX 或 NetBEUI 数据流进行加密,然后封装在 IP 包中通过企业 IP 网络或公共网络发送。PPP 和 Microsoft 点对点加密(MPPE)为 VPN 连接提供了数据封装和加密服务
L2TP/IPSec(Layer Two Tunneling Protocol/IPSec)	远程访问与远程网络互联	NAT(需支持 NAT-T)	L2TP 使用 IPSec ESP(封装安全有效荷载)协议来加密数据。L2TP 和 IPSec 的组合称为 L2TP/IPSec。VPN 客户端和 VPN 服务器都必须支持 L2TP 和 IPSec
SSTP(Secure Socket Tunneling Protocol)	远程访问	NAT、防火墙和代理服务器	SSTP 基于 HTTPS 协议创建 VPN 隧道,通过 SSL 安全措施来确保传输安全性
IKEv2(Internet Key Exchange VPN Reconnect)	远程访问	NAT(需支持 NAT-T)	使用 Internet 密钥交换版本 2(IKEv2)的 IPsec 隧道模式,支持失去 Internet 连接时自动重建连接的方式——VPN Reconnect

PPTP 协议使用 MPPE 加密进行连接,只需要对用户进行验证,是最容易使用的 VPN 协议。

4. Windows Server 2008 R2 的 VPN 组件

如图 14-4 所示,1 个完整的 VPN 远程访问网络主要包括 VPN 服务器、VPN 客户端、LAN 协议、远程访问协议、隧道协议等组件。

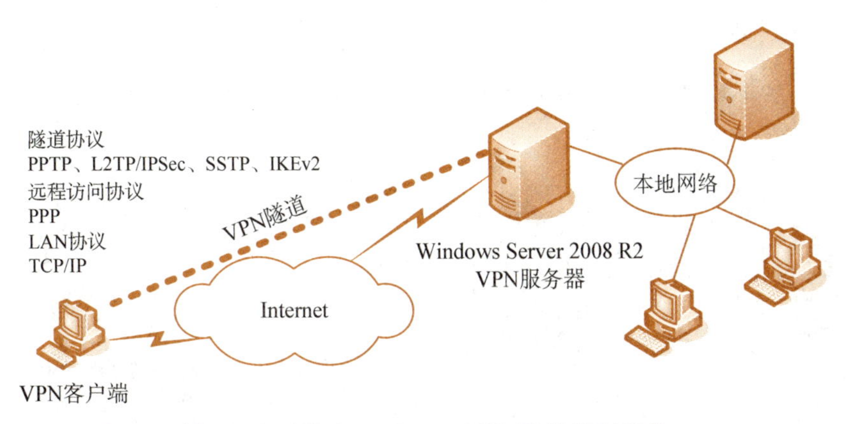

图 14-4 Windows Server 2008 R2 的 VPN 组件

VPN 服务器是核心组件,可以配置 VPN 服务器以提供对整个网络的访问或只限制访问 VPN 服务器本身的资源。典型情况下，VPN 服务器具有到 Internet 的永久性连接。

VPN 客户端可以是使用 VPN 连接的远程用户（远程访问），也可以是使用 VPN 连接（PPTP 或 L2TP/IPSec）的远程路由器（远程网络互联）。VPN 客户端使用隧道协议创建 VPN 服务器上的安全连接。

14.3.2 规划部署 VPN

1 个规划部署 VPN 示例的网络拓扑结构如图 14－5 所示。例中通过建立网络互联和远程访问 VPN 将总部网络和分支机构网络利用公共网络连接，相互之间能够安全地通信，使在外出差的远程用户利用公共网络安全地访问总部网络。

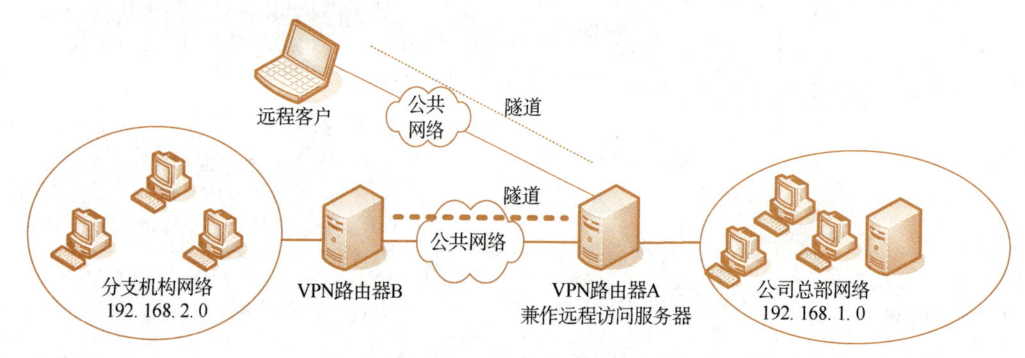

图 14－5 VPN 部署示意

14.4 项目实施

RRAS 集成 VPN 功能，从 Windows Server 2008 开始支持 SSTP 协议，Windows Server 2008 R2 又增加了对 IKEv2 的支持，从而提供更加完善的 VPN 解决方案。

14.4.1 任务 1 部署基于 PPTP 的远程访问 VPN

这里利用虚拟机软件搭建 1 个相对简易的用于 VPN 远程访问的环境，如图 14－6 所示。

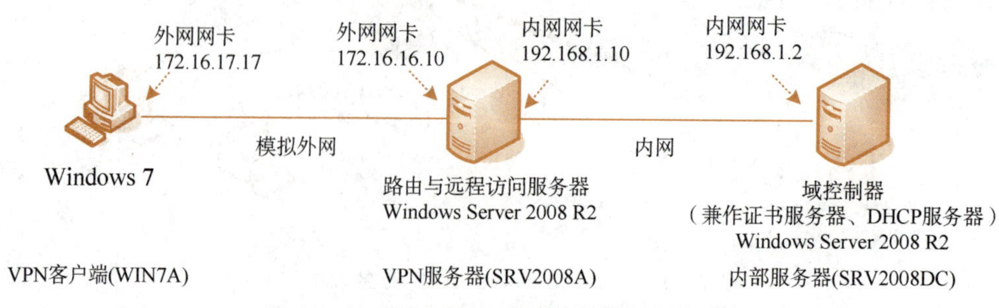

图 14－6 用于 VPN 远程访问的模拟实验环境

在域控制器上部署证书服务器和 DHCP 服务器，在 VPN 服务器上使用 2 个网络接口，1 个用于外网，1 个用于内网，并安装路由与远程访问服务。客户端连接到外部网络。

1. 配置并启用 VPN 服务器

确认已安装好路由与远程访问服务，而且建议使用路由和远程访问服务器安装向导来配置 VPN 服务器。如果已有路由和远程访问服务，运行向导需要先禁用路由和远程访问。

步骤 1：打开"路由和远程访问"控制台，启动路由和远程访问服务安装向导，如图 14-7 所示，选择"远程访问(拨号或 VPN)"项。

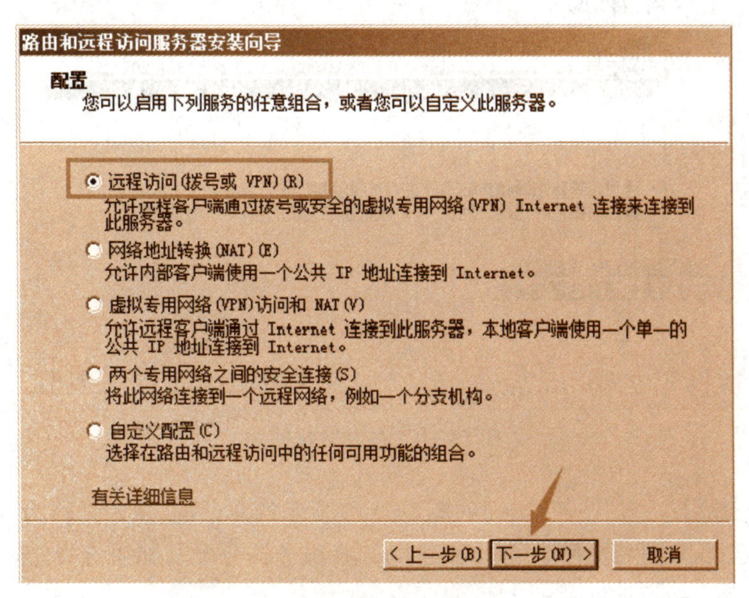

图 14-7 选择"远程访问(拨号或 VPN)"

步骤 2：单击"下一步"按钮，出现如图 14-8 所示的对话框，选中"VPN"复选框。

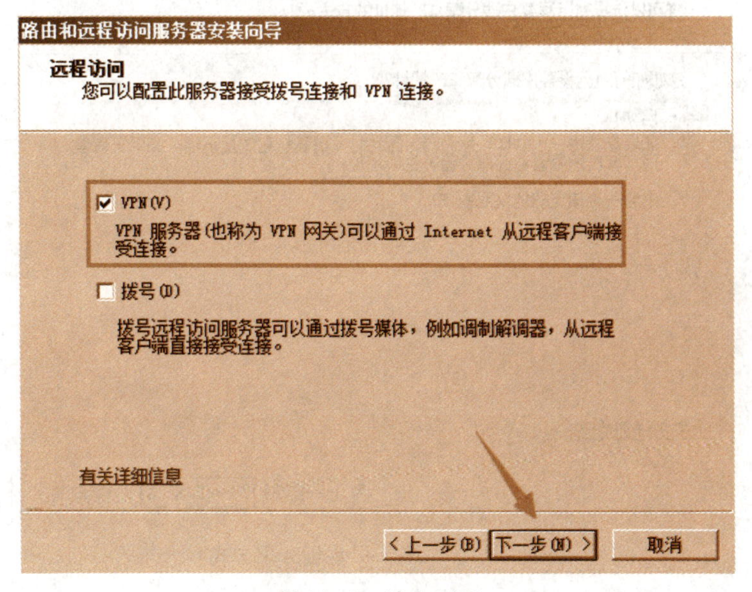

图 14-8 选中 VPN

步骤3:单击“下一步”按钮,出现如图14-9所示的对话框,指定VPN连接。选择用于公用网络的接口,并选中“通过设置静态数据包筛选器来对选择的接口进行保护”复选框。

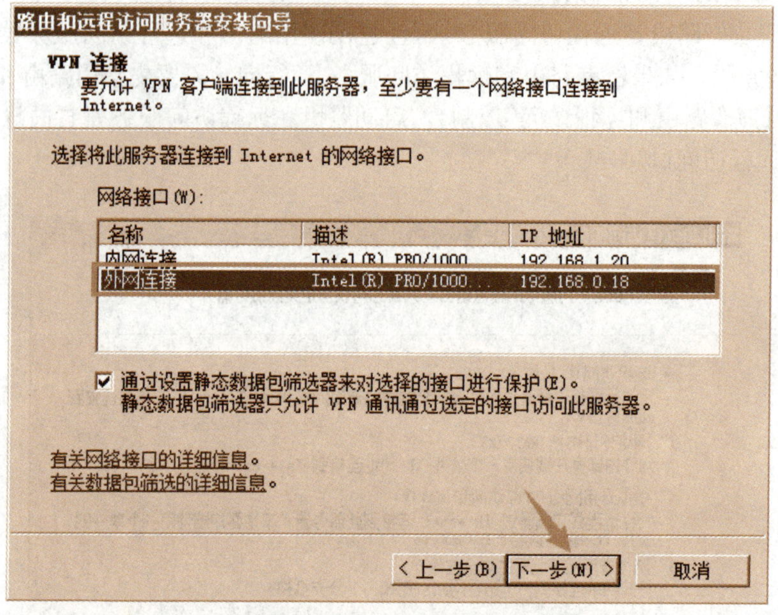

图14-9 指定VPN连接

步骤4:单击“下一步”按钮,出现如图14-10所示的对话框,从中选择为VPN客户端分配IP地址的方式。这里选择“自动”,将由DHCP服务器分配。如果选择“来自一个指定的地址范围”,将要求指定地址范围。

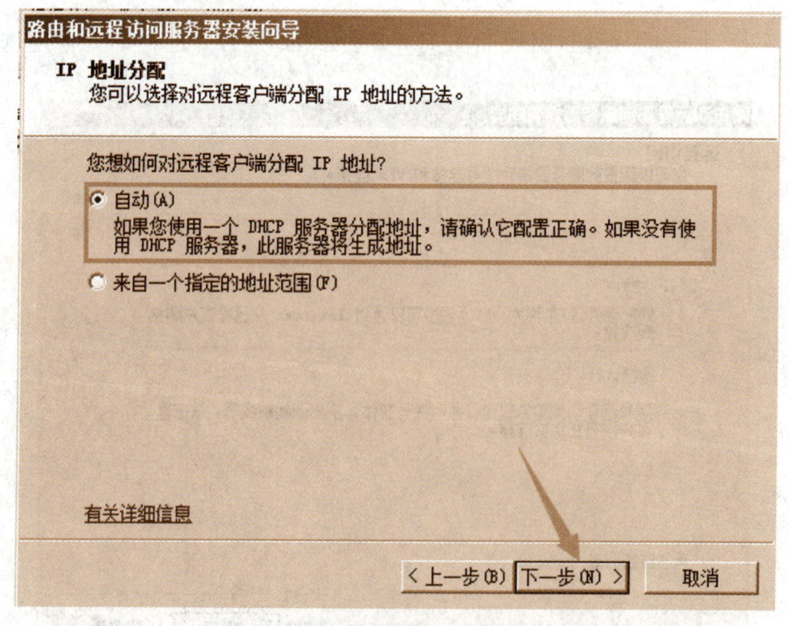

图14-10 选择IP地址分配方式

步骤 5:单击“下一步”按钮,出现如图 14 - 11 所示的对话框,从中选择是否通过 RADIUS 服务器进行身份验证。这里选择“否”,表示采用 Windows 身份验证。例中 VPN 服务器为域成员,可以通过 Active Directory 进行身份验证。

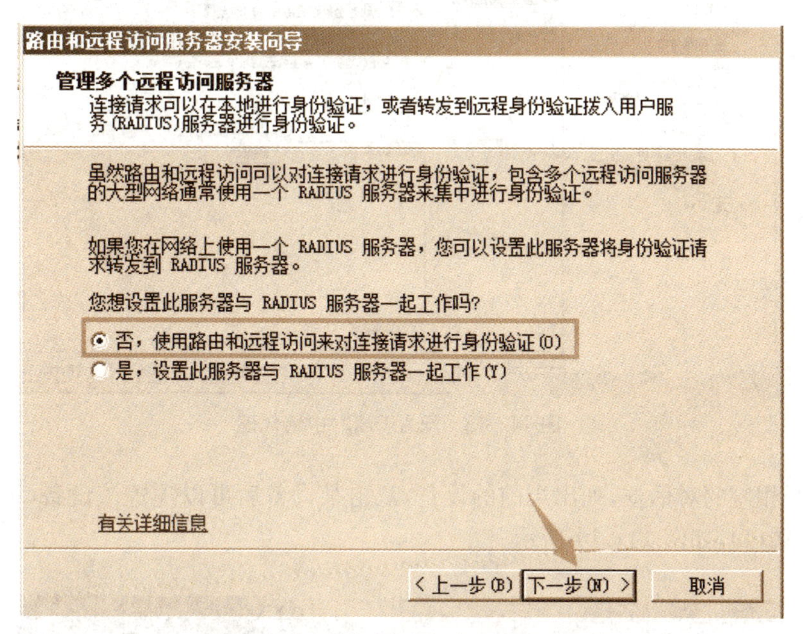

图 14 - 11　选择是否通过 RADIUS 验证

步骤 6:单击“下一步”按钮,出现“正在完成路由和远程访问服务器安装向导”界面,检查确认上述设置后,单击“完成”按钮。

步骤 7:由于安装向导自动将 VPN 服务器设置为 DHCP 中继代理,将弹出如图 14 - 12 所示的对话框,提示配置 DHCP 中继代理,单击“确定”按钮。

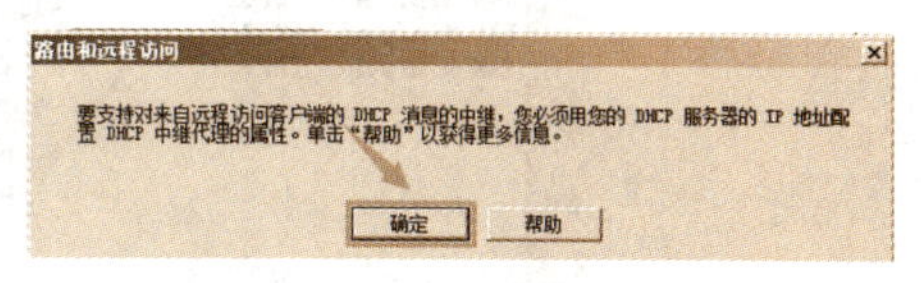

图 14 - 12　提示设置 DHCP 中继代理

步骤 8:系统提示正在启动该服务,启动结束后单击“完成”按钮。

配置 DHCP 中继,操作方法如下:

步骤:如图 14 - 13 所示,展开“路由和远程访问”控制台,右键单击 IPv4 节点下的“DHCP 中继代理”节点,选择“属性”命令,弹出相应的对话框,指定要中继到的 DHCP 服务器。由于 VPN 服务器代替 VPN 客户端请求 DHCP 选项,DHCP 中继代理位于 VPN 服务器,可通过本身的内部接口来发送请求。

RRAS 将已安装的网络设备作为一系列设备和端口进行查看。设备是为远程访问连接建立点对点连接提供可以使用的端口的硬件和软件。设备可以是物理的(如调制解调器),也可以是虚拟的(如 VPN 协议)。

端口是设备中可以支持 1 个点对点连接的通道。1 个设备可以支持 1 个端口或多个端口。VPN 协议(如 PPTP)就是一种虚拟多端口设备,这些协议支持多个 VPN 连接。配置并启动 VPN 远程访问服务器时会创建所支持的 VPN 端口。

步骤:展开“路由和远程访问”控制台,右键单击服务器节点下的“端口”节点,选择“属

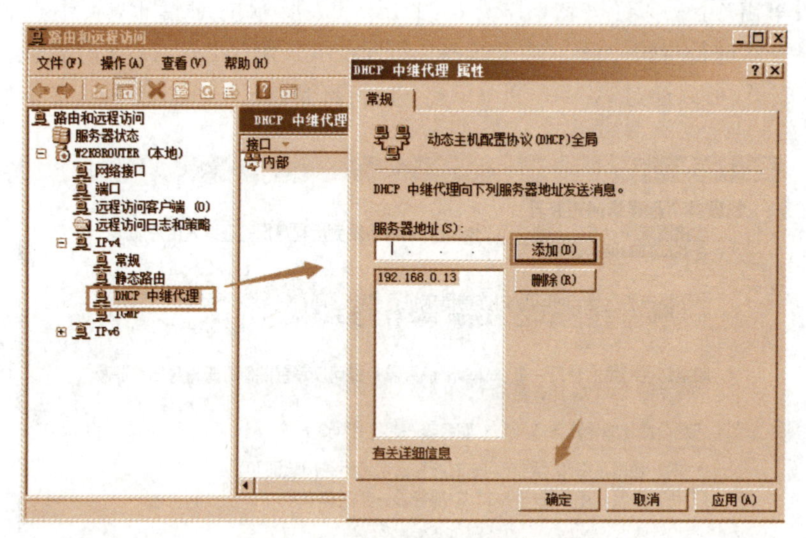

图 14-13 配置 DHCP 中继代理

性”命令打开相应的对话框，列出当前的设备，双击某设备后可以配置该设备(本例中 PPTP 支持 128 个端口)，如图 14-14 所示。

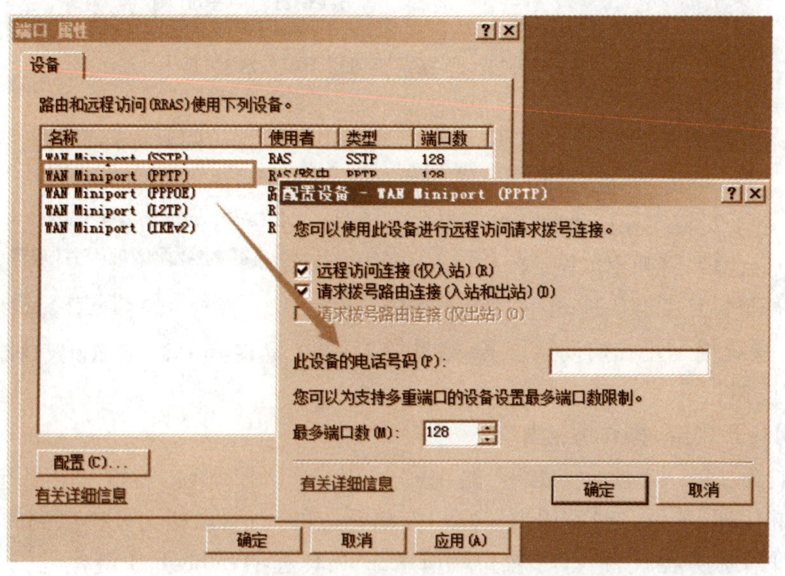

图 14-14 查看路由和远程访问服务设备和端口

2. 配置远程访问权限

必须为 VPN 用户授予远程访问权限。授权由用户账户拨入属性和网络策略设置共同决定。

用户账户拨入属性设置将网络权限默认设置为“通过 NPS 网络策略控制访问”，表示访问权限由网络策略服务器上的网络策略决定。如果创建了用于 VPN 的网络策略授权 VPN 用户访问，则不需设置。如果采用默认的网络策略，可将用户账户拨入属性设置中的网络权限默认设置为“允许访问”。

3. 配置 VPN 客户端

VPN 客户端首先要接入公网，然后再建立 VPN 连接。这里先配置 1 个 VPN 连接，以 Windows 7 为例，配置步骤如下：

步骤 1：通过控制面板打开“网络和 Internet”窗口，再打开“网络和共享中心”窗口，单击“设置新的连接或网络”链接，打开如图 14－15 所示的对话框，选中“连接到工作区”项。

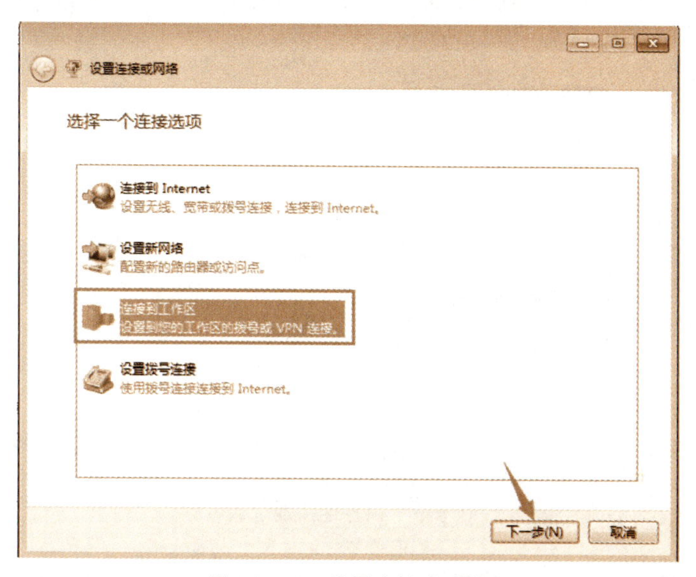

图 14－15　设置连接或网络

步骤 2：单击“下一步”按钮，出现如图 14－16 所示的界面，单击“使用我的 Internet 连接(VPN)”链接启动连接工作区向导。

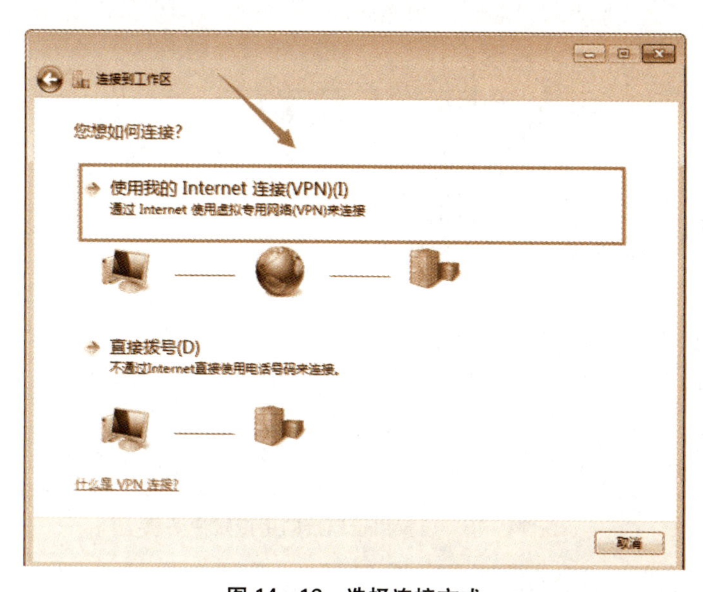

图 14－16　选择连接方式

步骤3:当出现需要 Internet 连接才能使用 VPN 的提示时,单击"我将稍后再设置 Internet 连接"项连接。

步骤4:出现如图14-17所示的界面,在"Internet 地址"框中输入 VPN 公网接口的 IP 地址(如果输入 DNS 域名,需要保证能正确解析),在"目标名称"框中设置连接名称。

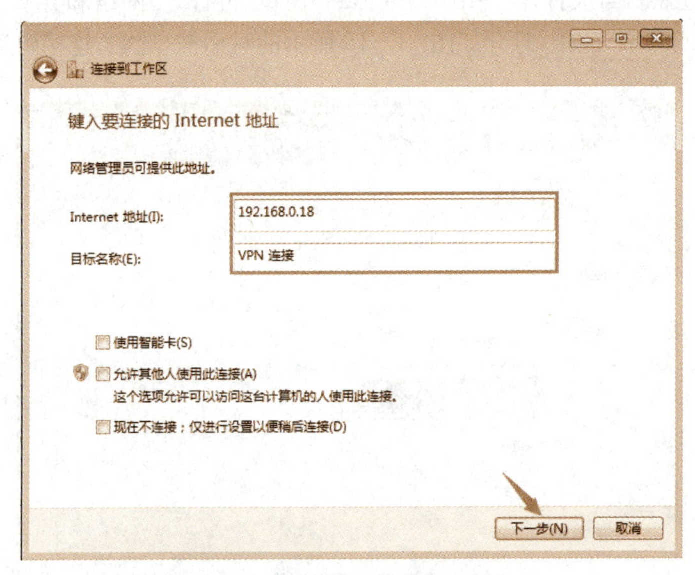

图14-17 设置连接地址或名称

步骤5:单击"下一步"按钮,出现如图14-18所示的界面,从中输入用于访问 VPN 服务器的用户账户信息,包括用户名、密码以及所属域。

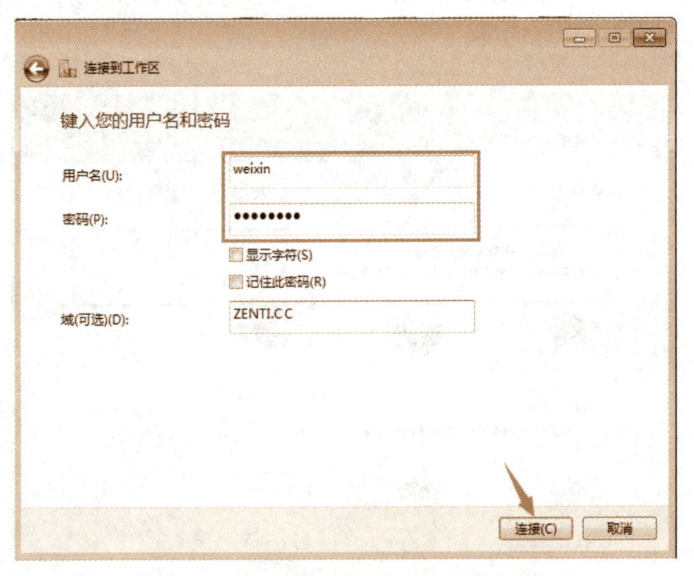

图14-18 设置用于连接的用户账户信息

步骤6:单击"创建"按钮,完成 VPN 连接的创建。

接下来可以针对 PPTP 连接进一步配置该 VPN 连接。在“网络和共享中心”窗口中单击“连接到网络”链接，弹出相应的对话框，如图 14－19 所示，右键单击其中的 VPN 连接，选择“属性”按钮，打开相应的属性设置对话框，切换到“安全”选项卡，从“VPN 类型”列表中选择“点对点隧道协议(PPTP)”，如图 14－20 所示。

图 14－19　操作 VPN 连接

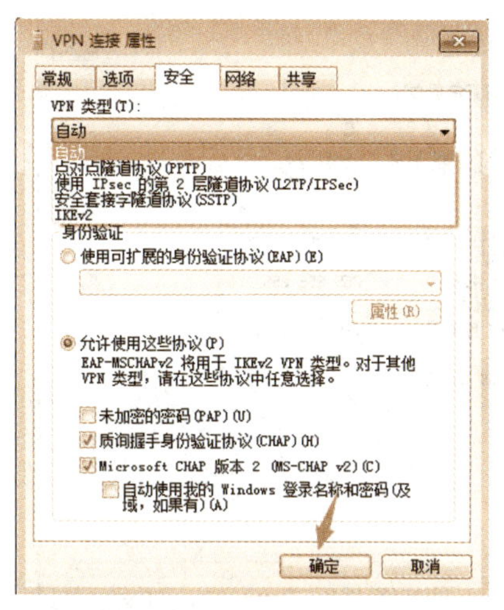

图 14－20　设置连接安全选项

4. 测试 VPN 连接

最后进行实际测试，操作步骤如下：

步骤 1：在“网络和共享中心”窗口中单击“连接到网络”链接，弹出相应的对话框，右键单击其中的 VPN 连接，选择“连接”按钮，打开如图 14－21 所示的对话框，设置好用户账户信息后，单击“连接”按钮，开始连接到 VPN 服务器。

步骤 2：连接成功可以查看连接状态。在“网络和共享中心”窗口的“查看活动网络”区域单击要查看的 VPN 连接，弹出如图 14－22 所示的对话框，从中可以发现 VPN 连接处于活动状态，单击“断开”按钮，可以断开连接。

图 14－21　发起连接

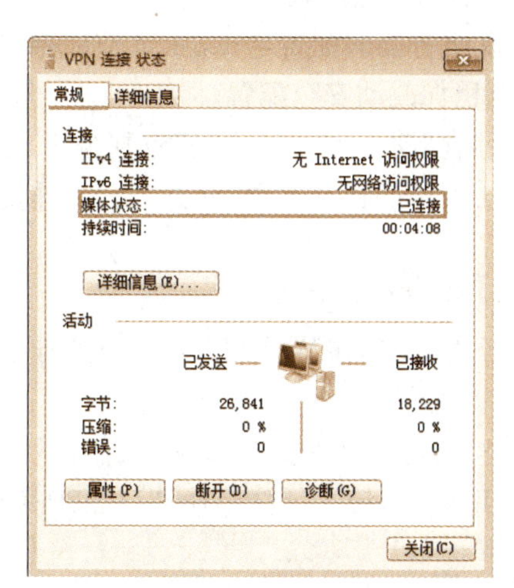

图 14－22　查看连接状态

单击“详细信息”按钮弹出如图 14－23 所示的对话框，可以获知该 VPN 连接的客户端 IP 地址、DNS 服务器等 TCP/IP 设置信息。回到状态对话框，切换到“详细信息”选项卡，如图 14－24 所示，可以查看 VPN 连接所使用的协议、加密方法等。这里使用的是 PPTP 协议。

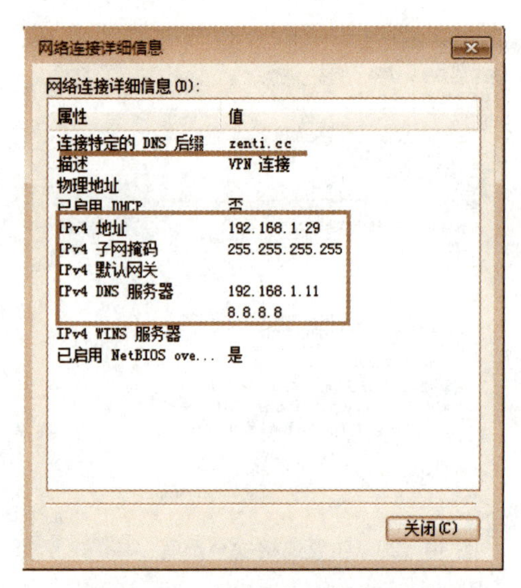

图 14－23 查看网络连接详细信息

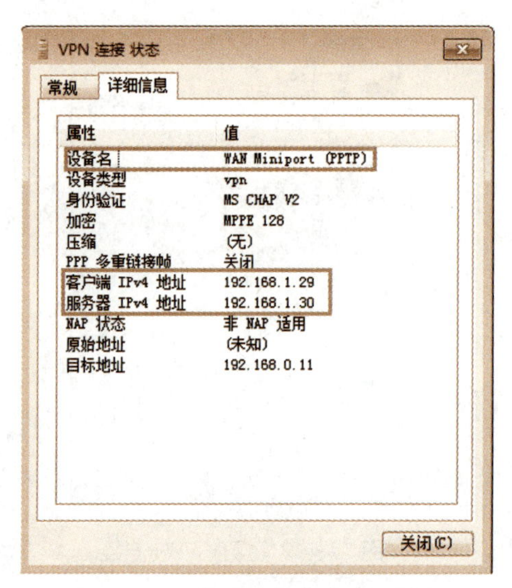

图 14－24 查看连接状态详细信息

14.4.2 任务 2 部署基于 L2TP/IPSec 的远程访问 VPN

如果要部署基于计算机证书的 L2TP/IPSec VPN，需要 VPN 服务器与 VPN 客户端都需要申请安装计算机证书，至少需要 1 个证书颁发机构来部署 PKI。为便于实验，这里仅示范基于预共享密钥的 L2TP/IPSec VPN 远程访问，只需要 VPN 服务器与 VPN 客户端双方采用相同的密钥。网络环境如图 14－6 所示。

1. 配置 VPN 服务器

VPN 服务器的配置与 14.4.1 节所涉及的 PPTP VPN 基本相同。这里直接在上述配置基础上稍加改动安全配置。

步骤：在“路由和远程访问”控制台中，打开服务器属性设置对话框，切换到“安全”选项卡，如图 14－25 所示，选中“允许 L2TP 连接使用自定义 IPSec 策略”复选框，并设置预共享的密钥。

2. 配置 VPN 客户端

VPN 客户端的配置与 14.4.1 节所涉及的 PPTP VPN 基本相同，只需稍加改动安全配置。操作步骤如下：

步骤 1：打开 VPN 连接属性设置对话框，切换到“安全”选项卡，从“VPN 类型”列表中选择“使用 IPSec 的第 2 层隧道协议(L2TP/IPSec)”，如图 14－26 所示。

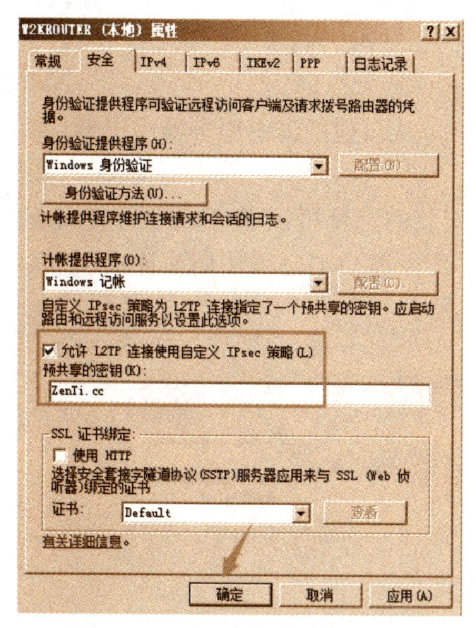

图 14-25　VPN 服务器配置 L2TP

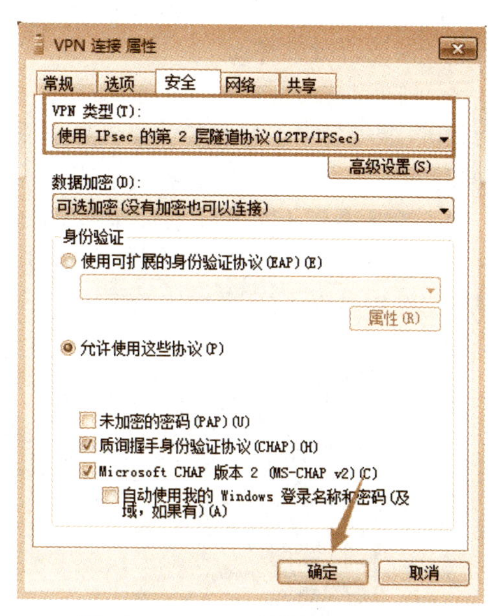

图 14-26　VPN 客户端配置 L2TP

步骤 2：单击“高级设置”按钮，弹出如图 14-27 所示的对话框，选中第 1 个选项并设置与服务器端相同的密钥，单击“确定”按钮。

确认用户的远程访问权限设置没有问题，测试 VPN 连接。连接成功在连接状态显示的详细信息中会指示使用 L2TP 协议，如图 14-28 所示。

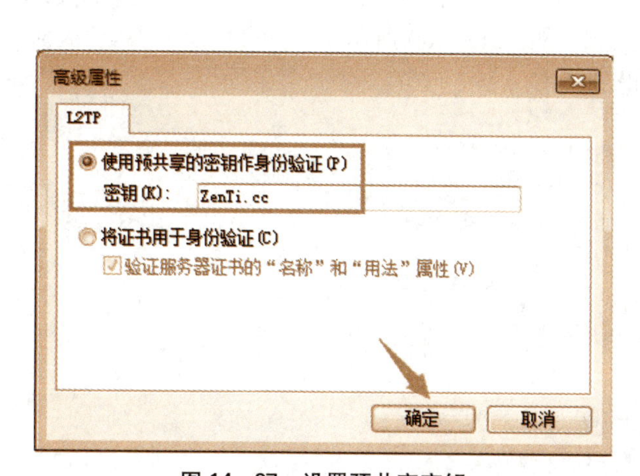

图 14-27　设置预共享密钥

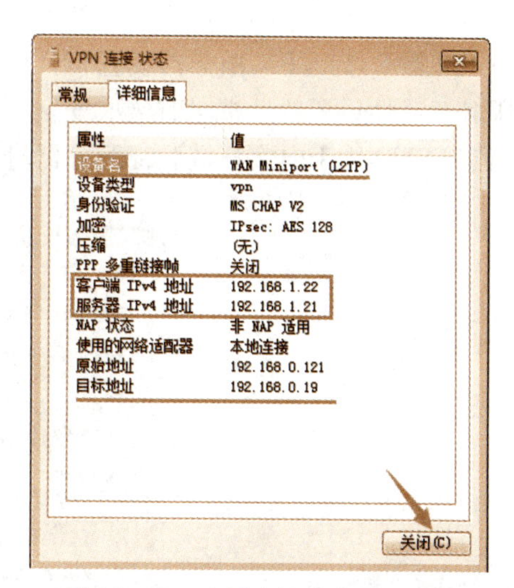

图 14-28　查看连接状态详细信息

14.4.3　任务 3　部署 SSTP VPN

SSTP VPN 只能用于远程访问。基于 SSTP 的 VPN 使用基于证书的身份验证方法。必须在 VPN 服务器上安装正确配置的计算机证书，计算机证书必须具有“服务器身份验证”或“所有用途”增强型密钥使用属性。建立会话时，VPN 客户端使用该计算机证书对 RRAS 服务器进行身份验证。

1. 配置 VPN 服务器

为 VPN 服务器申请并安装计算机身份证书，可以从自建的证书服务器中申请计算机证书并安装。

步骤 1：在服务器上打开证书管理单元查看已安装的计算机证书（位于“证书（本地计算机）”→“个人”→“证书”节点），如图 14－29 所示。VPN 客户端必须使用该证书颁发对象的名称（VPN 服务器的域名）来连接 SSTP VPN 服务器。

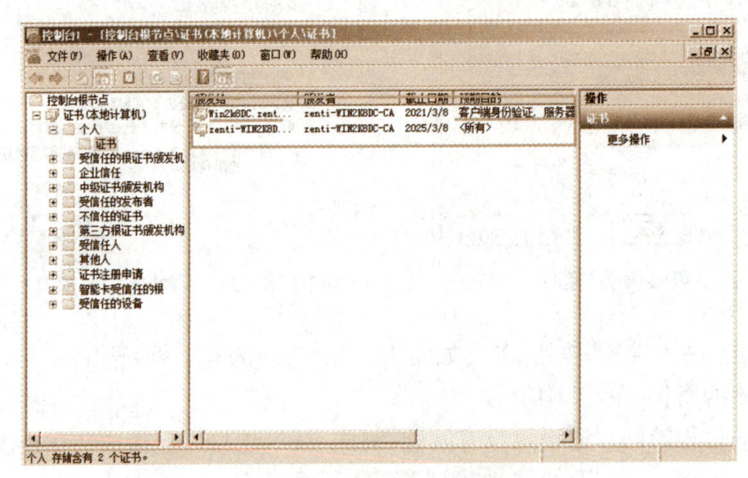

图 14－29 设置预共享密钥

步骤 2：为 VPN 服务器设置 SSTP 要使用的证书。在“路由和远程访问”控制台中打开服务器属性设置对话框，切换到“安全”选项卡，如图 14－30 所示，在“SSTP 证书绑定”区域指定 SSTP 用于向客户端验证服务器身份的证书。

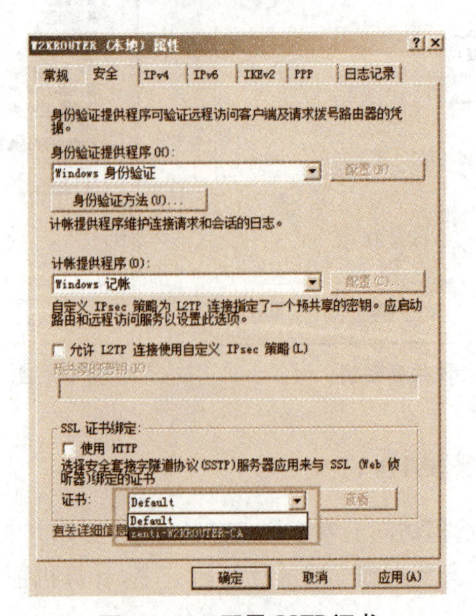

图 14－30 配置 SSTP 证书

2. 配置 VPN 客户端

先解决证书验证问题：

步骤 1：安装颁发服务器身份的 CA 证书，使客户端能够信任根 CA 所发证书。本例中安装的 CA 证书为 zenti GROUP，如图 14－31 所示。采用以下方式获取和安装 CA 证书：

(1) 利用 PPTP VPN 连接访问位于内部网络的企业 CA，通过浏览器获取 CA 证书。

(2) 直接通过其他方式(文件复制)获取 CA 证书进行安装。

(3) 将客户端计算机暂时移动到内网中安装 CA 证书后，再移到公用网络中。这在实验时非常方便。

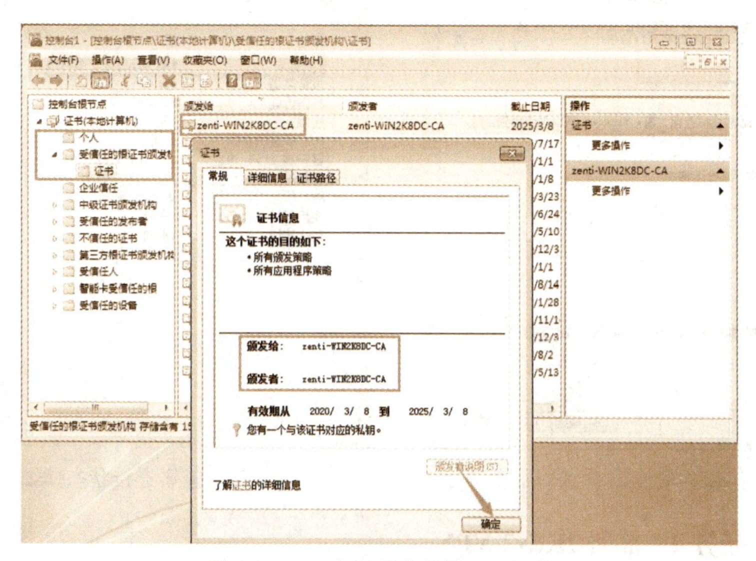

图 14－31　查看所安装的 CA 证书

步骤 2：修改客户端计算机的注册表以禁用 CRL 检查。

在 HKEY_LOCAL_MACHINE\System\CurrentControlSet\Services\Sstpsvc\parameters 节点下添加 1 个名为 NoCertRevocationCheck 的 DWORD 键，并将其值设为 1，如图 14－32 所示。

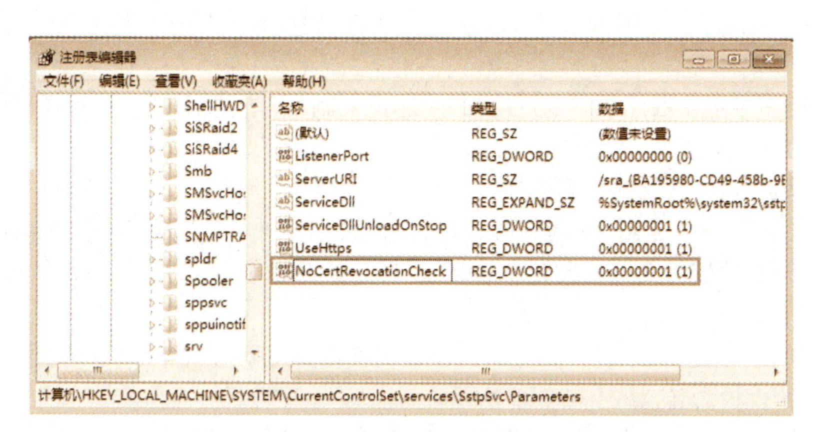

图 14－32　修改注册表以禁用 CRL 检查

步骤 3:打开 VPN 连接属性设置对话框,在“常规”选项卡上将目的地址改为 VPN 服务器的域名,如图 14-33 所示。

步骤 4:切换到“安全”选项卡,从“VPN 类型”列表中选择“安全套接字隧道协议(SSTP)”,单击“确定”按钮。

确认用户的远程访问权限设置没有问题,开始测试 VPN 连接。连接成功后在连接状态显示的详细信息中会指示使用 SSTP 协议,如图 14-34 所示。

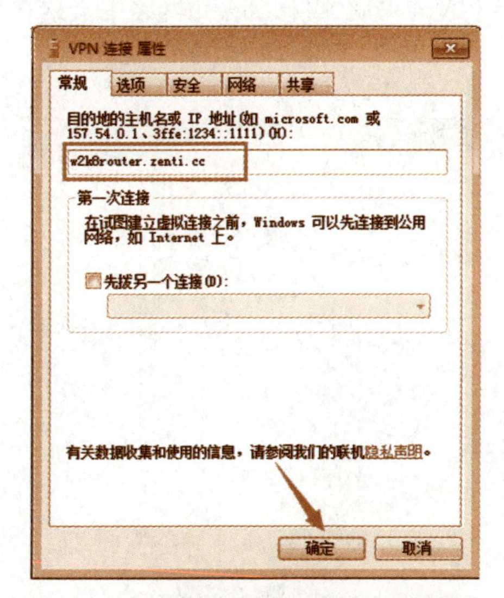

图 14-33 设置要连接的 VPN 服务器域名

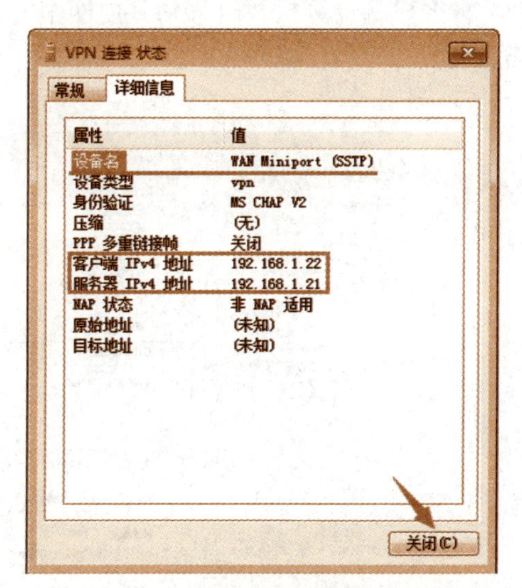

图 14-34 查看连接状态详细信息

14.4.4 任务 4 部署 IKEv2 VPN

IKEv2 是 Windows Server 2008 R2 新增的 VPN 协议,最大的优势是支持 VPN 重新连接,不过它仅支持远程访问 VPN。VPN 服务器需要安装正确配置的计算机证书,VPN 客户端可以不需要计算机证书,但需要信任由 CA 颁发的证书。

1. 为 VPN 服务器申请安装专用的证书

IKEv2 VPN 服务器需要安装目的为服务器验证和 IP 安全 IKE 中级的证书。微软企业 CA 系统预置的证书模板不能满足要求,因此需要创建新的证书模板,然后再为服务器颁发证书。

确认已经部署企业根证书颁发机构,必须通过复制现有模板来创建新的证书模板。

步骤 1:在证书颁发机构控制台中右键单击“证书模板”节点,选择“管理”命令可打开证书模板管理单元,列出已有的证书模板。

步骤 2:右键单击要复制的模板 IPSec,从快捷菜单中选择“复制模板”命令弹出相应的对话框,选择证书模板所支持的最低 Windows 服务器版本,这里保持默认设置,即 Windows Server 2003。

步骤 3:单击“确定”按钮打开相应的新模板属性设置对话框,在“常规”选项卡“模板显示名称”框中为新模板命名,如图 14-35 所示。

步骤 4:切换到“扩展”选项卡,如图 14-36 所示,选择“应用程序策略”,单击“编辑”按钮弹出对话框,“应用程序策略”列表中已经有“IP 安全 IKE 中级”策略。

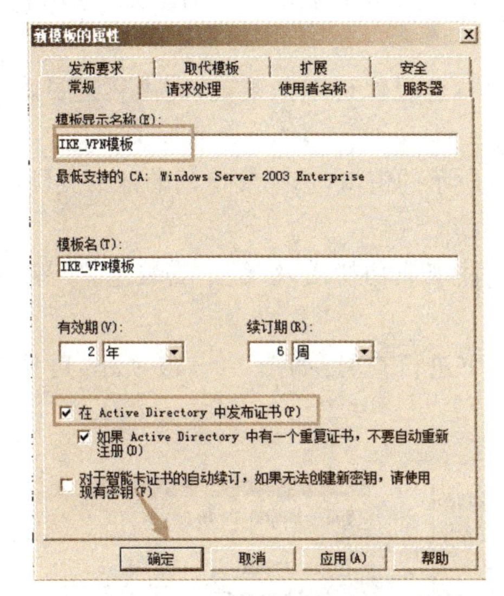

图 14－35　设置证书模板的常规选项

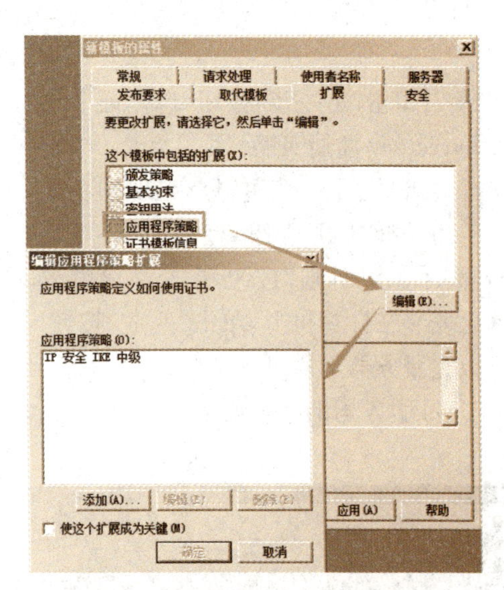

图 14－36　编辑应用程序策略扩展

步骤 5:单击“添加”按钮弹出如图 14－37 所示的对话框,从列表中选择“服务器身份验证”,然后单击“确定”按钮。这样该证书模板就有了 2 个目的,如图 14－38 所示,连续 2 次单击“确定”完成证书模板的编辑。

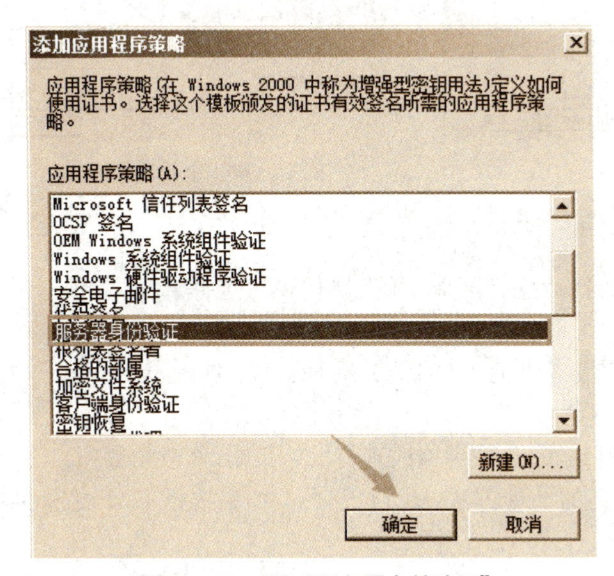

图 14－37　添加“服务器身份验证”

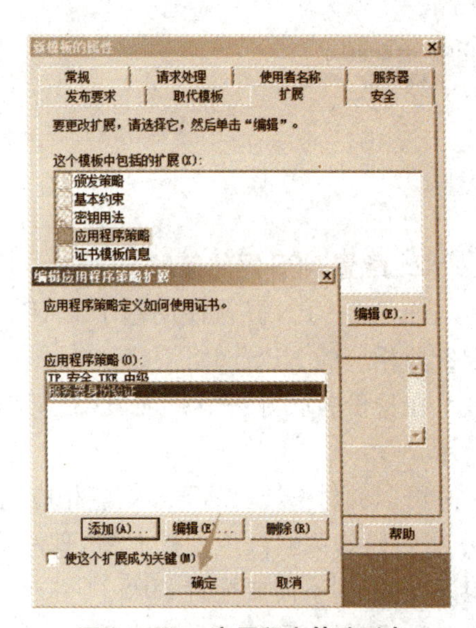

图 14－38　应用程序策略列表

步骤 6:将该证书模板添加到证书颁发机构。在证书颁发机构控制台中右键单击“证书模板”节点,从快捷菜单中选择“新建”→“要颁发的证书模板”命令弹出“启用证书模板”对话框,从列表中选择刚刚增加的新证书模板“IKE_VPN 服务器”,单击“确定”按钮即可。

由于 VPN 服务器是域成员,可采用证书申请向导直接从企业 CA 获取证书。

步骤 1:打开证书管理单元(确保添加“计算机账户”)并展开,右键单击“证书(本地计算机)”→“个人”节点，选择“所有任务”→“申请新证书”命令，启动证书申请向导并给出有关提示信息。

步骤 2：单击“下一步”按钮，选择证书注册策略，这里保持默认设置，即由管理员配置的 Active Directory 注册策略。

步骤 3：单击“下一步”按钮，出现如图 14－39 所示的窗口，选择要申请的证书类别(证书模板)，这里选择“IKE_VPN 模板”。

步骤 4：单击“注册”按钮，提交注册申请，如果注册成功将出现“证书安装结果”界面，提示证书已安装在计算机上，单击“完成”按钮。

可以在服务器上通过证书管理单元打开该证书进行查验，如图 14－40 所示，可见满足 IKEv2 VPN 服务器的证书要求。

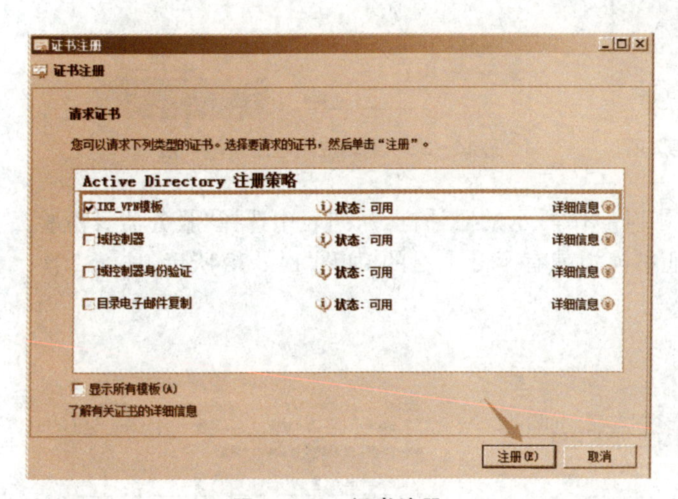

图 14－39 证书注册

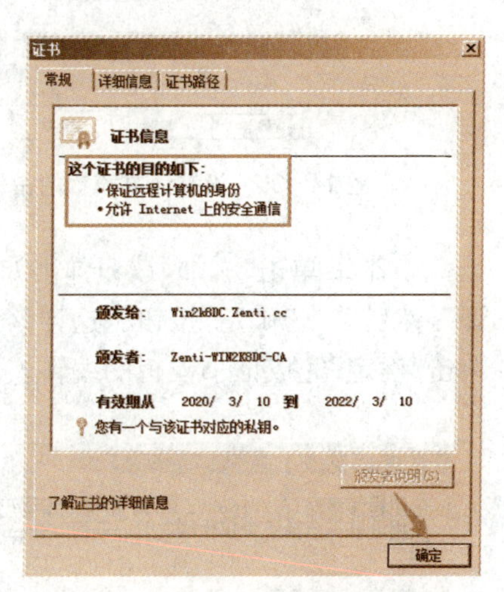

图 14－40 查看证书信息

2. 配置 NPS 网络策略

IKEv2 VPN 默认使用基于 EAP 的身份验证(其他 VPN 协议也可选择 EAP 验证)，需要配置相应的 NPS 网络策略。

在身份验证方法中添加 EAP 类型，最省事的方法是将 3 种方法都加入，如图 14－41 所示。

可以针对 IKEv2 VPN 创建相应的网络策略，或者修改现有网络策略(修改约束项)。默认 NPS 网络策略已经支持 EAP 身份验证的 2 种方法(图 14－41)。如果选择 EAP 之外的验证方法，则不需要配置 NPS 网络策略。

3. 配置 IKEv2 VPN 客户端

步骤 1：安装颁发服务器身份证书的 CA 证书，使客户端能够信任根 CA 所发证书。

步骤 2：打开 VPN 连接属性设置对话框，在“常规”选项卡上将目的地址改为 VPN 服务器的域名。

步骤 3：切换到“安全”选项卡，如图 14－42 所示，从“VPN 类型”列表中选择 IKEv2，单击“高级设置”按钮，在弹出的对话框中可以设置 VPN 重新连接属性(默认选中“移动性”复选框支持启用重新连接功能，将允许的网络中断最长时间设为 30 分钟)；此处身份验证使用

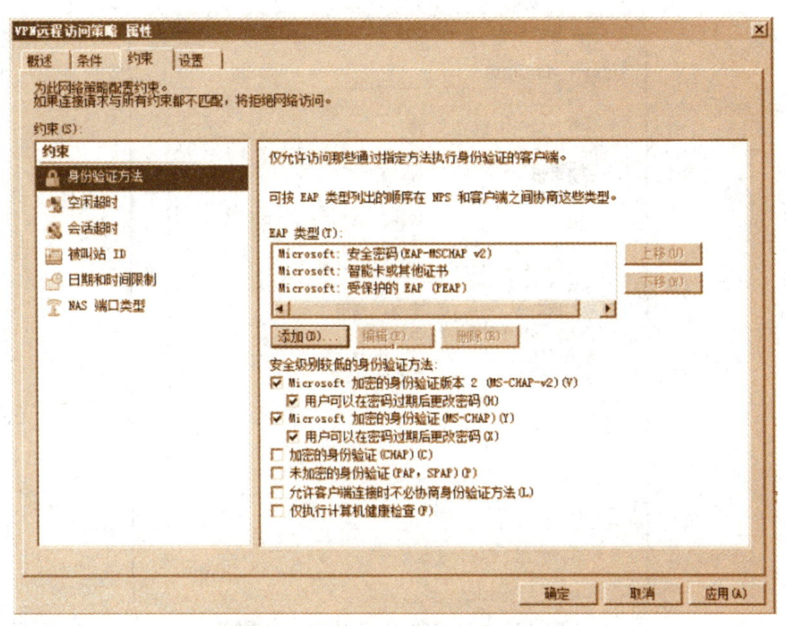

图 14－41　配置 NPS 网络策略

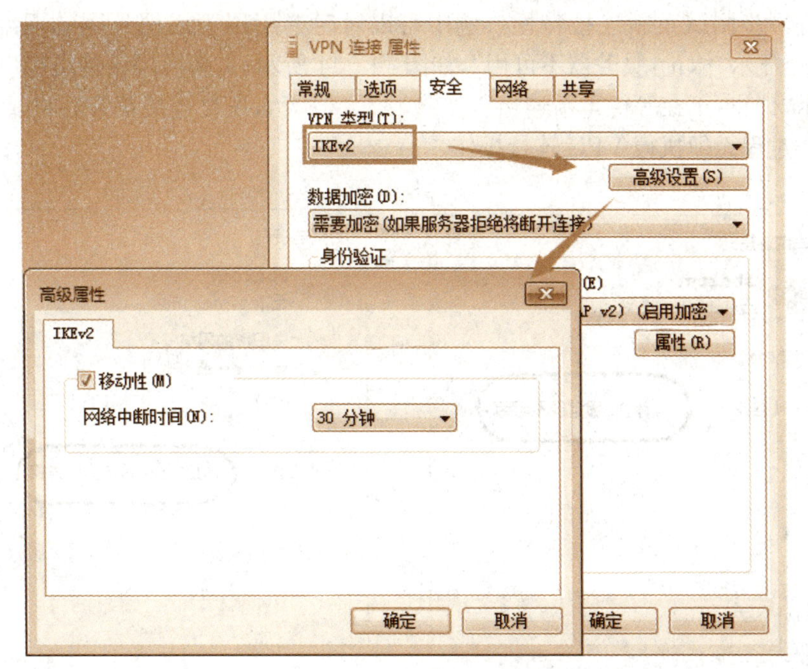

图 14－42　设置安全选项

EAP，选择的是 EAP-MSCHAP v2，要求服务器端 NPS 网络策略支持。

4. 测试 IKEv2 VPN 连接

确认用户的远程访问权限设置没有问题，测试 VPN 连接。连接成功后，连接状态显示的详细信息中会指示使用 IKEv2 协议，如图 14－43 所示。

VPN 连接 状态

常规 详细信息

属性	值
设备名	WAN Miniport (IKEv2)
设备类型	vpn
身份验证	EAP
加密	IPsec: AES 256
Mobike Supported	是
客户端 IPv4 地址	192.168.1.104
服务器 IPv4 地址	192.168.1.117
NAP 状态	非 NAP 适用
使用的网络适配器	本地连接
原始地址	172.16.17.17
目标地址	172.16.16.10

关闭(C)

图 14-43 查看连接状态详细信息

可以进一步测试重新连接特性。例中可以暂时禁用用于模拟外网的网络接口,查看 VPN 连接会显示"休止:服务器不可用",如图 14-44 所示;重新启用该网络接口,查看 VPN 连接会显示"休止:正在等待重新连接",如图 14-45 所示,恢复连接正常后将显示"已连接"信息。整个过程无须执行 VPN 连接操作。

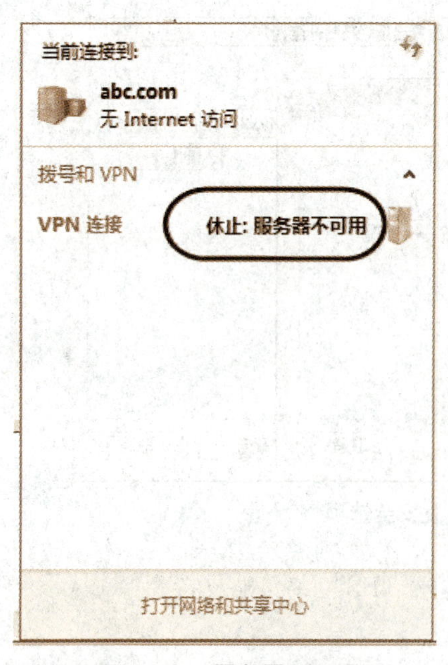

图 14-44 服务器不可用

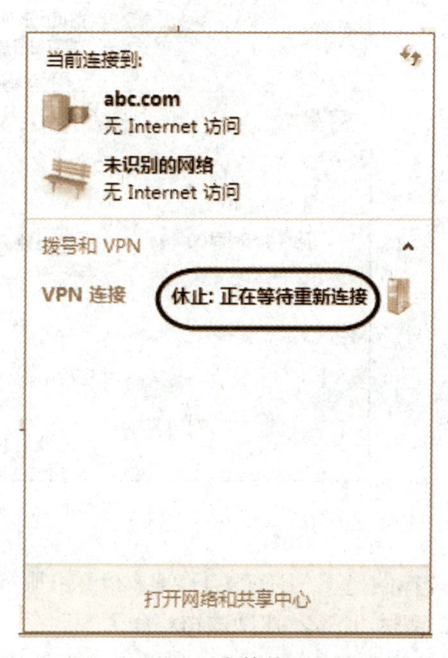

图 14-45 正在等待重新连接

14.5 知识拓展

14.5.1 部署远程网络互联 VPN

Windows Server 2008 R2 的路由和远程访问服务只有 PPTP 和 L2TP/IPSec 2 种协议支持远程网络互联,即站点对站点的 VPN。

虽然 Microsoft 提倡使用 L2TP/IPSec 技术,而且 L2TP/IPSec 的安全性更好,但是由于使用 IPSec 加密方式,对 CPU 等系统资源消耗过大,除非配备专门的硬件卸载卡,否则不宜用纯软件的 VPN 路由器。因此,建议使用 PPTP 协议来实现软件 VPN。这里以 PPTP 协议为例讲解如何通过 VPN 隧道将 2 个网络互联。假设 2 个网络分别为公司总部和分支机构。利用虚拟机软件搭建一个相对简易的环境,如图 14 - 46 所示。2 台服务器上都安装了 RRAS,1 台服务器用作总部 VPN 路由器,1 台服务器用作分支机构 VPN 路由器(使用 2 个网络接口,1 个用于外网,1 个用于内网)。客户端计算机连接到分支机构内部网络。2 台服务器(路由器)通过在外网连接建立 VPN 隧道互联两端的内部网络。

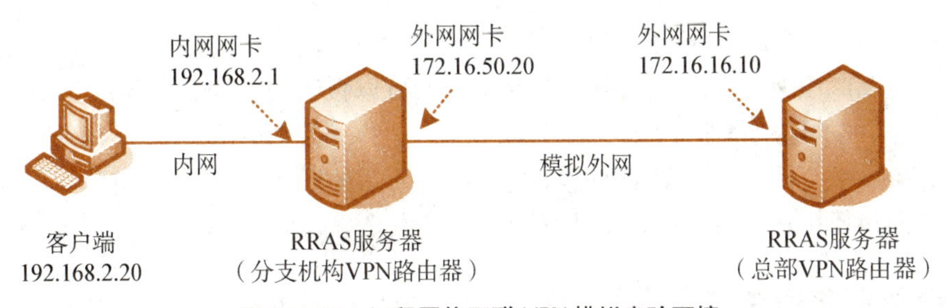

图 14 - 46 远程网络互联 VPN 模拟实验环境

1. 配置总部 VPN 路由器

步骤 1:打开“路由和远程访问”控制台,启动路由和远程访问服务安装向导,选择“两个专用网络之间的安全连接”项。

步骤 2:单击“下一步”按钮,出现对话框提示是否是所有请求拨号连接,选中“是”。

步骤 3:单击“下一步”按钮,出现“IP 地址分配”对话框,选择为 VPN 客户端分配 IP 地址的方式。这里选择“来自一个指定的地址范围”,单击“下一步”按钮,指定一个地址范围。

步骤 4:单击“下一步”按钮,出现“正在完成路由和远程访问服务器安装向导”界面。检查确认上述设置后,单击“完成”按钮。

步骤 5:开始启动 RRAS 服务并初始化,接着启动请求拨号接口向导(出现“欢迎使用请求拨号接口向导”界面)。

步骤 6:单击“下一步”按钮,出现“接口名称”对话框,输入用于连接分支机构的接口名称(例中为 CorpToBranch)。

步骤 7:单击“下一步”按钮,出现“连接类型”对话框,选中“使用虚拟专用网络连接(VPN)”单选钮。

步骤 8：单击"下一步"按钮，出现如图 14－47 所示的"VPN 类型"对话框，从中选中"点对点隧道协议"单选按钮，即采用 PPTP 协议。

步骤 9：单击"下一步"按钮，出现如图 14－48 所示的"目标地址"对话框，从中输入要连接的 VPN 路由器(对方 VPN 服务器)的名称或地址。此处可不填写，因为例中总部 VPN 路由器不会初始化 VPN 连接，不呼叫其他路由器，所以不需要地址。

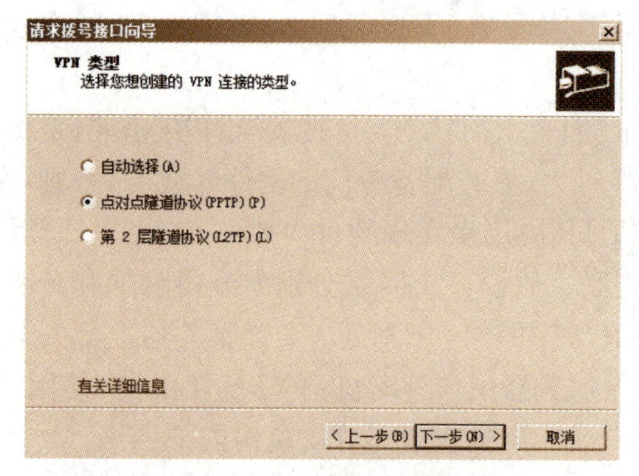

图 14－47　选择 VPN 类型

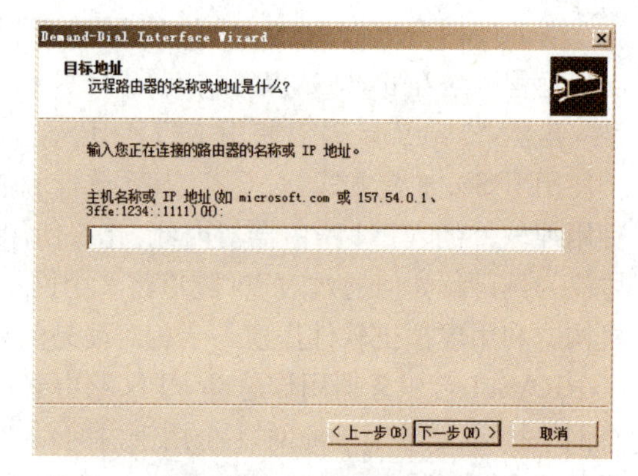

图 14－48　设置目标地址

步骤 10：单击"下一步"按钮，出现如图 14－49 所示的对话框，选中"在此接口上路由选择 IP 数据包"和"添加一个用户账户使远程路由器可以拨入"复选框(在服务器上创建 1 个允许远程访问的本地用户账户)。

步骤 11：单击"下一步"按钮，出现如图 14－50 所示的对话框，添加指向分支机构网络的路由，以便通过使用请求拨号接口来转发到分支机构的通信。

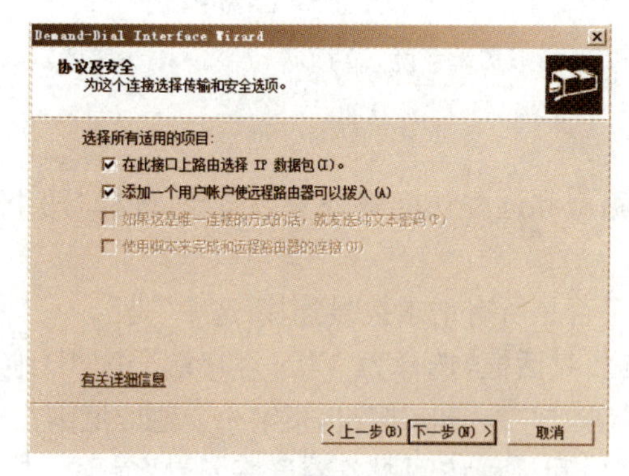

图 14－49　设置协议和安全措施

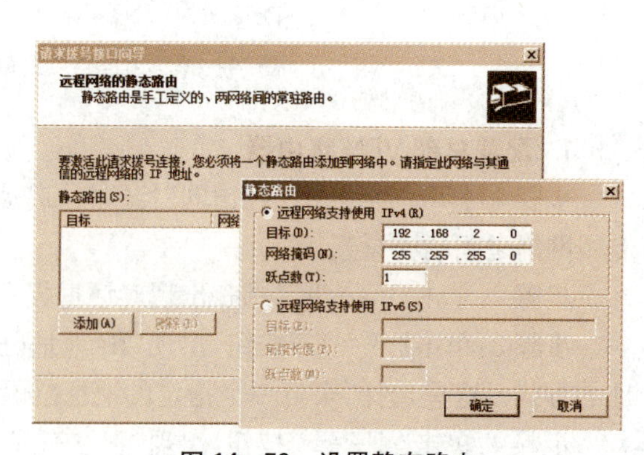

图 14－50　设置静态路由

步骤 12：单击"下一步"按钮，出现如图 14－51 所示的对话框，设置拨入凭据，即分支机构 VPN 路由器连接总部需要使用的 VPN 用户名和密码。

步骤 13：单击"下一步"按钮，出现如图 14－52 所示的对话框，设置拨出凭据，即总部连接到分支机构路由器需要使用的用户名和密码。本例中总部路由器不会初始化 VPN 连接，输入任意名称、域和密码即可。

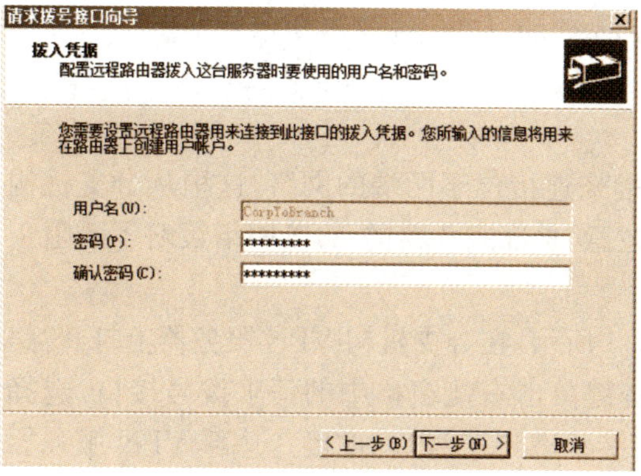

图 14-51　设置拨入凭据

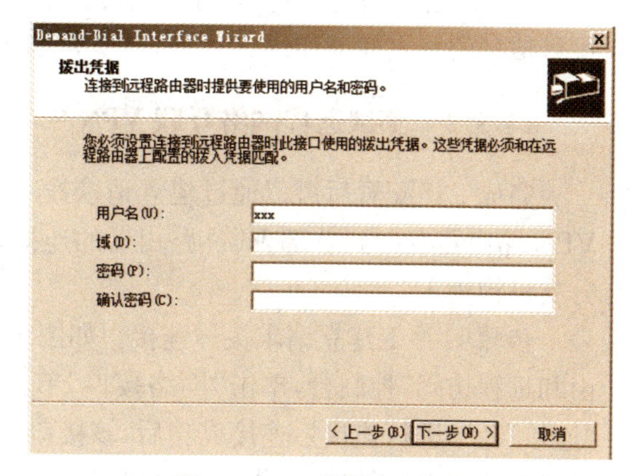

图 14-52　设置拨出凭据

步骤 14：单击“下一步”按钮，出现“完成请求拨号接口向导”对话框，单击“完成”按钮完成该接口的创建，新添加的请求拨号连接将出现在“网络接口”列表中，如图 14-53 所示。

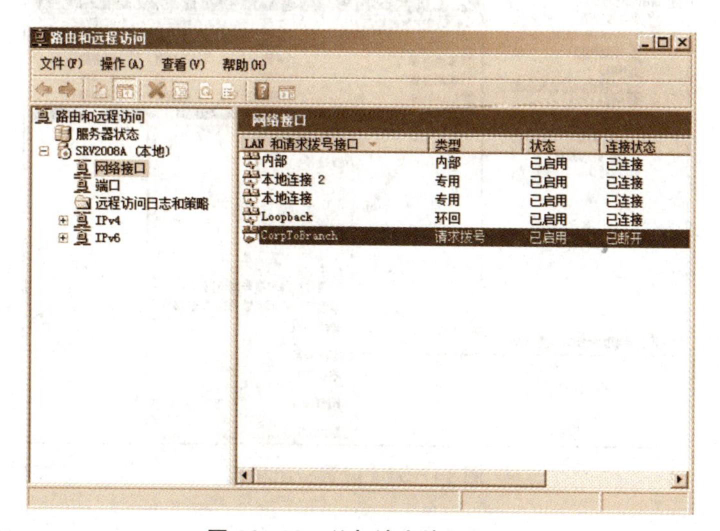

图 14-53　总部请求拨号连接

2. 部署分支机构 VPN 路由器

本例中分支机构需要部署作为呼叫总部路由器的 VPN 路由器，设置步骤与总部 VPN 路由器基本相同。不同之处主要有以下几点：

(1) 接口名称设置为 BranchToCorp。

(2) 目标地址设置为总部 VPN 路由器的公网接口 IP 地址，例中为 172.16.16.10，如图 14-48 所示。

(3) 设置协议及安全措施时不必选中“添加一个用户账户使远程路由器可以拨入”复选框(不用设置拨入凭据)，如图 14-49 所示。

(4) 远程网络的静态路由设置为指向总部内网的路由，以使请求拨号接口转发到总部的通信。例中与总部相对应的路由为 192.168.1.0，网络掩码为 255.255.255.0，跃点数为 1，如图 14-50 所示。

(5) 拨出凭据设置为用于拨入总部的用户账户的名称、域名和密码，与总部路由器请求拨号接口的拨入凭证相同，例中用户名为 CorpToBranch，如图 14－53 所示。

14.5.2 测试远程网络互联 VPN

完成上述配置后可以通过建立请求拨号连接来连接位于两端的网络，这里从分支机构 VPN 路由器发起到总部 VPN 路由器的连接。注意，总部服务器的 NPS 网络策略不要阻止分支机构拨入。

步骤 1：手工建立请求拨号连接。如图 14－54 所示，在分支机构 VPN 服务器上打开“路由和远程访问”控制台，单击“网络接口”节点，右键单击右侧窗格中的请求拨号接口，选择“连接”命令进行连接。连接成功后，该接口的连接状态将变为“已连接”，总部 VPN 服务器上对应的请求拨号接口(供分支机构呼叫)的连接状态也将变为“已连接”。

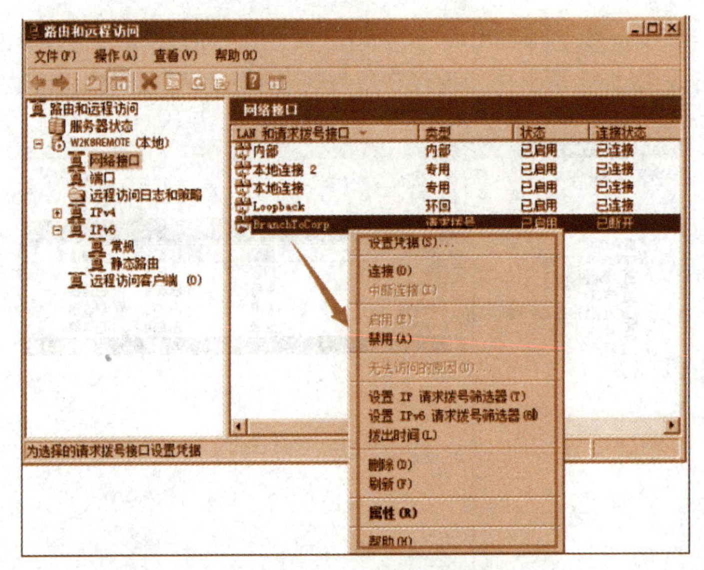

图 14－54 设置拨出凭据

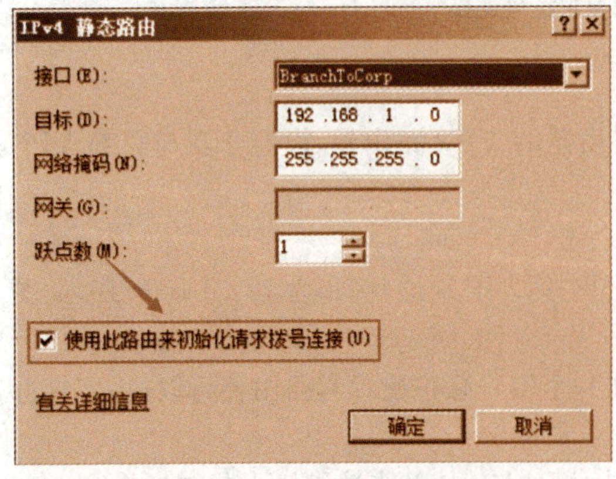

图 14－55 设置静态路由

步骤 2：自动激活请求拨号连接。也可以通过从分支机构网络访问总部网络来自动激活请求拨号连接，前提是在分支机构 VPN 服务器设置相应的静态路由。在“路由和远程访问”控制台中展开“IPv4”→“静态路由”节点，双击右侧窗格中指向总部网络的静态路由项，打开如图 14－55 所示的对话框，确认选中“使用此路由来初始化请求拨号连接”复选框。在通过路由转发数据包时，如果隧道没有建立，将自动建立连接。

步骤 3：将按需连接改为持续型连接。默认情况为按需请求连接，如果持续 5 分钟处于空闲状态将自动挂断，也可进行设置，将其改为从不挂断。还可设置为持续型连接，两端 VPN 路由器启动后即建立连接并始终保持。这通过请求拨号接口属性设置，如图 14－56 所示。

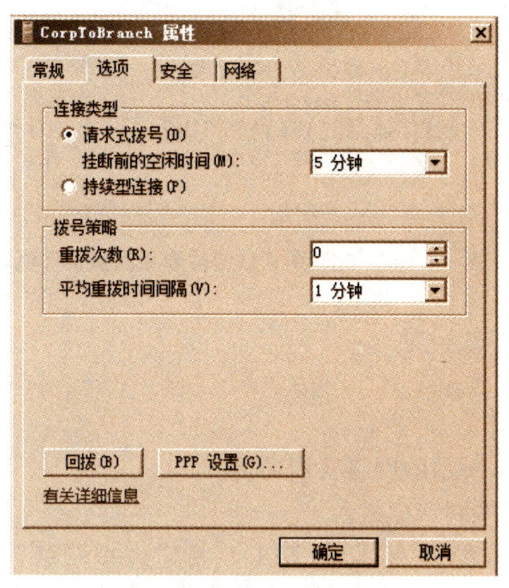

图 14－56　设置连接类型

14.6 项目小结

本项目主要介绍了在 Internet 的基础上架设 VPN 的技术，部署包括基于 PPTP、L2TP/IPSec、SSTP、IKEv2 等技术的 VPN 网络，还介绍了基于 2 个网络之间的 VPN 连接技术。通过本项目的学习，我们可以实现在两个不同地方搭建并管理 VPN 网络，从而实现两地的安全连接。

14.7 实践训练(工作任务单)

14.7.1　实训目标

(1) 会安装路由和远程访问服务。

(2) 会配置基于 PPTP 的远程访问 VPN。

(3) 会在客户端创建 VPN 远程连接。

14.7.2　实训场景

如果你是 Sunny 公司的网络管理员，需要在 su-remote 上安装路由和远程访问服务，并配置 VPN 服务，以方便出差时也能连接公司的网络。网络实训环境如图 14－57 所示。

图 14－57　配置和管理虚拟专用网实训环境

14.7.3　实训任务

任务 1:搭建网络环境

(1) 搭建如图 14－57 所示的网络实训环境。

(2) 配置计算机的虚拟网卡模式。

① 将客户机虚拟网卡配置为"自定义(U):特定虚拟网络",选择"Vmnet1(仅主机模式)"。

② 在 su-remote 服务器中配置 2 块虚拟网卡,分别更名为"inside"和"outside",并设置为"自定义(U):特定虚拟网络",选择"Vmnet1(仅主机模式)"。

③ 将 su-dc1 服务器虚拟网卡模式为:"自定义(U):特定虚拟网络",并选择"Vmnet1(仅主机模式)"。

任务 2:在 su-remote 上安装路由和远程访问服务

任务 3:启用并配置 VPN 服务

(1) 在 su-remote 上添加 VPN 协议。

(2) 在 su-remote 上添加 VPN 外网接口。

(3) 在 su-remote 上配置 IP 地址范围。

(4) 配置用户 liuqiang 具有远程访问的权限。

任务 4:配置 VPN 客户端并测试

(1) 为客户端建立 VPN 连接。

(2) 测试 VPN 的连接。

14.8 课后习题

14.8.1　填空题

1. Windows Server 2008 R2 的 RRAS 支持 4 种 VPN 协议,分别是________、________、________和________。其中________是点对点协议 PPP 的扩展,增强了 PPP 的身份验证、压缩和加密机制;________是基于 HTTPS 协议创建的 VPN 隧道,通过 SSL 安全措施来确保传输安全性。

2. 1个完整的 VPN 远程访问网络主要包括 VPN 服务器、________、LAN 协议、________和隧道协议等。

14.8.2　单项选择题

1. 当用户希望通过(　　)进行远程访问时,需要建立 VPN 连接。

A. Internet　　B. PSTN　　C. ISDN　　D. X.25

2. 你有 1 台运行 Windows Server 2008 R2 的服务器,需要将该服务器配置为 VPN 服务器,你应该在该服务器上安装(　　)。

A. Windows 部署服务角色和部署服务器角色服务

B. Windows 部署服务角色和部署传输角色服务

C. 网络策略和访问服务和路由和远程访问服务角色服务

D. 网络策略和访问服务和主机凭据授权协议角色服务

3. 以下关于 VPN 说法正确的是(　　)。

A. VPN 是指用户自己租用的线路,与公共网络在物理上是完全隔离的

B. VPN 属于远程访问技术,利用公用网络架设专用网络

C. VPN 只能身份验证,不能提供信息验证

D. VPN 能提供身份验证和信息验证,但不能保证信息在传输过程中的安全性

4. 如果在防火墙后面部署了 1 台运行 Windows Server 2008 R2 的 VPN 服务器,远程用户使用运行 Windows 7 的便携式计算机连接到 VPN,防火墙被配置为只允许安全的 Web 通信。你需要让远程用户的连接尽可能安全,达到这目标并且不开放任何额外的防火墙端口,应该怎么做?(　　)。

A. 创建 1 个 IPsec 隧道　　B. 创建 1 个 SSTP 的 VPN 连接

C. 创建 1 个 PPTP 的 VPN 连接　　D. 创建 1 个 L2TP 的 VPN 连接

14.8.3　简答题

1. 简述 VPN 的 2 种应用模式。

2. 如何区别 PPTP 协议、L2TP 协议和 SSTP 协议?

3. Windows Server 2008 R2 支持哪些 VPN 协议,这些协议的应用模式是什么?

图书在版编目(CIP)数据

服务器配置与管理项目化教程/李万华,刘洪宾主编. —上海: 复旦大学出版社, 2021.9
电子信息类专业项目化教程系列教材
ISBN 978-7-309-15889-2

Ⅰ.①服… Ⅱ.①李… ②刘… Ⅲ.①网络服务器-高等职业教育-教材 Ⅳ.①TP368.5

中国版本图书馆 CIP 数据核字(2021)第 169224 号

服务器配置与管理项目化教程
李万华 刘洪宾 主编
责任编辑/高 辉

复旦大学出版社有限公司出版发行
上海市国权路 579 号 邮编: 200433
网址: fupnet@fudanpress.com http://www.fudanpress.com
门市零售: 86-21-65102580 团体订购: 86-21-65104505
出版部电话: 86-21-65642845
上海新艺印刷有限公司

开本 787×1092 1/16 印张 27 字数 657 千
2021 年 9 月第 1 版第 1 次印刷

ISBN 978-7-309-15889-2/T · 701
定价: 59.00 元